EUL VERLAG

Build, Ally or Acquire –
Die strategische Entscheidung über den Entwicklungsweg

Dissertation
zur Erlangung des Grades eines Doktors der Wirtschaftswissenschaften
der Rechts- und Wirtschaftswissenschaftlichen Fakultät
der Universität Bayreuth

Vorgelegt
von
Christoffer-Martin F. Seubert
aus Bamberg

Dekan: Prof. Dr. Jochen Sigloch

Erstberichterstatter: Prof. Dr. Reinhard Meckl

Zweitberichterstatter: Prof. Dr. Andreas Remer

Tag der mündlichen Prüfung: 10. Dezember 2009

Reihe: Planung, Organisation und Unternehmungsführung · Band 125

Herausgegeben von Prof. Dr. Dr. h. c. Norbert Szyperski, Köln, Prof. Dr. Winfried Matthes, Wuppertal, Prof. Dr. Udo Winand, Kassel, Prof. (em.) Dr. Joachim Griese, Bern, Prof. Dr. Harald F. O. von Kortzfleisch, Koblenz, Prof. Dr. Ludwig Theuvsen, Göttingen, und Prof. Dr. Andreas Al-Laham, Kaiserslautern

Dr. Christoffer-Martin F. Seubert

Build, Ally or Acquire

Die strategische Entscheidung über den Entwicklungsweg

Mit einem Geleitwort von Prof. Dr. Reinhard Meckl, Universität Bayreuth

EUL VERLAG

Bibliografische Information der Deutschen Nationalbibliothek

Die Deutsche Nationalbibliothek verzeichnet diese Publikation
in der Deutschen Nationalbibliografie; detaillierte bibliografische
Daten sind im Internet über <http://dnb.d-nb.de> abrufbar.

Dissertation, Universität Bayreuth, 2009

ISBN 978-3-89936-886-4
1. Auflage Februar 2010

JOSEF EUL VERLAG GmbH
Brandsberg 6
53797 Lohmar
Tel.: 0 22 05 / 90 10 6-6
Fax: 0 22 05 / 90 10 6-88
E-Mail: info@eul-verlag.de
http://www.eul-verlag.de

Bei der Herstellung unserer Bücher möchten wir die Umwelt schonen. Dieses Buch ist daher auf säurefreiem, 100% chlorfrei gebleichtem, alterungsbeständigem Papier nach DIN 6738 gedruckt.

GELEITWORT

Die Frage, welche Variante der strategischen Weiterentwicklung ein Unternehmen wählt, zählt zu den zentralen Entscheidungsaufgaben einer Unternehmensführung. Der selbstständige Aus- bzw. Aufbau der Geschäftsaktivitäten, die Verbindung mit anderen Unternehmen, vielleicht Wettbewerbern im Rahmen vertraglicher Vereinbarungen oder der Kauf eines anderen Unternehmens sind Strategiealternativen mit heterogenen Erfolgsfaktoren, einem differierenden strategischen Wirkspektrum und erheblichen Unterschieden in der operativen Umsetzung.

Die Komplexität und Relevanz dieser Problemstellung sind damit erheblich. Entsprechend finden sich in der wissenschaftlichen und praxisorientierten Literatur eine große Anzahl von Studien und Leitfäden, wie die einzelnen Alternativen zu bewerten und umzusetzen sind. Überraschend ist allerdings, dass das Gesamtentscheidungsproblem, also die Wahl zwischen allen Varianten relativ selten Gegenstand der Betrachtung ist.

Die vorliegende Arbeit entwickelt ein Entscheidungsmodell, das sich zum Ziel setzt, das komplexe Entscheidungsproblem zu strukturieren und Hinweise auf die inhaltliche Abarbeitung der einzelnen Schritte zu geben. Durch die differenzierte Diskussion von Entscheidungsergebnissen nach Unternehmens- und Markttypen gelingt es dabei, wissenschaftlich abgeleitete, aber gleichzeitig anwendungsorientierte Empfehlungen zur Lösung des Entscheidungsproblems über die Wahl des strategischen Entwicklungswegs zu entwickeln. Aus diesem Grund bietet die vorliegende Arbeit sowohl theoretisch interessierten Wissenschaftlern als auch Praktikern wichtige und interessante Anregungen wie dieses wichtige aber auch komplexe Problem zu lösen ist.

Prof. Dr. R. Meckl

VORWORT

Was bringt sie mit sich, die Promotionszeit? Entbehrungen, Rückschläge, Unsicherheit, Frustration... aber auch viele neue, spannende, oft unerwartete und letztlich unschätzbare Erkenntnisse über die Wissenschaft, die Praxis und über sich selbst – was wahrscheinlich sogar den wichtigsten Aspekt darstellt. Am Abschluss einer solch aufregenden, aber auch lehrreichen und gewinnbringenden Zeit, bietet sich durch die Veröffentlichung die besondere Chance, besonderen Menschen Dank zu sagen.

An erster Stelle gilt mein Dank meinem Doktorvater, Herrn Professor Dr. Reinhard Meckl, der mir die Realisierung meines Dissertationsvorhabens ermöglicht hat. Seine effiziente Betreuung sowie die gewährte Freiheit und das entgegengebrachte Vertrauen in meine Arbeit haben wesentlich zum Erfolg dieses Projektes beigetragen. Unsere gemeinsamen Anknüpfungspunkte durch den Siemens Konzern werden uns sicherlich auch in Zukunft noch an der einen oder anderen Stelle wieder zusammenführen. Ebenso möchte ich dem Zweitgutachter der Arbeit, Herrn Professor Dr. Andreas Remer, sowie dem Vorsitzenden des Prüfungsausschusses, Herrn Professor Dr. Rolf Uwe Fülbier, dafür danken, dass sie diese Aufgaben bereitwillig übernommen haben. Nicht zuletzt gilt mein Dank den wissenschaftlichen Mitarbeitern des Lehrstuhls für Internationales Management der Universität Bayreuth, die mir stets mit Rat und Tat zur Seite standen.

Mein weiterer Dank gilt meinem Arbeitgeber, Siemens Management Consulting, und zahlreichen Kollegen, die mir ein Umfeld geboten haben, in dem ich erfolgreich arbeiten, fachlich wertvolle Diskussionen führen und auch engen Kontakt halten konnte. Als unentbehrlich erwiesen sich während der Promotion meine Freunde, bei denen ich von der Arbeit abschalten und neue Kraft für bevorstehende Aufgaben sammeln konnte. Dafür bin ich ihnen sehr dankbar. An dieser Stelle sei besonders Herrn Dr. Marc Becker gedankt, den ich sowohl Kollege als auch Freund nennen darf und der mir wichtige Anregungen, vor allem aber auch „seelischen Beistand" gegeben hat.

Mein sicher größter persönlicher Dank gilt meiner Freundin Anna Bassler, die mich durch alle Höhen und Tiefen der Arbeit begleitet hat. Ihr Verständnis, ihr immerwährender Rückhalt und ihr unerschütterlicher Optimismus haben mir ungeheuer viel Kraft gegeben, mich immer wieder aufs Neue motiviert und mich durch diese Zeit getragen. Dafür ganz herzlichen Dank!

Zu guter Letzt möchte ich meinen Eltern Hans-Martin & Hildegard Seubert wie auch meinen Großeltern Ernst & Alice Seubert und Ludwig & Elisabeth Möhrlein aufrichtig danken. Sie haben mich Zeit ihres Lebens bedingungslos, mit ganzer Kraft und aus voller Liebe unterstützt und gefördert. Die Bedeutung dieses Fundaments und Rückhalts lässt sich vielleicht nie ganz ermessen, auch nie vollständig in Worte fassen. Als Zeichen meiner Wertschätzung sei ihnen diese Arbeit gewidmet.

Christoffer-Martin F. Seubert

INHALTSÜBERBLICK

INHALTSVERZEICHNIS

ABBILDUNGSVERZEICHNIS

ANHANGVERZEICHNIS

ABKÜRZUNGSVERZEICHNIS

Abb.	Abbildung
AED	Automatischer externer Defibrillator
AG	Aktiengesellschaft
APT	Arbitrage Pricing Theory
Aufl.	Auflage
CAGR	Compound Annual Growth Rate
CAPM	Capital Asset Pricing Model
CBV	Capabilities-based View
CFROI	Cashflow Return on Investment
CIS	Kardiologie-Informationssystem
Co.	Company
CPOE	Computerized Physician Order Entry
CR3	Konzentrationsrate der drei größten Wettbewerber
CT	Computertomographie
CVA	Cash Value Added
DCF	Discounted Cashflow
DNS/DNA	Desoxyribonukleinsäure
DRA	Deficit Reduction Act
EKG	Elektrokardiogramm

EMR	Electronic Medical Record
ERP	Enterprise Resource Planning
EVA	Economic Value Added
F&E	Forschung & Entwicklung
FY	Financial Year
GE	General Electric
HD	High Definition
Hg.	Herausgeber
Inc.	Incorporated
IT	Informationstechnologie
IVD	In-Vitro Diagnostik
Jg.	Jahrgang
KAR	Kumulierte abnormale Rendite
KBV	Knowledge-based View
M&A	Mergers & Acquisitions
MBV	Market-based View
MECE	Mutually exclusive, collectively exhaustive
MEUR	Milliarden Euro
MI	Molekulare Bildgebung
MRI	Magnetresonanztomographie
MUSD	Milliarden US-Dollar

MVA	Market Value Added
N.V.	Naamloze Vennootschap (niederländisches Äquivalent zur AG)
PACS	Picture Archiving and Communication System
PET	Positron Emission Tomography
POC	Point-of-Care
RBV	Resource-based View
RCP	Resources-Conduct-Performance
RIS	Radiologie-Informationssystem
SCP	Structure-Conduct-Performance
SGE	Strategische Geschäftseinheit
SPECT	Single Photon Emission Computed Tomography
TRS	Total Return to Shareholders
TSR	Total Shareholder Return
UB	Unternehmensbereich
US	Ultraschall
VRIN	Valuable, rare, inimitable, non-substitutable
WACC	Weighted Average Cost of Capital

At the core of your company's strategy
lies a dilemma,
wrapped in a problem,
inside a challenge.

Dyer et al. 2004

1 Konzeption der Arbeit

1.1 Ausgangssituation und Aktualität des Themas

Wie soll die zukünftige Entwicklung des Unternehmens gestaltet werden? In welche *Richtung* sollen die Geschäftsaktivitäten ausgeweitet werden? Und welcher *Weg* wird dazu eingeschlagen? *Build, Ally or Acquire*? So fundamental diese Fragen im Rahmen der Unternehmensführung klingen, so wenige Aufschlüsse liegen immer noch über viele Aspekte ihrer Beantwortung vor.

Die Planung der Unternehmensentwicklung, womit allgemein die Veränderung des Unternehmens im Zeitablauf gesehen wird (vgl. Hammer 1991, 25; Hellwig 1990, 125), stellt einen wesentlichen Teil der Unternehmensführung dar. Die Internationalisierung des Wirtschaftsgeschehens, sich ändernde Marktpositionen und Ressourcenausstattungen, rascher technologischer Fortschritt und sich wandelnde Aufgabenfelder von Unternehmen oder ihren Teilen – um nur einige Gesichtspunkte aufzugreifen – machen eine aktive Gestaltung der Unternehmensentwicklung unabdingbar (vgl. Mirow 1994, 45-51). Für diese Entwicklung sind Investitionsentscheidungen von herausragender Bedeutung. Sie binden Kapital, legen künftige unternehmerische Aktivitäten fest und haben auf Umsatz, Ergebnis, Liquidität und damit gesamthaft auf den Unternehmenswert einen sehr hohen, mitunter existentiellen Einfluss (vgl. Lindstädt 2006, 59; Bausch 2003, 3). Ihre Planung sollte daher besonders sorgfältig und umfassend geschehen.

Hierbei muss in erster Linie der Aspekt beantwortet werden, *was* getan werden soll. Dieser klärt zunächst die strategische *Richtung* der Entwicklung, beispielsweise also die Alternativen Marktdurchdringung/-konsolidierung, produkt-/marktseitige Diversifikation oder Neueinstieg in bestimmte Geschäfte. Ist diese Entscheidung gefallen, muss unweigerlich – zumeist im gleichen Atemzug – die Frage nach dem *wie* der Umsetzung dieser Strategie gestellt werden. Hierbei handelt es sich um die Frage nach dem *Weg* der Entwicklung (im Folgenden als *Entwicklungsweg* bezeichnet). Grundsätzlich kommen hierbei drei Wege in Frage: Interne Entwicklung („*build*"), strategische Allianzen („*ally*") und Akquisitionen („*acquire*"). Es gilt festzuhalten, dass alle drei Alternativen die Ziele und Motive der Unternehmensführung und damit die Wertsteigerungsbestrebungen unterstützen und erfüllen können (vgl. Dabui 2000).

Die Problematik, welcher *Entwicklungsweg* zur Umsetzung einer gewählten Strategie im Hinblick auf die Unternehmensziele und -situation eingeschlagen werden sollte, soll von der vorliegenden Arbeit behandelt werden. Etliche Beiträge in der wirtschaftswissenschaftlichen Literatur zur Betrachtung dieser Entscheidung kommen zu dem Schluss, dass nur wenige Unternehmen diese Wahl auf Basis einer systematischen Analyse vornehmen (vgl. z.B. Anderson/Gatignon 1987). Es findet sich zwar eine Vielzahl an Forschungen, die sich intensiv mit der Implementierung eines eingeschlagenen Entwicklungsweges beschäftigen, doch gibt es erstaunlicherweise deutlich seltener Untersuchungen, die eine Stufe vorher bei der Alternativenwahl ansetzen. Mit Blick auf die vorherrschende Unternehmenspraxis stellen DYER/KALE/SINGH beinahe bestürzt fest: „*although executives instinctively talk about acquisitions and alliances in the same breath, few treat them as alternative mechanisms by which companies can attain goals. Most companies simply don't compare the two strategies before picking one*“ (vgl. 2004, 110). Genau auf dieser Stufe muss jedoch eingestiegen werden, um zu diskutieren, welche Alternative aus dem Spektrum der Möglichkeiten ausgewählt werden sollte.

Angesichts der beschriebenen Relevanz und ökonomischen Bedeutung muss diese Entscheidung zu den wichtigsten Aufgaben der Unternehmensführung gezählt werden (vgl. Bausch 2003, 6). Die möglichst zielführende strategische Entscheidung über den Entwicklungsweg umschließt das betriebswirtschaftliche Problemfeld, mit dem sich diese Arbeit auseinandersetzt.

1.2 Stand der Forschung und aktueller Forschungsbedarf

Die beschriebene Fragestellung ist in den letzten Jahren sowohl in der angloamerikanischen (vgl. *Abb. 1 – Abb. 3*) als auch in der deutschen Literatur (vgl. vornehmlich Bausch 2003; Henkel 1992; Schaper-Rinkel 1998; Waldecker 1995) vermehrt in den Forschungsfokus geraten. Nach Durchsicht dieser einschlägigen Arbeiten bleibt festzuhalten, dass auf dem Gebiet der Entscheidung zwischen verschiedenen Entwicklungswegen weiterhin Forschungsbedarf besteht:

Isolierte Betrachtung der Alternativen

Die betriebswirtschaftliche Erforschung der Unternehmensentwicklung ist über weite Strecken getrennt und unabhängig voneinander verlaufen. Es ist festzustellen, dass in Anbetracht der umfangreichen Literatur zu Akquisitionen, Kooperationen und Interner Entwicklung, nur ein sehr kleiner Teil die verschiedenen Entwicklungswege im Sinne echter, prinzipiell substituierbarer Alternativen im Rahmen einer umfassenden Entscheidung untersucht (vgl. Moatti/Dussauge 2005). Erst seit Beginn der 1980er Jahre werden diese als konkurrierende und sich ergänzende Optionen angesehen (vgl. Harrigan 1986, 10-11; Mariti/Smiley 1983).

Die Beiträge, die eine Alternativenbetrachtung einschließen, untersuchen im vorherrschenden Maße die Determinanten, d.h. Erklärungs- oder Entscheidungsvariablen, für die Wahl des Entwicklungsweges (vgl. *Abb. 1 – Abb. 3*). Dies geschieht überwiegend vor dem unternehmerischen Hintergrund der Internationalisierung und des Markteintritts, deutlich weniger häufig im Rahmen der Diversifikationsforschung. Die Betrachtungen schließen typischerweise drei verschiedene Entscheidungssituationen ein:

- Entscheidung zwischen den verschiedenen Formen der Unternehmensverbindung: Akquisition *versus* Kooperation;
- Entscheidung zwischen den Entwicklungswegen mit hohem und niedrigem Kontrollgrad bzw. Bindungsintensität: Interne Entwicklung/Akquisition („*wholly-owned*") *versus* Kooperation;
- Entscheidung zwischen internem und externem Entwicklungsweg: Interne Entwicklung („*Greenfield*") *versus* Akquisition.

Bemängelt werden kann die fehlende, simultane Einbeziehung aller drei Alternativen (vgl. Busija et al. 1997; Yip 1982). Gerade aus der Kenntnis *wann* ein Entwicklungsweg von größerem Vorteil ist als ein anderer, könnte ein stärkerer Wettbewerbsvorteil erwachsen, als aus der anschließenden Implementierung (vgl. Dyer et al. 2004).

Zusammenfassend kann somit, trotz der beachtlichen Tradition der Erforschung der Unternehmensentwicklung, ein klarer Mangel an konzeptionellen Ansätzen festgehalten werden, die alle drei alternativen Entwicklungswege in einen gemeinsamen Rahmen logisch und nachvollziehbar einordnen und daraus Handlungsempfehlungen für eine situations- bzw. kontextspezifische Anwendung der Alternativen geben.

Autor(en)	Jahr	Unternehmerischer Hintergrund	Untersuchte Entwicklungswege: Int. Entw.	Allianzen	M&A	Untersuchte Entscheidungsdeterminanten		Theoretische Schwerpunkte
Agrarwal/ Ramaswami	1992	*Markteintritt, Internationalisierung*	X (wholly owned)	X	X (wholly owned)	*Intern*	Unternehmensgröße, Markterfahrung, F&E-Fähigkeiten	Eklektisches Paradigma
						Extern	Marktgröße, Marktrisiko	
Amit/Livnat/ Zarowin	1989	*Diversifikation*	X		X	*Intern*	Erfahrung mit Entwicklungsweg, Diversifikationsgrad	Transaktionskosten-theorie, Risikomanagement
						Extern		
Anderson/ Gatignon	1987	*Markteintritt, Internationalisierung*	X (wholly owned)	X	X (wholly owned)	*Intern*	Investitionsspezifität, Internationale Erfahrung	Transaktionskosten-theorie
						Extern		
Andersson/ Svensson	1994	*Markteintritt, Internationalisierung*	X		X	*Intern*	Managementfähigkeiten, Technologische Fähigkeiten, Markterfahrung, Diversifikationsgrad	Ressourcentheorie (Erweiterung: Organizational capabilities)
						Extern		
Barkema/ Vermeulen	1998	*Markteintritt, Internationalisierung*	X (green-field)		X	*Intern*	Multinationale Diversität, Technologische Fähigkeiten	Ressourcentheorie (Erweiterung: Organizational capabilities)
						Extern		
Brouthers	2002	*Markteintritt, Internationalisierung*	X (wholly owned)	X	X (wholly owned)	*Intern*	Transaktionskosten, Investitionsspezifität	Transaktionskosten-theorie (Kultureller Kontext, Institutioneller Kontext)
						Extern	gesetzliche Restriktionen, Investitionsrisiko, Marktwachstum	
Brouthers/ Brouthers	2000	*Markteintritt, Internationalisierung*	X (green-field)		X	*Intern*	Markterfahrung, Marktrisiko, kulturelle Distanz	Transaktionskosten-theorie (Kultureller Kontext, Institutioneller Kontext)
						Extern	Marktwachstum	
Brouthers/ Brouthers	2003	*Markteintritt, Internationalisierung*	X (wholly owned)	X	X (wholly owned)	*Intern*	Investitionsspezifität	Transaktionskosten-theorie (Kultureller Kontext, Institutioneller Kontext)
						Extern	Umweltunsicherheit, Verhaltensunsicherheit	
Brouthers/ Hennart	2007	*Markteintritt, Internationalisierung*	X (wholly owned)	X	X (wholly owned)	*Intern*	Investitionsspezifität, Markterfahrung	Transaktionskosten-theorie, Ressourcentheorie, Institutional theory
						Extern	Marktrisiko, Kulturelle Distanz, Gesetzliche Restriktionen	
Chan/Hwang	1992	*Markteintritt, Internationalisierung*	X (wholly owned)	X	X (wholly owned)	*Intern*	Markterfahrung, firmenspezifisches Know-how	Transaktionskosten-theorie, Industrieökonomik
						Extern	Marktkonzentration, Marktrisiko, Nachfrageunsicherheit, Wettbewerbsintensität	
Chatterjee	1990	*Markteintritt, Internationalisierung*	X		X	*Intern*		Industrieökonomik
						Extern	Marktkonzentration	
Chen/Hennart	2002	*Markteintritt, Internationalisierung*	X (wholly owned)	X	X (wholly owned)	*Intern*	Kenntnisse/Fähigkeiten	Ressourcentheorie, Eklektisches Paradigma, Industrieökonomik
						Extern	Marktbarrieren	
Claver/Quer	2005	*Markteintritt, Internationalisierung*		X	X	*Intern*	Markterfahrung	
						Extern	Know-how Intensität	
Decker/Zhao	2004	*Markteintritt, Internationalisierung*	X (wholly owned)	X	X (wholly owned)	*Intern*	Risikoaversion	Transaktionskosten-theorie, Eklektisches Paradigma, Industrieökonomik
						Extern	Marktrisiko, Marktattraktivität	
Demirbag/ Tatoglu/ Glaister	2008	*Markteintritt, Internationalisierung*	X (green-field)		X	*Intern*		
						Extern	Investitionsrisiko, Marktattraktivität	
Drogendijk/ Slangen	2006	*Markteintritt, Internationalisierung*	X		X	*Intern*	Kulturelle Distanz	Transaktionskosten-theorie
						Extern		

Abb. 1 Vergleichende Untersuchungen zu Entwicklungswegen (1/3)

Quelle: Eigene Zusammenstellung

Autor(en)	Jahr	Unternehmerischer Hintergrund	Untersuchte Entwicklungswege: Int. Entw.	Allianzen	M&A	Untersuchte Entscheidungsdeterminanten		Theoretische Schwerpunkte
Duarte/ García-Canal	2004	*Markteintritt, Internationalisierung*		X	X	*Intern*	Markterfahrung, Erfahrung mit Entwicklungsweg	Transaktionskosten-theorie
						Extern		
Dyer/Kale/ Singh	2004	*Marktexpansion, Diversifikation*		X	X	*Intern*	Ressourcenart (tangibel/intangibel), Grad redundanter Ressourcen	Ressourcentheorie, Industrieökonomik
						Extern	Marktrisiko, Wettbewerbsintensität	
Geyskens/ Steenkamp/ Kumar	2006	*Marktexpansion, Diversifikation*	X	X	X	*Intern*	Investitionsspezifität	Transaktionskosten-theorie
						Extern	Volumenunsicherheit, Verhaltensunsicherheit, Technologische Unsicherheit	
Hagedoorn/ Duysters	2002	*Marktexpansion, Diversifikation*		X	X	*Intern*	Beziehung zu Kerngeschäft, Erfahrung mit Entwicklungsweg	Ressourcentheorie (Erweiterung: Dynamic capabilities)
						Extern	Industriecharakteristika	
Hennart	1991	*Markteintritt, Internationalisierung*		X	X	*Intern*	Bedarf an komplementären Assets, Markterfahrung	Transaktionskosten-theorie
						Extern	Marktkonzentration	
Hennart/ Larimo	1998	*Markteintritt, Internationalisierung*	X (green-field)	X		*Intern*	Kulturelle Distanz	
						Extern		
Hennart/Park	1993	*Markteintritt, Internationalisierung*	X (green-field)		X	*Intern*	F&E-Intensität, Erfahrung (Markt, Technologie), Ressourcenausstattung	Transaktionskosten-theorie, Kapitalmarkttheorie
						Extern	Marktwachstum, Marktkonzentration	
Hennart/ Reddy	1997	*Markteintritt, Internationalisierung*		X	X	*Intern*	Markterfahrung, Verwandschaftsgrad der Industrie	
						Extern	Marktwachstum, Marktkonzentration	
Hill/Hwang/ Kim	1992	*Markteintritt, Internationalisierung*	X (wholly owned)	X	X (wholly owned)	*Intern*	Markterfahrung, Investitionsspezifität	Transaktionskosten-theorie, Industrieökonomik
						Extern	Marktrisiko, Wettbewerbsvolatilität	
Ingham/ Thompson	1994	*Markteintritt, Diversifikation*	X (wholly owned)	X	X (wholly owned)	*Intern*	Investitionsspezifität	Ressourcentheorie (Organizational capabilities), Transaktionskosten-theorie
						Extern		
Lu	2002	*Markteintritt, Internationalisierung*	X (wholly owned)	X	X (wholly owned)	*Intern*	Erfahrung mit Entwicklungsweg, Ressourcenintensität	Transaktionskostentheorie (Erweiterung: Institutioneller Kontext)
						Extern	Wettbewerberverhalten	
Luo	2001	*Markteintritt, Internationalisierung*	X (wholly owned)	X	X (wholly owned)	*Intern*	Markterfahrung	Eklektisches Paradigma, Ressourcentheorie, Transaktionskosten-theorie
						Extern	gesetzliche Restriktionen, Marktunsicherheit, Marktwachstum	
Makino/ Neupert	2000	*Markteintritt, Internationalisierung*	X (wholly owned)	X	X (wholly owned)	*Intern*	Bedarf komplementärer Assets Markterfahrung, kulturelle Distanz	Transaktionkosten-theorie (Erweiterung: Kultureller Kontext)
						Extern	Marktwachstum	
Morschett	2006	*Markteintritt, Internationalisierung*	X (wholly owned)	X		*Intern*	Markterfahrung	Ressourcentheorie (Organizational capabilities), Transaktionskosten-theorie
						Extern	Gesetzliche Restriktionen, Marktrisiko, Marktwachstum,	
Moatti	2007	*Marktexpansion, Diversifikation*	X	X	X	*Intern*	Erfahrung mit Entwicklungsweg, Wettbewerberimitation	Transaktionskosten-theorie, Ressourcentheorie (Erweiterung: Knowledge-based view)
						Extern		
Moon	1999	*Markteintritt, Internationalisierung*		X	X	*Intern*	Technologische Fähigkeiten, Markterfahrung, Produkterfahrung, Spezifität	Ressourcentheorie (Organizational capabilities), Transaktionskosten-theorie
						Extern		

Abb. 2 Vergleichende Untersuchungen zu Entwicklungswegen (2/3)

Quelle: Eigene Zusammenstellung

Autor(en)	Jahr	Unternehmerischer Hintergrund	Untersuchte Entwicklungswege: Int. Entw.	Allianzen	M&A		Untersuchte Entscheidungsdeterminanten	Theoretische Schwerpunkte
Pangarkar	2000	*Marktexpansion, Diversifikation*	X		X	*Intern*	Erfahrung mit Entwicklungsweg	Prinzipal-Agenten-Theorie
						Extern	Wettbewerberverhalten	
Roberts/Berry	1985	*Marktexpansion, Diversifikation*	X	X	X	*Intern*	Marktvertrautheit, Technologievertrautheit	Diversifikationstheorie
						Extern		
Roberts/Liu	2001	*Marktexpansion, Diversifikation*		X	X	*Intern*		Technlologielebens-zyklus
						Extern	Phase im Technologielebenszyklus	
Ruffer/Holcomb	2002	*Marktexpansion, Diversifikation*	X		X	*Intern*	Unternehmensgröße	Ressourcentheorie, Industrieökonomik
						Extern	Marktkonzentration	
Singh/Kogut	1989	*Markteintritt, Internationalisierung*	X (wholly owned)	X	X (wholly owned)	*Intern*	Markterfahrung	Ressourcentheorie (Erweiterung: Organizational capabilities)
						Extern	Technologieintensität	
Warner	2003	*Diversifikation*	X		X	*Intern*	Erfahrung mit Entwicklungsweg	
						Extern		
Yin/Shanley	2008	*Diversifikation*		X	X	*Intern*	Investitionsspezifität	Transaktionskosten-theorie, Industrieökonomik
						Extern	Unsicherheit, Marktkonzentration, Gesetzliche Restriktionen	
Yip	1982	*Markteintritt, Diversifikation*	X		X	*Intern*	Diversifikation, Investitionsintensität	Ressourcentheorie, Industrieökonomik (Eintrittsbarrieren)
						Extern	Marktwachstum, Marktkonzentration	
Yiu/Makino	2002	*Markteintritt, Internationalisierung*		X	X	*Intern*	Markterfahrung, Wettbewerberimitation	Institutional theory model
						Extern	Gesetzliche Restriktionen, F&E-Intensität	
Zejan	1990	*Markteintritt, Internationalisierung*	X (green-field)		X	*Intern*	Unternehmensdiversifikation, Erfahrung mit Entwicklungsweg	Transaktionskosten-theorie, Ressourcentheorie, Industrieökonomik
						Extern	Marktkonzentration, Marktwachstum	

Abb. 3 Vergleichende Untersuchungen zu Entwicklungswegen (3/3)

Quelle: Eigene Zusammenstellung

Monokausale Betrachtung der Entscheidungsdeterminanten

Neben den beschriebenen Unterschieden in den einbezogenen Entwicklungswegen, tritt eine beachtliche Bandbreite der betrachteten Entscheidungsdeterminanten auf (vgl. *Abb. 1 – Abb. 3*). Der Katalog an aufgegriffenen Variablen des externen und internen Unternehmensumfelds und seine Erforschung auf empirische Relevanz und Signifikanz erscheinen schier grenzenlos. Die angewandten Forschungsmethodologien bei der Betrachtung der Entscheidungsdeterminanten sind jedoch nicht einheitlich, so dass sich sowohl Art und Anzahl, als auch prognostizierte Wirkung der ausgewählten Einflussfaktoren stark unterscheiden. Es drängt sich die Frage auf, ob sich die Forschung durch diese Herangehensweise nicht zu weit von der betrieblichen Praxis entfernt. Eine getrennte, gar isolierte Betrachtung einzelner Situationsparameter kann der Komplexität der strategischen Entscheidung nicht gerecht werden, da zum Entscheidungszeitpunkt immer eine Vielzahl an Parametern einbezogen werden muss (vgl. Moatti 17.10.2007; Brouthers/Brouthers 2000; Barkema/Vermeulen 1998; Hennart/Park 1993).

Kritisch ist außerdem zu bemerken, dass die Untersuchungen meist monokausalen Ansätzen folgen. Hierzu sei besonders auf die Transaktionskostentheorie, die Ressourcentheorie und die Industrieökonomik verwiesen. Sie können die Vorteilhaftigkeit des einen oder anderen Entwicklungsweges lediglich mit eingeschränktem Blickwinkel betrachten und somit nur für ein schmales Situationsspektrum hinreichende Begründungen liefern (vgl. Oehlrich 2001, 5).

Die wissenschaftliche Forschung steckt hier gewissermaßen in einer Zwickmühle. Zum einen sieht sie sich dem eingeschränkten Erklärungswert und der geringen praktischen Nutzbarkeit partialanalytischer Ansätze gegenüber. Zum anderen fehlt auch vielen eklektischen Modellansätzen der jüngeren Zeit die Durchschlagskraft, da die herausgearbeiteten Kriterienaufstellungen schlicht keine eindeutigen Handlungsempfehlungen mit Blick auf den Entwicklungsweg mehr zulassen (vgl. Weiss 1996, 2). Ein integratives Modell zur Einbeziehung mehrerer (Teil)-Perspektiven und Entscheidungsdeterminanten soll daher mit dieser Arbeit angestrebt werden.

Mangelhafte Betrachtung von Zielkriterien

Entscheidungen im Rahmen der Unternehmensentwicklung waren und sind in der Praxis überwiegend von drei Herangehensweisen geprägt: erstens durch subjektive, gar intuitive Bewertungen gegebener Möglichkeiten, zweitens durch ein Handeln entsprechend vorherrschender Moden und Trends und drittens durch die Beschränkung auf rein kapitalwertgetriebene Ansätze (vgl. Lindstädt 2006, 60). Dabei eigenen sich alle drei Perspektiven nur beschränkt für eine fundierte Entscheidungsfindung. Die ersten beiden Kategorien sind Ausdruck eines stark inkrementalistischen Entscheidens. Letztlich müssen sie als theoretische Nach- oder bestenfalls Mitläufer sich verändernder Herausforderungen der Unternehmensentwicklung bezeichnen lassen. Dagegen muss sich die Konzentration auf finanztheoretische Bewertungs- und Prognosemodelle die hohe Sensitivität der Modellergebnisse zum Vorwurf machen lassen. Trotz des weiten theoretischen Fortschritts auf diesem Gebiet, lässt sich der Eindruck nicht verhindern, dass bestimmte Entscheidungen in der Praxis durch entsprechende Modellannahmen nur noch gerechtfertigt werden sollen (vgl. Lindstädt 2006, 60).

Diese Problematik ist in der wissenschaftlichen Diskussion bisher nur in Ausschnitten behandelt worden, so dass hinsichtlich einer gesamthaften Betrachtung weiterhin Lücken bestehen bleiben (vgl. Henkel 1992, 2; Kirchner 1991, 26). LINDSTÄDT kommt zu dem Schluss, dass trotz der großen Bedeutung kapitalwertgetriebener Ansätze, die Entscheidung aus einer Perspektive „*strategischer Wertorientierung*“ angegangen werden sollte. Diese Herangehensweise kommt zum Einsatz *bevor* die zwingend notwendigen finanziellen und kapitalwertgetriebenen Untersuchungen konkreter Opportunitäten und Transaktionen stattfinden. Durch die Einbeziehung dieser strategischen Perspektive wird die Frage, in wieweit durch Entscheidungen der Unternehmensentwicklung Wettbewerbsvorteile geschaffen und genutzt werden können, frühzeitig behandelt. Sie dient so der Ausrichtung an einem umfassenden Globalziel: der langfristigen und nachhaltigen Wertsteigerung des Unternehmens (vgl. Lindstädt 2006, 62).

Die vorgestellten Forschungsergebnisse zeigen, dass es viele Einzelerkenntnisse zur Wahl des Entwicklungsweges gibt. Die erreichten Ergebnisse können jedoch weder als eindeutig noch vollständig bezeichnet werden. Weitere Bemühungen zur Erforschung der Wahl des Entwicklungsweges sollten angestellt werden (vgl. Amit et al. 1989).

1.3 Forschungsziel und Beitrag zur Schließung der Forschungslücke

Aus den identifizierten Schwächen existierender Forschung in Bezug auf betrachtete Alternativen, Unternehmenskontext und Ausrichtung an übergeordneten Zielen, erwachsen die inhaltlichen Zielsetzungen der Arbeit.

Zunächst ist festzuhalten, dass die Arbeit alle drei Entwicklungswege – Interne Entwicklung, Kooperation und Akquisition – im Sinne echter, miteinander konkurrierender Alternativen einschließen soll. Sie geht damit einen klaren Schritt über die in *Abb. 1 – Abb. 3* aufgelisteten Beiträge hinaus. Die Kernfrage der Untersuchung lautet demnach:

Welchen Entwicklungsweg sollte ein Unternehmen wählen?

Die Alternativen sollen hierbei bewusst in dieser relativ groben Abgrenzung betrachtet werden. Jeder der drei Entwicklungswege hat zahlreiche Unterausprägungen, die in einem separaten Teil der Arbeit gewürdigt werden. Für die Untersuchung der hier aufgezeigten Entscheidung sollen sie jedoch nachgelagert sein.

Aufgrund der Abhängigkeit der Entscheidung über den Entwicklungsweg von Kontextfaktoren aus dem internen und externen Unternehmensumfeld, die sich je nach spezifischer Entscheidungssituation unterscheiden, kann es nicht Ziel der Arbeit sein, eine allgemeine Superiorität einer der Alternativen zu identifizieren. Sinn und Zweck der Untersuchung muss es sein, Entscheidungssituationen in soweit zu charakterisieren und zu systematisieren, dass in Abhängigkeit der jeweiligen Umweltkonstellation eine Handlungsempfehlung bezüglich einer Alternative abgegeben werden kann. Dies kann die oben beschriebene partialanalytische

Betrachtung einzelner Kontextfaktoren nicht leisten, denn sie vernachlässigt die interdependente Wirkung mehrerer Variablen in der komplexen Entscheidungssituation.

Ziel der Arbeit ist es daher, einen geschlossenen Beitrag durch Integration mehrerer Einzelansätze zu liefern. Dazu sollen situationsbezogene Faktoren aus dem internen und externen Unternehmensumfeld ermittelt werden, die Einfluss auf die Erfolgswirkung alternativer Entwicklungswege ausüben und somit im Vorfeld als Entscheidungsgrundlage herangezogen werden sollten. Teilziele sind in diesem Zusammenhang die Festlegung entscheidungsrelevanter Faktoren, die Beurteilung der Bedeutung und Wirkung dieser Faktoren in der Entscheidungsproblematik und die Entwicklung von Hypothesen ihrer einzelnen und gemeinsamen Wirkung. Daraus entsteht die Verdichtung der Faktoren zu einem integrativen Modell und typisierten Entscheidungssituationen, für die präskriptive Handlungsempfehlungen zur Auswahl des Entwicklungsweges bereitgestellt werden können. Die Kernfrage muss entsprechend angepasst werden:

> *Welchen Entwicklungsweg sollte ein Unternehmen in Anbetracht der Entscheidungssituation wählen?*

Bei der Betrachtung der Entscheidungssituation darf die Zielsetzung des Unternehmens nicht außen vor bleiben. Als Globalziel des Unternehmens soll die Wertsteigerung festgehalten werden. Sie bietet ein umfassendes Konzept, um Einzel- und Teilziele gesamthaft abzubilden. Es ist jener Entwicklungsweg zu wählen, der den größten Wertsteigerungsbeitrag verspricht. Um diesem Ziel gerecht zu werden, wird die Perspektive der oben beschriebenen *„strategischen Wertorientierung“* eingenommen. Die Untersuchung wird damit in die frühe Phase des Strategieprozesses eingebettet. Als Konsequenz müssen in der Betrachtung von Kontextfaktoren auch Rückschlüsse ihrer Wirkung auf die Wertpotenziale des Unternehmens einbezogen werden, um wertorientierte und strategiekonforme Handlungsempfehlungen für die Wahl des Entwicklungsweges zu geben. Die Kernfrage der Untersuchung kann damit abschließend formuliert werden:

> *Welchen Entwicklungsweg sollte ein Unternehmen in Anbetracht der Entscheidungssituation wählen, um dadurch das Wertsteigerungsziel des Unternehmens am besten zu unterstützen?*

In Summe ist es damit Ziel der Untersuchung, einen Beitrag zum wertorientierten strategischen Management der Unternehmensentwicklung zu leisten. Dieser besteht in der Entwicklung eines theoretisch fundierten, entscheidungsunterstützenden Modells, welches die wesentlichen Zusammenhänge zwischen Entwicklungszielen, -alternativen und Rahmenbedingungen herstellt. Es legt dadurch vermutete Ursache-Wirkungsbeziehungen im Hinblick auf den Unternehmenserfolg offen und liefert wertorientierte und situationsadäquate Handlungsempfehlungen für die Wahl des Entwicklungsweges. Das Modell kann infolgedessen in der praktischen Anwendung eine schnellere, strategieorientierte Entscheidung ermöglichen und die Entscheidungsfindung transparent, umfassend und rational gestalten.

1.4 Gang der Untersuchung

1.4.1 Wissenschaftstheoretische Position

Nach der Skizzierung der inhaltlichen Ziele soll der forschungsleitende Hintergrund, vor dem diese erreicht werden sollen, beschrieben werden. Im Rahmen der Arbeit wird die Betriebswirtschaftslehre als anwendungsorientierte Wissenschaft angesehen. Sie strebt als Realwissenschaft die begriffliche Systematisierung des Forschungsgegenstandes (*essentialistisches Wissenschaftsziel*), die Aufdeckung von Ursache-Wirkungs-Zusammenhängen realer Forschungsprobleme (*theoretisches Wissenschaftsziel*) sowie auf dieser Grundlage die Erarbeitung von Handlungsempfehlungen im Sinne von Lösungshilfen für die Unternehmenspraxis an (vgl. Chmielewicz 1994, 8-18; Raffée 1974, 13-17 u. 64-78). Die abzuleitenden Forschungsergebnisse zeichnen sich infolgedessen durch praktische Orientierungs-, Erklärungs- und Problemlösungskraft aus (vgl. Überlegungen von Thomas/Tymon 1982; zu weiteren Qualitätsmerkmalen wissenschaftlicher Aussagen Grochla 1978, 55-56 u. 70-71).

Die dafür zur Verfügung stehenden Forschungsmethoden der Wirtschaftswissenschaft bewegen sich zwischen den „*Extremen*" des klassischen Rationalismus und des klassischen Empirismus. Ersteres sieht die Erkenntnisquelle in der Vernunft (*deduktives Vorgehen*), letzteres in der Beobachtung (*induktives Vorgehen*) (vgl. z.B. Schanz 1988, 3-7). Als weitgenutztes wissenschaftstheoretisches Fundament hat sich mittlerweile mit dem kritischen Rationalismus eine forschungsstrategische Herangehensweise etabliert, die zwischen den beiden Extrempositionen liegt und somit deduktive und induktive Aspekte einschließt. Der kritische Rationalismus verlangt, theoretische (d.h. deduktiv abgeleitete) Erklärungsansätze anhand von induktiv gewonnenen Erfahrungen zu prüfen und im Falle der Falsifikation zu verwerfen beziehungsweise im Rahmen einer Modifikation erneut empirisch zu überprüfen (vgl. Chmielewicz 1994, 88-89). Für die hier vorliegende anwendungsorientierte Problemstellung erscheint es damit unerlässlich, neben der theoretischen Durchdringung auf Methoden der empirischen Forschung zurückzugreifen, um die praktische Relevanz und Verwertbarkeit der Erkenntnisse sicherzustellen.

Der durch die Forschungsmethoden erreichbare wissenschaftliche Fortschritt, der sich gerade durch Begriffsetzung, Systematisierung, Modellbildung, Hypothesenableitung und Ideenkombination kennzeichnet, hängt nach KUHN in erster Linie von in der wissenschaftlichen Gemeinschaft anerkannten Grundmodellen ab (vgl. Kuhn 1973, 25). Solche Grundmodelle stellen in der Betriebswirtschaftslehre zweifellos der entscheidungsorientierte und der situative Ansatz dar. Beide verstehen sich durch ihre hohe Integrations- und Problemslösungskraft als Theorien, die zur Behandlung realer Problemstellungen Anwendung finden sollten (vgl. Bausch 2003, 8).

Der entscheidungsorientierte Ansatz bietet einen Forschungsrahmen, der zunächst eine Abgrenzung und Analyse der bereits intuitiv eingeführten Elemente der Ziele, Alternativen und Rahmenbedingungen zulässt (vgl. zur entscheidungsorientierten Betriebswirtschaftslehre z.B. umfassend Heinen 1992). Anschließend bietet er die Grundlage für eine Synthese der Elemente, so dass theoriegeleitete wie anwendungsorientierte Aussagen zu den Entscheidungswirkungen als Ergebnis des Einsatzes einer Alternative unter bestimmten Bedingungen abgeleitet werden können (vgl. Grochla 1982, 14-18). Innerhalb des Ansatzes lassen sich die Forschungsrichtungen der empirisch-realistischen und der praktisch-normativen Entscheidungstheorie unterscheiden. Erstere Perspektive konzentriert sich auf die Beschreibung des Entscheidungsprozesses und nimmt damit eine primär verhaltenswissenschaftliche Sichtweise ein („*Wie wird entschieden*?"). Die zweite Richtung strebt eine zieladäquate Entscheidungsempfehlung durch die Systematisierung von Alternativen und die Erstellung von Erklärungsmodellen an („*Wie sollte entschieden werden*?"). Sie muss innerhalb dieser Arbeit zum Tragen kommen, um dem angestrebten Ziel der Bereitstellung von Handlungsempfehlungen gerecht zu werden.

Entscheidungen unterliegen auch immer einer situativen Bedingtheit und bedürfen einer Relativierung, wie vom situativen Ansatz gefordert (vgl. Kieser/Kubicek 1992, 50). Auch ULRICH/FLURI kommen zu dem Schluss, dass den Problemen der Unternehmensentwicklung angemessene Konzepte nur situative Konzepte sein können (vgl. 1995, 30). Die situative Eignung verschiedener Handlungsalternativen tritt dabei an die Stelle genereller Überlegenheit. Vor dieser Argumentation kann die Arbeit wissenschaftsmethodisch in die entscheidungstheoretischen Untersuchungen (vgl. Heinen 1971) eingeordnet werden, die dem situativen Ansatz (vgl. z.B. Kieser/Kubicek 1992, 45-64) und dessen Weiterentwicklung zum Konfigurationsansatz (vgl. z.B. Miller et al. 1984) folgen. Der entscheidungslogische Argumentationsstrang wird sich am Konfigurationsansatz orientieren, indem er Gestaltungsbedingungen des Entscheidungsproblems und Alternativen typenorientiert erfasst.

1.4.2 Theoretische und praktische Forschungsleistung

Aus der pragmatischen wissenschaftstheoretischen Position mit ihrer Verbindung von theoretischer Durchdringung und praktischer Untersuchung ergibt sich die konkrete Vorgehensweise der Arbeit. Zur Gliederung der Arbeitsschritte hilft ein Blick in die Literatur der qualitativen Sozialforschung. Gerade die Fallstudienmethodik nach YIN bietet eine passende Grundlage zur Einbeziehung deduktiver und induktiver Forschung (vgl. 2003). Sie empfiehlt eine intensive Auseinandersetzung mit bestehenden Erkenntnissen, um durch eine theoretische Fundierung die sich anschließende praktische Untersuchung zu unterstützen. Dieser Ansatz ermöglicht eine zielgerichtete Untersuchung, die sich in vier Phasen gliedert (vgl. *Abb. 4*).

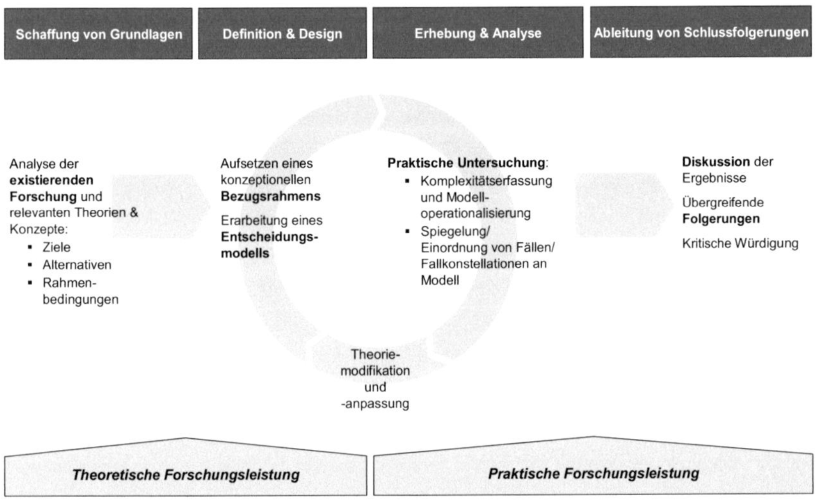

Abb. 4 Vorgehensweise: Arbeitsschritte, Kernergebnisse

Quelle: Eigene Darstellung

Schaffung von Grundlagen

Im ersten Schritt findet eine systematische Analyse der existierenden Forschung und relevanten Theorien und Konzepte statt. Die aufgegriffenen Elemente richten sich dabei nach dem entscheidungstheoretischen Ansatz. Ziele, Alternativen und Rahmenbedingungen bilden das umfangreiche Fundament für die anschließende entscheidungstheoretische Verbindung der Elemente und die Durchdringung des Forschungsproblems. Als Zielsetzung wird die Wertsteigerung als Leitgedanke der Unternehmensführung eingeführt und die Einbettung der Unternehmensentwicklung in die wertorientierte strategische Planung vorgenommen (*Kapitel 2*). Interne Entwicklung, Kooperation und Akquisition werden als alternative Entwicklungswege im Rahmen der Unternehmensentwicklung definiert, in ihren Ausprägungen beschrieben und differenziert (*Kapitel 3*). Als dritter Baustein wird die Frage erläutert, welche allgemeinen organisationstheoretischen, ökonomischen und unternehmensstrategischen Theorien zur Erklärung der Entscheidung über den Entwicklungsweg herangezogen werden können (*Kapitel 4*). Konkreter soll damit untersucht werden, welche Handlungsempfehlungen aus deren Sicht gegeben werden, wo ihre Prämissen, Einschränkungen und Schwächen liegen. Infolgedessen können wichtige Hinweise auf Rahmenbedingungen abgeleitet werden, die anschließend in den konzeptionellen Rahmen integriert werden können.

Definition & Design

Im zweiten Schritt kommt es zur Synthese der aufgeschlüsselten entscheidungstheoretischen Elemente (*Kapitel 5*). Sie stellt den Schwerpunkt der theoretischen Forschungsleistung dar. Die Definitions- und Designphase besteht aus dem Aufsetzen eines konzeptionellen Bezugsrahmens, der das dargestellte Wissen ordnet und systematisiert (vgl. Kubicek 1977, 17-21). RÖSSL sieht dies als Vorstufe einer Theorie im Sinne des kritischen Rationalismus. Der Bezugsrahmen dient als Integrationsinstrument mit Hypothesencharakter, indem isolierte Ergebnisse aus einer großen Anzahl vorliegender Untersuchungen aus dem jeweiligen konkreten Forschungskontext in den für diese Arbeit relevanten Bezugsrahmen übernommen werden (vgl. Rössl 1990, 100). Aus dem Bezugsrahmen sollen Aussagen erarbeitet werden, die der betrieblichen Praxis eine bessere Hilfestellung bei der Lösung des Entscheidungsproblems bieten können. Ziel ist die Erarbeitung eines Entscheidungsmodells, das eine Einordnung spezifischer unternehmerischer Situationen erlaubt und damit eine Empfehlung für die Wahl des Entwicklungsweges bietet. Das Ergebnis weist auf eine präferierte Handlungsalternative hin.

Bausteine des Bezugsrahmens sind die in der Grundlagenphase beleuchteten Elemente: Ziele, Alternativen und Rahmenbedingungen. In der Untersuchung werden insbesondere die Rahmenbedingungen in Form von Kontextvariablen einer intensiven Betrachtung zugeführt. Hierzu findet der Konfigurationsansatz Anwendung, der die Inkorporation mehrerer Inhaltstheorien und empirischer Ergebnisse zulässt (vgl. Bausch 2003, 78). Infolgedessen sollen Handlungsempfehlungen abgeleitet werden, die der komplexen Gesamtsituation des Unternehmens gerecht werden und damit zielkonform sind. Sie werden nach Einordnung des Unternehmens in seine spezifische interne und externe Situation als Hypothesen zur Ableitung des präferierten Entwicklungsweges formuliert.

Erhebung & Analyse

Das erarbeitete Entscheidungsmodell und seine Hypothesen dienen als Basis für die praktische Forschungsleistung der Arbeit (*Kapitel 6*). Die gewonnenen theoretischen Erkenntnisse sollen durch eine Fallstudie überprüft werden. Der konkrete Nutzen dieser Vorgehensweise liegt in der Operationalisierung und kritischen Reflexion des Modells an realen Gegebenheiten.

Da die Arbeit dem pragmatischen Wissenschaftsziel folgt, liegt ihr Wert in der Nutzbarmachung von Erkenntnissen für die Realitätsgestaltung (vgl. Chmielewicz 1994, 17-18). Vor dem Hintergrund einer komplexen unternehmerischen Situation ist es damit wichtig, die konkrete Anwendbarkeit des Entscheidungsmodells als Lösungshilfe zu beurteilen (vgl. Legewie o.A., 11). Dies kann nur durch Konfrontation mit der Realität zur Überprüfung der Plausibilität und Handhabbarkeit der getroffenen Annahmen geschehen.

Das im theoretisch-konzeptionellen Teil gebildete Entscheidungsmodell ist ein Hilfsmittel, um eine gewisse Ordnung in eine komplexe Entscheidungssituation zu bringen. Es ist dabei jedoch nicht als Rechenmodell zu verstehen, das einer unmittelbaren Mechanik gehorchen würde. Vielmehr lebt es, wie die Entscheidungen in der unternehmerischen Wirklichkeit, vom Zusammenspiel vieler Faktoren aus dem internen und externen Umfeld, die zu Interdependenzen führen können. Quantitative Einzeluntersuchungen existieren dazu zuhauf. Doch würde eine rein quantitativ-empirische Untersuchung der Komplexität der Entscheidungssituationen und der Berücksichtigung qualitativer Informationen und Variablen nicht gerecht werden. Ziel der hier vorgenommenen Untersuchung ist es deshalb, aus einem holistisch-qualitativen Betrachtung heraus(vgl. Miles/Huberman 2005, 10), die möglichst getreue Einordnung von Entwicklungsschritten und Transaktionen in das Entscheidungsmodell vorzunehmen. Damit sollen die Kernfragen beantwortet werden

> *Welche Entscheidungen hinsichtlich des Entwicklungswegs werden in der Praxis getroffen?*
>
> *Decken sich diese Praxisentscheidungen mit den Handlungsempfehlungen des Entscheidungsmodells?*

Für die praktische Untersuchung wird die Betrachtung der Medizintechnik-Branche ausgewählt. In den einzelnen Marktsegmenten werden die Entwicklungsentscheidungen mehrerer Wettbewerber analysiert, in das Entscheidungsmodell übertragen und den theoretischen Hypothesen gegenübergestellt. Die Untersuchung folgt damit dem „*multiple case study design*“, in dem mehrere Untersuchungseinheiten (Unternehmen, Marktsegmente) ausgewählt und in ihren Entscheidungen holistisch betrachtet werden sollen (vgl. zu unterschiedlichen Fallstudientypen Yin 2003, 39-46). Dies bietet eine breite Basis für eine Bewertung des Modells.

Ableitung von Schlussfolgerungen

Als abschließender Untersuchungsschritt ist die Diskussion der Ergebnisse unablässig. Damit wird der in *Abb. 4* angedeutete Ringschluss zwischen theoretischer und praktischer Forschungsleistung vollzogen. Im Mittelpunkt stehen die Fragestellungen:

> *Wie sind abweichende Entscheidungen zwischen Theorieempfehlung und Praxishandeln zu interpretieren?*
>
> *Welche Modifikationen und Anpassung erwachsen daraus für das Theoriemodell?*

Dabei muss es zu einer kritischen Würdigung und wissenschaftlich differenzierenden Auseinandersetzung mit den theoretisch-konzeptionellen und praktischen Ergebnissen der Untersuchung kommen. Dementsprechend ergeben sich fallübergreifende Schlüsse, die sowohl eine Weiterentwicklung und Anpassung der Theorie, als auch ihre Einschränkung zur Folge haben können.

1.4.3 Eingrenzung des Forschungsgebiets

Die geschilderte Untersuchung erweist sich als komplexes und vielschichtiges Vorhaben. Aus diesem Grund soll sie in einigen Punkten konzentriert und präzisiert werden.

Ebene der strategischen Geschäftseinheit

Ist in der Untersuchung von „*Unternehmen*" die Rede, so soll damit präziser ausgedrückt die Ebene der strategischen Geschäftseinheit (SGE) zum Ausdruck gebracht werden. Auf der Ebene des Gesamtunternehmens werden in erster Linie die gegenseitige Ergänzung und das umfassende Management sämtlicher Entwicklungsvorhaben eine gesteigerte Bedeutung aufweisen. Auf dieser Ebene erweist sich das Unternehmensportfolio – gerade in Großunternehmen – als vielschichtig und heterogen. Auf der Ebene der SGE bzw. auch in Unternehmen mit wenigen oder sehr homogenen Geschäftsbereichen, hat die hier betrachtete Entscheidung hinsichtlich des zukünftigen Entwicklungsweges eine weitaus höhere Relevanz, da sie sich mit spezifischen Markt-, Technologie- und Unternehmenssituationen auseinandersetzen kann. Als SGE können Erfolgseinheiten mit eigenen Chancen und Risiken innerhalb eines Unternehmens bezeichnet werden. Sie verfügen über eigenständige Leistungen mit eigener Führungsverantwortung für eine bestimmte Produktlinie oder ein bestimmtes Arbeitsgebiet. Ihre relative Unabhängigkeit von anderen Teilen des Unternehmens kommt in der Autonomie der von ihnen zu treffenden Entscheidungen hinsichtlich ihrer Entwicklungsstrategie zum Ausdruck (vgl. Hellfeier 1999, 21-23; Petersen 1994, 63).

Perspektive wachsender Unternehmen

Im Hinblick auf die Entwicklungsstrategie können generell drei Perspektiven unterschieden werden: Wachstum, Schrumpfung und Konsolidierung. Unternehmen können den Erfolg in bestehenden Geschäften suchen, in neue Bereiche eintreten oder sich aus bestimmten Feldern zurückziehen. Überträgt man dies auf die möglichen Entwicklungswege, so steht neben der internen Entwicklung, Kooperation und Akquisition auch die Alternative der Desinvestition zur Verfügung. Die Untersuchung wird den Fokus jedoch auf wachsende Unternehmen legen und damit entsprechende Fälle der Stabilisierung, des Aus- und Neuaufbaus von strategischen Geschäftseinheiten in den Mittelpunkt stellen. Die Entwicklungsstrategie ist damit mit einer „*Vorwärtsstrategie*" gleichzusetzen, die nachhaltig wettbewerbsfähige Marktpositionen in Kern-, Rand- und neuen Bereichen des Portfolios anstrebt (vgl. zur Argumentation Bausch 2003, 28). Die Alternative der Desinvestition wird dementsprechend nicht weiter verfolgt. Die Entwicklungswege konzentrieren sich auf Interne Entwicklung, Kooperation und Akquisition.

Heuristische Konzeption

Die Entscheidung zwischen alternativen Entwicklungswegen trägt durch ihre hohe Wichtigkeit und Tragweite für das Unternehmen sowie ihre nicht vollständige Erfassbarkeit die Kennzeichen einer strategischen Entscheidung. Sie findet typischerweise unter begrenzt subjektivem Wahrnehmen und zeitlichen Handlungs- und Ressourcenrestriktionen statt. Dadurch macht die Betrachtung die Anwendung heuristischer Entscheidungskonzepte notwendig, da eine unmittelbare Quantifizierung in der Alternativenbewertung kaum möglich sein wird. Dies deckt sich mit der beschriebenen Einordnung der Untersuchung in die Perspektive der wertorientierten strategischen Unternehmensführung. An die Stelle quantitativ-analytischer Lösungsverfahren treten somit Entscheidungsheuristiken (vgl. zur Heuristik als Ansatz der Komplexitätsreduktion z.B. Bäuerle 1989, 185-188). Das anvisierte Entscheidungsmodell ist diesem Forschungsansatz zuzuordnen.

1.4.4 Aufbau der Arbeit

Der Aufbau der Arbeit (vgl. *Abb. 5*) richtet sich nach der Vorgehensweise der oben dargestellten Forschungsphasen (vgl. *Abb. 4*).

Nach der einführenden Konzeption der Arbeit werden in *Kapitel 2* die Grundlagen und Zusammenhänge gelegt, um die Forschungsfrage in die adäquate Untersuchungsperspektive einzuordnen. Dazu wird die Wertsteigerung als Leitgedanke und Zielgröße der Unternehmensführung eingeführt. Sie bildet den Rahmen für die Behandlung unternehmensstrategischer Entscheidungen. Es erfolgt die Einordnung der Unternehmensentwicklung als zentrales

Entscheidungsproblem der wertorientierten strategischen Planung und die Beleuchtung möglicher strategischer Richtungen der Entwicklung. Somit wird die Unternehmensentwicklung zunächst gesamthaft auf ihre Struktur und ihr Ziel hin analysiert, um das Entscheidungsproblem des Unternehmens in seinem Umfang und in seinen Konsequenzen zu erfassen.

Das *Kapitel 3* behandelt die alternativen Entwicklungswege, die zur Umsetzung der eingeschlagenen Entwicklungsrichtung in den Fokus des Entscheidungsproblems rücken. Die drei behandelten Entwicklungswege werden in diesem Rahmen begrifflich und theoretisch erläutert, charakterisiert, differenziert und in ihren Erscheinungsformen betrachtet. Zudem wird ein Rückschluss auf die wertsteigernde Wirkung der Alternativen gezogen und die weitere Vorgehensweise zum Alternativenvergleich präzisiert.

In *Kapitel 4* soll aufgedeckt werden, welche ökonomischen Ansätze und Theorien bereits existieren, um bei der Entscheidung hinsichtlich des Entwicklungsweges herangezogen zu werden. Die Rolle dieser theoretischen Grundpfeiler übernehmen die Industrieökonomik, der ressourcentheoretische Ansatz, der Transaktionskostenansatz und die Theorie der Realoptionen. Sie haben sich in der Literatursichtung als vorherrschende Ansätze erwiesen. Ihre Analyse stellt zunächst die Aussagen, Prämissen und Anwendungsbereiche der Ansätze dar. Anschließend werden die resultierenden Empfehlungen hinsichtlich der vorliegenden Problemstellung in den Vordergrund gerückt, um die Verwertbarkeit der Aussagen im Rahmen des Entscheidungsmodells zu identifizieren. Dabei wird der jeweilige Erklärungsbeitrag bewusst isoliert dargestellt, um die Grenzen eines monokausalen Vorgehens aufzuzeigen.

Das *Kapitel 5* bringt die drei bisher dargestellten Grundlagen zusammen. Auf Basis eines konfigurationstheoretischen Bezugsrahmens erfolgt die Herausbildung eines Entscheidungsmodells für die erfolgreiche Auswahl des Entwicklungsweges. Hierbei werden die einzelnen Erklärungsbeiträge der Ansätze integriert, um zu umfassenden Handlungsempfehlungen zu kommen.

In *Kapitel 6* werden die gewonnenen theoretisch-konzeptionellen Erkenntnisse an konkreten Fällen und Fallkonstellationen der Praxis im Rahmen einer Fallstudie untersucht. Nach einer Beschreibung und Begründung des Forschungsdesigns erfolgt die Darstellung der hierdurch gewonnenen Ergebnisse. Hauptanliegen ist die Einordnung und Spiegelung von Praxisentscheidungen in das Entscheidungsmodell und die sich anschließende kritische Betrachtung von bestätigten und abweichenden Fällen. Daraus sollen Rückschlüsse für die abschließende Bewertung des Entscheidungsmodells und seiner Aussagekraft gezogen werden.

Das *Kapitel 7* fasst die Untersuchung zusammen und schließt mit einer kritischen Würdigung der Untersuchung und einem Ausblick auf sich anschließende Forschungsthemen die Arbeit ab.

Abb. 5 Aufbau der Arbeit und Kernfragen der Kapitel 2-7

Quelle: Eigene Darstellung

2 Grundlagen zur Unternehmensentwicklung im Rahmen der wertorientierten Unternehmensführung

Die Inhalte der Kapitel 2-4 richten sich nach dem in der Konzeption der Arbeit vorgestellten entscheidungstheoretischen Grundmodell (vgl. Grochla 1982, 14-18). Mit Blick auf die Forschungsfrage interessieren deshalb Zielgrößen (*Kapitel 2*), Handlungsalternativen (*Kapitel 3*) und Rahmenbedingungen (*Kapitel 4*) der Unternehmensentwicklung.

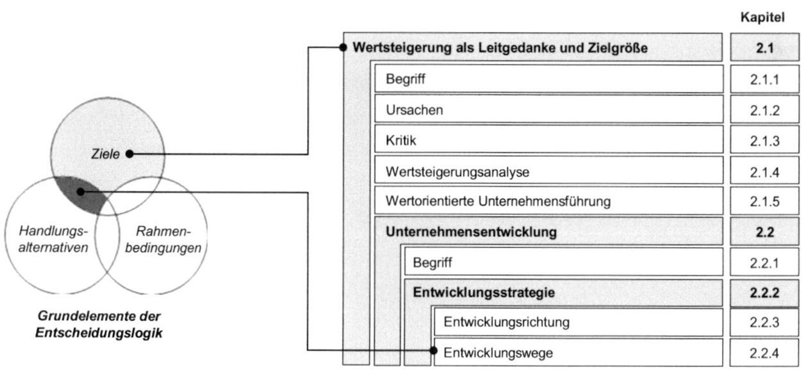

Abb. 6 Aufbau Kapitel 2

Quelle: Eigene Darstellung

In *Kapitel 2* sollen die folgenden Fragen beantwortet werden:

- *Unter welcher Zielsetzung soll das unternehmerische Handeln betrachtet und Entscheidungen über die Unternehmensentwicklung getroffen werden? (Kapitel 2.1)*

  Dazu erfolgt die Charakterisierung der Wertsteigerung als zentraler Leitgedanke und Erfolgsmaßstab der Unternehmensführung (*Kapitel 2.1.1*). Es werden sowohl die wesentlichen Ursachen, als auch Kritikpunkte und Missverständnisse bezüglich dieses Konzepts aufgegriffen (*Kapitel 2.1.2* und *2.1.3*). Die sich anschließende Darstellung des Modellrahmens der Wertsteigerungsanalyse rückt die methodischen Aspekte stärker in den Vordergrund (*Kapitel 2.1.4*), die die Grundlagen einer wertorientierten Unternehmensführung bilden (*Kapitel 0*).

- *Wie kann die vorliegende Forschungsfrage in die wertorientierte Unternehmensführung eingeordnet werden? (Kapitel 2.2)*

  Dazu erfolgt die Hervorhebung und Präzisierung der Unternehmensentwicklung als zentrale Entscheidungsproblematik im Rahmen des Wertmanagements (*Kapitel 2.2.1* und *2.2.2*) sowie die Vorstellung möglicher Entwicklungs*richtungen* als zentrales Charakteristikum der Entwicklungsstrategie (*Kapitel 2.2.3*). Der Abschnitt mündet in der Überleitung zur Betrachtung der Entwicklungs*wege* als alternative Instrumente zur Umsetzung der Entwicklungsstrategie (*Kapitel 2.2.4*).

Der Aufbau des Kapitels folgt damit einer gewissen „*top-down*"- oder „*zoom-in*"-Vorgehensweise (vgl. Überblick in *Abb. 6*). Die oberste Zielsetzung (Wertsteigerung) wird vorangestellt, da ohne die Annahme über Ziele, positive oder negative Auswirkungen unternehmerischen Handelns nicht beurteilt werden können. Sie dienen als Rahmen und Blickrichtung für die sich anschließende Diskussion der Unternehmensentwicklung, deren Umsetzung als zweite Zielebene und der konkreten Einordnung der Forschungsfrage. Die Arbeit wählt dahingehend einen anderen Ansatz als viele Beiträge, die zunächst einen oder mehrere Entwicklungswege voranstellen, um sich daran anschließend auf übergeordnete Zielsetzungen zu beziehen (vgl. z.B. Oehlrich 2001; Hellfeier 1999; Schaper-Rinkel 1998; Petersen 1994; Kirchner 1991).

2.1 Wertsteigerung als Leitgedanke und Zielgröße der Unternehmensführung

2.1.1 Begriff und Wesensmerkmale der Wertorientierung

Das Ziel der Unternehmensführung ist die vorausschauende Sicherung der zukünftigen Überlebensfähigkeit des Unternehmens durch die aktive und zielgerichtete Steuerung seiner Entwicklung. So sind die Entscheidungen zur Unternehmensentwicklung auf der Tagesordnung des Managements weit oben angesiedelt, da die Implikationen für den Unternehmenswert oft enorm sind und sich die Folgen von Managemententscheidungen nur bei wenigen anderen Themen so nachdrücklich zeigen (vgl. Lindstädt 2006, 59). Doch werden auch die Belange zahlreicher weiterer Beteiligter, wie (Anteils-)Eigner, Mitarbeiter oder anderer Stakeholder tangiert, die die Zweckmäßigkeit von Entscheidungen aus ihrer jeweiligen Perspektive beurteilen. Dass diese nicht notwendigerweise gleichgerichtet und homogen sind, erschließt sich unmittelbar. Statt an dieser Stelle jedoch mit einem Interessenpluralismus, einer Gegenüberstellung und Abgrenzung unterschiedlicher Ziele weiterzuarbeiten, entscheidet sich diese Arbeit durchgehend für die Untersuchung der Thematik mit ökonomischen (Erfolgs-)Kriterien. Mit anderen Worten: es wird die Perspektive des Unternehmenswertes, die Shareholdersicht, eingenommen.

Der Unternehmenswert ist dabei definiert als der ökonomische Wert für die Anteilseigner (Marktwert des Eigenkapitals) (vgl. z.B. Copeland et al. 2002, 27; Herter 1994, 40). Seine Ermittlung basiert auf erwarteten Zahlungsströmen (Cashflows) künftiger Perioden, die die Grundlage für Zahlungen an die Eigentümer in Form von Dividenden oder anderen Einkommenselementen wie Kapitalrückzahlungen oder Wertsteigerungen der Anteile bilden (vgl. Copeland et al. 2002, 117-122; Rappaport/Klien 1999, 40-44; für eine detailliertere Erörterung der Wertsteigerungssystematik vgl. *Kapitel 2.1.4*).

Die Auseinandersetzung mit Fragen einer auf die Steigerung des Unternehmenswertes ausgerichtete Unternehmensführung hat die Diskussion um unternehmerische Entscheidungen in den letzten Jahrzehnten geprägt (vgl. stellvertretend für die umfangreiche Literatur: Ursprünge bei Copeland et al. 2002; Lewis 1994; Rappaport 1981; erste deutschsprachige Arbeiten von Gomez 1993; Bühner 1990a, insbes. 35-52; neuere Beiträge von Spremann et al. 2001; Wagenhofer 2000; Knorren 1998). Ursprünglich aus einem von Akquisitions- und Fusionssachverhalten geprägten Kontext kommend und im Rahmen der anwendungsorientierten US-amerikanischen Management-Literatur herausgebildet (vgl. v.a. Rappaport 1986; Rappaport 1981), wurden wertorientierte Methoden und Instrumente verstärkt zum zentralen Zielfokus der (gesamten) Unternehmensführung und insbesondere durch die Beiträge von Unternehmensberatungen auch in den deutschen Sprachraum übertragen (vgl. Copeland et al. 2002 für McKinsey & Company sowie Lewis 1994 für die Boston Consulting Group). Ihr Kern bildet die Forderung an die Unternehmensführung, sich am Unternehmenswert als oberster Zielgröße zu orientieren, das Wertsteigerungsdenken in die unternehmerischen Entscheidungsprozesse zu integrieren und strategische Schritte kritisch daraufhin zu untersuchen, ob und wie sie zu einer Steigerung des Unternehmenswertes beitragen.

COPELAND, KOLLER und MURRIN haben die wertorientierte Unternehmensführung dahingehend treffend charakterisiert: „*Value-based management can best be understood as marriage between a value creation mindset and the management processes and systems that are necessary to translate that mindset into action*“ (vgl. 1994, 97). Der Ausdruck „*value creation mindset*“ kann damit als Wertorientierung übersetzt werden. Sie steht für den konstitutiven Leitgedanken, der die Ausrichtung unternehmerischen Handelns und die Orientierung strategischer Entscheidungen am Ziel der Unternehmenswertsteigerung zum Ausdruck bringt. Der Shareholder Value Approach bildet in diesem Sinne ein Zielkonzept, das eine umfassende und integrative Gestaltung aller Funktionen der Unternehmensführung nach sich zieht, und somit ein Maximum an Effizienz und Effektivität zur Erreichung der Unternehmensziele gewährleistet (vgl. Knorren 1998, 1).

2.1.2 Ursachen für die Entwicklung und Verbreitung der Wertorientierung

Die Wertorientierung hat weitreichenden Einzug in die praktische Ausprägung der Unternehmensführung gehalten. Eine Mehrzahl der großen börsennotierten Aktiengesellschaften in Deutschland bekennt sich zum Ziel der Wertsteigerung (vgl. Knorren 1998, 1). Die Auslöser für dieses über die Jahre gereifte Interesse sind in tiefgreifenden Veränderungen der Rahmenbedingungen unternehmerischen Handelns zu sehen, deren zentrale Strömungen im Folgenden aufgegriffen werden sollen.

2.1.2.1 Globalisierung der Finanz-/Kapitalmärkte

Die rasante Globalisierung der Kapitalmärkte (vgl. Christians 1988, 284) in Verbindung mit einem steigenden Ausmaß an institutionellen und international agierenden Investoren (vgl. zur Bedeutung institutioneller Investoren Dürr 1995, 3-5; Iber 1985, 1107-1115; zum Volumen institutioneller Anleger vgl. Knorren 1998, 6) hat zwei entscheidende Phänomene ausgelöst. Zum einen können Unternehmen sich nicht mehr der Tatsache entziehen, dass sich das für die Finanzierung der Unternehmensentwicklung benötigte Kapital immer schneller dorthin bewegt, wo Anleger von den größten Wertzuwächsen ausgehen können (vgl. Afra/Aders 2001, 100-101). Dem Unternehmenswert kommt dahingehend eine Art „*Kompassfunktion*" für global agierende Investoren zu. Zum and eren hat ein merklicher „*Mentalitätswandel*" seitens der institutionellen Anleger stattgefunden, die immer intensiver für angemessene Renditen und Dividendenzahlungen und eine nachhaltige Wertsteigerung ihrer Anteile eintreten (vgl. z.B. Knorren 1998, 6-7). Ihre Forderung nach einer wertsteigernden Gestaltung der Unternehmensentwicklung gewinnt infolgedessen für das Management an Brisanz und Relevanz (vgl. Rumpf 1994, 89-91; Piltz 1993, 299-300).

2.1.2.2 Markt für Unternehmenskontrolle

Der skizzierte Wandel auf den internationalen Kapitalmärkten macht große Summen für die Durchführung von Akquisitionen und Restrukturierungen verfügbar. Zudem haben die Bewegungen auf dem Markt für Verfügungsrechte an Unternehmen (Markt für Unternehmenskotrolle) durch die Globalisierung der Märkte, die Auflösung traditioneller Aktionärsstrukturen und das Inerscheinungtreten sogenannter „*Corporate Raiders*" (vgl. umfassend Fruhan/JR. 1988) deutlich zugenommen (vgl. Müller-Stewens 2000, 46; Günther 1997, 5-6). „*Corporate*

Raiders“ initiieren die (feindliche) Übernahme der Mehrheit an aus ihrer Sicht unterbewerteten Unternehmen und führen wertsteigernde Maßnahmen wie Restrukturierungen oder Zerschlagungen durch. Infolgedessen kann die Kluft zwischen potenziell maximalem Unternehmenswert und der Bewertung durch den Kapitalmarkt, die sogenannte „*Wertlücke*“, geschlossen werden (vgl. Günther 1997, 8-11). Die dramatische Zunahme solcher Transaktionen im Akquisitionsbereich führte bei vielen Unternehmen zu einer deutlicheren Ausrichtung der Unternehmensführung auf die nachhaltige Wertsteigerung, da sie sich dadurch eine bessere Absicherung gegen die Gefahr der Übernahme versprechen, als durch andere finanzielle oder rechtliche Abwehrmaßnahmen (vgl. z.B. Schlosser 2001, 2).

2.1.2.3 Dynamik des Markt- und Wettbewerbsumfeldes

Veränderungen erfassen nicht nur die Kapitalmärkte sondern auch andere Teile der Unternehmensumwelt. Sie schlagen sich in der zunehmenden Globalisierung der Geschäfte, zum Teil dramatisch verkürzten Produktlebenszyklen, raschem Technologiewandel, vielfachen Innovationsschüben oder dem Zusammenwachsen bislang völlig unabhängiger Branchen nieder. Um in diesem vielschichtigen und dynamischen Wirkungsgefüge wettbewerbsfähig zu bleiben, müssen sich Unternehmen immer wieder durch organisatorische Änderungen anpassen. So wird die fortwährende Gestaltung von Umstrukturierungen, Akquisitionen, Integrationen, Allianzen, Ausgliederungen und anderen Investitionen von großer Tragweite für den Unternehmenswert zu einer Dauerherausforderung für das Management (vgl. Schlosser 2001, 3-4; Richter 1999, 2). Die Fähigkeit, Entscheidungen am Unternehmenswert zu messen und ihn gezielt zu beeinflussen, wird infolge dieser Veränderungen im Markt- und Wettbewerbsumfeld zu einem zentralen Erfolgsfaktor für die Unternehmensentwicklung (vgl. Schlosser 2001, 3).

In Summe hilft das Zielkonzept des Shareholder Value, Unternehmen auf ihre Absatz- und Ressourcenmärkte, vor allem aber auf die Kapitalmärkte auszurichten. Zufriedenstellende Ergebnisse für die Anteilseigner und die dem Unternehmenswert zugrunde liegenden Cashflows können letztlich nur in ausreichendem Maße generiert werden, wenn sich Erfolge am Absatzmarkt einstellen und die dafür notwendigen Ressourcen und Fähigkeiten vorliegen.

2.1.3 Kritische Betrachtung der Wertorientierung

Die durch die geschilderten Entwicklungen ausgelöste Hinwendung zur Wertorientierung als Maxime der Unternehmensführung ist nicht ohne Kritik geblieben. Diese konzentriert sich auf zwei Hauptpunkte, die jedoch in erster Linie auf einer sehr eingeschränkten Sichtweise der

Thematik basieren. Sie sollen hier aufgegriffen werden, um sie kritisch zu beleuchten und das im Weiteren vorherrschende Verständnis der Wertorientierung zu schärfen.

2.1.3.1 Kurzfristorientierung

Zum einen wird dem Konzept unterstellt, dass es primär auf die Erzielung kurzfristiger finanzwirtschaftlicher Ergebnisse zur Beantwortung der Renditeforderungen und positiven Beeinflussung des Börsenkurses gerichtet ist und somit dem langfristigen Aufbau zukünftiger Erfolgspotenziale zu wenig Aufmerksamkeit entgegenbringt (vgl. Bleicher 2004, 269-270). Diese Kritik an der Kurzfristigkeit wird auch in Verbindung mit der immer häufiger üblichen quartalsweisen Unternehmensberichterstattung vorgebracht (vgl. Lewis 1994, 10).

Gegen dieses Argument spricht, dass eine Steigerung des Unternehmenswertes nur dann erreicht werden kann, wenn ein Unternehmen ein Gleichgewicht zwischen der Nutzung heutiger Marktmöglichkeiten und dem Aufbau langfristiger Erfolgspotenziale durch zukunftsbezogene Investitionen erreicht, da der gesamte Zeithorizont in die Prognose der erwarteten Zahlungsströme zur Bestimmung des Shareholder Values eingeht (vgl. Gomez 1993, 75-76). Somit werden auch strategische Investitionen einbezogen, die zumeist erst in späteren Perioden zu (positiven) Cashflows führen. Doch gerade die Ankündigung langfristiger Investitionen kann durch die Einbeziehung von Zukunftserwartungen unmittelbare (positive) Auswirkungen auf den Börsenkurs haben (vgl. dazu z.B. die sog. Ereignisstudien von McConnell/Muscarella 1985), was wiederum paradoxerweise die Kritik der Kurzfristigkeit nährt (vgl. Black et al. 1998, 29-30).

Die Wertorientierung ist dementsprechend treffender durch ein auf nachhaltig erzielbare freie Cashflows ausgerichtetes Zielkonzept beschrieben (vgl. Schlosser 2001, 22). Es liefert eine Bewertungsmethodik, die Handlungsalternativen einem quantitativen Vergleich hinsichtlich ihrer relativen ökonomischen Vorteilhaftigkeit unterziehen kann.

2.1.3.2 Shareholder Value versus Stakeholder Value

Zum anderen wird am Wertsteigerungskonzept der Einwand laut, dass es eine zu einseitige Ausrichtung am Nutzen der Anteilseigner darstellt. Die Shareholder Value Denkweise, so die Kritik, stelle eine monistische Zielausrichtung dar, die zu Lasten der legitimen Ansprüche der anderen Anspruchsgruppen geht (vgl. Bleicher 2004, 171-172; Spremann et al. 2001, 44-57). Grundlage dieser Haltung bildet der zumeist als Gegenpol zur Wertorientierung gesehene Stakeholder-Ansatz (vgl. z.B. Bleicher 2004, 213; im Deutschen auch Anspruchsgruppenkonzept, vgl. Janisch 1993, 112-120). Er sieht das Unternehmen als Koalition zwischen wohlstandsmaximierenden Anspruchs- und Interessengruppen, wobei das Verhältnis zwischen den Parteien durch Leistung und Gegenleistung gekennzeichnet ist. Dem Management kommt hierbei die Rolle eines Vermittlers zu, der für einen Ausgleich der Anspruchslagen zu sorgen hat.

Die enggefasste Auslegung der Wertorientierung als eine einseitige Wertmaximierung für die Anleger ist auf Dauer nicht erfolgreich durchzusetzen. Zum einen wird verkannt, dass die Interessen anderer Stakeholder auf mehreren Wegen in das unternehmerische Handeln einfließen. So haben die verschiedenen Gruppen die Möglichkeit, ihre Ansprüche in der Vertragsgestaltung sowie unternehmenspolitischen Prozessen und Verhandlungen einzubringen und geltend zu machen. Daneben bestehen etliche ordnungspolitische und soziale Bestimmungen, die für einen übergeordneten gesellschaftlichen Rahmen sorgen und der zu einseitigen unternehmerischen Gewinnmaximierung Grenzen setzen (vgl. Schlosser 2001, 23).

Zum anderen benötigt die nachhaltige Wertsteigerung die Beiträge der unterschiedlichen Stakeholder-Gruppen. Sie werden diese jedoch nur solange erbringen, wie sie dafür Gegenleistungen erhalten, die ihre berechtigten Ansprüche decken (vgl. Black et al. 1998, 32). Eine Steigerung des Nutzens der Anteilseigner ist damit nur erreichbar, wenn auch den Anliegen der anderen relevanten, sowohl ökonomischen als auch nicht-ökonomischen Anspruchsgruppen in angemessener Form begegnet wird (vgl. Rappaport/Klien 1999, 6).

Eine angemessene Betrachtung der Wertorientierung ist demnach dadurch gekennzeichnet, dass dem auf Basis zukünftiger Zahlungsüberschüsse ermittelten Shareholder Value eine besondere Bedeutung zukommt, da sich über die Sicherung und Steigerung der ökonomischen Leistungs- und Zahlungsfähigkeit unternehmerische Handlungsspielräume eröffnen, die zur Erfüllung der Ansprüche *aller* Stakeholder herangezogen werden können (Schlosser 2001, 24). Beim Shareholder Value Modell mag daher zwar der Unternehmenswert als Spitzenkennzahl hervorstechen, um ihn nachhaltig zu steigern geht jedoch kein Weg an einer breiteren Basis vorbei, die dieses Oberziel in weitere quantitative wie qualitative Ebenen aufgliedert, um die Nutzenbeiträge für alle betroffenen Gruppen herauszuarbeiten (vgl. dazu stellvertretend die Diskussionen zur Balanced Scorecard und zu Strategy Maps bei Kaplan/Norton 2006; Kaplan/Norton 2004; sowie die Ausführungen zum Shareholder Value Netzwerk in *Kapitel 2.1.4.2*).

2.1.4 Wertsteigerungsanalyse als methodischer Rahmen der Wertorientierung

Nach den bisherigen Ausführungen stellt sich die Frage, wie der Wert des Unternehmens aus Sicht der Anteilseigner theoretisch fundiert bestimmt und wie die Auswirkungen unternehmerischer Entscheidungen auf den Unternehmenswert ex-ante ermittelt werden können. Dazu soll der Blick auf die methodische Bestimmung des Unternehmenswertes gerichtet werden.

Neben dem Discounted Cashflow (DCF)-Ansatz entstanden vornehmlich durch die Beiträge großer Unternehmensberatungen zahlreiche weitere Methoden und Kennzahlen zur Wertsteigerungsanalyse. Einen ebenfalls cashflow-orientierter Ansatz stellt der Cashflow Return on Investment (CFROI) dar (vgl. ausführlich z.B. Becker 2000, 17; Peschke 1997, 73-80; Lehmann 1995; Lewis 1994, 40-45). Zu den am betrieblichen Übergewinn (Saldo von betrieblichen Erträgen, Aufwendungen und den Eigen- und Fremdkapitalkosten des betrieblich gebundenen Vermögens; vgl. Hostettler 1997, 38) orientierten Ansätzen zählen das Economic Value Added (EVA)-Konzept (vgl. ausführlich z.B. Ehrbar/Mühlfenzl 1999; Günther 1997; Stewart 1991), das Market Value Added (MVA)-Konzept (vgl. ausführlich Hostettler 1997, 183-185 und die dort angegebene Literatur) sowie das Cash Value Added (CVA)-Konzept (vgl. z.B. Lewis 1994, 125-126). Neueste Entwicklungen stellen aktionärsorientierte Ansätze dar, die sich an der Summe des Wertzuwachses des Aktienkurses und der Dividendenzahlung orientieren, wie der Total Shareholder Return (TSR; vgl. The Boston Consulting Group 2008; Becker 2000,23) oder der Total Return to Shareholders (TRS; vgl. Bruckner et al. 1999, 98-109).

Es würde den Untersuchungsrahmen sprengen, an dieser Stelle die gesamte Bandbreite an Bewertungsverfahren zu erörtern. Auch sollen nicht modelltheoretische Einordnung, Vergleich oder Bewertung der unterschiedlichen Methodiken im Vordergrund stehen (vgl. zu einer modelltheoretischen Einordnung ausgewählter Konzepte Bischoff 1998, 88-110 und zu einem Methodenüberblick z.B. Becker 2000, 16-24; Knorren 1998, 80-84; Bühner 1994, 49-53). Als wichtig erweist sich im Hinblick auf die Untersuchung der methodische Hintergrund der Wertermittlung. Darum ist es zielführender, den Fokus des folgenden Abschnittes auf einen ausgewählten Ansatz, die Discounted Cashflow (DCF)-Methode zu legen, die sich aufgrund ihrer investitions- und kapitalmarkttheoretischen Fundierung als anderen Methoden überlegen erweist und sich durch ein breites Anwendungsfeld auszeichnet (vgl. Bausch 2003, 92). Sie soll beleuchtet werden, um die Auswirkungen von unternehmerischen Handlungen auf den Unternehmenswert zu veranschaulichen, da sie im Grundsatz zur Wertermittlung jeder – monetär planbaren – Investition herangezogen werden kann.

Es ist zu betonen, dass die Methoden zur Bestimmung des Unternehmenswertes und wertorientierte Kennzahlen als wichtige Bausteine einer wertorientierten Unternehmensführung dienen. Als Führungskonzept geht dieses jedoch über reine Bewertungsmethoden und -kennzahlen hinaus (vgl. Knorren 1998, 36). Nach dem Blick auf den Unternehmenswert als Spitzenkenngröße gilt es deshalb, die wertorientierte Unternehmensführung im weiteren Verlauf verständlicher und für die Problemstellung nutzbar zu machen.

2.1.4.1 Discounted Cashflow (DCF)-Methode zur Wertsteigerungsanalyse

Die Grundlage der DCF-Methode, die maßgeblich von RAPPAPORT vorangetrieben wurde, bildet die aus der dynamischen Investitionsrechnung stammende Kapitalwertmethode (vgl. zum DCF-Verfahren und zur Ermittlung des Shareholder Value Rappaport/Klien 1999, 39-56; Koller et al. 2005, 101-131 u. 271-360; Damodaran 2002, 11-18; Brealey/Myers 2000; Hachmeister 1999, 105-30; Günther 1997, 97-202). Durch ihre grundsätzliche Orientierung an Zahlungsströmen des Bewertungsobjektes stellt sie konzeptionell eine Weiterentwicklung dar, mit der investitionstheoretische Erkenntnisse dynamischer Investitionskalküle auf Unternehmen oder deren Teileinheiten (Geschäftsbereiche, Divisionen, etc.) übertragen werden können. Die Ermittlung des Unternehmenswertes erfolgt dabei durch die Diskontierung zukünftiger finanzwirtschaftlicher Zahlungsüberschüsse. Den wertorientierten und kapitalmarkttheoretischen Bezug erhält der Ansatz, indem das Kalkül auf Kapitalkostensätze als Ausdruck der Verzinsungsanforderungen der Kapitalgeber zurückgreift.

Zur begrifflichen Präzisierung sei hier erläutert, dass als Unternehmenswert grundsätzlich der ökonomische Wert sämtlicher Aktiva bezeichnet werden kann. Dieser Wert entspricht dem Preis, der bei vollständiger Eigen(kapital)finanzierung dafür zu zahlen wäre. Auf der Passivseite setzt sich der Unternehmenswert aus dem ökonomischen Wert des Eigen- und Fremdkapitals zusammen. Der Eigenkapitalwert entspricht dann dem Preis, der bei teilweiser Fremd(kapital)finanzierung zu zahlen wäre. Ergo kann der Unternehmenswert als Wert des Eigenkapitals (bei teilweiser Fremdfinanzierung) angesehen werden (vgl. z.B. Schierenbeck/Lister 2002, 81).

Dieser Aspekt hat sich in zwei unterschiedlichen Vorgehensweisen niedergeschlagen: der Gesamtkapitalmethode (Brutto-Methode, Entity approach) und der Eigenkapitalmethode (Netto-Methode, Equity Approach) (vgl. Günther 1997, 104-108; Ballwieser 1994, 1383), die bei der Ermittlung der relevanten Cashflow-Größen und der Bestimmung des Diskontierungsfaktors voneinander abweichen. Die Eigenkapitalmethode diskontiert die zur Befriedigung der Eigenkaptalgeberansprüche verfügbaren Cashflows zu einem Eigenkapitalkostensatz, um zum Unternehmenswert als Wert des Eigenkapitals zu gelangen. Im Gegensatz dazu zinst die Gesamtkapitalmethode die zur Bedienung der Eigen- *und* Fremdkapitalgeber zur Verfügung stehenden Zahlungsströme mit einem Gesamtkapitalwert ab, aus dem anschließend durch Subtraktion des Marktwertes des Fremdkapitals der Eigenkapitalwert abgeleitet wird.

Gemein ist den beiden Verfahren, dass sie sich an Zahlungsgrößen orientieren und damit bewusst auf die Verwendung buchhalterischer Gewinngrößen verzichten. Grundsätzlich ziehen sie drei Bausteine heran: die *freien Cashflows in den Perioden des Planungshorizontes (Detailprognosezeitraum)*, den *Restwert nach Ablauf des Planungshorizontes* und den *Kapi-*

talkostensatz (für Gesamt- oder Eigenkapital). Die folgenden Erklärungen setzen auf der Gesamtkapitalmethode auf.

Freie Cashflows im Detailprognosezeitraum

Für den Detailprognosezeitraum, der eine für den Einzelfall festzulegende Anzahl von Perioden betrifft, wird eine explizite Planung der freien Cashflows durchgeführt. Es sind jene Cashflows als „*frei*" definiert, die als periodische Finanzmittelüberschüsse, nach Abzug von Steuerzahlungen und geplanten Investitionen in Anlage- und Umlaufvermögen, für die Bedienung der Ansprüche der Fremd- als auch der Eigenkapitalgeber potenziell zur Verfügung stehen (vgl. Brealey/Myers 2000, 77-78; Hachmeister 1999, 59-88; Rappaport/Klien 1999, 40-44; Lewis 1994, 253-254). Es handelt sich dabei um residuale Cashflows, die sich als Differenz aus den aus den güterwirtschaftlichen Aktivitäten (Leistungserstellung) resultierenden Einzahlungen (Cash Inflows) und Auszahlungen (Cash Outflows) ergeben. Die detaillierte Prognose der freien Cashflows kann anhand entsprechender Planungsrechnungen (Planbilanzen, Planerfolgsrechnungen) oder mit Hilfe sogenannter Werttreiber (value driver; vgl. Rappaport 1986, u.a. 50) erfolgen. Darunter ist eine Aufschlüsselung der Cashflow-Größe in operativere Bestimmungsfaktoren zu verstehen. Sie sollen über die Abschätzung des Ein-flusses von strategischen Maßnahmen auf die Werttreiber helfen, möglichst präzise Aussagen über die zukünftigen Cashflows abzuleiten (vgl. zu weiteren Erörterung des Werttreibernetzwerkes *Kapitel 2.1.4.2*).

Restwert nach Ablauf des Planungshorizontes

Für den Zeitraum jenseits der Detailprognoseperiode wird vereinfachend der sogenannte Restwert angesetzt, der die voraussichtliche strategische Entwicklung des Unternehmens und damit die erwarteten Cashflow-Entwicklung jenseits der Detailplanungen zusammenfasst. Die Restwertprognose erfolgt auf Basis des Grundsatzes der Unternehmensfortführung (sog. going-concern Prämisse), indem ein „*perpetuity value*" (unendlicher Fortführungswert) auf Basis der Formel der ewigen Rente berechnet wird, der bezüglich des Cashflows nach Beendigung des Planungshorizontes eine bestimmte Entwicklung antizipiert (Konstanz, Wachstum, Schrumpfung; vgl. Mills/Robertson 1991, 51).

Dem Restwert kommt eine nicht zu unterschätzende Geltung zu. HENSELMANN spricht sogar von der bedeutendsten Komponente, da er zumeist deutlich mehr als die Hälfte des gesamten Investitionswertes ausmacht (vgl. 2000, 151-152). Auch wenn Branchenstrukturanalysen teilweise Hilfestellungen und Absicherungen bei der langfristigen Cashflow Abschätzung bieten können, so sei hier bereits betont, dass die Fortführung der monetären Erfolgsgrößen trotz gründlicher Analyse und Prognose immer wieder mit deutlichen Schätzfehlern verbunden sein kann (vgl. zur weiteren Kritik der Wertsteigerungsanalyse ausführlich *Kapitel 3.4.3*).

Abzinsung mit gewichtetem Kapitalkostensatz

Da die prognostizierten zukünftigen freien Cashflows und der Restwert zu unterschiedlichen Zeitpunkten anfallen und mit unterschiedlichen Risiken behaftet sind, werden sie mit Hilfe des Diskontierungssatzes auf die Gegenwart abgezinst, um sie vergleichbar zu machen (vgl. Ballwieser 1987, 171-181). Dieser stellt die für die Nutzung des Kapitals anfallenden Kosten dar, die die Renditeansprüche der Kapitalgeber an das Unternehmen widerspiegeln. Als Diskontierungsfaktor wird daher ein gewichteter Kapitalkostensatz herangezogen, der sich mit Hilfe des gewichteten Mittelwerts aus dem Eigen- und Fremdkapitalkostensatz (Weighted Average Cost of Capital, WACC) bestimmen lässt, wobei die Gewichtungsfaktoren entsprechend den Anteilen des Eigen- und Fremdkapitals zu bestimmen sind (vgl. Brealey/Myers 2000, 484-488; Black et al. 1998, 59-60).

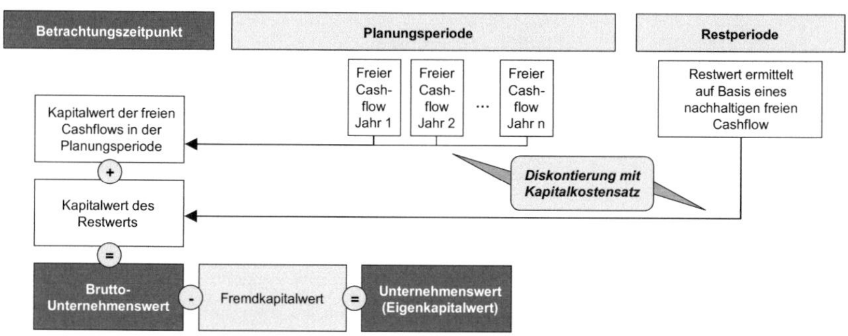

Abb. 7 Grundgerüst und Komponenten der Wertsteigerungsanalyse
Quelle: Schlosser 2001, 28

Daher liegt die Besonderheit des Diskontierungsfaktors darin, dass er nicht subjektiv bestimmt wird, sondern durch den Rückgriff auf die Renditeerwartungen der Investoren am Kapitalmarkt. Er verkörpert insofern die Opportunitätskosten (i.S.v. Kosten für den entgangenen Nutzen aus Anlage der Mittel in die bestmögliche Vergleichsalternative; vgl. Ehrbar/Mühlfenzl 1999, 26) der Eigen- und Fremdkapitalgeber, die eine vom Risiko ihres Kapitaleinsatzes abhängige Verzinsung für ihre Kapitalbereitstellung erwarten. Die Eigenkapitalkosten werden dabei üblicherweise über das Capital Asset Pricing Model (CAPM) bestimmt (alternativ: Arbitrage Pricing Theory, APT; vgl. Koller et al. 2005, 294-317), während sich die Fremdkapitalkosten über die geltenden Kreditkonditionen des Unternehmens festlegen lassen (vgl. Ballwieser 1998, 86). Die aus der DCF-Methode resultierende Erfolgsgröße bezieht somit die Kosten für die Entlohnung sämtlicher Kapitalgeber bereits mit ein. Eine Wertschaffung wird folglich nur dann erreicht, wenn das Unternehmen mit dem zur Verfügung gestellten Kapital eine Rendite erwirtschaftet, die den vom Kapitalmarkt geforderten Kapitalkostensatz übersteigt.

Ermittlung des Unternehmenswertes

Nach der skizzierten Gesamtkapitalmethode ergibt sich der Brutto-Unternehmenswert aus der Summe der abdiskontierten prognostizierten Cashflows und des Restwertes (vgl. Copeland et al. 2002, 349-351). Bei gemischter Unternehmensfinanzierung entspricht dieser der Summe der Marktwerte von Fremd- und Eigenkapital. Subtrahiert man vom Gesamtwert den Teil des Fremdkapitals, gelangt man zum Unternehmenswert (Wert des Eigenkapitals, Shareholder Value) als eigentliche Zielgröße der Wertsteigerungsanalyse (vgl. zum Gesamtzusammenhang *Abb. 7*).

2.1.4.2 Wertsteigerungsnetzwerk zur weiteren Operationalisierung

Die Steigerung des Unternehmenswerts stellt die oberste Zielsetzung des Unternehmens dar – ein zunächst eher abstraktes Ziel, das es gilt, für die Unternehmensführung aufzubrechen und nutzbar zu machen. Diese Brücke wird im ersten Schritt durch finanzielle Werttreiber (value driver; vgl. Klien 1995, 30-31; Rappaport 1986, 50; im Deutschen auch Wertgeneratoren; vgl. Herter 1994, 54-60) geschlagen, welche eine Ebene unter den geschilderten Bewertungskomponenten angesiedelt sind. Sie stehen in einer instrumentalen Beziehung zu den Bewertungskomponenten, da sie einen direkten Bezug zum Oberziel der Wertsteigerung im Sinne einer Einflussgröße aufweisen. Damit weisen sie zwar nach wie vor ein hohes Aggregationsniveau auf, sollen aber eine operationale Schnittstelle zur strategischen und operativen Unternehmensführung (vgl. ausführlich *Kapitel 2.1.5.2*) ermöglichen.

Das bekannteste Werttreiberkonzept stammt von RAPPAPORT, der eine Aufspaltung des freien Cashflows in die Werttreiber *Dauer der Wertsteigerung*, *Umsatz* (*Umsatzwachstum*), *betriebliche Gewinnmarge* (*Umsatzrentabilität)*, *Gewinnsteuersatz*, *Investitionen in betriebliches Anlagevermögen*, *Investitionen in betriebliches Umlaufvermögen* sowie *Kapitalkosten* vornimmt (vgl. Rappaport/Klien 1999, 68). Die Wirkungsbeziehungen lassen sich durch das Shareholder Value Network (Wertsteigerungsnetzwerk, finanzielles Werttreibermodell), als hierarchisch strukturiertes System wertbestimmender Faktoren, verdeutlichen (vgl. *Abb. 8*).

Zusammenfassend bildet die Wertsteigerungsanalyse als Methode die Entscheidungslogik der Investoren ab und stellt damit den Eigentümerwert in den Mittelpunkt unternehmerischer Entscheidungen. Das wichtige und innovative Element des Shareholder Value Ansatzes besteht in der Verbindung des Marktwerts des Unternehmens auf der einen Seite und strategischen Entscheidungen und deren Folgen auf der anderen Seite (vgl. *Abb. 8* unterer Teil). Er bildet dadurch den Grundbaustein für eine Unternehmensführungsphilosophie, die wertorientierte Unternehmensführung (Value Based Management, vgl. Koller 1994), deren Aufgaben und Entscheidungen nun näher betrachtet werden.

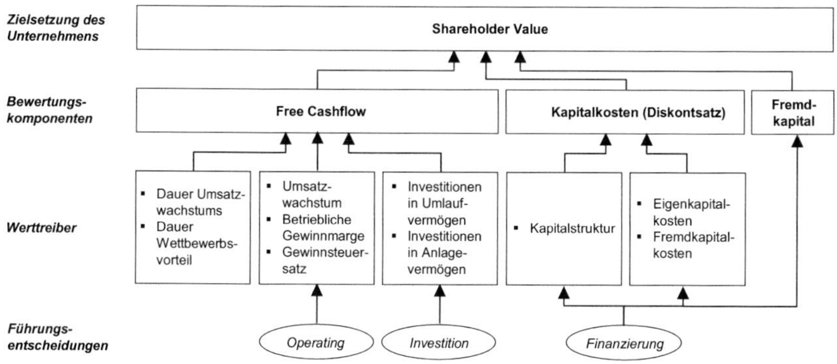

Abb. 8 Wertsteigerungsnetzwerk

Quelle: in Anlehnung an Rappaport/Klien 1999, 68

2.1.5 Wertorientierte Unternehmensführung als Ausrichtung des Managements am Unternehmenswert

2.1.5.1 Grundlagen der Unternehmensführung

Die Erreichung des Oberziels Wertsteigerung und die notwendigen Beiträge und Entscheidungen dazu, setzen die Existenz und die Tätigkeit der Unternehmensführung (synonym verwendet: Management) voraus. Das Management ist damit konstitutiv für die Existenz und die Entwicklung des Unternehmens (vgl. Hutzschenreuter 2006, 22). Die Unternehmensführung kennzeichnet sich durch die zielorientierte Auswahl der Elemente des Unternehmens (Ressourcen), die Gestaltung der Beziehung zwischen diesen Elementen sowie die Definition und Veranlassung der angestrebten Leistungen, die durch Kombination der Ressourcen auf

Märkten erbracht werden sollen (vgl. zum Begriff des Managements Hahn/Hungenberg 2001, 28-35). Ziel der Unternehmensführung ist dabei der Aufbau strategischer Erfolgspositionen, um eine Wettbewerbsüberlegenheit zu erlangen, mit der langfristig überdurchschnittliche Ergebnisse erzielt werden können (vgl. Gälweiler 1974, 229-230). Die Vielzahl der Darstellungen der Unternehmensführung lassen sich damit im gemeinsamen Ziel, einen Wettbewerbsvorteil gegenüber der Konkurrenz aufzubauen und zu erhalten, zusammenführen (vgl. Henkel 1992, 79).

Ausgehend davon lässt sich das Verständnis der Unternehmensführung schärfen, indem die Aufgaben, die im Rahmen des Managements zu erfüllen sind, in zwei Dimensionen präzisiert werden (vgl. *Abb. 9*). Neben der Differenzierung nach *Objekten* oder Ebenen des Managements in normative, strategische und operative Aufgaben, lassen sich diese ferner als *Prozess* mit Planungs-, Steuerungs- und Kontrollaufgaben darstellen.

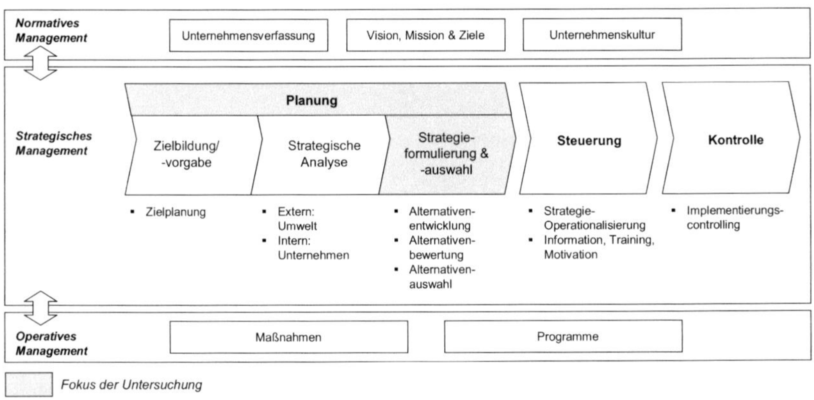

Abb. 9 Objekte und Prozess der Unternehmensführung

Quelle: Eigene Darstellung; Elemente aus Welge/Al-Laham 2008, 186; Hahn/Hungenberg 2001, 33-36; Hungenberg 2008, 22 u. 24

2.1.5.2 Objekte der Unternehmensführung

Die Aufgaben der Unternehmensführung unterscheiden sich in den sie betreffenden Zeithorizonten, ihren verschiedenen Freiheitsgraden und in ihrer unterschiedlichen Bedeutung für den Unternehmenserfolg. Dem folgend lassen sich die Managementaufgaben in die Ebenen normatives, strategisches und operatives Management einteilen (vgl. im Folgenden insbesondere Ulrich/Krieg 1974; Bleicher 2004, 80-84; Hutzschenreuter 2006, 31; Hungenberg 2008, 3-49 sowie *Abb. 9*).

Normatives Management

Das normative Management gibt die Ziele des Unternehmens vor und beschäftigt sich auf oberster Ebene mit der Unternehmensverfassung (vgl. z.B. Ballwieser/Schmidt 1981, 645) und der Unternehmenskultur (vgl. zum normativen Management ausführlich Bleicher 1994; darin insbesondere zur Unternehmenspolitik 254-288 und zur Unternehmensverfassung 289-460). Die unternehmerischen Zielsetzungen werden in der Unternehmensvision und -philosophie festgehalten. Die Unternehmensverfassung fasst die expliziten Grundsätze, Regelungen und Leitlinien, die das Unternehmen konstituieren, gesamtheitlich zusammen. Durch ihre Prinzipien, Normen und Spielregeln soll die Lebens- und Entwicklungsfähigkeit des Unternehmens als Ganzes ermöglicht werden. Daneben definiert sie die Rechte der am Unternehmen mitwirkenden und beteiligten Individuen, mit deren Hilfe diese ihre Interessen einbringen und verwirklichen können. In die Unternehmenskultur fließt die Summe der impliziten Regelungen ein, die das Verhalten der Mitglieder des Unternehmens leiten, sowie deren gemeinsame Grundüberzeugungen, Werte und Einstellungen hinsichtlich des Unternehmens und dessen Zweck (vgl. ausführlich Schein 1995; Heinen 1987).

Strategisches Management

Im Mittelpunkt des Managements auf strategischer Ebene steht die Gestaltung der Strategien des Unternehmens (vgl. im Folgenden zum Strategischen Management Hungenberg 2008, 3-49 und die hierin angegebenen Quellen; ferner Baum et al. 2007, insbes. 23-74 u. 185-272). Damit werden die Voraussetzungen geschaffen, dass die übergeordneten Ziele und normativen Ansprüche des Unternehmens langfristig und nachhaltig erreicht werden können. Konkret spiegelt sich dies in der Formulierung und Auswahl von Strategien sowie deren Umsetzung mittels Strukturen und Systemen wider.

Strategien (vgl. zur detaillierteren Diskussion des Strategiebegriffs *Kapitel 2.2.2.1*) geben als zentrales Objekt des strategischen Managements den langfristig gültigen Handlungsrahmen durch die externe (Marktpositionierung) und interne (wettbewerbsrelevante Ressourcenbasis) Ausrichtung des Unternehmens vor. Um dieses Handeln zu ermöglichen, benötigt das Unternehmen eine entsprechende Struktur, die im Sinne eines Regelwerks die Zusammenarbeit und Arbeitsteilung der Organisationsmitglieder bestimmt. Sie legt fest, welche Aufgaben zu erfüllen sind, wer über diese Aufgaben entscheidet, wer für die Erfüllung der Aufgaben die Verantwortung trägt und beeinflusst damit entscheidend den Ressourceneinsatz im Unternehmen. Zur Unterstützung dieser Regelungen werden Systeme als „*Infrastruktur*“ des

Managements eingerichtet, da sie benötigt werden, um das Unternehmen zu führen. Im Wesentlichen unterstützen sie den Informationsfluss (Management-Informationssysteme) und versuchen die Zielerreichung der einzelnen Individuen positiv zu beeinflussen (Anreizsysteme). Zusammenfassend gibt die Strategie die Richtung zukünftiger Handlungen des Unternehmens vor („*Direktion*“), während Systeme und Strukturen die Aufgabe zukommt, das unternehmerische Handeln im Einklang mit der Strategie zu beeinflussen („*Koordination*“).

Operatives Management

Der operativen Ebene kommt die Umsetzung des normativen und strategischen Managements im operativen, an Ressourcen und Fähigkeiten ausgerichteten, Vollzug zu (vgl. Bleicher 2004, 82-84). Auf der operativen Managementebene einer Organisation erfolgen die Führung der Mitarbeiter, die Bereitstellung der Ressourcen sowie die Planung, Steuerung und Überwachung konkreter Geschäftsprozesse im leistungs-, finanz- und informationswirtschaftlichen Bereich. Die groben Inhalte, die im strategischen Entwicklungsprozess erarbeitet wurden, werden hier in unmittelbares Geschehen durch Programme und Maßnahmen umgesetzt. Die Strategie nimmt dabei eine „*Leitplanken*“-Funktion ein, indem sie den Entscheidungen auf operativer Ebene Grenzen und Vorgaben setzt. Das operative Management ist dadurch kurzfristig und detailliert auf die Perioden des Geschäftsjahres angelegt und enthält dementsprechend Einzel- und Unterziele des unternehmerischen Oberziels.

2.1.5.3 Prozess der Unternehmensführung

In den vergangenen Jahrzehnten haben sich verschiedene Varianten von Prozessmodellen der Unternehmensführung entwickelt (vgl. z.B. Welge/Al-Laham 2008, ab 191; Andrews 1980, 21; Vancil/Lorange 1977, 26; Ansoff 1965, 202-203). Ihr wesentliches Merkmal liegt darin, dass die Management-Gesamtaufgabe in einzelne Phasen, die in einer zeit- und sachlogischen Beziehung zueinander stehen, aufgeschlüsselt wird (vgl. Welge/Al-Laham 2008, 186-187). Auch wenn einige Autoren zu bedenken geben, dass Managementprozesse in der Realität kaum idealisiert vorkommen (vgl. Hutzschenreuter 2006, 30), so tragen sie zu einer durchdachten Strukturierung von Entscheidungen und insgesamt einer effizienteren und rationaleren Problemlösung gerade bei komplexeren Entscheidungssituationen bei (vgl. Kahle 2001, 11-13). Die von Seiten der Wissenschaft eingeführten Prozessmodelle folgen den Prinzipien der präskriptiven Entscheidungstheorie, beziehungsweise einem synoptischen (ganzheitlich-rationalen) Vorgehen (vgl. Staehle 1999, 518-522; Rüth 1989, 315), wonach der rationale Entscheidungsakt kein punktuelles Ereignis oder inkrementelles Verfahren darstellt, sondern aus umfassenden Prozessschritten besteht (vgl. Kahle 2001, 12). Gemeinsam ist den meisten Darstellungen und Konzepten die Unterteilung in *Planung*, *Steuerung* und *Kontrolle* (vgl.

zum Prozess des Managements Hungenberg 2008; 7-15 u. 20-23; zu unterschiedlichen Darstellungsmöglichkeiten u.a. Macharzina/Wolf 2005, 47-49; Steinmann/Schreyögg 2000, 137-142; Drucker 1998, 419-436; Wild 1974, 37). Grundsätzlich finden diese Schritte auf der strategischen und operativen Ebene statt. Im Hinblick auf die vorliegende Untersuchung steht die strategische Betrachtung im Vordergrund (vgl. *Abb. 9).*

Strategische Planung

Im ersten Schritt erfolg die Planung, die als ein Willensbildungsprozess und eine gedanklich-gestaltende Vorwegnahme der zukünftigen Handlungen in Anbetracht der unternehmerischen Zielsetzung verstanden werden kann (vgl. z.B. Hahn/Hungenberg 2001, 100-101; Kosiol 1971, 19-20). Nach SZYPERSKI/MUßHOFF (vgl. 1989, Sp1436) ist die Planung ein informationsverarbeitender und wissensgenerierender Prozessschritt, der Entscheidungs- und Handlungsspielräume der Zukunft strukturiert und eingrenzt sowie in deren Durchsetzung und Kontrolle mündet. Dabei sind die Planimplementierung und -kontrolle nicht als Bestandteile des Planungsprozesses anzusehen (vgl. z.B. Knorren 1998, 33).

Das Hauptobjekt der strategischen Planung stellen Strategien dar, als die zur Erreichung unternehmerischer Ziele führenden Aktionen. Strategien sollen dem Unternehmen zur Schaffung von Wettbewerbsvorteilen dienen, die wiederum die Grundlage von Erfolgspotenzialen sind (vgl. z.B. Homburg 2000, 12-18; zu alternativen Definitionen vgl. Übersicht bei Hamprecht 1996, 286-295). Erfolgspotenziale können als die Gesamtheit der produkt-, markt- (z.B. Wahl einer Produkt-Markt-Kombination) und ressourcenseitigen erfolgsrelevanten Voraussetzungen aufgefasst werden, die zur Realisierung der Ziele und damit des Erfolgs notwendig sind (vgl. Gälweiler/Schwaninger 2005, 26/). Damit kommt der strategischen Planung die Sicherung und Erhaltung *bestehender* Erfolgspotenziale als Voraussetzung für den gegenwärtigen und gegebenenfalls zukünftigen Erfolg, sowie der Aufbau und die Schaffung *zukünftiger* Erfolgspotenziale als Voraussetzung zukünftiger Erfolge zu.

In der strategischen Planung wird ausgehend von bestimmten Problemstellungen und übergeordneten Zielen zunächst in der Analysephase, aufbauend auf einer Unternehmens- und Umweltanalyse (Branchen-, Konkurrenz und Marktanalyse), ein Profil aus Problemursachen, Chancen, Risiken, Stärken und Schwächen erstellt. Dieses bildet die Grundlage der Strategieentwicklung (vgl. zum Strategieentwicklungsprozess Porter 2008, 26-31; Ansoff/MacDonnell 1990; Ansoff 1965, insbes. 27), die zunächst intensiv nach Alternativen für die Lösung der Problemstellung und der bestmöglichen Erreichung der Ziele sucht. Nach Ausarbeitung der Lösungsalternativen müssen diese im Hinblick auf die verfolgten Ziele beurteilt werden, so dass eine abschließende Entscheidung über die beste Alternative gefällt werden kann.

Operative Planung

In der hier vorgestellten idealtypischen Sichtweise wird aus der strategischen Planung eine operative Planung abgeleitet. Legt die strategische Planung fest, welche Erfolgspotenziale durch welche Strategien erhalten und aufgebaut werden sollen, liegt die Aufgabe der operativen Planung in der Detail(umsetzungs)planung der Strategien durch Festlegung konkreter Unterziele und zukünftiger periodenbezogener Programme und Maßnahmen in und zwischen den einzelnen Funktionsbereichen des Unternehmens (vgl. Bleicher 2004, 82-83; Hahn/Hungenberg 2001, 102; Knorren 1998, 108; Hamprecht 1996, 82-85). Folglich stellt die strategische Planung die Rahmenvorgabe dar, die durch die operative Planung in konkreten Aktivitäten der Planrealisierung im Jahresablauf und ihren wirtschaftlichen Auswirkungen auf das Unternehmensergebnis detailliert werden (vgl. Knorren 1998, 108).

Das Unterscheidungskriterium zwischen strategischer und operativer Planung ist weniger in der Fristigkeit zu sehen, als vielmehr im Reversibilitäts- und Detaillierungsgrad sowie im Über- und Unterordnungsverhältnis. Zum einen ist die strategische Planung durch eine größere Ungewissheit und Unsicherheit des Entscheidungsfeldes und eine wesentlich geringere Detaillierung gekennzeichnet. Durch die Planung von Strategien, die weitreichende Folgen und langfristige Wirkungen für die Unternehmensentwicklung haben, ist die strategische Planung mit einer deutlich größeren Irreversibilität der Entscheidungen verbunden (vgl. Schierenbeck 2008, 150-151). Zum anderen herrscht eine klare Über- und Unterordnung zwischen den Planungsebenen vor, bei der die strategische Planung die Strategie mit entsprechenden strukturbildenden Maßnahmen vorgibt und die operative Planung diese konkretisiert, deren Umsetzung vorbereitet und in eine operative Steuerung der Handlungen übergeht (vgl. Knorren 1998, 109).

Steuerung

Die Steuerung ist der Anstoß zur Realisierung der Entscheidungen (vgl. z.B. Hahn/Hungenberg 2001, 47) im Sinne einer zielgerechten Aufbereitung, Weitergabe und Umsetzung des Geplanten in die unternehmerische Wirklichkeit. Hierzu findet eine intensive Kommunikation zwischen den Trägern der Führungsentscheidung und denjenigen statt, die die eigentlichen Handlungen ausführen. Daneben erfolgt eine Entscheidungsoperationalisierung, in der betrieblichen Strukturen und Systeme zur konkreten Implementierung konfiguriert und klare Aufgabenstellungen und Abläufe erarbeitet werden (z.B. Organisation der Zuständigkeiten, Terminplanung, Bereitstellung von Ressourcen, Festlegung von Soll-Vorgaben). Schließlich spielt die Information, Instruktion und Motivation in Richtung der Mitarbeiter eine gewichtige Rolle bei der Ausführung der Steuerungsaufgabe.

Kontrolle

Die Kontrolle schließt sich an die Umsetzungshandlungen an (Ergebniskontrolle), ist darüber hinaus aber auch in allen Prozessphasen von Relevanz (Zwischenkontrolle, Umsetzungskontrolle, Planfortschrittskontrolle). Sie dient dazu, anhand eines Soll-Ist-Vergleichs (Abweichungsanalyse) zu zeigen, ob es gelungen ist, die angestrebten Ziele durch tatsächlich erfolgte Ergebnisse in die Realität umzusetzen (vgl. z.B. Hahn/Hungenberg 2001, 47-49). Ausgehend vom Prozessschritt der Kontrolle können wiederum neue Planungs-, Steuerungs- und Kontrollzyklen ausgelöst werden.

2.1.5.4 Einbeziehung der Wertorientierung in die Unternehmensführung

Wird die Steigerung des Unternehmenswertes als oberste Zielsetzung für die Gesamtheit der Aufgaben der Unternehmensführung festgelegt, so spricht man von wertorientierter Unternehmensführung (synonym verwendet: Shareholder Value Management, Wertmanagement, Value-based Management). Die wertorientierte Ausrichtung besteht nicht allein in der expliziten Vorgabe der Wertschaffung als Oberziel, sondern ebenso in der durchgängigen Ausrichtung der Unternehmensführung an diesem Ziel, was eine Erweiterung der Abläufe und Instrumente sowie eine Präzisierung der Managementaufgaben nach sich zieht (vgl. im Folgenden Schlosser 2001, 29; Knorren 1998, 35). Das im Rahmen der Arbeit verfolgte Verständnis orientiert sich damit an den folgenden Punkten:

- Die in ihrem grundsätzlichen Aufbau dargestellte Methodik der Wertsteigerungsanalyse (*Kapitel 2.1.4*) und deren Kennzahlen (z.B. DCF) bilden die Basis für eine wertorientierte Unternehmensführung. Sie ersetzen nicht das bestehende Managementinstrumentarium, sondern ergänzen dieses um wertorientierte Bestandteile.
- Die Wertbestimmung und die Bildung entsprechender Kennzahlen sind die Grundlage des Zielabgleichs und der Alternativenwahl. Entscheidungen sind danach zu treffen, welche Handlungsmöglichkeiten den größten (potenziellen) Beitrag zur Steigerung des Unternehmenswertes beitragen.
- Eine wesentliche Aufgabe liegt damit in der Weiterentwicklung der Instrumente der Planungs-, Steuerungs- und Kontrollsysteme, so dass eine Identifikation der Wertschaffung möglich wird. Die auf unterschiedlichen Planungsebenen ermittelten Potenziale sind in einen gemeinsamen Rahmen zu integrieren, so dass ihre gesamte Wertsteigerungsmöglichkeit dargestellt werden kann.
- Betrachtungsobjekt der Wertsteigerungsanalyse kann dabei entweder das Unternehmen als Ganzes oder Teileinheiten sein. Mit der Anwendung auf die Geschäftsbereiche des Unter-

nehmens kann durch die Beantwortung der Frage, welche Geschäfte Wert schaffen oder vernichten, zur Optimierung des Portfolios beigetragen werden.

Die Betrachtung des Unternehmens und seiner Teileinheiten rückt damit in den Fokus. Für die hier dargelegte Untersuchung ist insbesondere der Blick auf die Unternehmensentwicklung relevant, deren Ausgestaltung und Einbettung in die Unternehmensführung nun intensiv erörtert werden soll.

2.2 Unternehmensentwicklung im Rahmen der wertorientierten strategischen Planung

2.2.1 Begriff und Wesensmerkmale der Unternehmensentwicklung

Unternehmen sind nicht als isolierte Wirtschaftssubjekte zu betrachten. Vielmehr stellen sie sich als produktive soziale Systeme dar, die sich in ständiger Abstimmung, Auseinandersetzung und Kommunikation mit ihrer Umwelt befinden (vgl. Petersen 1994, 31; Ulrich 1968, 166). Dieser Ansicht folgend, resultiert die Entwicklung des Unternehmens aus der dynamischen Austauschbeziehung zwischen dem Unternehmen auf der einen Seite und der, in der heutigen Zeit immer diskontinuierlicher und komplexer werdenden Umwelt auf der anderen Seite. Der Begriff „*Unternehmensentwicklung*" ist damit als der permanente und langfristig strukturelle Anpassungsprozess zwischen Unternehmen und Umwelt zu verstehen, der die Beschaffenheit des Unternehmens über die Zeit verändert (vgl. z.B. Petersen 1994, 31). Die Unternehmensentwicklung verfolgt damit das Ziel der aktiven Gestaltung des Unternehmensgeschehens und der Erreichung und Wahrung eines dynamisch-anpassbaren Gleichgewichtszustands (Fließgleichgewicht, steady state; vgl. Bleicher 1979, 3) zwischen sich und seiner Umwelt.

Die Unternehmensentwicklung stellt ein umfassendes Phänomen dar, denn der ständige Anpassungsbedarf an das Unternehmensumfeld äußert sich sowohl in qualitativen als auch quantitativen Aspekten wie in *Abb. 10* zusammenfassend dargestellt ist (vgl. zu Begriffsdefinition und -ausprägungen Hutzschenreuter 2006, 34). Zum einen sorgen Wettbewerbsprozesse, neue technologische Entwicklungen oder Änderungen gesetzlicher Rahmenbedingungen dafür, dass Wettbewerbsvorteile aus einzigartigen Ressourcen und Fähigkeiten (vgl. ausführlich dazu *Kapitel 4.2*) in der Realität selten dauerhaft aufrechtzuerhalten sind. Der beispielsweise durch Imitation oder Substitution hervorgerufene Verlust an Wettbewerbsstärke muss durch die Arbeit am Ressourcen- und Fähigkeitenpool im Rahmen der Unternehmensentwicklung ausgeglichen werden. Die so erreichte Anpassung stellt eine Erhöhung der Leistungsfähigkeit, ein „*Besserwerden*" im Sinne einer *qualitativ* orientierten Entwicklung dar (synonym: Unternehmensentwicklung im weiteren Sinn; vgl. Hutzschenreuter 2006, 34; Pümpin/Prange 1991, 15; Vizjak 1990, 20; Kürpick 1981, 63). Sie erweist sich einer unmittelbaren Quantifizierung nicht unmittelbar zugänglich, kann aber letztlich indikativ sichtbar gemacht werden. Die Leistungssteigerung drückt sich im Aufbau von strategischen Erfolgspotenzialen aus (vgl. Bleicher 2004, 474-476), die sich in der langfristigen Problemlösungsfähigkeit und Nutzenstiftung gegenüber den Bezugsgruppen widerspiegelt.

Zum anderen ist neben der Ressourcenbasis auch die Attraktivität von Branchen und einzelnen Geschäftsfeldern dynamischen Prozessen ausgesetzt. Nachfragepotenziale und Bedürfnisstrukturen unterliegen einem steten Wandel, wie etwa durch empirisch nachgewiesene Lebenszyklusphänomene von Märkten und Branchen belegt werden kann. Dem Unternehmen obliegt es daher, seine Wettbewerbsfähigkeit in angestammten Geschäftsfeldern zu erhalten und überdies in neue attraktive Produkt- und Marktbereiche durch Nutzung seiner Ressourcenbasis vorzudringen. Dies lässt sich als quantitative Größenänderung, also als „*Größerwerden*" im Sinne einer *quantitativ* orientierten Entwicklung veranschaulichen (synonym: Unternehmensentwicklung im engeren Sinn; vgl. Vizjak 1990, 20; Bleicher 1979, 36-38).

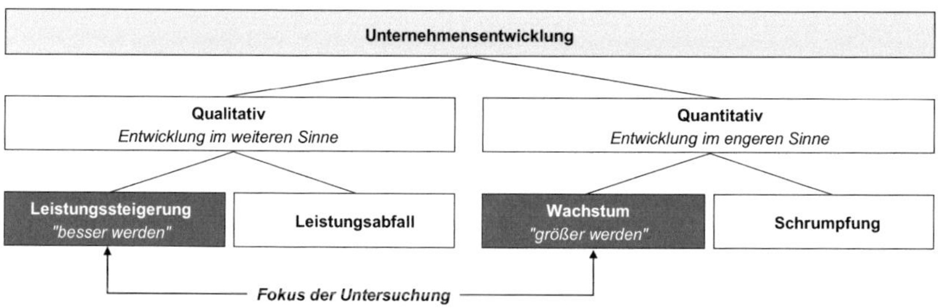

Abb. 10 Begriff der Unternehmensentwicklung

Eigene Darstellung, in Anlehnung an Petersen 1994, 32

Die Unternehmensentwicklung wird überwiegend aus einer Perspektive der *positiven* Größenveränderung – dem Unternehmenswachstum – untersucht. Obwohl die Richtung – positiv *oder* negativ – der Größenveränderung zunächst nicht im Vordergrund steht, wird der Begriff Unternehmenswachstum doch vorherrschend als Synonym für den Begriff Unternehmensentwicklung verwendet (vgl. Vizjak 1990, 20). Neben Wachstum müssen jedoch auch die Vorgänge der Stagnation und Schrumpfung in das Spektrum der Unternehmensentwicklung aufgenommen werden (vgl. Florescu 1991, 10). Bedeutsam ist an dieser Stelle der Hinweis auf den Aspekt, dass Wachstum nicht um „*des Wachstums Willen*“ verfolgt werden sollte, denn die quantitative Größenzunahme steigert keineswegs automatisch die unternehmerische Leistungsfähigkeit. Ein Unternehmen kann sich nicht „*gesundwachsen*“, teilweise jedoch „*gesundschrumpfen*“ (vgl. Petersen 1994, 34; Pümpin/Prange 1991, 15). Somit steht im Kern die Fragestellung *wie* ein Unternehmen wachsen kann und sollte, um einen positiven Beitrag zu den übergeordneten Unternehmenszielen zu leisten.

Die weitere Untersuchung wird den Fokus auf wachsende Unternehmen legen und damit entsprechende Fälle der Konsolidierung, Stabilisierung und des Aus- und Aufbaus von Unternehmen und ihren Teileinheiten legen. Die Unternehmensentwicklung ist damit als „*Vorwärtsstreben*“ anzusehen, das nachhaltig wettbewerbsfähige Marktpositionen in Kern-, Rand- und neuen Bereichen des Portfolios anstrebt (vgl. zur Argumentation Bausch 2003, 28 sowie die Anmerkungen in *Kapitel 1.4.3*).

Ein weiterer Gesichtspunkt, der zum synonymen Gebrauch von Unternehmensentwicklung und Unternehmenswachstum geführt hat, ist der Prozesscharakter. Die Unternehmensentwicklung ist bei einer komparativ statischen Betrachtung das Ergebnis eines (Wachstums-)Prozesses, während dessen sich das Unternehmen – in quantitativer *und* qualitativer Hinsicht – von einem Zustand in den nächsten verändert (vgl. (Hutzschenreuter 2006, 34; Waldecker 1995, 7). Waren frühere Beiträge zu dieser Thematik oft deskriptiv orientiert, hat sich in der neuern Zeit die Erkenntnis durchgesetzt, das Unternehmensentwicklung als aktiver Terminus („*entwickeln*“) zu betrachten ist und daher ihre *aktive* Gestaltung und Steuerung im Vordergrund steht (vgl. Schaper-Rinkel 1998, 45; Vizjak 1990, 20).

2.2.2 Unternehmensentwicklungsstrategie als zentrales Entscheidungsproblem der strategischen Planung

2.2.2.1 Strategie als grundlegende Gestaltung der Unternehmensentwicklung

Eine aktive Gestaltung der Unternehmensentwicklung drückt sich darin aus, dass das Unternehmen (Netto-)Investitionen in das Wachstum des Unternehmens tätigt. Die Unternehmensentwicklung ist damit in einem hohen Maße von den Entscheidungen des Managements abhängig. Sie kann infolgedessen als zentrales Entscheidungsproblem in den Gesamtrahmen der wertorientierten Unternehmensführung – präziser den Prozessschritt der strategischen Planung (vgl. *Kapitel 2.1.5.3* und *Abb. 9*) – eingeordnet werden.

Die Entscheidung über die grundlegende Gestaltung der Unternehmensentwicklung wird als „*Strategie*“ bezeichnet (vgl. Chandler 1990, 13; Andrews 1980, insbes. 13-17; Ansoff 1965, insbes. 103) und stellt damit den Kern der strategischen Planung dar. Dieser Entscheidung wird eine gewichtige Bedeutung für den zukünftigen Unternehmenserfolg zugeschrieben. Trotz der nicht mehr zu überschauenden Menge an Definitionsversuchen für den Strategiebegriff (vgl. einen Überblick zu unterschiedlichen begrifflichen Abgrenzungen Welge/Al-Laham 2008, 15-23) ist der inhaltliche Grundgedanke des Begriffs stabil geblieben und kann durch folgende Eigenschaften beschrieben werden (vgl. im Folgenden z.B. Hungenberg 2008, 4-6; Welge/Al-Laham 2008, 15-23; Hahn/Hungenberg 2001, 101):

- ***Nachhaltiger Unternehmenserfolg***: Strategien werden verfolgt, um Ziele zu erreichen und den Erfolg und die Überlebensfähigkeit des Unternehmens nachhaltig zu sichern. Ausgehend von der Einbettung der Strategie in die wertorientierte Unternehmensführung liegt diese Zielsetzung in der Steigerung des Unternehmenswertes.
- ***Übergreifende Perspektive***: Strategien nehmen eine übergreifende Sicht ein, die den Blick auf das Unternehmen als Ganzes und die grundlegende Gestaltung seiner Entwicklung richtet. Dabei konzentrieren sie sich aufgrund der begrenzten kognitiven Fähigkeiten (Informationsaufnahme- und Informationsverarbeitungskapazität) der Manager auf bestimmte Entscheidungen.
- ***Externe und interne Ausrichtung***: Strategien setzten sich aus der Ausrichtung des Unternehmens gegenüber seiner Umwelt (externe Ausrichtung) und gegenüber seiner Ressourcenbasis (interne Ausrichtung) zusammen. In einer Wettbewerbswirtschaft ist es für die Erreichung der unternehmerischen Zielsetzung geboten, Vorteile gegenüber den Wettbewerbern (Wettbewerbsvorteile) aufzubauen. Diese können geschaffen werden, wenn es durch den Einsatz einer entsprechenden Ressourcenbasis (intern) gelingt, auf attraktiven Märkten (extern) Leistungen besser als die Konkurrenz im Hinblick auf die als wichtig erachteten Merkmale (z.B. Qualität Zeit, Preis) zu erbringen (vgl. Hutzschenreuter 2006, 42).

Unter einer Strategie wird demnach die aus einer übergreifenden Perspektive vorgenommene Vorgabe von grundsätzlichen Handlungsmustern des Unternehmens verstanden. Die Strategieinhalte sind nach dieser Begriffsfassung durch das über die Marktmöglichkeiten (Produkt-/Markt-Perspektive) und die Ressourcenbasis (Ressourcenperspektive) des Unternehmens determinierte Potenzial, spezifische Kundenbedürfnisse zu befriedigen, genauer umschrieben. Strategien sind damit Gegenstand von Entscheidungen im Rahmen der strategischen Planung (vgl. grundlegend z.B. Hungenberg 2008, 5-6).

2.2.2.2 Unternehmens- und Wettbewerbsstrategie

Zur Nutzbarmachung der durch die Strategie festgehaltenen Potenziale definiert das Unternehmen einzelne Geschäftsfelder. Danach lassen sich Strategien nach ihrem inhaltlichen

Schwerpunkt auf die Summe der Geschäftsfelder (Unternehmensstrategie) oder einzelne Geschäftsfelder beziehen (Wettbewerbsstrategie) (vgl. stellvertretend Hungenberg 2008, 16-18).

Die *Unternehmensstrategie* betrachtet das gesamte Tätigkeitsspektrum des Unternehmens als Portfolio von Geschäftsfeldern. Davon ausgehend legt sie die Gestaltung des zukünftigen Portfolios fest, indem sie Entscheidungen darüber trifft, in welchen Geschäftsfeldern das Unternehmen zukünftig tätig sein wird, wie sich die Aufgaben der jeweiligen Geschäftsfelder darstellen, wie bestehende Geschäftsfelder entwickelt und ob und in welche Geschäftsfelder eingestiegen werden soll (vgl. Hutzschenreuter 2006, 32 u. 47). Grundlage dafür bildet die wertorientierte Planung des Geschäftsfeldportfolios durch die Quantifizierung des Wertes der jeweiligen Geschäftsfelder sowie der entsprechenden Wertsteigerungspotenziale (vgl. Knorren 1998, 89). Darüber hinaus bestimmt die Unternehmensstrategie, wie die einzelnen Geschäftsfelder zueinander in Beziehung stehen und welche Vorteile aus diesem Verbund verwirklicht werden sollen, indem sie potenzielle Synergieeffekte mit einbezieht.

Die *Wettbewerbsstrategie* bestimmt darüber, wie innerhalb eines Geschäftsfeldes agiert werden soll, um im Wettbewerb erfolgreich zu bestehen (vgl. Porter 1980, 29-32). Geschäftsfelder sind dabei als organisatorische Einheiten des Unternehmens zu verstehen, die eine eigenständige Marktaufgabe in Bezug auf ein abgegrenztes Kunden- und Wettbewerbsumfeld durch Kombination der notwendigen Ressourcen und Fähigkeiten wahrnehmen (vgl. Begriff des Geschäftsfelds Hinterhuber 2004, 111; Hahn/Hungenberg 2001, 363-364; Krüger 1993, 98; Hinterhuber 1990, 57). Daher legt die Wettbewerbsstrategie fest, wie das Geschäftsfeld Wettbewerbsvorteile aufbauen soll, wie eine Differenzierung von der Konkurrenz bezweckt wird und wie die dafür notwendigen Leistungen und Kundenbedürfnisse erfüllt werden können. Im Mittelpunkt steht deshalb die Gestaltung der zukünftigen Erfolgspotenziale, mit denen ein möglichst hoher Wertbeitrag des Geschäftsfeldes zur Erreichung des Unternehmensziels geleistet werden soll (vgl. Knorren 1998, 101).

2.2.2.3 Präzisierung der Unternehmensentwicklungsstrategie

Aus den bisher angestellten Überlegungen zur Produkt-/Markt- und Ressourcenperspektive (vgl. *Kapitel 2.2.2.1*) sowie zur Unternehmens- und Wettbewerbsperspektive (vgl. *Kapitel 2.2.2.2*) lässt sich der Begriff der Unternehmensentwicklungsstrategie präzisieren (vgl. im Folgenden insbesondere Hutzschenreuter 2006, 48-49).

Wachstum und Entwicklung drücken sich durch (Netto-)Investitionen in neue Ressourcen mit dem Ziel der Wertsteigerung aus, die vor dem Hintergrund von Strategien als Vorgaben für Handlungsmuster getätigt werden müssen. Durch die Investition in den Ressourcenbestand erweitern sich die Marktmöglichkeiten und damit das Leistungsvermögen des Unternehmens (Entwicklung/Wachstum im weiteren Sinn). Sollen derartige Investitionen zur Wertsteigerung des Unternehmens beitragen, müssen die Ressourcenpotenziale dergestalt umgesetzt werden, dass es möglich ist, durch sie eine ökonomische Rente in Form eines Preispremiums auf dem Markt zu erlangen (vgl. zum Konzept der ökonomischen Rente z.B. Neus 2007, 545; Proff 2004, 127-129).

Mit diesen Erläuterungen soll das Verständnis für diese Arbeit festgelegt werden: Entwicklungsstrategien sind *„Vorgaben für die Verwendung neu zu akquirierender Ressourcen“* (Hutzschenreuter 2006, 48). Entwicklungsstrategien bestimmen darüber, für die Erfüllung *welcher* Kundenbedürfnisse auf *welchen* Märkten neu zu akquirierende Ressourcen (im Sinne von Erfolgspotenzialen) herangezogen werden sollen (vgl. zu anderen Begriffsabgrenzungen Gertz/Baptista 1996, 64-66; Grundy 1995, 3-4). Eine so geprägte Begriffsdefinition bezieht sowohl die Ressourcen- als auch die Produkt-/Markt-Perspektive mit ein.

Entwicklungsstrategien können auf Unternehmens- und Geschäftsfeldebene auftreten. Vor dem Hintergrund der Unternehmensstrategie legen sie im Sinne einer Portfolioplanung fest, wie neue Ressourcen für neue und/oder existierende Geschäftsfelder verwendet werden. Vor dem Hintergrund der Wettbewerbsstrategie legen sie die Entwicklung des Ressourcenbestandes für ein einzelnes Geschäftsfeld fest. Die beiden Entscheidungsebenen und -tatbestände sind jedoch im Falle der Entwicklungsstrategie zu eng miteinander verknüpft, als dass eine explizite Unterscheidung der Ebenen im weiteren Verlauf zielführend wäre. Aus beiden Perspektiven lautet die Kernfrage, wie Ressourcenpotenziale im Hinblick auf den Auf- und Ausbau der Marktmöglichkeiten zu verwenden sind. Diese Problemstellung kann als Festlegung der Entwicklungsrichtung bezeichnet werden, die im Folgenden genauer beleuchtet werden soll.

2.2.3 Entwicklungsrichtung als zentrales Charakteristikum der Unternehmensentwicklungsstrategie

Wie die bisherigen Ausführungen zeigen, ist es die Aufgabe der Unternehmensführung im Rahmen der strategischen Planung, Entscheidungen über die Entwicklungsstrategie zur aktiven Steuerung des Unternehmensgeschehens zu treffen. Diese Aufgabenstellung sowie die Inhalte einer Entwicklungsstrategie gilt es schrittweise zu konkretisieren, so dass sie für die weitere Untersuchung der Problemstellung dieser Arbeit nutzbar werden.

Im ersten Schritt dienen Entwicklungsstrategien dazu, die Wettbewerbsposition des Unternehmens und seiner Geschäftsfelder zu verbessern. Aufbauend auf der strategischen Analyse der Geschäftsfelder, der Identifikation ihrer relativen Stärken und Schwächen und der in ihrem Umfeld bestehenden Chancen und Risiken, kommen dafür drei grundlegende Stoßrichtungen als (grobe) Handlungsvorgaben für die Ausweitung der Marktmöglichkeiten in Frage. Sie werden, zumeist im Rahmen von Portfolio-Konzepten der strategischen Planung (vgl. für einen Überblick unterschiedlicher Konzepte Hopfenbeck 2002, 612-624), unter dem Begriff *„intended positional change"* zusammengefasst (vgl. zum Folgenden Krüger/Müller-Stewens 1994, 56-59; ähnlich Schlosser 2001, 61; Spickers 1995, 52-53; Haspeslagh/Jemison 1992, 47-51; die genannten Quellen beziehen sich ursprünglich auf Akquisitionen im Rahmen der Entwicklungsstrategie, doch lässt sich die zugrundeliegende Logik auch zunächst unabhängig von einem bestimmten Entwicklungsweg betrachten):

- ***Geschäftsfeldstärkung***: Die Strategie kann eine Stärkung der Position im bestehenden Geschäftsfeld vorsehen. Hierbei wird insbesondere verschärften Wettbewerbsbedingungen vor allem in reifen und schrumpfenden Märkten Rechnung getragen und eine Verteidigung der augenblicklichen Marktposition angestrebt.
- ***Geschäftsfelderweiterung***: Zum zweiten kann durch die Strategie eine Erweiterung des bestehenden Geschäftsfelds bezweckt werden, indem das Ressourcenpotenzial auf verwandte, angrenzende Bereiche ausgedehnt wird. Die Marktmöglichkeiten erweitern sich dadurch in quantitativer und qualitativer Hinsicht.
- ***Erkundung neuer Geschäfte***: Drittens kann die Strategie die Erkundung zukunftsträchtiger Geschäfte, die nur mittelbaren oder entfernten Bezug zum heutigen Tätigkeitsfeld haben, beinhalten. Als eine Art *„Brückenkopf"* stellen sie eine Entwicklung in neue Geschäfte dar, von denen eine größere Relevanz in Zukunft erwartet wird.

Selbstverständlich liegen auch der Rückzug aus und die Trennung von vorhandenen Betätigungsfeldern im Rahmen der Strategieoptionen. Durch die Blickrichtung auf wachsende Unternehmen (vgl. *Kapitel 2.2.1*) soll dieser *„intended positional change"* jedoch ausgeklammert werden.

Die grobe Unterteilung zwischen *„Stärkung"*, *„Erweiterung"* und *„Erkundung"* erweist sich schnell als zu pauschal, um die mögliche Gestaltung des Entwicklungsprozesses vollends aufzudecken. Im zweiten Schritt werden deshalb die *Produktbasis* und die *Regionenbasis* als konstitutive Elemente im Sinne von Entwicklungs*richtungen* nach der klassischen Produkt-/Markt-Matrix nach ANSOFF herangezogen (vgl. 1965, 109). Die Produktbasis steht dabei für die durch das Unternehmen erbrachte Erfüllung spezifischer Kundenbedürfnisse, während die Regionenbasis den Bezug zu den Märkten, auf denen diese Kundenbedürfnissen erfüllt werden, herstellt (vgl. Hutzschenreuter 2006, 50). Beide Dimensionen legen die *Richtung* fest, in der neu zu akquirierende Ressourcen (im Sinne von Erfolgspotenzialen) verwendet werden sollen.

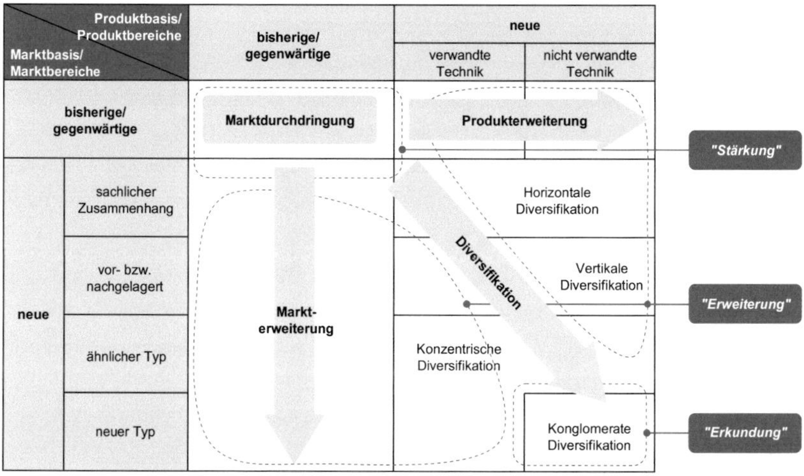

Abb. 11 Systematisierung der Entwicklungsrichtungen

Quelle: Eigene Darstellung, in Anlehnung an Schaper-Rinkel 1998, 48; Petersen 1994, 99

Die alternativen Entwicklungsstrategien können anhand eines 4-Felder-Grundrasters (vgl. *Abb. 11*) nach den Dimensionen des „*Neuigkeitscharakter*" der Produkte und Märkte systematisiert werden (vgl. im Folgenden z.B. Hopfenbeck 2002, 600; Bühner 1993, Sp 806-808; Jung 2006, 577-579):

- ***Marktdurchdringung*** (auch: Marktpenetration): Die Entwicklungsmöglichkeit der Marktdurchdringung zielt auf die Stärkung der Position des Unternehmens auf bestehenden Märkten mit bestehenden Produkten ab. Hierunter fallen typischerweise Strategien, die auf die Realisierung von Größenvorteilen und Rationalisierungseffekten ausgerichtet sind und über die Nutzung von Kostensenkungspotenzialen zur Verbesserung der Wettbewerbsfähigkeit beitragen sollen.
- ***Markterweiterung*** (auch: Marktentwicklung, geographische Diversifikation, Internationalisierung): Die Strategie der Markterweiterung wird verfolgt, wenn das Unternehmen neue Marktmöglichkeiten erschließen will, indem es sein vorhandenes Produkt- und Leistungsspektrum auf neue geographische Märkte ausdehnt und damit neue Kundengruppen gewinnt. Hierzu zählt auch die Thematik der Internationalisierung.
- ***Produkterweiterung*** (auch: Produktentwicklung, Produkterneuerung, Produktdiversifikation): Strebt ein Unternehmen neue Marktmöglichkeiten an, indem es in schon bearbeite-

ten Märkten neue Produkte einführt und/oder angestammte Produkte weiterentwickelt, so verfolgt es die Strategie der Produkterweiterung.

- ***Diversifikation*** (auch: Internationale Diversifikation): Die Strategie der Diversifikation wird verfolgt, wenn die Richtung der Ausweitung der Marktmöglichkeiten aus Produkt- *und* Marktsicht neu ist. Sie bezeichnet eine Strategie, in der ein Unternehmen seine bisherige Fokusdomäne verlässt, um Wachstumsgrenzen bestehender Bereich zu überwinden und Umsatz- und Gewinnsteigerungen durch den Eintritt in neue Geschäfte zu erzielen.

Die skizzierte Matrix kann detailliert werden, indem die Strategie der Diversifikation weiter unterteilt wird. Zu diesem Zweck wird zusätzlich die leistungswirtschaftliche Beziehung, welche die angestrebte Entwicklungsrichtung zum jetzigen Geschäft hat, mit einbezogen (vgl. stellvertretend Kirchner 1991, 43-45; Pausenberger 1989, 622-623; Lorange et al. 1987, 5-6):

- ***Horizontale Diversifikation***: Die Strategie der horizontalen Diversifikation bringt die Erweiterung der *Breite* des Leistungsprogramms des Unternehmens mit sich, während die Leistungstiefe keine Veränderung erfährt. Das Unternehmen entwickelt sich folglich in Geschäfte des gleichen Produkt-/Markt-Segments, auf der gleichen Stufe der Wertschöpfungskette (daher die Bezeichnung „*horizontal*“), die in einem engen sachlichen Zusammenhang stehen (z.B. ähnliche Beschaffungs-/Vertriebswege, vergleichbare Produkt-/Prozesstechnologien, ähnlicher Kundennutzen; vgl. z.B. Hätscher 1992, 111). Diese Strategie ist grundsätzlich mit einer quantitativen Programmausweitung auf bereits bearbeiteten Märkten verbunden, die sie sehr nahe an die Strategie der Marktdurchdringung heranreichen lässt. Diese Abgrenzung ist in der Literatur nicht unumstritten, da teilweise auch die Leistungsverbreiterung durch ähnliche Produktlinien und/oder die Bearbeitung benachbarter Märkte als Bestandteile der horizontalen Strategie gesehen werden (vgl. Schubert/Küting 1981, 28-29; Küting 1980, 327-332). Weil eine zu eng gefasste horizontale Entwicklung in der Praxis kaum in Reinform anzutreffen sein wird, soll sie als Entwicklung innerhalb einer „*area of specialization*“ beschrieben sein und damit eng verwandte Produkte und Märkte einschließen (vgl. Petersen 1994, 92; Montgomery/Wilson 1986, 93).
- ***Vertikale Diversifikation***: Die Entwicklungsrichtung der vertikalen Diversifikation führt zu einer Ausdehnung der *Tiefe* des Leistungsprogramms, indem die Zahl der aufeinanderfolgenden Wertschöpfungsstufen einer Marktleistung im Unternehmen selbst erhöht wird. Folglich erweitert das Unternehmen sein Leistungsprogramm um Produkte vor- oder nachgelagerter Stufen der Wertschöpfungskette. Bei der Rückwärtsintegration versteht man darunter die Einbeziehung von Rohstoffen und Produktionsmitteln („*upstream*“), während die Vorwärtsintegration Verwendung und Verkauf bisheriger Marktleistungen einschließt („*downstream*“) (vgl. Schubert/Küting 1981, 22-23). Diese Entwicklungsent-

scheidung spiegelt daher die traditionelle „*make-or-buy*"-Entscheidung wider, die sich mit der Integration von Aktivitäten und Produktkomponenten beschäftigt und im Extremfall zur „*hollow corporation*" führen kann (vgl. Ewaldz 1991, 52-53).

- ***Konzentrische Diversifikation***: Im Rahmen der Strategie der konzentrischen Diversifikation verfolgt das Unternehmen eine bewusste und gezielte Erweiterung des Gesamtportfolios dergestalt, dass es sich in Bereiche entwickelt, welche für das Unternehmen zwar neu sind, jedoch eine markt- und produktseitige Verwandtschaft zum bisherigen Stammgeschäft aufweisen. Da eine solche Strategie die *qualitative Breite* des Leistungsprogramms um einen bestehenden „*Kern*" herum erweitert, spricht man auch von einer „*related*" (vgl. Rumelt 1982, 360-361) oder „*verflechtungsorientierten*" (vgl. Petersen 1994, 96) Entwicklungsstrategie.
- ***Konglomerate Diversifikation***: Zuletzt kann ein Unternehmen anstreben, sich in Bereiche zu entwickeln, die keinen Zusammenhang oder Verwandtschaft zum bisherigen Geschäft haben und in neue Produkt-/Markt-Segmente eintreten („*virgin territory*", vgl. Petersen 1994, 102). Man spricht dabei auch von einer „*lateralen*" oder „*diagonalen*" Entwicklungsstrategie (wobei letztgenannte Bezeichnung auch die konzentrische Entwicklung einbezieht; vgl. Pausenberger 1989, 623).

Die Ausführungen zeigen, dass die Literaturbeiträge zu den Möglichkeiten der Entwicklungsrichtung nicht einheitlich und überschneidungsfrei sind. Die *Abb. 11* gibt allerdings einen zusammenfassenden Überblick, welche Optionen der Unternehmensführung für die Gestaltung der Unternehmensentwicklung zur Verfügung stehen. Die Entscheidung hinsichtlich der Entwicklungsstrategie erfolgt im Rahmen der strategischen Planung auf Basis der Ergebnisse der strategischen Analyse (vgl. für eine wertorientierte Vorgehensweise zur Bestimmung der Entwicklungsrichtung umfassend Hutzschenreuter 2006).

2.2.4 Entscheidung über den Entwicklungsweg zur Umsetzung der Unternehmensentwicklungsstrategie

2.2.4.1 Definition des Entwicklungsweges

Von der Entscheidung im Rahmen der Entwicklungsstrategie, *wohin* sich das Unternehmen entwickeln soll, ist die Frage abzugrenzen, *wie* dieser Teil der Strategie umgesetzt werden soll. Mit anderen Worten: von der Entscheidung *in welche Richtung* sich ein Unternehmen entwickelt, ist die Frage abzugrenzen *auf welchem Weg* ein Unternehmen diese Entwicklung vollziehen will.

Der Weg, durch den das Unternehmen die zur Erreichung der intendierten Entwicklungsrichtung erforderlichen Ressourcen erlangt (vgl. Haberlandt 1970, 386), wird als Entwicklungsweg eines Unternehmens verstanden. Bei den Ressourcen handelt es sich folglich um zusätzliche, komplementäre Ressourcen, auf die das Unternehmen zur Erreichung seines Entwicklungsziels angewiesen ist. Neben der Bezeichnung Entwicklungsweg wird die Thematik der Herkunft personeller, sachlicher und finanzieller Ressourcen, Leistungspotenziale und Kapazitäten auch unter den Begriffen „*Wachstumsweg*“ (vgl. Vizjak 1990, 22; Haberlandt 1970, 386), „*Wachstumsform*“ (vgl. Küting 1980, 178), „*Wachstumsmethode*“ (vgl. Sigloch 1974, 27) oder „*Wachstumsart*“ (vgl. Schubert/Küting 1981, 51) diskutiert.

Der Unternehmensführung bieten sich eine Reihe strategischer Optionen, die sich zur Erreichung der Entwicklungsziele eignen. In Abhängigkeit der Herkunft des Potenzials und mit dem gewählten Blick auf wachsende Unternehmen (*Kapitel 2.2.1*) lassen sich diese in drei grundsätzlichen Kategorien unterscheiden: Interne Entwicklung („*build*“), Strategische Allianz („*ally*“) sowie Strategische Akquisition („*acquire*“). Diese Unterteilung anhand der Potenzialherkunft ist am ehesten auf die Problemstellung gerichtet und wird in diesem Zusammenhang eindeutig präferiert (vgl. Bea/Haas 2005, 176-179; Küting 1980, 178).

2.2.4.2 Entwicklungswege als strategische Instrumente

Es wird in der vorliegenden Untersuchung von der Annahme ausgegangen, dass sich in einer wissenschaftlichen Diskussion die Entscheidung über die Ausweitung der Marktmöglichkeiten in neue Produkt- und/oder Regionenbereiche (*Entwicklungsrichtung*) von der Entscheidung über die Umsetzung dieser Ausweitung (*Entwicklungsweg*) separieren lässt. Steht die angestrebte Entwicklungsrichtung fest, so sollte die Entscheidung über den Entwicklungsweg auf Basis einer Analyse aller zur Verfügung stehenden Optionen erfolgen. Die alternativen Entwicklungswege stellen dann in Relation zur bereits festgelegten Gesamtstrategie eine Substrategie dar (vgl. Waldecker 1995, 14). Folglich ist im Rahmen der vorliegenden Arbeit nicht die Ermittlung der Gesamtstrategie selbst von Interesse, sondern die Überlegung, mit welchem Entwicklungsweg die Strategie umgesetzt werden sollte.

Damit soll keinesfalls negiert werden, dass im Ablauf realer Entscheidungsprozesse keine gegenseitigen Abhängigkeiten zwischen beiden Fragestellungen existieren würden (vgl. zu dieser Feststellung Ingham/Thompson 1995, 179). Unter realen Gegebenheiten erscheint eine interdependente Entscheidung eingänglicher. Zum einen kann nach genauer Analyse und Prüfung alternativer Entwicklungswege erst abgesehen werden, ob für eine prinzipiell zielführende Entwicklungsstrategie überhaupt ein realistischer Weg vorhanden ist. Zum anderen sehen sich Unternehmen immer wieder dem Angebot bestimmter Ressourcen gegenübergestellt (Opportunitäten), ohne dass sie sich bewusst für die mit ihnen verbundene Entwicklungsrichtung entschieden hätten (vgl. zu dieser Diskussion Schaper-Rinkel 1998, 55).

In der hier angestrebten Untersuchung wird dessen ungeachtet ein sequenzieller Entscheidungsprozess zugrunde gelegt, der die schrittweise und separierte Betrachtung erst ermöglicht. Es wird davon ausgegangen, dass die erste Fragestellung (Festlegung der Entwicklungsrichtung) den Weg der Realisierung (Entwicklungsweg) beeinflusst und nicht umgekehrt (diese Annahme wird gestützt von z.B. Barkema/Vermeulen 1998, 7-10; Kochhar/Hitt 1998, 601-604). Wertsteigerung einerseits und Entwicklungsstrategie andererseits stellen aus dieser Perspektive die Auslöser für die Entscheidung über den Entwicklungsweg dar (vgl. Bausch 2003, 177). Damit grenzt sich die Betrachtung auch unmissverständlich von einem ausschließlich finanzwirtschaftlich oder machtpolitisch begründeten Beschreiten eines bestimmten Entwicklungsweges ab. Diese Klarstellung hilft, die Entscheidung über den Entwicklungsweg im weiteren Verlauf unter dem Gesichtspunkt der Verträglichkeit mit der Wertschaffung als erster Zielebene, der Umsetzung der Entwicklungsrichtung als zweiter Zielebene, und dem generellen Charakteristikum der Unternehmensentwicklung, Ausgleich zwischen externem und internem Unternehmensumfeld, zu betrachten.

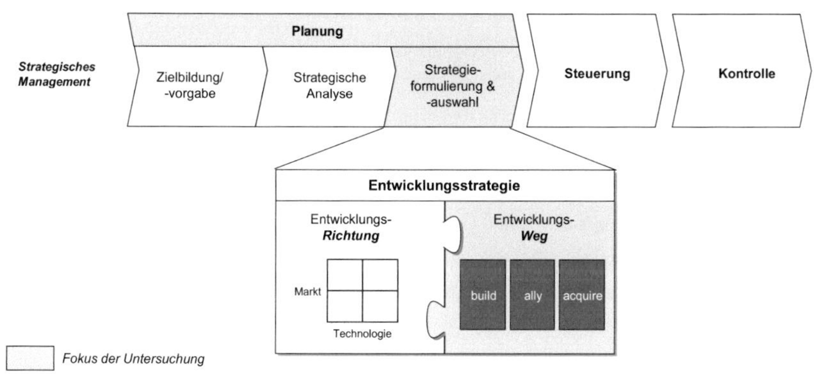

Abb. 12 Fokus der Untersuchung im Rahmen der Entwicklungsstrategie und des strategischen Managements

Quelle: Eigene Darstellung

Erklärtes Untersuchungsziel ist es deshalb herauszuarbeiten, welcher Entwicklungsweg am besten geeignet ist, um eine strategische Entwicklungsbewegung zu vollziehen und damit zu dem unternehmerischen Oberziel der Wertsteigerung beizutragen. Dieser Fokus wird in *Abb. 12* hervorgehoben. Dem instrumentellen Verständnis der Entwicklungswege folgend, sind diese kein Selbstzweck. Sie sind keine Ziele oder Strategien an sich, sondern Instrumente zur Realisierung strategischer Unternehmensziele (vgl. Dornis 1982, 43). Sie sind als Mittel anzusehen, mit denen „*intended positional changes*" (vgl. *Kapitel 2.2.3*) erreicht und damit Entwicklungsziele erst umgesetzt werden können (vgl. Henkel 1992, 91). Die in dieser Arbeit als strategische Aktionsmöglichkeiten betrachteten Alternativen (*build*, *ally*, *acquire*) sollen damit als Alternativen zur Realisierung von Strategietypen – und nicht als eigenständige Strategien – betrachtet werden (vgl. zu dieser Argumentation Henkel 1992, 92). Dieser Ansicht folgend, sind sie als Mittel zum Zweck anzusehen: rational-sachlich als Mittel zur Umsetzung von Entwicklungsstrategien, rational-ökonomisch als Mittel zur Wertsteigerung (vgl. zu dieser Argumentation Bausch 2003, 177).

2.2.4.3 Entscheidung über den Entwicklungsweg im Fokus der Untersuchung

Dem dargelegten Verständnis folgend ist nicht nur die Entscheidung der Entwicklungsrichtung einer Nutzenabwägung zu unterziehen, sondern auch jene über den Entwicklungsweg muss dahingehend betrachtet werden, wie der Entwicklungsweg zur Erreichung der Entwicklungsziele und zur Wertsteigerung als unternehmerischem Oberziel beitragen kann. Die Entscheidung über den Entwicklungsweg ist dabei keinesfalls als isolierte Investitionsentscheidung anzusehen, sondern im Kontext der Unternehmensstrategie zu betrachten (vgl. Ebeling/JR./Doorley III 1983, 45). Sie gehört unzweifelhaft zu den strategischen Entscheidungen des Unternehmens (vgl. Kirchner 1991, 78; Dornis 1982, 40; zur Abgrenzung strategischer und operativer Entscheidungen Hinterhuber 1990, 179; Ansoff 1988, 181-186; Gälweiler 1974, 135-137;). Als „*echte Führungsentscheidung*" (vgl. Schubert/Küting 1981, 12-13) und „*Gesamtführungsaufgabe*" (vgl. Ulrich 1968, 324) bindet die Entscheidung über den Entwicklungsweg sowohl finanzielle als auch personelle Ressourcen in erheblichem Umfang (vgl. Buzzell et al. 1989, 17-18) und weist damit eine besonders hohe Bedeutung für die Vermögens- und Ertragslage des Unternehmens auf. Sie hat damit den Charakter einer Schlüsselentscheidung, die langfristige Auswirkungen hat, schwer rückgängig zu machen ist und damit erhebliche Risiken beinhaltet.

Für die weitere Untersuchung müssen die drei skizzierten Entwicklungswege als Alternativen klar begrifflich und theoretisch erläutert, charakterisiert, differenziert und in ihren Erscheinungsformen betrachtet werden (vgl. dazu ausführlich *Kapitel 3*). Dabei gilt es, das Gewicht deutlich auf die strategische Perspektive zu legen, die die Analyse der Erfolgspotenziale und erfolgsbestimmenden Faktoren in den Mittelpunkt stellt (vgl. Kirchner 1991, 79).

2.3 Fazit und Implikationen für die weitere Untersuchung

Mit den dargelegten Erläuterungen können die Fragen, mit denen dieses Kapitel gestartet ist, beantwortet werden:

- *Unter welcher Zielsetzung soll das unternehmerische Handeln betrachtet und Entscheidungen über die Unternehmensentwicklung getroffen werden?*

  Die erste Zielebene unternehmerischen Handelns stellt die Steigerung des Unternehmenswertes dar (*Kapitel 2.1*). An diesem Oberziel setzt die Ausgestaltung der wertorientierten Unternehmensentwicklung an, die im Rahmen von Unternehmens- und Wettbewerbsstrategien die Festlegung der Entwicklungsstrategie – und hierbei insbesondere die Entwicklungsrichtung – festzulegen hat (*Kapitel 2.2*). Die Umsetzung dieser Strategie bildet die zweite Zielebene des unternehmerischen Handelns.

- *Wie kann die vorliegende Forschungsfrage in die wertorientierte Unternehmensführung eingeordnet werden?*

  Die unternehmerischen Zielsetzungen und die Festlegung der Entwicklungsrichtung lösen die Diskussion auf welchem Weg diese erreicht werden soll aus: die Diskussion der strategischen Entscheidung über den Entwicklungsweg. Interne Entwicklung, Strategische Allianzen und Akquisitionen stellen dafür die Alternativen dar. Sie sind rational-sachlich als Mittel zur Umsetzung von Entwicklungsstrategien, rational-ökonomisch als Mittel zur Wertsteigerung anzusehen (*Kapitel 2.2.4*). Die Frage, welchen Entwicklungsweg ein Unternehmen wählen sollte, um dadurch das Wertsteigerungsziel des Unternehmens am besten zu unterstützen, steht im Fokus der Untersuchung.

Nach der Klarstellung der Zielsetzung im entscheidungstheoretischen Grundmodell folgt im nächsten Schritt eine genauere Betrachtung des Alternativenspektrums.

3 Entwicklungswege als Instrumente einer wertorientierten strategischen Unternehmensführung

Das dritte Kapitel behandelt die Entwicklungswege, die zur Umsetzung der eingeschlagenen Entwicklungsrichtung als Alternativenspektrum in den Fokus des Entscheidungsproblems rücken (vgl. zum Aufbau des Kapitels *Abb. 13*).

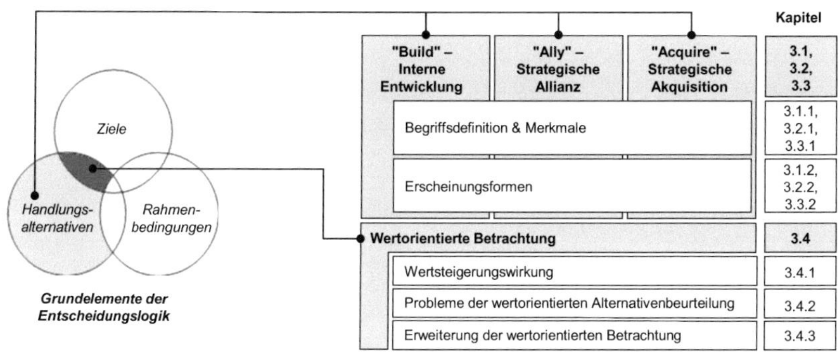

Abb. 13 Aufbau Kapitel 3
Quelle: Eigene Darstellung

In *Kapitel 3* sollen die folgenden Fragen beantwortet werden:

- *Wie lassen sich die alternativen Entwicklungswege definieren, ausgestalten und differenzieren? (Kapitel 3.1-3.3)*

  Die drei Entwicklungswege Interne Entwicklung (*Kapitel 3.1*), Strategische Allianz (*Kapitel 3.2*) und Strategische Akquisition (*Kapitel 3.3*) werden dazu begrifflich und theoretisch erläutert und in ihren Erscheinungsformen betrachtet.

- *Welche Rückschlüsse können aus der Gegenüberstellung von Zielsetzung (Wertorientierung) und Alternativenbetrachtung (Entwicklungswege) gezogen werden? (Kapitel 3.4)*

  Nachdem Ziele und Alternativen der Entscheidung über den Entwicklungsweg klargestellt sind, wird erörtert, welche Wertsteigerungswirkungen bei den Entwicklungswegen beobachtet werden können und ob dadurch eine eindeutige Handlungsempfehlung getroffen werden kann (*Kapitel 3.4.1*). Des Weiteren werden die Probleme einer rein finanziell-quantitativen Alternativenbewertung diskutiert (*Kapitel 3.4.2*), die zur Empfehlung einer weiter gefassten, strategisch-qualitativen Betrachtung führen (*Kapitel 3.4.3*).

3.1 "Build" – Interne Entwicklung als Entwicklungsweg

3.1.1 Begriffsdefinition und Merkmale

Die Interne Entwicklung stellt die Entwicklungsalternative dar, die ein Unternehmen vollständig aus eigener Kraft bestreitet. Sie stellt nach Ansicht einiger Autoren den *„klassischen Wachstumspfad*" dar (vgl. Petersen 1994, 111; Schade 1990, 281). Die Umsetzung der Entwicklungsstrategie, die Ausweitung der Marktmöglichkeiten, die mitunter mit einem Vordringen in neue Produkt- und/oder Marktbereiche einhergeht, wird dabei aus dem Unternehmen selbst heraus geschaffen (vgl. Hungenberg 2008, 522).

Die Entwicklung eines Geschäftes basiert bei der Internen Entwicklung auf der eigenen Generierung von Ressourcenbündeln (vgl. Küting 1980, 281; Hahn 1970, 615). Dafür werden anfangs Elementar- oder Basisressourcen personeller, sachlicher, finanzieller oder informationeller Art von den Arbeits-, Beschaffungs- oder Investitionsgüter- und Kapitalmärkten einzeln und in der Regel sukzessiv bezogen, um diese daran anschließend – eben aus eigener Kraft – zur originären Faktorkombination einzusetzen und neue unternehmerische Gesamtheiten von Ressourcen zu formen (vgl. Haberlandt 1970, 386). Diese Kombinationsleistung stellt letztendlich selbst eine immaterielle Ressource dar (vgl. Bausch 2003, 30). BEA bezeichnet diese Vorgehensweise als *„Veränderung systeminterner Elemente und Beziehungen zwischen den Elementen*" (zitiert nach Küting 1980, 281), während HAHN von einer *„Errichtung neuer produktiver Kombinationen*" (1970, 615) spricht. Charakteristisches Merkmal der Internen Entwicklung ist daher die Schaffung neuer – zuvor nicht existenter – Kapazitäten und Potenziale. Sie unterscheidet sich dadurch ganz erheblich von den, noch zu diskutierenden, weiteren Entwicklungswegen, da sie nicht bereits bestehende Kapazitäten anderer Wirtschaftssubjekte übernimmt (vgl. Hahn 1970, 615). Die Interne Entwicklung erhöht infolgedessen durch endogene Kräfte die eigene – und auch die gesamtwirtschaftliche – Kapazität (vgl. Küting 1980, 281).

Dieser Prozess zeichnet sich in erster Linie durch die unternehmerische Innovationsfähigkeit aus. Seine Voraussetzungen liegen hauptsächlich in Investitionen in Forschung und Entwicklung sowie in das absatzpolitische Instrumentarium, Patent- und Lizenznahmen und den Bereich Ausbildung begründet (vgl. Petersen 1994, 112). Die Interne Entwicklung stellt in diesem Sinne eine Weiterführung des internen Wachstums dar (vgl. Diskussion zu Entwicklung und Wachstum *Kapitel 2.2.1*), da nicht nur rein quantitative, sondern auch qualitative Komponenten und Aspekte eine Rolle spielen. Die Interne Entwicklung wird aber gerade wegen der unscharfen Abgrenzung auch unter den Begriffen „*endogenes Wachstum*" (vgl. stellvertretend Waldecker 1995, 16), „*natürliches*" (vgl. Schubert/Küting 1981, 53) oder „*organisches Wachstum*" (vgl. Schoeller 1991, 342), „*originäre Unternehmensvergrößerung*" (vgl. Hahn 1970, 615) oder im angloamerikanischen Sprachraum als „*internal development*" (vgl. Roberts/Berry 1985, 5), „*internal growth*" (vgl. Weston 1976, 3) oder „*de novo expansion*" (vgl. Steiner 1977, 77) diskutiert.

Das hervorstechende Merkmal der Internen Entwicklung ist damit, dass das Unternehmen neue Potenziale und Ressourcen aus eigener Kraft erschafft und darüber auch die Verfügungsgewalt erhält. Wie die dafür notwendige Finanzierung erfolgt, ist für die Begriffsbestimmung nicht von Relevanz und stellt somit kein Abgrenzungskriterium zu anderen Entwicklungswegen dar. Die Interne Entwicklung schließt sowohl interne als auch die externe Finanzierungsmöglichkeiten ein (vgl. Küting 1980, 282) und ist damit streng vom Sprachgebrauch der finanzwirtschaftlichen Literatur, die internes Wachstum alleine durch die Vermögensbildung mittels einbehaltener Gewinne umschreibt (vgl. Küting 1980, 282), abzugrenzen.

Im Rahmen der Arbeit soll folgende Definition der Internen Entwicklung gelten:

> *Die Interne Entwicklung stellt den Entwicklungsweg dar, der selbständig und aus eigener Kraft heraus beschritten wird und dadurch neue Kapazitäten und Potenziale generiert, mittels derer die Erhaltung bzw. Erzielung strategischer Wettbewerbsvorteile und die Umsetzung der Entwicklungsstrategie angestrebt wird. Die Interne Entwicklung hat damit einen signifikanten Einfluss auf die Unternehmensentwicklung und auf den Unternehmenserfolg.*

3.1.2 Erscheinungsformen

Die Erscheinungsformen der Internen Entwicklung sind letztlich durch eine nicht effektiv einzugrenzende Vielfalt geprägt, da prinzipiell jede Form der unternehmerischen Entwicklung, die aus eigener Anstrengung und Investition heraus geschieht unter diesem Entwicklungsweg subsumierbar ist. In der Literatur wird dieses Charakteristikum zwar klar betont, weitere Details und mögliche Erscheinungsformen jedoch oft ausgespart. Um den Entwicklungsweg trotzdem „*greifbarer*" zu machen, sei hier näher auf *Ausbau* (*Kapitel 3.1.2.1*), *Betriebsstättenbau* (*Kapitel 3.1.2.2*) und *Gründung* (*Kapitel 3.1.2.3*) sowie *Forschung, Entwicklung & Innovation* (*Kapitel 3.1.2.4*) eingegangen. Die drei ersten Formen manifestieren eine traditionelle, stark produktionswirtschaftliche Blickrichtung, die in erster Linie eine Erweiterung von Kapazitäten im Sinne eines quantitativen Wachstums beschreibt. Sie erweisen sich letztlich als eher enge, auf quantitative Aspekte abzielende Sichtweise. Die letztgenannte Option geht mehr auf die – gebotene – qualitative Betrachtung der Internen Entwicklung ein. Die Gestaltungsformen lassen sich, wie in *Abb. 14* festgehalten, in das Gesamtspektrum der Alternativen einordnen.

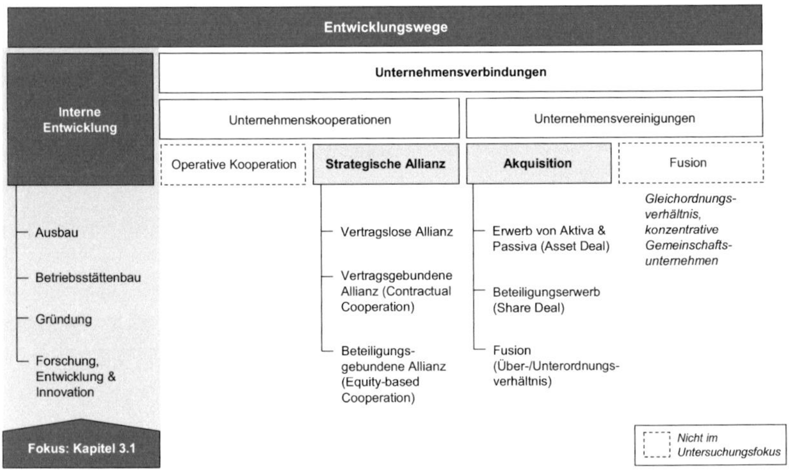

Abb. 14 Übersicht der Entwicklungswege und Einordnung der Formen der Internen Entwicklung

Quelle: Eigene Darstellung

3.1.2.1 Ausbau

Der Ausbau stellt die Kapazitätserweiterung, präziser ausgedrückt die Produktionskapazitätserweiterung, bereits bestehender (Teil-)Betriebe des Unternehmens dar. Er vollzieht sich ohne Gründung neuer (Teil-)Betriebe und bei einer konstanten Anzahl rechtlich unselbständiger (Teil-)Betriebe (vgl. Küting 1980, 282). Die Erhöhung des Produktionsausstoßes durch den Ausbau lässt sich nach der Ursache der Erhöhung in *multiple* und *mutative* Entwicklungen unterscheiden (vgl. dazu und im folgenden Abschnitt Waldecker 1995, 16-17; Küting 1980, 283-284):

- ***Multiple Entwicklung***: Die multiple Veränderung erreicht einen Anstieg der Ausbringungsmenge durch eine proportionale Erhöhung der (Einsatz-)Faktoren bei gleichzeitiger Konstanz ihrer Relationen, also bei Beibehaltung der bisherigen Produktionsverfahren. Die Vergrößerung der Kapazität erfolgt somit, je nach Unterteilungsmöglichkeit der (Einsatz-)Faktoren, mehr oder weniger sprunghaft, wie beispielsweise bei der Erweiterung der Verkaufsfläche eines Handelsunternehmens oder beim Bau weiterer Industriegüter in einem Industrieunternehmen.

- ***Mutative Entwicklung***: Die mutative Veränderung erreicht einen Anstieg der Ausbringungsmenge durch einen Übergang zu anderen technischen oder organisatorischen Verfahren (vgl. Waldecker 1995, 17). Dazu kann die effizienzsteigernde Um- und Neugestaltung der Verfahren und Prozesse, die Veränderung der Dimensionierung und Mengenrelation der eingesetzten, die Erhöhung der Produktionsgeschwindigkeit und -intensität oder die dimensionierende Veränderung, im Sinne eines kapazitativen Übergangs auf größere Anlagen gezählt werden.

In der Realität dürften Mischformen zwischen diesen beiden Ausbauvarianten vorherrschen, die eine Verbindung von Erweiterungsschritten und der Reorganisation im Zuge von Modernisierungen, Spezialisierungen oder technischem Fortschritt darstellen.

3.1.2.2 Betriebsstättenbau

Der Betriebsstättenbau stellt eine Form der Internen Entwicklung dar, bei der die Ausweitung der Potenziale und Kapazitäten durch die Errichtung zusätzlicher, rechtlich unselbständiger (Teil-)Betriebe erfolgt. Die Anzahl der rechtlich selbständigen Betriebe verbleibt konstant (vgl. Küting 1980, 284). Selbstverständlich kommen für die Nutzung der zusätzlichen Betriebsstätten sämtliche Entwicklungsmöglichkeiten (i.S.v. Richtungen) in Frage: von der Ausweitung der bisher bestehenden Produktion, der Veränderung der Breite und/oder Tiefe des momentanen Leistungssortiments bis hin zur Diversifikation zu neuen Produkten (vgl. Waldecker 1995, 17; Küting 1980, 285).

Der Betriebsstättenbau kommt insbesondere dann zum Tragen, wenn der Ausbau beispielweise durch flächenmäßige Begrenzungen nicht möglich ist und gleichzeitig von der Gründung neuer, rechtlich selbständiger Betriebe abgesehen werden soll (vgl. im Folgenden Küting 1980, 285-286). Produktionsseitig kann der Betriebsstättenbau geboten sein, wenn in der jetzigen Lage die Produktionsfaktoren auf den Beschaffungsmärkten knapp sind, nicht in ausreichender Quantität und Qualität bereitgestellt werden können oder nur zu unrentablen Konditionen erlangt werden können, was ein lokales Ausweichen des Betriebes ökonomisch sinnvoller macht. Absatzseitig können eine lokale Sättigung der Nachfrage sowie ein überproportionaler Anstieg der Vertriebskosten bei Bedienung der zusätzlichen Nachfrage aus der gegenwärtigen Organisation heraus für den Betriebsstättenbau sprechen. (vgl. Waldecker 1995, 18). Diese Form der Entwicklung stellt eine Möglichkeit dar, den Problemen, die sich vornehmlich geographisch in Beschaffungs- und Absatzmärkten stellen, mit der Festlegung neuer Standorte zu begegnen.

3.1.2.3 Gründung

Im Zuge der Gründung wird im Rahmen der Entwicklung ein rechtlich selbständiges Unternehmen geschaffen, das als eigene Rechtspersönlichkeit am Marktgeschehen teilnimmt (vgl. Küting 1980, 286). Dieser Prozess der Herausbildung eines abgegrenzten und vorher nicht in gleicher Struktur existenten Systems (vgl. Szyperski et al. 1999, 25) kann durch zwei charakteristische Merkmale differenziert werden. Zum einen lässt sich nach der Herkunft neugeschaffener Wirtschaftseinheiten zwischen originären Gründungen, die sich durch völligen Neuaufbau ohne Rückgriff auf bestehende Betriebsteile kennzeichnen, und derivativen Gründungen unterscheiden, wobei eine bestehende Wirtschaftseinheit durch Strukturveränderungen wie etwa die Übernahme oder Umgründung transformiert wird (vgl. Szyperski et al. 1999, 26-30). Zum anderen zieht man die Selbständigkeit des Gründers heran, um zwischen selbständigen und unselbständigen Gründungen zu unterscheiden. Erstere dienen einem selbständigen Gründer zum Aufbau einer unternehmerischen Existenz. Bei letzteren handelt es sich typischerweise um die Gründungen von Tochtergesellschaften, die von Personen in abhängiger Stellung wahrgenommen werden. Durch die Verbindung der Merkmale entstehen vier Gründungsformen:

- ***Unselbständig-originäre Gründung*** (Betriebsgründung, Gründung von Tochtergesellschaften): Diese Gründungsform stellt die Initiierung einer neuen Wirtschaftseinheit durch ein bestehendes Unternehmen dar. Die so geschaffene Tochtergesellschaft wird als neue Organisation eigenständig entwickelt (vgl. Szyperski et al. 1999, 29).
- ***Selbständig-originäre Gründung*** (Unternehmensgründung): Sie stellt die Entwicklung ohne Rückgriff auf ein existierendes Unternehmen dar und kennzeichnet dadurch die Unternehmensgründung im engeren Sinn, die durch die eigenständige und selbstverantwortliche Person des Gründers durchgeführt wird.
- ***Unselbständig-derivative Gründung*** (Fusion, Umgründung): Diese Gründungsform kann nicht als neue Kombination produktiver Ressourcen angesehen werden, weswegen sie auch als „*unechte Gründung*“ bezeichnet wird (vgl. Szyperski et al. 1999, 27-28). Sie liegt bei der reinen Ausgliederung eines Teilbetriebes vor, bei der neben der Errichtung der eigenen Rechtsform keine Änderung erfolgt, sondern der Betrieb in gleicher Struktur weiterbetrieben wird. Daneben kann sie ebenso bei der Übernahme eines Betriebes auftreten, bei der das übernommene Unternehmen in gleicher Form weitergeführt wird (vgl. Waldecker 1995, 19; Küting 1980, 286).

- ***Selbständig-derivative Gründung*** (Existenzgründung durch Betriebsübernahme): Sie ist letztlich wie die unselbständig-derivative Gründung strukturiert, wobei der Gründungsakt durch eine oder mehrere selbständige Person(en) vollzogen wird. Anschaulich kann diese Gründungsoption etwa durch die Form des Management-Buy-outs eines Betriebes dargestellt werden (vgl. Wright/Coyne 1985, 1-10).

Für den hier relevanten Rahmen der Internen Entwicklung ist im Grunde nur die unselbständig-originäre Gründung von Relevanz. Bei der Diskussion von Entwicklungsbestrebungen hinsichtlich geographischer Diversifikation und Internationalisierung stellt dieser Weg oft die einzige Möglichkeit dar, auf neuen Märkten im Rahmen einer Internen Entwicklung aktiv zu werden. Bei einer Ausweitung der Marktmöglichkeiten auf ausländische Gebiete ist für die Ausübung bestimmter Geschäftstätigkeiten eine eigene Rechtspersönlichkeit in Form einer Tochtergesellschaft unumgänglich (vgl. Waldecker 1995, 21). Genau deshalb beinhaltet diese Problematik typischerweise die Gegenüberstellung zwischen Tochtergesellschaften im Rahmen der Internen Entwicklung (typischerweise bezeichnet als *greenfield ventures* oder *wholly-owned subsidiaries*), die den Überlegungen alternativer Entwicklungsformen (Akquisitionen, Kooperationen) gegenübergestellt werden müssen.

3.1.2.4 Forschung, Entwicklung und Innovation

Wie einleitend herausgestellt, kennzeichnet sich der Prozess der Internen Entwicklung durch die unternehmerische Innovationsfähigkeit, deren Voraussetzungen hauptsächlich in Investitionen in Forschung und Entwicklung liegen. Daher seien in diesem letzten Abschnitt sämtliche Bestrebungen der Entwicklung aus eigener Kraft subsumiert, die die Erweiterung der Marktmöglichkeiten, und damit die Umsetzung der Entwicklungsstrategie auf Basis von *Forschung, Entwicklung und Innovation* ausdrücken.

Aus betriebswirtschaftlicher Sicht stellen Innovationen die Umsetzung einer neuen Geschäftsidee in einen Markterfolg dar. Durch die neuartige Kombination von Ressourcen, Fähigkeiten und Leistungen können neue Kundennutzen gestiftet und Wettbewerbsvorteile erreicht werden (vgl. dazu bereits die Ausführungen von SCHUMPETER: „*Die Theorie der wirtschaftlichen Entwicklung*“, 1911, zitiert nach Disselkamp 2005, 11). Dabei kann die Innovation entweder die Neuentwicklung einer Lösung oder eine Adaption aus einem anderen Anwendungsgebiet sein, mit der die Leistung etablierter Lösungen übertroffen werden soll (vgl. Tintelnot et al. 1999, 2). Sie zeichnet sich deshalb durch eine – wahrgenommene – Neuartigkeit aus, die darin besteht, dass bisherige Zwecke und Mittel in einer bisher nicht bekannten Form verknüpft werden (vgl. Hauschildt 2005, 25). Es werden verschiedene Möglichkeiten unterschieden, wie es zu Innovationen kommen kann (vgl. im Folgenden Disselkamp 2005, 23-26; Hauschildt 2005, 26; Tintelnot et al. 1999, 1):

- ***Produktinnovationen*** bringen ein neues, vermarktungsfähiges, qualitativ hochwertigeres und/oder dem Kreis der Konsumenten noch nicht vertrautes Produkt (hier und im Folgenden synonym zu Leistung, Lösung gebraucht) hervor. Dabei kann das Produkt in Gänze neu auf dem Markt sein oder bereits vorhanden sein, jedoch durch das Unternehmen neu eingebracht werden (*Unternehmensinnovation*).
- ***Marktinnovationen*** führen zur Erschließung neuer regionaler Absatzmärkte durch die eigene Expansion in nationale oder internationale Bereiche sowie die Erschließung neuer Kundensegmente. Daneben kann die Anwendung neuer Absatzmethoden oder die Nutzung weiterer Vertriebskanäle zu dieser Innovationsform gezählt werden.
- ***Prozessinnovationen*** (Verfahrensinnovationen) erwirken die Entwicklung, den Einsatz oder die Vermarktung einer neuen, neuartigen oder verbesserten Methode ein Produkt herzustellen oder mit einer Ware kommerziell zu verfahren. Sie können damit zu kürzeren Produktions- und Lieferzeiten, Qualitätssteigerungen sowie Produktionskostensenkungen beitragen.

Aus der Perspektive der Entwicklungsstrategie können demnach Produkt- und Marktinnovationen zu einer Erweiterung der Möglichkeiten in die Dimensionen Produkt und Markt unmittelbar beitragen. Sie können damit sowohl für quantitatives als auch qualitatives Wachstum sorgen. Prozessinnovationen vermögen zu dieser Entwicklung – zumindest mittelbar – beizutragen, da sie ebenso absatzseitige Wirkungen aufweisen, die zu kosten- und nutzenseitigen Wettbewerbsvorteilen beisteuern.

Die Nutzung von Innovationen als strategisches Instrument stellt weder einen Zufallsprozess noch die Aneinanderreihung von operativen Routineentscheidungen dar (vgl. Hauschildt 2005, 36). Die im Rahmen dieser Arbeit verstandene Auffassung von Innovationen als Entwicklungsweg gehorcht – wie die anderen Alternativen auch – einem systematischen und steuerbaren Prozess (vgl. Disselkamp 2005, 11). Das Innovationsmanagement umfasst die gezielte Planung, Umsetzung und Kontrolle des Innovationsprozesses, der typischerweise die (Grundlagen-)Forschung, Entwicklung, Beschaffung, Produktion und Vertrieb einschließt (vgl. Tintelnot et al. 1999, 4). Forschung und Entwicklung dienen der Generierung neuen Wissens, was die Grundlage für weiteren ökonomischen Erfolg liefert. Erst dessen Anwendung und Umsetzung, die Etablierung auf dem Markt, schließt den erfolgreichen Innovationsprozess ab (vgl. Bullinger/Renz 2005, 85). Das wirksame Innovationsmanagement zeichnet sich dadurch aus, dass es die Kreativität der eigenen Organisation, der Mitarbeiter, in Markterfolge umsetzen kann.

Die Wahl von *Forschung, Entwicklung und Innovation* als Entwicklungsweg ist damit im Sinne dieser Arbeit als eine bewusste Entscheidung für den Weg aus eigener Kraft zu sehen. Er stellt eine Entscheidung auf strategischer Ebene dar, da er mit der kontinuierlichen Bereitstellung entsprechender materieller und immaterieller Ressourcen sowie wesentlichen ökonomischen Konsequenzen bei der Erreichung oder Verfehlung des Entwicklungsziels einhergeht.

3.2 „Ally" – Strategische Allianz als Entwicklungsweg

3.2.1 Begriffsdefinition und Merkmale

3.2.1.1 Grundlagen der zwischenbetrieblichen Kooperation

Die Strategische Allianz stellt die kooperative Form des Entwicklungsweges dar. Folglich beschreitet ihn das Unternehmen nicht ausschließlich aus eigener Kraft, sondern setzt seine Entwicklungsstrategie durch Zusammenarbeit mit einem externen Partner um. Unter einer strategischen Allianz wird eine besondere Form der zwischenbetrieblichen Kooperation gesehen (vgl. Müller-Stewens 1993, Sp4063-4066; Überblick zur Kooperationsforschung vgl. Vornhusen 1994, 16-24), deren Grundlagen zunächst als Basis für die weitere Charakterisierung dienen sollen.

Unter dem Begriff „*Kooperation*" soll die zweckorientierte, auf freiwilliger vertraglicher Vereinbarung beruhende Zusammenarbeit mindestens zweier rechtlich und wirtschaftlich selbständiger, voneinander unabhängiger Unternehmen zur Erreichung eines oder mehrerer gemeinsamer Ziele verstanden werden (zu unterschiedlichen Begriffsabgrenzungen vgl. Schaper-Rinkel 1998, 20; Alvano 1993, 100-101; Rotering 1993, 12-13; Rath 1990, 8-11; Tröndle 1987, 15-23; Blohm 1980, Sp1112-1113). Sie ist als ein formelles, längerfristiges Bündnis zur gemeinsamen Koordination und Ausübung von Unternehmensaktivitäten anzusehen, das über Inhalt und Umfang einfacher und einmaliger Transaktionen hinausgeht (vgl. Henkel 1992, 11; zu ähnlichen Begriffsdefinitionen Balling 1998, 12-28; Sydow 1992, 60-69; Blohm 1980, Sp1112; Gerth 1971, 17). Kooperationen können durch folgende Merkmale klar beschrieben werden:

- ***Gemeinschaftliche Aufgabenerfüllung***: Die zwischenbetriebliche Kooperation ist auf die gemeinschaftliche Erfüllung einer wirtschaftlichen Aufgabe durch Zusammenarbeit ausgerichtet (vgl. Rath 1990, 10; Tröndle 1987, 15). Die gemeinschaftliche Aufgabenerfüllung kann in vollständiger oder koordinierter (partieller) Aufgabenteilung entlang der Wertkette zwischen den Partnerunternehmen umgesetzt werden (vgl. Michel 1996, 23).

Sie ist von der Zusammenarbeit in überbetrieblichen Formen, wie Verbänden oder Interessensgemeinschaften, sowie innerbetrieblicher Kooperation verschiedener Bereiche abzugrenzen.

- ***Inhaltliche Begrenzung***: Die Kooperation betrifft ein oder mehrere ausgewählte, abgegrenzte unternehmerische Teilbereiche oder Aktivitäten der Wertkette (vgl. Schlosser 2001, 46; Schaper-Rinkel 1998, 20). Die Partner bringen in diese Kooperationsfelder ausgewählte, meist komplementäre Erfolgspotenziale ein, die in unternehmensspezifischen Ressourcen und Fähigkeiten oder anderen wettbewerbsrelevanten Aspekten wie Markt- oder Technologiezugängen liegen (vgl. Müller-Stewens 1993, Sp4065-4066). Die inhaltliche Begrenzung der Zusammenarbeit kann dazu führen, dass die Partner auf anderen Gebieten, quasi parallel, in Konkurrenz zueinander stehen (vgl. Michel 1996, 23). Zudem manifestiert sie einen entscheidenden Unterschied zur Akquisition, welche sich stets auf das komplette Aufgabenspektrum des Unternehmens bezieht und zudem der wirtschaftlichen Selbständigkeit ein Ende setzt (vgl. Porter/Fuller 1989, 364).
- ***Interdependenz***: Durch die notwendige Koordination der Aktivitäten zwischen den Kooperationspartnern entstehen auf dem Feld der Zusammenarbeit wechselseitige Abhängigkeiten für die Beteiligten (vgl. zu verschiedenen Formen Lutz 1993, 40). Sie können durch den gemeinsamen Zugriff auf Ressourcen, Zielinterdependenzen sowie durch die kollektive Entscheidungsfindung auftreten. Diese freiwillige und bewusste Inkaufnahme eines Autonomieverlustes steht zwar zunächst im Widerspruch zum natürlichen Streben des Unternehmens (vgl. zum Autonomiestreben ausführlich Pfeffer/Salancik 2003, 95-97), wird jedoch dadurch nachvollziehbar, dass durch die Kooperation solche Ziele verfolgt werden, deren Erreichung eine höhere Bedeutung beigemessen wird als dem dadurch auftretenden Autonomieverlust (vgl. Tröndle 1987, 17).
- ***Kollektives Führungshandeln***: Die Entscheidungsautonomie wird durch ein kollektives Gremium ersetzt (vgl. Michel 1996, 24), das die wechselseitig abgestimmte Führung übernimmt. Die Selbständigkeit der Partner bleibt darin durch ein Gleichordnungsverhältnis gewahrt, was einen weiteren klaren Unterschied zur Akquisition ausmacht, die immer eine Unterordnung des Akquisitionsobjekts mit sich bringt (vgl. Schaper-Rinkel 1998, 21).
- ***Reversibilität***: Die Wahrung der Autonomie der beteiligten Unternehmen kommt in der Reversibilität der Kooperationsentscheidung zum Ausdruck. Die Partner erhalten sich die Möglichkeit, die Zusammenarbeit aufzulösen, was ihre *„entscheidende Machtbasis"* (Tröndle 1987, 26) bildet. Sie wird üblicherweise formal-rechtlich durch Verträge sowie rein faktisch durch ökonomische Austrittsbarrieren (z.B. Bedrohung der wirtschaftlichen Existenz) begrenzt (vgl. Michel 1996, 24).

Für den Begriff der Kooperation kann damit als Grundlage für die Erschließung der Strategischen Allianz festgehalten werden:

Die zwischenbetriebliche Kooperation stellt eine längerfristig angelegte Zusammenarbeit selbständiger Unternehmen dar, die einen oder mehrere, jedoch nicht alle, unternehmerische Teilbereiche umfasst und von den Kooperationspartnern kollektiv geführt wird.

3.2.1.2 Strategische Allianz als besondere Kooperationsform

Der Begriff „*Strategische Allianz*" hält in den späten 1980er Jahren Einzug in die wirtschaftswissenschaftliche Literatur (vgl. z.B. Backhaus/Piltz 1990; Backhaus/Plinke W. 1990; Ohmae 1989; Harrigan 1985;). Auf den ersten Blick lassen sich kaum Unterschiede zu traditionellen Formen der zwischenbetrieblichen Kooperation festmachen, verfolgen sie doch beide die Absicht, unternehmerische (Entwicklungs-)Ziele durchzusetzen, die aus eigener Kraft nicht erreicht werden können (oder sollen). Eine eindeutige, gar allgemeingültige Abgrenzung des Begriffs findet sich daher nicht. So tritt eine bedeutende Vielfalt auf, die in deutschsprachigen Beiträgen auch von strategischer Kooperation, strategischer Partnerschaft, strategischer Koalition oder Wertschöpfungspartnerschaft, in der angloamerikanischen Literatur von Strategic Collaboration, Competitive Alliance, Strategic Linkage oder Corporate Alliance spricht (vgl. übersichtsartig u.a. Rupprecht-Däullary 1995, 12-13; Hammes 1994, 17-31; Vizjak 1990; Leveson 1986; Albach 1992, 664; Porter 1980, 294-295; allgemein zum Begriff vgl. Yoshino/Rangan 1996; Lutz 1993, 20-44; Gahl 1991, 9-13;). Das spezifisch Neue des Begriffs „*Strategische Allianz*" kann nicht über die formale Charakterisierung ergründet werden, sondern spiegelt die qualitative Ebene der Bedeutung der Kooperation für die beteiligten Unternehmen, deren inhaltliche Schwerpunkte und die spezifischen Managementanforderungen wider (vgl. Schlosser 2001, 43; Gahl 1991, 11).

Strategische Wertigkeit

Strategische Allianzen stellen für die beteiligten Unternehmen im Rahmen der strategischen Unternehmensführung einen Weg zur Unternehmensentwicklung dar (vgl. Yoshino/Rangan 1996, 6-7; Müller-Stewens 1993, Sp4067-4068). Sie überschreiten damit deutlich die rein operative oder taktische Ebene und weisen vielmehr den Charakter eines strategischen Instruments zur Verwirklichung von Unternehmens- und Wettbewerbsstrategien auf (vgl. Porter/Fuller 1989, 364). Die strategische Wertigkeit ergibt sich aus der besonderen Bedeutung für die Sicherung und nachhaltige Stärkung der Wettbewerbsposition für die beteiligten Unternehmen (vgl. Rall 1994, 33). Bei einer strategischen Verwendung von Kooperationen steht daher das Bestreben im Mittelpunkt, individuelle wettbewerbsrelevante Erfolgspotenziale so zu verbinden, dass sie den Partnern zu gemeinsamen strategischen Wettbewerbsvorteilen gereichen (vgl. Backhaus/Piltz 1990, 2; Perlmutter/Heenan 1986; 137). Aufgrund dieser markt- und wettbewerbsbezogenen Zielsetzungen wird strategischen Allianzen eine ungleich größere Bedeutung beigemessen, als dies bei traditionellen Kooperationsformen der Fall wäre (vgl. Devlin/Bleackley 1988, 18). Im Rahmen dieser Arbeit wird deshalb der Ansicht von SCHUH gefolgt, der eine Verwendung des Allianzbegriffs für angebracht hält, wenn eine Zusammenarbeit auf der konzeptionellen Grundlage der strategischen Planung erfolgt (vgl. Schuh 1990, 145; daneben auch Schaper-Rinkel 1998, 24).

Ein herausragendes Merkmal dieser Qualität der zwischenbetrieblichen Zusammenarbeit ist, dass es sich bei den Partnern auch immer öfter um aktuelle oder potenzielle Wettbewerber handelt. Strategische Allianzen bekommen damit den Charakter eines „*Schulterschlusses*", der sich gegen Dritte (Wettbewerber) wendet und auf einen „*Quantensprung in der strategischen Positionierung*" (Schaper-Rinkel 1998, 23) abzielt. Dies bedeutet jedoch im gleichen Atemzug einen deutlichen Anstieg des Risikos, da die individuellen Wettbewerbsvorteile vom jeweiligen Partner opportunistisch ausgenutzt werden können (vgl. Porter/Fuller 1989, 377-378).

Management- und Gestaltungskomplexität

Es ist nicht zuletzt diese Opportunismusgefahr, die zu einer Management- und Gestaltungskomplexität einer neuen Dimension führt (vgl. Doz/Hamel 1998, 6-7). Die Unternehmensführung sieht sich mit der gleichzeitigen Berücksichtigung von kooperativen und kompetitiven Elementen in der Zusammenarbeit konfrontiert (vgl. dazu häufig die Bezeichnung „*Coopetition*", einem Kunstwort aus Zusammenarbeit/Cooperation und Wettbewerb/Competition, vgl. umfassend Bonel et al. 2008; Dathe 1999). Zudem weisen Strategische Allianzen vorwiegend einen prozesshaft-evolutionären Charakter auf, der ein ständiges Management sich ändernder Interessenlagen und Zielvorstellungen, unterschiedlicher Kulturen, verbleibender Unsicherheiten und Risiken, stabiler und weniger stabiler Phasen infolge von Veränderungen im Markt- und Wettbewerbsumfeld erforderlich machen (vgl. Schlosser 2001, 44).

Im Rahmen der Arbeit soll folgende Definition der Strategischen Allianz gelten:

> *Strategische Allianzen stellen den kooperativen Entwicklungsweg dar, der sich inhaltlich auf die komplementäre Ergänzung und/oder gemeinsame Bündelung von ausgewählten Erfolgspotenzialen zwischen mindestens zwei Unternehmen erstreckt, mit der die Erhaltung bzw. Erzielung strategischer Wettbewerbsvorteile und die Umsetzung der Entwicklungsstrategie angestrebt wird. Strategische Allianzen haben damit einen signifikanten Einfluss auf die Unternehmensentwicklung und auf den Unternehmenserfolg.*

3.2.2 Gestaltungsdimensionen

3.2.2.1 Operative Reichweite

Die bisherige Charakterisierung lässt es sinnvoll erscheinen, zwei spezifische Gestaltungsdimensionen genauer herauszugreifen: die operative Reichweite und den Zeithorizont. Die operative Reichweite (operational scope) betrifft die Abgrenzung des Kooperationsfeldes, also die Frage welche strategischen Erfolgspotenziale in die Verbindung eingebracht werden (vgl. Doz/Hamel 1998, 76). Die Ausgestaltungsmöglichkeit der Allianz lässt sich infolgedessen nach den einbezogenen Wertschöpfungsaktivitäten in unifunktionale (Beschränkung auf eine Wertschöpfungsaktivität) und multifunktionale Allianzen (mehrere Aktivitäten) klassifizieren (vgl. Schlosser 2001, 54). Die konkrete Auswahl der Verknüpfungsaktivitäten orientiert sich an der Wertkette (vgl. Porter/Fuller 1989, 382-319; Lutz 1993, 23-33) und hängt im Einzelfall von den mit der Allianz verfolgten Motiven und Zielen ab:

- ***Entwicklungs- und Technologieallianzen*** werden vornehmlich auf dem Gebiet der Forschung und Entwicklung eingegangen, um den immer stärker ansteigenden Fixkostenblöcken und der zumeist langsameren Entwicklung aus eigener Kraft entgegenzuwirken.
- ***Beschaffungsallianzen*** beziehen sich auf den logistischen Bereich. Sie streben nach Größenvorteilen (Economies of Scale) aber auch nach dem Zugang zu bedeutendem Produktions- und Prozesstechnologie-Know-how, was zu einer signifikanten Ausweitung der Produktionsmöglichkeiten führen kann
- ***Markt- und Vertriebsallianzen*** zielen auf die Beeinflussung regionaler Wettbewerbsstrukturen ab oder entstehen aus der Notwendigkeit, auf örtliche Besonderheiten der jeweiligen Märkte einzugehen.
- ***Übergreifende Allianzen*** (vgl. dazu auch Voswinckel 1979, 229-233) können sich auf mehrere Wertschöpfungsaktivitäten beziehen, die typischerweise eng miteinander verknüpft bzw. kombiniert sind.

3.2.2.2 Zeithorizont

Die zweite, allianzspezifische Gestaltungsdimension betrifft die zeitliche Dauer der Kooperationsvereinbarung (vgl. Lutz 1993, 43). Die Entscheidung über die Form einer zeitlich befristeten oder zeitlich unbefristeten Allianz richtet sich dabei stark nach den konkreten Kooperationsaktivitäten. Die meisten Verbindungen sind wegen ihrer inhaltlichen Abgrenzung auf bestimmte strategische Erfolgspotenziale als Bündnisse für einen bestimmten Zeitraum angelegt, in dem der geplante Nutzen sich einstellen und die strategischen Ziele erreicht werden sollen (Schlosser 2001, 52). Die zeitliche Befristung kann zudem dazu dienen, dysfunktionale Kooperationseffekte, wie den Abfluss von strategisch bedeutsamem Wissen über längere Zeit oder langfristige Inflexibilitäten von vornherein einzugrenzen (vgl. Schlosser 2001, 53; Fleischer 1997, 16; Servatius 1990, 63-64). Die Beendigung einer strategischen Allianz ist deshalb keineswegs mit deren Scheitern gleichzusetzen, da sich der Erfolg letztlich nicht durch Stabilität oder Langlebigkeit ausdrückt (oft „*vorschnell*" als Misserfolgsindikatoren interpretiert; vgl. Eisele 1995, 86; Oesterle 1995, 992-995; Vornhusen 1994, 243-250), sondern durch die erfolgreiche Umsetzung der Entwicklungsstrategie.

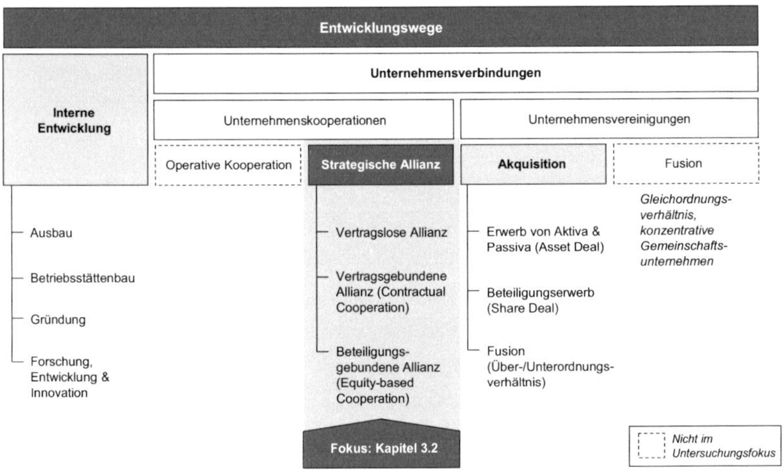

Abb. 15 Übersicht der Entwicklungswege und Einordnung der Formen der Strategischen Allianz

Quelle: Eigene Darstellung

3.2.3 Erscheinungsformen

Wichtig für die weitere Diskussion der Entscheidung über den Entwicklungsweg ist es, die Erscheinungsformen darzulegen, die unter der Alternative „*Strategische Allianz*" subsumiert werden sollen (vgl. dazu und zur Einordnung in das Gesamtspektrum der Entwicklungswege *Abb. 15*). Hierzu werden die verschiedenen Institutionalisierungsformen kooperativer Verbindungen herangezogen, deren Auswahl sich sowohl nach den diskutierten Gestaltungsdimensionen, als auch nach den strukturellen und organisatorischen Bedingungen und individuellen Präferenzen der Unternehmen sowie Steueraspekten richtet (vgl. Schlosser 2001, 56). Prinzipiell lassen sich diese nach der „*Stärke der Bindungsintensität*“ (vgl. dazu Hellfeier 1999, 59; zu den Grundtypen vgl. Hellfeier 1999, 59; Schaper-Rinkel 1998, 24; Lewis 1991, 117-137) zwischen den beteiligten Partnern unterscheiden, die die Kontroll- und Durchgriffsmöglichkeiten über die in der Allianz zusammengefassten Aktivitäten widerspiegelt. Die Bindungsintensität geht dabei „*Hand in Hand*“ mit der Bewahrung der Flexibilität für jeden der Partner, da die Erhöhung des einen Merkmals zwangsläufig zur Verringerung des anderen führt.

3.2.3.1 Vertragslose Allianz

Die vertragslose Allianz wird auf Basis von informellen Vereinbarungen geführt und gesteuert (vgl. im Folgenden Hellfeier 1999, 59; Lewis 1991, 117-118). Sie weist infolgedessen das geringste Maß an Bindungsintensität auf. Die Zusammenarbeit auf der Grundlage formloser Absprachen wird zur Durchsetzung strategischer Belange eher selten gewählt, da die Führungs- und Steuerungsmöglichkeiten der Beiträge des Partners begrenzt sind. Das Eingehen dieser kooperativen Verbindung setzt darum gegenseitiges Vertrauen, überschaubare Risiken und damit geringen Regelungsbedarf voraus. Vertragslose Allianzen treten besonders dann auf, wenn sie als Vorstufe einer späteren stärkeren Bindung genutzt werden sollen. Sie fungieren dann als „*Test*“, der den Verlauf der gemeinsamen Anstrengungen beurteilen kann (z.B. Einhaltung von Abmachungen), gleichzeitig jedoch den Teilnehmern die größtmögliche Flexibilität bewahrt, bei negativen Erscheinungen aus der Allianz auszuscheiden oder bei positiver Entwicklung die Kooperation mit stärkerer Bindung fortzusetzen.

3.2.3.2 Vertragsgebundene Allianz

Durch die vertragsrechtliche Institutionalisierung (synonym: Contractual Cooperation, Contractual Joint Venture) erhöht sich die Bindung zwischen den Allianzpartnern durch einen Beziehungsvertrag (*relational contract*). Kontrakte dieser Art, anders als Konsortial- oder Projektverträge, sind nicht auf einmalige gemeinsame Aktivitäten gerichtet, sondern auf eine vertraglich gebundene langfristige Zusammenarbeit (vgl. Rath 1990, 56). Im Vertragswerk werden Kontrollgremien festgelegt, Berichtspflichten geregelt, Verhaltensrichtlinien fixiert und Verfahrensweisen zwischen den Partnern abgestimmt (vgl. Schrader 1993, 242). Auf diese Weise werden, beispielsweise in Management- oder Lizenzverträgen (vgl. Michel 1996, 30-31), die gegenseitig abgegebenen Leistungsversprechen, die einzubringenden Erfolgspotenziale, die Verantwortlichkeiten der Allianzunternehmen sowie die Aufteilung gemeinschaftlich generierter Erträge schriftlich fixiert und die individuellen Risiken gemindert. Durch die derartige Vorgehensweise wird eine wechselseitige Abhängigkeit zwischen den Vertragsparteien begründet.

Organisatorisch drückt diese sich typischerweise durch eine in die bestehende Organisation der beteiligten Unternehmen eingebettete Projektstruktur aus, bei der Abteilungen zusammengelegt und gemeinsame Projektteams ins Leben gerufen werden (vgl. Fontanari 1996, 48-49). Anders als bei beteiligungsgebundenen Allianzen geht somit aus vertragsrechtlichen Kooperationen nicht die Gründung eines eigenständigen Unternehmens hervor. Da keine Ressourcen in einer gemeinsam kontrollierten rechtlichen Einheit zusammengefasst werden, ist die Bindungsintensität zwar höher als bei vertragslosen Verbindungen, jedoch geringer als bei Gemeinschaftsunternehmen. Contractual Joint Ventures stellen so gesehen eine Zwischenform dar, bei der ein gewisser Grad an Flexibilität erhalten bleibt, da die Auflösung der Zusammenarbeit in der Regel problemloser und mit geringerem ökonomischen Risiko verbunden ist, als im Falle des nun zu erörternden Equity-Joint Ventures.

3.2.3.3 Beteiligungsgebundene Allianz

Das stärkste Bindungsinstrument stellt die gesellschaftsrechtliche Institutionalisierung (synonym: Equity-based Cooperation, Equity Joint Venture) dar, die die Ressourcen der beteiligten Unternehmen in einem Gemeinschaftsunternehmen zusammenführt. Von einem Joint Venture wird folglich dann gesprochen, wenn mindestens zwei Unternehmen das Aktivitätsfeld der partnerschaftlichen Zusammenarbeit rechtlich und organisatorisch verselbständigen und dabei eine indirekte Kapitalverflechtung eingehen (vgl. Bausch 2003, 26). Durch Eigenkapitalanlagen in Form von Sacheinlagen und eventuell ergänzender Finanzeinlagen erhalten die Allianzpartner Anteile an der Kooperationsgesellschaft (daher: Equity Joint Venture; vgl. Rath 1990, 57). Die Gesellschaft stellt eine eigenständige Einheit dar, die aus der Ausgliederung und Zusammenlegung der allianzrelevanten Teilaktivitäten oder Geschäftseinheiten, oder durch die Errichtung eines gänzlich neuen, gemeinsamen Unternehmens entstehen kann (vgl. Schlosser 2001, 57). Die beteiligten Unternehmen übernehmen gemeinsam die Kontroll- und Führungsverantwortung sowie das finanzielle Risiko. Gemäß ihrer Anteile haben sie Anspruch auf den ökonomischen Erfolg des Gemeinschaftsunternehmens.

Durch die kapitalmäßige und wirtschaftlich enge Verflechtung ist die Bindungsintensität der Partner bei der beteiligungsgebundenen Kooperation in Relation zu den anderen Allianzerscheinungsformen am höchsten (vgl. Stafford 1994, 67). Das gemeinsame Führungshandeln auf oberster Ebene der Kooperationsgesellschaft eröffnet ausgeprägte Kontrollmöglichkeiten über die in der Allianz zusammengefassten Aktivitäten und damit die Umsetzung der Entwicklungsstrategie. Der starke Durchgriff wird durch die Einschränkung der eigenen Flexibilität *„erkauft"*. Die Reversibilität der Allianzentscheidung ist zwar nach wie vor gegeben, fällt jedoch durch die bedeutende und langfristige gegenseitige Abhängigkeit geringer aus.

3.3 „Acquire" – Strategische Akquisition als Entwicklungsweg

3.3.1 Begriffsdefinition und Merkmale

3.3.1.1 Grundlagen des Unternehmenskaufs

Die Strategische Akquisition stellt die externe Form des Entwicklungsweges dar. Von externer Entwicklung spricht man allgemein dann, wenn ein Unternehmen die Verfügungsgewalt über bereits existierende Ressourcen- und Potenzialkombinationen in Form anderer rechtlich-selbständiger Unternehmen (Unternehmensakquisition) oder geschlossener, rechtlich selbständiger oder unselbständiger Unternehmensteile (Betriebsakquisition) im Rahmen eines Kaufs (Erbwerbscharakter) erlangt (vgl. Hungenberg 2008, 526; Kirchner 1991, 30; Sieben/Sielaff 1989, 1; im Weiteren nicht begrifflich differenziert). Da das Akquisitionsobjekt als ganzheitliches, lebensfähiges System nicht nur materielle, finanzielle und humane Ressourcen einschließt, sondern auch Produkte/Technologien, etablierte Märkte und Marktanteile sowie bestehende Prozesse und Funktionen, ist die Akquisition streng vom Erwerb einzelner materieller oder immaterieller Vermögensgegenstände abzugrenzen (vgl. Petersen 1994, 13; Ulrich 1968, 155-156). Der Akquisitionsbegriff wird synonym mit den Begriffen Unternehmenskauf, Unternehmensübernahme, Unternehmenserwerb, Firmenkauf, Fusion oder dem angloamerikanischen Überbegriff Mergers & Acquisitions (M&A) verwendet. (vgl. zur Definition Weston et al. 2004, 4-6; Müller-Stewens 1993, Sp4294; Stein 1992, 12-14; Kirchner 1991, 30).

Wie eine Verbindung zwischen interner Entwicklung und internem Wachstum besteht (vgl. *Kapitel 3.1.1*), so hängt auch die externe Entwicklung mit dem Begriff des externen Wachstums zusammen, welches auch unter den Themen exogenes Wachstum, derivatives Wachstum, Wachstum durch Angliederung (vgl. stellvertretend Waldecker 1995, 23) oder im angloamerikanischen Sprachraum unter external growth (vgl. stellvertretend Weston 1976, 3) diskutiert wird. Hier sollen die Begriffe gleichbedeutend Anwendung finden (vgl. Argumentation in *Kapitel 2.1.2*).

Das qualifizierende Merkmal von Akquisitionen ist folglich die einseitige Abtretung von Verfügungsrechten (Kontroll-, Eigentums- und Handlungsrechte) über bestehende produktive Kombinationen. Das akquirierende Unternehmen erlangt beherrschenden Einfluss auf die oberste Führung des erworbenen Unternehmens, indem es dem veräußernden Unternehmen eine Gegenleistung, entweder in Form der monetären Begleichung eines Kaufpreises oder einer Vergütung von Kapitalanteilen (Anteilskauf, Anteilstausch), gewährt (vgl. Bausch 2003, 21, Leiendecker 1978, 19-22). Dadurch verliert das akquirierte Unternehmen seine *wirtschaft-*

liche Selbständigkeit. Nach Transaktionsabschluss (Closing) untersteht es der Leitung des Akquisiteurs, der damit seinen wirtschaftlichen Dispositionsraum erweitert. Die Folgen für die *rechtliche* Selbständigkeit richten sich nach der konkreten Ausgestaltung der Akquisition.

3.3.1.2 Strategische Akquisition als besondere Akquisitionsform

Für die weitere Betrachtung ist die Abgrenzung der strategischen von der nicht-strategischen Akquisition wichtig. Der in der Literatur anzutreffende Begriff der *„Akquisitionsstrategie"* suggeriert oft die Existenz autonomer strategischer Überlegungen, die sich isoliert mit Unternehmensakquisitionen beschäftigen. Um sich von dieser losgelösten Beschäftigung mit Akquisitionen, quasi in einer Art *„Vakuum"*, zu trennen, wird bewusst der Begriff *„Strategische Akquisition"* herangezogen. Er soll der hier – ganz analog zur Schilderung der *„Strategischen Allianz"* – vertretenen Auffassung Nachdruck verleihen, dass Akquisitionen nicht Selbstzweck, sondern Instrumente zur Umsetzung von Unternehmensstrategien sind (vgl. Montgomery/Wilson 1986, 95; Dornis 1982, 435). Die strategische Akquisition ist in diesem Sinne als integrierter Bestandteil des strategischen Managements zu sehen. Durch aktive Führung des und integriertes Zusammenwirken mit dem akquirierten Unternehmen ist die Akquisition auf die Realisierung des Entwicklungszieles gerichtet und daher eng an die leistungswirtschaftlichen Zielsetzungen des Unternehmens gebunden (*„business logic"* und *„industrial logic"*; vgl. Petersen 1994, 10; Bressmer et al. 1989, 84).

Im Gegensatz dazu dienen nicht-strategische Zukäufe ausschließlich finanziellen Zielsetzungen und werden daher als investmentorientierte Akquisitionen bezeichnet. Das Unternehmen nimmt dabei eine Rolle im Sinne einer Finanzholding (investment firm) ein, die sich auf die Steuerung von Investitionszielen (Rendite, Kapitalgewinne) konzentriert (vgl. Salter/Weinhold 1981, 118; Ansoff 1965, 116-117). Das Akquisitionsobjekt stellt hierbei letztlich eine Kapitalanlage dar, trägt aber nichts zur Umsetzung der Unternehmensstrategie bei. Auslöser einer solchen Ausrichtung kann das Vorhandensein freier liquider Mittel oder die problemlose Beschaffung von Kapital sein (vgl. dazu Free-Cashflow Hypothese z.B. Jansen 2001, 78). Zum anderen kann die Restrukturierung des Akquisitionsobjekts durch besondere Managementqualitäten verfolgt werden, um nach dessen Abschluss eine gewinnbringenden Wiederverkauf durchzuführen (vgl. Burger-Calderon 1991, 339-340).

Im Rahmen der Arbeit soll folgende Definition der Strategischen Akquisition gelten:

> *Strategische Akquisitionen stellen den externen Entwicklungsweg dar, der durch Kauf von mehrheitlichen Kontrollrechten über ein Unternehmen durch Anteils- und Vermögenserwerb zustande kommt. Das Akquisitionsobjekt verliert in der Folge seine wirtschaftliche Selbständigkeit und Entscheidungsautonomie. Das akquirierende Unternehmen erlangt die Verfügungsrechte über bestehende Erfolgspotenziale, mittels derer*

die Erhaltung bzw. Erzielung strategischer Wettbewerbsvorteile und die Umsetzung der Entwicklungsstrategie angestrebt wird. Strategische Akquisitionen haben damit einen signifikanten Einfluss auf die Unternehmensentwicklung und auf den Unternehmenserfolg.

3.3.2 Erscheinungsformen

Wichtig für die weitere Diskussion der Entscheidung über den Entwicklungsweg ist es, die Erscheinungsformen darzulegen, die unter der Alternative *„Strategische Akquisition"* subsumiert werden sollen (vgl. dazu und zur Einordnung in das Gesamtspektrum der Entwicklungswege *Abb. 16*). Um die Formen der Akquisition zu unterscheiden, wird wiederum die Intensität des resultierenden Zusammenschlusses (vgl. Schubert/Küting 1981, 8-11) herangezogen und in den *Erwerb von Aktiven und Passiven*, den *Beteiligungserwerb* und die *Fusion* unterschieden. Die Bindungsintensität bezieht sich – analog zur Diskussion der Formen der Strategischen Allianz (*Kapitel 0*) – auf das Ausmaß der Dispositionsfreiheit beim akquirierten Unternehmen, die mit dem Grad der wirtschaftlichen und rechtlichen Selbständigkeit einhergeht (vgl. Vizjak 1990, 26).

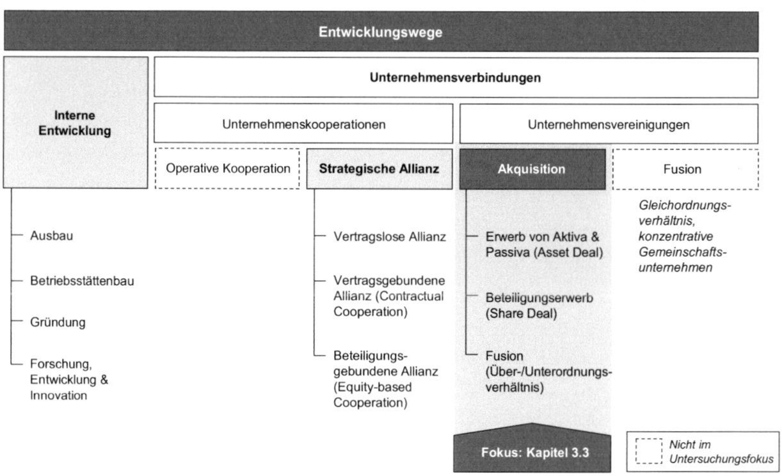

Abb. 16 Übersicht der Entwicklungswege und Einordnung der Formen der Strategischen Akquisition

Quelle: Eigene Darstellung

3.3.2.1 Erwerb von Aktiva und Passiva (Asset Deal)

Im Zuge des Erwerbs von Aktiva und Passiva erlangt ein Unternehmen den vollständigen Besitz und das vollständige Eigentum an den materiellen und immateriellen Vermögensgegenständen eines anderen Unternehmens auf dem Weg der sogenannten Singularsukzession (vgl. Petersen 1994, 17). Man spricht auch von vermögensrechtlichem Erwerb, vermögensrechtlicher Transaktion, Sachvermögensübertragung oder Asset Deal (vgl. z.B. Schaper-Rinkel 1998, 18; Waldecker 1995, 32-33; Sieben/Sielaff 1989, 1). Beim Erwerb auf vermögensrechtlicher Basis wird dann von einer Akquisition gesprochen, wenn sämtliche Wirtschaftgüter (Vermögensteile oder Vermögensgegenstände), die geschlossene Unternehmen oder Teilbereiche bilden, einschließlich der im Geschäftsbetrieb begründeten Verbindlichkeiten, gekauft und übertragen werden (vgl. Bausch 2003, 23; Kirchner 1991, 32). Damit ist gerade bei größeren Akquisitionsobjekten die aufwändige Erfassung und präzise Bezeichnung der einzelnen zu übertragenden Bilanzpositionen sowie die Festlegung nicht bilanzierter Rechte und Pflichten (z.B. Miet-, Pacht, Lizenz-, Leasingverträge, Bürgschaften) und immaterieller Vermögenswerte erforderlich (vgl. Petersen 1994, 17).

Während die Sachvermögensübertragung mit der Übertragung der (wirtschaftlichen) Verfügungsgewalt an das akquirierende Unternehmen einher geht, lässt sie die rechtliche Stellung der beteiligten Parteien unangetastet (vgl. Waldecker 1995, 23). Dies begründet die in vermögensrechtlichen Transaktionen liegende Flexibilität, mit der Schwierigkeiten vermieden werden, die sich aus den unterschiedlichen Rechtsformen und -strukturen ergeben können. Der Erwerb von Aktiva und Passiva kommt gerade dann in Betracht, wenn sich eine Strukturanpassung aufgrund formeller Hindernisse nicht über die stärker regulierten Formen wie die Fusion realisieren lässt. Im Falle der Betriebsübernahme stellt diese Form, in Ermangelung von Gesellschaftsanteilen, gar den einzig gangbaren Akquisitionsweg dar (vgl. Petersen 1994, 17).

3.3.2.2 Beteiligungserwerb (Share Deal)

Das Gegenstück zum Erwerb von Aktiva und Passiva stellt aus zivilrechtlicher Perspektive der Beteiligungserwerb dar. Kaufgegenstand sind die Mitgliedschaftsrechte (Beteiligungen) an Personengesellschaften, die Geschäftsanteile einer GmbH, beziehungsweise die Aktien einer Aktiengesellschaft (vgl. Bausch 2003, 23). Man spricht auch von zivilrechtlichem Erwerb, gesellschaftsrechtlicher Transaktion oder Share Deal (vgl. Schaper-Rinkel 1998, 18; Sieben/Sielaff 1989, 1). Der Begriff *„Beteiligungserwerb“* ist zunächst weiter gefasst und unabhängig von der Höhe der Beteiligungsquote (vgl. Bausch 2003, 23; Gerbig 1976, 6). Als Akquisition kann er dann bezeichnet werden, wenn die Höhe der Beteiligung einen substanziellen unternehmerischen Einfluss auf die Beteiligungsgesellschaft erlaubt, der die Umsetzung der strategischen Ziele des akquirierenden Unternehmens zulässt (vgl. Sieben/Sielaff 1989, 1; Leunig 1970, 24-25). Eine bestimmte Beteiligungsquote ist dabei nicht festgelegt (vgl. zu unterschiedlichen Größenklassen Eisenhofer 1970, 12). Als entscheidend erweist sich die Erlangung der Verfügungsgewalt, die in der Regel ab einer einfachen Mehrheitsbeteiligung (>50%) besteht (vgl. Bamberger 1994, 5), jedoch theoretisch auch bei Quoten unter 50% bei Vorliegen spezifischer Aktionärsstrukturen (z.B. hoher Streubesitzanteil) oder gesonderten rechtlichen Vereinbarungen zum Tragen kommen kann (vgl. Kartte 1992, 409).

Als weitere wichtige Kriterien werden die Beteiligung am Bilanzgewinn der Beteiligungsgesellschaft (vgl. Waldecker 1995, 24) und die einheitliche Leitung ausgewiesen (vgl. Pausenberger 1989, 624). Durch die Sicherstellung der gemeinsamen Leitung über beide Unternehmen wird ein wirtschaftliches Gesamtgebilde (Konzern) etabliert, was für die erworbene Unternehmung den Verlust der wirtschaftlichen Autonomie bedeutet (vgl. Schubert/Küting 1981, 239). Die formal-rechtliche Eigenständigkeit bleibt zwar bestehen, durch die Beherrschungsmacht des Käufers entsteht jedoch, zusammen mit den bestehenden Stammhausgeschäften und gegebenenfalls anderen Tochtergesellschaften, ein Unterordnungskonzern (vgl. Bausch 2003, 24).

Im Rahmen der vorliegenden Arbeit sei – erneut – betont, dass die Motivation der Beteiligung von Bedeutung ist. Wird der beherrschende Einfluss sowie die Ausübung der einheitlichen Leitung zur Umsetzung der Unternehmensstrategie wahrgenommen, so handelt es sich um eine Konzernbeteiligung, die daher einen strategischen Entwicklungsweg im Sinne dieser Untersuchung darstellt. Liegt diese Absicht des Anteilseigners nicht zugrunde, liegt eine reine Finanzbeteiligung vor, die damit nicht Untersuchungsgegenstand sein soll (vgl. zur Unterscheidung Waldecker 1995, 24).

3.3.2.3 Fusion

Eine Unternehmensakquisition, die nach der Transaktion neben der wirtschaftlichen auch die rechtliche Selbständigkeit des Akquisitionsobjekts beendet, repräsentiert einen Unternehmenszusammenschluss in Form der Fusion. Sie kann durch gesellschafts- und vermögensrechtlichen Erwerb zustande kommen (vgl. Küting 1993, 246-247). Die Fusion oder Verschmelzung stellt die intensivste und organisatorisch, gesellschafts- und steuerrechtlich anspruchsvollste Form des Unternehmenszusammenschlusses dar, da sie die umfangreichsten Integrationserfordernisse nach sich zieht (vgl. Waldecker 1995, 30). Die rechtliche Vereinigung zweier Unternehmen durch Verschmelzung der Vermögensmassen (vgl. Küting 1993, Sp1341) kann nach dem Aktiengesetz in zwei Arten unterschieden werden (vgl. Sigloch 1974,

21-24). Bei der *Verschmelzung durch Aufnahme* gehen Vermögen bzw. Anteile der übertragenden Gesellschaft vollständig auf das übernehmende Unternehmen über. Bei der *Verschmelzung durch Neubildung* wird das Vermögen jedes der sich vereinigenden Unternehmen gegen Gewährung von Anteilen auf eine neugebildete Gesellschaft übertragen.

Nicht jede Fusion ist auf Akquisitionsaktivitäten zurückzuführen (vgl. Schaper-Rinkel 1998, 19; Gerpott 1993, 33-34). Bei denjenigen Fällen, bei denen beide Unternehmen ihre Anteile oder Vermögensmassen in ein Gemeinschaftsunternehmen unter vereinter Leitung einbringen, liegt nach dem hier vertretenen Begriffsverständnis eine kooperative Unternehmensvereinigung vor. Konträr zur Akquisition findet keine Unterordnung in der Führungsbeziehung statt, sondern eine Gleichordnung, bei der die Zielsetzungen einer Partei nicht länger gegen die Interessen der anderen durchsetzbar sind (vgl. Bausch 2003, 25). Folgt man der offiziellen Unternehmenskommunikation werden solche Schritte oft als „*Merger of Equals*" bezeichnet (vgl. Koch/Hofacker 2000, 541). Von einem akquisitorischen Zusammenschluss kann folglich nur gesprochen werden, wenn das Zielunternehmen der Transaktion der Führung und Kontrolle des akquirierenden Unternehmens im Sinne eines Über-/Unterordnungsverhältnisses untersteht.

3.4 Wertorientierte Betrachtung der Entwicklungswege

3.4.1 Wertsteigerungswirkung der Entwicklungswege

Auf Basis der vorgenommenen Abgrenzung der drei Entwicklungswege stellt sich die Frage, ob einer der Wege von vornherein erfolgversprechender ist und sich den anderen Optionen allgemein überlegen erweist. Erfolg bemisst sich nach der Zielerreichung. Unter der getroffenen Zielsetzung, der Steigerung des Unternehmenswertes als oberste Zielebene, und vor dem Hintergrund des Forschungsziels dieser Arbeit, ist folglich zu untersuchen, welcher Entwicklungsweg zur höchsten Wertsteigerung führt.

Die Aufstellung in *Abb. 17* und *Abb. 18* gibt einen Eindruck über wesentliche Beiträge, die in den letzten Jahren die Erfolgswirkung von Entwicklungswegen untersucht haben. Dabei sind Werteffekte besonders an zwei Zeitpunkten von Interesse (vgl. z.B. Michel 1996, 89): zum einen wird überprüft, ob bereits die Ankündigung von strategischen Entwicklungsschritten positive Werteffekte gemessen am Aktienkurs nach sich zieht (Ankündigungseffekt) und dem Management die Verfolgung wertsteigernder Strategien attestiert. Zum anderen wird beleuchtet, ob sich nach Umsetzung eines Entwicklungsweges nach angemessener Zeit wirklich eine Wertsteigerung einstellt. Die Studien unterscheiden sich jedoch hinsichtlich der Erfolgsgrö-

Entwick-lungsweg	Autor(en)	Jahr	Methodik, Erfolgsgröße	Untersuchungsobjekte	Kernaussage(n)
Interne Entwicklung	Zantout/ Tsetsekos	1994	Ankündigungseffekt	114 Ankündigungen von F&E Investitionen	Positive Aktienmarktbeurteilung; Abwärtsdruck auf Aktienkurse der Wettbewerber
Interne Entwicklung	Sudaram et al.	1996	Ankündigungseffekt	Ankündigung von F&E Investitionen	Positive Aktienmarktbeurteilung; Abwärtsdruck auf Aktienkurse der Wettbewerber
Interne Entwicklung	Woolridge/ Snow	1990	Ankündigungseffekt	Ankündigung von 767 strategischen Investitionsentscheidungen, 248 Unternehmen	Positive Aktienmarktbeurteilung
Interne Entwicklung	Han/Manry	2004	Unternehmenswert, Aktienkurs	F&E Investitionen koreanischer Unternehmen	Positive Auswirkung auf Aktienkurs
Interne Entwicklung	Lev/Sougiannis	1996	Unternehmenswert, Aktienkurs	F&E Investitionen	Positive Auswirkung auf Aktienkurs
Interne Entwicklung	Szewczyk et al.	1996	Unternehmenswert, Aktienkurs	F&E Investitionen	Positive Reaktion in High-tech Branchen, negative Reaktion in low-tech Branchen
Interne Entwicklung	Chan et al.	1990	Unternehmenswert, Aktienkurs	F&E Investitionen	Positive Reaktion in High-tech Branchen, negative Reaktion in low-tech Branchen
Interne Entwicklung	Zantout/ Tsetsekos	1994	Unternehmenswert, Aktienkurs	F&E Investitionen	Positive Reaktion in High-tech Branchen, negative Reaktion in low-tech Branchen
Interne Entwicklung	Johnson/ Pazderka	1996	Unternehmenswert, Aktienkurs	F&E Investitionen	Positive Auswirkung auf Aktienkurs
Interne Entwicklung	Chan et al.	2001	Unternehmenswert, Aktienkurs	F&E Investitionen	Positive Auswirkung auf den Aktienkurs; Größere Wertschaffung wenn technisches Know-how gepoolt wird.
Strategische Allianz	Kogut	1988	Stabilität, Auflösungsquote	148 Joint Ventures	Funktionale Betrachtung: Kooperationen im Bereich Finanzdienstleistungen und Produktion stabiler als in den Bereichen Marketing, Vertrieb und Kundenservice Länderbetrachtung: Niedrigere Auflösungsquoten in bestimmten Ländern
Strategische Allianz	Harrigan	1988	Stabilität, Auflösungsquote	–	Positive Korrelation bei horizontalen Bindungen und engen Produkt-, Technologie- oder Marktgemeinsamkeiten; Größere Stabiliät bei ähnlichen Unternehmenskulturen, Bilanzgrößen und Kooperationserfahrungen
Strategische Allianz	Woolridge/ Snow	1990	Ankündigungseffekt	Ankündigung von 767 strategischen Investitionsentscheidungen, 248 Unternehmen	Positive Aktienmarktbeurteilung bei Zusammenlegung von Anlagen und Ressourcen
Strategische Allianz	Koh/ Ventkatraman	1991	Ankündigungseffekt	Joint Ventures im Informationstechnologie-bereich	Positivere Aktienmarktbeurteilung wenn bestehende Produkt-Markt-Segmente gestärkt werden oder neue Produkte auf bestehenden Märkten eingeführt werden
Strategische Allianz	Koh/ Ventkatraman	1991	Ankündigungseffekt	Joint Ventures im Informationstechnologie-bereich	Positivere Aktienmarktbeurteilung wenn die Partner ähnliche Aktivitäten aufweisen
Strategische Allianz	Hu/Chen/ Shieh	1992	Ankündigungseffekt	Amerikanisch-chinesische Joint Ventues	Positive Aktienmarktbeurteilung bei geringer internationaler Ausrichtung des amerikanischen Partners
Strategische Allianz	Harrigan	1988	Insider-Befragung	880 Joint Ventures und strategische Allianzen	Erfolgreiche Entwicklung bei 45% der Kooperationen
Strategische Allianz	Bleeke/Ernst	1991	Insider-Befragung	–	In Abhängigkeit der geographischen Überlappung: bei geringer Überlappung: 62% Erfolg, 15% gemischt, 24% Mißerfolg; bei moderater/hoher Überlappung; 25% Erfolg, 38% gemischt, 37% Misserfolg; In Abhängigkeit der Kapitalaufteilungen: paritätischer Anteil am Eigenkapital: 60% Erfolg, 10% gemischt, 30% Misserfolg; ungleiche Anteile: 13% Erfolg, 8 gemischt, 61% Misserfolg

Abb. 17 Erfolgs- und Wertsteigerungseffekte von strategischen Entwicklungswegen (1/2)

Quelle: Eigene Zusammenstellung

Entwicklungsweg	Autor(en)	Jahr	Methodik, Erfolgsgröße	Untersuchungsobjekte	Kernaussage(n)
Strategische Allianz	Bleeke/Bull-Larsen/Ernst	1992	Insider-Befragung	49 Internationale Allianzen, 32 Internationale Akquisitionen	Allianzen: 53% Erfolg, 14% gemischt, 33% Misserfolg; Akquisitionen: 62% Erfolg, 38% Misserfolg Akquisitionsprogramme: 57% Erfolg, 43% Misserfolg Kerngeschäft und verwandte Geschäfte: 50% Erfolg (Akquisition, Allianz) Allianz - Geographische Komplementarität: 62% Erfolg Alianz - Geographisch gleiche Ausrichtung: 25% Erfolg Akquisition - Neue geographische Märkte: 8% Erfolg Akquisition - Bestehende geographische Märkte: 94%
Strategische Allianz	Laarhoven/ Sharman	1994	Insider-Befragung	Allianzen in der Logistikbranche	43% eindeutig erfolgreich, 33% zurückhaltend erfolgreich
Strategische Allianz	Raffée/Eisele	1994	Insider-Befragung	131 deutsche Industrieunternehmen	50% Scheiterungsrate
Strategische Allianz	Rall	1993	Insider-Befragung	–	Komplementarität der Partnerunternehmen: Total: 52% Erfolg, 12% gemischt, 36% Misserfolg; Partner mit spezifischen Stärken in Produkten/Regionen: 100% Erfolg; Ein Partner mit Produkt, ein Partner mit Distributionsnetz: 50% Erfolg, 19% gemischt, 31% Misserfolg; Konkurrierende Produkte, ein Distributionsnetz: 100% Misserfolg
Strategische Allianz	Hewitt	2005	Insider-Befragung	–	Erfolgreiche Entwicklung bei 50% der Kooperationen
Strategische Allianz	Lummer/ McConnel	1990	Unternehmenswert, Aktienkurs	Joint Ventures	Positive Wirkung auf Unternehmensbewertung
Strategische Allianz	Chung/ Koford/Lee	1993	Unternehmenswert, Aktienkurs	Internationale Joint Ventures (1969-1989)	Negative Wirkung auf Unternhemensbewertung
Strategische Allianz	Merchant/ Schendel	2000	Unternehmenswert, Aktienkurs	Joint Ventures	Keine signifikanten Ergebnisse
Strategische Akquisition	Jansen/ Körner	2000	Umsatz	103 internationale und deutsche Fusionen (1994-1999)	44% Erfolgsquote
Strategische Akquisition	Hunt	1987	Insider-Befragung	40 Akquisitionen (1981-1985)	55% Erfolgsquote, 25% Misserfolgsquote
Strategische Akquisition	Müller	1986	Kapitalmarktorientiert, kumulierte abnormale Rendite	129 Unternehmen, 551 Zusammenschlüsse (1950-1972)	keine positiven (kurzfristig sogar negative) Effekte durch Zusammenschlüsse
Strategische Akquisition	Hopkins	1987	Kapitalmarktorientiert, kumulierte abnormale Rendite	64 Akquisitionen (1965-1979)	Verschlechterung sowohl bei technologie-, marktverwandten als auch konglomeraten Zusammenschlüssen
Strategische Akquisition	Bühner	1990	Kapitalmarktorientiert, kumulierte abnormale Rendite	90 Akquisitionen (1973-1985)	negative abnormale Rendite bei Akquisiteuren (insbes. bei Konglomeraten)
Strategische Akquisition	Datta/Puia	1995	Kapitalmarktorientiert, kumulierte abnormale Rendite	112 cross-border Akquisitionen (1978-1990)	signifikant negative kumulierte abnormale Rendite
Strategische Akquisition	Sudarsanam et al.	1996	Kapitalmarktorientiert, kumulierte abnormale Rendite	429 Akquisitionen (1980-1990)	KAR -4% (Käufer)
Strategische Akquisition	A.T. Kearney	1999	Kapitalmarktorientiert, kumulierte abnormale Rendite	115 Mergers (1993-1996)	58% Misserfolgsquote
Strategische Akquisition	Jansen/ Körner	2000	Kapitalmarktorientiert, kumulierte abnormale Rendite	103 internationale und deutsche Fusionen (1994-1999)	24% Erfolgsquote
Strategische Akquisition	Kerler	2000	Kapitalmarktorientiert, kumulierte abnormale Rendite	200 Akquisitionen (1995-1997)	KAR zwischen -1,57% und 0,30% (Käufer)
Strategische Akquisition	Bühner	1991	Jahresabschluss-orientierte Analyse	57 Unternehmen mit grenzüberschreitenden Akquisitionen (1973-1985)	statistisch signifikanter Rückgang für Eigenkapital- und Gesamtkapitalrentabilität

Abb. 18 Erfolgs- und Wertsteigerungseffekte von strategischen Entwicklungswegen (2/2)

Quelle: Eigene Zusammenstellung

ßen, der Erhebungsmethode, des Erhebungsumfanges und der Auswertungsmethoden teilweise erheblich (vgl. zu Erfolg, Erfolgsmessungen und damit verbundenen Problemen Lucks/Meckl 2002, 15-18; Jansen 2001, 240; Michel 1996, 49-50; und die dort aufgeführten Quellen). Diese Diskussion dieser Problematik soll allerdings hier nicht im Vordergrund stehen und daher nicht weiter vertieft werden.

Die Ankündigungseffekte sind meist positiv, was auf die im Allgemeinen positive Bewertung aller proaktiven strategischen Investitionsentscheidungen zurückgeführt wird (vgl. zu dieser Argumentation Michel 1996, 90). Die Erfolgs- und Misserfolgsquoten variieren zum Teil beträchtlich, so dass letztlich alle drei Entwicklungswege sowohl Chancen- als auch Risikopotenziale beinhalten. Die wohl wichtigste Erkenntnis ist, dass es überhaupt keine Einigkeit darüber gibt, welche Entwicklungswege zu größerem Erfolg führen. Für jede der Alternativen existieren empirische Belege ihrer Wertschaffung als auch -vernichtung. Im Ergebnis der Auswertung empirischer Untersuchungen lässt sich somit hervorheben, dass keine der strategischen Alternativen nach dem Kriterium der Wertsteigerung à priori überlegen ist.

Mit Hilfe dieser Erkenntnisse sei herausgestellt, dass alle der skizzierten Entwicklungswege eine grundsätzliche Tauglichkeit zur Zielerreichung aufweisen. Sie stehen sich folglich zunächst als frei wählbare Alternativen gegenüber. Hierbei seien zwei Aspekte angemerkt: zum einen können im Einzelfall Beschränkungen in der Wahlmöglichkeit zwischen den Alternativen bestehen. Auf diese wird bei der Herausbildung eines Entscheidungsmodells einzugehen sein (vgl. *Kapitel 5*). Zum anderen handelt es sich bei den Entwicklungswegen zwar um frei wählbare, aber keine sich auf Dauer ausschließenden Alternativen. Auf lange Sicht können sie sich in der Zielerfüllung sinnvoll ergänzen (vgl. Krystek/Eberhard 2002, 216). So kann beispielsweise die Interne Entwicklung von Strategischen Allianzen in bestimmten Bereichen *„flankiert"* werden. Allianzen können wiederum Vorstufen späterer Akquisitionen darstellen, um aus einer flexibleren Zusammenarbeit heraus die Grundlagen für eine stärkere Bindung zu legen. Selbst der umgekehrte Fall kann zum Tragen kommen, wenn Akquisitionen oder Interne Entwicklungen erst zu einer Unternehmensgröße führen, die für eine Allianzbeziehung notwendig ist (vgl. Krystek/Eberhard 2002, 216). In der hier angestrebten Untersuchung handelt es sich folglich um eine Art *„Weichenstellung"* in der Unternehmensführung für einen der Entwicklungswege, um im Anschluss die begrenzten Managementkapazitäten auf die konkrete Untersuchung und Gestaltung der gewählten Alternative zu konzentrieren (vgl. dazu auch die Charakterisierung der Entscheidungssituation in *Kapitel 2.2.4.3*).

Es ist festzuhalten, dass kein Entwicklungsweg seinen Alternativen allgemein überlegen ist. Die Erläuterungen bei der Vielzahl an Einzelbefunden zum Zusammenhang zwischen den verschiedenen Entwicklungswegen und dem Unternehmenserfolg (vgl. *Abb. 17* und *Abb. 18*) lassen erkennen, dass bestimmte Situationen oder Konstellationen die Erfolgs- und Wertsteigerungseffekte beeinflussen. Die Entscheidung über den Entwicklungsweg muss daher auf einer einzelfallspezifischen Untersuchung beruhen, die den jeweiligen Zielerreichungsgrad der Alternativen hervorbringt.

3.4.2 Probleme der wertorientierten Alternativenbeurteilung

Um im konkreten Fall eine wertorientierte Alternativenbeurteilung vorzunehmen und eine Entscheidung zu treffen, die den Unternehmenswert maximiert, wurden in *Kapitel 2.1* die Wertsteigerungsanalyse als methodischer Rahmen der Wertorientierung sowie die DCF-Methode als Analyseverfahren vorgestellt. Aus Sicht der Unternehmensführung soll die wertorientierte strategische Planung es dadurch ermöglichen, die strategischen Alternativen mit einem quantitativen Kalkül zu unterlegen, auf ihre (potenzielle) Wertsteigerungswirkung hin zu untersuchen und dadurch ein rationales und objektives Entscheiden zu sichern, bevor umfassende finanzielle Ressourcen in langfristig wirkenden strategischen Investitionen gebunden werden.

Von der Theorie her könnte es somit ein Leichtes sein, die Wertsteigerung der strategischen Entwicklungswege nach der DCF-Methode zu berechnen, die Discounted Cashflows nebeneinanderzustellen und nach der höchsten Kennzahl auszuwählen. Das Hauptproblem des Shareholder Value-Ansatzes liegt jedoch in seiner praktischen Umsetzung und Anwendbarkeit. Wie bei anderen zukunftsgerichteten Bewertungsverfahren auch, besteht bei der DCF-Methode die Schwierigkeit, dass eine detaillierte Prognose der finanziellen Werttreiber nur sehr schwer und zudem nur für eine begrenzte Zeitspanne möglich ist (vgl. *Kapitel 2.1.3*). Gerade die Strategiebewertung unterliegt einer erheblichen Prognoseunsicherheit, da die Wirkungsdauer der Strategie nicht abschätzbar ist (vgl. Schlosser 2001, 27; Wilde 1989, 241). Wie sollen also Zahlungsströme, deren sich die DCF-Methode bedient, bewertet werden, wenn von ihnen kaum bekannt ist, wann sie auftreten, wie lange und in welcher Höhe? Eine allein auf den methodischen und modellmäßigen Grundlagen der finanziellen Werttreiber und deren Auswirkungen auf die freien Cashflows beruhende Alternativenbeurteilung setzt sich damit einem beträchtlichen Risiko von Fehleinschätzungen aus, das sich in der Überbewertung schlechter Alternativen wie auch der Unterbewertung guter Alternativen ausdrücken kann (vgl. Day/Fahey 1990, 158).

In der Konsequenz begibt sich das Management mit diesem Vorgehen in Gefahr, dass die wertorientierte Strategiebewertung zu einem von fundierteren Überlegungen losgelösten Rechenexempel degeneriert (number crunching; vgl. Klien 1995, 226-227). Die Situation ist hier im speziellen Fall, wie im Strategischen Management generell: „*Allzu viel Quantifizie-*

rung bringt immer die Gefahr der Objektivierung mit sich, die Gefahr, dass angesichts der quantitativen Daten die Auseinandersetzung mit den dabei zugrundegelegten Annahmen ins Hintertreffen gerät" (Knyphausen 1992, 349). Selbst noch so weit fortgeschrittene „*technische*" Aspekte der Bewertungsmethoden, wie beispielsweise finanztheoretische Prognosemodelle, können diesen Umstand nicht verhindern, so dass die Beschränkung auf rein kapitalwertgetriebene Ansätze letztlich als nicht ausreichend diagnostiziert werden muss. Die Kritik reicht soweit, dass die Sensitivität und Unsicherheit der Bewertungsmethoden vielmals den Eindruck verstärkt, dass bereits getroffene Entscheidungen durch entsprechende Cashflow-Annahmen „*schön gerechnet*" und gerechtfertigt werden sollen (vgl. Lindstädt 2006, 60). Die mit der Wertorientierung angestrebte Objektivierung der Entscheidungsfindung würde in genau diesem Falle verfehlt und die Festlegung des Entwicklungsweges wiederum auf Macht-, Intuitions-, Imitations- oder anderen nicht rationalen Überlegungen beruhen.

3.4.3 Erweiterung der wertorientierten Betrachtung

3.4.3.1 Perspektive der strategischen Wertorientierung

Um den Problemen der wertorientierten Alternativenbeurteilung zu begegnen, schlägt LINDSTÄDT eine Perspektive strategischer Wertorientierung vor (vgl. 2006, 60). Sie soll die Bedeutung kapitalwertgetriebener Überlegungen nicht schmälern, stellt aber eine grundsätzliche Betrachtung zur Vorteilhaftigkeit der Alternativen an, *bevor* die zwingend notwendigen finanziellen Modelle sich mit konkreten Opportunitäten und möglichen Transaktionen detailliert beschäftigen. Aufgrund der skizzierten Charakterisierung des vorliegenden Forschungsproblems als strategische Entscheidung und „*Weichenstellung*" für die Unternehmensführung, ist der Fokus der Untersuchung in diese Perspektive einzuordnen (vgl. *Abb. 19* als Präzisierung der Einordnung der Thematik aus *Kapitel 2.2.4*).

Die Perspektive der strategischen Wertorientierung erweitert die finanziell-quantitative Analyse um die strategische Ebene. Existierende Bewertungsansätze beinhalten zwar ein gut strukturiertes System finanzwirtschaftlicher Werttreiber (vgl. *Kapitel 2.1.4*), die dahinterstehenden strategischen Einflussfaktoren und ihre Wirkungsbeziehungen sind in den Grundmodellen zur wertorientierten Strategiebewertung jedoch nicht erfasst (vgl. Schlosser 2001, 32; Gomez 1998, 62; Peschke 1997, 85; Breid 1994, 137-138), wodurch die Untersuchung zu dem beschriebenen losgelösten Zahlenspiel werden kann. Cashflows ohne fundierte strategische Planung heranzuziehen macht ebenso wenig Sinn, wie Strategien festzulegen, ohne ihre monetären Konsequenzen abzubilden (vgl. Schlosser 2001, 32). In der Konsequenz darf sich die Shareholder Value-Debatte nicht der Kritik einer fehlenden qualitativen Strategie-Dimension aussetzen. Jede wertorientierte Methodik der Quantifizierung strategischer Alternativen kann nur dann verlässliche Handlungsempfehlungen abgeben, wenn eine strategische Planung mit hoher Qualität zugrunde liegt (vgl. Schlosser 2001, 32; Siegert 1995, 598). Eine sinnvolle wertorientierte strategische Planung ist folglich nur dann durchführbar, wenn eine enge Verknüpfung der quantitativ-finanziellen Bewertung mit einer eingehenden qualitativen Strategiebetrachtung einhergeht (vgl. Siegert 1995, 598; Mirow 1994, 57). Deshalb sollten rein quantitative Methoden die qualitativen Ansätze der Strategiebewertung nicht verdrängen, sondern durch sie ergänzt werden, indem qualitative strategische Betrachtungen vorgeschaltet und integriert werden (vgl. Brune 1995, 122; Arzac 1986, 126).

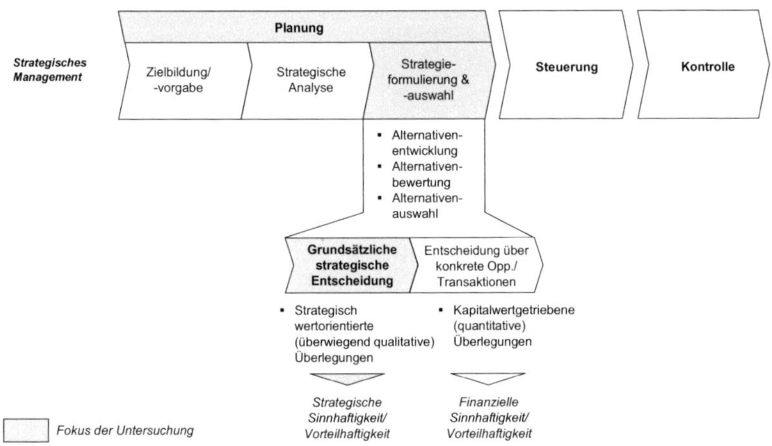

Abb. 19 Präzisierung des Untersuchungsfokus

Quelle: Eigene Darstellung

Wegen der unzureichenden direkten Abschätzbarkeit der Wertgeneratoren sind zur Erweiterung der wertorientierten Perspektive „*Ersatzkriterien*" erforderlich, die das übergeordnete Ziel der Wertsteigerung erfassen können (vgl. Lindstädt 2006, 61). Im Rahmen der strategischen Wertorientierung werden darunter diejenigen strategischen Einflussfaktoren verstanden, die einen maßgeblichen Einfluss auf die Höhe und die zeitliche Verlaufsstruktur der finanziellen Werttreiber und damit der Wertsteigerung als Oberziel haben (vgl. zum Begriff der strategischen Einflussfaktoren bzw. Erfolgsfaktoren Welge/Laham 1992, 125; Sprengel 1984, 67; Grimm 1983, 26-29). Im Idealfall erlauben sie die Analyse, wie sich Umweltbedingungen, Voraussetzungen des Unternehmens und strategische Alternativen in einzelnen Wertgeneratoren niederschlagen, so dass Einflüsse auf zukünftige Cashflows transparenter werden und die Informationsunschärfe in der Quantifizierung behoben wird (vgl. Bausch 2003, 101).

Als adäquate Ersatzkriterien für die Betrachtung der nachhaltigen Wertsteigerung haben sich strategische Wettbewerbsvorteile erwiesen (vgl. Lindstädt 2006, 61). Durch eine optimale Positionierung in strategisch attraktiven Branchen und Produktmärkten, in denen aus Sicht des Unternehmens mit hoher Wahrscheinlichkeit die relevanten Erfolgsfaktoren erfüllt werden, können nachhaltige Wettbewerbsvorteile geschaffen werden. Sie bilden die Grundlage für die Wertsteigerung (vgl. Rappaport/Klien 1999, 82-86; Knorren 1998, 102-103). Durch Wettbewerbsvorteile können Wertpotenziale erschlossen werden. Aus der Perspektive der strategischen Wertorientierung ist damit die Frage zu beantworten, inwieweit durch Entwicklungswege Wettbewerbsvorteile geschaffen und Wertpotenziale genutzt werden können.

Die Konzentration der Betrachtung auf Wertpotenziale wird durch folgende Logik unterstützt: Ziel der unternehmerischen Tätigkeit ist die Stiftung von Nutzen für bestimmte Bezugsgruppen (hier: Nutzen für die Anteilseigner, Wertsteigerung) (vgl. Henkel 1992, 106). Bevor Nutzen gestiftet werden kann, müssen Nutzenpotenziale (hier: Erfolgspotenziale, Wertpotenziale) vorliegen und durch ihre Ausschöpfung in konkreten Nutzen umgesetzt werden. Nutzenpotenziale stellen in der Umwelt, im Markt und/oder im Unternehmen latent oder effektiv vorhandene Konstellationen dar, die das Unternehmen proaktiv erschließen kann (vgl. Schlosser 2001, 33; Pümpin 1989, 46 sowie umfassender 46-56;). Sie entstehen durch „*Ungleichgewichte*“ aufgrund sich verändernder Situationen und Determinanten bezogen auf Umwelt, Märkte oder das Unternehmen selbst (vgl. Henkel 1992, 108).

Aufgabe der wertorientierten strategischen Planung ist es, die Wertpotenziale innerhalb und außerhalb des Unternehmens zu identifizieren und jene strategische Alternative auswählen, mit der möglichst viele Wertpotenziale erschlossen werden können und mit der die zu erwartenden (Transaktions-)Kosten möglichst gering ausfallen (vgl. zu dieser Argumentation Henkel 1992, 95). Sie muss dementsprechend das Chancen- und Risikopotenzial der Entwicklungswege identifizieren und damit die Basis dafür legen, mit welcher der Alternativen die strategischen Wertpotenziale am besten erschlossen und strategische Wettbewerbsvorteile erhalten oder ausgebaut werden können.

3.4.3.2 Wertpotenziale strategischer Entwicklungswege

Die Identifikation von Wertpotenzialen strategischer Entwicklungswege soll strukturiert werden, indem die mit ihnen verfolgten Ziele, Motive und Beweggründe den Ausgangspunkt der Analyse darstellen. Die strategischen Ziele drücken zukünftige, angestrebte Zustände aus, die durch die Umsetzung der strategischen Entwicklungswege verwirklicht werden sollen (vgl. zu dieser Argumentation Bausch 2003, 215). Im Rahmen des wertorientierten Managements stellen sie die zentralen qualitativen Elemente dar, die im Weiteren zur Identifizierung und Abschätzung finanzieller Werttreiber herangezogen werden (vgl. Schlosser 2001, 60). Zudem drücken sie die prinzipielle Denkart einer erfolgsorientierten Entscheidung über strategische Entwicklungswege aus (vgl. Michel 1996, 71). Letztlich führen sie zu einer Verknüpfung der in *Kapitel 2* eingeführten Anschauung: besteht die erste Zielebene aus dem ökonomischen Ziel der Wertsteigerung (verbunden mit quantitativen Werttreibern), so stellt das sachliche Ziel der Umsetzung von Unternehmens- und Wettbewerbsstrategien die zweite Zielebene dar (verbunden mit strategischen Wertpotenzialen), die nun weiter durchdrungen wird (vgl. zu dieser Argumentation Bausch 2003, 216 sowie die Darstellung des Zusammenhangs in *Abb. 20*).

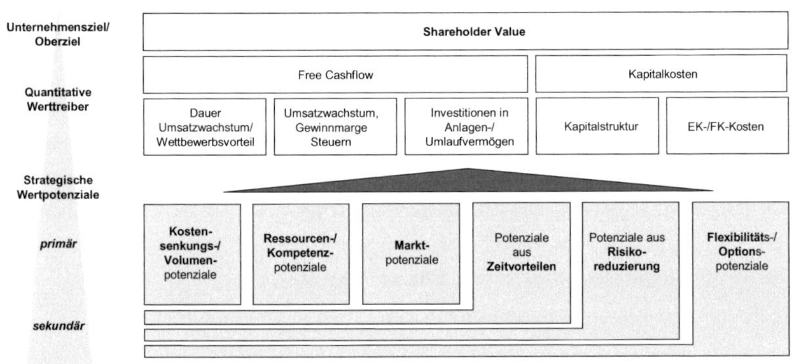

Abb. 20 Erweiterung des Werttreibermodells um strategische Wertpotenziale
Quelle: Eigene Darstellung

Was die bereits in *Abb. 20* berücksichtigten Ziele angeht, so geben die *Abb. 21* bis *Abb. 23* einen Eindruck davon, dass in der Literatur und empirischen Untersuchungen schier unzählige, mit unterschiedlichen Begrifflichkeiten und Detaillierungsgraden arbeitende Zielaufstellungen existieren, die Ergebnisse sich jedoch trotzdem als weitgehend homogen erweisen. Infolgedessen soll nachstehend die Hervorhebung der Kernziele vorgenommen werden, die sich mit der Kategorisierung in maßgeblichen Arbeiten zu dieser Thematik deckt (vgl. schwerpunktmäßig Bausch 2003; Schlosser 2001; Michel 1994; Henkel 1992). Es wird davon ausgegangen, dass eine generelle leistungswirtschaftliche Motivhaltung gegeben ist, die das instrumentelle Verständnis der Entwicklungswege widerspiegelt (vgl. Diskussion in *Kapitel 2.2.4.2*). Ausschließlich finanzwirtschaftlich oder machtpolitisch begründete Ziele sind damit aus der Betrachtung ausgegrenzt.

Autor(en)	Jahr	Ziele & Motive	Interne Entwicklung	Strategische Allianz	Strategische Akquisition
Kostensenkungs-/Volumenpotenziale					
Henkel	1992	Economies of Scope		X	X
Henkel	1992	Economies of Scale		X	X
Schaper-Rinkel	1998	Volumenvorteile		X	X
Schaper-Rinkel	1998	Größendegressionseffekte		X	X
Schaper-Rinkel	1998	Lern- und Erfahrungskurveneffekte		X	X
Weston/Chung	1990	Economies of Scale		X	
Jansen	1991	Kostenreduktion		X	
Michel	1996	Kostenvorteile		X	
Zentes/Swoboda	1999	Nutzung von Kostenvorteilen		X	
Schlosser	2001	Kostensenkung		X	
Welge/Al-Laham	2002	Kosten (Lerneffekte, Skalenvorteile)		X	
Kutschker/Schmid	2008	Economies of Scale		X	
Weston/Chung	1990	Kostenvorteil bei Aufbau der Organisation			X
Jansen	1991	Economies of Scale			X
Jansen	1991	Economies of Scope			X
Henkel	1992	Erreichen kritischer Größen			X
Waldecker	1995	Synergieeffekte			X
Lucks/Meckl	2002	Volumeneffekte; Verbesserung Kostenposition			X
Lindstädt	2006	Skalen- und Verbundeffekte			X
Kutschker/Schmid	2008	Economies of Scale & Scope			X
Ressourcen-/Kompetenzpotenziale					
Waldecker	1995	Erwerb neuester Technologien	X		
Kutschker/Schmid	2008	Einsatz neuester Technologien	X		
Schaper-Rinkel	1998	Nutzen von Wissen und bestehenden Aktiva		X	X
Weston/Chung	1990	Zugang zu finanziellen Möglichkeiten		X	
Weston/Chung	1990	Teilen von Managementfähigkeiten		X	
Jansen	1991	Organisationales Lernen		X	
Jansen	1991	Technologie- und Ressourcenzugang		X	
Jansen	1991	Systemkompetenz		X	
Jansen	1991	Know-how Vorteile		X	
Henkel	1992	Gezielte Wertkettenverbindung		X	
Michel	1996	Know-how Zugang		X	
Michel	1996	Ressourcenzugang		X	
Zentes/Swoboda	1999	Zugang zu technischem Know-how		X	
Schlosser	2001	Kompetenznutzung und -transfer		X	

Abb. 21 Ziele & Motive strategischer Entwicklungswege (1/3)

Quelle: Eigene Zusammenstellung

Autor(en)	Jahr	Ziele & Motive	Interne Entwicklung	Strategische Allianz	Strategische Akquisition
Welge/Al-Laham	2002	Technologiezugang		X	
Kutschker/Schmid	2008	Zugang zu Marktkenntnissen		X	
Weston/Chung	1990	Zugang zu komplementären Fähigkeiten			X
Jansen	1991	Nutzung von Technologievorsprüngen			X
Lindstädt	2006	Aufbau neuer Kernfähigkeiten			X
Kutschker/Schmid	2008	Erwerb von Fähigkeiten und Fertigkeiten			X
		Marktpotenziale			
Hungenberg	2006	Kompetenzvorteil (Ressourcentransfer)	X		
Henkel	1992	Marktmacht		X	X
Weston/Chung	1990	Zugang zu Distributionskanälen		X	
Jansen	1991	Marktzutritt und -ausdehung		X	
Michel	1996	Marktzugang		X	
Zentes/Swoboda	1999	Erschließung neuer Absatzmärkte		X	
Zentes/Swoboda	1999	Sicherung bestehender Absatzmärkte		X	
Schlosser	2001	Marktpotenziale		X	
Welge/Al-Laham	2002	Marktzugang		X	
Weston/Chung	1990	Marktanteilssteigerung			X
Jansen	1991	Überwindung von Markteintrittsbarrieren			X
Jansen	1991	Erlangung von Marktmacht			X
Henkel	1992	Konkurrenbzbeseitigung			X
Lucks/Meckl	2002	Verbesserung der Wettbewerbsposition			X
Lindstädt	2006	Marktmacht			X
		Potenziale aus Zeitvorteilen			
Jansen	1991	Zeitersparnis		X	
Michel	1996	Zeitvorteile		X	
Zentes/Swoboda	1999	Gewinnung von Zeitvorteilen		X	
Schlosser	2001	Zeitvorteile		X	
Welge/Al-Laham	2002	Zeitvorteile		X	
Kutschker/Schmid	2008	Beschleunigter Markteintritt		X	
Weston/Chung	1990	Zeitvorteil			X
Jansen	1991	Schnellere Erreichung strategischer Ziele			X
Henkel	1992	Zeitvorteil			X
Waldecker	1995	Zeitersparnis			X
Lucks/Meckl	2002	Schnellerer Zugang zu Technologien			X
Kutschker/Schmid	2008	Schnellerer Markteintritt/-durchdringung			X

Abb. 22 Ziele & Motive strategischer Entwicklungswege (2/3)

Quelle: Eigene Zusammenstellung

Autor(en)	Jahr	Ziele & Motive	Interne Entwicklung	Strategische Allianz	Akquisition
Potenziale aus Risikoreduzierung					
Jansen	1991	Verminderung von Risiken	X		
Jansen	1991	Imitationsschutz	X		
Henkel	1992	Risikopolitik		X	X
Weston/Chung	1990	Risikodiversifikation		X	
Jansen	1991	Niedrigere Fixkostenintensität		X	
Henkel	1992	Reduzierung finanzielles Risiko		X	
Henkel	1992	Risikoteilung		X	
Michel	1996	Risiko- und Lastenteilung		X	
Zentes/Swoboda	1999	Risikoreduzierung		X	
Schlosser	2001	Risikosenkung		X	
Kutschker/Schmid	2008	Risikoteilung		X	
Jansen	1991	Verminderung des Innovationsrisiko			X
Henkel	1992	Risikodiversifikation			X
Flexibilitäts-/Optionspotenziale					
Hungenberg	2006	Flexibilitätsvorteil (gradueller Einstieg)	X		
Jansen	1991	Flexibilität		X	
Jansen	1991	Test für spätere Akquisition		X	
Henkel	1992	Strategische Flexibilität, Reversibilität		X	
Michel	1996	Flexibilität		X	
Schlosser	2001	Optionscharakter (Wachstumsoption)		X	
Welge/Al-Laham	2002	Spekulation (Fit-Test vor Übernahme)		X	
Kutschker/Schmid	2008	Eintritts-/Übergangslösung für Markteintritt		X	
Weitere Motive					
Weston/Chung	1990	Steuervorteile		X	
Jansen	1991	Steuervorteile			X
Waldecker	1995	Steuervorteile			X
Kutschker/Schmid	2008	Reduzierter Kapitalbedarf		X	
Jansen	1991	Nutzung hoher Free Cash-flow Positionen			X
Waldecker	1995	Finanzkraft			X
Waldecker	1995	Spekulation (Preissteigerung und Wiederverkauf)			X
Lucks/Meckl	2002	Verbesserung des Managements			X
Jansen	1991	Hybris (Selbstüberschätzung des Managements)			X
Kutschker/Schmid	2008	Macht, Ansehen, Prestige des Managements			X
Lucks/Meckl	2002	Macht, Prestige, Ansehen und Selbstbestätigung			X

Abb. 23 Ziele & Motive strategischer Entwicklungswege (3/3)

Quelle: Eigene Zusammenstellung

Die vorgenommene Einteilung darf nicht darüber hinwegtäuschen, dass die einzelnen Ziele in der Praxis nicht überschneidungsfrei sind, sondern sich zum Teil gegenseitig durchdringen, komplementär sowie auch konfliktär zueinander sind (vgl. zu dieser Ansicht z.B. Schlosser 2001, 66). In der unternehmerischen Realität werden darüber hinaus im Einzelfall zweifellos mehrere Ziele (Zielbündel) verfolgt. Daher wird mit der Aufstellung vornehmlich eine analytische Absicht verfolgt, die eine zielführende Untersuchung der Wertpotenziale erlaubt.

Kostensenkungs-/Volumenpotenziale

Als Hauptquellen für Wertpotenziale aus der Kostenposition gelten effizienzbedingte Kostensenkungspotenziale, die in Form von *Economies of Scale* und *Economies of Scope* auftreten. *Economies of Scale* bezeichnen allgemein Größenvorteile. Sie können durch Fixkostendegressionseffekte (Fixkostendegression pro Stück) entstehen, die sich durch Aufteilung des Fixkostenblocks auf eine größere Basis im Zuge der Erhöhung der Ausbringungsmengen und höheren Kapazitätsauslastungen in der Produktherstellung ergeben (vgl. z.B. Chandler 1990, 24-29; Shepherd 1990, 214). Ebenso zählen in diesen Bereich erfahrungs- und lernbedingte Kostenpotenziale, die auf der positiven Wirkung längerfristig gesammelter Erfahrungen in der Ausführung bestimmter Aktivitäten beruhen (vgl. dazu grundlegend das Konzept der Erfahrungskurve Henderson 1974 und der Lernkurve Shepherd 1990, 218-219). *Economies of Scope* drücken Kostenpotenziale durch sachliche, räumliche oder zeitliche Verbundeffekte aus, die etwa bei der Mehrfachnutzung bestehender Ressourcen und Vermögensgegenstände für die simultane Produktion mehrerer Produkte entstehen (vgl. Chandler 1990, 24-29).

Durch das Erschließen von Kostensenkungspotenzialen werden vor allem die Werttreiber Gewinnmarge und Investitionen positiv beeinflusst (vgl. Michel 1996, 78; Schlosser 2001, 135).

Ressourcen-/Kompetenzpotenziale

Die Erschließung von Ressourcen- und Kompetenzpotenzialen ist aus genereller Sicht in der Bedeutung des Zugangs zu wettbewerbskritischen Ressourcen und Fähigkeiten als Quellen nachhaltiger Wettbewerbsvorteile zu sehen (vgl. dazu auch die Erläuterungen zum Ressourcenansatz in *Kapitel 4.2*). Die Reichweite und die Geschwindigkeit mit der Ressourcen und Fähigkeiten erhalten und aufgebaut werden können sind entscheidende Voraussetzungen für ökonomischen Erfolg geworden. Technologieseitig ist es in erster Linie das Ziel, produkttechnologisches Wissen zu erlangen, mit dem eine marktgerechte Gestaltung innovativer Produktangebote bewerkstelligt werden kann. Gerade in Zeiten von Technologiewettbewerb und technologischem Wandel gilt es immer komplexere Fähigkeiten zu beherrschen und bestehende Kompetenzen komplementär zu ergänzen (vgl. Doz/Hamel 1997, 556). Aus dynamischer Sicht lässt sich der Zugang zu technologischen Ressourcen und Fähigkeiten mit der wertsteigernden Wirkung einer kontinuierlichen Innovationsfähigkeit verbinden, welche zu Differenzierungsvorteilen beitragen kann (Schlosser 2001, 146). Marktseitig ist es das Ziel, marktorientierte Kenntnisse zu erlangen, mit denen auf lokale Marktgegebenheiten und Bedarfsstrukturen reagiert und eine Optimierung des Kundennutzens erreicht wird.

Die Quantifizierung von Ressourcen- und Kompetenzzielen ist insofern mit Problemen behaftet, als sie in konventionellen Finanz- und Rechnungswesensystemen nicht explizit berücksichtigt werden. Dennoch können diese Potenziale als „*Vorsteuergrößen*" für die Generierung zukünftiger Cashflows angesehen werden (vgl. zu dieser Diskussion Michel 1996, 76; Schlosser 2001, 149). Trotz fehlender unmittelbarer Ursache-Wirkungs-Beziehung schaffen Ressourcen- und Kompetenzpotenziale die Voraussetzungen für produkt- und marktseitige Erfolge durch die Verbesserung von Produkteigenschaften und Kundenangeboten sowie die Erhöhung der Kundenbindung und der Innovationsfähigkeit (vgl. Michel 1996, 76; Mirow 1992, 141-144).

Durch Erschließung von Ressourcen- und Kompetenzpotenzialen werden vor allem die Werttreiber Dauer des Wettbewerbsvorteils, Umsatzwachstum, Gewinnmarge und Investitionen positiv beeinflusst (vgl. Michel 1996, 77).

Marktpotenziale

Unter marktbezogenen Potenzialen können die Steigerung der Marktmacht, die Erschließung neuer Märkte sowie die Überwindung von Markteintrittsbarrieren subsumiert werden. Die Möglichkeit der Steigerung der Marktmacht geht auf den Aufbau einer Machtposition mittels Stärkung des Marktanteils zurück. Sie erlaubt dem Unternehmen, die Wettbewerbssituation zum eigenen Vorteil zu beeinflussen (vgl. Gocke 1997, 50). Wertpotenziale erwachsen dabei aus der Möglichkeit, Standards zu setzen oder höhere Preise im Absatzmarkt durchzusetzen, die sich in höheren Umsatzwachstumsraten und einer höheren Umsatzrendite widerspiegeln. Die Erschließung zusätzlicher Absatzmengen lässt sich außerdem durch die Entwicklung neuer geographischer Märkte vollziehen. Die umsatzseitigen Effekte können wiederum Kostenpotenziale durch Ausschöpfung von Skalen- und Lerneffekten nach sich ziehen. Der Zutritt zu neuen Märkten erfordert oftmals die Überwindung von Markteintrittsbarrieren. Dabei kann es sich um ökonomische (z.B. kritische Massen, Absatzstrukturen, Transportkosten, Marktkenntnisse, notwendige Investitionen) wie auch rechtlich-politische Barrieren (z.B. Importbeschränkungen, Forderungen nach lokaler Wertschöpfung, technische Normen, regulierte Märkte) handeln (vgl. Bronder 1993, 28-31; für eine branchenspezifische Betrachtung Müller-Stewens/Hillig 1992, 77-99, insbes. 78-79).

Durch Erschließung von Marktpotenzialen werden vor allem die Werttreiber Dauer des Wettbewerbsvorteils, Umsatzwachstum und Gewinnmarge positiv beeinflusst (vgl. Michel 1996, 78).

Zwischenfazit

Die zunächst erörterten drei Wertpotenziale (Kostensenkungs-/Volumenpotenziale, Ressourcen-/Kompetenzpotenziale, Marktpotenziale) werden in einigen Quellen auch leistungswirtschaftliche oder primäre Wertpotenziale genannt (vgl. z.B. Bausch 2003, 218). Obwohl sie zumeist unter dem Synergie-Begriff im Rahmen von Strategischen Allianzen oder Akquisitionen diskutiert werden, besteht keine Begründung, warum diese Wertpotenziale nicht auch auf dem Weg der Internen Entwicklung erschlossen werden sollten (vgl. z.B. Henkel 1992, 127).

Die im Weiteren besprochenen Wertpotenziale (Potenziale aus Zeitvorteilen, Potenziale aus Risikoreduzierung, Flexibilitätspotenziale) fallen typischerweise nicht generell allen Entwicklungswegen zu. Sie verschaffen bestimmten Alternativen in bestimmten Situationen oder Konstellationen einen Vorteil. Dieser wirkt sich wiederum gesamthaft auf die Umsetzung der leistungswirtschaftlichen Wertpotenziale aus (entsprechende Darstellung in *Abb. 20*), weswegen von sekundären Wertpotenzialen gesprochen wird. Beispielsweise lassen sich angestrebte Marktpotenziale (= primäre Wertpotenziale) im entsprechenden Unternehmensumfeld durch die Erschließung von Zeitpotenzialen (= sekundäre Wertpotenziale) schneller umsetzen.

Potenziale aus Zeitvorteilen

Zeitbezogene Wertpotenziale liegen in der Möglichkeit begründet, strategische Ziele schneller zu erreichen. Unternehmen können sich dadurch einen Zeitvorteil gegenüber Wettbewerbern verschaffen, der sich üblicherweise in Volumens- und Preiseffekten niederschlägt (vgl. Michel 1996, 72; Bronder 1993, 19-26; Gahl 1990, 37-38). Wertpotenziale liegen in der Verkürzung von Forschungs- und Entwicklungsprozessen als notwendige Voraussetzungen einer frühzeitigen marktlichen Verwertung von Innovationen (time to market) und eines beschleunigten Markteintritts oder schnelleren Markdurchdringung. Die relevanten Wirkungszusammenhänge lassen sich anhand von Pioniervorteilen veranschaulichen (vgl. zu dieser Diskussion Schlosser 2001, 126; Michel 1996, 73): Die ersten Anbieter am Markt haben zunächst eine Quasi-Monopolstellung inne, die es ihnen erlaubt Monopolrenten zu realisieren. Sie profitieren von einer frühen Präsenz, die das Setzen von Standards gestattet und damit wiederum Vorteile auf der Preis- und Mengenseite eröffnet, wie die Aneignung knapper Ressourcen oder das Durchsetzen höherer Preise. Daneben ist auch das Prinzip der installierten Basis (installed base) zu nennen, das durch frühzeitige und dauerhafte Kundenbindungen längerfristige Abhängigkeiten auf der Abnehmerseite schafft und infolgedessen nachhaltige Umsatzpotenziale beinhaltet (vgl. Wurche 1994, 202-203). Durch Zeitvorteile ergeben sich andererseits Wertpotenziale auf der Kostenseite in Form von sich frühzeitig einstellende Volumen- und Lerneffekte bei längerer Marktpräsenz.

Zeitbezogene Wertpotenziale sind insbesondere in technologie- und forschungsintensiven Märkten von entscheidender Relevanz, in denen sich verkürzende Produktlebenszyklen, beschleunigte strategische Bewegungen von Wettbewerbern und die Komprimierung der effektiven Patentnutzungsdauer von Innovationen zu einem erhöhten Druck auf den ökonomischen Erfolg führen (vgl. zu dieser Diskussion Bausch 2003, 221; Schlosser 2001, 126). Wie *Abb. 22* zeigt, werden Zeitvorteile nur Strategischen Allianzen und Akquisitionen zugeschrieben. Durch die Zusammenarbeit oder Zusammenlegung mit Partnerunternehmen kann das mit der Internen Entwicklung verbundene Zeitrisiko (vgl. Hungenberg 2008, 525) – das quasi ein „*Zuspätkommen*" darstellt – überwunden werden.

Durch Erschließung von Potenzialen aus Zeitvorteilen werden vor allem die finanziellen Werttreiber Dauer des Wettbewerbsvorteils, Umsatzwachstum, Gewinnmarge und Investitionen positiv beeinflusst (vgl. Michel 1996, 75).

Potenziale aus Risikoreduzierung

Im Unterschied zu den bisher diskutierten Aspekten, die auf den leistungswirtschaftlichen Bereich wirken, werden mit Potenzialen aus Risikoreduzierung Wertpotenziale angesprochen, die auf der Erzielung finanzwirtschaftlicher Effekte beruhen. Aufgabe der Unternehmensführung ist es, Risiken zu vermeiden oder zu vermindern, verbleibende Risiken durch Versicherung zu mäßigen und auf ein nicht existenzgefährdendes Maß zu reduzieren (vgl. Henkel 1992, 132). Die Reduktion bestimmter Risiken eröffnet sich speziell bei Strategischen Allianzen durch gemeinschaftliche Übernahme unternehmerischer Risiken (risk sharing) und Teilung von Investitionen und Kosten (burden sharing). Risk sharing stellt eine Verlustminderung sowie die Verringerung des Insolvenzrisikos generell dar, wenn ein riskantes strategisches Vorhaben (z.B. F&E-Projekte, Erstellung von Großanlagen) in Gemeinschaft mit einem Partner angegangen wird (vgl. Gerybadze 1991, 150). Burden sharing bezieht sich auf eine Verringerung der Kapitalbindung im Anlage- und Umlaufvermögen im Vergleich zum Alleingang sowie auf die kollektive Finanzierung strategischer Projekte (vgl. Backhaus/Plinke W. 1990, 32) mit der eigene Investitionen, Kosten und Auslastung von Humankapazitäten reduziert werden.

Risikobezogene Wertpotenziale sind insbesondere bei Entwicklungsvorhaben von entscheidender Relevanz, die sich neben hohem Investitionsbedarf auch durch hohe Risiken im Markt- und Wettbewerbsumfeld auszeichnen. Dies ist beispielsweise in innovationsintensiven

Hightech-Branchen der Fall, in denen lange Entwicklungszeiten erhebliche Risiken auf die zukünftige Nachfrage sowie den drohenden Eintritt von Konkurrenzprodukten mit sich bringen (vgl. Schlosser 2001, 155). Durch Erschließung von Potenzialen aus Risikoreduzierung werden negative Auswirkungen auf den freien Cashflow im Vergleich zum individuellen Vorgang begrenzt. Unter Wertgesichtspunkten werden durch geringere Mittelbindung in Anlage- und Umlaufvermögen und möglicherweise erzielbare Verringerungen in den Kapitalkosten vor allem die finanziellen Werttreiber positiv beeinflusst (vgl. Schlosser 2001, 151; Michel 1996, 81).

Flexibilitäts-/Optionspotenziale

Die strategische Entscheidung über den Entwicklungsweg stellt nicht eine in sich geschlossene und unabhängige Handlung dar. Die Ergebnisse sind vielmehr neue strategische Ausgangspositionen, die wiederum strategische Handlungsspielräume enthalten oder eröffnen können. Künftige Handlungsalternativen können als Optionen betrachtet werden (vgl. ausführlich dazu *Kapitel 4.4*), die bei Investitionsentscheidungen entstehen, deren Realisierung aber von Folgeentscheidungen in der Zukunft abhängig sind (vgl. Kester 1984, 154). Den in Optionen, Handlungsmöglichkeiten und Flexibilitätsspielräumen ruhenden Folgepotenzialen kann ein positiver Wert beigemessen werden, der über die Wertpotenziale aus einer rein statischen Betrachtung hinausgeht (vgl. zu dieser Argumentation u.a. Bausch 2003, 221). Insofern sind flexibilitätsbezogene Wertpotenziale insbesondere in Umfeldern, die sich hinsichtlich Technologie, Markt und Wettbewerb durch hohe Dynamik auszeichnen, von entscheidender Relevanz (vgl. Michel 1996, 85; Kester 1984, 153).

Fazit

Die vorangegangenen Ausführungen haben gezeigt, dass mit strategischen Entwicklungswegen umfangreiche Wertpotenziale verfolgt und erschlossen werden können. *Abb. 20* zeigt überblicksartig die erarbeiteten Zusammenhänge: stellt das Wertsteigerungsnetzwerk die finanziell-quantitative Zielebene dar, so repräsentieren die Wertpotenziale die strategisch-qualitativen Ziele, mit denen Wettbewerbsvorteile erreicht werden können. Durch Untersuchung der strategisch-qualitativen Ebene findet die Betrachtung der Entwicklungswege aus der eingeführten Perspektive der strategischen Wertorientierung statt. Wettbewerbsvorteile und Shareholder Value beeinflussen sich gegenseitig. Durch Aufdecken von Ursache-Wirkungs-Zusammenhängen kann nach Beleuchtung der strategischen Ebene ein Rückgriff auf die quantitative Ebene vorgenommen und die Wertgeneratoren wesentlich fundierter abgeschätzt werden.

3.4.3.3 Kontextabhängige Betrachtung der Wertpotenziale der Entwicklungswege

Welche Rückschlüsse bietet nun die erreichte Veranschaulichung der Wertsteigerungszusammenhänge für die Beurteilung der Alternativen und für die strategische Entscheidung über den Entwicklungsweg? Die Ausführungen zur Abgrenzung der Alternativen in den *Kapiteln 3.1*, *3.2* und *3.3* sowie die Erörterung einer Untersuchung dieser Alternativen anhand von Wertpotenzialen in *Kapitel 3.4* ergeben ein bestimmtes Chance-/Risiko-Profil für jeden Entwicklungsweg:

- Die ***Interne Entwicklung*** stellt den Alleingang zur Erreichung leistungswirtschaftlicher Ziele dar. Der Entwicklungsweg zeichnet sich durch die alleinige Kontrolle, Führung und Steuerung sämtlicher Entscheidungen in der Implementierungsphase der Entwicklungsstrategie aus. Etwaige Verlustrisiken sind komplett selbst zu tragen, doch verbleiben auch sämtliche Erfolge und Gewinne im Unternehmen. Die Interne Entwicklung birgt Nachteile durch ihr Zeitrisiko, da interne Aktivitäten üblicherweise mehr Zeit in Anspruch nehmen als die Zusammenarbeit mit einem Partner.
- Die ***Strategische Allianz*** stellt die kooperative Verfolgung leistungswirtschaftlicher Ziele zusammen mit einem Partnerunternehmen dar. Der Entwicklungsweg zeichnet sich dadurch aus, dass Ziele schneller erreicht werden können und etwaige Risiken durch Risk sharing und Burden sharing gemindert bzw. gemeinschaftlich getragen werden. Der kooperative Zusammenschluss mindert die Kontroll- und Durchgriffsmöglichkeiten, so dass Entscheidungen in der Implementierungsphase gemeinschaftlich zu treffen sind. Durch in der Regel weniger intensive Bindungen als bei Akquisitionen erhalten sich Unternehmen durch Allianzen Flexibilitätsvorteile. Strategische Allianzen bergen jedoch Nachteile durch Zusammentreffen von kooperativen und kompetitiven Elemente in der Zusammenarbeit, die zu Opportunismus und Abfluss von Kernkompetenzen führen können.
- Die ***Strategische Akquisition*** stellt den externen (akquisitorischen) Weg zur Verfolgung leistungswirtschaftlicher Ziele dar. Der Entwicklungsweg zeichnet sich ebenfalls dadurch aus, dass Ziele schneller erreicht werden können. Daneben bleiben durch das Über-/Unterodnungsverhältnis mit dem Akquisitionsobjekt hohe Kontroll- und Durchgriffsmöglichkeiten erhalten, woraus jedoch auch Flexibilitätsnachteile erwachsen.

Die Charakterisierungen zeigen, dass die in *Kapitel 3.4.3.1* identifizierte Aufgabe, jene strategische Alternative auszuwählen, mit der möglichst viele Wertpotenziale erschlossen werden können und mit der die zu erwartenden (Transaktions-)Kosten möglichst gering ausfallen, nicht pauschal gelöst werden kann. Die Entwicklungswege zeichnen sich dadurch aus, dass sie in bestimmten Situationen und Konstellationen anderen überlegen sind, da mit ihnen dann bestimmte Wertpotenziale erschlossen werden können. So hat beispielsweise die Darstellung gezeigt, dass Strategischen Allianzen und Akquisitionen Zeitvorteile zugeschrieben werden können. Die Frage muss an dieser Stelle jedoch auch lauten, ob die Markt- und Unternehmensbedingungen Zeitvorteile überhaupt als wichtig erscheinen lassen. Befindet sich das Unternehmen überhaupt in der beschriebenen, technologie- und forschungsintensiven Umgebung, die diese Wertpotenziale auch „*wertvoll*“ macht?

Ein angemessenes Konzept zur Beantwortung dieser Problemstellung kann letztlich nur ein situationsabhängiges Konzept sein. Diese Schlussfolgerung deckt sich mit der Sichtweise von ULRICH & FLURI die zu der allgemeinen Erkenntnis kommen, dass jedes, den Problemen der Unternehmensführung angemessene Konzept, nur ein situatives sein kann (vgl. 1995, 30). Der Erfolg eines Entwicklungsweges beruht nach dieser Anschauung auf der Tatsache, ob er den jeweiligen situativen Gegebenheiten im internen und externen Umfeld sowie der angestrebten Entwicklungsstrategie angemessen ist. Dabei ist zu berücksichtigen, dass ein Entwicklungsweg in Verbindung mit bestimmten Bedingungen einmal erfolgreicher, einmal weniger erfolgreich ist. Insofern lässt sich festhalten, dass die unterschiedlichen Entwicklungswege immer dann mit Erfolg verknüpft sind, wenn sie unter bestimmten Bedingungen herangezogen werden. Erst der Einzelfall und die für ihn relevanten Zielsetzungen und Rahmenbedingungen entscheiden über die Vorziehungswürdigkeit einer Handlungsalternative. Zwischen den Charakteristika der Alternativen und den Bedingungen des Unternehmens sowie dessen Umfeldern ist ein „*Fit*“ herzustellen.

3.5 Fazit und Implikationen für die weitere Untersuchung

Mit den dargelegten Erläuterungen können die Fragen, mit denen dieses Kapitel gestartet ist, beantwortet werden:

- *Wie lassen sich die alternativen Entwicklungswege definieren, ausgestalten und differenzieren?*

  Die drei Entwicklungswege Interne Entwicklung (*Kapitel 3.1*), Strategische Allianz (*Kapitel 3.2*) und Strategische Akquisition (*Kapitel 3.3*) beinhalten jeweils zahlreiche Erscheinungsformen, die zum Zwecke dieser Untersuchung gebündelt werden sollen. Sie bilden den Alternativenraum der Untersuchung.

- *Welche Rückschlüsse können aus der Gegenüberstellung von Zielsetzung (Wertorientierung) und Alternativenbetrachtung (Entwicklungswege) gezogen werden?*

  Die Klarstellung der Alternativen löst im Hinblick auf die Zielsetzung die Frage aus, ob ein Entwicklungsweg im Bezug auf die Wertsteigerungswirkung allgemein überlegen ist.

Dies kann verneint werden, da alle Alternativen Wert schaffen wie auch vernichten können. Sie stehen sich daher zunächst als frei wählbare Alternativen gegenüber, die alle tauglich sind, das Wertsteigerungsziel zu erreichen (*Kapitel 3.4.1*).

Im Einzelfall sollte deswegen die Alternativenbeurteilung auf Basis der Wertsteigerungsanalyse vorgenommen werden. Aufgrund gravierender Quantifizierungsprobleme und Informationsunschärfen wird die rein finanziell-quantitativen Bewertung in der hier betrachteten frühen Phase des Strategieprozesses jedoch als nicht hinreichend angesehen (*Kapitel 3.4.2*).

Infolgedessen wird die Perspektive der strategischen Wertorientierung eingeführt, in die das Forschungsproblem als strategische Entscheidung und „*Weichenstellung*“ für die Unternehmensführung einzuordnen ist (*Kapitel 3.4.3.1*). Dafür wird die strategisch-qualitative Zielebene durch die Betrachtung von Wertpotenzialen, die durch Entwicklungswege erschlossen werden können, weiter aufgeschlüsselt (*Kapitel 3.4.3.2*). Dies bringt die Erkenntnis, dass durch einen Entwicklungsweg unterschiedliche Wertpotenziale erschlossen werden können, die in Abhängigkeit interner und externer Bedingungen unterschiedlich relevant sind. Es gilt folglich die situative Vorteilhaftigkeit der Alternativen zu untersuchen (*Kapitel 3.4.3.3*).

Nach der Erörterung der alternativen Entwicklungswege und wie diese mit dem Ziel der Wertorientierung in Beziehung gesetzt werden können, folgt im nächsten Schritt eine genauere Betrachtung der situativen Rahmenbedingungen.

4 SITUATIVE ERKLÄRUNGSBEITRÄGE ZUR ENTSCHEIDUNG ÜBER DEN ENTWICKLUNGSWEG

Im Mittelpunkt des vierten Kapitels stehen nicht länger die allgemeinen Eigenschaften, Ziele und Grenzen der aufgezeigten Entwicklungswege, sondern ihre speziellen, situationsabhängigen Vor- und Nachteile (vgl. zum Aufbau des Kapitels *Abb. 24*). Situative Einflussfaktoren beeinflussen die Kosten- und Erfolgswirkungen der Entwicklungswege dergestalt, dass ihre Auswahl letztlich nur in engster Abstimmung mit der jeweiligen Situation stattfinden kann.

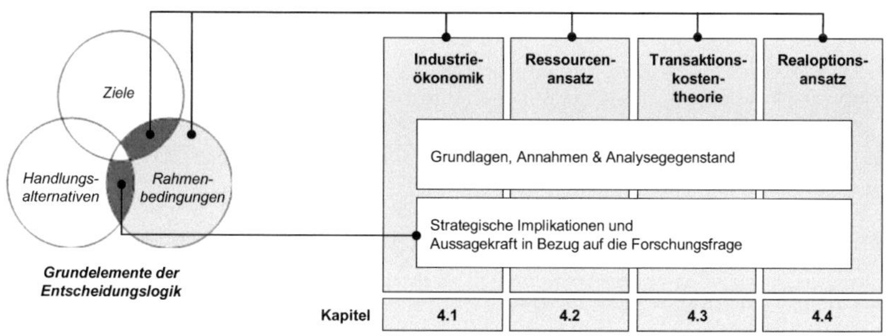

Abb. 24 Aufbau Kapitel 4
Quelle: Eigene Darstellung

In *Kapitel 4* sollen die folgenden Fragen beantwortet werden:

- *Welche Entscheidungshilfen können aus bestehenden Ansätzen herangezogen werden? Welche Entscheidungsdeterminanten sind dabei von Relevanz?*

  Das Ziel des Abschnitts ist das Aufdecken kontingenz- und performancetheoretischer Erklärungsbeiträge verschiedener Handlungs- und Gestaltungstheorien. Diese Vorgehensweise drängt sich auf, da bisher kein einzelner Ansatz vorliegt, der das gestellte Problem umfassend lösen könnte. Doch existieren zahlreiche theoretische Ansätze, die auf die Entscheidung des Entwicklungsweges in bestimmten Teilaspekten übertragen werden können.

Damit die herangezogenen Ansätze Lösungsbeiträge zur Problemstellung der Arbeit bereitstellen können, müssen sie bestimmten Voraussetzungen genügen (in Anlehnung an Bausch 2003, 104):

- Durch sie muss ein Bezug zu einzelnen Rahmenbedingungen sowie zu den Zielen von Entwicklungswegen hergestellt werden können.
- Durch sie muss ein Erklärungsgehalt für Teile des Wirkungsgefüges zwischen Zielen, Rahmenbedingungen und Handlungsalternativen erreicht werden können. Ergo sollte ein ökonomischer Theorieansatz Bedingungen aufzeigen, für die ein Entwicklungsweg einem anderen überlegen ist.

Die Selektion der Theorien, auf die hier zurückgegriffen wird, folgt Anhaltspunkten aus der Wissenschaftstheorie und -praxis. Zunächst ging der Auswahl eine ausführliche Sichtung theoretischer Literatur voraus (vgl. dazu stellvertretend Bausch 2003; Schaper-Rinkel 1998; Schrader 1993; Sydow 1992, 127-236; Jarillo 1988). Spiegelbildlich dazu wurde die Auswahl der Ansätze durch einen intensiven Blick in die Wissenschaftspraxis verifiziert, indem die theoretischen Grundlagen empirischer Untersuchungen zum Forschungsgebiet auf dominante theoretische Fundamente überprüft wurden (vgl. *Abb. 1 – Abb. 3* in *Kapitel 1.2*).

Es kamen hierbei besonders der Forschungsbereich des Strategischen Managements und der des Internationalen Managements zum Tragen. Die Literatur konstatiert durch die große inhaltliche Nähe der behandelten Forschungsfragen eine zunehmende Konvergenz der Forschungsrichtungen (vgl. Doz 1997, 467-522; Peng 2001, 808-809). Darum sollen die vorgestellten Ansätze nicht zwingend zugeordnet werden. Eine genaue Zuordnung wäre in Anbetracht der Forschungsfrage weder zielführend noch klar vorzunehmen, da in die Fragestellung zwangsläufig internationale und strategische Aspekte einfließen und sie gleichzeitig nicht auf die internationale Perspektive reduziert werden kann. Die verschiedenen Ansätze sollen im Sinne einer aktiven Ideenkongruenz gewertet sowie ihre relevanten Einflüsse auf die Forschungsfrage herausgearbeitet werden, um ein insgesamt besseres Verständnis des Forschungsgegenstandes zu gewinnen (vgl. dazu die Forderung nach Ideenkongruenz bzw. Konkurrenzpluralismus z.B. bei Strietzel 2005, 128).

Gemeinhin lassen sich vereinfacht zwei Lager klassifizieren: *ökonomische* und *behavioristische* Theorien. Durch die Untersuchung von Entwicklungswegen aus der Perspektive einer wertorientierten strategischen Unternehmensführung (vgl. *Kapitel 2.2.4*) sollen behavioristische Ansätze hier nicht berücksichtigt werden. Sie betrachten Unternehmen nicht per se als Mittel eines ökonomischen Zwecks, sondern fokussieren auf das Unternehmen als soziales System (vgl. grundsätzlich Barnard 1982; Simon 1976; Cyert/March 1963; March et al. 1958; sowie im Überblick bei Berger/Bernhard-Mehlich 2006).

Vorgabe für die hier herangezogenen Theorien ist im Unterschied dazu das Wertsteigerungspostulat. Die Theorien der Industrieökonomik, des Ressourcenansatzes, des Transaktionskostenansatzes und der Realoptionen stehen damit im Einklang und haben sich als vorherrschende Ansätze erwiesen. Die *Industrieökonomik* (vgl. *Kapitel 4.1*) und *Ressourcentheorie* (vgl. *Kapitel 4.2*) erklären die wesentlichen Ursachen des wirtschaftlichen Erfolges durch den Wirkungszusammenhang zwischen Markt/Branche bzw. Ressourcen, strategischem Verhalten und unternehmerischem Erfolg. Durch das zugrunde gelegte Streben nach übernormalen Renditen können sie in Zusammenhang mit der Wertsteigerung gesehen werden. Auch die *Transaktionskostentheorie* (vgl. *Kapitel 4.3*) versteht sich mit ihrem Effizienzkriterium als ökonomische Theorie. Zuletzt setzt die *Theorie der Realoptionen* (vgl. *Kapitel 4.4*) mit ihrem Zielkriterium unmittelbar am Kapitalwert an.

In der weiteren Vorgehensweise wird jeweils der theoretische Einzelansatz in seinen Grundlagen vorgestellt. Die sich anschließende Darstellung der strategischen Implikationen liefert den Anknüpfungspunkt zur konkreten Nutzung der theoretischen Aussagen zur Beantwortung der Forschungsfrage (vgl. *Abb. 24*). Diese wird durch greifbare Ergebnisse des jeweiligen Ansatzes aus empirischen Untersuchungen zusätzlich verdeutlicht.

4.1 Industrieökonomik

4.1.1 Grundlagen, Annahmen & Analysegegenstand

Die Industrieökonomik (*Industrial Organization*) ist im Überlappungsbereich aus Wettbewerbs-, Preis- und Unternehmenstheorie anzusiedeln (vgl. Ott 1985, 319-320). Sie verfolgt das Ziel, den Einfluss von Branchen- und Marktstrukturen („*Structure*") auf das unternehmerische Verhalten („*Conduct*") und auf die daraus resultierenden Markt- und Unternehmensergebnisse („*Performance*") zu analysieren. Sowohl ihre neueren, einzelwirtschaftlich-strategischen Betrachtungen, als auch ihre eher traditionellen, volkswirtschaftlich-wettbewerbstheoretisch geprägten Ansätze richten sich – trotz ihrer Unterschiede – gemeinsam nach diesem skizzierten „*Structure-Conduct-Performance*"(SCP)-Paradigma (vgl. zur Industrieökonomik ausführlich Schmalensee/Armstrong 2007; Bester 2004; Carlton/Perloff 2001; Caves 1994; Jacquemin 1986; Caves 1982; Caves 1980; Kaufer 1980; Böbel 1978).

4.1.1.1 Deterministische Strukturansätze der klassischen Industrieökonomik

Die Entstehung der „*Theory of Industrial Organization*" kann auf Mitte bis Ende der 1930er Jahre zurückgeführt werden. MASON schuf zu dieser Zeit die Grundlagen des deterministischen Strukturansatzes (vgl. 1939, 61-74) und forderte zur empirischen Untersuchung der Zusammenhänge von Marktstruktur und Preisbildung auf (vgl. Neumann 1979, 645). Er erwartete in seiner Betrachtung der Preis- und Produktionspolitik von „*Large Scale Enterpri-*

ses", dass von Unternehmen unter ähnlichen Marktbedingungen auch ein ähnliches Marktverhalten zu erwarten sei. Mit dieser Hypothese konnte unmittelbar von der Marktstruktur (Structure) – unter Einbeziehung der Preissetzung (Conduct) – auf das Marktergebnis (Performance) geschlossen werden. Die Ausführungen kommen zu dem Schluss, dass Unternehmensstrategien als von der Marktstruktur predeterminierte Variablen behandelt werden sollten (vgl. (Minderlein 1993), 164-165; (Schreyögg 1993), 52. Alle für die Unternehmensstrategie entscheidungsrelevanten Bedingungen werden demnach aus der Marktstruktur abgeleitet. Anliegen des Ansatzes ist eine Klassifizierung von Marktstrukturen, mit der unter gleichen (Markt-)Bedingungen operierende Unternehmen – branchenunabhängig – eingeteilt werden können und sich davon Strategieentscheidungen ableiten lassen (vgl. Bausch 2003, 105-106). Als zentrales Ergebnis kann festgehalten werden, dass die Marktstruktur das Verhalten und auch die Performance einer Unternehmung bestimmt (vgl. Minderlein 1993, 167; Porter 1981, 611). Das Marktverhalten der Unternehmen wird rein adaptiv gesehen, d.h. die Unternehmen passen sich der Marktstruktur lediglich an.

Der skizzierte traditionelle Ansatz wurde insbesondere von BAIN weiterentwickelt, der die Untersuchungseinheit wechselt, indem er nicht mehr branchenübergreifend vorgeht, sondern einen deterministischen Branchenstrukturansatz herausbildet (vgl. ausführlich 1968). Das dargelegte SCP-Paradigma wurde somit auf Gruppen von Anbietern, die in enger Subsitutionsbeziehung stehende Produkte an gemeinsame Abnehmergruppen vertreiben, übertragen (vgl. Bausch 2003, 106).

Zusammenfassend vertreten die – klassischen – Forschungsprogramme von MASON und BAIN einen direkten Wirkungszusammenhang zwischen der Markt- bzw. Branchenstruktur und dem Ergebnis. Aufgrund dieser Betonung werden sie als „*Strukturalisten*" bezeichnet (vgl. Shepherd 1976, 2-4).

4.1.1.2 Übertragung des Gedankenguts auf das strategische Management

Die klassischen Beiträge erfuhren eine Gewichtsverschiebung der Forschung in zwei Richtungen. Zum einen wurde die Verhaltenskomponente (Conduct) betont. Die sogenannten „*Behavioristen*" betrachteten die Struktur nicht länger als unabhängige Variable, die das Verhalten exogen predeterminiert. Vielmehr sehen sie die Branche ihrerseits vom Markt- und Unternehmensverhalten und anderen fundamentalen Angebots- und Nachfragebedingungen („*basic conditions*") zumindest langfristig beeinflusst (vgl. Scherer/Ross 1990, 4-6).

Zum zweiten interessiert sich die neuere Industrieökonomik bei ihrer Betrachtung des Verhaltens insbesondere für den Aufbau von eintrittsverhindernden Markteintrittsbarrieren, da diese die dauerhafte Sicherung von Wettbewerbsvorteilen ermöglichen (vgl. im Folgenden Strietzel

2005, 129-130). Diese bringen etablierte Unternehmen in die Position, in einer Branche übernormale Renditen zu erzielen und sichern deren Fortbestand durch Verhinderung des Markteintritts von Konkurrenten. Die Industrieökonomie unterscheidet zwei Arten von Markteintrittsbarrieren. Maßnahmen der Preispolitik werden als *eintrittsverhindernde Verhaltensweisen* bezeichnet. *Strukturelle Markteintrittsbarrieren* können auf folgenden Grundlagen gebildet werden (vgl. Strietzel 2005, 129; Bain 1968, 252):

- *Absolute Kostenvorteile*: Basierend auf kostengünstigerem Ressourcenzugang oder günstigeren Produktionstechniken ergeben sich absolute Kostenvorteile unabhängig von der Ausbringungsmenge.
- *Economies of Scale*: Durch Verteilung der Fixkosten auf eine größere Ausbringungsmenge können Betriebsgrößenvorteile erzielt werden. Sie wirken eintrittsbehindernd, da neu eintretende Unternehmen, die üblicherweise auf niedrigeren Niveaus starten, vergleichbare Größen erreichen müssten, um konkurrenzfähig zu sein.
- *Produktdifferenzierungsvorteile*: Etablierte Unternehmen können durch einen höheren Bekanntheitsgrad einen sogenannten „*first mover advantage*" erzielen, den neu eintretende Unternehmen durch erhöhte Investitionen in ihre Bekanntheit und/oder Preismaßnahmen bei Konsumenten erst wettmachen muss.

Unter Rückgriff auf das SCP-Paradigma gelingt PORTER (vgl. grundlegend 2008; 1999; 1991; 1981; 1980) die Begründung eines betriebswirtschaftlichen Wettbewerbsansatzes und die Übertragung des Gedankenguts auf das strategische Management (vgl. Bea/Haas 2001, 25), die in der akademischen Forschung und wirtschaftlichen Praxis weite Verbreitung gefunden hat (vgl. zu Knyphausen-Aufseß 2000, 55). Das SCP-Paradigma wird aus der industrieökonomisch normativen Theorie in eine positive Theorie des strategischen Managements gewandelt (vgl. Teece 1984, 94) und in eine einzelwirtschaftliche Sichtweise transferiert, die weithin als „*Market-based view of Strategy*" (MBV, marktorientierter Ansatz) bekannt geworden ist. Aus der Suche nach Gesetzmäßigkeiten auf Branchen- und Unternehmensebene wird so die Suche nach Gesetzmäßigkeiten für einzelwirtschaftlich erreichbare Unternehmenserfolge. Aus der Ermittlung, wie Markteintrittsbarrieren gesenkt werden können in der klassischen Industrieökonomik, wird in der Strategieforschung die Frage nach dem Aufbau von Markteintrittsbarrieren, um übernormale Renditen für das einzelwirtschaftliche Unternehmen dauerhaft zu erzielen (vgl. Strietzel 2005, 130).

Die Strategieforschung setzt deshalb die strategische Gestaltung seitens des Unternehmens zur Einflussnahme auf ihre Umwelt ins Zentrum der Forschungsbemühungen. Aus Sicht des einzelnen Unternehmens ist es Ziel des Wirtschaftens, übernormale Gewinne (verstanden als Differenz zwischen Erlösen und den totalen Durchschnittskosten, einschließlich Opportunitätskosten; vgl. u.a. Bausch 2003, 107) dauerhaft zu erzielen, um nachhaltigen Wert zu kreieren. Dabei wird danach gestrebt, die in der Mirkoökonomik noch als Merkmale wettbewerblicher Unvollkommenheit angesehenen Situationen sachlicher, persönlicher, räumlicher oder zeitlicher Präferenzen seitens der Abnehmer proaktiv zu identifizieren, zu nutzen und zu schaffen (vgl. Fehl 1985, 29-30).

PORTER geht davon aus, dass der Unternehmenserfolg von der *Branchenattraktivität* und der *relativen Position* des Unternehmens in dieser Branche abhängt. In der Argumentation des SCP-Paradigmas ist es in erster Linie die Marktstruktur, die strategisches Verhalten und Wettbewerbsstrategie determiniert. Da diese ihrerseits den Markterfolg bestimmen, hat die Marktstruktur eine indirekte Wirkung auf den Erfolg. Zu den wichtigsten gestalterischen strategischen Aufgaben zählen damit die Auswahl von Märkten (Branchen bzw. Branchensegmenten und Regionen), auf denen Leistungen angeboten werden sollen und der Aufbau einer einzigartigen Marktstellung (vgl. Porter 2008, 26-31).

4.1.1.3 Branchen(struktur)analyse

Mit der Branchenanalyse (oft auch Branchenstrukturanalyse, vgl. z.B. Porter 2008, 35-65; Hungenberg 2008, 101-109) nach PORTER soll auf den skizzierten Forschungsstrang noch intensiver eingegangen werden. Sie dient als Instrument zur Abgrenzung und Bewertung des marktlichen Tätigkeitsbereichs von Unternehmen und deckt die Elemente und Beziehungen des SCP-Paradigmas ab.

Structure: Grundlage des Konzeptes bildet die *Analyse des Wettbewerbs* innerhalb einer Branche, die als Gruppe von Unternehmen bezeichnet werden kann, die Produkte und Dienstleitungen bereitstellen, die sich durch eine hohe Substitutionsbeziehung auszeichnen (vgl. Porter 1999, 354). Die Branchenstruktur und die Wettbewerbsintensität wird durch fünf Kräfte („*driving forces*") charakterisiert (vgl. Porter 2008, 35-36; Porter 1999, 28-33):

- Die *Intensität der Rivalität* hängt in erster Linie von der Anzahl und Homogenität der Wettbewerber, der Höhe des Branchenwachstums, der Höhe der Umstellungskosten der Abnehmer, der Höhe der Fixkosten der Anbieter und der Bedeutung der Austrittsbarrieren ab.
- Die *Bedrohung durch Ersatzprodukte/-dienste* wird maßgeblich davon beeinflusst, wie Abnehmer das Preis-/Leistungsverhältnis im Verhältnis zu anderen vorhandenen Angebote einschätzen und wie hoch die Umstellungskosten bei einem Anbieterwechsel werden können.

- Der *Markteintritt neuer Wettbewerber* wird von den Eintrittsbarrieren sowie von drohenden Reaktionen bestehender Wettbewerber beeinflusst und kann rentabilitätsmindernde Preissenkungen oder Mehrkosten für etablierte Unternehmen hervorrufen.
- Die *Verhandlungsmacht der Abnehmer* wird in erster Linie von der Bedeutung des Produktes in der Wertkette der Abnehmer, der Konzentration auf Abnehmer- und Anbieterseite, der Höhe der Umstellungskosten bei Anbieterwechsel sowie der Homogenität der Produkte bestimmt.
- Die *Verhandlungsmacht der Lieferanten* ist spiegelbildlich zur zuvor besprochenen Abnehmermacht zu sehen.

Je stärker ein Unternehmen von diesen fünf Wettbewerbskräften bedroht ist, desto unattraktiver ist die jeweilige Branche, da es die Schwierigkeit erhöht, dort nachhaltige Erfolge zu erzielen. Dieser Logik folgend, kann das Unternehmen das eigene Gewinnpotenzial und die Rentabilität der Branche abschätzen.

Conduct: Die Ergebnisse der Strukturanalyse dienen als Basis für die *Formulierung einer Unternehmens- und Wettbewerbsstrategie*. PORTER betont damit die Gestaltungsmöglichkeit des Unternehmens durch eine effektive Strategiesetzung, um die eigene Position zu verbessern. Die Positionierung findet in der Form statt, dass das Unternehmen die identifizierten Wettbewerbskräfte mit den eigenen Stärken und Schwächen abgleicht und daraufhin möglichst positiv nutzt oder sich gegen ihre negativen Auswirkungen schützt (vgl. Porter 1986, 25-26).

Erster Kerninhalt des strategischen Verhaltens ist die Wahl einer der drei von PORTER formulierten *generischen Wettbewerbsstrategien* („*generic competitive strategies*“) (vgl. 1980, 35-41):

- *Kostenführerschaft*: Ein Wettbewerbsvorteil ergibt sich durch die Minimierung der (realen) Stückkosten und lässt sich erreichen, wenn das Unternehmen breit am Markt aufgestellt ist und kaum Nischen bedient. Auf Grund des Erfahrungskurveneffektes (vgl. Gälweiler 1974, 241-244; Henderson 1974, 19-27) kann dann zu günstigeren Stückkosten produziert werden. Große Stückzahlen und die Nutzung von Skaleneffekten lassen sich vornehmlich bei hohem Marktanteil realisieren.
- *Differenzierung*: Ein Wettbewerbsvorteil ergibt sich, wenn Abnehmer bereit sind, für bestimmte Produkt-/Dienstleistungsmerkmale, die anderswo nicht zu erwerben sind, einen höheren Preis zu zahlen. Folglich kann sich das Unternehmen im Rahmen dieser Strategie durch unverwechselbare Anbietereigenschaften (vgl. in diesem Zusammenhang auch „*unique selling proposition*“, z.B. Meffert/Burmann 2008, 57 u. 375) auszeichnen.

- *Nischenstrategie*: Häufig verfolgen kleinere und mittelständische Unternehmen eine Konzentration auf die Bearbeitung einzelner Marktsegmente der Branche. Durch diese Beschränkung können sie Wettbewerbsvorteile durch niedrigere Kosten oder spezifischere Bedienung von Kundenbedürfnissen erzielen.

Zweiter Kerninhalt ist die Manifestierung dieser Wettbewerbsstrategie durch Konfiguration und Koordination der Aktivitäten in der *Wertkette*, um in der verfolgten strategischen Positionierung möglichst erfolgreich agieren zu können (vgl. Porter 2006, 434-462, insbesondere 436-437). Sie stellt ein Instrumentarium zur Operationalisierung, Umsetzung und Unterstützung der Strategie dar (vgl. Porter 1996, 76), da sie die wertstiftenden Aktivitäten des Unternehmens zueinander in Beziehung setzt und in einer logischen Sequenz darstellt. Es wird zwischen primären (Eingangslogistik, Produktion, Ausgangslogistik, Marketing und Verkauf, After-Sales und Kundendienst) und unterstützenden (Unternehmensinfrastruktur, Personalwirtschaft, Forschung und Entwicklung, Einkauf/Beschaffung) Aktivitäten unterschieden, deren Konfiguration sich nach der Branche und der strategischen Intention richtet.

Performance: Aus der Branchenstrukturbetrachtung, der wirtschaftlichen Attraktivität der Branche, der Formulierung einer Wettbewerbsstrategie und der Besetzung einer Wettbewerbsposition folgt der Erfolg des Unternehmens. Die Performance ist demnach abhängig von der Attraktivität der Branche („*industry effect*") und von der relativen Positionierung des Unternehmens im Wettbewerb („*positioning effect*") (vgl. Bausch 2003, 111).

4.1.1.4 Kritische Betrachtung

Die Industrieökonomik und ihre Weiterentwicklung zum marktorientierten Ansatz dienen als Grundlage für wettbewerbspolitische und wettbewerbsrechtliche Überlegungen (vgl. im Folgenden z.B. Strietzel 2005, 141-142). Als Basis für die Erklärung und Entwicklung externer Erfolgspotenziale zählen die Arbeiten PORTERS gewiss zu den einflussreichen Bausteinen des strategischen Managements. Sie ermöglichen eine Strukturanalyse der Branche, die Klärung der eigenen Wettbewerbsposition sowie der damit verbundenen Erfolgschancen. Zudem können neben dieser Ist-Beschreibung Verbesserungshebel zur Nutzung der Wettbewerbssituation identifiziert werden. PORTER schafft damit einen durchgängigen Analyseapparat für die Unternehmensumwelt, der es ermöglicht, Wirkungszusammenhänge des Wettbewerbs aufzudecken und Empfehlungen für die strategischen Handlungsschritte des Unternehmens abzuleiten.

Trotz dieses beachtlichen Wertes bleibt das Modell eher deskriptiv. Zwar beschreibt PORTER die einzelnen Kräfte der Wettbewerbsintensität bzw. der Branchenattraktivität, ihr genauer Einfluss bleibt jedoch recht unklar. Selbst wenn die Branchenstrukturanalyse mit Identifikation der Wettbewerbskräfte gelingt, ist den daraus ableitbaren strategischen Handlungsempfehlungen doch vorzuwerfen, dass sie zu wenige konkrete und direkte Verknüpfungen mit der Analyse aufweisen.

Die starke Marktorientierung des Ansatzes veranlasst zu weiterer Kritik. PORTER erkennt zwar die Bedeutung der internen Ressourcenausstattung für den Unternehmenserfolg an, sieht diese jedoch weniger als Haupttreiber des Unternehmenserfolges. Vielmehr betrachtet er ihren Wert in der Anpassung an die Branchenstruktur und die grundsätzliche Strategie, was einer eher defensiv ausgelegten Verhaltensweise seitens des Unternehmens gleichkommt. Der Ansatz gerät so an seine Grenzen, sobald Unternehmen *aktiv* in Marktgeschehen und Wettbewerbsprozesse eingreifen, bisherige Marktgrenzen verschieben oder neue Märkte schaffen.

4.1.2 Strategische Implikationen und Aussagekraft in Bezug auf die Forschungsfrage

Für die Forschungsfrage ist zu konstatieren, dass der marktorientierte Ansatz nützliche Diskussionsbeiträge durch die Aufdeckung von Erfolgsgesetzmäßigkeiten und -voraussetzungen in einer Branche liefert. Als Kernaussage soll einmal mehr festgehalten werden, dass der Erfolg und die Überlebensfähigkeit von Unternehmen auf das Agieren in attraktiven Branchen und das Vorhandensein von Wettbewerbsvorteilen durch die eigene Positionierung zurückzuführen ist. Durch die Branchenanalyse kann die Unternehmensführung evaluieren, ob und wie sich durch die Wahl des Entwicklungsweges eine Verbesserung der eigenen Position vollziehen lässt und welche Barrieren der Entwicklung entgegenstehen bzw. durch sie errichtet werden können (vgl. Gedankengänge von Hellfeier 1999, 234; Bausch 2003, 112-113). Der gezielte Einsatz eines Entwicklungsweges versteht sich dann als Instrument des strategischen Verhaltens (Conduct) zur Herbeiführung von (besseren) Erfolgsvoraussetzungen des Unternehmens in der Branche und zur Verwirklichung von wirtschaftlichem Erfolg (Performance) (vgl. dazu zusammenfassend *Abb. 25*).

Ansatzpunkte für die Erzielung von Vorteilen durch das Beschreiten eines Entwicklungsweges sind (vgl. Anknüpfungspunkte der Vorteilserzielung Porter 2008, ab 371; Porter 1991):

- *Eintritt in neue (attraktive) Märkte/Branchen*: Die Entwicklung hilft, Markteintrittsbarrieren zu überwinden. Durch den Einsatz des Entwicklungsweges können Unternehmen in neue Märkte/Branchen vordringen und ihr Produkt- oder Kompetenzportfolio stärken und erweitern.
- *Verbesserung der Wettbewerbsposition*: Anhand strategisch intendierter Entwicklungen, die durch bestimmte Entwicklungswege umgesetzt werden, können Unternehmen die De-

terminanten der Erzielung von Wettbewerbsvorteilen beeinflussen und so aktiv eine Verbesserung ihrer Rendite erwirken.

- *Beeinflussung der Branchenstruktur (Wettbewerbskräfte)*: Die Umsetzung des Entwicklungsweges kann die relative Position zu rivalisierenden Unternehmen in dem Maße verändern, dass Unternehmen Barrieren zum Schutz ihres erfolgreichen Agierens in der Branche aufbauen können.

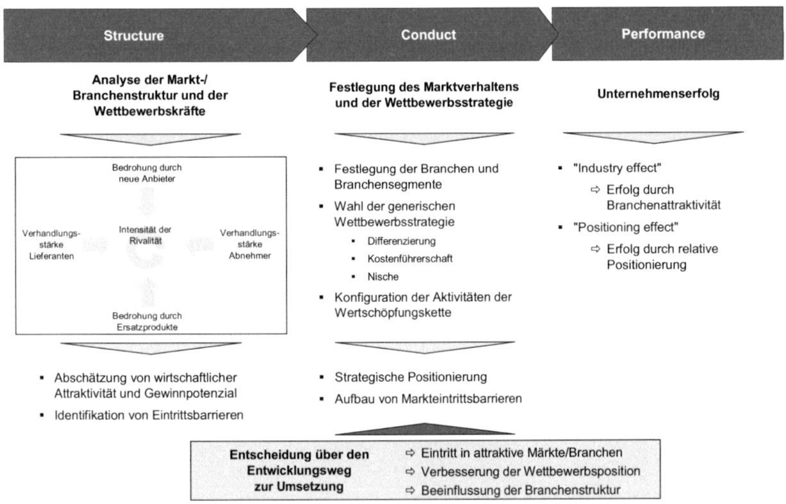

Abb. 25 Zusammenfassung: Kerninhalte des marktorientierten Ansatzes

Quelle: Eigene Darstellung

Die Ausführungen zeigen, dass die Wahl des Entwicklungsweges nicht ungeachtet der markt- und branchenseitigen Struktur und Determinanten getroffen werden kann. Sie liefern wichtige Erkenntnisse wie durch die Wahl des Entwicklungsweges auf die Branchenstruktur zu reagieren ist bzw. wie Wettbewerbsvorteile aktiv erreicht werden können. Die entscheidenden Fragen lauten demnach: *Wodurch können Wettbewerbsvorteile erzielt werden? Welche Eintrittsbarrieren müssen überwunden werden? Wie wird die Branchenstruktur beeinflusst?* Die *Abb. 26* – Abb. 29 legen umfassend dar, wie das marktorientierte Gedankengut in empirischen Untersuchungen zur Entscheidung über den Entwicklungsweg genutzt wurde und welche Ergebnisse und Handlungsempfehlungen daraus resultierten.

Hinsichtlich des Eintritts in neue Branchen wird insbesondere die Konzentration des Zielmarktes herangezogen, um die Wettbewerbsintensität zu untersuchen. Stark konzentrierte

Märkte weisen in diesem Sinne hohe Markteintrittsbarrieren auf, da die etablierten Wettbewerber bestrebt sind ihr Positionen zu verteidigen und ihre Marktanteile zu sichern. Die Interne Entwicklung wird hier als signifikanten Angriff auf stabile Strukturen gewertet, der Gegenmaßnahmen heraufbeschwört und daher signifikante Kosten, sog. *„market utilization costs*“, mit sich bringt.

Im Hinblick auf die proaktive Erschließung und Sicherung von Wettbewerbsvorteilen, sind die Untersuchungen von typischen Branchencharakteristika wie Marktpotenzial, Marktwachstum, Marktdynamik oder Phase im Branchen- bzw. Technologielebenszyklus zu sehen. Sie geben einen Hinweis auf die Bedeutung von früher Positionierung und Pioniervorteilen, die vornehmlich durch Akquisitionen und Kooperationen wirksam erschlossen werden können. Daneben geben sie Anhaltspunkte, in wieweit die Branche noch weiteres Wachstum und Kapazitätserweiterungen zulässt, die durch Interne Entwicklung und den eigenen Auf- und Ausbau bewerkstelligt werden können. Folgt man dieser Auffassung, dass Unternehmen die aktive Gestaltung der Erzielung und Nutzung von Wettbewerbsvorteilen anstreben, stellt sich die Anschlussfrage nach der konkreten Organisiertheit und der effizientesten Kontrolllösung der Umsetzung. Diese ist insbesondere Ausgangspunkt der Transaktionskostentheorie (vgl. *Kapitel 4.3*).

Fazit

Zusammenfassend lassen sich folgende zentrale Punkte für die weitere Betrachtung festhalten (vgl. dazu auch Übersicht bei Bausch 2003, 174-176):

- *Analysegegenstand und -ziel*: Die Industrieökonomik verbindet Markt-/Branchenstruktur, strategisches Verhalten und unternehmerischen Erfolg und stellt dadurch Erfolgsgesetzmäßigkeiten aus Branchen-/Marktsicht her.
- *Allgemeine Implikationen*: Durch die Auswahl attraktiver Branchen und die strategische Positionierung durch Festlegung der Wettbewerbsstrategie und Konfiguration der Wertschöpfungsaktivitäten streben Unternehmen nach der Erreichung nachhaltiger Wettbewerbsvorteile und übernormaler Renditen.
- *Forschungsspezifische Implikationen*: Entwicklungswege sind als Alternativen des strategischen Verhaltens und als Instrumente des Eintritts in neue Märkte/Branchen, der Verbesserung der Wettbewerbsposition und der Beeinflussung der Branchenbedingungen zu sehen. Die Entscheidung zwischen den Entwicklungswegen ist so zu treffen, dass die Alternative aus Sicht der Branchenstruktur (Wettbewerbskräfte) und der Wettbewerbspositionierung den größten Erfolg erwarten lässt.

Autor(en)	Jahr	Unternehmerischer Hintergrund	Kontextfaktor	Untersuchte Variablen bzw. Proxies	Entscheidungsempfehlung: Int. Entwicklung	Entscheidungsempfehlung: Allianzen	Entscheidungsempfehlung: M&A	Erläuterung/Argumentation
Externe Kontextfaktoren: Wachstum								
Luo	2001	*Markteintritt, Internationalisierung*	Marktwachstum	Marktwachstum	Hohes Marktwachstum	–	–	–
Makino/ Neupert	2000	*Markteintritt, Internationalisierung*	Marktwachstum	–	Hohes Wachstum	–	–	–
Brouthers	2002	*Markteintritt, Internationalisierung*	Marktwachstum	Fragebogen/Likert-Skala	*nicht untersucht*	–	Starkes Wachstum	- Hohe Investitionen, um Kapazität und Effizienz zu steigern - Nutzen von Skaleneffekten, langer Marktpräsenz
Hennart/ Reddy	1997	*Markteintritt, Internationalisierung*	Branchenwachstum	Durchschnittswachstumsrate über 3 Jahre	*nicht untersucht*	–	Sehr hohes Wachstum, sehr niedriges Wachstum	- Hohes Wachstum: Schneller Markteintritt - Niedriges Wachstum/Schrumpfung: Kapazitätserweiterung nicht wünschenswert
Morschett	2006	*Markteintritt, Internationalisierung*	Marktwachstum	–	–	Hohes Wachstum	*nicht untersucht*	–
Brouthers/ Brouthers	2000	*Markteintritt, Internationalisierung*	Marktwachstum	Wachstumsrate über 5 Jahre	Hohes Wachstum	*nicht untersucht*	Hohes Wachstum	- Kapazitätswachstum durch Interne Entwicklung (Greenfield venture)
Hennart/Park	1993	*Markteintritt, Internationalisierung*	Marktwachstum	Marktwachstum	–	*nicht untersucht*	Hohes Marktwachstum	- Beschleunigung des Markteintritts; Pioniervorteile
Yip	1982	*Markteintritt, Diversifikation*	Marktwachstum	Reales Marktwachstum	Starkes Wachstum	*nicht untersucht*	Langsames Wachstum	- (Kapazitäts-)Expansion in stark wachsenden Märkten - Verfügbarkeit an passenden Akquisitionszielen in reifen Märkten
Zejan	1990	*Markteintritt, Internationalisierung*	Marktwachstum	Wachstumsrate der Industrieproduktion	Starkes Wachstum	*nicht untersucht*	Langsames Wachstum	- (Kapazitäts-)Expansion in stark wachsenden Märkten - Verfügbarkeit an passenden Akquisitionszielen in reifen Märkten
Externe Kontextfaktoren: Lebenszyklus								
Roberts/Liu	2001	*Marktexpansion, Diversifikation*	Technologielebens-zyklus: "Fluid phase"	Technologielebenszyklus (Unsicherheit in Produkten und Märkten, Hohes Wachstum, Wenig Wettbewerb)	*nicht untersucht*	- Standardsetzung durch Technologie- und Marketingallianzen	- Akquisition von Start-ups und kritischen Technologien	–
Roberts/Liu	2001	*Marktexpansion, Diversifikation*	Technologielebens-zyklus: "Transitional phase"	Technologielebenszyklus (Dominantes Design, Wettbewerb auf Basis von Qualität und Verfügbarkeit, steigende Marktsicherheit)	*nicht untersucht*	- F&E-Allianzen	- Akquisition von Wettbewerbern und dominanten Technologien	–

Abb. 26 Empirische Untersuchungen – Externe Kontextfaktoren (1/4)

Quelle: Eigene Zusammenstellung

Autor(en)	Jahr	Unternehmerischer Hintergrund	Kontextfaktor	Untersuchte Variablen bzw. Proxies	Entscheidungsempfehlung: Int. Entwicklung	Entscheidungsempfehlung: Allianzen	Entscheidungsempfehlung: M&A	Erläuterung/Argumentation
Roberts/Liu	2001	*Marktexpansion, Diversifikation*	Technologielebens-zyklus: "Mature phase"	Technologielebenszyklus (hoher Margendruck, Konvergenz)	*nicht untersucht*	- F&E- und Fertigungs-Allianzen	- Horizontale Akquisitionen wg. Marktmacht und Skaleneffekten	–
Roberts/Liu	2001	*Marktexpansion, Diversifikation*	Technologielebens-zyklus: "Discontinuities phase"	Technologielebenszyklus (Aufkommen neuer Technologien)	*nicht untersucht*	–	- Eintritt in neue Märkte durch Nischen-Unternehmen	–
Externe Kontextfaktoren: Konzentration & Wettbewerb								
Chan/Hwang	1992	*Markteintritt, Internationalisierung*	Marktkonzentration	Anzahl konkurrierender Unternehmen, Konzentrationsgrad der vier größten Firmen	Hohe Konzentration	–	Hohe Konzentration	- Hohe Kontrolle über Aktivitäten der Tochterunternehmen, um in Summe im (oligopolistischen) Wettbewerb zu bestehen
Hennart/Park	1993	*Markteintritt, Internationalisierung*	Konzentration des Zielmarkts	Herfindahl-Hirschman-Index	–	*nicht untersucht*	Hohe Marktkonzentration	- Kapazitätserweiterung nicht wünschenswert
Chatterjee	1990	*Markteintritt, Internationalisierung*	Marktkonzentration	Konzentrationsgrad	–	*nicht untersucht*	Hoher Konzentrationsgrad	- Erreichung der Mindestbetriebsgröße in oligopolistischem Wettbewerbsumfeld - Vermeidung von Gegenmaßnahmen etablierter Wettbewerber
Ruffer/ Holcomb	2002	*Marktexpansion, Diversifikation*	Marktkonzentration	Herfindahl-Hirschman-Index	–	*nicht untersucht*	Hohe Marktkonzentration; aber: durch Kartellrecht beschränkt	- Theoretische Vorteilhaftigkeit wird durch Kartellrecht beschränkt
Yip	1982	*Markteintritt, Diversifikation*	Marktkonzentration	Konzentrationsgrad der vier größten Wettbewerber	–	*nicht untersucht*	Hoher Konzentrationsgrad	- Schutz vor Gegenmaßnahmen der Wettbewerber - Überwindung von Eintrittsbarrieren (z.B. effiziente Betriebsgröße)
Zejan	1990	*Markteintritt, Internationalisierung*	Marktkonzentration	Herfindahl-Index	–	*nicht untersucht*	Hoher Konzentrationsgrad	- Schutz vor Gegenmaßnahmen der Wettbewerber - Überwindung von Eintrittsbarrieren (z.B. effiziente Betriebsgröße)
Hennart/ Reddy	1997	*Markteintritt, Internationalisierung*	Konzentrationsgrad der Branche	Herfindahl-Index	*nicht untersucht*	–	Hoher Konzentrationsgrad	- Kapazitätserweiterung nicht wünschenswert - Aber: Akquisitionen können durch rechtliche Bestimmungen eingeschränkt werden
Hennart	1991	*Markteintritt, Internationalisierung*	Marktkonzentration	Herfindahl-Hirschman-Index	*nicht untersucht*	–	Hohe Marktkonzentration; aber: durch gesetzl. Regelungen beschränkt	- Theoretische Vorteilhaftigkeit wird durch gesetzliche Regelungen beschränkt
Chan/Hwang	1992	*Markteintritt, Internationalisierung*	Wettbewerbsintensität	Instabilität des Marktanteils, Anzahl existierender und potenzieller Wettbewerber, Switching costs	–	Hohe Wettbewerbsintensität	–	- Begrenzung des Ressourcen-Commitments, da hohe Wettbewerbsintensität oft auf weniger profitable Märkte hinweist

Abb. 27 Empirische Untersuchungen – Externe Kontextfaktoren (2/4)

Quelle: Eigene Zusammenstellung

Autor(en)	Jahr	Unternehmerischer Hintergrund	Kontextfaktor	Untersuchte Variablen bzw. Proxies	Entscheidungsempfehlung			Erläuterung/Argumentation
					Int. Entwicklung	Allianzen	M&A	
Dyer/Kale/ Singh	2004	*Marktexpansion, Diversifikation*	Wettbewerbsintensität	–	*nicht untersucht*	Mittlere/Geringe Wettbewerbsintensität	Hohe Wettbewerbsintensität	- Wettbewerbsdruck bei hoher Intensität durch Akquisition von Wettbewerbern entgegenwirken
Externe Kontextfaktoren: Restriktionen								
Brouthers	2002	*Markteintritt, Internationalisierung*	Marktbarrieren: Gesetzliche Beschränkungen	Fragebogen/Likert-Skala	Wenige Beschränkungen	Hohe Beschränkungen	Wenige Beschränkungen	- Gesetzliche Beschränkungen umgehen bzw. entsprechen
Chen, Hennart	2002	*Markteintritt, Internationalisierung*	Marktbarrieren (Reputation, Absatzkanäle, Marketing Expertise, Technologie, Ressourcenzugang)	Markenwert, Werbeintensität, F&E-Intensity	–	Hohe Marktbarrieren	–	–
Luo	2001	*Markteintritt, Internationalisierung*	Gesetzliche Restriktionen	(wahrgenommene) Beschränkungen (Likert Skala)	–	Hohe Restriktionen	–	- Risikominderung durch geringen Ressourceneinsatz (Commitment) - Flexibilitätssicherung für möglichen Marktaustritt
Morschett	2006	*Markteintritt, Internationalisierung*	Staatliche Restriktionen	–	–	Hohe Restriktionen	*nicht untersucht*	–
Yin/Shanley	2008	*Diversifikation*	Institutionelle Beschränkungen	Marktkonzentration, gesetzliche Regelungen	*nicht untersucht*	Hohe institutionelle und strukturelle Beschränkungen	–	- Institutionelle und strukturelle Beschränkungen engen die Wahlmöglichkeit ein
Yiu/Makino	2002	*Markteintritt, Internationalisierung*	Institutionelle Beschränkungen	Investitionsbeschränkungen, Protektionismus, Staatliche Kontrolle	*nicht untersucht*	Hohe institutionelle und strukturelle Beschränkungen	–	- Institutionelle und strukturelle Beschränkungen engen die Wahlmöglichkeit ein
Externe Kontextfaktoren: Risiko/Unsicherheit								
Chan/Hwang	1992	*Markteintritt, Internationalisierung*	Marktrisiko	Instabilität des politischen Systems, Wahrscheinlichkeit der Begrenzung der Kontroll- /Eigentumsmöglichkeiten für das Unternehmen	–	Hohes Risiko	–	- Begrenzung des Risikos und der Bindung (Commitment)
Chan/Hwang	1992	*Markteintritt, Internationalisierung*	Nachfrage-unsicherheit	Wachstumsrate, Industrielebenszyklus, Frequenz bedeutender technologischer Neuerungen	–	Hohe Unsicherheit	–	- Begrenzung des Risikos und der Bindung (Commitment)
Luo	2001	*Markteintritt, Internationalisierung*	Marktunsicherheit	(wahrgenommene) Unsicherheit, Volatilität (Likert Skala)	–	Hohe Unsicherheit	–	- Risikominderung durch geringen Ressourceneinsatz (Commitment) - Flexibilitätssicherung für möglichen Marktaustritt

Abb. 28 Empirische Untersuchungen – Externe Kontextfaktoren (3/4)

Quelle: Eigene Zusammenstellung

Autor(en)	Jahr	Unternehmerischer Hintergrund	Kontextfaktor	Untersuchte Variablen bzw. Proxies	Entscheidungsempfehlung			Erläuterung/Argumentation
					Int. Entwicklung	Allianzen	M&A	
Hill/Hwang/ Kim	1992	*Markteintritt, Internationalisierung*	Wettbewerbsvolatilität	–	Hohe Volatilität	–	Hohe Volatilität	- Erhaltung strategischer Flexibilität
Dyer/Kale/ Singh	2004	*Marktexpansion, Diversifikation*	Marktunsicherheit (Technologie- /Produktunsicherheit, Absatzunsicherheit)	–	*nicht untersucht*	Hohe Unsicherheit	Geringe Unsicherheit	- Risikominderung bei hoher Unsicherheit
Hagedoorn/ Duysters	2002	*Marktexpansion, Diversifikation*	Industriecharakteristik a (High Tech/Low Tech) => Flexibilitätsbedarf	OECD Sektor Klassifikation, F&E-Intensität	*nicht untersucht*	Hoher Flexibilitätsbedarf (High tech)	Niedriger Flexibilitätsbedarf (Low tech)	- High Tech Umfelder erfordern durch schnellen Wandel einen höheren Grad an Flexibilität und organisatorischem Lernen
Externe Kontextfaktoren: Attraktivität								
Decker/Zhao	2004	*Markteintritt, Internationalisierung*	Marktattraktivität	Potenzieller Umsatz, Preis, Kapitalkosten, Umsatzsteuerrate	Hohe Marktattraktivität	–	Hohe Marktattraktivität	- Hoher Ressourceneinsatz bei hoher Marktattraktivität
Demirbag/ Tatoglu/ Glaister	2008	*Markteintritt, Internationalisierung*	Marktattraktivität	Marktwachstum, Marktgröße	–	*nicht untersucht*	Höhere Marktattraktivität	- Hohe Investitionen, um Kapazität und Effizienz zu steigern - Nutzen von Skaleneffekten, langer Marktpräsenz - Interne Entwicklung zu zeitintensiv
Agrarwal/ Ramaswami	1992	*Markteintritt, Internationalisierung*	Marktpotenzial, Investitionsrisiko	Marktgröße, Marktpotenzial, Polische und gesetzliche Risiken	–	Hohes Marktpotenzial und hohes Investitionsrisiko	–	- Minimierung des Investitionsrisikos

Abb. 29 Empirische Untersuchungen – Externe Kontextfaktoren (4/4)

Quelle: Eigene Zusammenstellung

4.2 Ressourcenansatz

4.2.1 Grundlagen, Annahmen & Analysegegenstand

Untersucht der marktorientierte Strategieansatz Erfolgsfaktoren in Orientierung an der Branchenstruktur und Wettbewerbsposition, so richtet der Ressourcenansatz (auch: ressourcenorientierter Ansatz oder „*resource-based view of strategy*“, RBV) sein Hauptaugenmerk auf die spezifische Ressourcen- und Kompetenzausstattung von Unternehmen. Obwohl die Grundlagen einer ressourcenorientierten Betriebsführung bereits in den 1950er Jahren von SELZNICK (vgl. 1957) und PENROSE (vgl. 1959) gelegt wurden, erfuhr der Ressourcenansatz vor allem durch die systematischen und umfassenden Weiterentwicklungen durch WERNERFELT (vgl. 1984), BARNEY (vgl. 1991), GRANT (vgl. 1991) und PETERAF (vgl. 1993) in den 1990er Jahren eine verstärkte Beachtung in der strategischen Managementforschung (vgl. die Beiträge von Hall 1992; Mahoney/Pandian 1992; Prahalad/Hamel 1990; Reed/DeFillippi 1990; Dierickx/Cool 1989). In Abkehr von der „*porterschen*“ branchenorientierten Sichtweise sind unter dem Ansatz alle Modelle subsumierbar, die Quellen von Wettbewerbsvorteilen und den individuellen Wettbewerbserfolg eines Unternehmens über die Existenz einzigartiger Ressourcen zu erklären versuchen (vgl. Rödl 2002, 16; Barney 1991, 100-101). Diese bewusste Gegenposition zur Industrieökonomie (vgl. Bamberger/Wrona 1996, 130-131) löst das SCP-Paradigma durch ein „*Resources-Conduct-Performance*“(RCP)-Paradigma ab. Die unternehmensinternen Ressourcen bilden als erste, unabhängige Variable den Ausgangspunkt für das unternehmerische Verhalten (Conduct) und die Festlegung der Strategie („*strategy follows competence*“, vgl. Staffelbach 1993, 130), die sich auf den Unternehmenserfolg (Performance) als zweite, abhängige Variable auswirkt.

Der wirtschaftliche Vorteil eines Unternehmens geht daher auf seine Ausstattung mit Ressourcen sowie deren Kombination durch das Management zurück (vgl. Castanias/Helfat 1991; Coff 1997, 374-375). Der Forschungsschwerpunkt besteht in der Analyse jener Ressourcenarten und -bedingungen im Sinne von unternehmensinternen Erfolgspotenzialen, die für dauerhafte Wettbewerbsvorteile gegeben sein müssen und wie diese aufgebaut, geschützt und weiterentwickelt werden können. Die spezifische Zusammenführung produktiver Ressourcen wird als entscheidende Quelle für die Erzielung übernormaler Renditen angesehen, da sie von anderen Unternehmen nicht in gleicher Weise erbracht werden kann (vgl. dazu das Konzept der ökonomischen Rente bei Mahoney/Pandian 1992, 364-365; ferner Rumelt 1987, 142-144). Die Ressourcentheorie stützt sich dabei auf die Grundannahme der signifikant unterschiedlichen Ausstattung der Unternehmen mit wettbewerbsrelevanten Ressourcen. Diese

Heterogenität ermöglicht es, Wettbewerbsvorteile dauerhaft zu erreichen und stellt den Grund für Performanceunterschiede – auch innerhalb einer Branche – dar (vgl. Barney 1991, 105).

4.2.1.1 Ressourcenbegriff

Unternehmensspezifische Ressourcen können in vielfältiger Weise inhaltlich abgegrenzt und klassifiziert werden. Eine einheitliche Definition existiert in der Literatur bislang nicht. Um den Begriff weit genug zu fassen werden darunter im Allgemeinen alle materiellen (tangiblen) und immateriellen (intangiblen) Güter, Systeme und Prozesse eines Unternehmens verstanden (vgl. u.a. Collis/Montgomery 2008, 145; Collis/Montgomery 2005, 30-32; Collis/Montgomery 1995, 123; weitere Unterteilungen z.B. bei Hofer/Schendel 1982, 145-146).

- *Materielle Ressourcen* umfassen die physischen Produktionsmittel und Einsatzfaktoren des Unternehmens, wie beispielsweise technische Anlagen, Rohstoffe, Infrastruktur, Standorte, Finanz- und Humanressourcen. In der Regel sind sie kapazitativ begrenzt, da sie bei ihrem Einsatz nur einer spezifischen Verwendung zugeführt werden können. Materielle Ressourcen haben eine endliche Lebensdauer, da sie sich bei Gebrauch abnutzen. Ihre Flexibilität variiert, so bieten hochspezifische Anlagen eine andere Flexibilität als Mehrzweckanlagen (vgl. zur Definition Strietzel 2005, 146).
- *Immaterielle Ressourcen* lassen sich in Vermögensrechte und Fähigkeiten (Kompetenzen) unterteilen. Erstere umfassen sogenannte „*intellectual property rights*" wie Markennamen, Patente, Copyrights (vgl. Hall 1992, 136) sowie den Firmenruf und die Unternehmenskultur. Fähigkeiten beschreiben die zielorientierte Nutzung von Ressourcen und finden ihren Ausdruck in der Organisation des Unternehmens, den Prozessen und Führungssystemen, insbesondere den Planungs-, Kontroll- und Anreizsystemen (vgl. Day 1994, 38). Sie werden in erster Linie durch das Wissen (Know-how) der Mitarbeiter geprägt. Immaterielle Ressourcen zeichnen sich in der Regel durch wenige kapazitative Beschränkungen aus. Hinsichtlich ihrer Abnutzung besteht teilweise sogar eine inverse Beziehung: wird bestehendes Wissen wiederholt eingesetzt, erfährt es eine Anreicherung (vgl. Bamberger/Wrona 1996, 133). Bei Nichtverwendung kann es jedoch auch schnell seine Wirkungskraft einbüßen.

4.2.1.2 Ressourceneigenschaften zur Erlangung von Wettbewerbsvorteilen

Ressourcen bilden die Grundlage für die Schaffung von Wettbewerbsvorteilen. Inwieweit diese Wettbewerbsvorteile nachhaltig sind, bemisst sich entscheidend nach unternehmensspezifischen Ressourcencharakteristika. In der angloamerikanischen Literatur werden diese unter dem Stichwort „*VRIN-attributes*" erläutert (valuable, rare, inimitable, non-substitutable) (vgl.

Eisenhardt/Martin 2000, 1105) und in unterschiedlichen Beiträgen durch die Eigenschaften der *Nicht-Transferierbarkeit* und *Nicht-Abnutzung* ergänzt:

- *Werthaltigkeit & Seltenheit*: Der Wert einer Ressource hängt von der Leistung ab, den sie auf dem Markt ermöglicht und dem Einfluss, den sie über bestimmte Produkteigenschaften auf den Kunden ausübt. Letztlich wird die Ressourcenkombination nicht zu einer überragenden Wettbewerbsposition beitragen, wenn Kunden nicht bereit sind, einen wertsteigernden Preis dafür zu zahlen (vgl. Collis/Montgomery 2008, 143-146; Collis/Montgomery 1995, 120). Nur wenn Ressourcen zugleich durch Seltenheit eine möglichst exklusive Nutzung dieses Vorteils bieten, erlauben sie eine nachhaltige Wettbewerbsdifferenzierung (vgl. Barney 1991, 106).
- *Nicht-Imitierbarkeit*: Ist das Leistungsvermögen von Ressourcen und ihr Wert erkennbar, können Wettbewerber diese leicht imitieren, statt diese über Faktormärkte zu beziehen (vgl. Grant 1991, 127-128). Je mehr diese Möglichkeit gegeben ist, desto weniger kann die Ressource als Quelle nachhaltiger Wettbewerbsvorteile dienen. Mechanismen (z.B. Patente, Lizenzen), die die Aufrechterhaltung der heterogenen Ressourcenausstattung sichern, spielen daher im Ressourcenansatz eine zentrale Rolle (vgl. Yeoh/Roth 1999, 638).
- *Nicht-Substituierbarkeit* wird erreicht, wenn es zu einem eingesetzten Ressourcenbündel kein anderes gibt, mit dem die gleichen Wettbewerbsvorteile erreicht werden können. Können Wettbewerber diese jedoch mit einem nachgebildeten, nicht geschützten Ressourcenbündel bewirken, liegt Substituierbarkeit vor (vgl. Barney 1991, 111).
- *Nicht-Transferierbarkeit*: Spiegelbildlich zur Nicht-Substituierbarkeit lässt eine Ressource den Wettbewerbsvorteil besonders nachhaltig sein, wenn sie nicht die Möglichkeit bietet, über den Faktormarkt akquiriert zu werden (Transferierbarkeit). Ansonsten ist der Vorteil nur temporär (vgl. Strietzel 2005, 149).
- *Nicht-Abnutzung*: Sie stellt an sich keine hinreichende Begründung für einen nachhaltigen Wettbewerbsvorteil dar, hat aber in zunehmendem Maße einen verstärkenden Einfluss auf die anderen Charakteristika (vgl. Bamberger/Wrona 1996, 135; Grant 1991, 124-125). Je geringer die Abnutzungserscheinung ist, desto nachhaltiger ist der sich auf diese Ressource gründende Wettbewerbsvorteil.

Die Erfüllung der dargestellten Nachhaltigkeitsattribute hat in die wissenschaftliche Diskussion unter dem Begriff Kernkompetenzen (seltener: Kernressourcen) Einzug gefunden (vgl. Krüger/Homp 1997, 25-29; Hamel 1994). Nach RÜHLI (1995, 96-97) ist es grundsätzlich möglich, dass alle materiellen und immateriellen Ressourcen Kernkompetenzen darstellen können oder sich zu ihnen entwickeln lassen. In der Tat herrscht keine terminologische Einigkeit, da von *„Kernkompetenzen“* (*„core competencies“*) (Collis 1991, 51; Hamel 1991,

83-84; Prahalad/Hamel 1991), „*Kernfähigkeiten*" („*core capabilities*") (Leonard-Barton 1992) „*kritischen Ressourcen*" („*critical resources*") (Wernerfelt 1989), „*strategischen Fähigkeiten*" („*strategic capabilities*") (Lenz 1980), „*distinktiven Kompetenzen*" („*corporate distinctive competences*") (Hitt/Ireland 1986, 401-402) oder „*Metafähigkeiten*" („*metaskills*") (Rühli 1994, 45) gesprochen wird.

Zusammenfassend kann festgehalten werden, dass der Ressourcenansatz eine Heterogenität der Unternehmen unterstellt. Durch seine spezifische Ausstattung mit materiellen und immateriellen Kernkompetenzen/-ressourcen kann sich ein Unternehmen Wettbewerbsvorteile erarbeiten und damit entsprechende wirtschaftliche Erfolge erzielen.

4.2.1.3 Weiterentwicklung des Ansatzes durch die Knowledge-based Theory

Die zunehmende Wandlung von einer Industrie- zu einer Wissens- und Informationsgesellschaft führte zur Betonung des Wissens als zentrale Ressource eines Unternehmens (vgl. Haun 2002, 5-9) und zur spezifischen Vertiefung des Ressourcenansatzes in der „*knowledge-based view*" (KBV; vgl. grundlegend Grant 1996; Liebeskind 1996; Spender 1996; Spender/Grant 1996; Tsoukas 1996). Als Wissen wird die Gesamtheit der Kenntnisse und Fähigkeiten gesehen, die Personen zur Problemlösung einsetzen (vgl. North 2002, 33). Es lässt sich in explizites und implizites Wissen („*tacit knowledge*") differenzieren (vgl. z.B. Grant 1996, 110-111).

Im Sinne des Ressourcenansatzes können Wissen, Fähigkeiten und Kenntnisse eine wesentliche Basis für Wettbewerbsvorteile darstellen, da sie die Nachhaltigkeitsattribute besonders gut erfüllen können. Durch den Charakter der Ressource Wissen, ist dieses nur schwer über Märkte handelbar (vgl. Liebeskind 1996, 95-96). Da unternehmerisches Wissen typischerweise einen hohen Anteil implizites Wissen beinhaltet, ist es durch die notwendige Kodifizierung nur unter hohen Kosten kommunizier- und übertragbar (vgl. Spender 1996, 51-52). Der Wissenstransfer ist damit durch Komplexität und hohen Zeitaufwand geprägt. Da Wissen über den komplexen Prozess des organisationalen Lernens aufgebaut wird, ist es zudem nur schwer zu imitieren (vgl. z.B. Nelson 1991, 61-62; Prahalad/Hamel 1991, 66-68).

Ein Unternehmen stellt ein System verteilten Wissens dar, das zu einer spezifischen Kombination des internen Wissens führt (vgl. z.B. Tsoukas 1996, 15). Die KBV kommt dadurch zu dem Schluss, dass das Unternehmen eine wirtschaftlich vorteilhafte Organisationsform darstellt, die es ermöglicht, verteiltes Wissen zu identifizieren, zusammenzuführen und aufzubauen. Daher empfiehlt der Ansatz, eine lernfähige Organisation zu schaffen, die in der Lage ist, internes Wissen zu generieren und zu nutzen, um dadurch Wettbewerbsvorteile zu erzielen.

4.2.1.4 Weiterentwicklung des Ansatzes durch die Dynamic-Capability Theory

Eine weitere spezifische Vertiefung erfuhr der Ressourcenansatz durch die Auflösung der statisch geprägten Betrachtung und die Betonung dynamischer Komponenten im Konzept der „*Dynamic Capabilities*" (auch „*capabilities-based view*", CBV; vgl. Teece et al. 1997; später Eisenhardt/Martin 2000; in der deutschsprachigen Literatur auch „*fähigkeitenorientierter Ansatz*"; vgl. z.B. Müller-Stewens/Lechner 2005, 359). Die CBV erklärt Performanceunterschiede zwischen Unternehmen durch unternehmensinterne (Management- und Organisations-)Fähigkeiten, die durch die Ressourcenbasis, die technologischen Möglichkeiten und den historischen Entwicklungspfad des Unternehmens beeinflusst werden. Diese Fähigkeiten können in Unternehmen zwar vielfältig vorliegen, müssen zur Erlangung von Wettbewerbsvorteilen jedoch auch nutzbringend eingesetzt werden (vgl. Teece et al. 1997, 515). Die Beiträge dynamisieren diese Überlegungen, indem der Prozess der Akkumulation von Fähigkeiten explizit betrachtet wird. „*Dynamic*" fordert in diesem Zusammenhang, dass die Ressourcenbasis stets zeitnah an sich ändernde Umweltbedingungen angepasst werden muss. „*Capabilities*" unterstreichen jene Fähigkeiten des Managements, die notwendig sind, um die interne und externe Ressourcenbasis aufzubauen, anzupassen und in Einklang mit den Rahmenbedingungen zu bringen. Damit wird auch eine Verbindung zum marktorientierten Ansatz geknüpft, da die Abstimmung mit sich wandelnden Rahmenbedingungen – auch Branchen- und Wettbewerbsbedingungen – gefordert wird.

Die Theorie sieht das Unternehmen als System dynamischer Fähigkeiten zur Entwicklung, und Integration interner und externer Kompetenzen, um auf dynamische Umweltveränderungen zu reagieren (vgl. Teece et al. 1997, 516; Leonard-Barton 1992, 114). Ziel der Entscheidungsträger innerhalb des Unternehmens muss somit darin bestehen, langfristig die entscheidenden Fähigkeiten aufzubauen. Diese werden getragen von der individuellen Lernfähigkeit der Mitglieder des Unternehmens und des Unternehmens in Summe (vgl. zur individuellen Lernfähigkeit z.B. Cohen 1991; vgl. zum Konzept des „*organizational learning*" z.B. Miller 1996; Dodgson 1993). Durch dieses fortwährende individuelle und organisationale Lernen, kann der Entwicklungspfad des Unternehmens durch die Aktivitäten des Managements aktiv gestaltet werden. Dies kann dazu genutzt werden, durch spezifische Fähigkeiten Vorteile im Wettbewerb durch Hervorbringen neuer Produkte oder Märkte zu erzielen. Wettbewerbsvorteile ergeben sich damit nicht nur aus der Ressourcenbasis für sich genommen, sondern auch aus der Fähigkeit, mit den Ressourcen wertschaffend umzugehen.

4.2.1.5 Kritische Betrachtung

Die Ressourcentheorie und ihre Erweiterungen helfen über die vermeintlichen Mängel des marktorientierten Ansatzes hinweg, da durch sie eine stärkere Betonung der internen Unternehmensperspektive stattfindet. Gleichzeitig gereicht diese ihm auch zur Kritik, da nun wiederum eine Vernachlässigung der Marktseite bemängelt wird, die zu Fehleinschätzungen der Auswirkungen externer Bedingungen führen kann (vgl. Strietzel 2005, 182). Im Vergleich zur Industrieökonomie gestaltet sich der Ansatz jedoch als weniger deterministisch, da auch aus der Ressourcen- und Fähigkeitenkonstellation – und nicht nur durch das Branchenumfeld – Wettbewerbsvorteile erlangt werden können. Er bietet dem strategischen Management mehr Gestaltungsspielraum in der aktiven Beeinflussung des Wettbewerbsumfelds durch Aufbau und Nutzung von Kernkompetenzen. Die Annahme der Heterogenität der Ressourcenausstattung ist zudem ungleich realistischer im Vergleich zu Industrieökonomik (vgl. Wernerfelt 1995, 172; Mahoney/Pandian 1992, 374).

Trotz dieses beachtlichen Werts führt die aus der Vielseitigkeit der Forschungsströme hervorgegangene Uneinheitlichkeit der Terminologien (vgl. z.B. Diskussion der Kernkompetenzen) zur Kritik (vgl. Rasche/Wolfrum 1994, 511). Zentrale Begriffe werden kaum klar voneinander abgegrenzt und nicht einheitlich verwendet. Tiefgreifendere Mankos werden in der mangelnden Operationalisierung gesehen. Der Ansatz gibt keine greifbaren Antworten, welche der zahlreichen Ressourcen und Fähigkeiten vertieft, künftig aufgebaut und strategisch relevant sein sollen. Die skizzierten Nachhaltigkeitsattribute setzen erste Anhaltspunkte, bleiben jedoch zu abstrakt, so dass dem strategischen Management eindeutige Zielkriterien und -vorgaben zur Auswahl und Aufbau von Kernkompetenzen letztlich fehlen (vgl. Reichmann/Neukirchen 1998, 342).

4.2.2 Strategische Implikationen und Aussagekraft in Bezug auf die Forschungsfrage

Die aus dem Ressourcenansatz ableitbaren Aufgaben für das strategische Management liegen auf der Hand (vgl. Krüger/Homp 1997, 92-99):

- Bewertung der vorhandenen Ressourcenbasis im Vergleich zum Wettbewerb und Aufdeckung wettbewerbsrelevanter Ressourcen;
- Ableitung einer ressourcenkongruenten Unternehmensstrategie;
- Umsetzung der Strategie und Nutzung, Aufbau und Weiterentwicklung der Ressourcenbasis.

Die in der vorliegenden Arbeit aufgeworfene Frage nach der Wahl des Entwicklungsweges wird insbesondere im dritten Aufgabenpunkt reflektiert. Entscheidungen sind aus Sicht des Ansatzes nach der Maßgabe zu fällen, ob das Unternehmen die erforderlichen Ressourcen und Fähigkeiten besitzt oder erlangen kann, um seine Strategie wertschaffend durchzusetzen (vgl. dazu zusammenfassend *Abb. 30*).

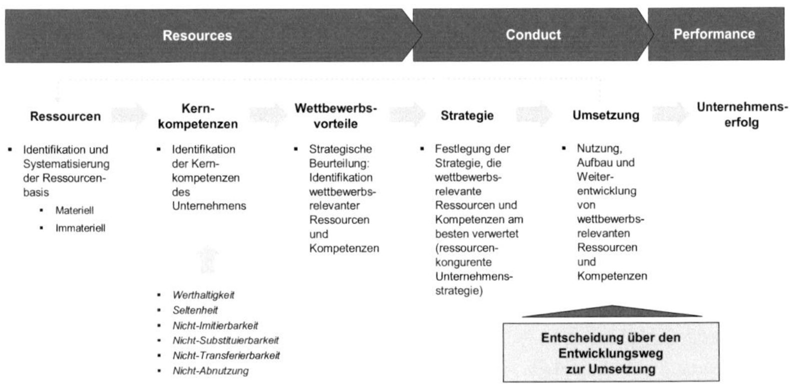

Abb. 30 Zusammenfassung: Kerninhalte des ressourcenorientierten Ansatzes

Quelle: Eigene Darstellung

Die wesentliche Verbindung zwischen der Ressourcentheorie und der Bestimmung des Entwicklungsweges ist demnach, dass Interne Entwicklung, Akquisitionen und Kooperationen alternative Zugangswege zu Ressourcen und Kompetenzen darstellen. Der optimale Einsatz der bestehenden Ressourcen und Kenntnisse, die Möglichkeit der Erweiterung der eigenen Ressourcen- und Kenntnisbasis und gegebenenfalls der Zugriff auf komplementäre Ressourcen stellen in diesem Sinne entscheidende Einflussfaktoren auf den optimalen Entwicklungsweg dar. Die *Abb. 31 – Abb. 34* veranschaulichen umfassend, wie das ressourcenorientierte Gedankengut in empirischen Untersuchungen zur Entscheidung über den Entwicklungsweg genutzt wurde und welche Ergebnisse und Handlungsempfehlungen daraus resultierten.

Nutzung eigener Ressourcen und Kenntnisse

Dem Aufbau nachhaltiger Wettbewerbsvorteile aus eigener Kraft (interne Entwicklung) wird zunächst durch den geschilderten Prozess der Ressourcenakkumulation eine herausragende Stellung beigemessen (vgl. z.B. Markides/Williamson 1994, 152). Ist das benötigte Wissen im

Unternehmen existent, wird Internalisierung bevorzugt, da die Anwendung des Wissens dann relativ geringe Kosten verursacht (vgl. Morschett 2006, 17). Fehlen wichtige Teile des Wissens, bieten Verbindungen mit anderen Unternehmen (Akquisition, Kooperation) im Lichte der Ressourcentheorie die Möglichkeit, über externe Transaktionen oder kooperative Verbindungen, sonst nicht zugängliche Ressourcen zu transferieren oder zu entwickeln (vgl. z.B. Wernerfelt 1984, 175). Unternehmen werden diese externen Lösungen als umso attraktiver empfinden, je essenzieller spezifische Ressourcen und Kompetenzen für die erfolgreiche Umsetzung der Strategie sind und je schwieriger es sich gestaltet, diese im Rahmen der internen Entwicklung aufzubauen, nachzuahmen oder durch vorhandene Fähigkeiten zu substituieren.

Unternehmensverbindungen und die Sichtweise der Competitive Collaboration

Öffnet sich ein Unternehmen der Verbindung mit anderen Unternehmen, verfolgt es die Chance die von der Unternehmensführung identifizierten Kernkompetenzen durch *„externe Hilfe"* zu erlangen und zu stärken. Speziell im Falle der Kooperation setzt es sich jedoch auch dem Risiko aus, in seiner Wettbewerbsfähigkeit empfindlich geschwächt zu werden. Dieses kann sich durch einen ungewollten Know-how Abfluss manifestieren. Die Vertreter der *„Competitive Collaboration"* widmen sich dieser Problematik (vgl. Hamel 1991; ferner Doz 1992). Sie kommen zu dem Schluss, dass die Herausforderung der Unternehmensführung darin liegt, einerseits genügend Ressourcen und Kompetenzen in eine kooperative Verbindung zu investieren, um Wettbewerbsvorteile gegenüber außenstehenden Konkurrenten aufzubauen. Andererseits muss das strategische Management eine Diffusion seiner eigener Kernkompetenzen möglichst weitgehend verhindern, beispielsweise durch Schutzmechanismen wie Patente oder Nutzungsvorschriften (vgl. Hamel et al. 1989, 135-136; Harrigan 1986, 147-152) und eine *„kompetitive"* Verbindung verfolgen, indem es seinerseits die Kooperation zur Aneignung der Ressourcen und Fähigkeiten des Partners durch Lernprozesse verfolgt.

Kooperationen werden diesen Ansichten folgend als Übergangslösung auf dem Weg zum eigenständigen wettbewerbsfähigen Anbieter gesehen. (vgl. auch die Argumentation von Bausch 2003, 122-127). Als erster Schritt einer späteren Akquisition oder gestärkten Internen Entwicklung besitzt der Entwicklungsweg der Kooperation den Vorteil der höheren Flexibilität und Reversibilität (vgl. dazu auch die Ausführungen zu Realoptionstheorie in *Kapitel 4.4*) und der Abschwächung der Bewertungsproblematik, die durch Unkenntnis der genauen Ressourcenausstattung des Partners auftritt. Die Wahl des kooperativen Weges bietet die Chance der tiefergehenden Einblicke in Geschäftsprozesse und Ressourcenausstattungen des Partners und damit fortwährende Aufschlüsse über den Wert hinzugewonnener Ressourcen und Fähigkeiten. Zusammenfassend wird das Ausmaß, mit dem Unternehmen durch Kooperation eine Aneignung externer Kernkompetenzen vorantreiben, am höchsten eingestuft, wenn Unternehmen ihre Wettbewerbsfähigkeit entscheidend von ihrer Ressourcenausstattung und ihren Kompetenzen beeinflusst sehen und ihre Lücken bewusst durch eigene Lernkapazitäten in kooperativen Engagements schließen wollen (vgl. Hamel 1991, 87).

Fazit

Zusammenfassend lassen sich folgende zentrale Punkte für die weitere Betrachtung festhalten (vgl. dazu auch Übersicht bei Bausch 2003, 174-176):

- *Analysegegenstand und -ziel*: Die Ressourcentheorie verbindet die spezifische Ausstattung des Unternehmens mit Ressourcen und Kompetenzen, strategisches Verhalten und unternehmerischen Erfolg und stellt dadurch Erfolgsgesetzmäßigkeiten auf.
- *Allgemeine Implikationen*: Durch Identifikation, Aufbau, Erwerb, Entwicklung und Schutz von Kernkompetenzen und die dazu kongruente Strategieumsetzung streben Unternehmen nach der Erreichung nachhaltiger Wettbewerbsvorteile und übernormaler Renditen.
- *Forschungsspezifische Implikationen*: Entwicklungswege sind als Alternativen des strategischen Verhaltens und als Zugangswege zu sehen, mit denen Ressourcen/Kompetenzen (intern) aufgebaut und entwickelt, beziehungsweise (extern) erworben, transferiert oder gemeinschaftlich gestaltet werden können. Die Entscheidung ist so zu treffen, dass die Alternative aus Sicht der Ressourcen- und Kompetenzausstattung und des Zugangs zu benötigten Kernkompetenzen den größten Erfolg erwarten lässt.

Autor(en)	Jahr	Unternehmerischer Hintergrund	Kontextfaktor	Untersuchte Variablen bzw. Proxies	Entscheidungsempfehlung: Int. Entwicklung	Entscheidungsempfehlung: Allianzen	Entscheidungsempfehlung: M&A	Erläuterung/Argumentation
Interne Kontextfaktoren: Erfahrung								
Luo	2001	*Markteintritt, Internationalisierung*	Markterfahrung	Anzahl Investitions-Projekte im Markt, Dauer der Marktpräsenz	Hohe Markterfahrung	–	Hohe Markterfahrung	–
Makino/ Neupert	2000	*Markteintritt, Internationalisierung*	Markterfahrung	–	Hohe Markterfahrung	–	Hohe Markterfahrung	–
Roberts/Berry	1985	*Marktexpansion, Diversifikation*	Marktvertrautheit	Qualitativer Test	Hohe Vertrautheit	Geringe Vertrautheit (bzw. Vertrautheit in Techn.-Dimension)	Hohe Vertrautheit	–
Roberts/Berry	1985	*Marktexpansion, Diversifikation*	Wissensschatz über Markt	Qualitativer Test	Hoher Wissensschatz	Wenig Wissen (bzw. Wissen in Techn.-Dimension)	Hoher Wissensschatz	–
Singh/Kogut	1989	*Markteintritt, Internationalisierung*	Internationale Erfahrung	Anzahl der Länder mit Marktpräsenz	Hoher Erfahrungsschatz	–	Hoher Erfahrungsschatz	- Höhere Effizienz und größeres Vertrauen durch internationale Erfahrung führt zu höherem Investment und Bindung
Brouthers/ Hennart	2007	*Markteintritt, Internationalisierung*	Interne Unsicherheit: Markterfahrung	–	Höherer Erfahrungsschatz	Wenig Erfahrung	Höherer Erfahrungsschatz	–
Chan/Hwang	1992	*Markteintritt, Internationalisierung*	Distanz zum Zielmarkt (Markterfahrung)	Vorherige Erfahrung mit Zielmarkt, (wahrgenommene) Unterschiede zwischen momentanem und Zielmarkt (Kultur, politisches System, wirtschaftliche Bedingungen)	–	Hohe Distanz zum Zielmarkt	–	- Begrenzung des Ressourcen-Commitments
Hill/Hwang/ Kim	1992	*Markteintritt, Internationalisierung*	Kulturelle Distanz	–	Hohe Distanz	–	Hohe Distanz	- Risikominderung bei hoher Unsicherheit durch geringen Ressourceneinsatz (Commitment)
Agrarwal/ Ramaswami	1992	*Markteintritt, Internationalisierung*	Firmengröße, Internationale Erfahrung	Umsatzvolumen, Umsatz aus internationalem Geschäft, Erfahrungskennzahl	Größere Firmen mit mehr internationaler Erfahrung	Kleinere Firmen mit weniger internationaler Erfahrung	Größere Firmen mit mehr internationaler Erfahrung	Allianz: - Reduzierung von Unsicherheit - Zugang zu komplementären Ressourcen - Kosten- und Risikoteilung
Anderson/ Gatignon	1987	*Markteintritt, Internationalisierung*	Interne Unsicherheit: Internationale Erfahrung	–	Hoher Erfahrungsschatz	–	Hoher Erfahrungsschatz	- Höhere Effizienz und größeres Vertrauen durch internationale Erfahrung führt zu höherem Investment und Bindung
Roberts/Berry	1985	*Marktexpansion, Diversifikation*	Technologievertrautheit	Qualitativer Test	Hohe Vertrautheit	Geringe Vertrautheit (bzw. Vertrautheit in Marktdimension)	Hohe Vertrautheit	–
Andersson/ Svensson	1994	*Markteintritt, Internationalisierung*	Internationale Erfahrung	–	Hoher Erfahrungsschatz	***nicht untersucht***	–	- Nutzen der Erfahrungsschatzes um größere Risiken abzumildern

Abb. 31 Empirische Untersuchungen – Interne Kontextfaktoren (1/4)

Quelle: Eigene Zusammenstellung

Autor(en)	Jahr	Unternehmerischer Hintergrund	Kontextfaktor	Untersuchte Variablen bzw. Proxies	Entscheidungsempfehlung			Erläuterung/Argumentation
					Int. Entwicklung	Allianzen	M&A	
Brouthers/ Brouthers	2000	*Markteintritt, Internationalisierung*	Markterfahrung	Exportrate	Hohe Markterfahrung	*nicht untersucht*	–	- Kulturelle Nähe erhöht Management-Effektivität und mindert (empfundenes) Marktrisiko
Hennart/Park	1993	*Markteintritt, Internationalisierung*	Markterfahrung	Anzahl der Jahre mit Marktpräsenz	–	*nicht untersucht*	Geringere Markterfahrung	- Akquisition von komplementärem Know-how
Brouthers/ Brouthers	2000	*Markteintritt, Internationalisierung*	Kulturelle Distanz, Marktrisiko	Kogut/Singh-Kennzahl	Geringe kulturelle Distanz	*nicht untersucht*	–	- Kulturelle Nähe erhöht Management-Effektivität und mindert (empfundenes) Marktrisiko
Hennart/Park	1993	*Markteintritt, Internationalisierung*	Produkt-/Technologie-erfahrung (Diversifikationsgrad)	Herfindahl-Hirschman-Index	–	*nicht untersucht*	Geringere Produkt-/Technologie-erfahrung	- Akquisition von komplementärem Know-how
Hennart/ Reddy	1997	*Markteintritt, Internationalisierung*	Markterfahrung	Anzahl der Jahre mit Marktpräsenz	*nicht untersucht*	–	Hohe Markterfahrung	- Minderung des Bewertungsrisikos bei Akquisitionen
Hennart	1991	*Markteintritt, Internationalisierung*	Markterfahrung	Anzahl der Jahre mit Marktpräsenz	*nicht untersucht*	–	Hohe Markterfahrung	- Geringere Abhängigkeit von komplementären Partnern bei höherem Erfahrungsschatz
Claver/Quer	2005	*Markteintritt, Internationalisierung*	Markterfahrung	Anzahl der Jahre mit Marktpräsenz, Höhe der Investitionen	*nicht untersucht*	–	Hohe Markterfahrung	- Geringere Abhängigkeit von komplementären Partnern bei höherem Erfahrungsschatz
Duarte/ García-Canal	2004	*Markteintritt, Internationalisierung*	Kulturelle Distanz => Markterfahrung	–	*nicht untersucht*	Wenig Markterfahrung	–	- Minderung der Gefahr der Informationsasymmetrie in der Bewertung von Akquisitionsobjekten und "Adverse selection"
Duarte/ García-Canal	2004	*Markteintritt, Internationalisierung*	Unterschied zwischen bestehendem Markt und Zielmarkt => Markterfahrung	–	*nicht untersucht*	Hohe Unterschiede	–	- Minderung der Gefahr der Informationsasymmetrie in der Bewertung von Akquisitionsobjekten und "Adverse selection"
Moon	1999	*Markteintritt, Internationalisierung*	Erfahrung (Markt/Produkt)	–	*nicht untersucht*	–	Hohe Markterfahrung	–
Yiu/Makino	2002	*Markteintritt, Internationalisierung*	Markterfahrung	Anzahl der Jahre mit Marktpräsenz	*nicht untersucht*	–	Hohe Markterfahrung	- Geringere Abhängigkeit von komplementären Partnern bei höherem Erfahrungsschatz
Morschett	2006	*Markteintritt, Internationalisierung*	Markterfahrung	–	Hohe Markterfahrung	–	*nicht untersucht*	–

Abb. 32 Empirische Untersuchungen – Interne Kontextfaktoren (2/4)

Quelle: Eigene Zusammenstellung

Autor(en)	Jahr	Unternehmerischer Hintergrund	Kontextfaktor	Untersuchte Variablen bzw. Proxies	Entscheidungsempfehlung			Erläuterung/Argumentation
					Int. Entwicklung	Allianzen	M&A	
Interne Kontextfaktoren: Ressourcenbedarf								
Lu	2002	*Markteintritt, Internationalisierung*	Bedarf an komplementären Assets	Ressourcenintensität	–	Hoher Bedarf komplementärer Assets	–	–
Makino/ Neupert	2000	*Markteintritt, Internationalisierung*	Bedarf an komplementären Assets	–	–	Hoher Bedarf komplementärer Assets	–	–
Hennart	1991	*Markteintritt, Internationalisierung*	Bedarf an komplementären Assets	Ressourcenintensität der Branche	*nicht untersucht*	Hoher Bedarf komplementärer Assets	–	- Akquisition würde den Kauf und Integrationsbedarf "unnötiger" Assets nach sich ziehen
Dyer/Kale/ Singh	2004	*Marktexpansion, Diversifikation*	Redundante Ressourcen	–	*nicht untersucht*	Geringer Anteil redundanter Ressourcen	Hoher Anteil redundanter Ressourcen	- Hoher Kontrollgrad zur Nutzung redundanter Ressourcen für Skaleneffekte oder Kostensynergien
Interne Kontextfaktoren: Bezug zum Kerngeschäft								
Hagedoorn/ Duysters	2002	*Marktexpansion, Diversifikation*	Beziehung zum Kerngeschäft	SIC Code	*nicht untersucht*	–	Hohe Nähe zum Kerngeschäft	- Hoher Kontrollgrad über Ressourcen/Fähigkeiten, die eine enge Verbindung zum Kerngeschäft haben
Hennart/ Reddy	1997	*Markteintritt, Internationalisierung*	Verwandtschaftsgrad der Industrie	–	*nicht untersucht*	–	Hoher Verwandtschaftsgrad / gleiche Branche	- Minderung des Bewertungsrisikos bei Akquisitionen
Amit/Livnat/ Zarowin	1989	*Diversifikation*	Diversifikationsgrad des Unternehmens	Anzahl SIC Branchen, Berry-Herfindahl-Index	Geringer Diversifikationsgrad	*nicht untersucht*	–	–
Zejan	1990	*Markteintritt, Internationalisierung*	Diversifikationsgrad des Unternehmens	Umsatzanteil in verschiedenen Branchen	Geringer Diversifikationsgrad	*nicht untersucht*	–	–
Andersson, Svensson	1994	*Markteintritt, Internationalisierung*	Diversifikationsgrad	–	–	*nicht untersucht*	Hoher Diversifikationsgrad	- Hoher Diversifikationsgrad deutet auf weniger intl. Erfahrungsschatz "pro Einheit" hin
Interne Kontextfaktoren: Kenntnisse & Fähigkeiten								
Chen, Hennart	2002	*Markteintritt, Internationalisierung*	Konkurrenzfähige Kenntnisse/Fähigkeiten	F&E-Fähigkeiten, Branchenkenntnisse	Starke Fähigkeiten	–	Starke Fähigkeiten	–
Hennart/Park	1993	*Markteintritt, Internationalisierung*	Ausstattung mit Humanressourcen	–	–	*nicht untersucht*	Geringe Ausstattung an Humanressourcen	- Einschräkun der internen Entwicklung durch Mangel an Humanressourcen
Andersson, Svensson	1994	*Markteintritt, Internationalisierung*	Technologische Fähigkeiten	–	(Relativ) hohe technologische Fähigkeiten	*nicht untersucht*	–	- Nutzen der Fähigkeit, in eigene F&E (erfolgreich) zu investieren

Abb. 33 Empirische Untersuchungen – Interne Kontextfaktoren (3/4)

Quelle: Eigene Zusammenstellung

Autor(en)	Jahr	Unternehmerischer Hintergrund	Kontextfaktor	Untersuchte Variablen bzw. Proxies	Entscheidungsempfehlung			Erläuterung/Argumentation
					Int. Entwicklung	Allianzen	M&A	
Barkema/ Vermeulen	1998	*Markteintritt, Internationalisierung*	Multinationale Diversität, Technologische Fähigkeiten	SBI-Code	Hohe multinationale Diversität	*nicht untersucht*	–	- Nutzung des hohen Erfahrungsschatzes und (potenziell) überlegener Technologie
Andersson, Svensson	1994	*Markteintritt, Internationalisierung*	Organisatorische Fähigkeiten, Management-Fähigkeiten	–	–	*nicht untersucht*	(Relativ) hohe organisatorische Fähigkeiten	Nutzen der Fähigkeit, existierendes Wissen (erfolgreich) zu nutzen und zu integrieren
Roberts/Berry	1985	*Marktexpansion, Diversifikation*	Wissensschatz über Technologie, Produkt, Service	Qualitativer Test	Hoher Wissensschatz	Wenig Wissen (bzw. Wissen in Marktdimension)	Hoher Wissensschatz	–
Interne Kontextfaktoren: Erfahrung mit Entwicklungsweg								
Lu	2002	*Markteintritt, Internationalisierung*	Erfahrung mit Entwicklungsweg	Anzahl Int. Entwicklung/Gesamtanzahl Investitionen	Hohe Erfahrung mit Int. Entwicklung	Hohe Erfahrung mit Allianzen	Hohe Erfahrung mit M&A	- Risikominderung durch Erfahrung
Duarte/ Garcia-Canal	2004	*Markteintritt, Internationalisierung*	Erfahrung mit Entwicklungsweg	Höhe des Foreign Direct Investments (FDI) in verschiedene Entwicklungswege	*nicht untersucht*	–	Hoher Erfahrungsschatz mit Akquisitionen	–
Hagedoorn/ Duysters	2002	*Marktexpansion, Diversifikation*	Erfahrung mit Entwicklungsweg	Anzahl M&A/Allianzen vs Gesamtanzahl M&A/Allianzen der Branche	*nicht untersucht*	Hoher Erfahrungsschatz mit Allianzen	Hoher Erfahrungsschatz mit Akquisitionen	–
Pangarkar	2000	*Marktexpansion, Diversifikation*	Erfahrung mit Entwicklungsweg	Anzahl durchgeführter Transaktionen	*nicht untersucht*	Hohe Erfahrung mit Allianzen	Hohe Erfahrung mit M&A	- Risikominderung durch Erfahrung
Moatti	2007	*Marktexpansion, Diversifikation*	Erfahrung mit Entwicklungsweg	Anzahl durchgeführter Transaktionen	*nicht untersucht*	Hohe Erfahrung mit Allianzen	Hohe Erfahrung mit M&A	- Risikominderung durch Erfahrung
Amit/Livnat/Zarowin	1989	*Diversifikation*	Erfahrung mit Entwicklungsweg: M&A	Höhe der Kapitalinvestitionen	Wenig Erfahrungsschatz	*nicht untersucht*	Hoher Erfahrungsschatz	–
Warner	2003	*Diversifikation*	Erfahrung mit Entwicklungsweg	Anzahl durchgeführter Transaktionen, Anzahl Patente, F&E-Ausgaben	Hohe Erfahrung mit Int. Entwicklung	*nicht untersucht*	Hohe Erfahrung mit M&A	- Risikominderung durch Erfahrung
Zejan	1990	*Markteintritt, Internationalisierung*	Erfahrung mit Entwicklungsweg	Anzahl der Jahre mit Marktpräsenz	Hohe Erfahrung mit Int. Entwicklung	*nicht untersucht*	Hohe Erfahrung mit M&A	- Risikominderung durch Erfahrung
Amit/Livnat/ Zarowin	1989	*Diversifikation*	Erfahrung mit Entwicklungsweg: Int. Entwicklung	Höhe der Kapitalinvestitionen	Hoher Erfahrungsschatz	*nicht untersucht*	Wenig Erfahrungsschatz	–

Abb. 34 Empirische Untersuchungen – Interne Kontextfaktoren (4/4)

Quelle: Eigene Zusammenstellung

4.3 Transaktionskostenansatz

4.3.1 Grundlagen, Annahmen & Analysegegenstand

Der Transaktionskostenansatz ist Bestandteil der Neuen Institutionenökonomik, der unter anderem auch der Property-Rights- und der Principal-Agent-Ansatz zugeordnet werden können (vgl. zur Systematisierung und detaillierten Darstellung der Neuen Institutionenökonomik z.B. Erlei et al. 1999, 42-44). Grundsätzliche Zielsetzung dieser Forschungsströmung ist die Analyse und Erklärung wie Institutionen in Wirtschaft, Recht und Politik funktionieren. Für diese Arbeit ist besonders die Betrachtung institutioneller Regelungen für die Steuerung und Koordination des Austausches ökonomischer Leistungen und die Untersuchung ihrer Effizienz relevant (vgl. Ebers/Gotsch 2006, 277). Als Institutionen sind Koordinationsformen arbeitsteiliger wirtschaftlicher Aktivitäten interpretierbar (vgl. Hungenberg 1995, 28). Damit können Unternehmen ebenso wie Märkte und andere ökonomische Organisationsformen als Institutionen betrachtet werden.

4.3.1.1 Organisations-/Koordinationsformen

Überlegungen zur Koordination rückten durch die Auflösung der neoklassischen Modellwelt in den Fokus. Unter ihren Annahmen – vollkommene Informationen, perfekte Rationalität und vollständige Verträge (vgl. z.B. Richter 1991, 400) – verursacht die Koordination ökonomischer Aktivitäten keine Kosten. Die *Art* der Koordination wirtschaftlicher Leistungsbeziehungen wäre daher unter ökonomischen Gesichtspunkten irrelevant (vgl. Kaas/Fischer 1993, 686). Es ist jedoch bereits COASE (vgl. 1937), der Marktunvollkommenheiten, aus denen Kosten der Koordination resultieren, in die Betrachtung einführt. Grundlage der Beiträge ist die Überlegung, dass in Unternehmen ähnliche Koordinationsvorgänge wie auf Märkten stattfinden: in Unternehmen durch hierarchische Anweisungsmechanismen, auf Märkten durch marktimmanente Preismechanismen. COASE kommt zu dem Schluss, dass mit der Inanspruchnahme der Institution des Marktes bestimmte Kosten (Transaktions- bzw. Koordinationskosten) für das Unternehmen verbunden sind. Diese versucht es durch interne Abwicklung einzusparen (vgl. 1937, 336). Werden wirtschaftliche Aktivitäten innerhalb des Unternehmens koordiniert, können durch Wegfall der Koordinationskosten Effizienzgewinne realisiert werden. Trotz dieser Überlegenheit unternehmensinterner Koordination bestehen dennoch Märkte, da im Gegenzug auch interne Koordinationskosten etwa durch zunehmende Komplexität, wachsende Gefahr von Ressourcenfehlallokationen oder Motivationsverluste der Mitarbeiter auftreten (vgl. Coase 1937, 340). Infolgedessen wird ein Unternehmen solange zusätzlich Aktivitäten intern koordinieren, wie die damit verbundenen Kosten immer noch unterhalb der Kosten der Marktnutzung liegen.

COASE' Erkenntnisse werden später weiterverfolgt und in erster Linie von WILLIAMSON in Bezug auf Transaktionskosten ausgebaut (vgl. u.a. 1991; 1986; 1985; 1979; 1975). Der Transaktionskostenansatz hat auf dieser Basis das Ziel herauszustellen, welche Koordinationsform hinsichtlich des Effizienzkriteriums der Transaktionskosten für eine Transaktion die vorteilhafteste ist.

Der Ansatz unterscheidet zwei institutionelle Extremformen (vgl. im Überblick): die Koordination über den *Markt* (klassische Verträge) und die *Hierarchie* (vertikale Integration) (vgl. Williamson 1971, 112-114). Erstere liegt vor, wenn Leistungen extern erstellt und fremdbezogen werden. Die Koordination der Aktivitäten zwischen den Transaktionspartnern findet dann über den Marktmechanismus, ergo den Marktpreis, statt. Dies bietet im Vergleich zur Hierarchie bessere Anreizeigenschaften. Märkte können prinzipiell als wirksame Koordinationsmechanismen gelten, da annahmegemäß über den Preis alle relevanten Informationen zur Koordination von Transaktionen vorliegen (vgl. Williamson 1971, 113).

Zunehmende Informationsprobleme können die Wirksamkeit des Preismechanismus als Steuerungs- und Informationsinstrument zum Erliegen bringen (vgl. Williamson 1971, 114-122). In diesem Fall bietet die zweite Organisationsform, die Abwicklung über hierarchische Beziehungen (Autorität, Weisungen), komparative Vorteile. Koordination über Hierarchie liegt dann vor, wenn Leistungen vollständig unternehmensintern erbracht werden. Dies bietet insbesondere den Vorteil ausgeprägterer Kontroll- und Sanktionsmöglichkeiten zur Einschränkung der Freiräume für opportunistisches Verhalten (vgl. Williamson 1971, 113-114).

Jüngere Betrachtungen der Transaktionskostenthematik lösen die Dichotomie zwischen Markt und Hierarchie auf (vgl. maßgeblich Williamson 1991; Richardson 1972, 887). Zwischen den beiden Extremformen existiert ein fließender Übergang zahlreicher kooperativer Formen (hybride Koordinationsformen) wie Joint Ventures, Franchisingsystemen, Lizenzvergaben oder langfristigen Abnahme- und Lieferverträgen (vgl. Sydow 1992, 103-104; sowie zu diesem Kontinuum *Abb. 35*, rechte Seite). Sie zeichnen sich durch längerfristige Beziehungen zur Vermeidung von Unsicherheiten und Opportunismus einerseits, und die Wahrung wirtschaftlicher Selbständigkeit andererseits, aus.

Der Ansatz tangiert damit die in dieser Arbeit diskutierten Entwicklungswege maßgeblich. Durch Gegenüberstellung der Kosten für die Nutzung muss die vorteilhafte Organisationsform identifiziert und die Frage beantworten werden, warum gewisse Aktivitäten außerhalb des Unternehmen abgewickelt werden oder durch das Unternehmen selbst verwirklicht werden sollten (vgl. Ebers/Gotsch 2006, 277 u. 294-295; Picot 1982, 267).

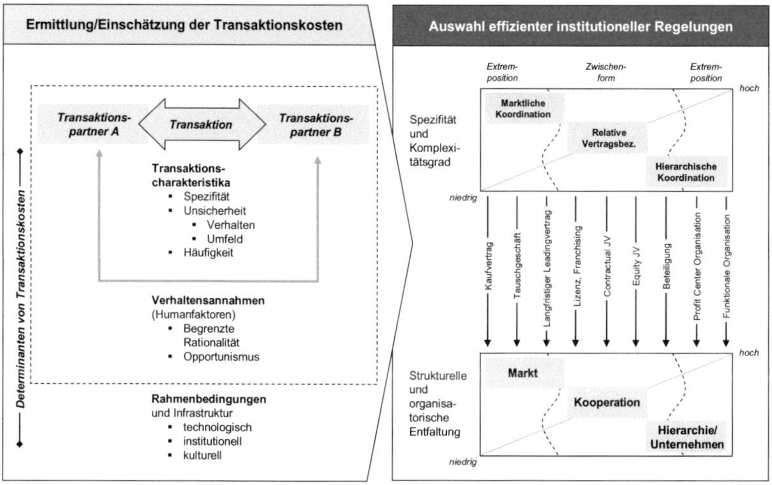

Abb. 35 Überblick: Transaktionkostendeterminanten und alternative Organisations- bzw. Koordinationsformen

Quelle: Eigene Darstellung

4.3.1.2 Transaktionen und Transaktionskosten

Auf dem Weg zur Untersuchung der Kosten ist die einzelne Transaktion zwischen Wirtschaftssubjekten als zentrale Analyseeinheit der Theorie anzusehen. Eine eindeutige, allgemein akzeptierte Definition für Transaktionen liegt in der Literatur zwar nicht vor (für einen Überblick über einige Definitionen vgl. z.B. Michaelis 1985, 78-80; Coase 1937, 390; Ursprünge bei Commons 1931), doch findet die Definition von WILLIAMSON die größte Beachtung, wonach eine Transaktion dann stattfindet, wenn Güter oder eine Leistungen über technisch trennbare Schnittstellen hinweg übertragen werden (vgl. 1990, 1).

Die aus der Transaktion entstehenden Kosten sind sehr allgemein gefasst die Betriebskosten eines Wirtschaftssystems (vgl. Arrow 1969, 48). Etwas präziser sind es jene Kosten, die vor, während und nach dem Transaktionsprozess durch Marktbenutzung und Hierarchie- und Bürokratiekosten entstehen (vgl. Williamson 1985, 20-22). Dementsprechend können die Transaktionskosten den Aktivitäten des Transaktionsprozesses zugeordnet werden (vgl. z.B. Picot 1982, 270): *Anbahnung* (Informationssuche und -verarbeitung hinsichtlich potenzieller Transaktionspartner und deren Konditionen), *Vereinbarung* (Verhandlung, Entscheidung und Vertragsausarbeitung), *Abwicklung* (Umsetzung, Management und Prozesssteuerung), *Kon-*

trolle (Sicherstellung der Einhaltung von Vereinbarungen und gegebenenfalls Sanktionierung) und *Anpassung* (Spezifizierung ungenauer Vereinbarungen an veränderte Umweltbedingungen). Damit sind ex-ante und ex-post verursachte Transaktionskosten gleichzeitig in das ökonomische Kalkül einzubeziehen.

Determinanten von Transaktionskosten

Soll ein systematischer Vergleich der Transaktionskosten verschiedener Organisationsformen vorgenommen werden, setzt dies die Kenntnis ihrer zugrundeliegenden Bestimmungsfaktoren voraus. WILLIAMSON bildet dazu drei Gruppen von Determinanten (vgl. 1990, 49-69; in Anlehnung an „*Organizational Failures Framework*" vgl. Williamson 1975, 40): *Verhaltensannahmen der Transaktionspartner*, *Eigenschaften der Transaktion* und *Rahmenbedingungen* (vgl. im Überblick *Abb. 35*, linke Seite).

Als ersten Punkt bilden die grundsätzlichen Verhaltensannahmen der *begrenzten Rationalität* und des *Opportunismus* die Basis transaktionskostentheoretischer Betrachtungen. Zwar kann dem Handeln von Wirtschaftssubjekten die Intention rationalen Verhaltens unterstellt werden, jedoch müssen persönlich-kognitive Einschränkung in der Fähigkeit alle theoretisch verfügbaren Informationen zu erhalten, zu verarbeiten, zu speichern und in Entscheidungen zu berücksichtigen, hingenommen werden (vgl. Williamson 1975, 21; Simon 1957, 197-198). Das individuelle Verhalten ist in diesem Sinne begrenzt rational, da unter diesen Umständen keine vollständigen Verträge geschlossen werden können, die alle Eventualitäten berücksichtigen (vgl. zur „*bounded rationality*" Erlei et al. 1999, 178-180; March/Simon 1993, 157-163). Mit wachsender Anzahl der Einflussfaktoren einer Transaktionsentscheidung erhöhen sich die Komplexität und damit auch die Wahrscheinlichkeit suboptimaler Entscheidungen.

Zum anderen warnt der Ansatz vor *Opportunismus*. Dieser beinhaltet ein Verhalten zur individuellen Nutzenmaximierung und egoistischen Ausnutzung von Vertragslücken und -ungenauigkeiten (vgl. Williamson 1990, 54-55), das sich durch Informationszurückhaltung, Verwirrung und Täuschung, bis zu Betrug und Diebstahl manifestieren kann (vgl. Williamson 1981, 676). Ohne Opportunismus ist begrenzte Rationalität folgenlos. Opportunismusgefahren in Verbindung mit begrenzter Rationalität führen jedoch zu Situationen, in denen eine Vertragspartei einen Informationsvorsprung haben kann und infolgedessen unvollständige Verträge geschlossen werden. Die andere Vertragspartei setzt sich dann der Gefahr der Übervorteilung durch den Partner aus, was hohe Transaktionskosten nach sich zieht, um vertraglich ungenügend spezifizierte Ansprüche durchzusetzen. Diese Situationen erweisen sich als besonders prekär, wenn die Transaktion von hoher Spezifität geprägt ist, so dass der Partner nicht problemlos gewechselt werden kann (vgl. Williamson 1990, 54-55).

Als zweiten Punkt sind die Transaktionskosteneigenschaften bedeutend für die Beurteilung der Transaktionskosten, die sich in *Spezifität*, *Unsicherheit* und *Häufigkeit* der Transaktion unterteilen lassen (vgl. Williamson 1979, 239). *Spezifität* ist ein Maß für den partner- und transaktionsspezifischen Zuschnitt der ausgetauschten Leistung und die transaktionsspezifisch getätigten Investitionen. WILLIAMSON (vgl. 1990, 108-109) unterscheidet in diesem Zusammenhang die Merkmale Standortspezifität (Bindung an bestimmten Standort), Sachkapitalspezifität (z.B. Spezialmaschinen), Humankapitalspezifität (Bindung an bestimmtes Wissen oder Mitarbeiter), Zeitspezifität (Bindung an Leistungszeitpunkt), Markennamenspezifität und abnehmerspezifische Investitionen. Eine Transaktion ist umso spezifischer, je mehr spezifische Investitionen (sog. „*idiosyncratic investments*"; vgl. Williamson 1979, 240) in ihre Durchführung investiert werden müssen. Darunter werden Investitionen verstanden, die nicht oder nur unter Inkaufnahme hohen Wertverlustes („*sunk costs*") anderweitig genutzt werden können (vgl. ausführlich Williamson 1988). Je höher die Differenz im Wert einer Ressource zwischen ihrer beabsichtigten und zweitbesten Verwendung ist, desto höher die Spezifität der Transaktion (vgl. dazu das Konzept der Quasirente bei Klein et al. 1978, 298). Sie bildet ein Maß der Abhängigkeit des Investors von seinem Transaktionspartner, da er nur bei Verwirklichung der Transaktion Rückflüsse erwarten kann. Spezifität kann auch beim Vorliegen sogenannter „*small numbers*" Probleme entstehen. Sie entstehen immer dann, wenn nur eine geringe Anzahl, im Extremfall ein bilaterales Monopol möglicher Transaktionspartner zur Verfügung steht (vgl. z.B. Picot 1993, Sp. 4199-4200). Erkennt der Partner diese Abhängigkeit, eröffnet ihm dies wiederum Spielräume für Opportunismus (vgl. Williamson 1990, 60-62). Je spezifischer eine Transaktion somit ist, desto intensiver muss sich die in spezifische Ressourcen investierende Partei vor der Gefahr opportunistischen Verhaltens der Gegenseite schützen und desto höher werden die Transaktionskosten (vgl. Ebers/Gotsch 2006, 281-282).

Die aus Spezifität resultierenden Probleme verschärfen sich, wenn *Unsicherheit* vorliegt und Transaktionsbedingungen (z.B. Mengen, Preise, Qualitäten, Nachfrageschwankungen) nicht klar vorhersehbar sind. WILLIAMSON unterscheidet dabei in Umweltunsicherheit und Verhaltensunsicherheit (vgl. 1990, 64-66). Umweltunsicherheit ist auf die Komplexität und Dynamik der Umwelt und die mögliche Anzahl an Zukunftsszenarien zurückzuführen. Durch die begrenzte Rationalität von Individuen können diese Entwicklungen nicht vollständig antizipiert werden, was bei steigernder Unsicherheit zu erhöhten Transaktionskosten durch vertragliche Berücksichtigung vieler Eventualfälle vor oder Änderungen der Vereinbarungen während der Transaktion führt (vgl. Picot et al. 2003, 52). Nicht erfasste Umweltveränderungen schaffen einen Spielraum für opportunistisches Verhalten und damit eine (latente) Verhaltensunsicherheit, die zum Tragen kommt, wenn sicht nicht geregelte Ereignisse tatsächlich realisieren. Sie kann sich auf zweierlei Arten auswirken: zum einen in bewusst opportunistischem Verhalten von Partnern durch Verzerrung, Verfälschung oder Vorenthaltung von

Informationen, zum anderen in Kommunikationsdefiziten, so dass Entscheidungsträgern zur Entscheidung nicht alle oder nicht die adäquaten Informationen vorliegen (vgl. Anderson/Gatignon 1987, 66). Eine Aufnahme der denkbaren Umweltentwicklungen in die Verträge ist dadurch nicht möglich. Demzufolge steigen die Transaktionskosten mit zunehmender Unsicherheit.

Zuletzt beeinflusst die *Häufigkeit* die Höhe der Transaktionskosten. Sie gibt an, wie oft ein bestimmter Transaktionstyp zwischen den Vertragspartnern wiederholt wird (vgl. Picot et al. 2008, 60-61). Dieses Kriterium thematisiert das Problem der Fixkosten, die durch den Einsatz von Maßnahmen zur Unsicherheitsreduktion, wie etwa der Schaffung einer Anreiz-, Kontroll- und Überwachungsstruktur, entstehen und erst über entsprechende Effizienzgewinne aus der Transaktion abgedeckt werden müssen (vgl. Picot/Dietl 1990, 178-180). Bei regelmäßigen Transaktionen mögen diese Investitionen somit lohnenswert sein, da durch zunehmende Häufigkeit Lerneffekte, Kostendegressionen und Spezialisierungsvorteile genutzt werden können (vgl. Picot 1982, 272). Dies ist bei nur seltenen oder einmaligen Transaktionen nicht der Fall (vgl. Göbel 2002, 142-143). Zusammenfassend müssen daher in die transaktionskostentheoretische Beurteilung alternativer Koordinationsformen die einmaligen (fixen) Kosten zur Errichtung geeigneter Austauschstrukturen, die Höhe der Ersparnis bei jeder einzelnen Transaktion und die Häufigkeit der durchzuführenden Transaktionen in das Entscheidungskalkül mit einbezogen werden.

Der letzte Bereich, der die Transaktionskosten beeinflusst, sind die Rahmenbedingungen, die als Infrastruktur auf die Transaktion einwirken (vgl. Picot et al. 2003, 52-53 u. 327-328). Zum einen handelt es sich um die *technologischen Rahmenbedingungen*. Eine bessere Verfügbarkeit leistungsfähiger Informations- und Kommunikationsinfrastruktur kann die Anbahnungskosten wie auch die laufenden Abwicklungskosten der Transaktion senken (vgl. Rotering 1993, 125-130). Zum anderen beeinflusst das *institutionelle Umfeld* die Transaktionsdurchführung. Die politischen, sozialen und rechtlichen Systeme stellen die Basis für Produktion, Austausch und Verteilung von Gütern dar. Ihre lückenlose Ausgestaltung und die Durchsetzbarkeit von Grundregeln können zur Reduktion von Unsicherheit und offenen Verhandlungspunkten führen und damit Transaktionen erleichtern (vgl. Picot 1982, 272). Zuletzt zählen auch *kulturelle Unterschiede* zwischen Transaktionspartnern zum Kreis der Rahmenbedingungen. Aus der Kultur können gemeinsame Orientierungs- und Verständigungsmuster herausgebildet werden, die die Grundlage von einheitlichem und kohärentem organisatorischen Handeln darstellen können (vgl. Steinmann/Schreyögg 2000, 625-631). Sind diese Muster sehr unterschiedlich, erschweren sie die Austauschbeziehung und führen damit zu zusätzlichen Transaktionskosten.

4.3.1.3 Kritische Betrachtung

Das durch den Transaktionskostenansatz bereitgestellte Gedankengut trifft auf geteiltes Echo (vgl. grundlegende Argumente Ghoshal/Moran 1996; Windsperger 1987; Schneider 1985). Zunächst ist festzuhalten, dass es einen wichtigen Beitrag in der ökonomischen Forschung und insbesondere der Organisationstheorie darstellt, da es die Entstehung von (unterschiedlichen) Organisationen erklären kann. Aufgrund theoretischer Geschlossenheit, praktischem Bezug und verhältnismäßig leichter Anwendbarkeit stellt der Ansatz ein pragmatisch verwendbares Instrument für effizienzbezogene Vergleiche verschiedener Organisationsalternativen zur Verfügung (vgl. Strietzel 2005, 116; Williamson 1996, 28-34). Er hat sich zudem in zahlreichen empirischen Untersuchungen als robust erwiesen (vgl. z.B. Picot 1993, Sp. 4202).

Gleichwohl ist der Hauptnutzen des Ansatzes in seinem heuristischen Wert zu sehen (vgl. Macharzina/Wolf 2008, 60). Um dem Anspruch nach Transaktionskosteneffizienz zu entsprechen, werden Informationen über die Entstehung von Transaktionskosten, deren zu erwartende Höhe bei unterschiedlichen Organisationsalternativen und deren Bestimmungsfaktoren benötigt. Die exakte Messung stößt jedoch auf beachtliche Schwierigkeiten (vgl. z.B. Weiss 1996, 52; Benkenstein/Henke 1993, 85; Albach 1988; Buckley/Casson 1988, 184;). So fordert beispielsweise ALBACH eine Transaktionskostenrechnung, um Entscheidungen auf Basis quantitativer Daten wirksam zu unterstützen (vgl. 1988). Die Problematik der mangelnden Quantifizier- und Operationalisierbarkeit wird allerdings dadurch gemindert, dass etwa WILLIAMSON den Hauptnutzen in einer komparativen Analyse („*discrete structural analysis*“) der Transaktionskosten unterschiedlicher Organisationsformen sieht (vgl. Williamson 1991, 270-271; Williamson 1990, 25). Dessen Anliegen ist nicht in der absoluten Höhe der Kosten und dem Errechnen von Transaktionskostenminima zu sehen, sondern vielmehr im qualitativen Vergleich und der Differenz diskreter Alternativen (vgl. u.a. Domrös 1994, 115). Diese heuristische Vorgehensweise sorgt daher für einen effizienteren Entscheidungsprozess und sollte zu ähnlichen Schlüssen führen wie eine – kaum durchführbare – marginalanalytische Betrachtung. Dennoch ist ihr vorzuhalten, dass sie an ihre Grenzen stößt, wenn gegenläufige transaktionskostenbasierte Folgerungen eine genaueren Abschätzung der Einzelaspekte unausweichlich machen.

Des Weiteren ist der Transaktionskostenansatz statisch angelegt, da er Effekte von Innovationen, Imitationen oder organisatorischem Lernen nicht abbildet (vgl. Domrös 1994, 93-95). Mit der Eigenschaft Unsicherheit wird ein vermeintlich dynamisches Element eingebracht. Der Begriff wird der dynamischen Perspektive des strategischen Management (vgl. Dynamic Capabilities view in *Kapitel 4.2.1.4*) jedoch weniger gerecht, da er sich vornehmlich auf Mengen- und Preisänderungen des Transaktionsgegenstandes bezieht und grundlegendere

Umwälzungen, welche die gesamte Transaktionsbeziehung nutzlos machen könnten, nicht beachtet.

Überdies stimmen die getroffenen Verhaltensannahmen kritisch. In dem geschilderten Opportunismus kann eine Begrenzung des Menschenbildes gesehen werden, da andere Verhaltensoptionen und -beweggründe (z.B. Vertrauen, Macht) ausgespart werden und die Verhaltensform des Opportunismus bei unterschiedlichen Menschen auch unterschiedliche Intensitäten aufweisen sollte (vgl. Eigler 1996, 53; Föhr 1991, 73).

Abschließend kann auch die Transaktionskostentheorie von der Kritik der Monokausalität nicht freigesprochen werden, trifft der Ansatz doch die Annahme, dass über die Höhe der Transaktionskosten die gesamte Entscheidung bezüglich einer Organisationsalternative getroffen werden kann. Neben dieser Reduzierung des Effektivitätskriteriums auf die Kostenseite steht der empirische Nachweis noch aus, dass Transaktionskosten als Kostenkomponente zur vollständigen Klärung ausreichen (vgl. Eigler 1996, 54). Sie sind deshalb als *ein* Entscheidungskriterium unter weiteren zu sehen.

4.3.2 Strategische Implikationen und Aussagekraft in Bezug auf die Forschungsfrage

Die aus dem Transaktionskostenansatz ableitbaren Aufgaben für das strategische Management drücken sich in der effizienten Gestaltung ökonomischer Aktivitäten aus. Ineffiziente Organisationsformen führen zu vermeidbaren Transaktionskosten, mindern die unternehmerische Wettbewerbsfähigkeit und werden dem Wettbewerbsdruck längerfristig nicht standhalten (vgl. Hätscher 1992, 92). Die praktisch-normative Anweisung lautet demnach, diejenige Organisationsform zu wählen, mit der in Anbetracht der situativen Einflüsse eine Minimierung der Transaktionskosten erreicht werden kann.

Die in der vorliegenden Arbeit aufgeworfene Forschungsfrage wird insbesondere dadurch reflektiert, dass Entscheidungen hinsichtlich des Entwicklungsweges als *institutionelle Gestaltungsentscheidungen* zu interpretieren sind. Entscheidungen sind aus Sicht des Ansatzes nach der Maßgabe zu fällen, mit welcher Organisationsform eine transaktionskostenminimale Aktivitätenkombination und -realisierung erreicht werden kann. Die Analyse, unter welchen Bedingungen eine kooperative gegenüber eine hierarchischen Organisationsform Effizienzvorteile aufweist und vice versa, scheint daher für die vorliegende Problemstellung einen vielversprechenden Erklärungsansatz zu bilden. Die betrachteten Entwicklungswege Akquisition und Interne Entwicklung stellen letztlich beides Formen der hierarchischen Organisation dar, wobei bei letzterer dieselbe administrative Einheit beide Seiten der Transaktion darstellt (vgl. Hätscher 1992, 96; Williamson 1975, XI).

Die Wahl der Organisationsform richtet sich danach, wie viel Kontrolle benötigt wird (vgl. Yin/Shanley 2008, 474). Der Vorteil hoher Kontrolle bei hierarchischen Formen ist die Möglichkeit, durch den Einfluss auf die Entscheidungsfindung, die eigene Rendite zu erhöhen. Der Preis dafür ist die höhere Bindung (Commitment) von Ressourcen, die größere Verantwortung für Entscheidungen und das höhere Ausgesetztsein von Schwankungen im Markt (Anderson/Gatignon 1987, 15). Die *Abb. 36 – Abb. 38* dokumentieren umfassend, wie die dargelegten Bestimmungsfaktoren von Transaktionskosten für empirische Untersuchungen zur Entscheidung über den Entwicklungsweg genutzt wurden und welche Ergebnisse und Handlungsempfehlungen daraus resultierten.

Koordination über den Markt

Die Koordination über den Markt stellt, unabhängig von der Transaktionshäufigkeit, dann die effizienteste Alternative dar, wenn der Leistungsaustausch keine speziellen Investitionen erfordert und eine ausreichende Zahl potenzieller Tauschpartner existiert. Der Bezug standardisierter und austauschbarer Leistungen über den Markt bietet in dem Sinne Vorteile, dass der Marktpreis die relevanten Informationen zur Koordination vollständig beinhaltet. Sie müssten sonst durch aufwändige Informations- und Kommunikationsprozesse erlangt und ausgetauscht werden. Standardisierte Transaktionen beziehen sich somit auf das klassische Vertragsrecht, welches die Transaktionsleistungen umfassend und für alle Eventualitäten eindeutig festlegt. Der Marktmechanismus kann in diesem Fall effizient arbeiten (vgl. Richter 1991, 407).

Hierarchische Koordinationsmechanismen

Der Koordinationsmechanismus Hierarchie stellt dann eine effizientere Alternative dar, wenn beschränkte Rationalität, Opportunismus, Unsicherheit, hohe Investitionsspezifität und eine kleine Zahl möglicher Transaktionspartner vorliegen. Hierarchische Koordinationsformen bieten in diesen Fällen den Vorteil *„harter"*, institutionalisierter Kontroll- und Sanktionsmöglichkeiten für die Abwicklung von Transaktionen. Diese stehen in unmittelbarem Zusammenhang mit entsprechenden Eigentümerrechten und Über-/Unterordnungsverhältnissen. Sie können daher mit den Entwicklungswegen der Akquisition oder der internen Entwicklung in Verbindung gebracht werden (vgl. Hätscher 1992, 96).

Ein höheres Maß an Kontrolle kann opportunistisches Verhalten durch die Gestaltung längerfristiger Anreiz- und Sanktionssysteme verhindern. Ebenso verhindert es aufwändige Verhandlungsprozesse für hoch-spezifizierte Transaktionen, da entstehenden Lücken oder Eventualitäten durch hierarchische Weisungen begegnet werden kann. Zuletzt wird *„small-numbers"* Problemen entgegengewirkt, wie sie etwa dann vorliegen, wenn ein Unternehmen zur Vermarktung einer Innovation auf einen Absatzkanal zugreifen muss, der von einem

Unternehmen beherrscht wird. TEECE empfiehlt in diesem Fall einseitiger Abhängigkeit die Erlangung hoher Kontrolle, ergo die Akquisition des Unternehmens, um die eigenen Quasirenten (hier: Innovationsrenten) zu sichern (vgl. 1987, 202-206).

Zunehmende Kontrollmöglichkeiten bieten jedoch nicht nur Vorteile, da sie auch entsprechend höheren Kosten nach sich ziehen. Diese drücken sich insbesondere durch anfängliche Investitionen (vgl. Harrison 1987, 78-79), höhere Ressourcenbindung, allgemein höhere Overheadkosten und vor allem eingebüßte Flexibilität falls sich der eingeschlagene Weg als weniger erfolgversprechend herausstellt, aus (vgl. Hätscher 1992, 97). Gerade Umfelder mit steigender Komplexität und Dynamik verlangen erhöhte Reaktionsfähigkeit und ständige Anpassung seitens des Unternehmens. Hierarchische Koordinationsformen, typischerweise in Verbindung mit hohen spezifischen Investitionen, können diese Flexibilität nicht zur Verfügung stellen, da eine gleichwertige Verwendung nur unter Inkaufnahme hoher Umstellungskosten zu gewährleisten wäre.

Kooperative Kooperationsmechanismen

Bei Vorliegen dieser Faktoren werden die Grenzen hierarchischer Effizienz erreicht. Der zwischen Markt und Hierarchie liegende Koordinationsmechanismus der Kooperation bietet die Möglichkeit, negative Auswirkung hierarchischer Formen zu überwinden. Durch ihre größere Hierarchiefreiheit und eine kooperative, flexible und netzartige Struktur (vgl. Provan 1983, 81), kann sie der durch zunehmende Umweltturbulenzen hervorgerufenen Komplexität der Transaktionsbeziehung effizienter begegnen, als dies bei integrierten Unternehmen der Fall wäre. Im Gegensatz zur reinen Markttransaktion zeichnen sich Kooperationen dabei durch eine gewisse Mindestinterdependenz zwischen den Partnern aus. Die Nutzung komplementärer Fähigkeiten führt zu einem gemeinsamen Ertrag. Potenziell opportunistischem Verhalten kann durch wechselseitiges Vertrauen und die Wahrung des Gleichgewichts zwischen Bereitstellung eigener und Nutzung partnerspezifischer Ressourcen und Fähigkeiten (Anreiz-Beitrags-Gleichgewicht) weitgehend entgegengewirkt werden (vgl. March/Simon 1993, 83-86; Hätscher 1992, 98). Gegenüber hierarchischen Formen zeichnen sich Kooperationen dagegen durch die Wahrung der Flexibilität aus, da durch das Kündigungsrecht der Partner eine grundsätzliche Mindestautonomie erhalten bleibt.

In die Diskussion über die drei Marktmechanismen – Markt, Kooperation, Hierarchie – bringt RICHARDSON (vgl. 1972, 889-892) zusätzlich den Aspekt der Komplementarität der Aktivitäten und Fähigkeiten ein. Auf Basis von Überlegungen zu eingeschränkter Managementkapazität folgert er, dass Unternehmen sich im Rahmen einer hierarchischen Entwicklung auf solche Aktivitäten konzentrieren sollten, die nach ähnlichen und bereits vorhandenen Fähigkeiten (Kenntnissen) verlangen. Daran anschließend fügt er den transaktionskostenrelevanten Aspekt hinzu, dass Aktivitäten verschiedener Unternehmen mit zunehmender Komplementarität in immer abnehmenderem Maße über reine Markttransaktionen koordiniert werden sollten. Kooperative Koordinationsprozesse kommen dann zustande, wenn Aktivitäten abgestimmt werden müssen, die nicht den Marktkräften überlassen werden können. In der Folge besitzt die Kooperation dann Vorteile, wenn es darum geht komplementäre Aktivitäten, die gleichzeitig unterschiedliche Fähigkeiten benötigen, zu koordinieren. Hierarchisch sollten Aktivitäten koordiniert werden, die ähnliche Fähigkeiten verlangen und stark komplementär zueinander sind. Markttransaktionen dagegen können wenig komplementäre Aktivitäten, die zudem auf unterschiedlichen Fähigkeiten aufbauen, am effizientesten koordinieren (vgl. Weder 1989, 90).

Fazit

Zusammenfassend lassen sich folgende zentrale Punkte für die weitere Betrachtung festhalten (vgl. dazu auch Übersicht bei Bausch 2003, 174-176):

- *Analysegegenstand und -ziel*: Die Transaktionskostentheorie analysiert die ökonomische Austauschbeziehung zwischen Transaktionspartnern. Ihr Ziel ist die Auswahl der effizientesten institutionellen Regelung für die Steuerung und Koordination der Transaktion ökonomischer Leistungen.
- *Allgemeine Implikationen*: Durch Bestimmung der Transaktionskosten kann die transaktionskostenminimierende institutionelle Gestaltungsalternative zwischen Markt, Kooperation und Hierarchie unter gegebenen situativen Bedingungen festgelegt werden.
- *Forschungsspezifische Implikationen*: Entwicklungswege sind als alternative institutionelle Gestaltungsalternativen zu sehen. Können die wettbewerbsrelevanten Ressourcen nicht intern aufgebaut werden, sind Verbindungen mit anderen Unternehmen zu suchen. Die Frage, wann eine Akquisition oder eine Kooperation als Entwicklungsweg unter transaktionskostentheoretischen Überlegungen vorgezogen werden sollte, lässt sich annäherungsweise beantworten. Die Wahl fällt zugunsten kooperativer Entwicklungswege aus, wenn komplementäre Aktivitäten zu koordinieren sind, die unterschiedliche Fähigkeiten benötigen und sich durch eine hohe Transaktionskomplexität sowie spezifische Investitionen auszeichnen (vgl. zur Argumentation Hätscher 1992, 99).

Autor(en)	Jahr	Unternehmerischer Hintergrund	Kontextfaktor	Untersuchte Variablen bzw. Proxies	Entscheidungsempfehlung			Erläuterung/Argumentation
					Int. Entwicklung	Allianzen	M&A	
Transaktionsspezifische Kontextfaktoren: Spezifität								
Brouthers	2002	*Markteintritt, Internationalisierung*	Transaktionskosten	Fragebogen/Likert-Skala	Hohe Transaktionskosten	–	Hohe Transaktionskosten	- Hierarchischer Transaktionsmodus bei hohen Transaktionskosten
Brouthers	2002	*Markteintritt, Internationalisierung*	Spezifität: Investitionsspezifität, Technologiespezifität	Fragebogen/Likert-Skala	Hohe Spezifität	–	Hohe Spezifität	- Bewahrung hoher Kontrolle zum Schutz der Technologie vor Opportunismus, Verlust, etc.
Brouthers/ Brouthers	2003	*Markteintritt, Internationalisierung*	Investitionsspezifität bei Produkt-/Hersteller-unternehmen	Investitionen in Training, Humanspezifität, proprietäre Produkte	Hohe Spezifität	–	Hohe Spezifität	- Hohe Kontrolle bei hohen spezifischen Investitionen
Brouthers/ Brouthers	2003	*Markteintritt, Internationalisierung*	Investitionsspezifität bei Service-unternehmen	Investitionen in Training, Humanspezifität, proprietäre Produkte	Hohe Spezifität	–	Hohe Spezifität	- Hohe Kontrolle bei hohen spezifischen Investitionen - Minderung von Opportunismus und Schwächung von Kernkompetenzen
Brouthers/ Hennart	2007	*Markteintritt, Internationalisierung*	Investitionsspezifität (F&E-, Werbe-Intensität)	–	Hohe Spezifität	–	Hohe Spezifität	–
Geyskens/ Steenkamp/ Kumar	2006	*Marktexpansion, Diversifikation*	Investitionsspezifität	Anlagenspezifität, Asset-Spezifität, Human-Spezifität	Hohe Spezifität	–	Hohe Spezifität	- Hohe Kontrolle bei hohen spezifischen Investitionen - Minderung von Opportunismus und Schwächung von Kernkompetenzen
Ingham/ Thompson	1994	*Markteintritt, Diversifikation*	Investitionsspezifität	Anlagenspezifität, Asset-Spezifität, Human-Spezifität	Hohe Spezifität	–	Hohe Spezifität	- Hohe Kontrolle bei hohen spezifischen Investitionen - Minderung von Opportunismus und Schwächung von Kernkompetenzen
Lu	2002	*Markteintritt, Internationalisierung*	Investitionsspezifität	Ressourcenintensität	Hohe Spezifität	–	Hohe Spezifität	- Hohe Kontrolle bei hohen spezifischen Investitionen - Minderung von Opportunismus und Schwächung von Kernkompetenzen
Chan/Hwang	1992	*Markteintritt, Internationalisierung*	Spezifität: Firmenspezifisches Know-how	(wahrgenommener) Reputationsgrad (Design, Qualität), Wert des Markennamens, Technologische Innovationskraft	Hohe Spezifität	–	Hohe Spezifität	- Hohe Kontrolle bei hohen spezifischen Investitionen - Minderung von Opportunismus und Schwächung von Kernkompetenzen
Hill/Hwang/ Kim	1992	*Markteintritt, Internationalisierung*	Investitionsspezifität: proprietäres Know-how	–	–	Hohe Spezifität	–	- Hohe Kontrolle bei hohen spezifischen Investitionen - Minderung von Opportunismus und Schwächung von Kernkompetenzen
Anderson/ Gatignon	1987	*Markteintritt, Internationalisierung*	Spezifität: proprietäre Produkte/Prozesse	–	Hohe Spezifität	–	Hohe Spezifität	- Bewahrung hoher Kontrolle über Produkt-/Prozess-Informationen
Anderson/ Gatignon	1987	*Markteintritt, Internationalisierung*	Spezifität: kundenspezifische Produkte	–	Hohe Spezifität	–	Hohe Spezifität	- Bewahrung hoher Kontrolle über Kundenspezifika, die ein Asset darstellen

Abb. 36 Empirische Untersuchungen – Transaktionsspezifische Kontextfaktoren (1/3)

Quelle: Eigene Zusammenstellung

Autor(en)	Jahr	Unternehmerischer Hintergrund	Kontextfaktor	Untersuchte Variablen bzw. Proxies	Entscheidungsempfehlung: Int. Entwicklung	Entscheidungsempfehlung: Allianzen	Entscheidungsempfehlung: M&A	Erläuterung/Argumentation
Singh/Kogut	1989	*Markteintritt, Internationalisierung*	Technologieintensität	F&E-Ausgaben, Anzahl proprietärer Produkte	–	Hohe Technologie-intensität	–	- *Anmerkung:* Empirische Ergebnisse gegenteilig zu theoretischer Fundierung
Anderson/ Gatignon	1987	*Markteintritt, Internationalisierung*	Spezifität: Produktreife	–	Geringe Produktreife	–	Geringe Produktreife	- Bewahrung hoher Kontrolle über proporietäre Information (Innovations-Know-how), bei hoher Produktreife ist dieses Wissen über den Markt verfügbar
Anderson/ Gatignon	1987	*Markteintritt, Internationalisierung*	Spezifität: Markenname	–	Hoher Markenwert		Hoher Markenwert	- Bewahrung hoher Kontrolle zum Schutz vor Schädigungen an Markenname und -image
Hennart/Park	1993	*Markteintritt, Internationalisierung*	F&E Intensität	F&E/Umsatz-Quote, F&E-Ausgaben	Höhere F&E-Intensität	*nicht untersucht*	–	- Effizientere Übertragung von technologischen Wettbewerbsvorteilen - Effizientere und weniger risikobehaftete Implementierung von Management-Systemen
Moon	1999	*Markteintritt, Internationalisierung*	Spezifität: Ressourcenintensität	–	*nicht untersucht*	–	Hohe Spezifität	–
Moon	1999	*Markteintritt, Internationalisierung*	Spezifität: Werbe-Intensität	–	*nicht untersucht*	–	Hohe Spezifität	–
Yin/Shanley	2008	*Diversifikation*	Bindungsbedarf	Investitionsspezifität, Kapitalintensität	*nicht untersucht*	–	Hoher Bindungsbedarf	- Hohe Kontrolle bei hohen spezifischen Investitionen - Minderung von Opportunismus und Schwächung von Kernkompetenzen
Yiu/Makino	2002	*Markteintritt, Internationalisierung*	Spezifität: F&E-Intensität	F&E-Ausgaben/Umsatz	*nicht untersucht*	–	Hohe Spezifität	- Verminderung von Koordinationskosten
Claver/Quer	2005	*Markteintritt, Internationalisierung*	Know-how Intensität	Technologieintensität	*nicht untersucht*	–	Hohe Know-how Intensität	- Hohe Kontrolle bei hohen spezifischen Investitionen - Minderung von Opportunismus und Schwächung von Kernkompetenzen
Transaktionsspezifische Kontextfaktoren: Unsicherheit								
Brouthers/ Brouthers	2003	*Markteintritt, Internationalisierung*	Umweltunsicherheit bei Produkt-/Hersteller-unternehmen	Fragebogen/Likert-Skala	–	Hohe Unsicherheit	–	- Hoher Investitionsbedarf bei Produkt-/ Herstellerunternehmen - Durch hohe Unsicherheit limitierte Bindung (Commitment) und höherer Flexibilitätsbedarf (Flexibilitätsargument)
Brouthers/ Hennart	2007	*Markteintritt, Internationalisierung*	Externe Unsicherheit: Länderrisiko	–	–	Hohe Unsicherheit	–	–

Abb. 37 Empirische Untersuchungen – Transaktionsspezifische Kontextfaktoren (2/3)

Quelle: Eigene Zusammenstellung

Autor(en)	Jahr	Unternehmerischer Hintergrund	Kontextfaktor	Untersuchte Variablen bzw. Proxies	Entscheidungsempfehlung			Erläuterung/Argumentation
					Int. Entwicklung	Allianzen	M&A	
Hill/Hwang/ Kim	1992	*Markteintritt, Internationalisierung*	Marktrisiko (Politische Instabilität, Eigentumsrisiko, Restriktionen, Währungsrisiko)	-	Hohes Marktrisiko	-	Hohes Marktrisiko	- Risikominderung bei hoher Unsicherheit durch geringen Ressourceneinsatz (Commitment)
Decker/Zhao	2004	*Markteintritt, Internationalisierung*	Marktrisiko, Marktunsicherheit	Preis-Varianz	-	Hohes Risiko	-	- Minimierung des Investitionsrisikos durch begrenzten Ressourceneinsatz
Brouthers/ Brouthers	2003	*Markteintritt, Internationalisierung*	Umweltunsicherheit bei Serviceunternehmen	Fragebogen/Likert-Skala	Hohe Unsicherheit	-	Hohe Unsicherheit	-
Brouthers	2002	*Markteintritt, Internationalisierung*	Investitionsrisiko (z.B. kulturelle Distanz, wirtschaftliche Stabilität, Marktattraktivität)	Fragebogen/Likert-Skala	Niedriges Investitionsrisiko	Hohes Investitionsrisiko	Niedriges Investitionsrisiko	- Risikominderung, Nutzen komplementären Wissens
Geyskens/ Steenkamp/ Kumar	2006	*Marktexpansion, Diversifikation*	Volumenunsicherheit	Grad der Vorhersagbarkeit	Hohe Unsicherheit	-	Hohe Unsicherheit	- Volumensveränderungen (Einkauf, Produktion, Absatz) sind in hierarchischen Organisationsformen leichter zu koordinieren
Hill/Hwang/ Kim	1992	*Markteintritt, Internationalisierung*	Nachfrage-unsicherheit	-	Hohe Unsicherheit	-	Hohe Unsicherheit	- Risikominderung bei hoher Unsicherheit durch geringen Ressourceneinsatz (Commitment)
Geyskens/ Steenkamp/ Kumar	2006	*Marktexpansion, Diversifikation*	Technologische Unsicherheit	Änderungen in Standards, Spezifikationen	-	Hohe Unsicherheit	-	- Erhaltung der Flexibilität, auf Partnern zu wechseln, die die technologischen Erfordernisse besser erfüllen
Brouthers/ Hennart	2007	*Markteintritt, Internationalisierung*	Externe Unsicherheit: Kulturelle Distanz	-	-	Hohe Unsicherheit	-	-
Hennart/ Larimo	1998	*Markteintritt, Internationalisierung*	Kulturelle Distanz	Kogut/Singh-Index	-	Hohe kulturelle Distanz	-	- Risikominderung
Makino/ Neupert	2000	*Markteintritt, Internationalisierung*	Kulturelle Distanz, Machtdistanz	Power Distance Index (PDI), Uncertainty Avoidance Index (UAI)	Hohe Machtdistanz	-	Hohe Machtdistanz	-
Yin/Shanley	2008	*Diversifikation*	Flexibilitätsbedarf	Unsicherheit (Technologien, Produkte, Markt, Wettbewerb)	*nicht untersucht*	Hoher Flexibilitätsbedarf	-	- Risikominderung durch geringen Ressourceneinsatz (Commitment)
Demirbag/ Tatoglu/ Glaister	2008	*Markteintritt, Internationalisierung*	Investitionsrisiko	Wirtschaftliche Stabilität, Politische Stabilität	Hohes Investitionsrisiko	*nicht untersucht*	-	- Minderung der Gefahr, "unnötige" Ressourcen zu akquirieren (utilization cost) - Minderung des Integrationsrisikos

Abb. 38 Empirische Untersuchungen – Transaktionsspezifische Kontextfaktoren (3/3)

Quelle: Eigene Zusammenstellung

Autor(en)	Jahr	Unternehmerischer Hintergrund	Kontextfaktor	Untersuchte Variablen bzw. Proxies	Entscheidungsempfehlung			Erläuterung/Argumentation
					Int. Entwicklung	Allianzen	M&A	
Drogendijk/ Slangen	200[illegible]	*Markteintritt, Internationalisierung*	Kulturelle Distanz	Kogut/Singh-Index, Hofstede-Index	Hohe kulturelle Distanz	*nicht untersucht*	–	- Verhinderung von Integrationsproblemen bei Akquisition von Objekte mit hoher kultureller Unterschiedlichkeit
Morschett	2005	*Markteintritt, Internationalisierung*	Marktrisiko	–	–	Hohes Risiko	*nicht untersucht*	–
Transaktionsspezifische Kontextfaktoren: Verhaltensunsicherheit								
Brouthers/ Brouthers	2008	*Markteintritt, Internationalisierung*	Verhaltens-unsicherheit bei Produkt-/Hersteller-unternehmen	Erfolgsmonitoring- und -kontrollmöglichkeiten	Hohe Unsicherheit	–	Hohe Unsicherheit	–
Brouthers/ Brouthers	2003	*Markteintritt, Internationalisierung*	Verhaltens-unsicherheit bei Serviceunternehmen	Erfolgsmonitoring- und -kontrollmöglichkeiten	–	Hohe Unsicherheit	–	–
Geyskens/ Steenkamp/ Kumar	2006	*Marktexpansion, Diversifikation*	Verhaltens-unsicherheit	–	Hohe Unsicherheit	–	Hohe Unsicherheit	- Hoher Kontrollgrad über Arbeitsleistung
Weitere Kontextfaktoren								
Decker, Zhao	2004	*Markteintritt, Internationalisierung*	Risikoaversion	Risikoaversions-Parameter	–	Hohes Risiko	–	- Minimierung des Investitionsrisikos durch begrenzten Ressourceneinsatz
Yip	1982	*Markteintritt, Diversifikation*	Beziehung zum Kerngeschäft, Diversifikation	Diversitätsgrad	Hohe Nähe zum Kerngeschäft	*nicht untersucht*	Weniger enge Bindung zum Kerngeschäft	–
Lu	2002	*Markteintritt, Internationalisierung*	Wettbewerber-verhalten	–	Imitation (follow-the-leader approach)	Imitation (follow-the-leader approach)	Imitation (follow-the-leader approach)	–
Moatti	2007	*Marktexpansion, Diversifikation*	Wettbewerber-verhalten	Anzahl Transaktionen der Wettbewerber	*nicht untersucht*	Imitation (follow-the-leader approach)	Imitation (follow-the-leader approach)	- Isomorphes Verhalten als einfachster und schnellster Weg das Wettbewerbsequilibrium aufrecht zu erhalten
Pangarkar	2000	*Marktexpansion, Diversifikation*	Wettbewerber-verhalten	Anzahl Transaktionen der Wettbewerber	*nicht untersucht*	Imitation (follow-the-leader approach)	Imitation (follow-the-leader approach)	- Isomorphes Verhalten als einfachster und schnellster Weg das Wettbewerbsequilibrium aufrecht zu erhalten und zur Risikominderung
Yiu/Makino	2002	*Markteintritt, Internationalisierung*	Wettbewerber-verhalten	Anzahl Transaktionen der Wettbewerber	*nicht untersucht*	Imitation (follow-the-leader approach)	Imitation (follow-the-leader approach)	- Konformität mit institutionellem Verhalten

Abb. 39 Empirische Untersuchungen – Weitere Kontextfaktoren

Quelle: Eigene Zusammenstellung

4.4 Theorie der Realoptionen

4.4.1 Grundlagen, Annahmen & Analysegegenstand

Jede Entscheidung hinsichtlich des Entwicklungsweges betrifft nicht nur Art und Umfang der (hierarchischen) Kontrolle (vgl. Transaktionskostenansatz in *Kapitel 4.3*), sondern zugleich Umfang und Reversibilität der Ressourcenbindung. Die Theorie der Realoptionen thematisiert diese Entscheidungsdimension, indem sie die Flexibilitätskomponente in die Betrachtung einbringt. Die Knappheit an Ressourcen erlaubt Unternehmen in aller Regel nicht, alle potenziellen Chancen in seiner Entwicklungsstrategie zu realisieren. Vielmehr zwingt sie zu selektivem Vorgehen. Jede Entwicklungsinvestition bindet Ressourcen finanzieller (z.B. Sachinvestitionen in Markteintritt/Produktentwicklung, Mehrheitserwerb, Kapitalverflechtung) und personeller Art (z.B. Abstellung von Mitarbeitern für Innovations-/Integrationsprojekte) und entzieht diese Ressourcen anderen Verwendungsrichtungen. Entwicklungsentscheidungen beeinflussen in Abhängigkeit der gewählten Alternative in unterschiedlich hohem Maße die Ressourcenverfügbarkeit des Unternehmens. Mit zunehmender Intensität steigt gewöhnlich auch der Umfang der Bindung, was Unternehmen in ihrer strategischen Handlungsfreiheit einschränkt (vgl. Schaper-Rinkel 1998, 157; Gahl 1990, 38; Bresser 1989, 551-552; sowie umfassend zu Flexibilität und Flexibilitätsoptionen Spremann 1995). Handlungsspielräume stellen das strategische Alternativenspektrum dar und sind daher die wesentlichen Bestimmungsgründe der Flexibilität (vgl. z.B. Bausch 2003, 156).

Ihrer Schaffung, Aufrechterhaltung und Nutzung kommt gerade im Bereich der Unternehmensentwicklung eine gewichtige Bedeutung zu, da mit ihr auf die skizzierten Kernherausforderungen (Ungewissheit, Irreversibilität) reagiert werden kann. Ungewissheit kann durch Flexibilität effizient begrenzt werden, wenn die Handlungsspielräume dazu geeignet sind, unterschiedlichen Zukunftsszenarien vorzubeugen. Der Irreversibiliät begegnen große Handlungsspielräume dergestalt, dass sie innerhalb des investiv fixierten Rahmens die weitere Vorgehensweise möglichst offen halten.

Der Verlust an Flexibilität, der Unternehmen durch Entwicklungsentscheidungen zuteil wird, schlägt sich in den sogenannten „*switching costs*“ nieder (vgl. Gerybadze 1995, 38-40). Sie können als Kosten der Revidierung einer vorherigen Entscheidung oder als strategische Opportunitätskosten, interpretiert als Differenz zwischen dem Wert der entgangenen und dem der realisierten Entwicklungschance, ausgelegt werden (i.S.e. Nutzenentgangs durch Verzicht auf Alternativanlage, vgl. Wöhe 2005, 639).

Der Verlust an strategischer Flexibilität wirkt sich umso mehr aus, je größer die strategische Unsicherheit des Unternehmensumfelds ist. Sie kennzeichnet wie klar oder unklar die zukünftige Entwicklung von Markt und Wettbewerb abzusehen ist und welche Anzahl möglicher Umweltentwicklungen besteht. Hierbei lassen sich, unter Rückgriff auf die Umfeldcharakterisierungen im Branchenlebenszyklusmodell, zwei Extremsituationen unterscheiden (vgl. Wernerfelt/Karnani 1987, 187-188):

- *Entwicklung unter (relativer) Sicherheit*: In diese Kategorie fallen Entwicklungsschritte, die in einem innovationsarmen, relativ stabilen Umfeld stattfinden. Umfang und Nachhaltigkeit von Potenzialen verschiedener Entwicklungsrichtungen und -wege lassen sich (relativ) zuverlässig abschätzen. Derartige Konstellationen sind in erster Linie in einer reifen Branche zu erwarten, so dass in erster Linie Anreiz- und Kontrollaspekte dominieren werden und ressourcenintensivere Entwicklungswege zum Tragen kommen.
- *Entwicklung unter Unsicherheit*: Hierunter fallen Entwicklungsschritte in einem Umfeld, das sich zur Zeit der Entscheidung durch extreme Dynamik kennzeichnet, das starkem Wettbewerb ausgesetzt ist und/oder dessen Geschäftsinhalte von einer Fülle an technologischen und marktlichen Entwicklungen beeinflusst werden. Derartige Konstellationen sind besonders in frühen Phasen des Branchenlebenszyklus anzutreffen, in denen sich die Branche noch in der Entstehung befindet, wenngleich spätere Phasen ebenfalls Unsicherheitsfaktoren, wie beispielsweise durch hohes Innovationstempo in High-Tech-Branchen, aufweisen können (vgl. Harrigan 1988b, 207). Kernaspekt der Entwicklung in dieser Situation stellt die Notwendigkeit dar, eine flexible Anpassungs- und Handlungsbereitschaft sicherzustellen.

Zum Umgang mit strategischer Unsicherheit bei der Beurteilung alternativer Entwicklungswege haben WERNERFELT/KARNANI situative Handlungsempfehlungen für das unternehmerische Investitionsverhalten entwickelt (vgl. im Folgenden 1987, 189-193). Sie unterscheiden drei strategische Möglichkeiten:

- *Wait*: Im Angesicht von Unsicherheit, können Unternehmen abwarten bis diese sich auflöst und anschließend in die *„überlebende"*, nun sicher abschätzbare, Alternative investieren. Dies tritt beispielsweise dann auf, wenn sich von konkurrierenden Technologien in jungen Märkten langfristig nur eine durchsetzen wird. Die Wahl der Warten-Strategie ist von der Risikoeinstellung und dem Vorliegen von Marktbarrieren durch Pioniervorteile (*„first mover advantages"*) abhängig. Treten keine Pioniervorteile auf, kann die Strategie bedenkenlos gewählt werden. Risikoaverse Unternehmen werden sie selbst im Falle ihres Auftretens bevorzugen, wenn sie glauben, diese aufgrund eigener Ressourcenstärke im Nachhinein wettmachen zu können (sog. *„leapfrogging"*) (vgl. Schaper-Rinkel 1998, 163; sowie umfassender dazu Kaulfuß 2007).

- *Focus*: Das fokussierte Vorgehen bietet sich dann als effiziente Alternative an, wenn Unternehmen dadurch die Unsicherheit zu ihren Gunsten bereinigen können, um als Markt- oder Technologieführer ihrerseits die weitere Entwicklung der Branche, beispielsweise durch Standardsetzung oder Größenvorteile, zu gestalten. Unternehmen konzentrieren ihren Ressourceneinsatz in diesem Fall, trotz Unsicherheit, auf *eine* Entwicklungsrichtung.
- *Flexibility*: Insbesondere Unternehmen mit großer Ressourcenstärke können diese einsetzen, um in verschiedene Entwicklungsalternativen zu investieren, um dadurch keinesfalls die Anpassungsmöglichkeit an veränderte Umweltbedingungen einzubüßen. Ein derartiges Investitionsverhalten erhält die Flexibilität für die zukünftige strategische Entwicklung und trägt damit zur Überlebensfähigkeit des Unternehmens bei.

Jedes Unternehmen wird in Abhängigkeit vom Grad der Unsicherheit versuchen, einen angemessenen Kompromiss („*trade off*") zwischen Warten, Fokussieren und Flexibilitätserhaltung anzustreben. Die Betrachtung der strategischen Unsicherheit muss daher in die Beurteilung des Entwicklungsweges mit einfließen.

Werden die Entwicklungswege dahingehend betrachtet, so bilden sie vornehmlich Alternativen, die sich durch unterschiedlich große Flexibilitätspotenziale charakterisieren lassen. Bei strategischer Unsicherheit können eingeschränkte Flexibilitätspotenziale zu Opportunitätskosten führen. Dieser Aspekt muss beim Alternativenvergleich reflektiert werden. Der Wert eines Entwicklungsweges setzt sich infolgedessen nicht nur aus den Barwerten der zum Entscheidungszeitpunkt projizierten Cashflows zusammen, sondern beinhaltet zusätzlich den Wert der Flexibilität, den das Unternehmen dadurch erlangt. Dieser Doppelcharakter ist in die neueren Beiträge unter dem Begriff „*Realoption*" eingeflossen.

Aus der Schaffung von Handlungsspielräumen erwächst für Unternehmen das Recht, andererseits auch die Verpflichtung, bestimmte Handlungen künftig auszuführen. Betriebliche Investitionsentscheidungen weisen in diesem Sinne parallele Eigenschaften zu einer Finanzoption auf (vgl. diese Parallele erstmals bei Myers 1977, 147). Eine Finanzoption stellt einen Vertrag dar, der dem Halter das Recht einräumt, eine festgeschriebene Menge eines zugrundeliegenden Finanztitels (sog. Basisinstrument oder „*Underlying*"), wie beispielsweise Aktien oder Währungen, zu einem festgeschriebenen Preis (Basispreis, Ausübungskurs) zu kaufen („*call option*") oder zu verkaufen („*put option*") (vgl. Steiner/Bruns 2007, 314-316; Hull 2006, 228-230; Perridon/Steiner 2004, 329-331).

Investieren Unternehmen nicht in Finanzkapital, sondern in Sachkapital, handelt es sich um Realoptionen. Durch Investitionen dieser Art, oft Plattforminvestitionen genannt, schaffen sich Unternehmen Möglichkeiten, an möglichen oder erwarteten Markt- und Technologieentwicklungen zu partizipieren (vgl. Kogut/Kulatilaka 1994, 52-54). Diese Möglichkeiten bestehen beispielsweise in der Reaktionsmöglichkeit auf steigende Marktnachfrage nach vorheriger Investition in Produktentwicklung oder in den Aufbau zusätzlicher Produktionskapazitäten.

Analog zu Finanzoptionen lassen sich Realoptionen durch den Inhalt des durch sie erlangten Rechts einordnen. Flexibilitätsspielräume können vor allem geschaffen werden hinsichtlich des Investitionszeitpunktes und der zeitlichen Staffelung von Investitionen („*option to defer*" und „*option to stage investment*)", der künftigen Handlungsfelder und Anschlussinvestitionen („*growth option*"), des Abbruchs der Investition („*option to abandon*"), der qualitativen Veränderung von Input-, Output- und Prozessgrößen des Wertschöpfungsprozesses („*option to switch*") sowie der quantitativen Veränderung dieser Parameter („*option to alter operating scale*") (vgl. Trigeorgis 2002, 2-13; zu anderen Einteilungen u.a. Hommel/Pritsch 1999, 13-15; Rams 1999, 353-354).

Den geschaffenen Handlungsspielräumen lässt sich ein – realer – Wert zuordnen. Dieser *erweiterte Kapitalwert* setzt sich aus zwei Komponenten zusammen:

- *Produktivwert* (passiver Kapitalwert): Den ersten Teil stellt der Barwert der sicher kalkulierbaren Rückflüsse einer Investition dar. Es ist damit der Wert, der mit der Option aktuell realisiert werden kann. Bei einer Finanzoption würde man vom inneren Wert der Option, im Sinne der Differenz zwischen dem Kassakurs des Bezugsgutes und dem Optionsausübungspreis, sprechen.
- *Optionswert*: Optionen repräsentieren die Chance, von einem zusätzlichen Wertgewinn durch Ausübung verschiedener Rechte zu profitieren. Der Optionswert stellt damit den Wert *zusätzlicher* Entwicklungschancen dar, die das Unternehmen durch seine Anfangsinvestition erwirbt (vgl. Kogut 1991, 20-21). Zur konkreten Berechnung des Optionswertes in der Praxis werden vornehmlich Modelle eingesetzt, die entweder dem Binomialmodell von COX, ROSS und RUBINSTEIN oder dem BLACK/SCHOLES-Modell folgen (vgl. ausführlich dazu Steiner/Bruns 2007, 344-368; Perridon/Steiner 2004, 338-341; Kühn et al. 2000, 49-53).

Der erweiterte Kapitalwert sollte dann im strategischen Entwicklungsmanagement zum Einsatz kommen, wenn das Umfeld durch hohe Unsicherheit und den Bedarf an strategischer Flexibilität gekennzeichnet ist. Durch seine Abbildung von Wertkomponenten über den Kapitalwert sicher kalkulierbarer Rückflüsse hinaus, kann er die Bestimmung der effizientesten Strategiealternative herbeiführen.

4.4.2 Kritische Betrachtung

Eine realoptionsbasierte Gestaltung der Unternehmensentwicklung bringt das Flexibilitätskriterium in das Entscheidungskalkül ein. Der Realoptionsansatz stellt so einen ergänzenden Blickwinkel für das strategische Management im Allgemeinen und die Unternehmensentwicklung im Speziellen dar (vgl. Hommel/Müller 1999, 177).

Die exakte Quantifizierung von Realoptionen bleibt durch die schwierige Abschätzung optionsbasierter Cashflows und die Komplexität der angesprochenen Modelle ein heikles Unterfangen (vgl. zur Anwendungskritik Rams 1999, 353). Sie hat gerade deshalb in der Praxis bisher wenig Verbreitung gefunden.

Dennoch sollte der Wert des Realoptionsansatzes als Heuristik und Analysekonzept nicht unterschätzt werden. Findet er Eingang in die Analyse von Entwicklungsentscheidungen, so fördert er eine systematische Berücksichtigung des ökonomischen Werts künftiger Handlungsmöglichkeiten. Eine Unterschätzung dieses Optionsgedankens durch Überbetonung der näheren, abschätzbareren Zukunft kann auf diese Weise längerfristige Entwicklungschancen verbauen. Der Realoptionsansatz trägt demgemäß zur Rationalitätssicherung ökonomischer Entscheidungen bei (vgl. Hommel/Pritsch 1999, 5).

Die konsequente Durchsetzung realoptionsbasierter Gedanken geht zudem über die der reinen (quantitativen) Bewertung hinaus, indem sie versucht, durch Portfolio-, Entwicklungs-, Kooperations- und Akquisitionsmanagement Optionen aktiv zu erkennen, zu schaffen und effizient auszuüben (vgl. Leslie/Michaels 1997, 12).

4.4.3 Strategische Implikationen und Aussagekraft in Bezug auf die Forschungsfrage

Die aus der Realoptionstheorie ableitbaren Aufgaben für das strategische Management drücken sich in der Einbeziehung strategischer Unsicherheit und Flexibilität in die Betrachtung strategischer Handlungsalternativen aus. Die in der vorliegenden Arbeit aufgeworfene Frage nach der Wahl des Entwicklungsweges wird insbesondere dadurch reflektiert, dass die verschiedenen Entwicklungswege als Realoptionen aufzufassen sind, die unterschiedliche Optionswerte besitzen und daher unter Rückgriff auf das Kriterium des erweiterten Kapitalwerts beurteilt werden sollten.

Hohe strategische Unsicherheit zeichnet sich durch hohe Markt- und Wettbewerbsdynamik aus, in der nicht klar vorhersehbar ist, welche Ressourcen und Fähigkeiten in Zukunft erfolgsnotwendig und welche Geschäfte attraktiv sein werden (vgl. Kogut/Kulatilaka 1994; Kogut 1991). Dieses Umfeld wird ein Unternehmen veranlassen, einen Entwicklungsweg vorzuziehen, der eine höhere Flexibilität bieten kann. Die Realoptionstheorie weist Kooperationen als ressourcenschonenden und flexibilitätserhaltenden Entwicklungsweg aus, mit dem strategische Entwicklungsoptionen geschaffen, offen gehalten und genutzt werden können. Durch Kooperationen kann das Risiko, durch Ressourcenfehlallokationen an Wettbewerbsfähigkeit zu verlieren, eingegrenzt werden. Der Trade-off zwischen Fokussierung und Flexibilitätserhaltung wird auf diese Weise optimiert. Demgemäß lässt sich auch die empirische Bedeutung von Kooperationen durch die Ansicht verdeutlichen, dass Globalisierung und technologische Innovationskraft die Anzahl möglicher Szenarien für Märkte und Technologien rasant anwachsen lassen, was Unternehmen dazu veranlasst, ihre strategische Flexibilität möglichst weitgehend zu erhalten. Sie bewerkstelligen dies durch den Aufbau von Realoptionen in Form von Kooperationen.

Größere Flexibilität hat jedoch auch einen Preis, da der Zugewinn an Handlungsspielraum mit Einbußen durch geringere Bindung, und damit Kontrolle und Durchsetzbarkeit der Entwicklungspotenziale, einher geht. Das Offenhalten von Optionen bedeutet darüber hinaus einen Verzicht auf fokussierte Aktivitäten, die sich durch höhere Wirtschaftlichkeit auszeichnen (z.B. durch Pioniervorteile), solange sie der Markt- und Wettbewerbslandschaft angepasst sind.

Geringe strategische Unsicherheit zeichnet sich durch ein Umfeld aus, in dem die Attraktivität von Investitionsalternativen zum Entscheidungszeitpunkt mit relativ großer Zuverlässigkeit vorhergesehen werden kann. Durch vergleichsweise geringes Risiko muss in diesem Fall die Fokussierungsstrategie den Vorzug erhalten. Diese entspricht im Lichte der Fragestellung der Arbeit der Akquisition oder internen Entwicklung.

Diese Argumentation kommt ebenso zum Tragen, wenn das Unternehmen in dynamischem Umfeld eine Kooperation eingegangen ist und sich die ursprüngliche Unsicherheit löst. In diesem Falle sollte ein Wechsel von der Flexibilitäts- zur Fokussierungsstrategie eingeleitet werden. Durch Sicherheit im Unternehmensumfeld kann die nun vornehmlich hinderliche Abhängigkeit vom Kooperationspartner verringert werden (vgl. dazu die Gedanken zur „*competitive collaboration*" in *Kapitel 4.2.2*). Dies geschieht durch die Ausübung der Option durch Aufkündigung der Kooperation und zukünftige eigenständige Entwicklung oder vollständige Akquisition des Kooperationspartners.

Fazit

Zusammenfassend lassen sich folgende zentrale Punkte für die weitere Betrachtung festhalten (vgl. dazu auch Übersicht bei Bausch 2003, 174-176):

- *Analysegegenstand und -ziel*: Die Realoptionstheorie bietet eine konzeptionelle und methodische Fundierung des Flexibilitätskriteriums im Rahmen strategischer Entscheidungen. Ihr Ziel ist die Gegenüberstellung und Entscheidung strategischer Handlungsalternativen durch Einbeziehung ihres Optionswertes.
- *Allgemeine Implikationen*: Durch Bestimmung des erweiterten Kapitalwertes kann die effizienteste strategische Alternative unter Einbeziehung der strategischen Unsicherheit ausgewählt werden.
- *Forschungsspezifische Implikationen*: Entwicklungswege sind als Instrumente des strategischen Managements zu sehen, die unterschiedliche Optionswerte besitzen und deshalb auf die Unsicherheit des Unternehmensumfelds abgestimmt werden sollten. Die Entscheidung ist so zu treffen, dass der Entwicklungsweg den höchsten erweiterten Kapitalwert erwarten lässt. In sicherem Umfeld ist dies durch die Alternativen Akquisition und Interne Entwicklung gewährleistet. In Umfelder mit hoher Unsicherheit durch Kooperationen.

4.5 Fazit und Implikationen für die weitere Untersuchung

Mit den dargelegten Erläuterungen können die Fragen, mit denen dieses Kapitel gestartet ist, beantwortet werden:

- *Welche Entscheidungshilfen können aus bestehenden Ansätzen herangezogen werden? Welche Entscheidungsdeterminanten sind relevant?*

  Die ausgewählten theoretischen Forschungsbeiträge des strategischen und internationalen Managements bieten umfangreiche, ökonomische und effizienzorientierte Ansätze, die für das Forschungsproblem herangezogen werden konnten. Die erörterten Zusammenhänge der Industrieökonomik (*Kapitel 4.1*), des Ressourcenansatzes (*Kapitel 4.2*), der Transaktionskostentheorie *(Kapitel 4.3*) und der Realoptionstheorie (*Kapitel 4.4*) betrachten die vorliegende Forschungsproblematik aus unterschiedlichen Perspektiven. Sie geben dabei wichtige (Teil-)Antworten zur Beantwortung der Forschungsfrage. Speziell die in den empirischen Studien identifizierten Kontextfaktoren (vgl. *Abb. 26 – Abb. 39*) können eine wertvolle Basis liefern, um die unterschiedlichen Betrachtungsweisen in einem umfassenden Entscheidungsmodell zusammenzuführen.

In Retrospektive der diskutierten Ansätze muss festgehalten werden, dass ihre Erklärungsbeiträge jeweils limitiert sind. So steht im Zuge der Nutzung dieser Ansätze für die Beantwortung der Forschungsfrage nicht im Mittelpunkt, welches Konzept die Oberhand gewinnt, sondern welchen Einfluss die Komponenten der einzelnen Ansätze auf die Entscheidung über den Entwicklungsweg haben. Zielsetzung für das Entscheidungsmodell muss es folglich sein, die verschiedenen Einflüsse so in einen Bezugsrahmen aufzunehmen, dass ihre Auswirkungen auf die Entscheidung in ergänzender Form zum Tragen kommen. Für diese integrierende Betrachtung wird im nächsten Schritt die Entwicklung eines eigenen Entscheidungsmodells vorgenommen.

5 ENTWICKLUNG EINES MODELLS ZUR STRATEGISCHEN ENTSCHEIDUNG ÜBER DEN ENTWICKLUNGSWEG

Das fünfte Kapitel führt die bisher geschaffenen Einzelaspekte in einem Bezugsrahmen zusammen. Damit dringt es zur Beantwortung der in *Kapitel 1* der Arbeit gestellten Forschungsfrage aus theoretisch-konzeptioneller Sicht vor (vgl. zum Aufbau des Kapitels *Abb. 40*).

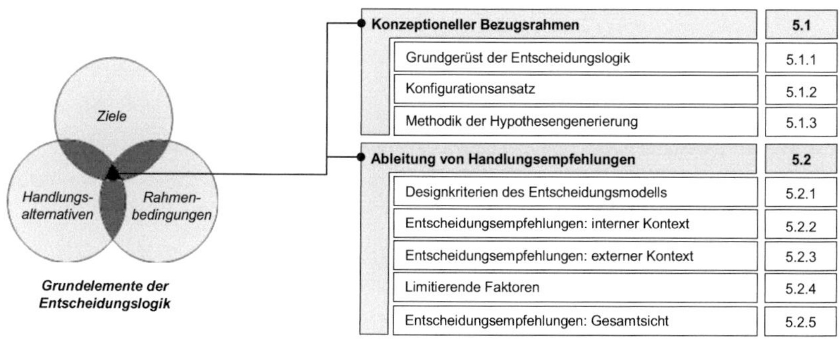

Abb. 40 Aufbau Kapitel 5
Quelle: Eigene Darstellung

Im *Kapitel 5* sollen die folgenden Fragen beantwortet werden:

- *In welchen Bezugsrahmen werden die Einzelaspekte zur Beantwortung der zugrundeliegenden Forschungsfrage eingeordnet? Welche theoretischen Konzepte und Ansätze werden dazu herangezogen? (Kapitel 5.1)*

  Das erste Ziel des Abschnitts ist die inhaltliche Systematisierung der Entscheidungsaufgabe. Mit dieser wird das bisherige Wissen für die vorliegende Untersuchung nutzbar gemacht und in einen Bezugs- bzw. Gestaltungsrahmen eingeordnet. Er nutzt das im bisherigen Verlauf bereits gebrauchte Grundgerüst der Entscheidungslogik (*Kapitel 5.1.1*), das durch den Konfigurationsansatz weiter inhaltlich ausgefüllt wird (*Kapitel 5.1.2*) und sich der Methodik der Hypothesengenerierung bedient (*Kapitel 5.1.3*).

- *Welchen Entwicklungsweg sollte ein Unternehmen in Anbetracht der Entscheidungssituation wählen, um dadurch das Wertsteigerungsziel des Unternehmens am besten zu unterstützen?* (*Kapitel 5.2*)

Das zweite Ziel des Abschnitts ist die Erarbeitung einer Entscheidungslogik, mit der eine zu präferierende Handlungsalternative, im Sinne einer satisfizierenden (relativ überlegenen) Lösung, identifiziert werden kann. Nach der Aufstellung von Designkriterien (*Kapitel 5.2.1*) erfolgt dazu die Herausbildung konkreter Hypothesen durch Betrachtung charakteristischer Entscheidungsdeterminanten aus dem internen (Unternehmenstypen) (*Kapitel 5.2.2*) und externen Umfeld (Markttypen) (*Kapitel 5.2.3*). Durch die Untersuchung des Aufeinandertreffens von Unternehmens- und Markttypen in Konfigurationen werden, nach Betrachtung potenziell limitierender Faktoren (*Kapitel 0*), Handlungsempfehlungen für die strategische Entscheidung über den Entwicklungsweg abgeleitet (*Kapitel 5.2.5*).

5.1 Konstruktion eines konzeptionellen Bezugsrahmens

5.1.1 Grundgerüst der Entscheidungslogik

5.1.1.1 Grundlagen

Entwicklungs- und Wachstumsstrategien stellen die Planung des zukünftigen Verhaltens des Unternehmens dar. Mit dem hier entwickelten Verständnis legen sie fest, wie das Portfolio der Geschäftsfelder weiter entwickelt werden soll. Die im Kern der Untersuchung stehende Frage, mit welchem Entwicklungsweg diese Entwicklung vollzogen werden sollte, gehört zu den komplexesten Aufgaben des strategischen Managements und hat einen erheblichen Einfluss auf den langfristigen Erfolg des Unternehmens. Um dieser Bedeutung gerecht zu werden, ist ein systematisches Vorgehen zur Entscheidungsfindung notwendig. Dieses bedarf eines bestimmten Gerüsts, das die Erfassung und integrative Sichtweise der vielfältigen relevanten Entscheidungsbestandteile erlaubt. Es ist ein gestaltungsorientierter Bezugsrahmen zu entwickeln, der Ziele, Aktionsparameter und Einflussgrößen erfasst und Aussagen über die Beziehungen und Wirkungen dieser Gesichtspunkte zulässt (vgl. zu dieser Vorgehensweise Hungenberg 1995, 100; ferner Grochla 1982, 14-18; Grochla 1978, 61-65). Die Herausbildung eines solchen Bezugsrahmens entspricht der hier vertretenen Sichtweise der Betriebswirtschaftslehre, die sowohl für theoretische Konsistenz als auch Anwendungsorientierung steht (vgl. Hutzschenreuter 2006, 123; Hungenberg 1995, 7-9; sowie *Kapitel 1.4.1*).

Eine Struktur, die die skizzierten Anforderungen erfüllen kann, wird durch den entscheidungslogisch orientierten Ansatz bereitgestellt. Die Ursprünge des Ansatzes stammen aus der Organisationstheorie und beschäftigen sich mit der Wahl der Organisationsform als Entscheidungsproblem zwischen mehreren koordinativen Regelungen nach Maßgabe bestimmter Ziele (vgl. Laux 1992, Sp. 1735). Der entscheidungslogisch orientierte Ansatz hat die Absicht, Entscheidungen dieser Art zu systematisieren und mit Hilfe formallogischer Modelle eine im Hinblick auf das angestrebte Ziel beste (optimale) Lösung zu identifizieren (vgl. Schreyögg 2002, 67). Damit bietet der Ansatz einen Mehrwert in zweierlei Hinsicht: zum einen führt er ein Entscheidungsproblem konkreten Handlungsempfehlungen zu. Zum anderen ordnet er hochkomplexe Problemfälle in eine analytisch korrekte und logisch nachvollziehbare Systematik. In dieser Möglichkeit der Eingrenzung, klaren Abbildung und umfassenden Durchdringung von Entscheidungsproblemen wird oftmals sogar der maßgebliche Nutzen gesehen (vgl. Hutzschenreuter 2006, 135; Frese 1992, 225-226).

Die Grundbausteine des entscheidungslogischen Bezugrahmens werden durch Entscheidungsziele, -alternativen und -bedingungen repräsentiert (vgl. Grochla 1982, 14-18). Sie wurden deshalb bewusst in den vorangehenden Kapiteln zunächst getrennt voneinander betrachtet, um jetzt in einer integrierten Betrachtung zusammengeführt zu werden.

- ***Entscheidungsziele***: Hauptaufgabe unternehmerischen Handelns stellt zielgerichtetes Entscheiden dar. Die Wertigkeit einer Entscheidung wird daran gemessen, inwieweit sie zur Zielerreichung beiträgt.

  Kapitel 2 hat gezeigt, dass die Zielsetzung der vorliegenden Untersuchung aus dem übergeordneten Unternehmensziel der Wertsteigerung abgeleitet wird und betrachtet die Entscheidung aus der ökonomisch wertorientierten Perspektive. An diesem Oberziel setzt die Ausgestaltung der Unternehmensentwicklung an, die im Rahmen von Unternehmens- und Wettbewerbsstrategien die Entwicklungsstrategie festzulegen hat. Deren Umsetzung bildet die zweite Zielebene.

  Kapitel 3.4 brachte die wichtige Erkenntnis, dass aufgrund gravierender Quantifizierungsprobleme und Informationsunschärfen eine rein finanziell-quantitative Bewertung als nicht ausreichend bzw. zum Entscheidungszeitpunkt nicht durchführbar angesehen wird. Infolgedessen wurde die Perspektive der strategischen Wertorientierung eingeführt und die strategisch-qualitative Zielebene durch die Betrachtung von Wertpotenzialen weiter aufgeschlüsselt. Dies führte zur Feststellung, dass durch einen Entwicklungsweg unterschiedliche Wertpotenziale erschlossen werden können, die in Abhängigkeit interner und externer Bedingungen unterschiedlich relevant sind. Es gilt folglich die situative Vorteilhaftigkeit der Alternativen zu untersuchen. An die Stelle des Oberziels rücken aus diesem

Grund Ersatz- oder Effizienzkriterien, die die (relative) Zielwirkung der Alternativen im gegebenen Kontext erfassen und beurteilen können (vgl. ähnlich Hutzschenreuter 2006, 123; Hungenberg 1995, 108-112).

- ***Entscheidungsalternativen***: Ziele werden erreicht, indem bestimmte Aktionsparameter problemspezifisch angewendet bzw. ausgestaltet werden. Sie führen dementsprechend zu unterschiedlichen Zielerreichungsgraden.

  Kapitel 3 hat den Alternativenraum erläutert. Er besteht aus drei Entwicklungswegen, die als grundsätzlich gleichwertige Instrumente zur Umsetzung von Entwicklungsstrategien aus rational-sachlicher Sicht und zur Wertsteigerung aus rational-ökonomischer Sicht anzusehen sind. Sie werden zunächst in aggregierter Form zu Interne Entwicklung (*build*), Strategische Allianz (*ally*) und Strategische Akquisition (*acquire*) klassifiziert, so dass die Entscheidung über den Entwicklungsweg einer „*Weichenstellung*" in der Unternehmensführung gleichkommt. Darüber hinaus haben die Ausführungen gezeigt, dass die Alternativen jeweils ein Spektrum an Ausgestaltungsmöglichkeiten beinhalten. Auf diese Unterebene wird in der weiteren Untersuchung nötigenfalls eingegangen werden müssen, um die Entscheidungsempfehlung deutlicher zu machen.

- ***Entscheidungsbedingungen*** (Rahmenbedingungen): Die Zielerreichungsgrade sind nicht immer gleich, so dass keine der Entscheidungsalternativen den anderen als à priori überlegen angesehen werden könnte. Dies ist der Tatsache geschuldet, dass Entscheidungen in einem situativen Kontext getroffen werden. Einflussgrößen unternehmensinterner und -externer Art stecken die Ausgangssituation für die Entscheidung ab, mit der das Unternehmen zu einem bestimmten Zeitpunkt durch die Unternehmensführung gedanklich erfasst wird. Die Kontextfaktoren bestimmen die Entscheidung mit, da sie auf die Höhe der Nutzen und Kosten einer Alternative einwirken. Sie nehmen somit Einfluss darauf, inwieweit die Entscheidungsziele erreicht werden können, so dass die Alternativenauswahl nur in engster Abstimmung mit der jeweiligen Situation stattfinden kann.

  Kapitel 4 hat ausführlich gezeigt, dass mit der Industrieökonomik, der Ressourcentheorie, dem Transaktionskostenansatz und der Realoptionstheorie ökonomische Handlungs- und Gestaltungstheorien zur Verfügung stehen, die situative Bedingungen – zumindest in Teilen – erfassen. Sie liefern wichtige Beiträge zur Identifizierung von Effizienzkriterien, die Aussagen darüber treffen können, welche Wirkung die Entwicklungswege in bestimmten situativen Gegebenheiten hervorrufen. Gerade durch die auf den theoretischen Ansätzen basierenden empirischen Untersuchungen konnten einzelne Kontextfaktoren aufgeschlüsselt werden und kontingenz- und performancetheoretischer Erklärungsbeiträge abgeleitet werden.

- ***Entscheidungsergebnis***: Die Bewertung der Entscheidungsalternativen anhand der Effizienzkriterien in einer bestimmten Entscheidungssituation führt zur Ableitung einer Handlungsempfehlung bezogen auf die Auswahl des Entwicklungsweges. Sie stellt das Entscheidungsergebnis dar.

Aufgabe der folgenden Betrachtung wird es sein, zum einen die wesentlichen Einflussgrößen herauszuarbeiten und zum anderen diese zu Auswirkungen zu verdichten (vgl. zu dieser Vorgehensweise Hutzschenreuter 2006, 135; Hungenberg 1995, 139). Im Ergebnis werden idealtypische Entscheidungs- oder Ausgangssituationen zu betrachten sein, für die die Alternativenwirkung konkret abgeschätzt und damit eine Handlungsempfehlung abgegeben werden kann.

5.1.1.2 Kritische Betrachtung

Das Grundgerüst der Entscheidungslogik ermöglicht die systematische Einordnung und Integration der bisherigen (Einzel-)Erkenntnisse in einen gemeinsamen Rahmen. Das hier vorliegende Entscheidungsproblem, das sich im Laufe der Betrachtung bis dato als besonders umfassend, diffus und von vornherein schlecht strukturiert dargestellt hat, kann auf diese Weise in eine durchgehende Logik gegliedert werden. Gleichzeitig wird verhindert, dass wesentliche, problemrelevante Aspekte auf der Strecke bleiben (vgl. ausführlich zu den Vorteilen der Entscheidungslogik Grochla 1982, 14-18). Der entscheidungslogische Ansatz trägt durch die Verdichtung der Alternativen und die Herausbildung von idealtypischen Entscheidungssituationen wesentlich zu einer Komplexitätsreduktion bei, da in Anbetracht der Vielschichtigkeit der Forschungsfrage ein operationales Maß hergestellt wird. Das bisherige Gerüst erlaubt zudem eine weitere inhaltliche Ausgestaltung durch den Konfigurationsansatz und den Einbau von Hypothesen.

An den aufgezeigten Bausteinen der Entscheidungslogik kann kritisiert werden, dass die Verdichtung und Vereinfachung der einzelnen Elemente zu einer mehr oder minder starken Abstraktion des Einzelfalls führt. Die Erschaffung anerkannter Grundlagen, die in einer spezifischen Unternehmenssituation durch weitere Detaillierungen nutzbar gemacht werden können, sowie die bessere Kommunizierbarkeit und Nachvollziehbarkeit der Entscheidungsempfehlungen sollten diesen Umstand jedoch mehr als wettmachen.

Das getroffene Fazit, dass ein mathematisches Optimierungsverfahren mit quantitativer Bestimmung von Effizienzgraden, in Anbetracht der zum Entscheidungszeitpunkt analytisch nur schwer bestimmbaren oder schlicht nicht vorliegenden Basisdaten, nicht erwartet werden kann, stellt einen weiteren Kritikpunkt dar. Durch die gewählte Vorgehensweise der primär strategisch-qualitativen Betrachtung von Ersatz- und Effizienzkriterien ist abzusehen, dass die zu treffenden Handlungsempfehlungen prämissenbezogene und heuristische Aussagen darstellen werden. Somit werden unter Umständen „*second-best Lösungen*“ gebilligt werden müssen (vgl. zu dieser Anschauung Meckl 2000, 116).

Es sei an dieser Stelle jedoch erneut betont, dass bereits die strukturierte und konsistente Vorgehensweise zur Entscheidungsfindung einen nicht zu unterschätzenden Mehrwert bietet (vgl. Brouthers/Hennart 2007, 419). In der weiteren inhaltlichen Durchdringung wird es daher entscheidend sein, durch transparente Herleitungen und intersubjektive Nachvollziehbarkeit die Stärken des Ansatzes auszuspielen.

5.1.2 Konfigurationsansatz

5.1.2.1 Grundlagen

Die empirischen Untersuchungen in *Kapitel 4* haben in ihrer Gesamtheit die Relevanz unterschiedlichster Kontextfaktoren belegt. Bedauernswerterweise ist jedoch festzustellen, dass die bestehende Forschung entweder eine Liste von Erwägungen ohne grundlegende Konstrukte präsentiert oder jede Kontextvariable in Isolation betrachtet. Im Ergebnis ist eine unsystematische Auflistung verschiedenster Variablen zu diagnostizieren, die zumeist nicht miteinander verbunden werden (vgl. zu dieser Feststellung stellvertretend Hill et al. 1990, 117). So wird in wissenschaftlichen Beiträgen nach wie vor der Ruf nach einem umfassenden Rahmen laut, der multitheoretische und sich ergänzende Erklärungsansätze einschließt, mehrere Faktoren mit einbezieht und zudem stärker auf das Zusammenwirken der Faktoren fokussiert (vgl. Brouthers/Hennart 2007, 419-420; Morschett 2006, 23; Hill et al. 1990, 117). Nur Entscheidungsmodelle, die auf eine kollektive und interdependente Betrachtung von Kontextvariablen abzielen, werden Forschern ein besseres Verständnis über Entwicklungswege eröffnen und vor allem zu einer realitätsnaheren Entscheidungshilfe für die Unternehmenspraxis führen (vgl. Brouthers/Hennart 2007, 419; Chan Kim/Hwang 1992). Folglich ist eine inhaltliche Struktur zu erschaffen, die eine Ordnung mehrerer Einflussfaktoren und eine darauf basierende Auswahl der Entscheidungsalternativen erlaubt.

Eine Vorgehensweise, die dies zu leisten vermag, wird im konfigurationstheoretischen Ansatz gesehen. Der Konfigurationsansatz entstammt der Organisationstheorie „(…) *to denote any multidimensional constellation of conceptually distinct characteristics that commonly occur together. Numerous dimensions of environments, industries, technologies, strategies, structures, cultures, ideologies, groups, members, processes, practices, beliefs, and outcomes have been said to cluster into configurations, archetypes, or gestalts*“ (Meyer et al. 1993, 1175). Er wird vor allem in der angloamerikanischen Literatur verstärkt zur Behandlung betriebswirtschaftlicher Problemstellungen herangezogen (vgl. u.a. Ketchen et al. 1997; Doty et al. 1993; Miller et al. 1984; Meyer et al. 1993; Miller/Friesen 1980), während er sich im deutschen Sprachraum eher zögerlich in wissenschaftlichen Beiträgen wiederfindet.

Der Grundgedanke des Ansatzes ist die Definition von Konfigurationen. Eine Konfiguration zeichnet sich dadurch aus, dass sie eine Gruppe in sich als homogen anzusehender Unternehmen darstellt, die sich durch ähnliche Muster oder Ausprägungskonstellationen mehrerer interdependenter unternehmensinterner und -externer Kontextfaktoren charakterisieren lässt (vgl. Henselek 1996, 50; Miller 1981, 1-26; Khandwalla 1973, 481-495). Die dabei prinzipiell in Frage kommenden Kontextfaktoren wurden durch MEYER ET AL. weiter oben bereits ausgeführt: typische unternehmensinterne Merkmale sind die Organisations- und Koordinationsstrukturen, während unternehmensexterne Merkmale auf die Wettbewerbsintensität und/oder die Technologieentwicklung abzielen.

Konfigurationen lassen sich durch zwei essentielle Kennzeichen genauer veranschaulichen, die *Multidimensionalität* und die *Interaktion* zwischen den Kontextfaktoren (vgl. Scherer/Beyer 1998, 336). Zum einen erlaubt die Konfiguration die Einbeziehung mehrerer, vielfältiger Kontextfaktoren, die gleichzeitig auf das Untersuchungsobjekt einwirken (vgl. Veliyath/Srinivasan 1995, 205 u. 209). Zum anderen kann durch das Zusammenbringen interner und externer Kontextfaktorausprägungen das Beziehungsgeflecht zwischen den Faktoren beleuchtet werden, in dem diese sich wechselseitig beeinflussen und in verschiedenen Konfigurationen jeweils unterschiedliche Wirkungen hervorrufen (vgl. Doty/Glick 1994, 235 u. 244).

Im Zentrum des Konfigurationsansatzes steht das Ziel der Bildung von Konfigurationen, die sich durch Stimmigkeit („*Fit*") auszeichnen. Das Fit-Konzept ist besonders eindringlich durch die Beiträge des Strategischen Managements verbreitet worden. Es ist sowohl als Zustand als auch als Prozess anzusehen, bei dem eine Abstimmung der Organisation mit der Unternehmenssituation stattfindet. Auf diese Weise richten sich Organisationen auf ihre Umgebung aus und stellen sicher, dass die internen Ressourcen diese Ausrichtung unterstützen (vgl. Miles/Snow 1984, 11). Dieser Vorgang des „*matching*" oder auch „*alignment*" der unternehmensinternen und -externen Merkmale eines Unternehmens wird als Kernbestandteil der Strategiefindung angesehen (vgl. Schendel/Hofer 1979, 6-8).

In den Mittelpunkt der Forschungsbemühungen rückt damit die Ermittlung stimmiger Muster (Typen) von Kontextausprägungen (vgl. Wolf 2000, 17). Die Stimmigkeit bezieht sich sowohl auf die internen Merkmalsausprägungen (Konsistenz) als auch auf die externen Merkmalsausprägungen (Kongruenz) (vgl. Henselek 1996, 51). Der anzustrebende, weil erfolgversprechendste Typ, ist durch internen und externen Fit charakterisiert. Er wird als „*Gestalt*" oder „*Archetypus*" bezeichnet (vgl. Miles/Snow 1984, 15; Dess et al. 1993, 776). Unter der dazu gegensätzlichen Form ohne Fit, wird eine „*Missgestalt*“ verstanden. Dazwischen liegen Konfigurationen, bei denen entweder die interne oder die externe Stimmigkeit gegeben sind (vgl. zusammenfassend *Abb. 41*).

Konsistenz / Kongruenz	Ja	Nein
Ja	Gestalt	Kongruente Konfiguration
Nein	Konsistente Konfiguration	Missgestalt

Abb. 41 Arten von Konfigurationen

Quelle: (Henselek 1996), 51

Typenbildung und Taxonomie

Die Menge an aus theoretischer Sicht möglichen Konfigurationen ist zunächst noch wenig überschaubar, da diese aus der Permutation jeder Ausprägung eines der internen und externen Merkmale mit jeder Ausprägung aller anderen Merkmale entstehen würde. Sowohl vor dem Hintergrund der konzeptionellen Handhabbarkeit als auch der empirischen Relevanz ist diese Methode wenig zielführend. MEYER ET AL. wie auch MILLER/FRIESEN treten deshalb für eine Typisierung ein, bei der Cluster im Sinne von „*Sets*“ unterschiedlicher Konfigurationen gebildet werden, mit denen ein Großteil der Untersuchungspopulation abgedeckt werden kann (vgl. Meyer et al. 1993, 1176; Miller et al. 1984, 12). Unternehmen innerhalb eines Clusters sind dabei ähnlichen Bedingungen ausgesetzt.

Prinzipiell lassen sich mit der *Typenbildung* und der *Taxonomie* zwei methodische Wege unterscheiden, wie solche Konfigurationen identifiziert und beschrieben werden können (vgl. Meyer et al. 1993, 1182-1184; Miller et al. 1984, 31ff). Bei der Typenbildung wird auf die gedanklich konzeptionelle Herausbildung von Konfigurationen zurückgegriffen, während bei der Taxonomie konsistente Muster aus dem empirischen Datenmaterial multivariater statistischer Untersuchungen erfasst werden (vgl. Scherer/Beyer 1998, 337-339). Sie fußt damit auf der Identifikation und Extrahierung natürlich auftretender, statistisch signifikanter und unterschiedlicher Merkmalsausprägungen, während im ersten Falle eher „*Kunstprodukte*“, die auf einer theoretischen Konstruktion beruhen, zu Konfigurationen führen (vgl. Wolf 2000, 35; Venkatraman 1989, 433).

Für die weitere Vorgehensweise bleibt festzuhalten, dass keine der beiden Herleitungsformen für Konfigurationen der anderen als eindeutig vorzugswürdig erachtet werden kann (vgl.

Doty/Glick 1994, 238-239). Letztlich spiegelt sich in dieser Frage die bereits lange anhaltende Auseinandersetzung wider, ob die Quelle der Erkenntnis im Verstand (Rationalismus) oder in der Wahrnehmung und Erfahrung (Empirismus) zu finden ist (vgl. Scherer/Beyer 1998, 337). MEYER ET AL. verweisen an dieser Stelle zu Recht darauf, dass eine solche Trennung eher künstlich erscheint und der Diskussion kaum förderlich ist (vgl. Meyer et al. 1993, 1183). So soll auch bezogen auf das hier vorliegende Forschungsproblem die bereits in *Kapitel 4* vollzogene, sinnvolle Ergänzung theoriegestützter und empirisch relevanter Erkenntnisse zur Konfigurationsbetrachtung herangezogen werden.

Erfolgswirkung von Konfigurationen

Der wohl wichtigste Gesichtspunkt des Konfigurationsansatzes ist die Auffassung, dass eine Abstimmung zwischen der Unternehmenssituation und den Gestaltungselementen eines Unternehmens zu einer verbesserten Performance im Vergleich zu Unternehmen, bei denen diese Abstimmung nicht vorliegt, führt. Die zugrundeliegende Annahme ist, dass es zwar viele Wege zur Zielerreichung gibt, jedoch nicht alle denkbaren Alternativen zum Erfolg führen. Vielmehr ist der Erfolg von der engen Abstimmung mit dem jeweiligen Kontext abhängig (vgl. Scherer/Beyer 1998, 337). Liegt eine durch Stimmigkeit gekennzeichnete Konstellation vor, so wird dies als erfolgskonstitutiver Faktor für das Unternehmen angesehen (vgl. z.B. Meckl 2000, 117). So stellt bereits KHANDWALLA (1973, 493) heraus „(...) *that the gestalt or configuration of an organization is likely to be a more potent determinant of its effectiveness than any of the individual components of this configuration, and particularly so if the configuration is the 'right' one; that is, if it fits the firm's situation.*"

Der Zusammenhang zwischen Stimmigkeit der Unternehmensstrukturen und Unternehmenserfolg wurde bereits früh durch empirische Untersuchungen bestätigt (vgl. ausführlich Lawrence/Lorsch 1969; Chandler 2001). Auch in den hier zugrundeliegenden Untersuchungsfokus hat diese Betrachtung Einzug gehalten. Beispielsweise hat SHAVER die Erfolgsimplikationen der Wahl des Entwicklungsweges, die auf der Abstimmung mit bestimmten Kontextvariablen beruht, untersucht (vgl. 1998). Er kam zu dem Resultat, dass Firmen, die die Wahl so trafen, dass sie mit den Vorhersagen der Variablen übereinstimmten, bessere Ergebnisse erzielten als Firmen, deren Wahl nicht konform war. BROUTHERS ET AL. untersuchten die Wahl auf Basis des Eklektischen Paradigmas und fanden heraus, dass die Firmen, die ihre Entscheidung danach richteten, einen signifikant größeren Unternehmenserfolg verbuchen konnten (vgl. 1999). In einer späteren Untersuchung derselben Forschergruppe konnte diese Ansicht durch Heranziehen eines weiteren kontextbasierten Modells, des „*extended transaction cost model*", bestätigt werden (Brouthers 2002, 215, 218). Andere Arbeiten kamen zu ähnlichen Resultaten, die belegen, dass Unternehmen, deren Wahl des Entwicklungsweges durch Kontextfaktoren *„vorhergesagt“* werden konnte, in finanzieller wie auch nicht-finanzieller Hinsicht erfolgreicher sind (vgl. z.B. Brouthers/Hennart 2007, 413; Aulakh/Kotabe 1997).

Dies legt den für die weitere Untersuchung essentiellen Schluss nahe, dass der Konfigurationsansatz normativen Charakter für die Unternehmensführung aufweist, da für eine gegebene Kontextkonstellation die erfolgreiche Handlungsalternative für ein Unternehmen bestimmt werden kann (vgl. Brouthers 2002, 204; Meckl 2000, 117).

5.1.2.2 Theoretische Position

Die im vorherigen Abschnitt herausgestellte Erklärungskraft des Konfigurationsansatzes kann ferner durch seine theoretische Positionierung gesteigert werden. Er kann als Synthese aus zwei weiteren organisationstheoretischen Strömungen gewertet werden, deren Schwächen er ausmerzen kann: dem *systemtheoretischen* und dem *situativen* Ansatz.

Die *Systemtheorie* beschränkt sich in erster Linie auf die Konstruktion allgemeiner Rahmenmodelle zur Abbildung von Beziehungen in und zwischen organisatorischen Gebilden (vgl. Meckl 2000, 117). Ein Charakteristikum dieser theoretischen Ansätze ist der Anspruch, eine formale Theorie zu erarbeiten, die möglichst umfassend anwendbar ist. Aus Forschungssicht führt dies zu einer ganzheitlichen Betrachtung des Untersuchungsobjekts. Die abgeleiteten Aussagen weisen aufgrund eines hohen Abstraktionsgrades eine große Allgemeinheit auf, was den Vorteil der Multikausalität hat (vgl. Henselek 1996, 63; Wolf 1994, 59). Im Einzelfall oder auch für Gruppen von Unternehmen sind die Wirkungszusammenhänge jedoch kaum direkt nutzbar, da sie letztendlich zu generalistisch sind (vgl. Meckl 2000, 117). Demgegenüber bietet der Konfigurationsansatz den Vorteil der konkreten Anwendbarkeit, da er durch die Typisierung für konkrete Untersuchungsgegenstände eingesetzt werden kann (vgl. dazu die Gegenüberstellung in *Abb. 42*).

Die Kontingenztheorie (situativer Ansatz) begegnet der Kritik an der generalistischen Ausrichtung der Systemtheorie, indem sie die Gestaltung von Organisationsstrukturen nicht an einem allgemein gültigen Ideal orientiert, sondern von situativen Bedingungen (Kontingenzfaktoren) abhängig macht (vgl. Scherer/Beyer 1998, 334). Anstelle eines *„one best way of management“* rückt der *„one best way for each given situation“*, der die Betrachtung der Ausprägungen des internen und externen Kontexts in die Beurteilung der Vorteilhaftigkeit einer organisatorischen Struktur mit einbezieht (vgl. Scherer/Beyer 1998, 334; Kieser/Kubicek 1992, 45-47). Der situative Ansatz stützt sich dabei auf einige wenige Einflussvariablen als erklärende Größen für die Unternehmensstruktur. Dies hat ihm die Kritik eingebracht, zu komplexitätsverkürzende und *„partikularistische“* Einzelaussagen hervorzubringen, die letztlich erkenntnisverfälschend sein können (vgl. Macharzina/Wolf 2005, 76).

Merkmal \ Ansatz	Situativer Ansatz	Konfigurationsansatz	Systemtheoretischer Ansatz
Variablenanzahl	Bivariabel oder begrenzt multivariabel	Multivariabel/ganzheitlich	Ganzheitlich
Beziehungen	Dependent: unidirektional und linear	Interdependent und nicht linear	Interdependent
Forschungsmethode	Empirisch	Empirisch/theoretisch	Theoretisch
Zeitaspekt	Zeitpunktbezogen; zustandsbezogene Querschnitts-untersuchung	Zeitpunkt-/zeitraumbezogen; zustands- und prozessbezogene Längsschnittuntersuchung	Theoretisch: Systemzustand, Systemverhalten
Fit-Verständnis	Externer Fit	Externer und interner Fit, konkret, typbezogen	Externer und interner Fit, abstrakt

Abb. 42 Vergleich theoretischer Ansätze

Quelle: Eigene Darstellung, in Anlehnung an Henselek 1996, 62

Der Konfigurationsansatz, der als Fortentwicklung des situativen Ansatzes auch neokontingenztheoretischer Ansatz genannt wird (vgl. Bufka 1997, 101-107; Breilmann 1990, 95-103), lässt ein höheres Maß an Komplexität zu (vgl. dazu die Gegenüberstellung in *Abb. 42*). Eine zu einseitige Abhängigkeitsbetrachtung wird von der Analyse eines sich wechselseitig beeinflussenden Beziehungsgeflechts an Einflussvariablen abgelöst (vgl. Doty/Glick 1994, 244). Der durch die Situationsorientierung bedingten Einschränkung der Untersuchung begegnet der Konfigurationsansatz durch die Bildung von Clustern von Unternehmen, die ähnlichen Bedingungen, also Situationen, gegenüberstehen (vgl. dazu und im Folgenden Meckl 2000, 118). Durch die Typisierung der Cluster können strukturelle Gestaltungsempfehlungen für einen Typ abgegeben werden. Somit löst die interdependente Betrachtung die einseitige situative Herangehensweise ab. Die Clusterbildung führt zu einer übersichtlichen Strukturierung der Untersuchungsgesamtheit, die infolgedessen pro Typ und in den Übergängen von einem Typ zu einem anderen, einschließlich der damit verbundenen Variablenänderungen, diskutiert werden kann. Der Konfigurationsansatz ist durch diese Charakteristika realitätsnäher und als Instrument besser geeignet als die konkurrierenden Herangehensweisen (vgl. zusammenfassend *Abb. 42*).

5.1.2.3 Kritische Betrachtung

Zusammen mit den vorhergehenden Ausführungen kann festgehalten werden, dass der Konfigurationsansatz methodische, inhaltliche und konzeptionelle Vorzüge aufweist (vgl. im

Folgenden insbesondere Henselek 1996, 63-64; Dess et al. 1993, 775-777; Meyer et al. 1993, 1176-1179; Ketchen et al. 1993, 1278-1280; Macharzina/Engelhard 1991, 31 u. 36):

- ***Komplexitätsreduktion***: Der Konfigurationsansatz verhilft der Untersuchung der Fragestellung zu einer weiteren Komplexitätsreduktion. Die herausgebildeten Konfigurationen stellen „*reine*" Typen von Unternehmen dar und repräsentieren damit Unternehmen mit homogenen internen und externen Merkmalen. Ihre überschaubare Anzahl verhilft der Betrachtung zur Handhabbarkeit komplexer Problemstellungen bei gleichzeitiger Bewahrung konkreter, typenbezogener Analysen und Ableitung von Handlungsempfehlungen.
- ***Multivariate Einflüsse***: Die Typenbilden fußt auf einer breiten Genesebasis mit konzeptionellen und empirischen Bestandteilen. Dies erlaubt eine verbesserte Abbildung der Realität, da einzelne Wissensbestandteile aus theoretisch abgesicherter, wie auch experimentell erwiesener Sicht zusammengebracht werden.
- ***Breite Anwendbarkeit***: Der Ansatz kann auf eine Vielzahl betriebswirtschaftlicher Fragestellungen angewendet werden und ist nicht nur auf Typen von Unternehmen beschränkt. Mit der ganzheitlichen Abstimmung interner und externer Variablen ist er in der Lage, jegliche Untersuchungsobjekte auf nahezu allen Ebenen der Organisation (Gruppen, Abteilungen, Individuen) abzubilden und der Auffindung von Strukturen in einer komplexen Umwelt dienlich zu sein.
- ***Normative Ausrichtung***: Die erfolgsbezogene Auswertung von Konfigurationen trägt zu einer normativen Theorie der Unternehmensführung bei. Durch die Kombination unternehmensinterner und -externer Merkmale und die Effizienzbetrachtung dieser Konfigurationen unterstützt der Ansatz die Unternehmensführung in der Entscheidungsfindung, in dem er vorstrukturierte Handlungsempfehlungen bereitstellt und dadurch zügiges Handeln fördert.

Andererseits bringt die Vorgehensweise anhand von Clustern und Typen auch Schwächen mit sich (vgl. im Folgenden insbesondere Ketchen et al. 1997; Henselek 1996, 45-47; Dess et al. 1993, 781; Ketchen et al. 1993, 1279-1281):

- ***Nachweis- und Abgrenzungsprobleme***: Die eindeutige Beschreibung und Abgrenzung von Konfigurationen kann sich in der konkreten Untersuchung schwierig gestalten. So ist es bisher relativ selten gelungen, die Existenz und Beständigkeit von Konfigurationen in empirischen Untersuchungen nachzuweisen. Gerade in Fällen, in denen Unternehmen empirisch keiner Konfiguration zugeordnet werden können, tritt ein Erklärungsdefizit auf.
- ***Erfolgszusammenhang***: Der Nachweis des Erfolges ist ebenso mit Schwierigkeiten verbunden. Woran sollte dieser gemessen werden und wie ist es zu interpretieren, wenn „*Missgestalten*" trotzdem Erfolge verbuchen können? Die zentrale Aussage des Konfigu-

rationsansatzes, dass ein Fit zum (größeren) Unternehmenserfolg führt, birgt die Gefahr der Tautologie in sich, da bei erfolgreichen Unternehmen die Zusammenhänge oft vorschnell als stimmig interpretiert werden. Der Nachweis signifikanter Beziehungen zwischen Konfigurationen und Erfolg sowie die Überwindung von Mess- und Definitionsproblemen bleiben weiterhin die Hauptherausforderung des Ansatzes.

Angesichts dieser differenzierten Betrachtung ist der Konfigurationsansatz zwar nicht makellos, bietet aber gerade im Vergleich zu den betrachteten alternative Vorgehensweisen das größte Erkenntnispotenzial (vgl. Wolf 2000, 123).

5.1.3 Methodik der Hypothesengenerierung

Zur Ausfüllung des entscheidungslogischen Rahmens und weiteren inhaltlichen Durchdringung des Konfigurationsansatzes wird für die Ableitung von Handlungsempfehlungen auf die Methodik der Hypothesengenerierung bzw. des Hypothesentests zurückgegriffen. Allgemein stellen hypothesenprüfende Untersuchungen ein weit verbreitetes wissenschaftliches Forschungsinstrument dar, das Annahmen über bestimmte Zusammenhänge, Unterschiede und Veränderungen ausgewählter Merkmale bestimmter Untersuchungsobjekte testet (vgl. Bortz/Döring 2002, 491-492). Vor Durchführung der Untersuchung werden dabei auf Basis von bestehenden Theorien und praktischen Vorkenntnissen möglichst präzise Hypothesen abgeleitet, die den vermuteten Zusammenhang zwischen mindestens zwei Sachverhalten darstellen (vgl. Kromrey 2002, 48). Zu Erfüllung des Anspruchs einer wissenschaftlichen Hypothese sollten grundlegende Kriterien für die vorliegende Forschungsthematik erfüllt sein (vgl. im Folgenden Bortz/Döring 2002, 7-8; Kromrey 2002, 48-58):

- ***Allgemeingültigkeit***: Eine wissenschaftliche Hypothese ist eine allgemeingültige, über singuläre Ereignisse hinausreichende Vermutung. Dieser Anforderung kann entsprochen werden, da die Untersuchung von Entwicklungswegen nicht auf ein einzelnes Unternehmen begrenzt ist, sondern auf mehrere Unternehmen bezogen wird.
- ***Konditionale Struktur***: Wissenschaftliche Hypothesen sollten die Formalstruktur eines Konditionalsatzes wahren. Dies wird durch Formulierung von (impliziten) „*Wenn-Dann-Sätzen*" erreicht.
- ***Realitätsnähe***: Eine wissenschaftliche Hypothese sollte sich auf reale Tatbestände beziehen, die empirisch untersucht werden können. In der folgenden Betrachtung können die Vermutungen über die Entwicklungsschritte an in der Praxis auftretenden Unternehmensentscheidungen gespiegelt werden.

- ***Falsifizierbarkeit***: Die gebildeten Hypothesen müssen an der empirischen Erfahrung scheitern können, also falsifizierbar sein. Gleichzeitig bedeutet dies, dass die Hypothesengenerierung an den Anfang der Forschungstätigkeit gestellt wird.

Die Stärke des Hypothesentests erwächst aus der Ableitung von Annahmen aus verfügbarem theoretischem und praktischem Wissen, was ein hohes Maß an Überschneidungsfreiheit (Konsistenz) und Vollständigkeit gewährleistet. Im Weiteren gründet sein Erkenntnispotenzial auf der Überprüfung der Gültigkeit von Hypothesen durch Spiegelung konzeptioneller Erkenntnisse an der Praxis. Da die theoretische Herleitung und die empirische Überprüfung als gleichberechtigte Forschungsbestandteile nebeneinander stehen (vgl. Chmielewicz 1994, 146-149), bedient sich die weitere Betrachtung beider Bestandteile. Im Ergebnis soll eine möglichst eindeutige Wertung der Hypothesen herbeigeführt und damit ein möglichst konkreter Beitrag zur praktischen Problemlösung bewirkt werden.

Die aufgezeigte Aussagekraft des Hypothesentest kann hingegen nicht darüber hinwegsehen, dass die ermittelten Hypothesen nur so gut sind, wie die dahinterstehenden Theorien und konzeptionellen Ansätze. Deren Schwächen und mitunter einschränkender Betrachtungsfokus finden sich auch in den abgeleiteten Annahmen wieder. Aus diesem Grund wurden die in *Kapitel 4* vorgestellten Ansätze jeweils kritisch beleuchtet, um sich möglicher Schwachpunkte frühzeitig bewusst zu werden.

5.1.4 Anwendung auf die Forschungsfrage

Die vorgestellten Theoriebausteine (Entscheidungslogik, Konfigurationsansatz, Hypothesengenerierung) stellen Instrumente dar, um die Forschungsfrage dieser Arbeit aus theoretisch konzeptioneller Sicht zu beantworten, da mit ihnen die gebotene Komplexitätsreduktion herbeigeführt werden kann. Sie weisen dabei eine sinnvolle Ergänzung auf: das entscheidungslogische Grundgerüst wird durch konfigurativ orientierte Hypothesen ausgefüllt. Die *Abb. 43* hält diese Zusammenhänge des konzeptionellen Bezugsrahmens fest.

Der Fit-Gedanke des Konfigurationsansatzes wird im Rahmen der Untersuchung nicht auf ganze Unternehmen, sondern auf die individuellen Entscheidungen über den Entwicklungsweg übertragen. Diese Präzisierung ist darin begründet, dass der Zeitpunkt der strategischen Entscheidung durch eine ganz spezifische Ausprägung von Einflussvariablen aus dem internen und externen Unternehmenskontext beschrieben werden kann. Sie lassen sich sowohl in Bezug auf die internen Variablen (Unternehmenstypen) als auch die externen Variablen (Markttypen) maßgeblich unterscheiden. Die anstelle der Gesamtunternehmensperspektive vorgenommene Betrachtung einzelner Entscheidungen verspricht eine präzisere Abbildung der unternehmerischen Realität. Für sie gelte die folgende Vorgehensweise (vgl. Darstellung des Gesamtzusammenhangs in *Abb. 43*):

- ***Betrachtung interner/externer Kontext***: Im erste Schritt sollen die internen Kontextvariablen durch verallgemeinerte Unternehmenskonstellationen sowie die externen Kontextvariablen durch verallgemeinerte Marktkonstellationen analysiert werden. Daraus werden – zunächst voneinander unabhängig – Handlungsempfehlungen (Hypothesen) für die Wahl des Entwicklungsweges aus Sicht der jeweiligen Unternehmens- und Markttypen generiert. Die Handlungsempfehlungen werden auf Basis von Effizienzkriterien ermittelt, die sich aus den zugrunde gelegten Theorien ableiten lassen. Da eine Argumentation mit Hilfe theoretischer Konzepte nicht immer in jeder Beziehung möglich ist, werden unterstützend die thematisch passenden, in *Kapitel 4* identifizierten, empirischen Studien hinzugezogen.

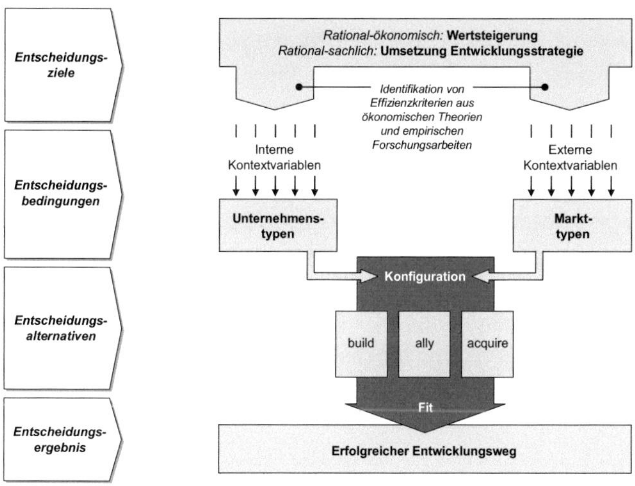

Abb. 43 Zusammenfassung: Konzeptioneller Bezugsrahmen

Quelle: Eigene Darstellung

- ***Konfiguration***: Die Unternehmens- und Markttypen werden im zweiten Schritt zusammengeführt, woraus Konfigurationen entstehen. Für die Konfigurationen wird analysiert, ob und wann durch sie ein Fit (Stimmigkeit) erreicht werden kann, was wiederum durch Heranziehen der Effizienzkriterien sichergestellt wird. Daraufhin werden Hypothesen gebildet, die als Handlungsempfehlungen für die Wahl erfolgversprechender Entwicklungswege anzusehen sind. Im Ergebnis können mit Hilfe von Konfigurationen, im Sinne von „*Idealtypen*“, Empfehlungen für strategische Entscheidungen über den Entwicklungsweg unter bestimmten normativen Bedingungen festgehalten werden, die in Form von „*Vorhersagen*“ verwendet werden können (vgl. Macharzina/Engelhard 1991, 38). Sie treffen Aussagen darüber, welchen Entwicklungsweg ein Unternehmen, das sich realen, von internen und externen Bedingungen bestimmten, Entscheidungssituationen gegenüber sieht, wählen sollte.

Das auf den vorgestellten Theoriebausteinen basierende Entscheidungsmodell, das in dem sich anschließenden *Kapitel 5.2* inhaltlich ausgefüllt wird, erlaubt somit die gleichzeitige Betrachtung mehrerer Variableneinflüsse, was der Realität der unternehmerischen Entscheidungssituation in hohem Maße nahe kommt. Zum einen können für unterschiedliche Konstellationen „*Gestalten*“ für die Umsetzung der Entwicklungsstrategie durch Unternehmenswege, und damit „*echte*“ Hilfestellungen für die Unternehmenstätigkeit, entwickelt werden. Zum anderen erlaubt der Konfigurationsansatz auch dynamische Betrachtungen. Werden Konfigurationen als Gleichgewichte interpretiert, lassen sich dynamische Entwicklungen und Wechsel der Handlungsempfehlungen im Zeitablauf betrachten. Sie repräsentieren dann einen durch Änderung der internen und/oder externen Variablen hervorgerufenen Übergang von einem Gleichgewichtszustand (Fit-Zustand) in einen anderen.

5.2 Ableitung von Handlungsempfehlungen zur strategischen Entscheidung über den Entwicklungsweg

5.2.1 Designkriterien des Entscheidungsmodells

Im Zentrum der Untersuchung steht die Fragestellung:

> *Welchen Entwicklungsweg sollte ein Unternehmen in Anbetracht der Entscheidungssituation wählen, um dadurch das Wertsteigerungsziel des Unternehmens am besten zu unterstützen?*

Zur Beantwortung der Forschungsfrage soll im Folgenden ein theoretisch konzeptionelles Entscheidungsmodell ausgearbeitet werden. Die Ausführungen der dafür eingesetzten „*Vehikel*“ in *Kapitel 5.1* zeigen, dass auf Basis des Konfigurationsansatzes der optimale Fit des strategischen Entwicklungswegs durch Kombination von Unternehmens- und Markttypen für Unternehmen zu untersuchen ist. Zur bestmöglichen Ausfüllung dieses konzeptionellen Bezugsrahmens soll bestimmten Zielsetzungen im Sinne von Designkriterien Folge geleistet werden:

Entscheidungssituation

- Die vorliegende Entscheidungssituation ist von großer Komplexität, Unsicherheit über die weitere Entwicklung und erheblicher Bedeutung für den weiteren Unternehmenserfolg geprägt (vgl. ausführlich *Kapitel 2.2.4*). Das Entscheidungsmodell soll Handlungsempfehlungen für die Entscheidung über den Entwicklungsweg aus strategisch wertorientierter Sicht geben. Für die Planung der strategischen Unternehmensentwicklung repräsentieren sie damit einen „*robusten ersten Schritt*" (vgl. Scholl 2001, 148), der über die strategisch qualitative Vorteilhaftigkeit eines Entwicklungsweges durch eine Konfigurationsbetrachtung Auskunft gibt. Die Ergebnisse des Entscheidungsmodells sind daher aus sequentieller Sicht der Unternehmensplanung als Input-Größen für eine spätere quantitativ finanzielle Prüfung konkreter Opportunitäten zu sehen (vgl. ausführlich dazu Diskussion und Darstellungen in *Kapitel 3.4.3*).

Entscheidungsalternativen

- Die verdichteten Entwicklungswege Interne Entwicklung (*build*), Strategische Allianz (*ally*) und Strategische Akquisition (*acquire*) stehen sich als prinzipiell frei wählbare Alternativen in der Entscheidungssituation gegenüber. Das Entscheidungsmodell stützt die Handlungsempfehlung auf diejenige Entscheidungsalternative, mit der der größtmögliche Fit zu den anzutreffenden Unternehmens- und Markttypen hergestellt werden kann.
- Nach Diskussion des direkten Einflusses durch Variablen des internen und externen Kontexts sollen zusätzlich „*limitierende*" Einflussfaktoren betrachtet werden, die die Wahlmöglichkeit und -freiheit zwischen den Entscheidungsalternativen einschränken können.

Variablenauswahl & Typisierung

- Für die Kontextbetrachtung sind die Auswahl der Kontextfaktoren sowie die sich anschließende Typisierung (Unternehmenstypen, Markttypen) und Konfiguration von entscheidender Wichtigkeit. Die herangezogenen Variablen sollten eine Beziehung zum internen und externen Unternehmensumfeld sowie zur Entwicklungsstrategie bzw. -richtung des Unternehmens herstellen. Unternehmens- und Markttypen sollen aus Variablen von großer konzeptioneller Bedeutung und möglichst deutlichem Kontrast bestehen, so dass sie ausgeprägte Unterscheidungen ermöglichen und die Klarheit der Entscheidungsempfehlung unterstützen.
- Bei der Variablenauswahl ist deren zweckmäßige Anzahl zu diskutieren. In der wissenschaftlichen Diskussion des Konfigurationsansatzes gibt es auf der einen Seite Vertreter, die für die Erstellung „*kurzer*" Konfigurationen zur möglichst einfachen Darstellung un-

ternehmerischer Zusammenhänge plädieren, um die wichtigsten Gestaltungsvariablen in angemessener Intensität zu berücksichtigen (vgl. Doty/Glick 1994, 230-231; McKelvey 1982, 37-41). Auf der anderen Seite treten Befürworter von „*kompakten*" Typologien für eine reichhaltigere Einbeziehung von Variablen ein (vgl. Wolf 2000, 32). Für das hier vorliegende Entscheidungsmodell soll die erste Sichtweise vertreten und das Augenmerk ausführlich auf ein überschaubares Variablenspektrum gelegt werden. Dies reduziert zudem die Gefahr, dass die Variablen miteinander korrelieren und keine eindeutige Trennschärfe der Wirkungszusammenhänge gegeben ist Die Variablen stellen in diesem Sinne „*Meta*"-Variablen dar, die zahlreiche „*Sub*"-Variablen einschließen können.

- Die ausgewählte Variablenstruktur soll dem MECE-Prinzip gehorchen. MECE steht dabei für „***m**utually **e**xclusive*" (disjunkt, überschneidungsfrei) und „***c**ollectively **e**xhaustive*" (vollständig, erschöpfend) (vgl. Rasiel 1999, 6).
- Die zwischen den Variablen bestehenden kausalen Zusammenhänge müssen für jeden Typ und jede Konfiguration exakt diskutiert werden, um Tradeoffs aufzudecken, intersubjektive Nachvollziehbarkeit sicherzustellen und um zu klaren Hypothesen und Handlungsempfehlungen zu kommen. Dabei sollen theoriebasierte Argumentationen in Ergänzung mit empirischen Erfahrungen zum Tragen kommen. Die in *Kapitel 4* gewonnenen Erkenntnisse stellen die Grundlagen dafür dar.
- Die gewonnenen konzeptionellen Ergebnisse müssen dem Falsifikationskriterium (vgl. *Kapitel 5.1.3*) genügen, das heißt, sie müssen so präzise als Hypothesen definiert sein, dass sie einer Widerlegungsprüfung unterzogen werden können.

Variablenausprägungen

- Grundsätzlich könnte auf einem Kontinuum möglicher Variablenausprägungen von „*sehr niedrig*" bis „*sehr hoch*" eine nahezu endlose Anzahl von Unternehmens- und Markttypen generiert werden. Dem Anspruch der Komplexitätsreduktion entspricht das Entscheidungsmodell dann, wenn es mit Hilfe des Konfigurationsansatzes Cluster von Unternehmens- bzw. Märkten bildet, die ähnlichen Bedingungen ausgesetzt sind. Aus ihrer Kombination werden optimale Fits aus Basis der vorliegenden Ausprägungen abgeleiten. Dementsprechend ist festzulegen, in wie viele Cluster die Variablenausprägungen entlang des Kontinuums unterteilt werden sollen. Unter Berücksichtigung der ebenfalls angestrebten empirischen Überprüfung der Idealtypen (vgl. *Kapitel 6*) soll das Entscheidungsmodell auf zwei bzw. drei Cluster reduziert werden. Prinzipiell wäre eine Ausweitung auf vier oder mehr Abstufungen denkbar. Diese Erhöhung führt jedoch nicht zwingend zu Erkenntnisgewinnen, da die Ableitung von Handlungsempfehlungen auf Basis aggregierter

Typen vollzogen wird und die Trennschärfe zwischen Clustern zunehmend eingebüßt wird.

Die Verwendung der in *Kapitel 4* aufgezeigten Theorien und empirischen Studien stellt eine umfassende Kriterienauswahl sicher. Die folgende *Abb. 44* stellt zur Übersicht das breite Feld der betrachteten Variablen sowie die Effizienzkriterien dar, zu denen diese verdichtet werden können.

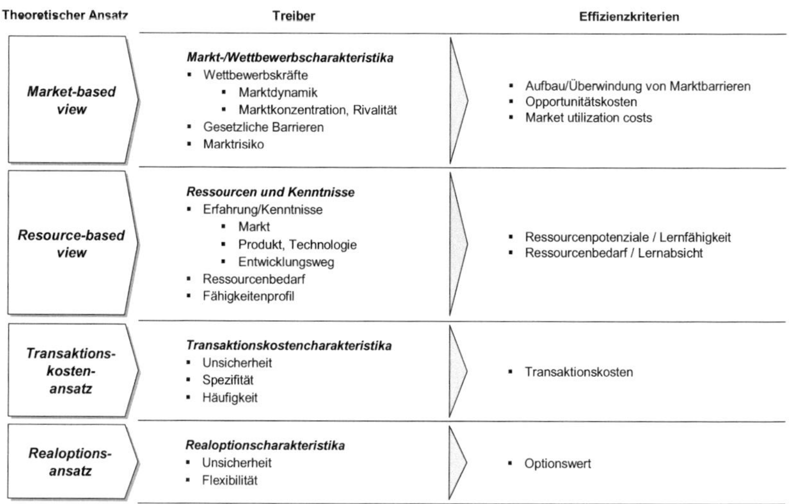

Abb. 44 Übersicht: Theorieansätze, Treiber und Effizienzkriterien

Quelle: Eigene Darstellung

5.2.2 Entscheidungsempfehlungen für die Wahl des Entwicklungsweges aus Sicht des internen Kontexts

5.2.2.1 Festlegung der internen Kontextvariablen und separate Betrachtung

Wie in *Kapitel 2.2* herausgestellt wurde, müssen zur Festlegung der Entwicklungsstrategie zwei Fragen beantwortet werden: In welche *Richtung* soll sich das Unternehmen entwickeln? Auf welchem *Weg* soll diese Entwicklung vollzogen werden? Neben vielen anderen Wissenschaftlern warnen auch ROBERTS/BERRY davor, diese Fragen unabhängig voneinander zu beantworten (vgl. 1985, 3). Sie stellen daraufhin eine Betrachtung an, die beide Sichtweisen miteinander verbindet. Sie dient als Grundlage der Argumentationsführung für die Festlegung der internen Kontextvariablen und soll anhand von Theorie- und Praxisbausteinen weiter präzisiert und angereichert werden.

Test der Markt-Vertrautheit

Abnehmende Vertrautheit

- *Haben die Hauptcharakteristika des neuen Marktes eine verwandte oder überlappende Beziehung mit existierenden Märkten?*
- *Nimmt das Unternehmen momentan in diesem Markt teil, z.B. als Abnehmer oder Zulieferer?*
- *Wurde der Markt systematisch beobachtet, in Erwartung eines potenziellen zukünftigen Markteintritts?*
- *Ist für die Marktentwicklung relevantes und verlässliches Wissen durch externe Berater zugänglich?*

Test der Technologie-Vertrautheit

Abnehmende Vertrautheit

- *Werden die technologischen Leistungsfähigkeiten und -kenntnisse innerhalb des Unternehmens eingesetzt, ohne dass sie (zwingend) in Produkten enthalten sind (z.B. in Prozessen verankert)?*
- *Haben die Hauptcharakteristika der neuen Technologie eine verwandte oder überlappende Beziehung zu existierenden technologischen Leistungsfähigkeiten und -kenntnissen?*
- *Sind technologische Leistungsfähigkeiten und -kenntnisse im Unternehmen vorhanden, ohne in Produkten enthalten zu sein, z.B. in einer zentralen F&E-Abteilung?*
- *Wurde die Technologie systematisch beobachtet, in Erwartung einer potenziellen zukünftigen Nutzung, z.B. durch eine F&E-Prüfungsabteilung?*
- *Ist für die technologische Entwicklung relevantes und verlässliches Wissen durch externe Berater zugänglich?*

Abb. 45 Testfragen zur Einordnung in die Dimensionen Markt- und Technologievertrautheit

Quelle: Eigene Darstellung, in Anlehnung an (Roberts/Berry 1985), 5-6

Bereits in *Kapitel 2.2.3* wurden verschiedene Entwicklungs*richtungen* erörtert, die eine Durchdringung oder Ausweitung der Geschäftsmöglichkeiten in Bezug auf neue Märkte und neue Technologien/Produkte nach sich ziehen. ROBERTS/BERRY nähern sich dieser Thematik, indem sie die Neuigkeit (*newness*) und die Vertrautheit (*familiarity*) hinsichtlich der Dimensionen Markt und Produkt/Technologie eruieren (vgl. Roberts/Berry 1985, 3-7)

- ***Marktdimension***: Die *Neuigkeit* des Marktes richtet sich nach dem Grad/Ausmaß zu dem die Produkte des Unternehmens bislang noch nicht auf den jeweiligen Markt gezielt haben und abgesetzt wurden. Die *Vertrautheit* mit dem Markt richtet sich nach dem Grad/Ausmaß zu dem die Marktcharakteristika, Marktstrukturen und Verhaltensmuster dem Unternehmen bekannt sind bzw. verstanden und beherrscht werden. Aus Marktsicht spielen dabei die Kenntnisse und Erfahrungen bezüglich der wettbewerbsrelevanten

Marktcharakteristika wie Marktvolumen, -wachstum, Profitabilität, Wettbewerbsstruktur, Eintrittsbarrieren, wirtschaftliche und rechtliche Rahmenbedingungen, Trends, Risiken, etc. die Hauptrolle. Diese müssen nicht zwingend auf einer ausgeprägten Marktpräsenz beruhen.

- ***Technologiedimension***: Die Neuigkeit der Technologie richtet sich nach dem Grad/Ausmaß zu dem die Technologie zuvor noch nicht in den Produkten des Unternehmens enthalten war. Die Vertrautheit mit der Technologie (im Folgenden zusammenfassend für Technologie, Produkt, Service gebraucht) richtet sich nach dem Grad/Ausmaß zu dem Wissen und Erfahrungswerte über die jeweilige Technologie dem Unternehmen bekannt sind bzw. verstanden und beherrscht werden. Aus Technologiesicht stehen dabei die Kenntnisse und Erfahrungen bezüglich der Charakteristika der Produkte, Dienstleistungen und Technologien sowie ihrer Innovations- und Entwicklungsmöglichkeiten, Trends, Risiken, etc. im Vordergrund.

Zur Einordnung des Unternehmens in die vorgestellten Dimensionen können Testfragen dienen, um den Grad der Vertrautheit annäherungsweise zu bestimmen (vgl. *Abb. 45*).

Die Begriffe Neuigkeit und Vertrautheit können dabei nach verschiedenen Ausmaßen abgestuft werden. Im Rahmen der Komplexitätsreduzierung und Übersichtlichkeit werden drei Kategorien unterschieden (vgl. im Folgenden Roberts/Berry 1985, 3-4; Waldecker 1995, 151):

- ***Base businesses*** (grundlegend/bekannt): Als *„bekannt"* werden bereits bestehende Märkte oder vorhandene Technologien bezeichnet. Das Unternehmen verfügt hier über die entsprechenden Kenntnisse wie Wettbewerbsvorteile aufgebaut werden können.
- ***New familiar businesses*** (neu/vertraut): Unter *„neu/vertraut"* werden Märkte oder Technologien verstanden, die zwar nicht in das eigentliche Geschäftsgebiet fallen, über die jedoch gewisse Erfahrungen und Kenntnisse durch Marktforschung, bestimmte Mitarbeiter oder Kundenbeziehungen vorliegen.
- ***New unfamiliar businesses*** (neu/nicht vertraut): *„Neu/nicht vertraut"* sind Märkte bzw. Technologien anzusehen, über die das Unternehmen (noch) keine Erfahrungen und Kenntnisse verfügt.

Ausgehend von den Begriffen der Vertrautheit und der Neuigkeit kann die Argumentationslogik insoweit fortgesetzt werden, dass Vertrautheit/Neuigkeit unmittelbar mit den Erfahrungen und Kompetenzen bezüglich des jeweiligen Marktes und der jeweiligen Technologie zusammenhängen bzw. diese begründen. Zahllose Forschungsarbeiten kommen in diesem Zusammenhang zu dem Schluss, dass die Erfahrung/Kompetenzen, die zur Erschließung des angestrebten Marktes und der angestrebten Technologie benötigt werden, als die entscheidenden

Variablen für den Erfolg der Entwicklung in einen Geschäftsbereich aus interner Sicht anzusehen sind (vgl. stellvertretend zu dieser Schlussfolgerung Roberts/Berry 1985, 4). Die Basis für diese Einschätzung wurde bereits frühzeitig von RUMELT gelegt, der in empirischen Untersuchungen eine positive Korrelation zwischen der Verwandtschaft der Geschäftsbereiche und dem Unternehmenserfolg in diversifizierten Unternehmen nachgewiesen hat (vgl. Rumelt 1982; Murphy 1975; Rumelt 1974). Aus diesem Grunde ist es geboten, eine Verbindung zwischen dem Grad der Erfahrungen/Kompetenzen bezüglich der Dimensionen Markt und Technologie und dem daraufhin zu wählenden – optimalen – Entwicklungsweg herzustellen.

Theoretische Erkenntnisse

Zur Ableitung von Handlungsempfehlungen helfen drei theoretische Ansätze:

Der *Ressourcenansatz* (vgl. ausführlich *Kapitel 4.2*) fordert die Verfolgung einer ressourcenkongruenten Unternehmensstrategie. Die Entscheidung ist in diesem Sinne so zu treffen, dass der Entwicklungsweg aus Sicht der Ressourcen- und Kompetenzausstattung und des Zugangs zu benötigten Kernkompetenzen den größten Erfolg erwarten lässt. Bezogen auf die vorliegenden Variablen werden Unternehmen Alternativen abseits der Internen Entwicklung umso attraktiver finden, je essenzieller diese Kompetenzen für die erfolgreiche Strategieumsetzung sind. Mit anderen Worten: sind die erforderlichen Kompetenzen im Unternehmen nicht vorhanden, so sollten diese durch Strategische Allianzen oder Akquisitionen erschlossen werden.

Der *Transaktionskostenansatz* (vgl. ausführlich *Kapitel 4.3*) fordert die Minimierung der Transaktionskosten durch Abstimmung der Koordinationsform mit den Treibern Unsicherheit, Transaktionshäufigkeit und -spezifität. Eine hohe Kompetenzausstattung mindert die Unsicherheit, so dass Entwicklungswege hoher Engagiertheit und Ressourcenbindung (*build, acquire*) mit institutionalisierten Kontroll- und Sanktionsmöglichkeiten effizienter sind und potenziell opportunistisches Verhalten verhindern. Geringes Erfahrungswissen erhöht die Kosten der Informationsbeschaffung und die Unsicherheit. Unternehmen werden infolgedessen dazu veranlasst, einen Entwicklungsweg mit geringerer Ressourcenbindung vorzuziehen und höhere Flexibilität zu wahren (*ally*). Die Nutzung komplementärer Fähigkeiten führt zum gemeinsamen Ertrag. Potenziell opportunistischem Verhalten kann durch die Wahrung des Gleichgewichts zwischen Bereitstellung eigener und Nutzung partnerspezifischer Kompetenzen entgegengewirkt werden (Anreiz-Beitrags-Gleichgewicht).

Die *Realoptionstheorie* (vgl. ausführlich *Kapitel 4.4*) bietet ebenfalls eine konzeptionelle und methodische Fundierung des Flexibilitätskriteriums. In sicheren Umfeldern sind Akquisition und Interne Entwicklung vorzuziehen. In Umfeldern mit hoher Unsicherheit Allianzen, da sie hier den ressourcenschonenderen und flexibilitätserhaltenden Entwicklungsweg darstellen. Bei steigender Unsicherheit kann das Risiko der Ressourcenfehlallokation so eingegrenzt werden.

Empirische Erkenntnisse

Die theoretischen Vorgaben werden durch empirische Einzelerkenntnisse bestätigt. Wenngleich Untersuchungen bezogen auf die Markterfahrung dominieren, so sind die Ergebnisse analog für die Technologiedimension interpretierbar.

Die Variable „*Erfahrung/Kenntnisse*" wird dabei in unterschiedlichen Formen operationalisiert: CLAVER/QUER ziehen dazu, wie viele andere, die Anzahl der Jahre mit Marktpräsenz heran (vgl. Claver/Quer 2005; Yiu/Makino 2002; Luo 2001; Delios/Beamish 1999; Contractor/Kundu 1998; Hennart/Reddy 1997; Hennart/Park 1993; Hennart 1991; u.a.). Daneben werden auch die Anzahl der Investitionsprojekte im Zielmarkt (vgl. Luo 2001; Contractor/Kundu 1998), die Umsätze im jeweiligen Markt (vgl. Agarwal/Ramaswami 1992) oder die Einschätzung der Unterschiede zwischen momentanem und Zielmarkt eingesetzt (vgl. Chan Kim/Hwang 1992), um über einen Indikator für den Grad der Erfahrungen/Kenntnisse zu verfügen.

SINGH/KOGUT und ANDERSON/GATIGNON bestätigen neben anderen Forschungsgruppen, dass Erfahrungen die Management-Effizienz erhöhen, größeres Vertrauen schaffen und Risiko mindern, was zu Entwicklungswegen mit höherem Investment und höherer Bindung führt (vgl. Singh/Kogut 1989; Anderson/Gatignon 1987; daneben Brouthers/Brouthers 2000; Andersson/Svensson 1994). CLAVER/QUER, YIU/MAKINO und HENNART unterstützen diese Sichtweise aus ressourcentheoretischer Sicht, da sie bei höherem Erfahrungsschatz eine geringere Abhängigkeit von komplementären Partner konstatieren, was dazu führt, die Entwicklung eigenständig voranzutreiben (vgl. Claver/Quer 2005; Yiu/Makino 2002; Hennart 1991). Auch HAGEDOORN/DUYSTERS fordern bei Ressourcen und Fähigkeiten, die eine enge Beziehung zum Kerngeschäft haben, hohe Kontrolle über diese Kompetenzen auszuüben (vgl. Hagedoorn/Duysters 2002). HENNART/REDDY stellen in ihrer Gegenüberstellung von Akquisitionen und Allianzen für diesen Fall klar, dass ein höherer Kenntnisschatz das Bewertungsrisiko von Akquisitionen mindert, was diese zum bevorzugten Entwicklungsweg macht (vgl. Hennart/Reddy 1997). DUARTE/GARCÍA-CANAL unterstützen diese Sichtweise, da mehr Markterfahrung die Tücken der Informationsasymmetrie und „*Adverse Selection*" bei Akquisitionen verringert (vgl. Duarte/Garcia-Canal 2004).

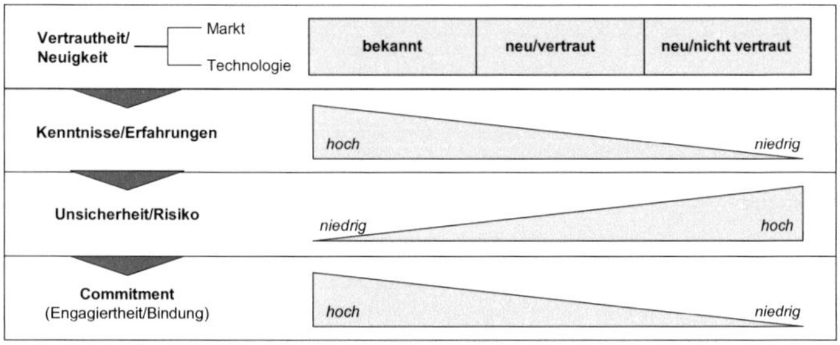

Abb. 46 Argumentationslinie: Entscheidungsempfehlungen aus Sicht des internen Kontexts

Quelle: Eigene Darstellung

Auf der anderen Seite führen CHAN/HWANG aus, dass geringere Markterfahrungen, bedingt durch größere Distanz und Unterschiede zum Zielmarkt, zu einer Begrenzung des Ressourcen-Commitments führen (vgl. Chan Kim/Hwang 1992). AGRARWAL/RAMASWAMI empfehlen daher die Allianzbildung zur Reduzierung von Unsicherheit, Kosten- und Risikoteilung und Erlangung komplementärer Ressourcen (vgl. Agarwal/Ramaswami 1992). LU, MAKINO/NEUPERT und HENNART untersuchen diversifizierende Entwicklungsschritte und kommen zu dem Schluss, dass bei hohem Bedarf an komplementären Assets kooperative Entwicklungswege vorteilhafter sind (vgl. Lu 2002; Makino/Neupert 2000; Hennart 1991). Akquisitionen würden hier auch den Integrationsbedarf *„unnötiger“* Assets nach sich ziehen. Ist dies jedoch nicht der Fall, werden also Entwicklungsschritte in bestehendes Terrain vollzogen, liegen schwerpunktmäßig redundante Ressourcen vor, die durch hohe Kontrolle für Skaleneffekte und Kostensynergien genutzt werden sollten (vgl. Dyer et al. 2004).

Als entscheidende interne Kontextvariablen werden somit die Vertrautheit bzw. der Erfahrungsschatz und die Kenntnisse bezogen auf den Markt und bezogen auf die Technologie herangezogen. Sie werden jeweils mit derselben Argumentationslogik betrachtet, die in *Abb. 46* dargestellt ist: der Grad der Vertrautheit geht mit dem Maß an Erfahrung und Kompetenz einher. Hohe Vertrautheit bedeutet begrenztes Risiko und führt deshalb zur Wahl eines Entwicklungsweges mit hoher Engagiertheit und Verpflichtung (Commitment). Zunehmender Mangel an wettbewerbsrelevanten Kenntnissen steigert das Risiko der Entwicklung und führt deshalb zur Wahl eines Entwicklungsweges mit geringerer Engagiertheit, der ein höheres Maß an Flexibilität und Risikominderung bewahrt.

5.2.2.2 Typisierung (Unternehmenstypen)

Aus den Variablenausprägungen (bekannt, neu/bekannt, neu/nicht bekannt) lassen sich Unternehmenstypen im Sinne von „*Idealtypen*" bezüglich der Entscheidung über den erfolgversprechendsten Entwicklungsweg diskutieren:

Unternehmenstyp I

Bei Unternehmenstyp I sind beide Dimensionen (Markt, Technologie) dem Unternehmen vertraut (vgl. dazu und im Folgenden *Abb. 47*). Es ist davon auszugehen, dass der notwendige Erfahrungsschatz für die angestrebte Entwicklung im Unternehmen vollständig vorhanden ist und sich somit eine adäquate Geschäftsanalyse und -planung durchführen lässt. Bezogen auf die Entwicklungsrichtung wird man hier typischerweise von einer Marktdurchdringung sprechen (vgl. *Kapitel 2.2.3*), die in gleichen oder eng angrenzenden Märkten und Technologien stattfindet.

Der hohe Grad an Kompetenz bringt ein geringes Entwicklungsrisiko mit sich, da die wettbewerbsrelevanten Markt- und Technologiecharakteristika bekannt sind. Eine bei höherem Grad an Unsicherheit gebotene Flexibilitätssicherung durch den Entwicklungsweg muss infolgedessen nicht gewahrt werden. Im Gegenteil: der ausgeprägte Erfahrungsschatz kann und sollte genutzt werden, um die Entwicklung eigenständig zu voranzutreiben, zu kontrollieren und vor Wissensabfluss des Kenntnisstandes zu schützen.

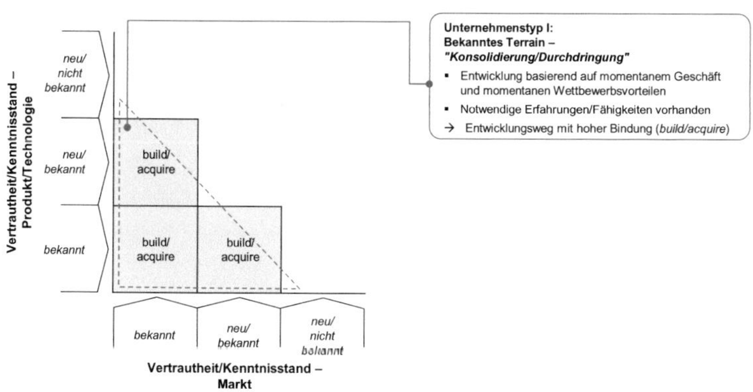

Abb. 47 Unternehmenstyp I: Charakterisierung & Entscheidungsempfehlungen

Quelle: Eigene Darstellung

Folglich ist ein Entwicklungsweg zu wählen, der durch hohen Durchgriff und Kontrolle und damit eine hohe Engagiertheit, Verpflichtung und Ressourcenbindung (Commitment) charakterisiert ist. Dies ist bei der Internen Entwicklung und der Strategischen Akquisition der Fall. Die Interne Entwicklung eröffnet die unmittelbare Nutzung der wettbewerbsrelevanten Kenntnisse. Aus rein ressourcenorientierte Sicht ist dieser Weg vorziehungswürdig. Daneben sollten Akquisitionen effizient durchzuführen sein. Durch Kenntnis der Bestimmungsgrößen in marktlicher und technologischer Hinsicht ist eine Beurteilung und Bewertung von Akquisitionsobjekten in ausführlicher und sorgfältiger Weise möglich.

> *Hypothese I:*
>
> *Wenn Unternehmenstyp I vorliegt, wählen Unternehmen auf Basis umfassender Kenntnisse und geringer Unsicherheit einen Entwicklungsweg mit hoher Bindung zur eigenständigen Durchsetzung der Entwicklung – die Interne Entwicklung (build) oder die Strategische Akquisition (acquire).*

Unternehmenstyp II

Bei Unternehmenstyp II ist eine Dimension des neuen Geschäftsbereichs als grundlegend/bekannt zu beurteilen, die entsprechende andere als neu/nicht vertraut oder beide Faktoren sind für das Unternehmen neu/vertraut (vgl. dazu und im Folgenden *Abb. 48*). Demzufolge liegen ausgeprägte Kenntnisse lediglich im Bezug auf den Markt oder die Technologie vor. Bezogen auf die Entwicklungsrichtung wird man hier typischerweise von einer Markt- bzw. Produktdiversifikation sprechen, bei der neue, bisher weniger bekannte Technologien oder Märkte erschlossen werden (vgl. *Kapitel 2.2.3*).

Die fehlenden Kenntnisse in einer Dimension tragen zur Erhöhung des Entwicklungs- und Misserfolgsrisikos bei. Der Aufbau von Kompetenzen aus eigener Kraft ist mit höheren Kosten durch Informationsbeschaffung und Unsicherheit verbunden. Auch Akquisitionen sind kritisch zu beurteilen, da für eine der beiden Bestimmungsgrößen keine Kenntnisse vorliegen, was eine Bewertung von Akquisitionskandidaten ungleich schwieriger macht. Der Argumentationslogik folgend sollten Entwicklungswege angestrebt werden, die die eigene Flexibilität erhalten und das Risiko eines Misserfolges eindämmen.

Demgemäß sollte ein Entwicklungsweg gewählt werden, der durch eine geringere Ressourcen- und Kapitalbindung charakterisiert ist. Dies ist bei strategischen Allianzen der Fall. Darüber hinaus lassen sich kooperative Verbindungen effizient durchsetzen, wenn beide Partner von komplementären Beiträgen profitieren können. Dies ist beim vorliegenden Unternehmenstyp II gewährleistet, da in einer Dimension umfassendere Kenntnisse vorliegen, die in die Allianz eingebracht werden können, wohingegen für die fehlenden Kenntnisse ein passender Partner gewählt werden sollte.

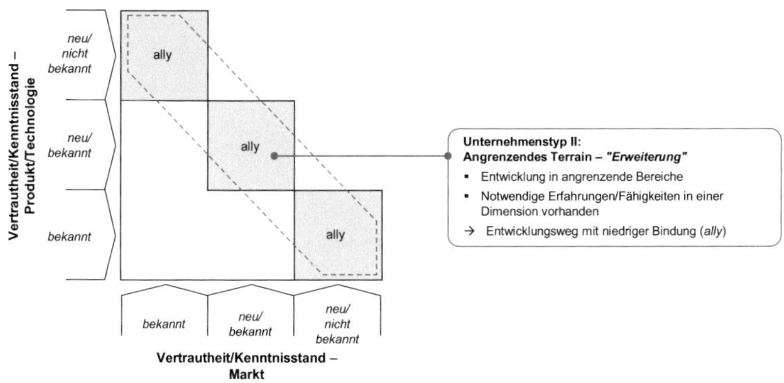

Abb. 48 Unternehmenstyp II: Charakterisierung & Entscheidungsempfehlungen

Quelle: Eigene Darstellung

> *Hypothese II:*
>
> *Wenn Unternehmenstyp II vorliegt, wählen Unternehmen auf Basis umfassender Kenntnisse in einer und fehlender Kenntnisse in der anderen Dimension einen Entwicklungsweg mit geringerer Bindung zur Risikominderung, Flexibilitätssicherung und Erlangung komplementärer Fähigkeiten – die Strategische Allianz (ally).*

Unternehmenstyp III

Unternehmenstyp III stellt den Bereich der geringsten Vertrautheit dar. Sowohl die Markt- als auch die Technologiedimension ist als neu/vertraut oder neu/nicht vertraut zu betrachten (vgl. dazu und im Folgenden *Abb. 49*). Es ist davon auszugehen, dass der notwendige Erfahrungsschatz für die angestrebte Entwicklung im Unternehmen nicht vorhanden ist. Bezogen auf die Entwicklungsrichtung wird man hier typischerweise von einer Internationalen Diversifikation (konzentrische, konglomerate Diversifikation) sprechen, die sowohl markt- als auch technologieseitig neue Bereiche erschließt (vgl. *Kapitel 2.2.3*).

Wie bereits erläutert, macht der mangelnde Erfahrungsschatz eine adäquate Geschäftsanalyse und -planung des neuen Geschäftsbereichs zunehmend problematisch. Entwicklungsbemühungen in neue Bereiche bergen damit die Gefahr entscheidende, wettbewerbsrelevante Markt- oder Technologiecharakteristika zu verkennen, was im Gegenzug das Misserfolgsrisiko beträchtlich erhöht. Von einem Entwicklungsweg mit hoher Ressourcen- und Kapitalbindung sollte angesichts dieser Beurteilung Abstand genommen werden. Die Diskussion des Unternehmenstyps III wird dadurch prekär, dass sich zudem der Entwicklungsweg der Strategischen Allianz als kaum durchführbar darstellt, da durch fehlende Kenntnisse keine eigenen, wertstiftenden Beiträge in ein solches Vorhaben eingebracht werden könnten.

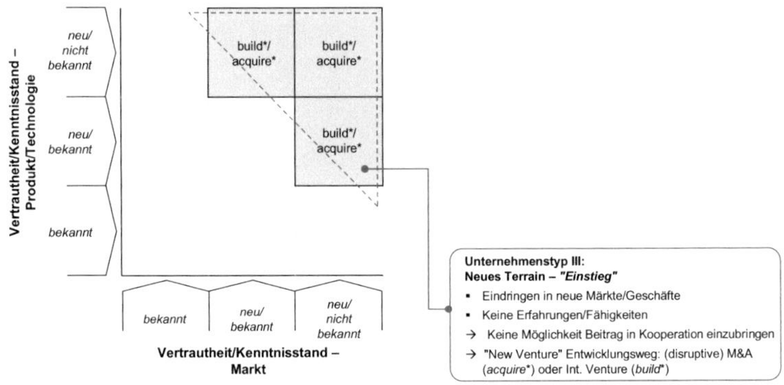

Abb. 49 Unternehmenstyp III: Charakterisierung & Entscheidungsempfehlungen

Quelle: Eigene Darstellung

ROBERTS/BERRY empfehlen für diesen Fall ein stufenweises Vorgehen (vgl. 1985, 11), was der Denklogik des Realoptionsansatzes mit Schaffung zukünftiger Entwicklungsoptionen entspricht. Die erste (Entwicklungs-)Stufe dient dem Unternehmen dazu, sich höhere Vertrautheit und damit umfassendere Kenntnisse über den neuen Geschäftsbereich anzueignen. Damit wird eine Plattform in neuen Geschäftsbereichen geschaffen, von der weitere Entwicklungsschritte geplant und vollzogen werden können. Ist dieser Schritt vollzogen, ist das Unternehmen in der Position, eine qualifiziertere Entscheidung darüber zu treffen, ob es weitere, substanzielle Ressourcen in die Entwicklung dieses Geschäfts einsetzt.

Der skizzierte Verlauf kann durch zwei Entwicklungswege bewerkstelligt werden, die prinzipiell der Alternativenkategorie der Internen Entwicklung auf der einen, und der Strategischen Akquisition auf der anderen Seite zuzuordnen sind. Sie stellen innerhalb der jeweiligen Gruppe eine spezifische Ausgestaltungsform dar, werden in der Literatur jedoch kaum behandelt. Im Falle eines *internen Venture-Projektes* (im Folgenden auch *build**) betritt ein Unternehmen den neuen Bereich, indem innerhalb der bestehenden Organisation eine gesonderte Einheit aufgebaut wird, die relativ unabhängig geführt wird, und meist mit einer genau abgegrenzten Aufgabe betraut ist (vgl. Roberts/Berry 1985, 7-9). Im Falle der *Akquisition mit Erfahrungscharakter* (*educational acquisition*, im Folgenden auch *acquire**) wird ein Unternehmen des neuen Bereichs akquiriert mit dem Ziel, in marktbezogener und technologischer

Sicht Erfahrung zu gewinnen (vgl. Waldecker 1995, 150; Henkel 1992, 301; Roberts/Berry 1985, 11-12;).

Die Entwicklung entspricht dem Vordringen in einen neuen Bereich. ROBERTS/BERRY sprechen von einem „*window*" auf neue Märkte und Technologien (vgl. Roberts/Berry 1985, 8), das umfangreiches „*Erlernen*" ermöglicht und erfordert. Durch die besondere Ausprägung des Internen Ventures und der Akquisition mit Erfahrungscharakter entsteht (noch) keine intensive Verflechtung der Objekte mit dem (Mutter-)Unternehmen. Beide Entwicklungswege sind aus diesem Grund in der Regel mit vergleichsweise geringen Anfangsinvestitionen verbunden. Die durch die hohe Unsicherheit gebotene Wahrung der Flexibilität wird auf diese Weise gewahrt.

> *Hypothese III:*
>
> *Wenn Unternehmenstyp III vorliegt, wählen Unternehmen in Ermangelung umfassender Kenntnisse einen Entwicklungsweg, der ein Vordringen in neue Geschäftsbereiche erlaubt – das Interne Venture (build*) oder die Akquisition mit Erfahrungscharakter (acquire*).*

5.2.2.3 Zusammenfassung und kritische Betrachtung

Die *Abb. 50* fasst die Erkenntnisse über die getroffenen Hypothesen und Handlungsempfehlungen aus Sicht des internen Unternehmenskontextes zusammen. Dabei konnten drei Unternehmenstypen, bezogen auf Erfahrungen und Kenntnisse im Hinblick auf Markt und Technologie, voneinander abgegrenzt werden. Durch die gemeinsame und interdependente Betrachtung der Variablen und die Verdichtung zu „*Idealtypen*" gehen die Überlegungen über die Mehrzahl bisher vorgelegter Modelle hinaus.

Der große Mehrwert der Vorgehensweise liegt in der Verbindung der erwiesenermaßen (vgl. Diskussion in *Kapitel 5.2.2.2*) wichtigsten Entscheidungsvariablen für Entwicklungs*wege* aus interner Sicht, dem Grad an wettbewerbsrelevanten Kenntnissen in der Markt- und Technologiedimension, mit der Entwicklungs*richtung*. Daraus ergibt sich eine klarere Sicht, wie der optimale Entwicklungsweg bezogen auf Entwicklungsschritte der Konsolidierung bzw. Marktdurchdringung (*Unternehmenstyp I*: bekanntes Terrain), Erweiterung bzw. Diversifikation (*Unternehmenstyp II*: angrenzendes Terrain) und des Einstiegs in neue Geschäfte (*Unternehmenstyp III*: neues Terrain) vollzogen werden sollte (vgl. *Abb. 50*).

Des Weiteren eignet sich die Betrachtung zur Diskussion dynamischer Aspekte, die bei der Erläuterung des Konfigurationsansatzes bereits aus allgemeiner Sicht angeführt wurden. Die Pfeildarstellungen in *Abb. 50* weisen darauf hin, wie sich eine Entwicklung über mehrere Entscheidungsperioden vollziehen kann. Die Argumentation beruht dabei auf der Änderung der Variablenausprägungen im Zeitablauf. Der Einstieg in neue Geschäftsbereiche bietet eine Plattform um Kenntnisse aufzubauen (*build*, acquire**). Diese können ab einem gewissen Zeitpunkt als komplementäre Beiträge in eine kooperative Beziehung eingebracht werden (*ally*). Die höchste Entwicklungsstufe ist mit der Erreichung ausgeprägter Erfahrungen in beiden Bereichen (Markt, Technologie) erreicht, in der Entwicklungswege mit hoher Kontrolle und Bindungsintensität vorherrschen werden (*build, acquire*).

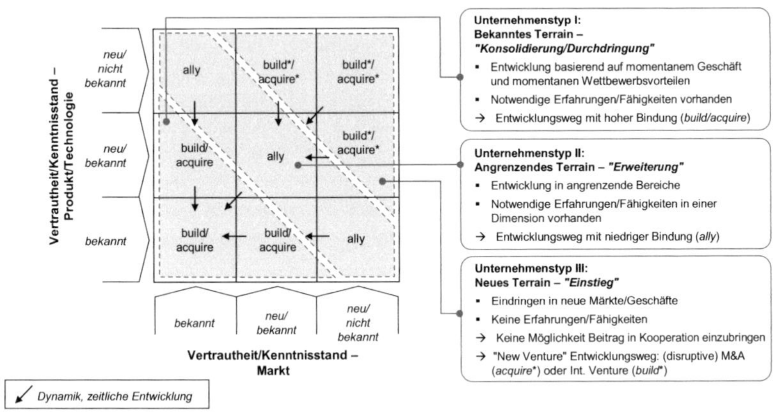

Abb. 50 Zusammenfassung: Unternehmenstyp I-III und Dynamisierung

Quelle: Eigene Darstellung

Die bisherige Analyse kann die Forschungsfrage jedoch noch nicht erschöpfend beantworten. So muss erkannt werden, dass in erster Linie zwischen Entwicklungswegen mit hoher Kontrolle und Bindung (*build, acquire*) und Entwicklungswegen mit höherer Flexibilität und Risikoteilung (*ally*) unterschieden werden konnte. Ein Beitrag zur Unterscheidung zwischen Interner Entwicklung und Akquisition steht deshalb noch aus. In der Betrachtung des externen Kontexts muss deshalb insbesondere auf diesen Umstand eingegangen werden.

5.2.3 Entscheidungsempfehlungen für die Wahl des Entwicklungsweges aus Sicht des externen Kontexts

5.2.3.1 Festlegung der externen Kontextvariablen und separate Betrachtung

Die Betrachtung der Erklärungsbeiträge zur situativen Vorteilhaftigkeit der Entwicklungswege in *Kapitel 4* haben neben der in *Kapitel 5.2.2* diskutierten Wirkungskette des internen Unternehmensumfeldes eine weitere Sichtweise in die Diskussion eingebracht: die externe Perspektive. Neben der Ressourcenbasis bedingen somit ebenfalls die Wettbewerbskräfte und die Marktstruktur die Entscheidung über den Entwicklungsweg. Die folgenden Überlegungen sind daher aus wettbewerbspolitischer und wettbewerbsrechtlicher Sicht anzugehen. Zur Ableitung von Handlungsempfehlungen helfen in erster Linie zwei theoretische Ansätze:

Der *Market-based View* (vgl. ausführlich *Kapitel 4.1*) verbindet das strategische Verhalten und den unternehmerischen Erfolg mit der Markt- und Wettbewerbsstruktur. Wettbewerbsstrategische Überlegungen bestehen nicht nur darin, in attraktive Branchen einzutreten und die bessere Kenntnisse der Wettbewerbskräfte zu erlangen. Unternehmen können diese Kräfte auch aktiv beeinflussen. Im Gegensatz zur traditionellen Industrieökonomik, die das Verhalten der Unternehmen überwiegend als Reaktion auf die Branchenstruktur betrachtet, betont die moderne Industrieökonomik die Gestaltungsmöglichkeiten der Unternehmen durch eine effektive Wettbewerbsstrategie.

Entwicklungswege sind in diesem Sinne als Ausdruck des strategischen Verhaltens zum Eintritt in neue Geschäftsbereiche, Verbesserung der Wettbewerbsposition und der Beeinflussung der Branchenbedingungen anzusehen. Die Entscheidung über den optimalen Entwicklungsweg ist folgerichtig in diesem Hinblick zu treffen. Aus diesem Grund sind die Implikationen der Alternativen auf die Hauptfaktoren des Marktes und Wettbewerbs zu untersuchen und zu beurteilen. Ziel des Unternehmens muss es sein, möglichst große Kontroll- und Einflussmöglichkeiten auf die Erzielung und Nutzung von Wettbewerbsvorteilen auszuüben.

Der *Transaktionskostenaktionskostenansatz* (vgl. ausführlich *Kapitel 4.3*) trägt zur Identifikation der effizientesten Kontroll- bzw. Organisationslösung bei. Die Stabilität der Wettbewerbsbedingungen wirkt auf die (externe) Unsicherheit bezogen auf den Geschäftsbereich in dem die Entwicklung vollzogen wird und beeinflusst somit die Höhe der Transaktionskosten. Bei stabilen Rahmenbedingungen ist eine geringere Überwachung und Kontrolle notwendig, während bei instabileren Rahmenbedingungen mit höheren Überwachungs- und Kontrollkosten zu rechnen ist. Im Hinblick auf eine Entscheidung zwischen dem kooperativen Entwicklungsweg oder dem Alleingang ist abzuwägen, ob sich durch die Kenntnisse eines Partners Transaktionskosten in größerem Umfang reduzieren lassen, ohne dass zusätzliche Kooperationskosten diese übersteigen. Bei stabilen Bedingungen ist nicht zu erwarten, dass durch Kenntnisse des Allianzpartners zusätzliche Kosteneinsparungen erzielt werden, bei instabilen Bedingungen schon.

Marktdynamik als externer Kontextfaktor

Zahlreiche Beiträge im Bereich der Unternehmensentwicklung stellen die *„strategische Ressource"* Zeit als bedeutenden Engpassfaktor aus Sicht des Markt- und Wettbewerbsumfelds heraus (vgl. stellvertretend Meffert/Burmann 2008, 854, Petersen 1994, 116). So haben auch die Betrachtungen in *Kapitel 3.4.3.2* gezeigt, dass Wertpotenziale aus Zeitvorteilen einen nicht zu unterschätzenden Beitrag zur Wertsteigerung darstellen können.

Aus Marktsicht ist die Gewinnung von Zeitvorteilen vor allem in jungen, stark wachsenden Märkten bedeutsam, wenn es um die rasche Nutzung sich bietender Marktchancen geht. PETERSEN betont in diesem Zusammenhang, dass ein hoher relativer Marktanteil im Allgemeinen nur in der Wachstumsphase eines Marktes wirtschaftlich gewonnen werden kann. Infolgedessen sollten Wettbewerbsvorsprünge möglichst frühzeitig ausgebaut bzw. Wettbewerbsnachteile möglichst rasch egalisiert werden (vgl. 1994, 117).

Daneben kann der Zeitfaktor auch aus Technologiesicht zur kritischen Größe werden. LEIENDECKER hebt diesbezüglich hervor, dass hohe Diffusionsgeschwindigkeiten technologischer Innovationen den Zeitdruck auf das Unternehmen erheblich erhöhen (vgl. 1978, 42; daneben auch Petersen 1994, 117). Wenn die Produkte und Technologien, die den momentanen Cashflow erwirtschaften, in die Degenerationsphase eintreten, müssen an ihre Stelle Nachwuchsprodukte treten, um den weiteren Unternehmenserfolg sicherzustellen. In Umfeldern mit einer hohen Frequenz an technologischen Übergängen gilt es folglich, schnelle und frühzeitige Vorkehrungen in der Unternehmensentwicklung zu treffen, um die Marktposition zu halten.

Das geschilderte Phänomen der Notwendigkeit von Zeitvorteilen soll unter dem Begriff *„Marktdynamik"* als externer Kontextfaktor in die vorliegende Untersuchung eingehen. Je größer die Marktdynamik ist, desto mehr Bedeutung wird Zeitvorteilen beigemessen. Die konkrete Definition des Merkmals Marktdynamik orientiert sich in der Literatur an der Häufigkeit, der Intensität und dem Ausmaß an Veränderungen in der externen Unternehmensumwelt. Inhaltlich wird in den meisten Studien auf ein Set an Merkmalen zurückgegriffen, das mehrere Bestimmungsgrößen erfasst (vgl. zusammenfassend Meffert/Burmann 2000, 179-180). Die Stärke der Dynamik des Marktes wird üblicherweise bestimmt durch das Ausmaß der Veränderung der Wachstumspotenziale, den Prozess-, Technologie- und Produktinnovationsraten, sowie der Stabilität und Prognostizierbarkeit des Wettbewerbsumfeldes, des Konkurrenzverhaltens und der Nachfragepräferenzen. Die Operationalisierung des Konstruktes

Marktdynamik erfolgt in empirischen Studien zumeist auf der Basis einer Befragung von Managern (vgl. Meffert/Burmann 2000, 179).

Die Ausführungen zeigen, dass bei der Diskussion von Handlungsempfehlungen für die Kontextvariable Marktdynamik letztlich zwei *„Strömungen“* beachtet werden müssen: *Ausmaß und Geschwindigkeit* von Veränderungen sowie *Vorhersagbarkeit* von Veränderungen. Beide Perspektiven haben sich bislang in theoretischen und empirischen Beiträgen wiedergefunden. So wird der erste Aspekt vornehmlich mit der Messgröße *Marktwachstum*, der zweite Aspekt mit der Messgröße *Marktunsicherheit* untersucht.

Marktwachstum: Die Proxy-Variable Marktwachstum nimmt bei Untersuchungen externer Bedingungen mit den größten Raum ein (vgl. Überblick über empirische Untersuchungen in *Abb. 26 - Abb. 39* in *Kapitel 4*). Es ist unbestritten, dass das Marktwachstum eine wichtige Komponente zur Einschätzung der Attraktivität des Marktes ist (vgl. Demirbag et al. 2008, 13). Welche Wirkung sie auf die Wahl des Entwicklungsweges hat, bleibt kontrovers diskutiert. Aus allgemeiner Sicht beeinflusst das Markt- und Branchenwachstum das Unternehmenswachstum und damit die zu erwartenden (Netto-)Erträge. Dies wiederum wirkt auf die Entscheidung über das Ressourcencommitment und damit den Entwicklungsweg ein (Demirbag et al. 2008, 13). Es gibt zwei sich gegenüberstehende Denkströmungen, die Marktwachstum und die Entscheidung über den Entwicklungsweg verbinden: das Konzept des *Kapazitätswachstums* und das Konzept der *Opportunitätskosten*.

Aus Sicht der *Markt(gesamt)kapazität* halten ANDERSSON ET AL. und ZEJAN fest, dass es in schnell wachsenden Märkten noch weiteren Raum für Kapazitätserweiterungen gibt (vgl. Andersson/Svensson 1994, Zejan 1990). In dieser Situation sollte der Steigerung der Gesamtnachfrage durch Vergrößerung der Gesamtkapazität begegnet werden (vgl. Waldecker 1995, 144). Aus dieser Argumentation wird gefolgert, dass die Interne Entwicklung den wichtigsten Entwicklungsweg darstellt, da Akquisitionen und Allianzen zunächst eine Neu- und Umverteilung bestehender Kapazitäten bewirken und somit keinen Beitrag zu wachsenden Bedürfnisbefriedigung des Marktes leisten (vgl. Demirbag et al. 2008, 13; Waldecker 1995, 144). YIP ergänzt zu dieser These aus marktorientierter Sichtweise, dass bei starkem Wachstum der Einfluss von Marktbarrieren geringer sein sollte, was ebenfalls den Entwicklungsweg der Internen Entwicklung vorteilhafter erscheinen lässt (vgl. Yip 1982, 335-336). In langsam wachsenden Märkten besteht hingegen weitaus weniger Spielraum für Kapazitätserweiterungen. Interne Entwicklung würde die Marktkapazität erhöhen, was, solange die Nachfrage nicht perfekt elastisch ist, zu einem Preisdruck führt und damit Gegenmaßnahmen der Wettbewerber (retaliation) heraufbeschwören würde (vgl. Brouthers/Brouthers 2000, 91). So kommen ZEJAN und YIP zu dem Schluss, dass bei geringem Wachstum Akquisitionen zu bevorzugen sind, auch weil schwächere Wettbewerber, die mit den Marktbedingungen

Schwierigkeiten haben, als Akquisitionsobjekte zur Verfügung stehen sollten (vgl. Zejan 1990, 350; Yip 1982). Das Kapazitätsargument wird durch Beiträge von LUO, MAKINO/NEUPERT, ZEJAN und YIP auch aus empirischer Sicht gestützt (vgl. Luo 2001; Makino/Neupert 2000; Zejan 1990; Yip 1982).

Für die vorliegende Problemstellung wird diese Beweisführung als zu einschränkend beurteilt. Der Entwicklungsbegriff wird sehr stark aus der Perspektive quantitativen Wachstums angegangen (vgl. Diskussion und Definition des Entwicklungsbegriffs in *Kapitel 2.2.1*) und zielt damit in erster Linie auf die Kapazitätsbetrachtung ab. Eine Berücksichtigung qualitativer Aspekte ist so in nur sehr geringem Maße möglich, weshalb dem geschilderten Argumentationsstrang hier *nicht* gefolgt werden soll.

Eine Argumentation, die für die beschriebenen Charakteristika der Marktdynamik und der Zeitvorteile zweckmäßiger erscheint, ist das Konzept der *Opportunitätskosten*. Hohes Wachstum signalisiert große Umsatzpotenziale und ausgeprägte Marktmöglichkeiten (vgl. Luo 2001, 453). WARNER betont daher, dass die entscheidende Frage unter solchen Bedingungen nicht unbedingt diejenige ist, ob eine gewisse Marktpräsenz oder eine bestimmte Technologie intern entwickelt werden, sondern ob dies schnell genug der Fall sein kann (vgl. 2003, 396). Schnell wachsende Branchen und sich verkürzende Produktlebenszyklen verstärken die Auffassung, dass in diesem Marktumfeld nicht genug Zeit besteht, um die nötigen Entwicklungsschritte einzig aus eigener Kraft durchzuführen (vgl. Warner 2003, 396). Diese Einschätzung unterstützen HENNART ET AL., die hervorheben, dass die Opportunitätskosten in stark wachsenden Märkten für Unternehmen sehr hoch sind, die dort nicht, nicht in ausreichendem Maße oder nicht schnell genug vertreten sind (vgl. Hennart/Larimo 1998; Hennart/Park 1993; Hennart 1991). Der Wunsch muss es demnach unter diesen Bedingungen sein, eine frühzeitige Marktposition in Bezug auf Kernressourcen und Absatzkanäle zu erlangen, schnell Marktanteile und Erfahrungskurveneffekte zu realisieren und eine lang anhaltende Kontrolle über Produktion und Distribution zu wahren (vgl. Demirbag et al. 2008, 13; Chatterjee 1990, 788). Der Entwicklungsweg aus eigener Kraft, die Interne Entwicklung, wird hier als zu zeitintensiv erachtet (vgl. Demirbag et al. 2008, 13). Sowohl Akquisitionen als auch Allianzen werden dann als vorteilhafter angesehen, wenn die Entwicklung dadurch bestimmt ist, dass sie in einem Zeithorizont geringen Umfanges und damit im Bereich hoher Marktdynamik zu verwirklichen ist (vgl. Waldecker 1995, 145; Moatti 17.10.2007, 6). Akquisitionen, und in etwas geringerem Maße Allianzen, erlauben dann durch die Kombination bereits bestehender Ressourcen *„overnight results"* (vgl. Roberts/Berry 1985, 5-6; Kitching 1974, 125). Im Hinblick auf die Erreichung der Entwicklungsziele stellen sie eine Möglichkeit dar, *„Zeit zu kaufen"* (vgl. Petersen 1994, 118). DEMIRBAG und CHATTERJEE ergänzen in diesem Zusammenhang, dass stark wachsende Märkte auch potenzielle Akquisitions- und Kooperationsobjekte bereithalten sollten, da die starke Dynamik sie dazu zwingt, ihr Wettbewerbsposition zu verteidigen, was vielfach auf Grund mangelnden Kapitals nicht ohne Hilfe „*von außen*" realisierbar ist (vgl. Demirbag et al. 2008, 13; Chatterjee 1990, 788).

Die Opportunitätskostenbetrachtung und die Notwendigkeit von Zeitgewinnen in dynamischen Märkten wurden durch empirische Beiträge von MORSCHETT, BROUTHERS, HENNART/REDDY und HENNART/PARK gestützt (vgl. Morschett 2006; Brouthers 2002; Hennart/Reddy 1997; Hennart/Park 1993). Für das vorliegende Forschungsproblem soll deshalb festgehalten werden: weisen die externen Bedingungen eine hohe Dynamik auf, so haben Zeitvorteile eine hohe Bedeutung, woraufhin Akquisitionen und Allianzen die vorteilhafteren Entwicklungswege darstellen, da sich die Interne Entwicklung als zu zeitraubend erweist. Weisen die externen Bedingungen eine geringe Dynamik auf, so haben Zeitvorteile eine geringe Bedeutung. Die Entwicklung kann und sollte unter diesen Bedingungen auf dem Weg der Internen Entwicklung vollzogen werden, der sich durch die größte eigene Gestaltungsmöglichkeit auszeichnet.

Marktunsicherheit: Für eine sorgfältigere Unterscheidung zwischen den Alternativen der Akquisition und der Allianz in dynamischen Märkten soll der zweite geschilderte Aspekt der Marktdynamik herangezogen werden: die Stabilität bzw. die Vorhersagbarkeit von Veränderungen, die überwiegend unter dem Begriff der Marktunsicherheit diskutiert wird. Dass die Gesichtspunkte des Marktwachstums und der Marktunsicherheit nicht überschneidungsfrei sind, zeigt ein Blick auf empirische Untersuchungen unmittelbar. So ziehen beispielsweise LUO, MAKINO/NEUPERT und CHAN KIM/HWANG die Proxy-Variable Marktwachstum heran, um die Beziehung zwischen Marktrisiko bzw. -unsicherheit und Entwicklungswegen zu analysieren (vgl. Luo 2001; Makino/Neupert 2000; Chan Kim/Hwang 1992). Daneben wird auf die Einschätzung der Zielmarktvolatilität und -diversität (vgl. Luo 2001; Hill et al. 1990), die wirtschaftliche Stabilität (vgl. Brouthers/Hennart 2007, 403; Brouthers/Brouthers 2003; Brouthers 2002) sowie die Technologie- und Absatzunsicherheit (vgl. Dyer et al. 2004) zurückgegriffen, was wiederum verdeutlicht, dass die Begriffe Wachstum und Unsicherheit auch nicht deckungsgleich sind. Für die im Rahmen der vorliegenden Arbeit vollzogene Betrachtung kann der Schluss daraus nur sein, dass lediglich eine *gemeinsame* Betrachtung beider Aspekte unter dem „*Dach*" des Kontextfaktors Marktdynamik in Frage kommen kann.

Die Interpretation von Marktdynamik soll demnach folgendermaßen präzisiert werden: zunächst können dynamische Märkte durch eine hohe Intensität an Veränderungen beschrieben werden, die sich typischerweise in hohen Wachstumsraten und einer starken Bedeutung von Zeitvorteilen widerspiegeln. Des Weiteren kann hohe Dynamik soweit reichen, dass sie durch die geringe Stabilität der zukünftigen Bedingungen und die geringe Prognostizierbarkeit der weiteren Entwicklungen zudem auch hohe Unsicherheit darstellt. Ist dies nicht der

Fall, so ist der Bereich hoher Dynamik zwar von hohem Wachstum gekennzeichnet, dieses gewährt aber eine gute Vorhersagbarkeit der weiteren Entwicklung. Die *Abb. 51* stellt die erläuterten Zusammenhänge im Überblick dar.

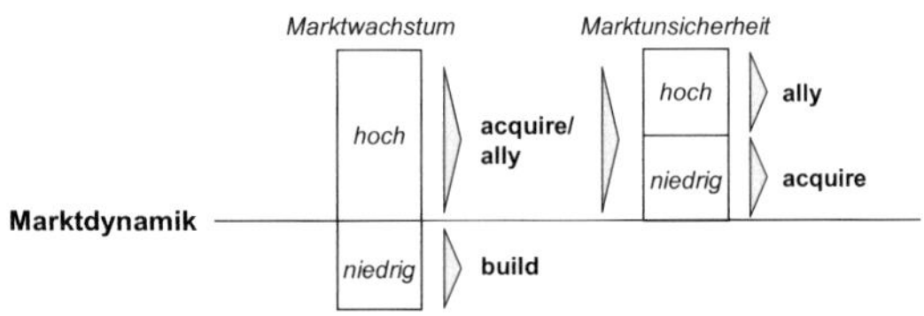

Abb. 51 Zusammenfassung: Marktdynamik, Marktwachstum und Marktunsicherheit
Quelle: Eigene Darstellung

Die Marktunsicherheit lässt sich folglich für die Argumentation der Wahl des optimalen Entwicklungsweges im Bereich starken Marktwachstums heranziehen. Nach Ausprägung des Risikos, bewegt sich der optimale Entwicklungsweg entlang des im Rahmen von *Kapitel 3* geschilderten Kontinuums zwischen Ausgestaltungsformen mit hoher Bindung und Kontrolle und dementsprechend geringer Flexibilität (*acquire*), bis zu Alternativen mit hoher Flexibilität und relativ geringer Ressourcenbindung (*ally*). Diese Argumentationslinie wird auch aus empirischer Sicht unterstützt. DYER/KALE/SINGH, HAGEDOORN/DUYSTERS, LUO und CHAN/HWANG räumen bei hoher Unsicherheit und hohem Flexibilitätsbedarf der Allianz, bei geringer Unsicherheit der Akquisition den Vorrang ein (vgl. Dyer et al. 2004; Hagedoorn/Duysters 2002; Luo 2001; Chan Kim/Hwang 1992).

Folglich sind bei hoher Unsicherheit die Ausgestaltungsformen des kooperativen Entwicklungsweges vorzuziehen, die eine Risikominderung durch einen Allianzpartner gewähren und die Flexibilität erhalten, auf potenziell ungünstige weitere Marktentwicklungen mit reduziertem Ressourceneinsatz bis zu Marktaustritt zu reagieren. Bei geringer Unsicherheit bzw. klarerer Sicht auf zukünftige Entwicklungen sind die Formen des akquisitorischen Entwicklungsweges mit größerem Ressourceneinsatz und -commitment vorzuziehen. Das Eingehen einer Allianz würde unter diesen Bedingungen zu größerem Koordinationsaufwand führen, der aufgrund stabiler Entwicklung eingespart werden kann.

Marktkonzentration als externer Kontextfaktor

Die bisherigen Ausführungen haben sich auf die Diskussion der Markt- und Nachfrageentwicklung und ihre Wirkung auf die Wahl des Entwicklungsweges konzentriert. Im zweiten Schritt der Erörterung externer Einflüsse muss, im Einklang mit dem marktorientiertem

Gedankengut, die Markt- und Wettbewerbstruktur in den Mittelpunkt der Betrachtung rücken. In einem Wettbewerbsumfeld hängt der Erfolg des Entwicklungsweges in letzter Konsequenz auch von den Reaktionen der anderen Firmen ab (vgl. Chatterjee 1990, 787-788).

Die wichtigste Marktstrukturvariable und der primäre Indikator der Wettbewerbsintensität ist der Marktkonzentrationsgrad (vgl. Yin/Shanley 2008, 476; Luo 2001, 453), der deshalb als zweite externe Kontextvariable in die Untersuchung aufgenommen werden soll. Er repräsentiert den kombinierten Marktanteil der führenden Unternehmen und schließt somit Anzahl der Marktteilnehmer und Verteilung der Marktanteile in die Betrachtung mit ein. Unter dem Gesichtspunkt der Markt- und Wettbewerbswirkungen ist der Konzentrationsgrad ein Indikator für die Intensität möglicher *Gegenreaktionen etablierter Wettbewerber* und die *Höhe von Markteintrittsbarrieren* (vgl. Yip 1982, 336).

Wettbewerberreaktionen: Reaktionen gegen neu eintretende Wettbewerber (retaliation) und der Einsatz der Marktmacht, um Widerstand gegen neue Konkurrenten zu leisten, sind umso wahrscheinlicher, je größer der Anteil der marktführenden Unternehmen bereits ist. Insofern können potenzielle Vergeltungsmaßnahmen den Erfolg strategischer Entwicklungsschritte verhindern. Für CHATTERJEE stellen sie *„utilization costs"* dar, die mit der Marktstruktur und dem Entwicklungsweg variieren (vgl. Chatterjee 1990, 787-788). In Märkten mit hoher Konzentration sind Gegenmaßnahmen etablierter Wettbewerber besonders hoch. Diese sind bestrebt, die bestehende Verteilung der Marktanteile zu verteidigen sowie die Höhe der Marktkapazität zu schützen (vgl. Ruffer/Holcomb/JR. 2001, 483). Ein Eintritt aus eigener Kraft durch Interne Entwicklung wäre unter diesen Umständen sehr kostspielig, da neu eintretende Unternehmen nur Marktanteile auf Kosten der starken, etablierten Marktteilnehmer erlangen können. LUO betont, dass der Anstieg der Anzahl an Unternehmen einer Branche den Wettbewerb erhöht und so beträchtlich den Druck auf die Rentabilität und den durchschnittlichen Umsatz jeder einzelnen Firma verstärkt (vgl. Luo 2001, 453). Anders ausgedrückt: der Eintritt durch Interne Entwicklung würde den Wettbewerbskampf intensivieren und dadurch die Kosten der Entwicklungsschritte beträchtlich erhöhen. Die Akquisition eines etablierten Spielers, um in diesem Markt Fuß zu fassen, würde diesen destruktiven Kampf weniger stark heraufbeschwören, da die Position der etablierten Wettbewerber nicht angegriffen wird, sondern lediglich bestehende Marktanteile den Besitzer wechseln (vgl. Chatterjee 1990, 787-788). Zu diesem Schluss kommt auch GILBERT, der bei seiner Untersuchungen des Effekts der Marktmacht auf die Eintrittsentscheidung zum Ergebnis kommt, dass in hoch konzentrierten Märkten die Entwicklung durch Akquisition vorteilhafter ist, als durch de novo Eintritt (vgl. Gilbert/Newbery 1992).

Markteintrittsbarrieren: Neben der potenziell höheren Intensität von Wettbewerberreaktionen signalisiert eine hohe Marktkonzentration, also die Präsenz einiger weniger, großer

Marktteilnehmer, dass die minimale Betriebsgröße für effizientes Wirtschaften (sog. minimum efficient scale) bereits sehr hoch ist (vgl. Chatterjee 1990, 787-788). Große Firmen ziehen Vorteile aus Economies of Scale sowie Economies of Scope, was eine signifikante Marktbarriere für neu eintretende Firmen darstellt (vgl. Yin/Shanley 2008, 486). Auch dies verstärkt die erste Argumentation, dass nur durch Akquisitionen signifikante Marktanteile hinzugewonnen werden können, um eine solche Mindestgröße zur Wettbewerbsfähigkeit zu erreichen. RUFFER, HENNART und YIP kommen in ihren Beiträgen ebenfalls zur Erkenntnis, dass der Entwicklungsweg der Akquisition unter diesen Vorzeichen der relativ vorteilhafteste ist (vgl. Ruffer/Holcomb/JR. 2001; Hennart/Park 1993; Yip 1982). WALDECKER nimmt diesbezüglich die ergänzende Einschätzung vor, dass die in oligopolistischen Märkten ansässigen Unternehmen aufgrund der geschützten Marktposition möglicherweise Schwächen aufweisen, deren Beseitigung in der bestehenden günstigen Situation nicht zwingend notwendig war, was sie zu potenziellen Akquisitionsobjekten werden lässt (vgl. Waldecker 1995, 146).

Nach den bisherigen Ausführungen kann im Hinblick auf die Forschungsfrage festgehalten werden, dass in Märkten mit starker Konzentration der Entwicklungsweg der Akquisition für den Neueintritt gewählt werden sollte. Was in vielen theoretischen wie empirischen Betrachtungen jedoch zu kurz kommt, ist die Fragestellung, welche Handlungsempfehlungen gelten sollten, wenn es sich nicht um einen Neueintritt handelt, sondern die Entwicklungsschritte bei bereits erreichter Marktpräsenz verfolgt werden. Zu diesem Aspekt ist herauszustellen, dass sich die etablierten Unternehmen in stark konzentrierten Märkten in einer Position befinden, die einen einschränkenden Effekt (constraint) auf ihre möglichen Entwicklungswege ausübt (vgl. Yin/Shanley 2008, 476). Akquisitionen unter den großen Marktteilnehmern würden zu einer noch höheren Marktkonzentration führen, die zumeist von Kartellrechtsbestimmungen unterbunden werden. Auf diese Problematik verweisen auch RUFFER/HOLCOMB und HENNART/REDDY, die die theoretische Vorteilhaftigkeit der Akquisition durch gesetzliche Bestimmungen limitiert sehen (vgl. Ruffer/Holcomb/JR. 2001; Hennart/Reddy 1997). Für die Wahl des Entwicklungsweges wird diese Argumentation so interpretiert, dass etablierte Wettbewerber in stark konzentrierten Märkten auf „*second best*" Lösungen ausweichen müssen. Sie werden demzufolge Allianzen und Schritte der Internen Entwicklung als vorziehenswürdig erachten.

Ein niedriger Konzentrationsgrad wird mit Wettbewerbsstrukturen und -umfeldern verbunden, in denen sich Unternehmen relativ autonom in einem wettbewerbsorientierten Markt entwickeln können (vgl. Yin/Shanley 2008, 476). Es wird unter diesen Umständen nicht erwartet, dass durch potenzielle Reaktionen der Konkurrenten ein maßgeblicher Einfluss auf die Wahl des Entwicklungsweges ausgeübt wird. Auch repräsentiert ein niedriger Konzentrationsgrad keine Eintrittsbarriere, die es zu überwinden gilt. Aus Sicht des Kontextfaktors Marktkonzentration ist der Entwicklungsweg in dieser Hinsicht unbestimmt zwischen Interner Entwicklung, Allianz und Akquisition. Die *Abb. 52* fasst die im zurückliegenden Abschnitt geführte Diskussion zusammen.

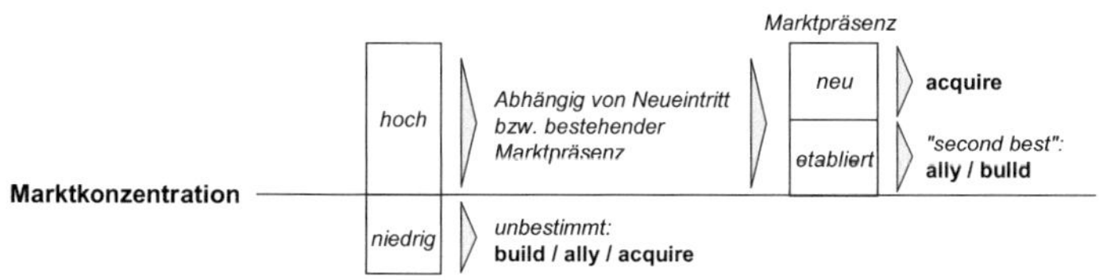

Abb. 52 Zusammenfassung: Aspekte der Marktkonzentration

Quelle: Eigene Darstellung

5.2.3.2 Typisierung (Markttypen)

Aus den Variablenausprägungen lassen sich, analog zur Vorgehensweise aus interner Sicht in *Kapitel 5.2.2.2*, Markttypen im Sinne von *„Idealtypen"* bezüglich der Entscheidung über den erfolgversprechendsten Entwicklungsweg in Anbetracht des externen Kontexts diskutieren. Im Vordergrund werden auch bei dieser Betrachtung Tradoff-Entscheidungen stehen, so dass die Handlungsempfehlung bei gemeinsamer bzw. interdependenter Darstellung der externen Kontextvariablen genau argumentiert werden muss. Dabei können zusätzliche Beiträge aus dem Themengebiet der Industrie-/Branchenkonsolidierung und der Betrachtung des Brachenlebenszyklus Hilfestellungen leisten, da sie üblicherweise Aspekte der Marktdynamik und -konzentration typenorientiert aufgreifen und erforschen (vgl. dazu und im Folgenden stellvertretend Deans et al. 2002; Pümpin/Prange 1991).

Markttyp I

Der Markttyp I ist durch die Ausprägung *„niedrig"* in beiden Dimensionen (Marktkonzentration, Marktdynamik) gekennzeichnet (vgl. dazu und im Folgenden *Abb. 53*). Es wird sich in dieser Konstellation zumeist um Märkte in der Eröffnungs- oder Einführungsphase handeln. Dies ist typischerweise bei neu entstehenden Industrien der Fall oder bei Branchen, die im Zuge der Deregulierung oder Liberalisierung geöffnet werden. Der Markt ist noch wenig dynamisch und größeres Wachstum muss erst durch die Steigerung des Produkt- und Technologiebekanntheitsgrades und die Überwindung von Kaufwiderständen herbeigeführt werden.

Aus Sicht der Marktdynamik ist deshalb organisches Wachstum zu präferieren. Die Interne Entwicklung leistet unter diesen Umständen zudem den entscheidenden Beitrag, um die entsprechenden Technologien zu besitzen, um die weitere Marktentwicklung aktiv mitgestalten zu können.

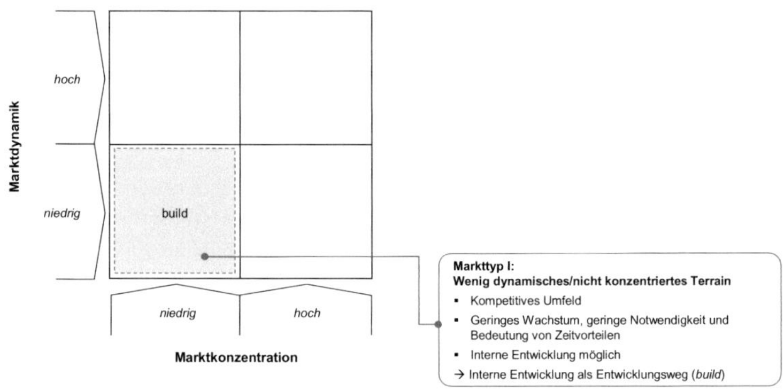

Abb. 53 Markttyp I: Charakterisierung & Entscheidungsempfehlungen

Quelle: Eigene Darstellung

Aus Sicht des Wettbewerbsumfeldes ist die Marktstruktur noch wenig transparent und es haben sich noch keine dominanten Marktteilnehmer herauskristallisiert. Die Entwicklungsschritte sind durch das (relativ) autonome Handeln der einzelnen Unternehmen geprägt, die jeweils versuchen, eine stabile Position aufzubauen (in *Abb. 53 „kompetitives Umfeld“* genannt). Die Ausführungen in *Kapitel 5.2.3.1* haben daher bereits gezeigt, dass die niedrige Ausprägung der Marktkonzentration keine entscheidenden Einflüsse auf die Wahl des Entwicklungsweges haben sollte.

Diese Ausführungen legen nahe, dass bei niedriger Marktkonzentration die Überlegungen der Dimension Marktdynamik *„dominieren“* werden. In der Konsequenz ist zu erwarten, dass sich im Marktumfeld I der Entwicklungsweg der Internen Entwicklung als vorteilhaft erweist. Die Kontextbedingungen lassen einen Weg aus eigener Kraft zu, da die Zeitintensität keine bedeutenden Opportunitätskosten bzw. Risikopotenziale hervorruft. Sie hält zudem ein hohes Maß an Gestaltungsfähigkeit und -freiheit für diese Konstellation bereit. Sie sollte deswegen in Summe die Alternative mit dem größten Gewinn-/Risikopotenzial sein.

Hypothese IV:

Wenn Markttyp I vorliegt, wählen Unternehmen aufgrund geringer Dynamik und kompetitiver Wettbewerbsbedingungen den Entwicklungsweg aus eigener Kraft – die Interne Entwicklung (build).

Markttyp II

Der Markttyp II ist durch hohe Dynamik bei geringer Marktkonzentration charakterisiert (vgl. dazu und im Folgenden *Abb. 54*). Es wird sich in dieser Konstellation um Märkte handeln, die in die Wachstumsphase eingetreten sind. Das Wachstum ist schnell ansteigend und die Intensität der Konkurrenz verstärkt sich. Zwar ist die Marktkonzentration noch als niedrig anzusehen, Konsolidierungsdruck und -geschwindigkeit nehmen aber stetig zu. Die Unternehmensgröße gewinnt aus diesem Grund immer mehr an Bedeutung. Aufgrund der Dynamik wird es oberste Priorität haben, sowohl Marktpräsenz als auch kritische Größe möglichst schnell zu erreichen. Durch möglichst schnelle Entwicklung können sich Unternehmen als Hauptakteure am Markt herausbilden und sich erfolgreich für die weitere Konsolidierung vorbereiten.

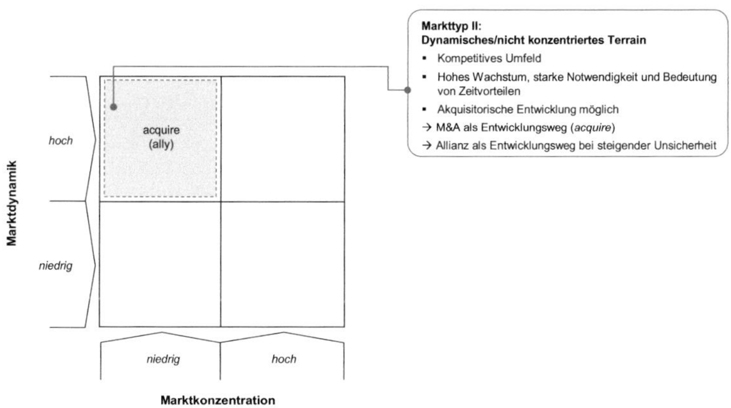

Abb. 54 Markttyp II: Charakterisierung & Entscheidungsempfehlungen

Quelle: Eigene Darstellung

Die Charakterisierung und Argumentation zeigen, dass die Überlegungen hinsichtlich der Marktdynamik in der gemeinsamen Betrachtung der externen Kontextvariablen überwiegen werden. Aus der Marktkonzentration kann kein Entwicklungsweg abgeleitet werden, der die anderen per se dominieren würde. Dies schafft jedoch die Marktdynamik, die mit zu zeitintensiven Entwicklungsschritten erhebliche Opportunitätskosten verbindet. Akquisitionen und Allianzen bieten in diesem Sinne klare „*Economies of Speed*" und sind deshalb der Internen Entwicklung in der Marktkonstellation II deutlich vorzuziehen, wie die Ausführungen in *Kapitel 5.2.3.1* detaillierter gezeigt haben. Die Ausgestaltungsformen der Akquisition bieten in dieser Hinsicht die beste Möglichkeit, Zeitgewinne in dynamischen Märkten zu realisieren und gleichzeitig signifikante Entwicklungssprünge in Bezug auf die Unternehmensgröße zu erreichen, die in Anbetracht steigender Konsolidierungsgeschwindigkeit auch benötig werden. Ist die Marktdynamik noch durch relative große Instabilität bzw. Unsicherheit über den weiteren Verlauf der Marktentwicklung gekennzeichnet, so werden Unternehmen den kooperativen Entwicklungsweg als (zunächst) vorteilhafter ansehen. Mit ihm steht eine flexibilitätserhaltende Alternative zur Akquisition zur Verfügung, mit der sich Unternehmen die Option auf weiteren Ausbau der Marktpräsenz und gute Positionierung bei weiterer Marktkonsolidierung offen halten können.

Hypothese V:

Wenn Markttyp II vorliegt, wählen Unternehmen aufgrund hoher Dynamik und kompetitiver Wettbewerbsbedingungen einen Entwicklungsweg, der eine schnelle Verwirklichung der Entwicklung zulässt. Bei geringer Marktunsicherheit wird die strategische Akquisition (acquire), bei hoher Marktunsicherheit die Strategische Allianz (ally) vorherrschen.

Markttyp III

Der Markttyp III ist durch ein hohes Maß an Marktkonzentration gekennzeichnet. Zudem sollen beide Ausprägungsformen der Marktdynamik in diese Konstellation eingehen (vgl. dazu und im Folgenden *Abb. 55*). Die Zusammenfassung zu einem gemeinsamen Typ wird darin begründet, dass bei hoch konzentrierten Märkten weniger die Frage im Mittelpunkt steht, was in Anbetracht der Marktdynamik zu tun ist, sondern vielmehr der Aspekt an Dominanz gewinnt, was sich im Hinblick auf die Marktmacht der Wettbewerber und ihr mögliches Verhalten als opportun erweist. Der Markt erreicht in dieser Konstellation den Status der Reife. Bei zurückgehendem Wachstum bzw. Dynamik kann von Sättigung gesprochen werden. Die Position dominanter, oligopolistischer Wettbewerber hat sich zunehmend verfestigt. Die Anzahl der Konkurrenten ist damit zwar geringer, doch ist die Marktsituation von steigendem Kosten- und Profitabilitätsdruck gekennzeichnet. Ein erfolgreiches Agieren in diesem Markt ist damit unmittelbar mit der Unternehmensgröße und darauf basierenden Skaleneffekten und Effizienzgewinnen verbunden.

Es ist deshalb davon auszugehen, dass – unabhängig von der Ausprägung der Marktdynamik – die Entscheidung über den Entwicklungsweg von der in *Kapitel 5.2.3.1* ausführlicher dargelegten Betrachtung der Wettbewerberreaktionen und Marktbarrieren abhängt. Für neu eintretende Unternehmen bedeutet dies, dass aus ihrer Sicht die Akquisition als Entwicklungsweg vorzuziehen ist. Durch sie kann die Marktbarriere der minimalen Betriebsgröße überwunden werden. Im gleichen Atemzug werden zusätzliche *„utilization costs"* durch drohende Gegenmaßnahmen der etablierten Wettbewerber verhindert, da keine Zusatzkapazitäten in den Markt eingebracht werden.

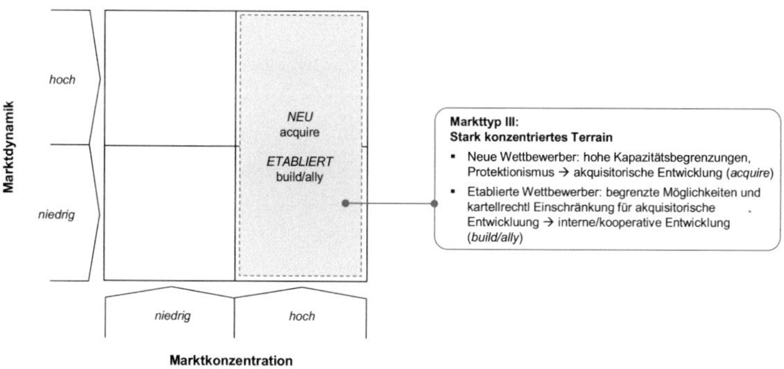

Abb. 55 Markttyp III: Charakterisierung & Entscheidungsempfehlungen

Quelle: Eigene Darstellung

Diese Vorteilhaftigkeit zerschlägt sich, wenn bereits etablierte Wettbewerber vor der Entwicklungsentscheidung stehen. Die Alternative der Akquisition wird durch kartellrechtliche Bestimmungen sowie das Verhalten der weiteren Marktteilnehmer, die an einer Wahrung des Gleichgewichts der Marktmacht interessiert sind, soweit eingeschränkt, dass mit ihrer Wahl nur inakzeptabel hohe Kosten verbunden sind. Etablierte Unternehmen in oligopolistischen Märkten werden deshalb auf die Allianzbildung mit anderen Firmen setzen. Daneben werden sie zudem die Interne Entwicklung als vorteilhaft erachten, da es in rückläufigen Märkten von erheblicher Wichtigkeit ist, technologische Veränderungen zu beobachten und aktiv zu beeinflussen, um mit der weiteren Entwicklung und Neuausrichtung bzw. -definition der Industrie Schritt zu halten.

> *Hypothese VI:*
>
> *Wenn Markttyp III vorliegt, wählen neu eintretende Unternehmen zur Überwindung von Marktbarrieren und Abwendung von Wettbewerberreaktionen die Strategische Akquisition. Etablierte Unternehmen weichen aufgrund kartellrechtlicher Restriktionen auf Allianzenbildung (ally) und Interne Entwicklung (build) aus.*

Ob der Eintritt in hoch konzentrierte Branchen, die zudem an Dynamik nachlassen, attraktiv und erfolgversprechend ist, ist zweifellos diskussionswürdig. Diese Analyse und Entscheidung soll jedoch, wie in *Kapitel 2.2.4* abgegrenzt, bereits vollzogen, und nicht Teil der Forschungsproblematik sein.

5.2.3.3 Zusammenfassung und kritische Betrachtung

Die *Abb. 56* fasst die Erkenntnisse über die getroffenen Hypothesen und Handlungsempfehlungen aus Sicht es externen Unternehmenskontexts zusammen. Dabei konnten drei Markttypen bezogen auf die Ausprägungen der Marktdynamik und der Marktkonzentration voneinander abgegrenzt und zu „*Idealtypen*" verdichtet werden.

Der Mehrwert der Vorgehensweise liegt in der gemeinsamen Diskussion der wichtigsten Entscheidungsvariablen des Markt- und Wettbewerbsumfeldes. Durch die Argumentationsführung kann aus marktorientierter Sichtweise abgeleitet werden welches Verhalten – ergo welcher Entwicklungsweg – nach Identifikation von Wettbewerbsbarrieren, zur Verbesserung der eigenen Wettbewerbsposition und unter Einbeziehung potenzieller Wettbewerberreaktionen werden sollte. Daraus ergibt sich eine klarere Sicht auf Entwicklungsschritte in Märkten niedriger Dynamik und Konzentration (*Markttyp I*), Märkten hoher Dynamik und niedriger Konzentration (*Markttyp II*) sowie Märkten mit starkem Konzentrationsgrad, unabhängig ihrer Dynamik (*Markttyp III*).

Ähnlich wie die Betrachtung in *Kapitel 5.2.2.3* eignet sich auch die hier angestellte Untersuchung für dynamische Überlegungen. Die Pfeildarstellungen in *Abb. 56* verweisen auf die vermutete Entwicklung über die Zeit hinweg, die bereits in die Diskussion der Markttypen durch das Gedankengut des Branchenlebenszyklus Einzug gehalten haben.

Kritisch an der Analyse der Markt- und Wettbewerbsgegebenheiten ist – im Grunde spiegelbildlich zu den Punkten der internen Kontextbetrachtung – die fehlende Berücksichtigung interner Faktoren anzumerken. Bis auf die Unterscheidung bei Markttyp III in neu eintretende und etablierte Unternehmen, finden die individuelle Ausgangsposition, die Stärken bzw. die unternehmensspezifische Ausstattung an Ressourcen oder Kenntnissen keine Berücksichtigung. Daneben ist auch bei der Untersuchung des externen Kontexts das Phänomen hervorgetreten, dass die Vorteilhaftigkeit genau eines Entwicklungsweges nicht exakt bestimmt werden konnte. So stehen Entwicklungswege mit hohen Zeitvorteilen (*acquire, ally*) dem zeitintensiven Weg der Internen Entwicklung (*build*) gegenüber und auch für etablierte Unternehmen in konzentrierten Märkten sind zwei Alternativen (*ally, build*) relativ vorteilhafter. Der letzte Schritt der Untersuchung, die Betrachtung von Konfiguration aus beiden Sichtweisen soll einen weiteren Beitrag liefern, um diesen Schwächen Abhilfe zu leisten.

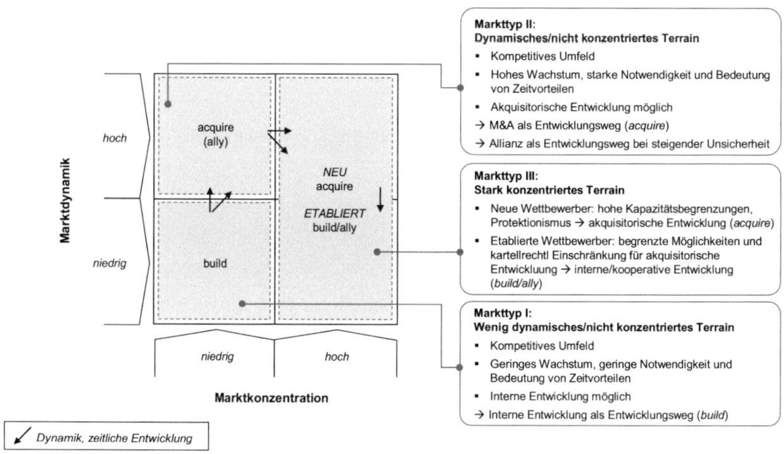

Abb. 56 Zusammenfassung: Markttyp I-III und Dynamisierung

Quelle: Eigene Darstellung

5.2.4 Limitierende Kontextfaktoren

Die Designkriterien des Entscheidungsmodells, die in *Kapitel 5.2.1* aufgestellt wurden, haben betont, dass sich die Entwicklungswege als prinzipiell frei wählbare Entscheidungsalternativen gegenüberstehen sollen. Auch wenn in der weiteren Argumentation und Zusammenführung der externen und internen Kontextbetrachtung zu Konfigurationen in *Kapitel 5.2.5* dieser Grundsatz weiterhin Gültigkeit haben soll, so soll doch ein kurzer Exkurs dazu dienen, limitierende Faktoren anzusprechen, die der freien Alternativenwahl entgegenstehen und die den Entscheidungsraum begrenzen können. Hierbei sollen jene Aspekte im Vordergrund stehen, die sich bei der Literaturrecherche als wichtigste Faktoren herauskristallisiert haben.

Kapitalbedarf

Der Kapitalbedarf bzw. die Kosten des einzelnen Entwicklungsweges stellen eine der Hauptursachen dar, weswegen bestimmte Alternativen von vornherein nicht zur Verfügung stehen oder weiterverfolgt werden können. Von DOBRZYNSKIs Aussage „*it's cheaper to buy than to build*" (Dobrzynski 21.03.1988, 58) kann dabei nicht generell ausgegangen werden, stehen sich doch im Hinblick auf den finanziellen und nicht-finanziellen Aufwand unterschiedliche Argumentationsstränge gegenüber.

Bei der Internen Entwicklung erfolgt, wie in *Kapitel 3.1* ausgeführt, eine Entwicklung eigener Potenziale auf Basis neuer Vermögensgegenstände. Im Falle der Akquisition oder Allianz wird angenommen, dass diese Assets bereits einem Werteverzehr unterlegen haben, so dass davon ausgegangen wird, dass der Kapitalbedarf dieser Varianten vergleichsweise geringer sein dürfte (vgl. Schubert/Küting 1981, 54-55). Entscheidend für den notwendigen Kapitalbedarf wird jedoch das situative Verhältnis von Angebot und Nachfrage am „*market for corporate control*" sein. Gerade hohe Inflationsraten und hohe Zinsen können die (nominalen) Kosten der Internen Entwicklung in die Höhe treiben. Gleichzeitig können sie zur nachhaltigen Unterbewertung börsennotierter Gesellschaften beitragen, indem die Nominalwerte der Unternehmensaktiva inflationsbedingt stärker steigen als die zinsbedingt negativ beeinflussten Aktienkurse (vgl. Dobrzynski 21.03.1988). Solche Fälle werden die Abkehr von der Entwicklung aus eigener Kraft zur Folge haben.

Andererseits bringen gerade Akquisitionen einen unmittelbar hohen Kapitalbedarf durch die zu entrichtende Übernahmeprämie als Entgelt für die vorweggenommene unternehmerische Kombination von Ressourcen mit sich (vgl. Petersen 1994, 120). Diese Prämie reflektiert zum einen die Risiken des Verkäufers, die er beim Aufbau des Akquisitionsobjekts bereits eingegangen ist, zum anderen die zukünftigen Ertragserwartungen, die mit dem akquirierten Unternehmen verbunden werden. Daneben machen Transaktionskosten, wie Such-, Beratungs- oder Verhandlungsaufwendungen, wie auch die Kosten im Anschluss an die eigentliche Transaktion zur Integration und Restrukturierung, die Akquisition zu einem kapitalintensiven Unterfangen. Diese Aspekte können wiederum zur Auffassung führen, dass die Akquisition die teuerste Alternative der Entwicklung darstellt (vgl. Schade 1990, 283).

Wie auch immer die subjektive Wahrnehmung in der jeweiligen Entscheidungssituation ausfällt, so muss festgehalten werden, dass ein Kapitalbedarf, der zu hoch angesehen wird, oder der mit den vorhandenen finanziellen Ressourcen schlichtweg nicht gestemmt werden kann, zu einer Einschränkung der Alternativenwahl führt.

Humanfaktorenbedarf

Aus Sicht des Humankapitals des Unternehmens ist besonders zu berücksichtigen, dass die unterschiedlichen Entwicklungswege jeweils grundlegend andere unternehmerische Qualitäten erfordern (vgl. Petersen 1994, 124; Scherer/Ross 1990, 138;). So ist beispielsweise das Vorhandensein flexibler „*managers of change*“, die im Zuge eines Akquisitionsprozesses katalytisch auf die Entwicklung einwirken, als ein kritischer Erfolgsfaktor anzusehen (vgl. Kitching 1967, 91). Daneben kann die Realisierung und Implementierung von Entwicklungswegen zumindest schubweise die vorhandene Managementkapazität fast vollständig absorbieren, was eine Gefahr der Vernachlässigung der bestehenden operativen Geschäftstätigkeiten darstellt (vgl. Petersen 1994, 124). Infolgedessen stellt sowohl der rein quantitative Bestand an Managementressourcen als auch die Qualität an einschlägigen Erfahrungen und Fachkenntnissen einen limitierenden Faktor in der Entscheidung über den Entwicklungsweg dar. Die Aspekte wirken insbesondere auf den Gesichtspunkt der Unsicherheit ein, da nicht vorliegendes Wissen oder fehlende Arbeitskraft direkten Einfluss auf den Erfolg der Umsetzung der Entwicklung ausüben wird. Diesen Zusammenhang stellen neben anderen auch AMIT/LIVNAT/ZAROWIN, ZEJAN, PANGARKAR und DUARTE/GARCÍA-CANAL her, die aus der Existenz von Erfahrungswissen bezüglich eines Entwicklungsweges eine höhere Präferenz für die jeweilige Alternative ableiten (vgl. Amit et al. 1989; Zejan 1990; Pangarkar 2000; Duarte/Garcia-Canal 2004).

Verfügbarkeit & gesetzliche Beschränkungen

In die Erörterungen der *Kapitel 5.2.2* und *5.2.3* sind bereits Einschätzungen eingeflossen, ob entsprechende Akquisitionsobjekte oder Allianzpartner in der Kontextkonstellation zur Verfügung stehen. Ist ein geeignetes Unternehmen schlichtweg nicht vorhanden oder lässt sich dieses nicht auf Akquisitions- oder Kooperationsbestrebungen ein, so müssen diese Alternativen von vornherein ausscheiden, was den Alternativenraum auf die Interne Entwicklung beschränkt (vgl. Petersen 1994, 125).

Andererseits können, neben der Existenz der in *Kapitel 5.2.3.1* erläuterten Eintrittsbarrieren, auch staatliche Restriktionen bestimmte Entwicklungswege unterbinden. Investitionsbeschränkungen treten beispielsweise beim Eintritt in einen Auslandsmarkt auf, in dem lokale Gesetzmäßigkeiten die selbständige Entwicklung begrenzen und erheblich erschweren (vgl. Yin/Shanley 2008, 475-477 u. 486-487). So erhoffen sich bestimmte Länder den Zugang zu neuen technologischen Kenntnissen für den forcierten Aufbau eigener Industrien, bei gleichzeitigem Schutz vor zu starkem Wettbewerb (vgl. Strothe 2006, 173). In der Konsequenz ist die Interne Entwicklung entweder nicht möglich oder mit deutlich höheren Transaktionskosten verbunden, so dass das Ausweichen auf einen kosteneffizienteren Entwicklungsweg wie der Allianz unumgänglich erscheint. Auch MORSCHETT, YIU/MAKINO und LUO verweisen auf die Bedeutung staatlicher Eingriffe und regulativer Belastungen, die die Alternativenwahl deutlich schmälern können (vgl. Morschett 2006; Yiu/Makino 2002; Luo 2001).

Managementpräferenzen

Die Ausführungen in *Kapitel 4* haben klargestellt, dass eine primär verhaltensorientierte Sichtweise auf das Entscheidungsverhalten in der hier vertretenen Untersuchungsperspektive nicht weiterverfolgt werden soll. Dennoch sei hier zumindest kurz herausgestellt, dass von vornherein bestehende Präferenzen seitens der Entscheidungsträger eine echte Alternativenbetrachtung verkürzen und zunichte machen können. PFEFFER/SUTTON etwa führen aus, dass Entscheidungen oft auf der Basis eines „*doing what (seems to have) worked in the past*" getroffen werden, was eine offene Bewertung aller zur Verfügung stehender Alternativen weitreichend verhindert (vgl. 2007, 8-9).

Daneben kann auch die Imitation von Wettbewerberverhalten, PANGARKAR spricht in diesem Zusammenhang von „*bandwagon effects*" (vgl. 2000), zu ähnlichen Präferenzbildungen beitragen. Eine Alternativenbetrachtung wird hier von einer „*follow the leader*"-Vorgehensweise abgelöst (vgl. Lu 2002; Yiu/Makino 2002). Will man eine Parallele zu den Ausführungen weiter oben ziehen, kommt dieses Entscheidungsverhalten einem „*doing what (seems to have) worked for others*" gleich.

Fazit

Zusammenfassend sollen die Darstellungen dieses Abschnitts daran erinnern, dass der Grundsatz frei wählbarer und zu vergleichender Alternativen durch gewisse externe und interne Kontextbedingungen eingeschränkt sein kann. Im Zuge des Anspruchs der Vollständigkeit sollten diese Aspekte nicht unerwähnt bleiben. Im weiteren Diskussionsverlauf sollen sie zur Wahrung der Übersichtlichkeit und Komplexitätsreduktion des hier angestrebten Entscheidungsmodells jedoch in die nun folgende Argumentation der Entscheidungsempfehlungen bei gemeinsamer Betrachtung von internem und externem Kontext nicht einfließen.

5.2.5 Entscheidungsempfehlungen bei gemeinsamer Betrachtung des internen und externen Kontexts

Die in den *Kapiteln 5.2.2* und *5.2.3* gebildeten Hypothesen für Unternehmens- und Markttypen hinsichtlich des optimalen Entwicklungswegs lassen sich als den ersten Schritt zur Bildung von Idealtypen interpretieren. In der finalen Betrachtung sollen aus der Kombination unterschiedlicher Unternehmens- und Markttypen zu Konfigurationen, Hypothesen zur strategischen Entscheidung über erfolgreiche Entwicklungsformen formuliert werden, die die Erarbeitung der Entscheidungslogik abschließen. Mit ihnen kann eine zu präferierende Handlungsalternative der Entwicklungswege, im Sinne einer relativ überlegenen Lösung, identifiziert werden. Die in der Einleitung der Arbeit gestellte Forschungsfrage soll auf diesem Weg aus theoretisch-konzeptioneller Sicht beantwortet werden.

In der Diskussion der Konfigurationen aus Markt-/Wettbewerbs- und Unternehmensumfeld soll es darum gehen, wie die Entwicklung in der jeweiligen Konstellation möglichst erfolgreich gestaltet werden kann. Dass es auf diesem Level potenziell konfliktäre Handlungsempfehlungen aus Sicht des externen und internen Kontexts geben kann, liegt auf der Hand. Eine Analyse möglicher „*Missfits*", die wie beispielsweise STROTHE argumentiert, zu einem Marktaustritt führen könnten (vgl. 2006, 181-182), soll jedoch zurückgestellt werden. HENSELEK betont in diesem Zusammenhang, „(...) *dass dem Fit keine Harmonie oder Konfliktfreiheit zugrunde liegen muss, sondern der Fit gerade durch die Abstimmung konfliktärer Ziele entsteht*" (1996, 42). Infolgedessen soll diesem Sachverhalt dadurch begegnet werden, dass unter Umständen zwei Entwicklungswege als optimale Alternativen in Frage kommen. Auch andere Arbeiten, wie beispielsweise von YIN/SHANLEY, die sich gerade in jüngster Zeit auf das Forschungsterrain konfigurationstheoretischer Modelle vorwagen (vgl. 2008), behelfen sich der Problematik durch diesen Ausweg. In der weiteren Diskussion wird deswegen darauf abgezielt, das mögliche Kontinuum der Ausgestaltungsformen der Entwicklungswege klar zu beschreiben und herauszustellen, wo sich das Unternehmen – gerade auch im Hinblick auf dynamische Aspekte – einordnen sollte.

Neben der Ableitung konkreter Handlungsempfehlungen für die strategische Entscheidung über den Entwicklungsweg, soll ein Rückschluss auf die Wertpotenziale vorgenommen werden, um der Perspektive der wertorientierten Unternehmensführung Rechnung zu tragen. Wie in *Kapitel 3.4.3* erläutert, wird es nach der strategisch-qualitativen „*Weichenstellung*" für einen bestimmten Entwicklungsweg von Bedeutung sein, die Erkenntnisse schrittweise in die quantitative Dimension zu überführen und die zwingend notwendige finanzielle Betrachtung konkreter Opportunitäten und möglicher Transaktionen anzuschließen. Die hier vorgenommene Erörterung soll deshalb konfigurationsorientiert herausarbeiten, welche Wertpotenziale und welche (Transaktions-)Kosten in welcher Konstellation zu erwarten sind bzw. vorherrschen werden. Insofern kann sie als Inputgröße für eine effiziente Verknüpfung mit dahinterstehenden, finanziellen Wertkomponenten für sich anschließende quantitative Analysen dienen (vgl. Ausführungen in *Kapitel 2.1.4*) und diesen Prozess beschleunigen.

5.2.5.1 Fit-Betrachtung pro Konfiguration

Die Zusammenführung der jeweils drei in den *Kapiteln 5.2.2* und *5.2.3* gebildeten Unternehmenstypen und Markttypen führt zu der in *Abb. 57* festgehaltenen Darstellung. Die darin entstandenen *Konfigurationen 1-9* sollen im Folgenden im Hinblick auf die für sie geltenden Handlungsempfehlungen untersucht werden.

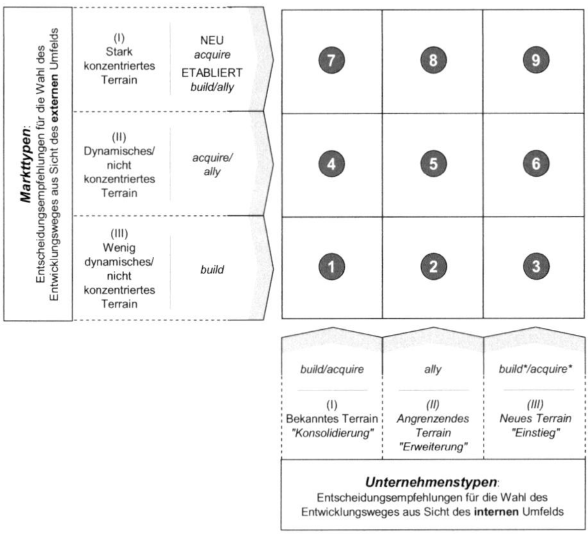

Abb. 57 Zusammenführung von Markt- und Unternehmenstypen, Konfigurationen 1-9

Quelle: Eigene Darstellung

Konfiguration 1

Aus interner Sicht wird ein Entwicklungsweg empfohlen, der hohe Kontrolle und hohes Ressourcencommitment zulässt (Empfehlung: *build/acquire*). Das Marktumfeld ist wenig dynamisch und von relativ autonomem Wettbewerb geprägt, was die Interne Entwicklung begünstigt (Empfehlung: *build*). In dieser Konfiguration wird ein ***Terrain für Interne Entwicklung*** gesehen. Die eigenen Stärken können in diesem Umfeld für organische Entwicklungsschritte ausgespielt werden. Bei steigender Dynamik wird die Alternative der Akquisition in dieser Konstellation an Bedeutung gewinnen.

Die Wertpotenziale, die in dieser Konstellation die größte Bedeutung haben werden, sind in erster Linie die Ausschöpfung eigener Ressourcen- und Kompetenzvorteile, um den Markt aus eigener Kraft weiterhin aktiv zu prägen. Aus Konsolidierungsaspekten in diesem Marktumfeld wird im Weiteren den Kosten- und Volumenvorteilen und Marktpotenzialen eine wichtige Rolle zugestanden.

Konfiguration 2

Aus interner Sicht liegen in der Markt- oder der Technologiedimension Kenntnisse vor, was durch kooperative Verbindungen ausgeglichen werden sollte (Empfehlung: *ally*). Das Marktumfeld lässt jedoch eine zeitintensivere Entwicklungsformen zu (Empfehlung: *build*). Prinzipiell erscheinen deshalb beide Entwicklungswege vorteilhaft und es wird in dieser Konfiguration ein ***Terrain für Interne Entwicklung & Allianzen*** gesehen. Entscheidend für die Wahl entlang des Kontinuums höheren Ressourcencommitments oder höherer Risikominderung wird sein, welches Risiko in den fehlenden bzw. hinzuzugewinnenden Kenntnissen gesehen wird. Wird diesem Faktor eine hohe Unsicherheit beigemessen, sollte die Entwicklung auf kooperative Ausgestaltungsformen zurückgreifen. Es bietet sich dann die Aufnahme einer Option an, das eigene Ressourcencommitment im Zeitverlauf zu erhöhen, da mit steigendem Erfahrungsschatz der Weg aus eigener Kraft und Kontrolle weiterbeschritten werden sollte.

Aus Sicht der Wertpotenziale werden die Erschließung der komplementären Kompetenzpotenziale und der Zugang zu wettbewerbskritischen Ressourcen von größter Wichtigkeit sein. Anfängliche Unsicherheit kann durch die gemeinschaftliche Übernahme von Risiken gemindert werden. Durch steigende Vertrautheit mit den Markt- und Wettbewerbsbedingungen sollten Optionspotenziale berücksichtigt werden und gegebenenfalls in kooperative Verbindungen eingebaut werden.

Konfiguration 3

Aus externer Sicht ist der Markt durch geringe Dynamik und relativ autonomen Wettbewerb charakterisiert (Empfehlung: *build*). Die für den Eintritt einsetzbaren Kenntnisse sind jedoch stark limitiert (Empfehlung: *build*/acquire**). In Anbetracht des Marktumfeldes wird hier ein ***Terrain für neue Ventures*** als Form der Internen Entwicklung gesehen.

Hinsichtlich der Wertpotenziale werden in dieser Konstellation in erster Linie Ressourcen- und Kompetenzpotenziale von vorrangiger Bedeutung sein. Die Erlangung von produkttechnologischem Wissen, mit dem die marktgerechte Gestaltung innovativer Angebote bewerkstelligt werden kann, hat Priorität. Da das Wettbewerbsumfeld diese Entwicklung aus eigener Kraft zulässt, sollte die Form des internen Ventures als Alternative mit dem höchsten Gewinn- und Risikopotenzial beschritten werden.

Konfiguration 4

Die Marktkonstellation weist auf eine hohe Bedeutung von Zeitvorteilen hin. Der Markt ist durch hohe Dynamik und ein kompetitives Wettbewerbsumfeld geprägt (Empfehlung: *acquire/ally*). Aus interner Sicht stellt die Markt- und Technologieumgebung bekanntes Terrain dar, so dass wettbewerbsrelevante Kenntnisse vorhanden sind und auf einen Entwicklungsweg mit hoher Kontrolle und Bindungsintensität hinweisen (Empfehlung: *build/acquire*). In dieser Konfiguration wird ein ***Terrain für Akquisitionen*** gesehen, mit denen die Wettbewerbsposition schnell verstärkt werden kann. Durch umfassende Kenntnisse sollte der akquisitorische Entwicklungsschritt nicht mit zu hohen Risiken verbunden sein.

Mit Blick auf die Wertpotenziale werden in dieser Konstellation erneut die Zeitpotenziale eine gehobene Bedeutung haben, um im dynamischen Marktumfeld bestehen zu können. Darüber hinaus sind Markt- und Kosten-/Volumenpotenziale zu berücksichtigen, die im weiteren Verlauf der Branchenkonsolidierung Priorität haben werden.

Konfiguration 5

Die Analyse der eigenen Kenntnisse offenbart ausgeprägte Kenntnisse in lediglich einer wettbewerbsrelevanten Dimension (Markt bzw. Technologie), so dass kooperative Verbindungen angestrebt werden sollten (Empfehlung: *ally*). Das Marktumfeld gebietet durch hohe Dynamik und geringe Konzentration die Entwicklung in einem engen Zeitrahmen zu vollziehen, um nicht ins Hintertreffen zu geraten, was nur durch Hilfe von außen möglich ist (Empfehlung: *acquire/ally*). In dieser Konfiguration wird infolgedessen ein ***Terrain für Allianzen*** gesehen. Kooperative Verbindungen bieten eine schnelle Möglichkeit, komplementäre Kenntnisse und Ressourcen hinzuzugewinnen, ohne dass sie unmittelbar hohe Ressourcenbindungen erfordern. Wie auch für Konfiguration 2 geschildert, bietet sich die Aufnahme einer Option in die Ausgestaltung der Allianzbindung an. Durch fortwährende Lerneffekte wird die Unsicherheit geringer, so dass das eigene Ressourcencommitment im Zeitverlauf erhöht werden kann und sollte. Daneben bietet sich auch für die weitere Entwicklung des Markt- und Wettbewerbsumfeld an, die Bindung zu erhöhen, um die in höher konzentrierten Märkten erforderlichen Volumen- und Skaleneffekte zur Profitabilitätssicherung vollends ausschöpfen zu können.

In dieser Konstellation ist die Erlangung von Zeitpotenzialen in Verbindung mit Risiko- und Flexibilitätspotenzialen bedeutsam. Diese schaffen Optionen für die Zukunft, die es zulassen, die Entwicklung intensiver zu gestalten und auszubauen, bei mangelndem Erfolg oder schlechten Erfahrungen mit dem Allianzpartner jedoch auch zeitlich zu befristen und gegebenenfalls zu beenden. Durch die kooperative Verbindung können zusätzlich Kompetenzpotenziale erschlossen werden, die die Vertrautheit und den Erfahrungsschatz des eigenen Unternehmens steigern.

Konfiguration 6

Die Marktkonstellation erfordert schnelles Handeln, da sich der Markt durch hohe Dynamik auf dem Weg in Richtung Konsolidierung befindet (Empfehlung: *acquire/ally*). Für den Entwicklungsschritt sind die wettbewerbsrelevanten Kenntnisse noch nicht vorhanden (Empfehlung: *build*/acquire**). In dieser Konfiguration wird, wie in Feld 6, ein ***Terrain für Akquisitionen mit Erfahrungscharakter*** gesehen, mit denen eine Wettbewerbsposition schnell erreicht werden kann, um für die Branchenkonsolidierung gewappnet zu sein bzw. diese aktiv mitzubestimmen.

Die Wertpotenziale, die in dieser Konstellation die größte Bedeutung haben werden, sind aus Marktsicht in erster Linie Zeitpotenziale um der Markdynamik erfolgreich zu begegnen. Daneben spielen Markt- und Kosten-/Volumenpotenziale eine zunehmende Rolle, um im weiteren Verlauf der Marktkonsolidierung in einer erfolgversprechenden Profitabilitätsposition zu sein. Aus interner Sicht sind in erster Linie die Ressourcen- und Kompetenzpotenziale entscheidend, um den bisherigen Kenntnisnachteil wettzumachen.

Konfiguration 7

Aus interner Sicht wird ein Entwicklungsweg empfohlen, der hohe Kontrolle und hohes Ressourcencommitment zulässt (Empfehlung: *build/acquire*) und die eigenen Stärken aus hoher Vertrautheit mit dem Markt- und Technologieumfeld nutzt. Die hohe Konzentration des Marktumfeldes wird durch die bereits etablierte Position im Markt die Alternative der Akquisition nur in eingeschränktem Maße zulassen, was ein Ausweichen auf andere Lösungen erfordert (Empfehlung: *build/ally*). In der Konsequenz wird in dieser Konfiguration ein ***Terrain für Interne Entwicklung & Allianzen*** gesehen. Entscheidend für die Wahl entlang des Kontinuums höherer eigener Aktivitäten oder höhere Nutzung eines Kooperationspartners wird letztlich die Nähe zum momentanen Kerngeschäft sein. Je mehr die Entwicklungsbestrebungen in Richtungen gehen, zu denen weniger Kenntnisstand intern vorliegt, desto höher werden die Vorteile aus kooperativen Beziehungen sein. Dennoch hat es in diesem Umfeld Priorität, die eigenen Kompetenzen bestmöglich zu schützen, was die Interne Entwicklung zunächst zur wichtigsten Option in dieser Konstellation macht.

Durch die oligopolistische Marktsituation spielen die Kosten- und Volumenpotenziale eine Hauptrolle, da es in diesem Wettbewerbsumfeld vornehmlich darum gehen wird, dem Profitabilitätsdruck stand zu halten. Ferner sind die Marktpotenziale von Bedeutung, um durch die eigene Marktmacht Marktbarrieren aufzubauen und zu sichern. Mit Blick auf die weitere

Branchenentwicklung wird es daneben eine Rolle spielen, die eigene Innovationsfähigkeit zu erhalten und Kompetenzvorteile bzw. Optionen zu generieren, um zu weiteren technologischen Entwicklung in diesem Markt beizutragen und für die mögliche Neuausrichtung der Branche gewappnet zu sein.

Konfiguration 8

Im Hinblick auf die Marktkonstellation bestehen typischerweise wettbewerbsrechtliche Beschränkungen, die für etablierte Wettbewerber Akquisitionen nicht möglich machen, weswegen die Alternativen der Internen Entwicklung und der Allianz als „*second best*" Optionen verbleiben (Empfehlung: *build/ally*). Hinsichtlich der internen Bedingungen handelt es sich um Entwicklungsschritte in angrenzendes Terrain, das komplementäre Kenntnisse erfordert (Empfehlung: *ally*). Demzufolge wird in dieser Konfiguration ein ***Terrain für Allianzen*** gesehen, die etablierte Wettbewerber nutzen, um ihren Aktivitäten in benachbarte Bereiche auszuweiten und zu ergänzen. In stark konzentrierten Märkten ist zu erwarten, dass es sich hier um Forschungs- und Entwicklungsallianzen handelt, um neue technologische Kenntnisse zu erlangen, die im Marktumfeld für die Identifikation und Bearbeitung zukünftiger Wachstumssegmente benötigt werden und den entwicklungstechnischen Fortschritt bestehender Technologien beschleunigen können.

Mit Blick auf die Wertpotenziale spielt in dieser Konstellation die Erlangung von Ressourcen- und Kenntnispotenzialen eine Hauptrolle. Sie können helfen, die eigene Position im oligopolistischen Umfeld zu festigen und zu verteidigen. Der Zugang zu wettbewerbsstrategischen Vorteilen durch Kooperationen kann ebenfalls auf die Markt- und Volumenpotenziale wirken, die einen positiven Effekt auf die Profitabilitätssituation haben werden.

Konfiguration 9

Aus interner Sicht liegen wenige bzw. keine Kenntnisse vor, die für den Markteintritt genutzt werden könnten (Empfehlung: *build*/acquire**). Das Marktumfeld ist bereits stark konsolidiert und zwischen großen Wettbewerbern aufgeteilt (Empfehlung für neu eintretende Unternehmen: *acquire*). Für den Einstieg in dieses für das Unternehmen neue Marktumfeld wird deshalb ein ***Terrain für Akquisitionen mit Erfahrungscharakter*** zur Etablierung einer Position im oligopolistischen Umfeld gesehen.

In dieser Konstellation spielen die Marktpotenziale die Hauptrolle, da es darum geht, beträchtliche Marktbarrieren zu überwinden und in konzentriertem Wettbewerbsumfeld eine verteidigungsfähige, eigene Position aufzubauen. Der Gewinn des Marktanteils wird wiederum positive Einflüsse auf die Kosten-/Volumenpotenziale ausüben können.

5.2.5.2 Zusammenfassung

Die für die *Konfigurationen 1-9* durchgeführten Fit-Betrachtungen sind in den Hypothesen VII-XV zusammenfassend dargestellt.

Hypothesen VII - XV:

Wenn Konfiguration...	*vorliegt, wählen Unternehmen den Entwicklungsweg...*
(1)	*Interne Entwicklung*
(2)	*Interne Entwicklung oder Strategische Allianz*
(3)	*Interne Entwicklung (in Form von new venture)*
(4)	*Strategische Akquisition*
(5)	*Strategische Allianz*
(6)	*Strategische Akquisition mit Erfahrungscharakter*
(7)	*Interne Entwicklung oder Strategische Allianz*
(8)	*Strategische Allianz*
(9)	*Strategische Akquisition mit Erfahrungscharakter*

Darüber hinaus gibt die *Abb. 58* Aufschluss darüber, welche Handlungsempfehlungen für die strategische Entscheidung über den Entwicklungsweg abgegeben werden, indem sie die in *Kapitel 5.2.5.1* abgesteckten Terrains der unterschiedlichen (optimalen) Entwicklungswege im Überblick darstellt. Die Matrixdarstellung, die die gewonnenen Hypothesen des Entscheidungsmodells abbildet, kann in diesem Sinne als Endergebnis der Arbeit aus theoretisch-konzeptioneller Sicht festgehalten werden.

Aufbauend auf den Diskussionen und Argumentationen in den *Kapiteln 5.2.2.3* und *5.2.3.3* kann auch hier eine Vermutung über die dynamische Entwicklung in die Betrachtung integriert werden. Die Pfeildarstellungen in der *Abb. 58* deuten die erwartete Entwicklung über die Zeit hinweg an. Sie leiten sich aus den erläuterten Zusammenhängen ab. Aus interner Unternehmenssicht sollte sich die Entwicklung von neuen, unbekannten Geschäftsbereichen über den zunehmenden Aufbau wettbewerbsrelevanter Kenntnisse, zu wohl bekannten Aktivitäten entwickeln. Aus externer Markt- und Wettbewerbssicht ist eine Entwicklung gemäß typischer Branchenlebenszyklen zu erwarten. In Summe weist damit die dynamische Entwicklung einen Verlauf in Richtung *Konfiguration 7* (Feld oben links) auf, was einer Konsolidierung der eigenen Geschäftstätigkeiten in stark konzentrierten, zunehmend rückläufigen Märkten entsprechen würde.

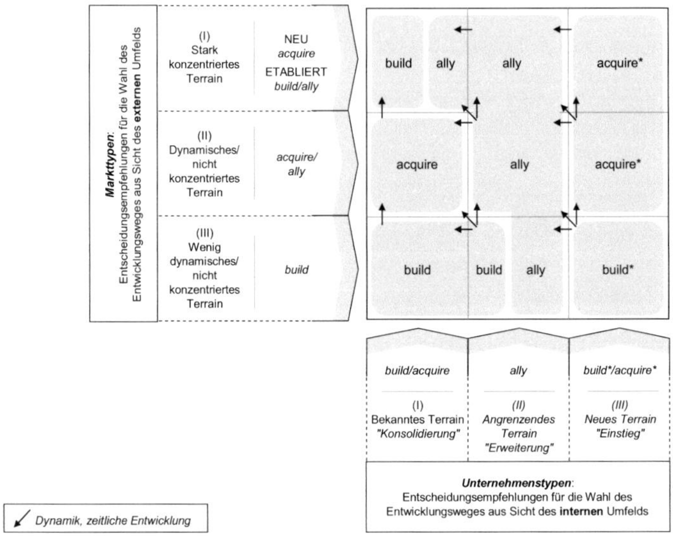

Abb. 58 Zusammenfassung: Handlungsempfehlungen für Konfigurationen 1-9

Quelle: Eigene Darstellung

5.3 Fazit, kritische Betrachtung und Implikationen für die weitere Untersuchung

Mit den dargelegten Erläuterungen können die Fragen, mit denen dieses Kapitel gestartet ist, beantwortet werden:

In welchen Bezugsrahmen werden die Einzelaspekte zur Beantwortung der zugrundeliegenden Forschungsfrage eingeordnet? Welche theoretischen Konzepte und Ansätze werden dazu herangezogen?

Welchen Entwicklungsweg sollte ein Unternehmen in Anbetracht der Entscheidungssituation wählen, um dadurch das Wertsteigerungsziel des Unternehmens am besten zu unterstützen?

Durch die theoretischen „*Vehikel*" der Entscheidungslogik (*Kapitel 5.1.1*), des Konfigurationsansatzes (*Kapitel 5.1.2*) und der Methodik der Hypothesengenerierung (*Kapitel 5.1.3*) konnte im ersten Teil dieses Kapitels ein konzeptioneller Bezugsrahmen bereitgestellt werden, der die bisher getrennt voneinander vertieften Inhalte zusammenfügte und in eine gedankliche Ordnung für die weitere Diskussion brachte. Dieses Grundgerüst wurde sodann inhaltlich ausgestaltet (vgl. dazu zusammenfassend *Abb. 59*), indem nach der Formulierung von Designkriterien als Leitlinien (*Kapitel 5.2.1*) zunächst die Ableitung von Hypothesen für die *Unternehmenstypen I-III* aus dem internen Umfeld (Hypothesen I-III, *Kapitel 5.2.2*) und die *Markttypen I-III* aus dem externen Umfeld (Hypothesen IV-VI, *Kapitel 5.2.3*) durchgeführt wurde. Durch die Untersuchung des Aufeinandertreffens von Unternehmens- und Markttypen entstand eine Matrix mit den *Konfigurationen 1-9*, für die Handlungsempfehlungen aus Gesamtsicht in Form der Hypothesen VII-XV festgehalten werden konnten (*Kapitel 5.2.5*), die für die strategische Entscheidung über den Entwicklungsweg gelten sollen. Um die Betrachtung vollständig zu gestalten wurden ebenfalls (potenziell) limitierende Kontextfaktoren, die die freie Wahl zwischen den prinzipiell gleichwertigen Entscheidungsalternativen beschneiden können, im Rahmen eines Exkurses erörtert (*Kapitel 0*).

Sowohl die Vorgehensweise zur Entscheidungsfindung (vgl. zusammenfassend *Abb. 59*) als auch die inhaltlichen Entscheidungsempfehlungen (vgl. zusammenfassend *Abb. 58*) können damit als Elemente eines Modells zur strategischen Entscheidung über den Entwicklungsweg festgehalten werden.

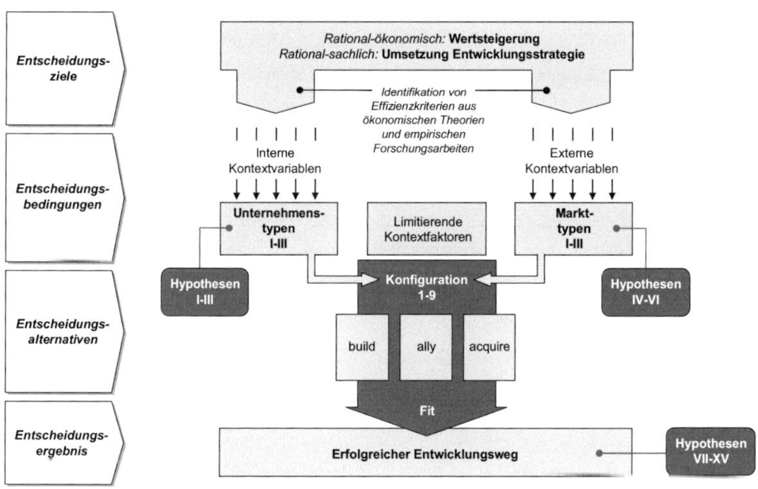

Abb. 59 Zusammenfassung: Inhaltliche Ausgestaltung des konzeptionellen Bezugsrahmens

Quelle: Eigene Darstellung

Durch die Wahrung des konzeptionellen Bezugsrahmens wurde eine stringente Diskussion ermöglicht, die alle entscheidungsrelevanten Aspekte einbezogen, geordnet sowie eine intersubjektive Nachvollziehbarkeit gesichert hat. Durch die Berücksichtigung aller drei Entwicklungswege, die typenorientierte Diskussion von Unternehmens- und Markttypen, die Zusammenführung der Betrachtung in Konfigurationen, die Integration von dynamischen Aspekten und die Rückschlüsse auf zugrundeliegende Wertpotenziale wurde Neuland beschritten.

Das erarbeitete Entscheidungsmodell ist aus kritischer Sicht als *„Meta-Modell“* zu werten, das für den Entscheidungsfall des Einzelunternehmens zweifellos weiter detailliert und durchdrungen werden muss. Es stellt die überaus komplexen Zusammenhänge der Unternehmensentwicklung und der Entscheidung über erfolgversprechende Entwicklungswege in teilweise hoch aggregierter Form dar. Dies kann mitunter zu weniger scharfen Schlussfolgerungen führen, etwa bei dem Ergebnis, dass vereinzelt zwei Entwicklungswege als optimal angesehen werden. Dennoch, oder gerade aus diesem Grund, sollte das Modell jedoch eine aufschlussreiche Alternative zu spezialisierten Forschungsbeiträge bieten, die sich auf bestimmte Entwicklungsrichtungen (z.B. Internationalisierung, Diversifikation; vgl. z.B. Agarwal/Ramaswami 1992; Amit et al. 1989), bestimmte Märkte, Länder oder Regionen (z.B. Markteintritte in Asien; vgl. z.B. Claver/Quer 2005) oder bestimmte Unternehmenstypen (z.B. junge Technologieunternehmen; vgl. z.B. Strothe 2006) als Untersuchungsgegenstand konzentrieren. In diesem Sinne kann das Modell dazu dienen, diese vorherrschenden Einzelbetrachtungen und Spezialfälle einzuordnen und möglicherweise für zukünftige Forschungsbeiträge auf dem Feld der Unternehmensentwicklung einen *Gesamtrahmen* aufspannen.

In der sich nun anschließenden Untersuchung von Entwicklungsentscheidungen in der Praxis wird kritisch zu hinterfragen sein, ob sich das herausgebildete Modell zur Anwendung eignet, ob bestimmte Konfigurationen in der Unternehmenswelt wirklich beobachtet werden können, und ob sich reale Entscheidungen mit den Handlungsempfehlungen des Modells decken. Auf diese Weise soll die Untersuchung wichtige Hinweise auf eine mögliche Ergänzung und/oder Überarbeitung des Modells liefern.

6 STRATEGISCHE ENTSCHEIDUNGEN ÜBER DEN ENTWICKLUNGSWEG IN DER PRAXIS

Die Ausführungen in *Kapitel 5* haben ein konzeptionelles Modell zur strategischen Entscheidung über den Entwicklungsweg und theoretische Fits erfolgreicher Entwicklungswege als Grundlage für das Management der Unternehmensentwicklung hervorgebracht. Im nachfolgenden sechsten Kapitel soll untersucht werden, ob die Typen und Konfigurationen als Erklärung von Entscheidungen herangezogen werden können und wie sie gegebenenfalls ergänzt werden sollten. Damit wird der praktische Forschungsteil zur Gesamtarbeit beigetragen.

Im *Kapitel 6* sollen die folgenden Fragen beantwortet werden:

- *Welchem Forschungsdesign folgt die praktische Untersuchung? Welche Erkenntnisgewinne sind daraus zu erwarten? Welche Untersuchungsschritte werden vollzogen?* (*Kapitel 6.1*)

  Das Ziel des Abschnitts ist die Bestimmung und Definition eines adäquaten Forschungsdesigns. Mit der Auswahl der Fallstudienmethodik wird dieses in die Arbeit eingeführt (*Kapitel 6.1.1.1*), ihre Vorzüge für die vorliegende Arbeit erläutert (*Kapitel 6.1.1.2*) und die inhaltliche Struktur der Untersuchung aufgezeigt (*Kapitel 6.1.2*).

- *Welche Entscheidungen hinsichtlich des Entwicklungswegs werden in der Praxis getroffen? Decken sich diese Praxisentscheidungen mit den Handlungsempfehlungen des Entscheidungsmodells? Wie sind abweichende Entscheidungen zwischen Theorieempfehlung und Praxishandeln zu interpretieren? Welche Modifikationen und Anpassung erwachsen daraus für das Theoriemodell?* (*Kapitel 6.2*)

  Nach der Bestimmung und Detaillierung des Untersuchungsobjektes (*Kapitel 6.2.1*), werden im Rahmen der Fallstudie die in der Praxis auftretenden *Realtypen* von Entscheidungen über den Entwicklungsweg identifiziert. Sie werden anschließend für den internen Kontext (Unternehmenstypen) (*Kapitel 6.2.2*) und den externen Kontext (Markttypen) (*Kapitel 6.2.3*) in das Theoriemodell eingeordnet, den theoretisch abgeleiteten *Idealtypen* gegenübergestellt und kritisch dahingehend beurteilt, ob sie die zugrundeliegenden Hypothesen unterstützen können. Die Zusammenführung der Betrachtungen zur Untersuchung von Konfigurationen sowie die Diskussion von Schlussfolgerungen schließt die Untersuchung ab (*Kapitel 6.2.4*).

6.1 Grundlagen der Untersuchung

6.1.1 Fallstudie als Untersuchungsdesign

Das in *Kapitel 5* erarbeitete konzeptionelle Entscheidungsmodell dient als Basis für die praktische Forschungsleistung der vorliegenden Arbeit. Die gewonnenen theoretischen Erkenntnisse sollen durch eine Untersuchung von strategischen Entscheidungen über den Entwicklungsweg in der unternehmerischen Praxis überprüft und gegebenenfalls ergänzt und erweitert werden. Dafür soll eine Fallstudie an einer ausgewählten Branche durchgeführt werden.

6.1.1.1 Definition

Die Erarbeitung einer Fallstudie (Case study) bezieht zumeist mehrere Forschungsmethoden mit ein. DE VAUS und YIN betonen diesbezüglich, dass es deswegen angemessener sei von *Forschungsdesign* (vgl. de Vaus 2001, 219) oder *Forschungsstrategie* (vgl. Yin 1981, 59; daneben auch Zaugg 2006, 3) zu sprechen. Zur Gestaltung und Anwendung von Fallstudien ist noch verhältnismäßig wenig in der wissenschaftlichen Literatur beigetragen worden. So hat der bislang geringe Einsatz an Fallstudien für Forschungszwecke noch nicht zur Herausbildung allgemein anerkannter Designs, Methoden und Auswertungskriterien geführt (vgl. Levy 2008, 2; Bruns/JR. 1989, 159). In diesem Zusammenhang stellt auch GERRING fest, dass kein Begriff so verschiedentlich benutzt wird wie „*Case*“ (vgl. Gerring 2002, 4).

Die wohl meistverbreitete Definition des Begriffs der Fallstudie hat YIN beigetragen, der ausführt: „*A case study is an empirical inquiry that investigates a contemporary phenomenon within its real life context, especially when the boundaries between phenomenon and context are not clearly evident.*" (2003, 13). Damit unterscheiden sich Fallstudien von anderen Forschungsstrategien, da sie sich insbesondere dann als wissenschaftliche Erhebung eignen, wenn der Forschende wenig oder gar keine Kontrolle über die Ereignisse hat – anderenfalls würden sich Experimente anbieten (vgl. Luethi 2005, 2; Yin 2003, 13).

Die Definitionsebenen der Fallstudien-Forschung (*Case study research*) sind überaus interdependent (vgl. dazu und im Folgenden Gerring 2002). Eine Fallstudie stellt die intensive Auseinandersetzung mit einem begrenzten Phänomen dar, das sich auf eine einzelne oder mehrere Untersuchungseinheiten (*Units*) bezieht. Die Untersuchung dient in diesem Sinne als Beweis eines breiteren Phänomens, da das Hauptaugenmerk auf eine gewisse Generalisierung der Erkenntnisse auf eine breitere Anzahl an Units (im Sinne von Einheiten mit ähnlichen Bedingungen wie jene im Fokus der Untersuchung) abzielt. Die Untersuchungseinheit ist damit als (begrenztes) Phänomen oder Erscheinung definiert, beispielsweise eine Person, Gruppe, Organisation, Region oder Nation, die Fälle (*Cases*) beinhaltet. Infolgedessen ist eine Fallstudie nicht zwingend als Studie eines einzelnen Falles anzusehen, sondern zumeist als Erforschung einer Einheit, die üblicherweise mehrere Fälle (über die Zeit hinweg) einschließt. Der einzelne Fall (*Case*) ist folglich ein „*Set*" an Beobachtungen einer gewissen Einheit, die mehreren relevanten Dimensionen (*Variablen*) unterliegen. Der Fall stellt auf diese Weise unabhängige Beweise für eine Hypothese bereit.

YIN unterscheidet vier unterschiedliche Fallstudientypen (vgl. dazu und im Folgenden Yin 2003, 39-53), die sich entlang der Dimensionen „*Anzahl der Fallstudien*" und „*Aggregationsgrad der Fallstudien*" unterscheiden lassen. Bei Betrachtung der Anzahl kann zwischen Forschungsdesigns mit Durchführung einer Fallstudie („*single*") und mehrerer Fallstudien aufgeteilt werden. Die Anwendung eines „*single case study designs*" empfiehlt sich im Besonderen, wenn es sich bei dem Fall um einen „*critical case*", „*representative case*" oder „*revelatory case*" handelt, ansonsten folgen die Untersuchungen dem „*multiple case study design*". Hinsichtlich des Aggregationsgrades kann in ganzheitliche („*holistic*") und eingebettete („*embedded*") Fallstudien klassifiziert werden. Die Unterscheidung richtet sich nach der relativen Beziehung der Untersuchungseinheiten zueinander. Der holistische Charakter liegt vor, wenn die Einheiten in ihrer Bedeutung hinsichtlich der Untersuchung gleichberechtigt sind, während bei Vorliegen einer Hierarchie zwischen den Einheiten, in der eine Einheit das primäre Untersuchungsobjekt darstellt, von einem embedded Design gesprochen wird.

Die Fallstudien-Forschung wird zumeist den qualitativen Methoden der empirischen Sozialforschung zugewiesen (vgl. Merriam 1988; Lamnek 2005, 298-238; Mayring 2002, 40-45). Auf Grund der zunehmenden Konvergenz quantitativer und qualitativer Analyse wird diese strikte Zuordnung hier jedoch nicht nachvollzogen (vgl. zu dieser Argumentation Zaugg 2006, 8). Einerseits weil irrtümlich der Anschein geweckt werden könnte, dass im Forschungsdesign der Fallstudie keine quantitativen Methoden zum Einsatz kommen dürften, andererseits, weil auch rein quantitative Fallstudien Einzug in die wissenschaftliche Forschung gehalten haben (vgl. Strauss 1996, 15-46). Zu betonen ist gerade deshalb die Integrationskraft der Fallstudie für qualitatives wie auch quantitatives Wissen (vgl. Scholz/Tietje 2002, 3). Dementsprechend wird die Fallstudie, wie eingangs betont, eher als Forschungsdesign denn „*nur*" als Methode verstanden, da sie die Verwendung verschiedener Methoden und die Verarbeitung unterschiedlicher Daten erlaubt.

6.1.1.2 Erkenntnisgewinne durch die Vorgehensweise

Es ist weder zielführend noch eindeutig zu beantworten, ob eine Fallstudie anderen Forschungsdesigns über- oder unterlegen ist (vgl. Gerring 2002, 3). Durch ihre Charakteristika erwachsen für die hier vorliegende Untersuchung jedoch bedeutende Möglichkeiten des Erkenntnisgewinns, weshalb die praktische Untersuchung in Form der Fallstudie herangezogen wird.

Komplexitätserfassung

Die der Arbeit zugrundeliegende Thematik der strategischen Entscheidung über den Entwicklungsweg des Unternehmens hat sich als überaus komplexes Problem erwiesen. Die Aufgabe des theoretisch-konzeptionellen Teils war es, mit Hilfe eines Entscheidungsmodells eine gewisse Ordnung in diese komplexe Entscheidungssituation zu bringen. Das Resultat ist dabei nicht als Rechenmodell zu verstehen, das einer quantifizierbaren Mechanik gehorchen würde. Es lebt vielmehr vom Zusammenspiel einer Vielzahl von Faktoren des internen und externen Umfelds, die im Konfigurationsansatz zusammengeführt wurden. Wie in der Konzeption der Arbeit ausgeführt wurde, existiert dazu eine Vielzahl an quantitativen Einzeluntersuchungen, die sich einzelne Variablen zumeist isoliert herausgreifen und sich auf statistische Auswertungen konzentrieren. Eine solche Reduktion des Blickwinkels würde der vorliegenden Komplexität wenig gerecht werden, weshalb für einen holistisch-qualitativen Forschungsansatz (vgl. Miles/Huberman 2005, 10) in Form der Fallstudien-Forschung plädiert wird, um eine möglichst getreue Einordnung von Entwicklungsschritten in das Entscheidungsmodell nachzuvollziehen.

YIN betont, dass das Fallstudiendesign insbesondere dann angewandt wird, wenn es das Ziel ist, „*real-life events*" ganzheitlich zu erforschen und komplexe Zusammenhänge zu verstehen (vgl. Yin 2003, 13). Die Fallstudie ist deshalb am besten verstanden als eine tiefgreifende und intensive Auseinandersetzung mit einer Untersuchungseinheit, die als Beispiel eines größeren Phänomens angesehen werden kann (vgl. Gerring 2002, 3). Durch die Einbeziehung verschiedener Verfahren der quantitativen und qualitativen Sozialforschung ermöglicht sie eine Beleuchtung des Untersuchungsgegenstandes aus verschiedenen Perspektiven. Ihr Mehrwert wird dadurch mit KUBICEK in der Erfassung der „*Totalität*" des Forschungsgegenstandes gesehen, „*(...) indem alle als relevant erachteten Ereignisse einbezogen werden und eine möglichst vollständige Beschreibung von Situationen und Prozessen angestrebt wird*" (1975, 58). Dadurch trägt die Fallstudie Detailreichtum und ein umfassenderes Verständnis eines Phänomens zur praktischen Forschungsleistung bei (vgl. Gerring 2002, 16-17). Ihre Tiefenanalyse lässt ein „*Eindringen in die Box*" kausaler Mechanismen und Beziehungen sowie struktureller Ursachen und Wirkungen viel eher zu, als dies bei eher oberflächlichen Untersuchungen der Fall wäre (vgl. Gerring 2002, 17-19).

Die Untersuchung ist damit im Kern darauf ausgerichtet, die Komplexität des Forschungsproblems in der Praxis abzubilden. Ihre Stärke erwächst daraus, dass das Fallstudien-Design wissenschaftliche Erkenntnisse auf unterschiedlichen Untersuchungsebenen (Branche, Marktsegment, Unternehmen, Einzelfall) einbeziehen kann (vgl. Gerring 2002, 4) und zusätzlich ein Verständnis für dynamische Aspekte eines Phänomens erschafft (vgl. Eisenhardt 1989, 534-535). Das Fallstudiendesign sollte dabei tiefgründig genug sein, um die Aspekte des Entscheidungsmodells zu illustrieren und gleichzeitig offen genug sein, um durch Betrachtung verschiedener Ebenen und Zeitpunkte für zusätzlichen Erkenntnisreichtum zu sorgen.

Triangulation von Methoden und Perspektiven

In enger Verbindung mit der Komplexitätserfassung steht die Stärke des methodisch-konzeptionellen Pluralismus, den die Fallstudienforschung mit sich bringt. Dieses Merkmal ist unter dem Begriff der Triangulation in die Fachliteratur eingegangen (vgl. Yin 2003, 97-99; Stake/Robert E. 1999, 107-120). Fallstudien besitzen demnach die Fähigkeit, eine Vielzahl möglicher Quellen – Dokumente, Interviews, Beobachtungen, etc. – einzubeziehen (vgl. Bruns/JR. 1989, 157). In diesem Sinne bieten sie eine willkommene methodische Offenheit, können sich auf qualitative wie auch quantitative Quellen beziehen und unter Umständen auch alleine auf quantitativen Daten beruhen (vgl. Luethi 2005, 2). Fallstudien sind demnach besonders dann geeignet, wenn es eine große Zahl an Variablen zu analysieren gilt und der Kontext eine gewichtige Rolle spielt (vgl. de Vaus 2001, 231-233). Im Hinblick auf die vorliegende Untersuchung sollte das Fallstudiendesign dazu in der Lage sein, quantitative Daten heranzuziehen, wo diese vorliegen, und gleichzeitig qualitative Daten in anderen Bereichen aufzunehmen, um ein vollständiges Bild des Untersuchungsgegenstandes zu schaffen.

In der Auswahl der Fallstudien-Forschung wird darüber hinaus eine sinnvolle Ergänzung des bisherigen Forschungsspektrums auf dem Themengebiet der Unternehmensentwicklung gesehen. HENKEL ist mit seiner Untersuchung von strategischen Entwicklungswegen in der Automobilindustrie einer der sehr wenigen Autoren, die die Möglichkeiten der Fallstudienforschung heranziehen (vgl. Henkel 1992). Die hier angestrebte intensive Analyse einer Branche sollte somit eine Erweiterung der rein quantitativen Perspektive bisheriger Untersuchungen darstellen und den Anstoß für weitere ergänzende Schritte in diese Richtung geben.

Operationalisierung

Die vorliegende Arbeit folgt primär einem pragmatischen als einem theoretischen Wissenschaftsziel. So liegt ihr Wert in der Nutzbarmachung von Erkenntnissen für die Realitätsgestaltung (vgl. Chmielewicz 1994, 17-18). Dadurch sollen Aussagen erarbeitet werden, die der „*betrieblichen Praxis Hilfestellung bei der Lösung ihrer Probleme bieten können*" (Grochla 1976, 632). Vor dem Hintergrund der unternehmerischen Entscheidungssituation ist es damit wichtig, die konkrete Anwendbarkeit des Entscheidungsmodells als Lösungshilfe zu beurteilen. Im Hinblick auf eine komplexe Wirklichkeit ist es weniger angemessen, das Modell nach absoluten Richtigkeiten oder Wahrheiten zu beurteilen. Stattdessen ist ein pragmatisches Wahrheitskriterium zur Beurteilung des Modells angemessen: In wieweit ist das Modell für den prospektiven Nutzer brauchbar oder nützlich bei der Lösung seiner „*Orientierungsprobleme*" in dem Wirklichkeitsbereich, auf den sich das Modell bezieht (vgl. Legewie o.A., 11)?

Die Untersuchung ist damit auch darauf ausgerichtet, eine Operationalisierungsdiskussion des Modells zu führen. Da in den meisten Fällen die in den Hypothesen formulierten Begriffe durch ihren Abstraktionsgrad nicht direkt beobachtbar sind, müssen sie durch die Operationalisierung mit bestimmten qualitativen oder quantitativen Sachverhalten verknüpft werden, die in der Realität vorliegen (vgl. ausführlich Kromrey 2002, 183-193). Diese Übersetzung kann durch die Konfrontation mit der Realität in Form von Fallstudien vollzogen werden. Sie tragen damit zur Plausibilisierung und Verbesserung des Verständnisses und der Handhabbarkeit der getroffenen Annahmen bei.

Hypothesenprüfung und -ergänzung

Oft wird der Fallstudien-Forschung eher ein explorativer und hypothesen*generierender* als ein hypothesen*prüfender* Forschungscharakter zugeschrieben (vgl. de Vaus 2001, 219). Gerade EISENHARDT betont, dass die Fallstudien-Forschung besonders zur Untersuchung neuer, noch wenig erschlossener Fragestellungen geeignet ist und den Anfang einer Theoriebildung darstellt, die aus empirisch gewonnenen Hypothesen erwächst (vgl. 1989; auch Ludwig 2008, 2). Diese Ansicht wird allerdings nicht allgemein geteilt. So bestreitet YIN, dass Fallstudien lediglich für die explorative Phase einer Untersuchung geeignet sind (vgl. 2003, 28-33). Vielmehr empfiehlt er – wie auch in dieser Arbeit berücksichtigt – theoretische Erkenntnisse voranzustellen, um darauf aufbauend Fälle zu analysieren (vgl. Vorgehensweise der Arbeit und „*Ringschluss*" zwischen Theorie und Praxis in *Kapitel 1.4.2*). Für ihn ist es die Art der Forschungsfragestellung, die den Ausschlag für den Einsatz von Fallstudien gibt. Er sieht Fallstudien im Einsatz zur Beantwortung von Fragen nach dem „*wie*" und „*warum*", während andere Forschungsmethoden wie statistische Erhebungen eher Antworten liefern zu „*wer*", „*was*" oder „*wo*" Fragen (vgl. Yin 2003, 5-9). LUETHI hält jedoch auch dieses Kriterium für nicht besonders trennscharf (vgl. 2005, 2). In der Tat muss kritisch hinterfragt werden, ob es sich bei dieser Diskussion nicht oft auch um ein semantisches Problem handelt.

In der hier vertretenen Sichtweise wird keineswegs ein rein explorativer Charakter der Fallstudienanalyse gesehen. Gerade durch den fortgeschrittenen Stand der Forschung zum Thema Interne Entwicklung, Strategische Allianz und Akquisition wäre dieser Blickwinkel auch zu kurz gegriffen. Der Mehrwert wird in der Einordnung von Fällen und Fallkonstellationen in das Theoriemodell gesehen, was zum Test der aufgestellten Hypothesen dienen soll. Der Hypothesentest wird als Prototyp der empirischen Forschung gesehen (vgl. Kromrey 2002, 86), die als Suche nach Erkenntnissen durch systematische Auswertung von Erfahrungen zu verstehen ist (vgl. Bortz/Döring Nicola 2006, 2). Er trägt damit zu einem explikativen Erkenntnisgewinn bei, indem er Erkenntnisse über Bestimmungsgründe für Entscheidungen und Art der zwischen den Einflussfaktoren und zu beeinflussenden Variablen bestehenden Verbindungen erbringt (sog. Ursache-Wirkungszusammenhänge) (vgl. Nieschlag et al. 2002, 383). Hierzu werden im Rahmen des Hypothesentests die in Hypothesen formulierten Vermutungen empirischen Befunden gegenübergestellt (vgl. z.B. Litz 2003, 327; Hüttner/Schwarting 2002, 59-60).

Diese Vorgehensweise sieht sich zwei Herausforderungen gegenüber: zum einen setzt sich eine primär qualitative Einordnung in das Modell auf den ersten Blick der Gefahr einer größeren Unschärfe aus. Klar abgegrenzte, quantitative Kategorisierungen sorgen dagegen für statistisch fassbare Daten. Die in rein quantitativen Untersuchungen unumgängliche Operationalisierung der Kernvariablen in quantifizierbare Größen reduziert allerdings das Blickfeld auf messbare Daten, was mit einer gewissen Abstrahierung und Anonymisierung einhergeht. So kann sich auch diese Untersuchungsmethode nicht einer gewissen Unschärfe erwehren, da spezifische Umstände des Einzelfalles in der in erster Linie auf „*Masse*“ ausgerichteten Untersuchung untergehen können. Die Fallstudien-Methode leistet diesem Umstand Abhilfe, indem die beschriebene Komplexitätserfassung und intensivere Durchdringung des Untersuchungsgegenstandes ermöglicht wird.

Zum anderen ist eine offensichtliche Schwierigkeit von Fallstudien-Designs die Generalisierbarkeit (vgl. Luethi 2005, 3). Ihr kann am ehesten durch Mehr-Fall-Designs und vergleichende Forschungsansätze begegnet werden (vgl. Boos 1993, 39 u. 43). Dass die hier vorgeschlagene Herangehensweise dem Ziel der Untersuchung dienlich sein kann, beweisen beispielsweise ROBERTS/BERRY (1985) mit der Untersuchung eines ähnlichen Entscheidungsmodells. Auch sie nehmen eine Einordnung einzelner Fälle in ihr Modell vor, was aufschlussreiche Erkenntnisse für die Abrundung der Untersuchung bereitstellt.

Die Untersuchung ist damit im Kern darauf ausgerichtet, die in den *Kapiteln 5.2.2.2, 5.2.3.2* und *5.2.5.1* aufgestellten Hypothesen in der Praxis zu untersuchen, zu überprüfen und gegebenenfalls zu erweitern oder anzupassen (vgl. Strauss/Hildenbrand 2007, 19). Das Fallstudien-Design sollte dabei in der Betrachtung intensiv genug sein, um bestehende Annahmen anhand von realen Vorfällen zu illustrieren und zu verifizieren und gleichzeitig offen genug sein, um potenziell zusätzliche Wirkungszusammenhänge aufzudecken, um damit die Hypothesen gegebenenfalls zu präzisieren und anzureichern (vgl. zu diesen Kernthemen der Fallstudienanalyse (vgl. Kromrey 2002, 523; Zaugg 2006, 12).

6.1.2 Ablauf der Untersuchung

Die in *Kapitel 5* erarbeiteten Zusammenhänge und systematisierten Informationen dienen als Bezugsrahmen (vgl. Kubicek 1977, 17-21) zur Unterstützung und Anleitung der Untersuchungen in der Praxis. Dies ermöglicht eine zielgerichtete Untersuchung, die sich an der Struktur des Entscheidungsmodells orientiert (vgl. zur Vorgehensweise umfassend Yin 2003). Die Fallstudienforschung orientiert sich an den nachstehenden Hauptschritten (in Anlehnung an Eisenhardt 1989; Remenyi et al. 1998, 63-69; Mayring 2002, 65-134), die sich auch im Aufbau des *Kapitels 6.2* wiederfinden (vgl. zusammenfassend *Abb. 60*).

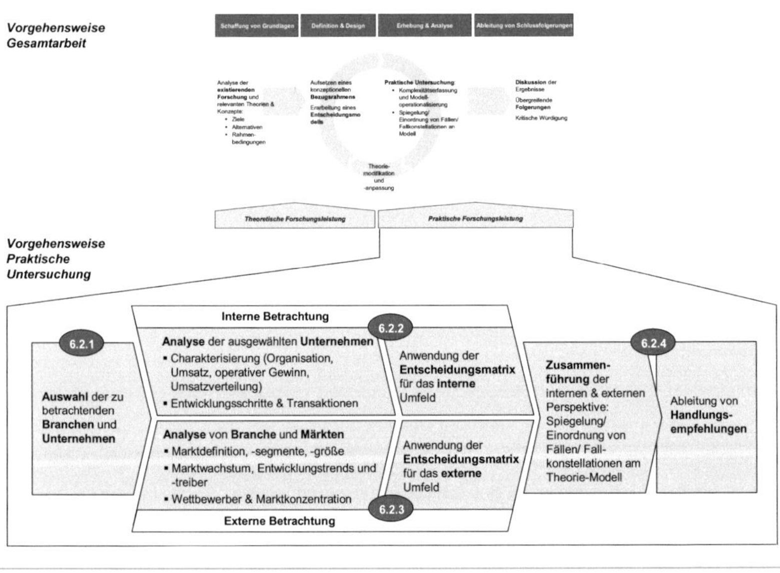

Abb. 60 Vorgehensweise der praktischen Untersuchung im Rahmen der Gesamtarbeit

Quelle: Eigene Darstellung

Auswahl der Untersuchungsobjekte

Für die empirische Untersuchung sind zunächst die Einheiten zu definieren, die in die Untersuchung einbezogen werden (vgl. Koch 2004, 34-35). Mit der Erhebungseinheit wird definiert, an welchen Untersuchungsobjekten die entwickelten Typologien real überprüft werden sollen. Wie *Kapitel 6.2.1* ausführt, wird als Objekt der praktischen Untersuchung die Betrachtung der Medizintechnik-Branche herangezogen (im Folgenden synonym verwendet: Healthcare), wobei der Untersuchungsfokus hinsichtlich der betrachteten Marktsegmente und Unternehmen weiter präzisiert wird.

Datenerhebung

Mit der Erhebungsmethodik wird festgelegt, auf welche Weise Daten über das Untersuchungsobjekt gewonnen werden. Für die empirische Datenbasis der vorliegenden Arbeit wurde nach dem Prinzip der Sekundärforschung auf vorhandenes Informationsmaterial zurückgegriffen (vgl. zur Unterteilung in Primär- und Sekundärforschung z.B. Hüttner/Schwarting 2002, 4-5 u. 25; Wyss 1991, 252-259 u. 281-283). Dem Konzept der Triangulation folgend wurden verschiedene Datenquellen genutzt. Schwerpunktmäßig kamen dabei Analystenberichte, Beiträge von Forschungsinstituten, Unternehmensdokumente und -präsentationen, Pressemitteilungen und Internetquellen zum Tragen, die im Rahmen der Analyse aufbereitet und ausgewertet wurden. Die Dokumentenanalyse ermöglicht eine objektive Datenermittlung, da sie die Meinungen und Kommentierungen von Dritten (Analysten, Forschungsinstitute, etc.) einbezieht. Da die herangezogenen Quellen allesamt öffentlich zugänglich sind, setzt sich die Untersuchung nicht der Gefahr der Verletzung von Vertraulichkeitsregelungen aus. Eine sonst gebotene Anonymisierung der Daten muss auf diese Weise nicht vorgenommen werden, was der Nachvollziehbarkeit und Anschaulichkeit der Analyse nur förderlich sein kann.

Die Datenerhebung wurde ergänzt durch einzelne Interviews mit ausgewählten Unternehmensvertretern und Experten, wobei der Fokus dieser Gespräche auf der Überprüfung und Sicherstellung der zutreffenden Auffassung und Verarbeitung der Erkenntnisse der Dokumentenanalyse lag. Die gewählte Vorgehensweise sollte auf diesem Weg das von YIN geforderte Fallstudien-Qualitätskriterium der Konstruktvalidität, im Sinne einer Verwendung der adäquaten Datenquellen und einer Gewährleistung gültiger Aussagen, weitestgehend sicherstellen (vgl. Yin 2003, 35-36).

Datenaufbereitung und -analyse

Die in der Datenerhebung gewonnenen praktischen Erkenntnisse werden anschließend auf das Grundgerüst der Untersuchungsfrage und die theoretischen Überlegungen zurückgeführt (vgl.

zu dieser Vorgehensweise z.B. Gläser/Laudel 2008, 59ff). Die Darstellung der Fallstudie fokussiert sich damit auf die Elemente des vorgestellten Entscheidungsmodells.

So findet zunächst eine Untersuchung der Unternehmen und ihrer Entwicklungsschritte statt, um die charakterisierten Unternehmenstypen in die Entscheidungsmatrix des internen Umfeldes zuzuweisen (*Kapitel 6.2.2*). Analog dazu wird die Analyse der betrachteten Märkte bzw. Branchensegmente vorgenommen, um eine Charakterisierung der Markttypen herauszuarbeiten und die Einordnung in die Entscheidungsmatrix des externen Umfeldes vorzunehmen (*Kapitel 6.2.3*). Im letzten Analyseschritt erfolgt die Zusammenführung und Synthese der gewonnenen Erkenntnisse, die damit die Spiegelung und Einordnung von Fällen und Fallkonstellationen aus der Unternehmenspraxis in das theoretische Entscheidungsmodell erlaubt (*Kapitel 6.2.4*).

Zu den spezifischen Techniken der Datenaufbereitung und -analyse zählen dabei insbesondere Tabellendarstellungen und Grafiken, um auch qualitative Daten präsentieren zu können, ohne ihre Bedeutung durch allzu intensive Kodierung zu zerstören (vgl. zu dieser Auffassung und Empfehlung Eisenhardt 1989, 534). Bei der Einordnung der Fälle spielen Interpretationen eine entscheidende Rolle, die sich zwar nicht wie Rechenoperationen beweisen lassen, jedoch argumentativ schlüssig begründet werden können.

Ableitung von Handlungsempfehlungen

Die Vorzüge der Fallstudien-Forschung wurden in *Kapitel 6.1.1.2* dargelegt. So gilt es zum einen, die getroffenen Annahmen zu überprüfen, zum anderen, durch die Illustration in der Praxis ein besseres Verständnis und eine höhere Einsetzbarkeit der Forschungsergebnisse zu erreichen. Die Anwendung der Fallstudien um Hypothesen zu testen, verlangt die Gegenüberstellung der Resultate der Datenerhebung und -analyse mit den (theoretisch) erwarteten Ergebnissen. Jeder Fall kann die Hypothese bestätigen oder verwerfen. Unterstützen mehrere Fälle die Hypothesen, erhöht sich gemäß der von YIN ausgeführten Replikationslogik die Validität der Beziehungen (vgl. Yin 2003, 47). Fälle welche der Hypothese entgegenstehen, bieten die Möglichkeit, die Theorie sinnvoll zu verfeinern und zu erweitern (vgl. Darke et al. 1998, 275). Die gewonnenen Erkenntnisse sind damit nicht als vollends prädikativ für zukünftige Situationen anzusehen, können aber zweifellos als wertvoller Beitrag in ähnlichen Settings und Organisationen herangezogen werden (vgl. Darke et al. 1998, 278). Die Anreicherung der theoretischen Forschungsleistung mit praktischen Ergebnissen unterstützt die Übersetzung der Theorien in Handlungsempfehlungen, die im Sinne von nutzbarem Wissen in der Unternehmenspraxis umgesetzt werden können.

6.2 Ergebnisse der Untersuchung

6.2.1 Medizintechnik-Branche als Untersuchungsobjekt

Als Fokus der praktischen Untersuchung wird die Betrachtung der Medizintechnik-Branche ausgewählt. Für diesen Forschungsfokus sprechen mehrere Kriterien: zunächst weist die Branche eine erhebliche Relevanz und Eignung für die untersuchte Fragestellung auf (vgl. Boos 1993, 36). Ihre signifikante Branchen- und Marktgröße, der internationale Geltungsbereich der Geschäftstätigkeiten und -inhalte, vor allem jedoch die Beobachtung bedeutsamer Portfolioveränderungen durch alle drei im Rahmen dieser Arbeit behandelten Entwicklungswege (build, ally, acquire) in den letzten Jahren sollten bei der Untersuchung der Forschungsfrage sowohl eine hohe Repräsentativität als auch eine hohe Ergiebigkeit (Kosten-Nutzen-Verhältnis) der Betrachtung hervorbringen. Neben diesen Kriterien gingen auch die eher pragmatischen und praktischen Erwägungen der Verfügbarkeit und Zugänglichkeit von Daten (vgl. de Vaus 2001, 242) und ein gewisser persönlicher Bezug und Bekanntheitsgrad des Untersuchungsgegenstandes (vgl. Zaugg 2006, 17; Boos 1993, 35-36) in die Auswahl mit ein. Sie entspricht damit der für Fallstudiendesigns vorgeschlagenen „*bewussten Auswahl*", die der Untersuchungsleitung einen bestimmten Grad an subjektivem Ermessen zugesteht (vgl. Zaugg 2006, 17).

Das Fallstudiendesign auf der Ebene der Medizintechnik als Gesamtbranche anzusetzen würde jedoch durch vielerorts notwendige Generalisierungen und Abstraktionen den inhaltlichen Erkenntnisgewinn schmälern. Aus diesem Grund ist es geboten den Untersuchungsfokus in zwei Richtungen zu präzisieren: hinsichtlich der betrachteten Marktsegmente (*Kapitel 6.2.1.1*) und der betrachteten Unternehmen (*Kapitel 6.2.1.2*).

Um das Verständnis der im Folgenden herangezogenen Fachbegriffe sicherzustellen, wurde im *Anhang 1* der Arbeit ein umfangreiches medizintechnisches Glossar zusammengestellt, das die verwendeten Termini ausführlicher definiert.

6.2.1.1 Marktsegmente der Medizintechnik-Branche im Untersuchungsfokus

Die Healthcare-Branche besteht aus mehreren Marktsegmenten, die für die Untersuchung getrennt bzw. parallel zueinander betrachtet werden sollen. Der Gesamtmarkt lässt sich entlang der sogenannten „*Healthcare Value Chain*" (auch: „*Healthcare Continuum*") aufteilen, die das gesamte Kontinuum des medizintechnischen und klinischen Anwendungsgebietes in eine logische Abfolge bringt (vgl. zu Darstellung und Definitionen maßgeblich Reinhardt 28.02.2008; Société Générale Cross Asset Research 10.01.2008; Crédit Agricole Chevreux

25.09.2007; McCarthy 05.09.2007; Reinhardt 24.02.2006). Sie orientiert sich am „*Clinical Workflow*" (Arbeitsablauf) auf der obersten Betrachtungsebene und führt dementsprechend von der medizinischen *Prävention & Früherkennung* über die *Diagnose* zur sich anschließenden *Therapie* und *Pflege*. Die *Healthcare-IT* unterstützt den gesamten Prozess (vgl. zum Gesamtzusammenhang *Abb. 61*).

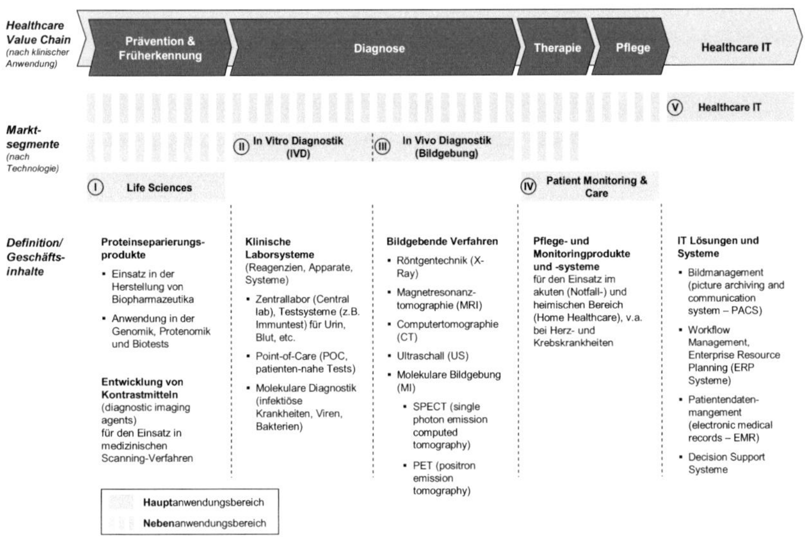

Abb. 61 Abgrenzung der betrachteten Marktsegmente der Medizintechnik-Branche

Quelle: Eigene Darstellung

Die Marktsegmente werden üblicherweise nach den jeweiligen Produkte, Systemen bzw. Technologien klassifiziert. Sie lassen sich, wie *Abb. 61* illustriert, den vorangestellten Prozessschritten relativ klar zuordnen bzw. in Haupt- und Nebenanwendungsgebiete darstellen.

Life Sciences

Life Sciences hat das Ziel der Erweiterung des Kenntnisstandes über zugrundeliegende Ursachen von Krankheiten und Funktionsstörungen durch die Generierung und Analyse biologischer Daten (vgl. dazu und im Folgenden insbesondere Kramme 2006; Reiche 2003; Morgan Stanley Research 30.11.2007; Société Générale Cross Asset Research 10.01.2008; Sterne Agee Company Report 30.11.2007; Hogan 20.09.2007; Freedonia Group o.D.). Der

Life Sciences Markt hat damit eine enge Verbindung zur Pharma- und Biotechnologieindustrie. Die Geschäftsinhalte stellen im Kern die Herstellung von Instrumenten für DNS/DNA- und Gen-Analysen und die Unterstützung der Arzneimittelentwicklung dar. Dazu gehört die Herstellung von Proteinseparierungs- und Proteinreinigungssystemen zum Einsatz in der Herstellung von Biopharmazeutika, die Herstellung von Systemen zur Medikamentenentwicklung (discovery systems) und Anwendung in der Genomik, Proteomik und bei Biotests. Daneben beinhaltet das Marktsegment die Entwicklung und Herstellung von Kontrastmitteln und Biopharmazeutika zur Unterstützung und Verbesserung bildgebender Verfahren.

In-Vitro Diagnostik (IVD)

In-Vitro Untersuchungen stellen Testverfahren in einer kontrollierten künstlichen Umgebung außerhalb des lebenden Organismus (z.B. im Reagenzglas) von aus dem menschlichen Körper stammenden Proben (z.B. Gewebe, Blut, Urin) dar, um Krankheiten und Krankheitszustände zu diagnostizieren (vgl. dazu und im Folgenden insbesondere Kramme 2006; Reiche 2003; JPMorgan Europe Equity Research 29.02.2008; Reid-Anderson 28.02.2008; Société Générale Cross Asset Research 10.01.2008; William Blair & Company Equity Research 23.01.2007; Société Générale 30.06.2006; Frost & Sullivan Market Insight Mai 2005). Die Geschäftsinhalte des In-Vitro Diagnostik Marktes beinhalten die Herstellung von Laborsystemen (Instrumente, Apparate, Systeme, Reagenzien) für die verschiedenen Anwendungsbereiche der IVD. Dazu gehören klinische (Zentral-)Laborsysteme für beispielsweise Immun-, Blut-, Urin-, Chemie- und Hämatologietests, patientennahe Tests (point of care, POC) sowie molekulare Testverfahren für infektiöse Krankheiten, Viren und Bakterien.

Das in der In-Vitro Diagnostik vorherrschende Geschäftsmodell ähnelt dem *„razor and blades business model“* (vgl. dazu und im Folgenden Martin 06.08.2001; Dresdner Kleinwort Equities research 29.02.2008; Société Générale Cross Asset Research 29.02.2008; Reid-Anderson 28.02.2008; Société Générale Cross Asset Research 10.01.2008). Die Testgeräte bzw. -instrumente nehmen sowohl umsatz- (~15% des Gesamtumsatzes) als auch ergebnisseitig (~5%) eine (relativ) untergeordnete Rolle ein. Das Hauptgeschäft besteht aus dem Absatz von Reagenzien, anderen Betriebsstoffen und Verbrauchsstoffen sowie begleitenden Service-Leistungen (~85% des Gesamtumsatzes, ~95% des Gesamtprofits). Durch den anfänglichen Absatz der Testinstrumente wird jedoch eine hohe Bindung an den Hersteller erreicht, da etwa 80% der Leistungen als *„closed systems“* vertrieben werden, die nur den Einsatz von Teststoffen des gleichen Produzenten zulassen und typischerweise an mehrjährige Verträge gebunden sind. Für die Medizintechnikunternehmen erhöht dieses Geschäftsmodell die Visibilität ihrer Geschäftsaktivitäten, da über Tests und Service-Leistungen ein verlässlicher Umsatzstrom gewährleistet wird.

In-Vivo Diagnostik (Bildgebung)

In-vivo Untersuchungen werden mittels medizinisch-bildgebender Systeme im/am lebenden Organismus zur Diagnose von Krankheiten und Krankheitszuständen durchgeführt. Daneben können Bildgebungsgeräte zur Unterstützung von Eingriffen und Operationen und zur begleitenden Untersuchung des Behandlungsverlaufes eingesetzt werden (vgl. dazu und im Folgenden insbesondere Kramme 2006; Reiche 2003; Dresdner Kleinwort Equities research 29.02.2008; Montag 28.02.2008; Reid-Anderson 28.02.2008; JPMorgan Europe Equity Research 19.05.2008; Franciose 16.05.2008; Merrill Lynch 27.02.2008; William Blair & Company Equity Research 13.12.2007; Sterne Agee Company Report 30.11.2007; Hogan 29.11.2007; Ishrak 29.11.2007; Vachon 29.11.2007; JPMorgan Europe Equity Research 28.11.2007; Crédit Agricole Chevreux 25.09.2007; Citigroup Company In-Depth 01.06.2007; Franciose 31.05.2007; Vachon 30.11.2006; Reinhardt 24.02.2006; Manuel 15.06.2005; Reinhardt 13.05.2003). Zu den vorherrschenden Bildgebungstechnologien zählen die (konventionelle) Röntgentechnik (X-Ray), Ultraschall (US), Computertomographie (CT), Magnetresonanztomographie (MRI) sowie die in der Nuklearmedizin eingesetzten Technologien der molekulare Bildgebung PET (positron emission tomography) und SPECT (single photon emission computed tomography).

Das im Bildgebungsmarkt gebräuchliche Geschäftsmodell unterscheidet sich grundlegend von dem im IVD-Markt. Das umsatz- und ertragsmäßige Verhältnis zwischen diagnostischen Geräten und Anlagen sowie Service-Leistungen und Upgrades hält sich in etwa die Waage (jeweils 40-60% des Gesamtumsatzes/-profits), wobei typische Vertragslaufzeiten von etwa fünf Jahren zum Tragen kommen.

Patient Monitoring & Care

Im Markt für Patient Monitoring & Care sind Montoringprodukte und -systeme für den Einsatz im Akut- und Notfallbereich, im stationären und auch im Heimbereich (Home Healthcare) zur Begleitung, Behandlung und Überwachung hauptsächlich bei Herz- und Krebskrankheiten zusammengefasst (vgl. dazu und im Folgenden insbesondere Kramme 2006; Société Générale Cross Asset Research 10.01.2008; Ishrak 29.11.2007; Franciose 31.05.2007; JPMorgan Europe Equity Research 19.05.2008; DiSanzo 16.05.2008). Folglich gehören zu diesem Marktsegment sowohl Monitoringsysteme für die Unterstützung von Operationen und ihre nachhaltige Ergebnisüberwachung, als auch die relativ neuen Lösungen für die heimische Pflege wie etwa mobile und drahtlose Elektrokardiogramm-(EKG)-Messgeräte, Atem- und Lungengeräte sowie Schlaftherapiesysteme.

Healthcare-IT

Die Lösungen, Systeme und Softwareanwendungen der Informationstechnologie zur Unterstützung der Arbeitsabläufe und Verfahren im klinischen Bereich bilden das Angebotsspektrum des Marktes für Healthcare-IT (vgl. dazu und im Folgenden insbesondere Kramme 2006; Reiche 2003; Dresdner Kleinwort Equities research 29.02.2008; Société Générale Cross Asset Research 10.01.2008; Morgan Stanley Research 30.11.2007; Wanchoo 29.11.2007; Wanchoo 30.11.2006; Reinhardt 24.02.2006; JPMorgan 12.08.2006; Muduroglu 31.05.2006; Smits 15.06.2005; Maxim Group 19.12.2003; Sheldon I. Dorenfest & Associates 19.12.2003). Der Gesamtmarkt kann dabei auf der einen Seite weiter in klinische IT-Anwendungen wie Bildmanagement- (picture archiving and communication systems) oder Entscheidungsunterstützungs-, Bildschirmarbeitsplatzsysteme (workstations) und klinische Softwareanwendungen unterteilt werden. Die andere Seite stellen IT-Anwendungen auf Unternehmens- und Abteilungsebene wie elektronische Ressourcenplanungs-(ERP), Datenspeicherungs-, Bestell- (computerized physician order entry, CPOE) und Patientendatenmanagementsysteme (electronic medical records, EMR) dar.

Das im Healthcare-IT Markt vorherrschende Geschäftsmodell unterscheidet sich wiederum von den bisher erläuterten Entwürfen. Die Geschäftsaktivitäten bestehen typischerweise aus der Softwarelizensierung und der Softwarebetreuung bzw. der an ihr durchgeführten Serviceleistungen. Dabei stellt das Lizenzgeschäft etwa 20-25%, das Dienstleistungsgeschäft etwa 75-80% des Gesamtumsatzes und -ergebnisses dar. Die auftretenden Vertragslaufzeiten sind mit 10 Jahren im Durchschnitt länger als in den anderen Marktsegmenten.

6.2.1.2 Unternehmen der Medizintechnik-Branche im Untersuchungsfokus

Neben der marktseitigen Detaillierung des Untersuchungsfokus soll diese Abgrenzung auch unternehmensseitig vorgenommen werden. Im Rahmen der Zielsetzung möglichst vergleichbarer Ergebnisse sollte sich die Betrachtung dementsprechend auf Unternehmen konzentrieren, die eine ähnliche Ausgangsbasis hinsichtlich ihrer Strategie, Ressourcenbasis und Marktpositionierung haben. Ein intensive Analyse der Wettbewerbslandschaft der Branche hinsichtlich ihrer Abdeckung der Marktsegmente und Portfolioelemente in *Abb. 62* resultiert in den umfassendsten Vergleichsmöglichkeiten bei Betrachtung der drei größten Wettbewerber der Branche: *Siemens Healthcare*, *General Electric Healthcare* und *Philips Healthcare*. Sie sollen deshalb im Fokus der Untersuchung stehen.

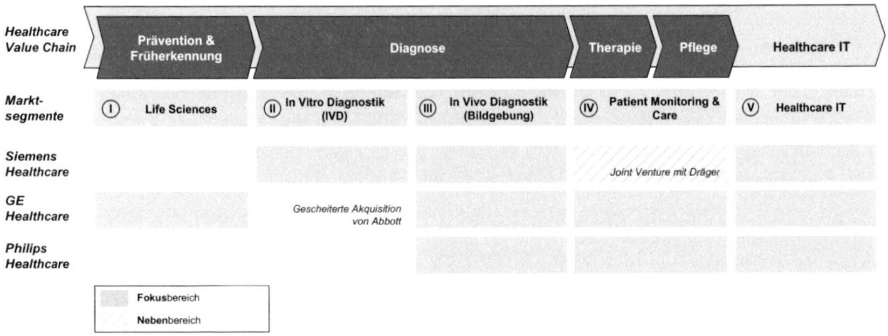

Märkte	Produkte/Systeme/Lösungen	Siemens	Philips	GE	Bracco, Tyco Healthcare, Schering	Milipore, Tosoh Bioscience, Bio-Rad	Affymetrix, Waters, Cellomics, Perkin-Elmer	Toshiba	Aloki, Hitachi, Medison	Roche, Abbott, Beckman Coulter, Johnson & Johnson	Mindray, Nihon Kohden, datascope	McKesson, Cerner Eclipsys
(I) Life Sciences	Kontrastmittel			X	X							
	PET Tracer			X	X							
	Proteinseparierung			X		X						
	Discovery Systeme						X					
(II) IVD	IVD Laborsysteme, Testgeräte	X								X		
(III) Bild-gebung	CT	X	X	X				X				
	MRI	X	X	X				X				
	PET, SPECT	X	X	X								
	Ultraschall	X	X	X					X			
	X-Ray: Mammographie Systeme	X		X								
	X-Ray: Radiographie Systeme	X	X	X				X				
	X-Ray: Fluoroskopie Systeme	X	X	X				X				
(IV) Patient monito-ring & care	OP und Patienten Monitoring	*Dräger*	X	X							X	
	Tele Patienten Monitoring	*Dräger*	X								X	
	EKG	*Dräger*	X	X							X	
	Klinische Messgeräte, z.B. Gaskonzentraion	*Dräger*	X	X							X	
	Anästhesie Monitoring Systeme	*Dräger*	X	X							X	
	Akutpflege Monitoring, Beatmungsgeräte	*Dräger*	X	X							X	
	Defibrillationsgeräte		X									
(V) IT	PACS	X	X	X								X
	Bildverarbeitung	X	X	X								X
	Intraoperative Workstations	X	X	X								X
	CIS (Kardiologieinformationssysteme)	X	X	X								X
	RIS (Radiologie Informationssysteme)	X	X	X								X
	Patientenmanagement, Managementinformationssysteme, Stationsmanagementsysteme	X	X	X								X

Abb. 62 Portfoliovergleich: Siemens Healthcare, General Electric Healthcare, Philips Healthcare

Quelle: Eigene Darstellung (basierend auf Analyse von Unternehmensinformationen)

Siemens Healthcare

Siemens Healthcare umfasst alle medizintechnischen Aktivitäten der Siemens AG. Dazu gehört Entwicklung, Produktion und Vertrieb von diagnostischen und therapeutischen Systemen, Geräten und Verbrauchsgütern sowie IT-Systemen für klinische und administrative Zwecke (vgl. dazu und im Folgenden insbesondere Siemens AG 2009; Siemens AG 2008; JPMorgan Europe Equity Research 29.02.2008; Société Générale Cross Asset Research

29.02.2008; Reinhardt 28.02.2008; Stegemann 28.02.2008; Société Générale Cross Asset Research 02.07.2008; Société Générale Cross Asset Research 10.01.2008; Reinhardt 30.07.2007; Siemens AG 2008; Datamonitor 12.06.2007; Reinhardt 24.02.2006; Reinhardt 17.02.2004; Feldenkirchen 2003; ABN AMRO 19.06.2003; Reinhardt 13.05.2003; Handelsblatt 30.05.2002; Med Archiv 2000). Die Ursprünge des Unternehmens gehen zurück auf das Jahr 1987, in dem WERNER VON SIEMENS gemeinsam mit JOHAN GEORG HALSKE in Berlin die Telegraphenbausanstalt von *Siemens & Halske* gründete, die auf der Erfindung des störungsfreien Zeigertelegraphens fußte. Diese wurde 1966 mit den *Siemens-Schuckert-Werken* und der *Siemens-Reiniger-Werke AG* zur *Siemens AG* zusammengeführt. Die medizintechnischen Aktivitäten finden ihre Ursprünge 1886 in den *Vereinigten Physikalisch-Mechanischen Werkstätten Reiniger, Gebbert & Schall*, die als *Wernerwerk für medizinische Technik* in die Siemens AG Einzug fanden. Der Medizintechnikbereich wurde im Laufe der Jahre zum *Unternehmensbereich Medizintechnik* (UB Med) (1969) und anschließend zu *Medical Solutions* (2001).

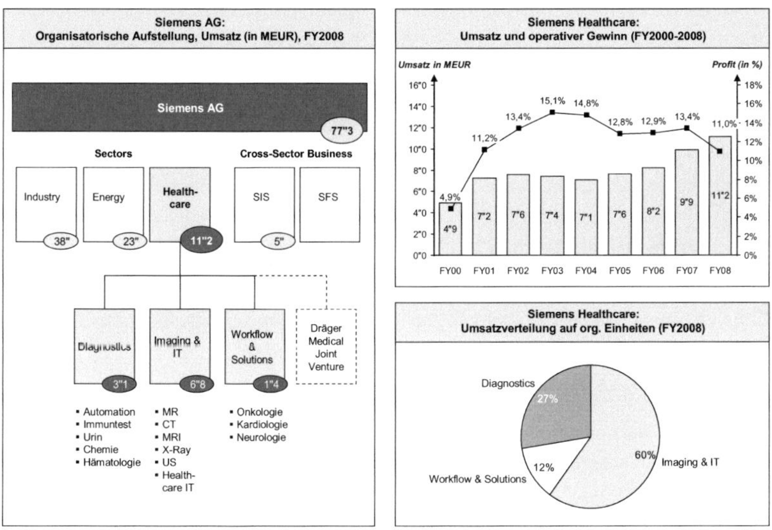

Konsolidierte Werte; FY: Financial year, Geschäftsjahr

Abb. 63 Siemens Healthcare: Organisation, Umsatz, operativer Gewinn, Umsatzverteilung

Quelle: Eigene Darstellung (ausführliche Quellen s.o.)

Seit 2008 stellt der Bereich, neben *Industry* und *Energy*, den Sektor *Healthcare* in der neuen organisatorischen Aufstellung des Unternehmens dar (vgl. *Abb. 63*). Siemens Healthcare beschäftigte Ende 2007 rund 49.000 Mitarbeiter in 120 Ländern der Welt, davon rund 8.500 in Deutschland. Im Geschäftsjahr 2008 wurde ein Umsatz von 11,2 Mrd. Euro bei einer operative Gewinnmarge von 11,0% erzielt.

Der Geschäftsaktivitäten des Sektors gliedern sich in drei Divisionen (vgl. *Abb. 63*) und ein Joint Venture mit der Drägerwerk AG:

- *Diagnostics* (28% des Gesamtumsatzes im Geschäftsjahr 2008) umfasst das Geschäft mit der In-Vitro-Labordiagnostik einschließlich Immundiagnostik und Genanalyse. Die Lösungen reichen von Point-of-Care-Anwendungen bis hin zur Automatisierung von Großlabors. Die Division vereint die Akquisitionen von *DPC*, *Bayer Diagnostics* und *Dade Behring*.
- *Imaging & IT* (60%) umfasst bildgebende Systeme für die frühzeitige Diagnose, Intervention und Prävention (MR, CT, MRI, X-Ray, US). Diese werden durch Healthcare-IT (z.B. Krankenhaus-Informationssysteme, Bildverarbeitungssysteme sowie wissensbasierte Technologien zur Diagnoseunterstützung) verbunden, um die Optimierung der medizinischen Prozesse zu unterstützen.
- *Workflow & Solutions* (12%) beinhaltet ganzheitliche Lösungen für spezifische Krankheitsbilder wie die Onkologie, die Kardiologie (einschließlich konventioneller Bestrahlungssysteme und Partikeltherapie) und die Neurologie. Die Division bietet unter anderem Lösungen für Mammographie (Women's Health), Urologie, Chirurgie und Audiologie. Sie enthält das Geschäft für schlüsselfertige Lösungen, einschließlich nationaler Gesundheits-IT-Systeme, Lösungen für komplette Kliniken, und die Beratung. Workflow & Solutions ist außerdem zuständig für das Servicegeschäft des Sektors Healthcare, die Betreuung der Vertriebsregionen und das Kundenbeziehungsmanagement.
- *Dräger Medical:* Neben den Divisionsaktivitäten verfolgt Siemens seit 2002 ein Joint Venture mit der Drägerwerk AG im klinischen Akutbereich für Operationen, Anästhesie sowie Intensiv- und Notfallmedizin einschließlich der Produkte für Home-Care. Siemens Healthcare bringt dabei seine Elektromedizinsparte mit Patienten-Überwachung, Anästhesie, Beatmung und Dienstleistungen in die unter dem Dach der Holding Drägerwerk AG stehende Dräger Medical ein und hält dafür 25 % (anfänglich 35%) am Kommanditaktienkapital.

General Electric (GE) Healthcare

GE Healthcare ist ein Geschäftsbereich der *General Electric Company*, der medizintechnische Lösungen, Dienstleistungen sowie umfassende Beratungsleistungen in den Bereichen medizinischer Bildgebung und Informationstechnologien, medizinische Diagnostik, Patientenmonitoring, Arzneimittelforschung und biopharmazeutische Fertigungstechnologien bereitstellt (vgl. dazu und im Folgenden General Electric 2009; General Electric 2008; Schauenberg 04.12.2008; Morgan Stanley Research 14.04.2008; Oppenheimer 14.04.2008; Sterne Agee Company Report 30.11.2007; Hogan 29.11.2007; Khanna/Raabe 03.04.2007; Garcia 06.09.2006; ABN AMRO 19.06.2003). Die Unternehmensursprünge liegen im Jahr 1890, in dem THOMAS ALVA EDISON die zur Verwertung seiner Erfindungen und Patente gegründeten Unternehmen unter dem Dach der *Edison General Electric Company* zusammenführte. Sie wurden 1892 nach Vereinigung mit dem größten Konkurrenten, der *Thomson-Houston Company*, zur *General Electric Company*.

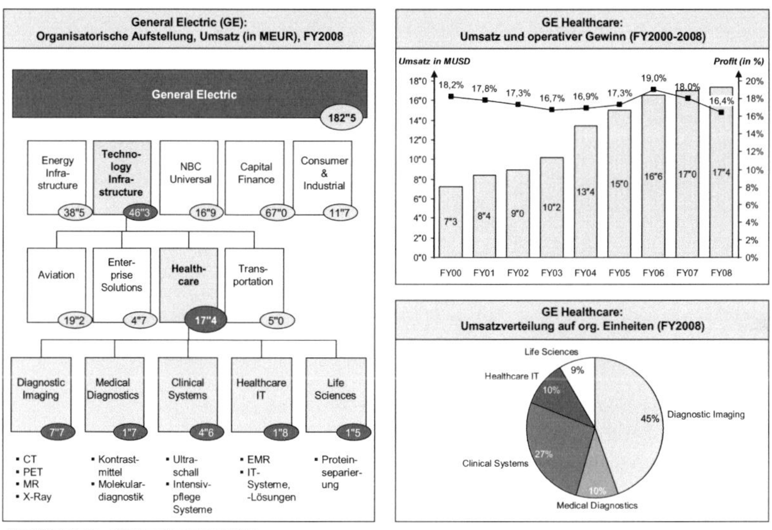

Abb. 64 GE Healthcare: Organisation, Umsatz, operativer Gewinn, Umsatzverteilung

Quelle: Eigene Darstellung (ausführliche Quellen s.o.)

De Aktivitäten im Medizintechnikbereich reichen zurück ins Jahr 1896, in dem C.F. SAMMS and J.B. WANTZ mit der *Victor Electric Co.* ins Geschäft mit Röntgentechnologie und -

geräten einstiegen. Seit 1926 wurde *Victor Electric* zum hundertprozentigen Tochterunternehmen von GE, in dem die Healthcare-Aktivitäten weiter ausgebaut wurden. Seit der letzten Umorganisation 2008 ist GE Healthcare organisatorischer Bestandteil des Segments GE *Technology Infrastructure* (vgl. *Abb. 64*). GE Healthcare beschäftigte Ende 2007 rund 46.000 Mitarbeiter in 100 Ländern der Welt, davon rund 1.700 in Deutschland. Im Geschäftsjahr 2008 wurde ein Umsatz von 17,4 Mrd. US-Dollar bei einer operative Gewinnmarge von 16,4% erzielt.

Der Geschäftsaktivitäten des Bereichs gliedern sich in fünf Gebiete (vgl. *Abb. 64*):

- *Diagnostic Imaging* umfasst Systeme und Lösungen der Röntgentechnologie, digitalen Mammographie, Computertomographie (CT), Kernspintomographie und molekularen Bildgebungstechnologie zur Feststellung von Knochenbrüchen, Traumata-Diagnosen in der Ambulanz, Untersuchung des Herzens und seiner Funktionen sowie zur Früherkennung von Krebs und Hirnkrankheiten.
- *Medical Diagnostics* ist in den Bereichen Forschung, Herstellung und Vertrieb von Diagnostika (Kontrastmittel und Radiopharmaka) tätig, die bei radiologischen und nuklearmedizinischen Untersuchungen zur Darstellung von Organen, Geweben und Funktionen im menschlichen Körper eingesetzt werden.
- *Clinical Systems* umfasst verschiedene Technologien und Dienstleistungen für die Patientenversorgung, u.a. Ultraschalltechnologien, Densitometrie, EKG-Systeme, Patientenüberwachung, Inkubatoren und Wärmebetten, Beatmung und Anästhesiemanagement.
- *Healthcare IT* stellt klinische Informationssysteme, integrierte Lösungen für Bild- und Datenmanagement, Verwaltungssysteme und Workflowoptimierungssysteme insbesondere für den Bereich Radiologie, Kardiologie, Anästhesie und Intensivmedizin bereit.
- *Life Sciences* forscht und produziert in der medizinisch-pharmazeutischen Biotechnologie und trägt damit zur Grundlagen- sowie Arzneimittelforschung und Entwicklungen in der Genetik und Zelltechnologie bei, mittels derer sich Möglichkeiten der Früherkennung, Diagnose und frühzeitigen Behandlung von Krankheiten eröffnen. Darüber hinaus stellt der Geschäftsbereich Geräte und Harze zur Herstellung und Aufreinigung von Biopharmaka her.

Philips Healthcare

Philips Healthcare ist neben *Lighting* und *Consumer Lifestyle* einer der drei großen Sektoren der *Koninklijke Philips Electronics N.V.* (*Royal Philips Electronics N.V.*, kurz: *Philips*). Er umfasst die Geschäftsaktivitäten im Bereich Bildgebende Systeme, Gesundheitslösungen für den Heimbereich, Kundendienstleistungen, Gesundheits-IT sowie Ultraschall & Überwachungssysteme (vgl. dazu und im Folgenden insbesondere Philips 2009; Philips 2008; Rusckowski 16.05.2008; JPMorgan Europe Equity Research 19.05.2008; Société Générale Cross Asset Research 10.01.2008; Karvinen 31.05.2006; Karvinen 15.06.2005; Karvinen 09.06.2004; Karvinen 05.11.2003; ABN AMRO 19.06.2003). Die Entstehung des Unternehmens reicht ins Jahr 1891 zurück, als ANTON & GERARD PHILIPS das Unternehmen *Philips & Co.* zunächst als Hersteller von Kohlefadenlampen in Eindhoven in den Niederlanden gründeten. In den Folgejahren wurde die Forschung, Entwicklung und Einführung von Innovationen im Bereich der Röntgen- und Radiotechnologie vorangetrieben, so dass Philips 1918 eine Röntgenröhre für den Einsatz in der Medizin auf den Markt brachte. 1927 erwarb Philips die Firma *CHF Müller*, aus der 1987 der Bereich *Philips Medizin Systeme* wurde. Er repräsentiert in der seit 2008 neuen Unternehmensstruktur den Sektor Healthcare (vgl. *Abb. 65*).

In der Medizin-Sparte Healthcare arbeiten weltweit rund 35.000 Mitarbeiter in mehr als 100 Ländern. Im Geschäftsjahr 2008 wurde ein Umsatz von 7,6 Mrd. Euro bei einer operativen Gewinnmarge von 8,3% erzielt.

Der Geschäftsaktivitäten des Bereichs gliedern sich in fünf Segments (vgl. *Abb. 65*):

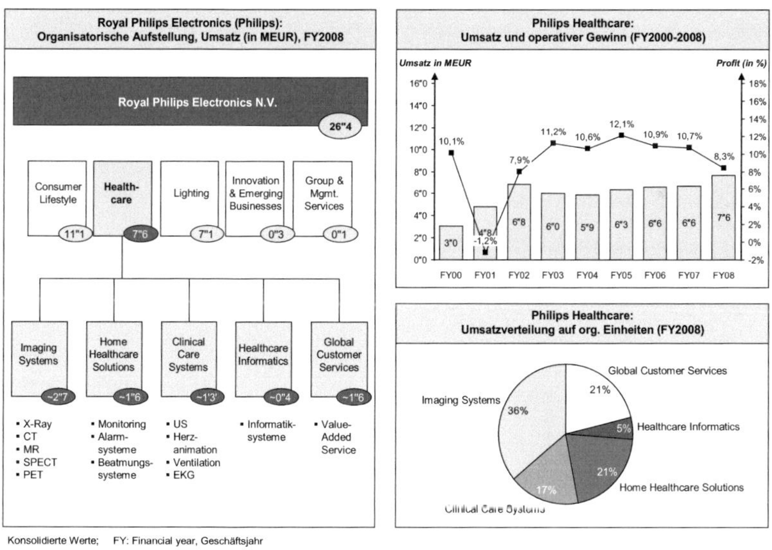

Abb. 65 Philips Healthcare: Organisation, Umsatz, operativer Gewinn, Umsatzverteilung

Quelle: Eigene Darstellung (ausführliche Quellen s.o.)

- *Imaging Systems* enthält die Systeme und Technologien der diagnostischen Bildgebung wie X-Ray, Computertomographie, Magnetresonanztomographie und Nuklearmedizin.
- *Home Healthcare Solutions* umfasst Gesundheitslösungen für den Heimbereich wie medizinische Alarmsysteme, die besonders in der Altersmedizin und bei chronischen Krankheiten eingesetzt werden, Patientenmonitoringsysteme sowie Systeme für Atemswegserkrankungen.
- *Clinical Care Systems* beinhaltet Herzbehandlungssysteme wie automatische externe Defibrillatoren (AEDs) und Elektrokardiogramm-Geräte und das Ultraschall-Geschäft.
- *Healthcare Informatics* stellt das Angebot an Gesundheits-IT dar, das Radiologische Informationssysteme (RIS), Bildarchivierungssysteme (PACS) und Softwareanwendungen für die Bildgebung und Abteilungsverwaltungssysteme beinhaltet.
- *Customer Services* beziehen sich auf Kundendienst, Beratungs- und Trainingsangebote, sowie Instandhaltung-, Reparatur-, Finanzierungs- und Leasingleistungen.

6.2.1.3 Fazit & Datengrundlage für die weitere Untersuchung

Die Festlegung der Untersuchungsobjekte für die Fallstudie hat eine Präzisierung nach markt- und unternehmensseitigen Gesichtspunkten ergeben. Als Untersuchungseinheiten können die fünf Marktsegmente der Medizintechnik-Branche festgehalten werden (*Life Sciences*, *In-Vitro Diagnostik, Bildgebung*, *Patient Monitoring & Care*, *Healthcare-IT*), bei denen jeweils die Entwicklungsschritte von drei Unternehmen (*Siemens Healthcare*, *GE Healthcare*, *Philips Healthcare*) untersucht werden sollen.

Als Untersuchungszeitraum wird die Spanne von Januar 2000 bis Oktober 2008 herangezogen, um eine breitere Sicht auf die Entwicklungsschritte zu erlangen. Der Anfangszeitpunkt fällt dabei mit einigen Großakquisitionen der untersuchten Unternehmen zusammen (Siemens: *Shared Medical*, *Acuson*; Philips: *Agilent*, *Marconi*), die jeweils die Bedeutung des Healthcare-Geschäftes deutlich gesteigert haben und somit als gewisse Zäsur angesehen werden können. Der Endzeitpunkt markiert den Zustand der Märkte und Unternehmen vor der im Jahr 2008 einsetzenden weltweiten Wirtschafts- und Finanzkrise, deren teilweise drastischen Auswirkungen nicht in die Betrachtung eingegangen sind.

Die *marktbezogene Präzisierung* der Medizintechnik-Branche in ihre Untersegmente ist für die weitere Untersuchung zweckmäßig, da diese unterschiedliche Charakteristika und Entwicklungstendenzen aufweisen (vgl. *Kapitel 6.2.3*), was einen höheren Erkenntnisgewinn bei voneinander getrennter Betrachtung im Entscheidungsmodell verspricht. Daneben ist in den Ausführungen deutlich geworden, dass die zugrundeliegenden Geschäftsinhalte (Produktgeschäft, Softwaregeschäft, System- und Lösungsgeschäft) wie auch Geschäftsmodelle zum Teil deutlich verschiedene Wesensmerkmale aufweisen. Die Untersuchung beschäftigt sich in diesem Sinne nicht „*pauschal*" mit der Healthcare-Branche, sondern mit mehreren unterschiedlichen, in ihr identifizierten strategischen Ausrichtungen der Geschäftsaktivitäten. Dies stellt ein höheres Maß an Generalisierbarkeit der Untersuchungsergebnisse und Übertragbarkeit der Studie auf vergleichbare Geschäftsarten und Branchen sicher.

Die *unternehmensbezogene Präzisierung* ist aus zweierlei Gründen opportun. Durch die Betrachtung mehrerer Firmen können Unternehmensspezifika weitestgehend ausgeglichen werden. Durch die Begrenzung auf ähnliche Unternehmen im Bezug auf Größenordnung, Beteiligungsfeld und damit auch große Bereiche ihrer strategischen Ausrichtung wird eine hohe Vergleichbarkeit und Verallgemeinerbarkeit der Ergebnisse erreicht.

Diesen Ausführungen folgend weist die Untersuchung die Charakteristika eines „*multiple case study designs*" auf, in dem mehrere Untersuchungseinheiten ausgewählt und in ihren Entscheidungen holistisch betrachtet werden sollen (vgl. Yin 2003, 43-45). In der dargelegten Vorgehensweise wird ein innovativer Ansatz gesehen, der eine breite Basis für die Untersuchung, Bewertung und Ergänzung des theoretisch-konzeptionellen Modells bietet.

Im Rahmen der Fallstudie wurden die von den im Fokus stehenden Unternehmen vollzogenen Entwicklungsschritte bzw. Entwicklungswege in den einzelnen Segmenten des Medizintechnik-Marktes erfasst (vgl. zu den Entwicklungswegen von Siemens Healthcare maßgeblich Bear Stearns 29.02.2008; Crédit Suisse 29.02.2008; Dresdner Kleinwort Equities research 29.02.2008; UBS Investment Research 29.02.2008; JPMorgan Europe Equity Research 29.02.2008; ING Wholesale Banking 27.02.2008; Merrill Lynch 27.02.2008; Datamonitor 12.06.2007; Datamonitor 01.11.2003; zu den Entwicklungswegen von GE Healthcare maßgeblich Morgan Stanley Research 14.04.2008; Oppenheimer 14.04.2008; William Blair & Company Equity Research 22.01.2008; William Blair & Company Equity Research 13.12.2007; Sterne Agee Company Report 30.11.2007; William Blair & Company Equity Research 23.01.2007; Hilliard Lyons 22.01.2007; CIBC World Markets 21.01.2007; Datamonitor May 2005; zu den Entwicklungswegen von Philips Healthcare maßgeblich Deutsche Bank 19.05.2008; JPMorgan Europe Equity Research 19.05.2008; UBS Investment Research 19.05.2008; Natixis Securities 29.04.2008; Merrill Lynch 19.12.2007; JPMorgan Europe Equity Research 28.11.2007; Crédit Agricole Chevreux 25.09.2007; Merrill Lynch 18.09.2007; Citigroup Company In-Depth 20.08.2007; Citigroup Company In-Depth 01.06.2007; sowie die im gesonderten Literaturverzeichnis zur Fallstudie aufgeführten Quellen).

Die in den *Abb. 67 – Abb. 69* festgehaltenen „*Roadmap*"-Darstellungen enthalten die identifizierten Entwicklungswege (vgl. Legende in *Abb. 66*) der Unternehmen. Akquisitionen und

Allianzen, die in den strategischen Bereich fallen, konnten durch eine intensive Analyse des Sekundärdatenmaterials erfasst werden. Da strategisch bedeutsame Akquisitions- und Kooperationstransaktionen üblicherweise öffentlich berichtet werden, sollte diese Darstellung umfassend und vollständig sein. Schwieriger gestaltet sich diese Datenerfassung bei Betrachtung Interner Entwicklungen, da sich diese weitaus weniger an konkreten Transaktionen festmachen lassen und sich teilweise über Jahre hinweg ziehen. Die weitreichende Analyse öffentlich zugänglichen Datenmaterials muss sich aus diesem Grund und durch unterschiedliche Berichtsprioritäten und -inhalte als weniger präzise erweisen. Die Untersuchung behilft sich dieser Problematik mit der Aufnahme der (Haupt)-Entwicklungsprojekte in die Betrachtung. Infolgedessen kann davon ausgegangen werden, dass jene Schwerpunktthemen berücksichtigt sind, die aus eigener Kraft hervorgebracht wurden.

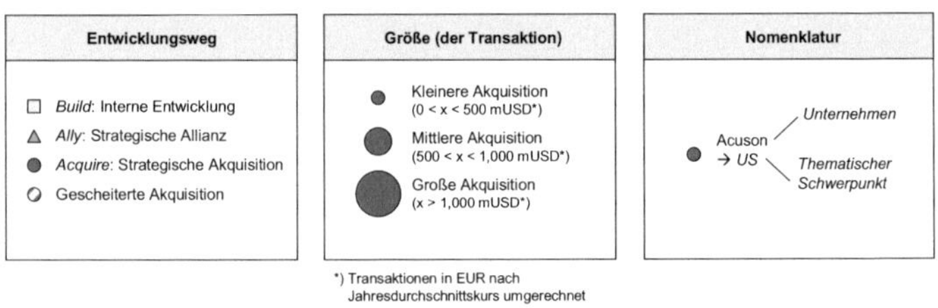

Abb. 66 Legende für die Darstellungen in *Abb. 67 – Abb. 69*

Quelle: Eigene Darstellung

Die veranschaulichten Positionen der Entwicklungswege stellen die Datenbasis der Fallstudie dar. Die einzelnen Entwicklungswege bzw. -entscheidungen sind in *Anhang 8 – Anhang 30* der Arbeit detailliert und ebenso hinsichtlich der verfügbaren Informationen zu den verfolgten Zielen und Wertpotenzialen der Entwicklungen aufgeschlüsselt. Auf dieser Grundlage sollen im folgenden Unternehmenstypen (*Kapitel 6.2.2*), Markttypen (*Kapitel 6.2.3*) und Konfigurationen (*Kapitel 6.2.4*) untersucht werden.

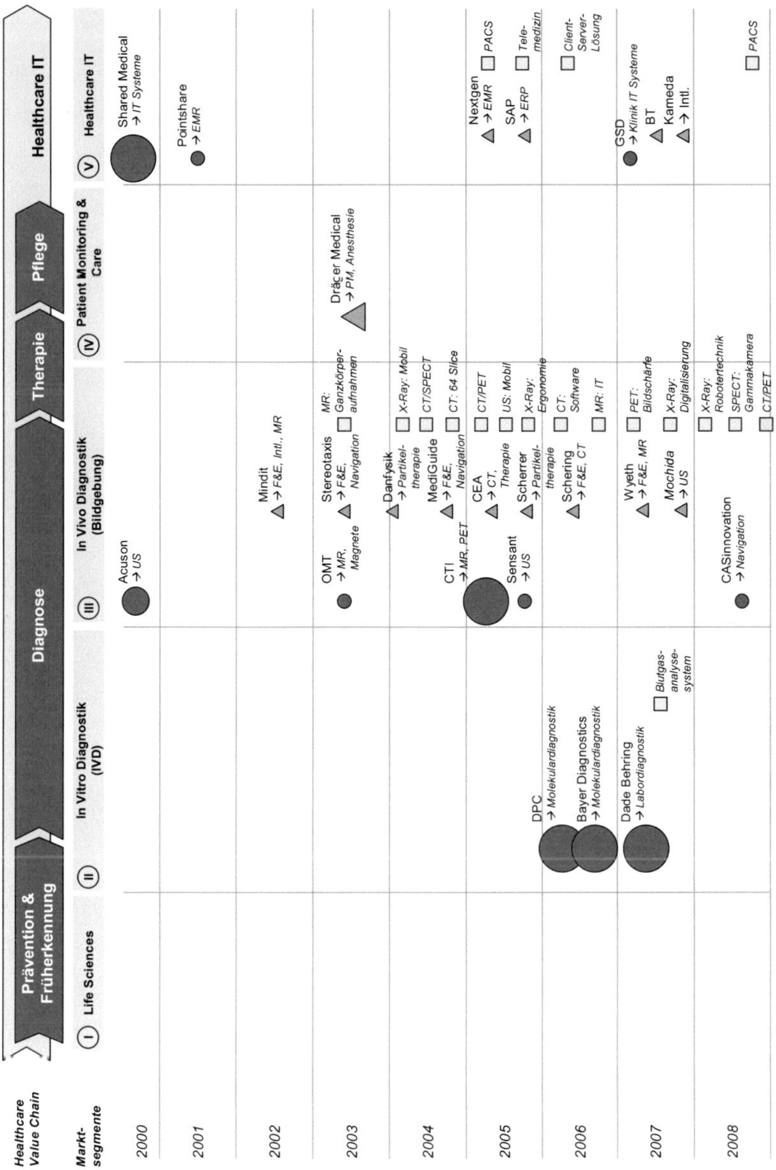

Abb. 67 Siemens Healthcare: Identifizierte Entwicklungswege, 2000-2008

Quelle: Eigene Darstellung (ausführliche Quellen s.o.)

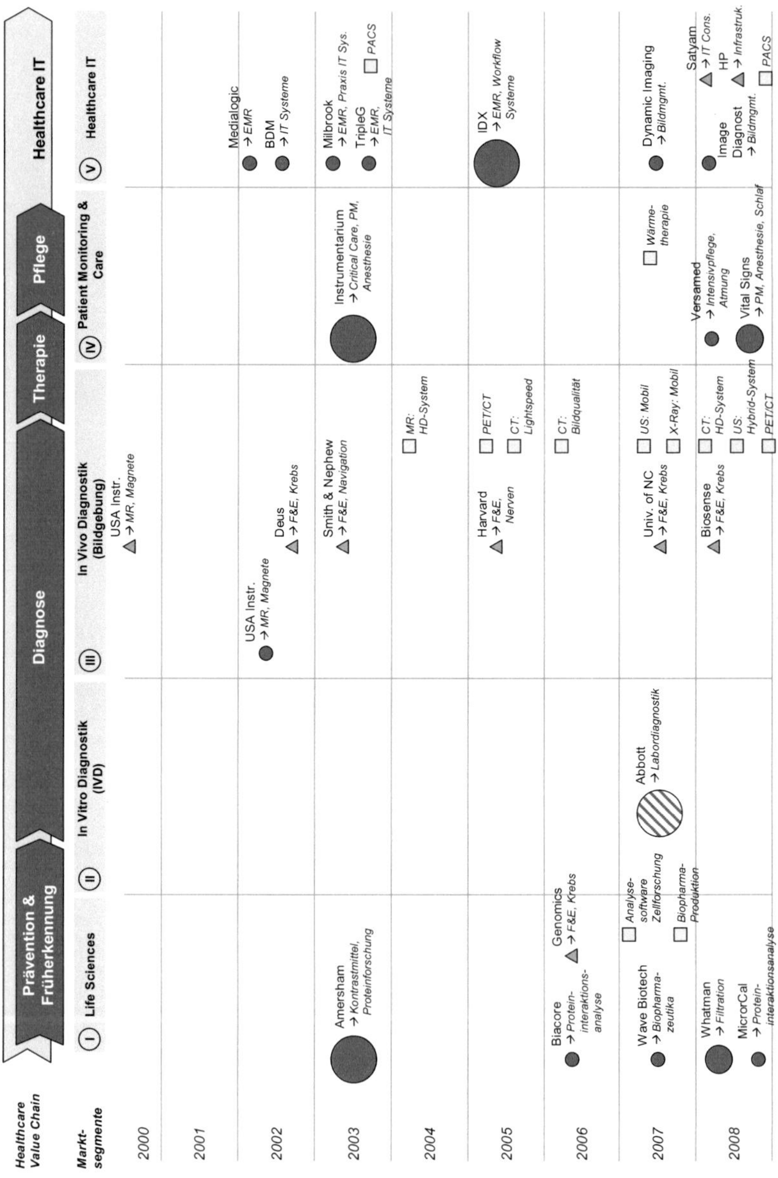

Abb. 68 GE Healthcare: Identifizierte Entwicklungswege, 2000-2008

Quelle: Eigene Darstellung (ausführliche Quellen s.o.)

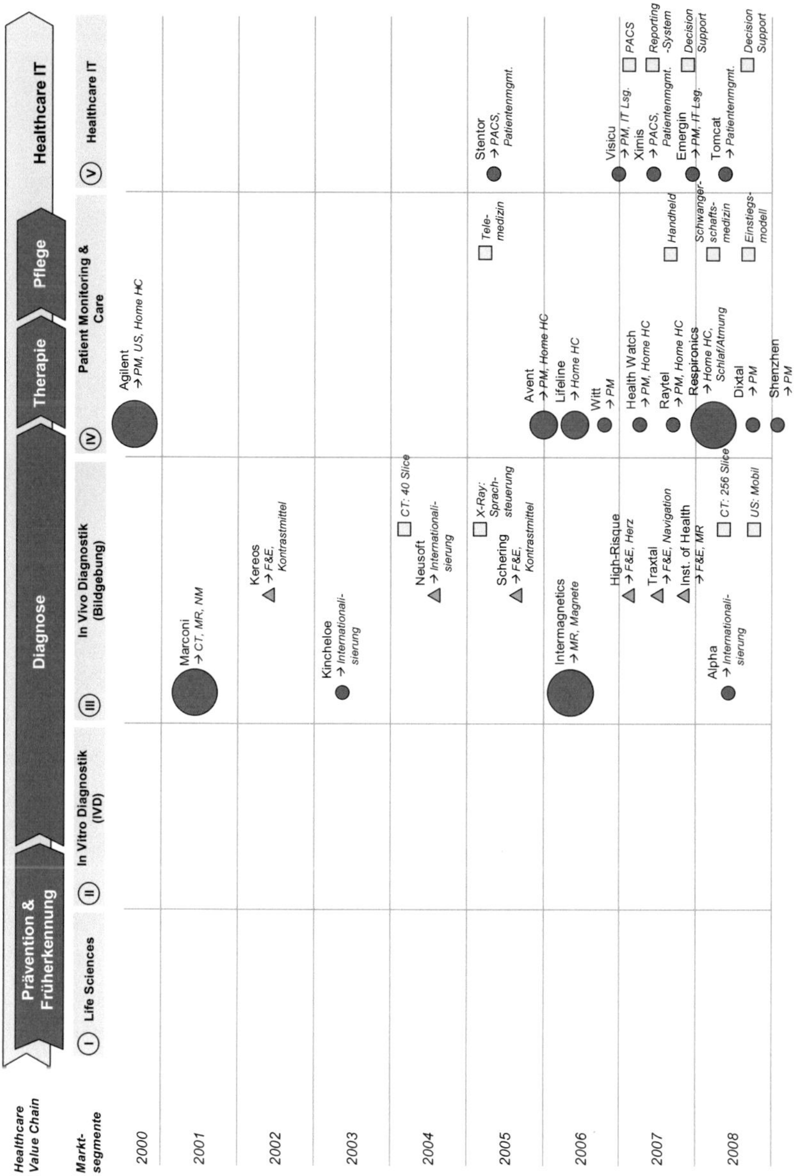

Abb. 69 Philips Healthcare: Identifizierte Entwicklungswege, 2000-2008

Quelle: Eigene Darstellung (ausführliche Quellen s.o.)

6.2.2 Entscheidungen über den Entwicklungsweg aus interner Sicht: Untersuchung von Unternehmenstypen

In *Kapitel 5.2.2* sind idealtypische Unternehmenstypen erarbeitet worden, die aus den Ausprägungen der internen Kontextvariablen entstehen. Hierzu wurde der Vertrautheitsgrad bzw. Kenntnisstand des Unternehmens hinsichtlich der Charakteristika und Dynamismen des Marktes und hinsichtlich der Technologie herangezogen. Sie bildeten den Grundstock der Typisierung des internen Kontexts, der in die *Unternehmenstypen I* (Bekanntes Terrain; Konsolidierung/Durchdringung), *II* (Angrenzendes Terrain; Erweiterung) und *III* (Neues Terrain; Einstieg) sowie die *Hypothesen I-III* mündete.

Die Untersuchung ist in folgende Schritte gegliedert:

- *Praxisbeobachtung* (Realtypen): Grundlage der Untersuchung bilden die in der Praxis beobachteten Entwicklungsentscheidungen der Unternehmen, die durch die *Abb. 67 – Abb. 69* in die Betrachtung eingeführt wurden. Sie werden getrennt nach Marktsegmenten der Analyse unterzogen (*Kapitel 6.2.2.1 – 0*).
- *Bestimmung der Variablenausprägungen & Einordnung in Theoriemodell* (Idealtypen): Die Realtypen des jeweiligen Marktsegments werden in das Theoriemodell für die Betrachtung des internen Kontexts eingeordnet. Zu diesem Zweck müssen die Ausprägungen der internen Kontextfaktoren für die Realtypen ergründet werden. Als Indikatoren dienen dafür in besonderem Maße die in *Abb. 45* herausgestellten „*Testfragen*" zur Einordnung in die Dimensionen Markt- und Technologievertrautheit, wie beispielsweise der Überlappungsgrad mit bestehenden Märkten oder die Ausprägung der technologischen Leistungsfähigkeiten und -kenntnisse auf dem Gebiet der Entwicklung. Auf Basis der inhaltlichen Detaillierung und Durchdringung der Entwicklungsentscheidungen (vgl. *Anhang 8 – Anhang 30*) können die Ausprägungen je Entwicklungsentscheidung auf qualitativer Basis festgelegt und damit in das Theoriemodell eingefügt werden. Damit wird insbesondere dem Forschungsziel der Komplexitätserfassung und Operationalisierung der theoretischen und praktischen Betrachtung Folge geleistet.
- *Diskussion der Ergebnisse* (Realtypen vs. Idealtypen): Die Gegenüberstellung von Praxisbeobachtung und Theorieempfehlung trägt zum hypothesenprüfenden Charakter der Untersuchung bei. Dabei soll – soweit möglich und zweckmäßig – ebenfalls eine Einschätzung aus dynamischer Sicht getroffen werden, ob und wie sich die Entwicklungsentscheidungen über den Untersuchungszeitraum hinweg verändert haben. Die Interpretation bestätigender und/oder abweichender Beobachtungen leistet dabei einen Beitrag zur kritischen Bewertung und gegebenenfalls der Anreicherung des theoretischen Entscheidungsmodells.

6.2.2.1 Ergebnisse im Marktsegment Life Sciences

Praxisbeobachtung, Bestimmung der Variablenausprägungen & Einordnung

Im Marktsegment für Life Sciences ist GE Healthcare als einziges der drei betrachteten Unternehmen aktiv (vgl. dazu und im Folgenden *Abb. 70*; für eine Darstellung der segmentspezifischen Entwicklungsschritte der betrachteten Unternehmen außerdem *Anhang 2*). GE trat 2003 durch die Akquisition von *Amersham* in diesen Markt ein, der bis dato schwerpunktmäßig von Unternehmen aus dem Pharmazeutikbereich geprägt wurde. Der Kauf bedeutete für GE den Einstieg in das bislang nicht abgedeckte Gebiet der Kontrastmittel, Arzneimittel und Biopharmaka. Durch die Großakquisition wurde das Ziel verfolgt, das medizintechnische Portfolio stärker auf den Bereich Früherkennung und -diagnostik auszudehnen, um Krankheiten früher behandeln zu können und die klinische Effizienz zu stärken. Die Einstiegs-Entwicklungsaktivitäten sind durch wenig ausgeprägte Kenntnisse in beiden Dimensionen (Markt, Technologie) dem *Unternehmenstyp III* zuzuordnen. Die Technologie wird dabei als nicht bekannt interpretiert, während marktseitig eine gewisse Nähe besteht, die eingeschränkte Vorkenntnisse einräumt (Feld 7).

Nach Erschließung dieses Markt- und Technologieumfeldes wurden die Geschäftsaktivitäten mit vier weiteren Akquisitionen sukzessive ausgebaut. Durch Systeme zur Proteinforschung und -analyse (*Biacore*), biopharmazeutische Produktionssysteme (*Wave Biotech*), Instrumente zur Untersuchung molekularer Interaktionen (*MicroCal*) und durch komplementäre Filtrations- und Membrantechnologien für die Anwendung im Labor (*Whatman*) wurde das Portfolio in angrenzende Technologiebereiche auf dem nunmehr bekannten Gebiet erweitert, womit diese Entwicklungen als *Unternehmenstyp I* zu interpretieren sind (Feld 3). In diesen Bereich fallen auch innovative Entwicklungen bestehender Technologien (Plattformen für biopharmazeutische Produktion, Software zur Verbesserung der Zellanalyse), die aus eigener Kraft vorangetrieben wurden (Feld 1).

Neben diesen Entwicklungsaktivitäten wurde eine Kooperation mit *Genomics Research* identifiziert, die zur gemeinsamen Verbesserung und Neuentwicklung von Medikamenten durch die Anwendung von Genom-Technologien führen soll. Da in diesem Fall neue Produkte erst erschlossen werden, wird dies dem *Unternehmenstyp II* zugeordnet (Feld 4).

Diskussion der Ergebnisse

Die *Abb. 70* veranschaulicht die Erläuterungen durch Einordnung der Entwicklungswege der Praxis in das theoretische Modell. Die beobachteten Realtypen für *Unternehmenstyp I+II* können in der Betrachtung des Life Sciences Marktes die theoretisch abgeleiteten Idealtypen bestätigen (vgl. Handlungsempfehlungen in *Kapitel 5.2.2.3* u. *Abb. 50*).

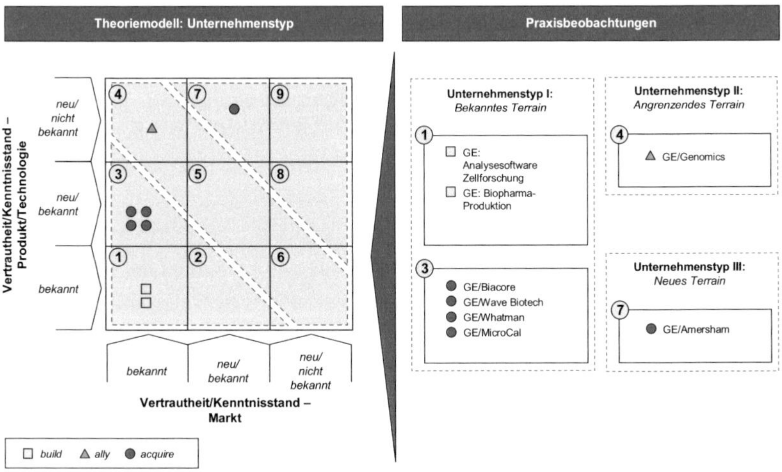

Abb. 70 Life Sciences: Praxisbeobachtungen und Einordnung in Theoriemodell

Quelle: Eigene Darstellung

Besondere Beachtung ist der für *Unternehmenstyp III* identifizierten Großakquisition (*Amersham*) beizumessen, die in einem Bereich stattfindet, der aus theoretischer Sicht ein erhebliches Risiko durch mangelnde Markt- und Technologiekenntnisse beigemessen wird und zu einem stufenweisen Vorgehen mit begrenztem Kapitaleinsatz zum Aufbau eines größeren Erfahrungsschatzes rät. Der Einsatz substanzieller Akquisitionsmittel kann in diesem Rahmen so interpretiert werden, dass eine bestimmte kritische Unternehmensgröße beim Neueintritt in diesen Markt erreicht werden muss, um unmittelbare Wettbewerbsfähigkeit zu erreichen. Die durch hohe Unsicherheit des Eintritts gebotene Wahrung höherer Flexibilität kann in diesem Fall insofern erhalten bleiben, indem (noch) keine intensive Verflechtung des Akquisitionsobjektes (*Amersham*) mit dem neuen Eigner vorgenommen wird, sondern organisatorisch als neues Geschäftsgebiet, parallel zu bisherigen Aktivitäten, aufgenommen wird.

Zusammenfassend können die theoretischen Annahmen durch die praktischen Beobachtungen aus der qualitativen Fallstudien-Sicht im Life Sciences Segment die Hypothesen I+II unterstützen und die Hypothese III teilweise unterstützen.

6.2.2.2 Ergebnisse im Marktsegment In-Vitro Diagnostik (IVD)

Praxisbeobachtung, Bestimmung der Variablenausprägungen & Einordnung

Die Entwicklungen im Marktsegment für In-Vitro Diagnostik weisen ähnliche Merkmale auf, wie im Life Sciences Markt (vgl. dazu und im Folgenden *Abb. 71*; für eine Darstellung der segmentspezifischen Entwicklungsschritte der betrachteten Unternehmen außerdem *Anhang 3*). Das Segment wurde lange von Unternehmen aus dem Bereich Life Sciences, klinischen Diagnostik, Biochemika und Gendiagnostik wie *Roche*, *Abbott* und *Beckman Coulter* geprägt, bevor mit Siemens Healthcare ein Unternehmen aus der *„traditionellen"* Medizintechnik in den Markt eintrat. Mit den Akquisitionen der größeren Wettbewerber *Diagnostic Products* (DPC), *Bayer Diagnostics* und *Dade Behring* erlangte Siemens eine unmittelbar führende Position in dem bislang nicht abgedeckten Gebiet für IVD. Durch die Zukäufe wurde das Ziel verfolgt, den ersten integrierten Diagnostikanbieter durch Zusammenführung der Disziplinen IVD und Bildgebung hervorzubringen. Eine – offenkundig – vergleichbare Strategie verfolgte auf diesem Gebiet auch GE Healthcare, das durch Zukauf des bisherigen Marktführers *Abbott* das IVD-Segment erschließen wollte. Die Akquisitionsbestrebungen schlugen jedoch aufgrund des zurückgewiesenen Angebots seitens *Abbott* fehl. Die beobachteten Einstiegs-Entwicklungsaktivitäten sind durch wenig ausgeprägte Kenntnisse in beiden Dimensionen (Markt, Technologie) dem *Unternehmenstyp III* zuzuordnen. Die Technologie wird dabei als nicht bekannt interpretiert, während marktseitig eine gewisse Nähe besteht, die eingeschränkte Vorkenntnisse einräumt (Feld 7).

Die Erschließung des Markt- und Technologieumfeldes, die Generierung und Verarbeitung neuer Kenntnisse sowie die Integration der akquirierten Unternehmen stellen damit die Hauptaufgaben dar, denen sich Siemens Healthcare nach der jüngeren Akquisitionsserie stellt. Das beobachtete interne Entwicklungsprojekt zur Verbesserung der Blutgasanalysesystems kann damit vorwiegend als Ergänzung der Entwicklung gesehen werden kann, und als *Unternehmenstyp I* im Sinne einer Stärkung bestehender Aktivitäten durch Nutzung vorhandenen Wissens eingeordnet werden (Feld 1).

Diskussion der Ergebnisse

Die *Abb. 71* veranschaulicht die erörterten Zusammenhänge. Die beobachteten Realtypen können in der Analyse des IVD Marktes die theoretischen Idealtypen für *Unternehmenstyp I* bestätigen (vgl. Handlungsempfehlungen in *Kapitel 5.2.2.3* u. *Abb. 50*).

Bemerkenswerterweise fallen erneut größere Akquisitionen unter den *Unternehmenstyp III*, die der theoretisch erläuterten Risikominderung und Flexibilitätserhöhung in gewisser Hinsicht entgegenstehen. Durch sie werden jedoch eine unmittelbar führende Marktposition und damit zwei potenzielle Wettbewerbsvorteile erreicht: der sofortige, umfassende Zugriff auf höhere Wachstumsraten im IVD-Markt als im bisherigen Kerngeschäft für Bildgebung (vgl. zur Marktbetrachtung ausführlicher *Kapitel 6.2.3.3* und *6.2.3.4*) sowie die Möglichkeit der Standardsetzung im Medizintechnikmarkt durch die Positionierung als weltweit erster integrierter Diagnostikanbieter. In diesem Sinne findet ein *„Tradeoff"* zwischen Risikominderung/Flexibilitätserhaltung und der kritischen Größe und Marktmacht im neuen Aktivitätsbereich statt, der zugunsten der frühzeitigen, führenden Marktposition entschieden wird.

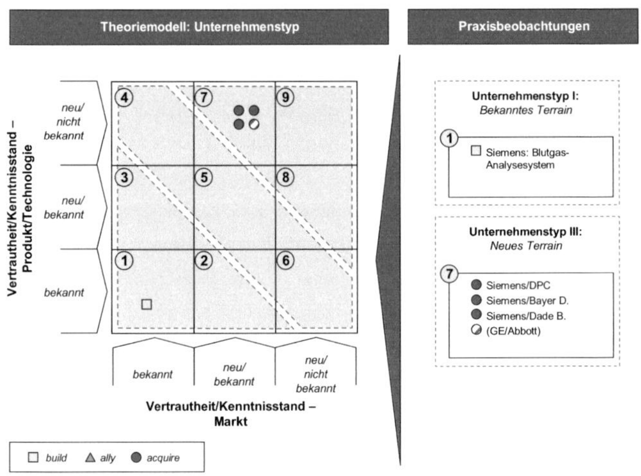

Abb. 71 In-Vitro Diagnostik (IVD): Praxisbeobachtungen und Einordnung in Theoriemodell

Quelle: Eigene Darstellung

Zusammenfassend können die theoretischen Annahmen durch die praktischen Beobachtungen aus der qualitativen Fallstudien-Sicht im IVD Segment die Hypothese I unterstützen und die Hypothese III teilweise unterstützen. Aus der bisherigen Diskussion des *Unternehmenstyps III* sollte, ergänzend zu den theoretischen Argumenten, intensiv die Wettbewerbssituation im neuen Bereich analysiert werden, um Aufschlüsse darüber zu erlangen, in welchem Ausmaß der Entwicklungsschritt vollzogen werden sollte, um Wettbewerbsfähigkeit zu erzielen.

6.2.2.3 Ergebnisse im Marktsegment In-Vivo Diagnostik (Bildgebung)

Praxisbeobachtung, Bestimmung der Variablenausprägungen & Einordnung

Die umfangreichsten Beobachtungspunkte für die vorliegende Untersuchung bietet der Markt für In-Vivo Diagnostik (vgl. dazu und im Folgenden *Abb. 72*; für eine Darstellung der segmentspezifischen Entwicklungsschritte der betrachteten Unternehmen außerdem *Anhang 4*). Er bildet das Kerngeschäft, aus dem die Aktivitäten der drei betrachteten Wettbewerber gewachsen sind (vgl. firmengeschichtliche Aspekte in *Kapitel 6.2.1.2*), weshalb auf diesem Gebiet keine Eintritte in neue, bislang nicht bekannte Markt- und Technologiebereiche im Sinne des *Unternehmenstyps III* zu verzeichnen sind.

Die in diesem Segment zu verzeichnenden Entwicklungsschritte haben in erster Linie verstärkenden und ergänzenden Charakter für das bestehende Portfolio der bildgebenden Systeme. Sie sind in diesem Sinne dem *Unternehmenstyp I* zuzuordnen, der Unternehmen mit umfangreichen Kenntnissen für die markt- und technologieseitige Entwicklung betrifft (Feld 1-3). In diesen Bereich fallen die Akquisitionen zur technologischen Verstärkung des Ultraschall- (Siemens: *Acuson*, *Sensant*) und Magnetresonanz- und Nuklearmedizingeschäfts (Philips: *Marconi*). Im Vergleich zu den anderen Marktsegmenten und dem Umfang der Unternehmenstätigkeiten treten relativ wenige Akquisitionstransaktionen auf. Geprägt wird der Markt von der Forschungs-, Entwicklungs- und Innovationskraft der Unternehmen, der zu einem auffällig hohen Ausmaß an internen Entwicklungsprojekten führt. Sie liegen vor allem im Bereich traditioneller Röntgentechnologie (z.B. Digitalisierung, Einbindung von Industrierobotertechnik zur Verbesserung der Ergonomie, Einführung mobiler Geräte), Computertomographie (z.B. Vergrößerung der Bildschichten auf bis zu 256 Einzelschichten) und neuartigen Hybridsysteme aus der Verbindung von CT- und PET/SPECT-Systemen, die für den Bereich der Nuklearmedizin identifiziert werden konnten. Die Schwerpunktthemen der innovativen Weiterentwicklungen sind für die Wettbewerber jeweils gleich, so dass diese sich augenscheinlich einen stetigen Wettlauf technologischer Neuerungen und Verbesserungen liefern.

Neben diesen Schritten sind zudem Entwicklungen zu beobachten, die in Bereiche vordringen, für die speziell aus technologischer Sicht die notwendigen Erfahrungen noch wenig vorhanden sind bzw. die danach streben, die vorhandenen technologischen Möglichkeiten sinnvoll mit komplementärem Know-how zu verbinden, um in angrenzende, neue (Anwendungs-)Gebiete vorzudringen. Sie sind in diesem Sinne dem *Unternehmenstyp II* zuzuordnen (Feld 4+6). In diesem Gebiet wird vornehmlich der Zugang zu Kenntnissen auf dem Gebiet der Grundlagenforschung und -entwicklung gesucht. Hierbei treten vor allem kooperative Verbindungen mit Forschungseinrichtungen oder Pharmaunternehmen zu Tage. Sie setzen sich beispielsweise mit der Weiterentwicklung der magnetischen und minimal invasiven

Navigationstechnik und Ortung zum Einsatz in neuen medizinischen Bereichen, innovativen Therapieverfahren z.B. für die Krebstherapie, erstmaligen Anwendungen neuer Bildgebungssysteme mit weiterentwickelten Kontrastmitteln oder der Entwicklung von neuen Produkten zu Krebsfrüherkennung auseinander. Die Ausführungen zeigen, dass es sich hier um Themengebiete handelt, die zum Großteil lange und risikoreiche Entwicklungsvorgänge einschließen, gleichzeitig aber auch zu bahnbrechenden Entwicklungsvorsprüngen in den jeweiligen Technologien beitragen können. Sie ergänzen daher weitestgehend die internen Entwicklungsprojekte der Unternehmen bzw. führen diese in neue, nicht bekannte Gebiete weiter.

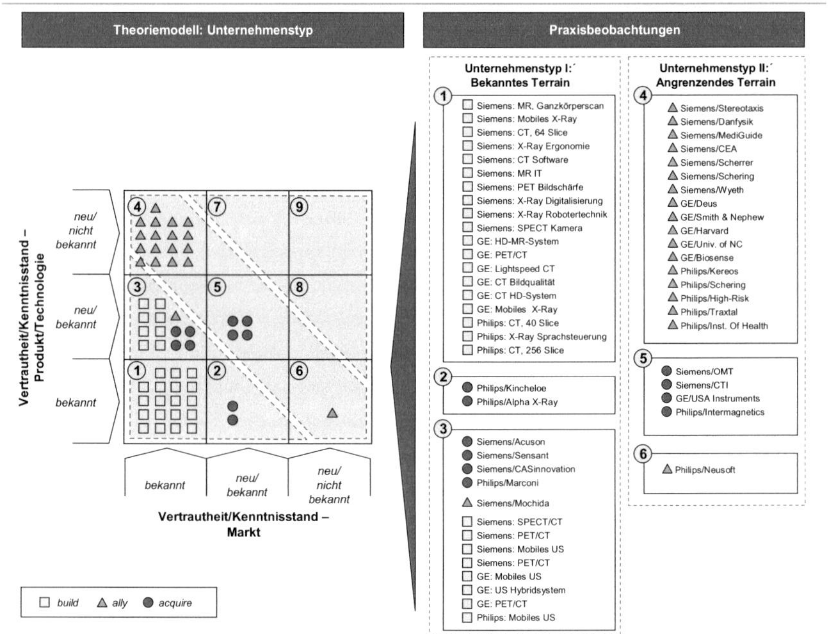

Abb. 72 Bildgebung: Praxisbeobachtungen und Einordnung in Theoriemodell

Quelle: Eigene Darstellung

Besondere diskussionswürdig ist die Beobachtungen der Akquisitionen, die ebenfalls dem *Unternehmenstyp II* zugeordnet sind (Feld 5). Es handelt sich dabei in erster Linie um eine Rückwärtsintegration im Bereich der Magnetresonanztomographie, bei der alle drei betrachteten Unternehmen einen Zulieferer für Multikanal-MRI-Magnetspulen akquiriert haben (Siemens: *OMT*; GE: *USA Instruments*; Philips: *Intermagnetics*). Sie erweitern damit die Geschäftsaktivitäten in einen Bereich, der den Firmen nicht unbekannt ist, jedoch markt- und technologieseitig an das bisherige Gebiet angrenzt. Diese Entscheidung läuft auf den ersten Blick entgegen der theoretisch festgehaltenen Handlungsempfehlung, in diesem Bereich eine strategische Allianz vorzuziehen. Bei der dynamischen Betrachtung der Vorgänge kann jedoch ergründet werden, dass bei allen drei Akquisitionen zuvor langfristige, kooperative Beziehungen mit den Zulieferbetrieben unterhalten wurden. Für die Erhöhung der Bindungsintensität und des Verflechtungsgrades mit dem Abnehmerunternehmen durch eine Akquisition gab es mehrere Gründe: der steigende Bedarf an Magnetspulen, die erhöhte Bedeutung des Einflusses auf die Spulentechnologie für die Weiterentwicklung der Gesamt-MRI-Systeme, der steigende Anteil der Magnetspulen an der Gesamtwertschöpfung und die zunehmende Wettbewerberkonzentration des Zulieferermarktes. Diese Indikatoren sind als wichtige Faktoren und Bestätigung für die theoretisch abgeleitete, dynamische Betrachtung vom Übergang von Entwicklungswegen mit geringerer Bindung (*ally*) zu Wegen höherer Bindungsintensität und damit höheren unternehmerischen Durchgriff (*acquire*) zu werten.

Diskussion der Ergebnisse

Die *Abb. 72* führt die Erläuterungen zusammen und ordnet die Praxisbeobachtungen in die theoretische Betrachtung ein. Durch sie können die theoretisch abgeleiteten Idealtypen anhand der eingeordneten Realtypen weitgehend bestätigt werden (vgl. Handlungsempfehlungen in *Kapitel 5.2.2.3* u. *Abb. 50*). Die für *Unternehmenstyp II* identifizierte Abweichung konnte durch die dynamische Entwicklung, die über die Allianz zur Akquisition führte, aufgeklärt und plausibilisiert werden. Die theoretischen Handlungsempfehlungen sollten in erster Linie dahingehend ergänzt bzw. präzisiert werden, dass angrenzende Markt- und Technologiebereiche besonders unter dynamischen Gesichtspunkten fortwährend beobachtet werden sollten. Nimmt ihre strategische Bedeutung und/oder Abhängigkeit für das Unternehmen zu, so sollte die Bindungsintensität erhöht werden und höhere Kontrollmöglichkeiten verwirklicht werden.

In Summe können die theoretischen Annahmen durch die praktischen Beobachtungen aus der qualitativen Fallstudien-Sicht im Segment für Bildgebung die Hypothese I unterstützen und die Hypothese II teilweise unterstützen bzw. sinnvoll ergänzen.

6.2.2.4 Ergebnisse im Marktsegment Patient Monitoring & Care

Praxisbeobachtung, Bestimmung der Variablenausprägungen & Einordnung

Der Markt für Patient Monitoring & Care weist insbesondere Entwicklungsschritte von Philips und GE auf (vgl. dazu und im Folgenden *Abb. 73*; für eine Darstellung der segmentspezifischen Entwicklungsschritte der betrachteten Unternehmen außerdem *Anhang 5*). Durch den Zukauf von *Agilent* hat Philips den Markt für sich erschlossen und sein Portfolio gerade in die Home Care Technologien ausgebaut. Ähnliches ist für GE zu diagnostizieren, das mit *Instrumentarium* eine Portfolioerweiterung in den Bereich der akuten Pflege, Patientenmonitoring und Anästhesie unternommen hat. Diese Einstiegs-Entwicklungsaktivitäten sind durch wenig ausgeprägte Kenntnisse in beiden Dimensionen (Markt, Technologie) dem *Unternehmenstyp III* zuzuordnen. Die Technologie wird dabei als nicht bekannt interpretiert, während marktseitig eine gewisse Nähe besteht, die eingeschränkte Vorkenntnisse einräumt (Feld 7).

Beide Unternehmen haben nach der Erschließung dieses neuen Markt- und Technologieumfeldes ihre Aktivitäten weiter verstärkt. Dies geschah zum einen durch Akquisitionen, zumeist in angrenzende Technologien wie Schlaf- und Beatmungsgeräte der Intensivpflege (GE: *VersaMed*, Philips: *Respironics*), Schlaftherapie und Notfallmedizin (GE: *Vital Signs*), Home Care (Philips: *Avent*, *Lifeline*, *Healthwatch*) als auch zur Erschließung angrenzender regionaler Märkte (Philips: *Shenzhen*, *Dixtal*). Dieses Wachstum wurde begleitet von Internen Entwicklungsprojekten (z.B. Telemedizin, drahtlose Monitoringlösungen), die ebenfalls das bestehende Portfolio aufgewertet haben. Diese Entwicklungsaktivitäten auf bekanntem Gebiet sind durch die nunmehr ausgeprägten Kenntnisse in beiden Dimensionen (Markt, Technologie) dem *Unternehmenstyp I* zuzuordnen (Feld 1-3).

Die Strategie von Siemens auf diesem Gebiet ist differenzierter zu beurteilen. Siemens brachte seine elektromedizinischen Aktivitäten im klinischen Akut- und Home Care Bereich in ein Joint Venture ein, das seit 2003 unter *Dräger Medical* bei der *Drägerwerk AG* konsolidiert wird. Die Siemens-Aktivitäten im Bereich Patient Monitoring & Care sind in dieser Hinsicht als vornehmlich passiv zu beurteilen, da der Anteil an der Kooperation lediglich 25% (anfänglich 35%) beträgt und damit keinen bzw. nur geringen gestalterischen Einfluss auf Strategie und Unternehmensentwicklung zulässt. Im Sinne der Unternehmensentwicklung ist diese Strategie damit nicht als „*Wachstum*“ und „*Leistungssteigerung*“ aufzufassen (vgl. zu dieser Diskussion in der Theorie *Kapitel 2.2.1*), für die das vorliegende Theoriemodell konzipiert wurde. Für eine vollständige Diskussion ist diese Praxisbeobachtung jedoch bedeutsam, da sie in Erinnerung ruft, dass Entwicklungsentscheidungen keineswegs nur wachstumsorientiert sein müssen, sondern auch Teil einer eher defensiven bzw. passiven Strategie sein können, die vorwiegend die Funktion der „*Bewahrung*“ oder des „*Rückzugs*“ ausüben.

Diskussion der Ergebnisse

Die *Abb. 73* ordnet die erörterten Realtypen in das Theoriemodell für den internen Kontext ein. Sie können weitestgehend die theoretischen Handlungsempfehlungen bestätigen (vgl. Handlungsempfehlungen in *Kapitel 5.2.2.3* u. *Abb. 50*). Die von Siemens verfolgte Allianz widerstrebt der theoretischen Hypothese. Durch Aufeinandertreffen eines Theoriemodells für wachsende Unternehmen und der Praxisbeobachtung einer in erster Linie passiven strategischen Ausrichtung kann diese Abweichung von Real- und Idealtypus jedoch nachvollziehbar gemacht werden.

In Summe können die theoretischen Annahmen durch die praktischen Beobachtungen aus der qualitativen Fallstudien-Sicht im Segment für Patient Monitoring & Care die Hypothesen I+III unterstützen.

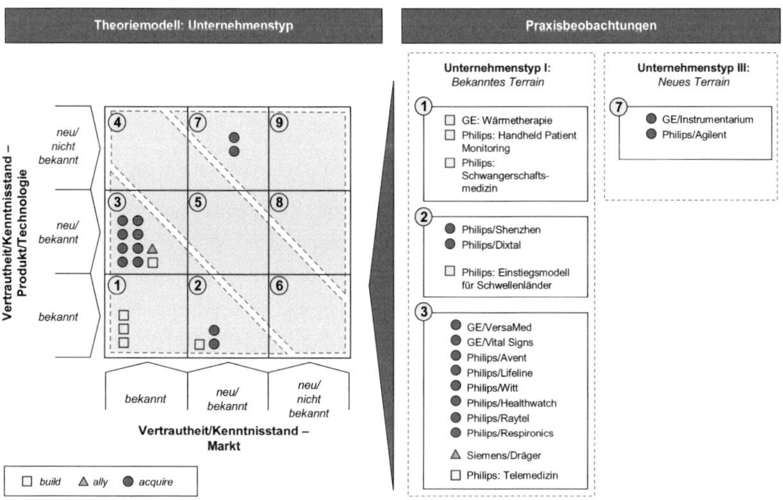

Abb. 73 Patient Monitoring & Care: Praxisbeobachtungen und Einordnung in Theoriemodell
Quelle: Eigene Darstellung

6.2.2.5 Ergebnisse im Marktsegment Healthcare-IT

Praxisbeobachtung, Bestimmung der Variablenausprägungen & Einordnung

Im Marktsegment für Healthcare-IT konnten umfangreiche Entwicklungsschritte aller drei Unternehmen dieser Studie identifiziert werden (vgl. dazu und im Folgenden *Abb. 74*; für eine Darstellung der segmentspezifischen Entwicklungsschritte der betrachteten Unternehmen außerdem *Anhang 6*). Insbesondere Siemens und GE erweiterten frühzeitig ihre bis dato bestehenden Kernbereiche der Diagnostik in das Gebiet der Healthcare-IT, das bislang vornehmlich von reinen IT-Anbietern geprägt wurde. Dabei war nicht nur die Relevanz informationstechnologischer Lösungen für die weitere Digitalisierung der Bildgebung ausschlaggebend, sondern auch das Bestreben durch IT-Systeme zur Optimierung des gesamten medizinischen Ablaufs und der klinischen Einrichtungen beizutragen. Beim Eintritt in den Markt kamen schwerpunktmäßig Akquisitionen zum Tragen. Während Siemens mit *Shared Medical* auf einen größeren Zukauf setzte, vollzog GE mit *Medialogic*, *BDM*, *Milbrook* und *TripleG* zunächst mehrere kleinere Schritte, um sich mit der Akquisition von *IDX* unter den führenden Marktanbieter zu positionieren. Die Einstiegs-Entwicklungsaktivitäten sind durch wenig ausgeprägte Kenntnisse in beiden Dimensionen (Markt, Technologie) dem *Unternehmenstyp III* zuzuordnen. Der IT-Markt wird dabei als bisher nicht bekannt interpretiert, während technologieseitig durch die Einbindung in bildgebende Systeme eine gewisse Nähe besteht, die eingeschränkte Vorkenntnisse einräumt (Feld 8).

Im Wettbewerbervergleich spielt Philips erst später als Siemens und GE eine bedeutendere Rolle und die Markterschließung kann so interpretiert werden, dass diese lange im Rahmen der Internen Entwicklung verfolgt wurde. Einige Analysten (vgl. z.B. Société Générale Cross Asset Research 10.01.2008) kommen zu dem Schluss, dass sich die Philips-Strategie im Bereich Healthcare-IT eher als Kompromiss und passive Strategie erweist. Sie ist durch offene Standards der IT-Applikationen gekennzeichnet, während GE und Siemens mit integrierten Lösungen eine stärkere Integration des IT- und Diagnostikgeschäfts vorantreiben. Die Position von Philips ist daher durch eine relativ unterkritische Größe gekennzeichnet, die auch nach den ergänzenden Akquisitionen der letzten Jahre (z.B. *Stentor*, *Visicu*, *Ximis*) weiterbesteht. Infolgedessen konzentriert sich Philips besonders auf das Untersegment der Bildmanagementsysteme (PACS).

Nach der Erschließung des Markt- und Technologieumfeldes wurden die Geschäftsaktivitäten der Wettbewerber weiter ausgebaut. Darunter fallen zum einen weitere Akquisitionen um in technologisch angrenzende Bereiche vorzudringen, wie beispielsweise webbasierte Bild- und Informationsmanagementlösungen für bestimmte Krankheitsbereiche (z.B. Radiologie, Mammographie). Zum anderen treten nunmehr auch verstärkt interne Entwicklungsprojekte auf, die das Ziel verfolgen, sowohl im Bereich der Klinik- und Patientenmanagementsysteme als auch auf dem Feld der Bildarchivierungs- und Managementsysteme kontinuierlich zu wachsen. Sie sind in diesem Sinne als *Unternehmenstyp I* zu deuten, da nunmehr ausgeprägte Kenntnisse vorliegen und der notwendige Erfahrungsschatz für die Entwicklung vorliegen sollte (Feld 1+3).

Neben den erörterten Entwicklungsentscheidungen konnten kooperative Verbindungen identifiziert werden. Sie dienen technologieseitig zur gemeinsamen Entwicklung von neuartigen IT-Infrastrukturangebote und der Nutzung komplementärer Kenntnisse von Systemintegratoren oder IT-Beratungen (GE: *Satyam*, *HP*) sowie marktseitig, um zusätzliche Vertriebsrechte bzw. -regionen (Siemens: *BT*, *Kameda*) zu erschließen. Im Rahmen des Theoriemodells müssen diese Schritte als *Unternehmenstyp II* interpretiert werden (Feld 4+6).

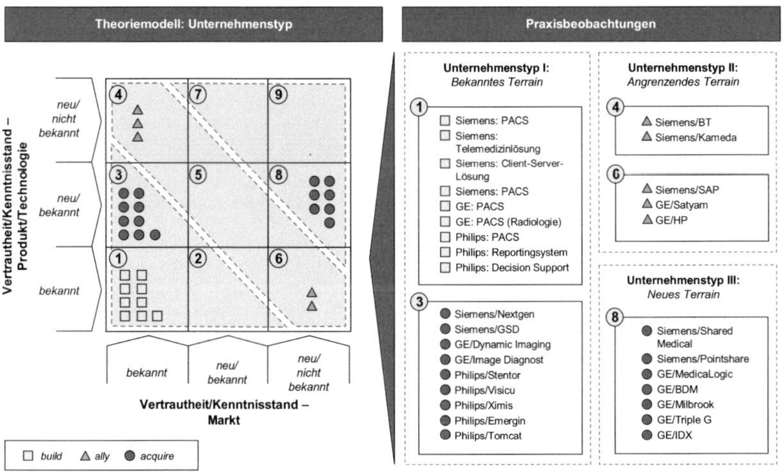

Abb. 74 Healthcare-IT: Praxisbeobachtungen und Einordnung in Theoriemodell

Quelle: Eigene Darstellung

Diskussion der Ergebnisse

Die *Abb. 74* führt die Erläuterungen zusammen und ordnet die Praxisbeobachtungen in die theoretische Betrachtung ein. Die Realtypen können die Idealtypen bestätigen (vgl. Handlungsempfehlungen in *Kapitel 5.2.2.3* u. *Abb. 50*). Wiederum treten für *Unternehmenstyp III* auch größere Akquisitionen (Siemens: *IDX*) auf. Insbesondere die Aneinanderreihung kleinerer Zukäufe von GE (vgl. auch *Anhang 6*) kann jedoch als klare Indikation für die getroffene theoretische Empfehlung gewertet werden, die eine schrittweise Erschließung des Markt- und Technologieumfeldes zur Risikominderung und Flexibilitätswahrung vorschlägt.

Zusammenfassend können die theoretischen Annahmen durch die praktischen Beobachtungen aus der qualitativen Fallstudien-Sicht im Healthcare-IT Segment die Hypothesen I+II unterstützen und die Hypothese III teilweise unterstützen bzw. sinnvoll ergänzen.

6.2.2.6 Zusammenfassende und übergreifende Betrachtung

Die Fallstudienuntersuchung des internen Kontexts konnte reale, strategische Unternehmensentwicklungen an den definierten Unternehmenstypen spiegeln. Die Ergebnisse haben zu wichtigen Erkenntnissen und Ergänzungen der theoretischen Sichtweise durch die Praxis geführt, die in *Abb. 75* zusammengefasst sind.

	Hypothese	Marktsegment	Bewertung der Beobachtungen		Kommentare & Ergänzungen
I	*Wenn **Unternehmenstyp I** vorliegt, wählen Unternehmen auf Basis umfassender Kenntnisse und geringer Unsicherheit einen Entwicklungsweg mit hoher Bindung zur eigenständigen Durchsetzung der Entwicklung – die Interne Entwicklung (build) oder die Strategische Akquisition (acquire).*	Life Sciences	Hypothese unterstützt	✓	
		IVD	Hypothese unterstützt	✓	
		Bildgebung	Hypothese unterstützt	✓	
		Patient M. & C.	Hypothese unterstützt	✓	▪ Strategische Allianz durch "passive" Strategie statt Wachstumsbestrebung plausibilisiert
		Healthcare IT	Hypothese unterstützt	✓	
II	*Wenn **Unternehmenstyp II** vorliegt, wählen Unternehmen auf Basis umfassender Kenntnisse in einer und fehlender Kenntnisse in der anderen Dimension einen Entwicklungsweg mit geringerer Bindung zur Risikominderung, Flexibilitätssicherung und Erlangung komplementärer Fähigkeiten – die Strategische Allianz (ally).*	Life Sciences	Hypothese unterstützt	✓	
		Bildgebung	Hypothese teilweise unterstützt	(✓)	▪ Dynamische Betrachtung bzw. Plausibilisierung: *Ally* als Vorstufe, Übergang zu *Acquire*
		Healthcare IT	Hypothese unterstützt	✓	
III	*Wenn **Unternehmenstyp III** vorliegt, wählen Unternehmen in Ermangelung umfassender Kenntnisse einen Entwicklungsweg, der ein Vordringen in neue Geschäftsbereiche erlaubt – das Interne Venture (build*) oder die Akquisition mit Erfahrungscharakter (acquire*).*	Life Sciences	Hypothese teilweise unterstützt	(✓)	▪ Große Akquisitionen: Tradeoff zwischen Risikominderung und kritischer Größe
		IVD	Hypothese teilweise unterstützt	(✓)	▪ Große Akquisitionen: Tradeoff zwischen Risikominderung und kritischer Größe
		Patient M. & C.	Hypothese unterstützt	✓	
		Healthcare IT	Hypothese teilweise unterstützt	(✓)	▪ Große Akquisitionen: Tradeoff zwischen Risikominderung und kritischer Größe

Abb. 75 Übersicht: Ergebnisse der internen Betrachtung (Unternehmenstypen)

Quelle: Eigene Darstellung

Dabei sollen folgende Punkte abschließend herausgestellt werden:

- Die Praxisbeobachtungen konnten die theoretischen Handlungsempfehlungen für *Unternehmenstyp I* (Hypothese I) unterstützen.
- Die Beobachtungen für *Unternehmenstyp II* konnten die Hypothese II teilweise unterstützen und haben zu Ergänzungen geführt. Sie brachten die Interpretation hervor, dass gerade in markt- und technologieseitig angrenzenden Märkten das Wettbewerbsumfeld sowie die

strategische Bedeutung des Bereiches ergänzend analysiert werden sollten, um Abhängigkeiten zu identifizieren und diesen rechtzeitig durch Erhöhung der Bindungsintensität und des eigenen Durchgriffs zu begegnen (vgl. Diskussion in *Kapitel 6.2.2.3*). Das Beispiel des Zukaufs von Magnet-Zulieferern nach vorheriger kooperativer Verbindung hat veranschaulicht, dass die Zuliefererkonzentration zu *„small numbers"* Problemen (vgl. theoretische Diskussion in *Kapitel 4.3.1.2*) führt und der steigende Anteil an der Gesamtwertschöpfung für eine Erhöhung der eigenen Kontrolle und damit die Akquisition sprechen.

- Die Beobachtungen für *Unternehmenstyp III* konnten die Hypothese III ebenfalls teilweise unterstützen und ergänzen. Sie lassen den Schluss zu, dass die interne Betrachtung nicht ausreichend ist und durch die Analyse des Wettbewerbsumfeldes ergänzt werden sollte. Durch sie kann die kritische Größe ermessen werden, die zur Erlangung von Wettbewerbsfähigkeit im relevanten Marktumfeld von Bedeutung ist. Infolgedessen sind in der Praxis auch größere Akquisitionen aufgetreten, die der theoretischen Empfehlung einer risikobegrenzenden, schrittweisen Vorgehensweise in gewisser Hinsicht entgegenstehen. Die Motive der (unmittelbaren) Konkurrenzfähigkeit und Marktmacht sollten in diesem Fall im Vordergrund stehen.

Die primär qualitative Betrachtung der Fallstudie lässt Interpretationsspielräume bei der Einordnung praktischer Beobachtungen in das theoretische Modell zu. Dennoch haben die gründlichen Erörterungen gezeigt, dass das Modell zur Erfassung der Komplexität der Unternehmenspraxis und zur Operationalisierung der internen Kontextvariablen herangezogen werden kann. Inhaltlich erwies sich die Diskussion der Hypothesen des internen Kontexts als robust. Dessen ungeachtet hat sich jedoch gezeigt, dass die interne Betrachtung nicht ausreichend sein kann, da sie keine klare Differenzierung zwischen Interner Entwicklung und Akquisition hervorbringt. Die Sichtweise muss durch den externen Kontext ergänzt werden.

6.2.3 Entscheidungen über den Entwicklungsweg aus externer Sicht: Untersuchung von Markttypen

In *Kapitel 5.2.3* sind idealtypische Markttypen erarbeitet worden, die aus den Ausprägungen der externen Kontextvariablen entstehen, um ein tiefgreifendes Verständnis der Industrie, ihrer Entwicklungstrends, Marktstrukturen und Wettbewerbskräfte zu berücksichtigen. Hierzu wurden als externe Kontextfaktoren die Marktdynamik zur Berücksichtigung der Notwendigkeit von Zeitvorteilen, sowie die Marktkonzentration als wichtigste Marktstrukturvariable und Indikator möglicher Wettbewerberreaktionen und Marktbarrieren, herangezogen. Sie bildeten den Grundstock der Typisierung des externen Kontexts, der in die *Markttypen I* (wenig dynamisches, nicht konzentriertes Terrain), *II* (dynamisches, nicht konzentriertes Terrain) und *III* (stark konzentriertes Terrain) sowie die Hypothesen IV-VI mündete.

Diese gilt es im Folgenden anhand der definierten Marktsegmente der Healthcare-Branche zu untersuchen, um eine Einordnung in die Entscheidungsmatrix aus externer Sicht zu ermöglichen (*Kapitel 6.2.3.2 – 6.2.3.6*). Dabei soll ebenfalls – soweit möglich und zweckmäßig – eine Einschätzung aus dynamischer Sicht getroffen werden, ob und wie sich die externen Kontextfaktoren über den Untersuchungszeitraum hinweg verändert haben. Die Untersuchung wird analog zu *Kapitel 6.2.2* durchgeführt: *Praxisbeobachtung*, *Bestimmung der Variablenausprägungen & Einordnung in Theoriemodell*, *Diskussion der Ergebnisse*.

6.2.3.1 Allgemeine Entwicklungstrends der Healthcare-Branche

Bevor die einzelnen Marktsegmente intensiver betrachtet werden, soll eine Darstellung der Entwicklungstrends der Branche aus übergreifender Sicht vorgenommen werden.

Strategische Transformation über die letzten Jahre

Der Markt für Medizintechnik ist ein Wachstumsmarkt, in dem die Industrieländer nach wie vor eine tragende Rolle spielen. Die Märkte in den Schwellenländern gewinnen jedoch durch eine stärkere Entwicklung der Strukturen der Gesundheitssysteme an Bedeutung. Die Wachstumsperspektiven der Branche sind durch etablierte Wachstumstreiber relativ gut voraussagbar, so dass eine verhältnismäßig hohe Visibiliät der Geschäftsaktivitäten gegeben ist (vgl. Société Générale Cross Asset Research 10.01.2008).

Die Medizintechnik befindet sich über die letzten Jahre in einer strategischen Transformation (vgl. Reinhardt 13.05.2003). Zunächst war die Branche durch eine starke Produktorientierung gekennzeichnet, bei der der technologische Fortschritt die Produktentwicklung entscheidend beeinflusste und zu weitgehend voneinander unabhängigen Produkt- und Kundensegmenten (Pharma, Diagnostik, IT) als auch Geschäftsaktivitäten der Wettbewerber führte. Diese Ausrichtung wandelt sich zunehmend in Richtung eines workflow- und krankheitsorientierten Lösungsgeschäftes, das zu einer Integration mehrerer Produkte und Systeme entlang der Segmente des beschriebenen Healthcare Kontinuums führt und krankheitsspezifische Arbeitsabläufe herausbildet. Dies spiegelt sich insbesondere im Bestreben der drei großen Wettbewerber wider, sämtliche Geschäftsaktivitäten entlang der medizinischen Wertkette abzudecken und sogenannte „*Care Cycles*“ für bestimmte Krankheitsbilder auszuarbeiten (z.B. im Bereich Kardiologie, Onkologie; vgl. Schauenberg 04.12.2008; Rusckowski 04.09.2008; Reinhardt 13.05.2003). Die weitere Entwicklung wird sich noch mehr in Richtung individuellerer, patientenorientierter Diagnose-, Pflege- und Therapiestandards orientieren, was zu einer noch engmaschigeren Verknüpfung der Aktivitäten beiträgt.

Demographischer Wandel & Kostendruck im Gesundheitswesen

Auf die Medizintechnik-Branche schlagen demographische Entwicklungstrends besonders durch. Gerade das rapide Bevölkerungswachstum in den Schwellenländern sowie die höhere Lebenserwartung, die fortschreitende Überalterung der Bevölkerung und rückläufige Geburtenraten in den Industriestaaten erhöhen beständig den Druck auf die Gesundheitssysteme (vgl. Reinhardt 24.02.2006; Société Générale Cross Asset Research 10.01.2008; Rusckowski 31.05.2007; Walden Group Q1/2006). Der Anstieg der Gesundheitskosten von 2000-2006 beträgt beispielsweise in den USA 50% und überschreitet damit beträchtlich das Wachstum der Gesamtwirtschaft. Die Folgen drücken sich durch stetig steigenden Kostendruck auf die Gesundheitssysteme und Effizienz- und Optimierungsbestrebungen der Krankenhäuser aus, so dass Profitabilitätsanalysen als Grundlage von Kaufentscheidungen unabdingbar werden. Für die Anbieter der Branche bedeutet dies eine strengere Kosten-Nutzen-Orientierung, die wiederum zu einer stärkeren Ausrichtung auf die Workflow-Optimierung entlang des gesamten medizinischen Kontinuums führen und die Orientierung an ganzheitlichen Lösungen intensiviert (vgl. Walden Group Q1/2008; Reinhardt 28.02.2008; Société Générale Cross Asset Research 10.01.2008; Rusckowski 31.05.2007; Reinhardt 24.02.2006; Lawyer et al. 2005; Reinhardt 17.02.2004).

Branchenkonsolidierung

Die gesamte Medizintechnik-Branche hat in den letzten Jahren eine verstärkte Konsolidierung erfahren, da die großen Wettbewerber das Ziel verfolgten, sowohl Marktanteile hinzugewinnen, als auch ihre Produktportfolios zu ergänzen und zu erweitern. Es ist anzunehmen, dass sich der Wettbewerbsdruck in allen Marktsegmente weiter steigern wird. So kommen einige Analysten zu dem Schluss, dass nur eine Position unter den drei führenden Unternehmen im weltweiten Markt entlang der gesamten medizinischen Wertkette ein schnelleres und profitableres Wachstum als der Gesamtmarkt ermöglicht. Die Breite und Tiefe der Geschäftsaktivitäten und Technologien (operational scale) wird dabei als entscheidend angesehen. Zum einen ermöglichen sie eine vollständige Ausschöpfung der Forschungs- und Entwicklungskapazitäten, einen weitreichenden Zugang zu Ärzten, Krankenhäusern und anderen Stakeholdern durch internationale Vertriebsaufstellungen sowie eine kritische Größe zur Rekrutierung der besten Kräfte im Bereich Management und Forschung. Zum anderen generiert diese Positionierung die finanzielle Kapazitäten, die für die weitere Entwicklung notwendig sind und die breite, diversifizierte Aufstellung kann die Risiken einzelner Technologien und Investitionen abfedern. Zur Erreichung dieser Marktstellung bleibt die „*time to market*“ von fundamentaler

Bedeutung und es bleibt die Zielsetzung der Wettbewerber, technologische Neuerungen als erstes auf den Markt zu bringen, um frühzeitig Marktanteile zu sichern (vgl. Natixis Securities 29.04.2008; UBS Investment Research 29.02.2008; Datamonitor 12.06.2007; Datamonitor 09.05.2007; Lawyer et al. 2005; Datamonitor 01.11.2003).

Die Wandlung zum lösungs- und patientenzentrierten Geschäft, das Zusammenwachsen der Marktsegmente, der steigende Kostendruck im Gesundheitswesen und die fortschreitende Konsolidierung repräsentieren damit die Haupteinflussfaktoren in der Gesamtsicht der Branche. Sie müssen im Folgenden durch Segmentspezifika angereichert werden, um zu Schlussfolgerungen hinsichtlich des Entscheidungsverhaltens in Bezug auf den Entwicklungsweg zu gelangen.

6.2.3.2 Ergebnisse im Marktsegment Life Sciences

Praxisbeobachtung, Bestimmung der Variablenausprägungen & Einordnung

Marktdynamik: Das Marktsegment Life Sciences ist mit einer Marktgröße von etwa 22 Milliarden US-Dollar vergleichbar mit dem IVD- oder IT-Markt (vgl. dazu und im Folgenden *Abb. 77*). Es weist über die Jahre hinweg hohe Wachstumsraten auf (vgl. dazu und im folgenden Abschnitt Rusckowski 16.05.2008; Société Générale Cross Asset Research 10.01.2008; Morgan Stanley Research 30.11.2007; Sterne Agee Company Report 30.11.2007; Hogan 20.09.2007; Khanna/Raabe 03.04.2007; Lawyer et al. 2007; Walden Group Q1/2007). Die hohe Marktdynamik ist insbesondere auf die anhaltende Umschichtung von etwa 10% der Gesamtausgaben im Gesundheitswesen aus dem Therapie- und Behandlungsbereich in den Bereich der Diagnose, Prävention und Früherkennung zurückzuführen (vgl. *Abb. 76*). Dieser Trend zur „*early health*“- statt „*after the fact*“-Behandlung steht für die weiter steigende Bedeutung früher Diagnosemöglichkeiten. Diese beziehen sich insbesondere auf die frühzeitige Analyse im Bereich der Zellstrukturen und -funktionen, neue therapeutische Möglichkeiten mittels Biopharmazeutika und Biotherapeutik, personalisierte Arzneimittelgenerierung anhand von genetischen Profilen und die dafür erforderlichen Systeme zur Proteinseparierung.

Der anhaltende Wachstumstrend spiegelt sich zudem in der Konvergenz von Life Sciences und Diagnostik wider, der in der Integration von diagnostischen Technologien und Biopharmaka aus dem Bereich Life Sciences zum Ausdruck kommt. Beispielsweise werden PET-Bildgebungsgeräte in Kombination mit pharmazeutischen Kontrastmitteln oder radiopharmazeutischen Tracern eingesetzt, um biologische Reaktionen von gesunden und potenziell krebsartigen Zellen auf radioaktive Stoffe zu untersuchen.

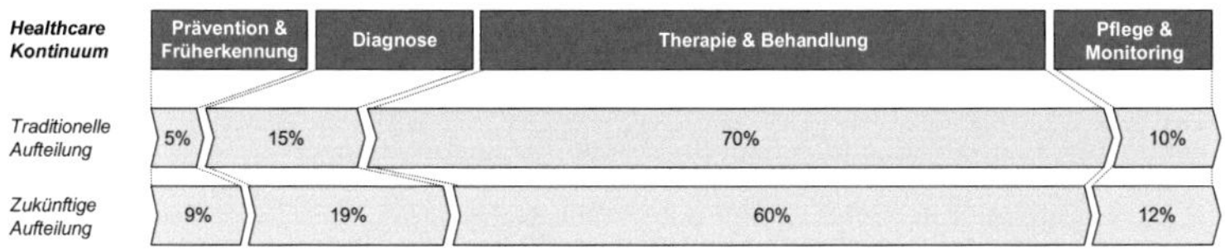

Abb. 76 Ausgaben im Gesundheitswesen entlang des Healthcare Kontinuums

Quelle: Eigene Darstellung (ausführliche Quellen s.o.)

Der Blick auf das quantitative Marktwachstum (vgl. *Abb. 77*) belegt die qualitative Argumentationsführung. Der Gesamtmarkt weist mit ca. 10% ein hohes Marktwachstum über die letzten Jahre auf. Das Untersegment der Systeme zur Proteinseparierung und -reinigung offenbart dabei die höchste Dynamik mit 10-12% Wachstum, neben dem Geschäft für Kontrastmittel und Biopharmazeutika zur Verbesserung der Bildgebung (8-10%) und Systemen zur Medikamentenentwicklung (Discovery systems) (5-7%).

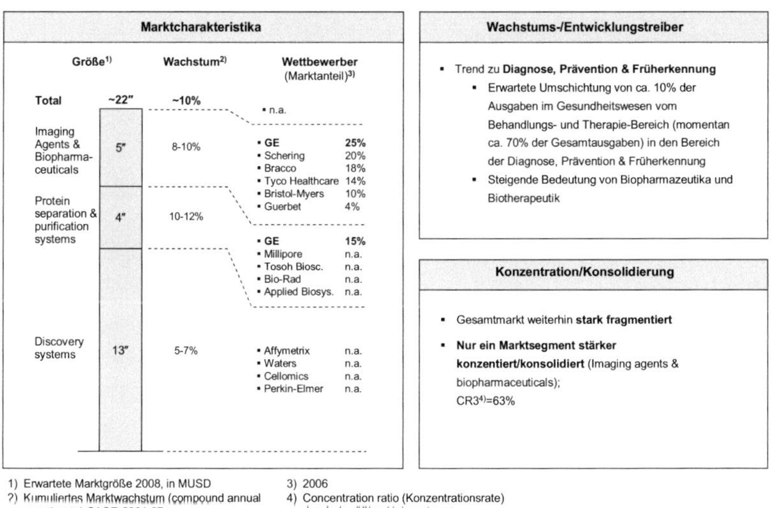

Abb. 77 Life Sciences: Marktcharakteristika

Quelle: Eigene Darstellung (ausführliche Quellen s.o.)

Zusammenfassend kann dem Marktsegment Life Sciences ein hohes Marktwachstum bescheinigt werden. Im Hinblick auf den Untersuchungszeitraum, ist das Wachstum kontinuierlich hoch und die Marktdynamik kann sich durch die geschilderten Entwicklungstrends noch verstärken (vgl. auch Zusammenfassung in *Anhang 7*).

Marktkonzentration: Im Hinblick auf die Wettbewerbssituation ist festzuhalten, dass der Gesamtmarkt weiterhin stark fragmentiert ist (vgl. *Abb. 77*). Nur das Untersegment des Kontrastmittel- und Biopharmazeutikageschäfts ist stärker konzentriert und weist eine Konzentrationsrate der drei größten Wettbewerber (CR3) von mehr als 60% auf. Im Gesamtmarkt hat sich jedoch noch kein dominanter Anbieter herauskristallisiert, was besonders dadurch deutlich wird, dass sich in den einzelnen Untersegmenten unterschiedliche Unternehmen unter den führenden Anbietern befinden. Einzig GE Healthcare ist in zwei Märkten maßgeblich vertreten.

Zusammenfassend kann dem Marktsegment Life Sciences ein niedriger Konzentrationsgrad bescheinigt werden (vgl. auch Zusammenfassung in *Anhang 7*). Der Markt ist noch nicht klar aufgeteilt und die Konsolidierung ist nicht stark fortgeschritten. Die Ursachen liegen unter anderem auch darin begründet, dass das Marktsegment zunächst vorwiegend der Pharma-Branche zugerechnet wurde. Erst durch die sich verstärkende Konvergenz der medizinischen Lösungen wurde dem Segment seitens der Medizintechnikanbieter eine stärkere Bedeutung zuteil.

Diskussion der Ergebnisse

Das Marktsegment Life Sciences kann im Sinne des Theoriemodells dem *Markttyp II* zugeordnet werden (vgl. *Abb. 78* u. *Anhang 7*). Für die praktische Anwendung und Klassifizierung hilft die Einbeziehung der erörterten qualitativen (Trends und Wachstums-/Entwicklungstreiber) und quantitativen Daten (Marktwachstum in %, Konzentrationsgrad CR3 in %). Verglichen mit anderen theoretischen Ansätzen weist das Marktsegment die Charakteristika eines Marktes der „*Öffnungs*"- (vgl. diese Bezeichnung bei Deans et al. 2002, 37-45 und ausführlich zu unterschiedlichen Markttypen Deans et al. 2002) bzw. „*Wachstums*"-Phase auf (vgl. diese Bezeichnung bei Pümpin/Prange 1991, 238-241 und ausführlich zu unterschiedlichen Markttypen Pümpin/Prange 1991, 83-136). Der hohen Marktdynamik steht eine geringe Konzentration gegenüber, so dass es (relativ) wenige Marktbarrieren gibt und die Unternehmensaktivitäten zumeist regional oder auf einzelne Untersegmente des Marktes begrenzt sind. Es ist zu erwarten, dass sich in diesem Markt die Konsolidierungsgeschwindigkeit erhöht und sich größere und dominantere Wettbewerber herausbilden, die dadurch zusätzliche Absatzmärkte erschließen und Skaleneffekte erzielen. Die Aspekte weisen im theoretischen Entscheidungsmodell darauf hin, dass es sich um ein Umfeld handelt, in dem Zeitvorteile der Entwicklung eine hohe Bedeutung haben, um die Marktkonsolidierung aktiv zu gestalten. Der Entwicklungsweg der Akquisition sollte aus diesem Grund vorherrschen (vgl. Handlungsempfehlungen in *Kapitel 5.2.3.3* u. *Abb. 56*).

Die *Abb. 78* veranschaulicht die Erläuterungen durch Einordnung der Entwicklungswege der Praxis in das theoretische Modell (Feld 2). Zunächst ist festzuhalten, dass in der Unternehmensrealität alle drei Alternativen für diesen Markttyp identifiziert werden konnten. Bereits die theoretische Diskussion (vgl. *Kapitel 3.4.1*) hat gezeigt, dass grundsätzlich alle drei möglichen Entwicklungswege (*build*, *ally*, *acquire*) auftreten können. In diesem Fall muss es die Priorität der Untersuchung sein, jenen Entwicklungsweg aufzudecken, der die Unternehmensaktivitäten am wesentlichsten beeinflusst hat. Im vorliegenden Fall kann nach genauerer Analyse der Entwicklungsschritte festgehalten werden, dass der Weg der Akquisition gewiss den größten Einfluss auf die strategische Entwicklung in diesem Marktsegment ausgeübt hat. Durch die Akquisition von *Amersham* ist GE der Einstieg und eine unmittelbare Positionierung unter den führenden Anbietern gelungen. Die letzten Jahre zeigten ebenfalls eine rege Akquisitionstätigkeit durch ergänzende Zukäufe (GE: *Biacore*, *Wave Biotech*, *Whatman*, *MicroCal*), die das Portfolio weiter verstärkt haben. Die Fälle der Internen Entwicklung und Allianzbildung (GE: *Genomics*) können diesbezüglich als vornehmlich unterstützende Entwicklungsmaßnahmen interpretiert werden.

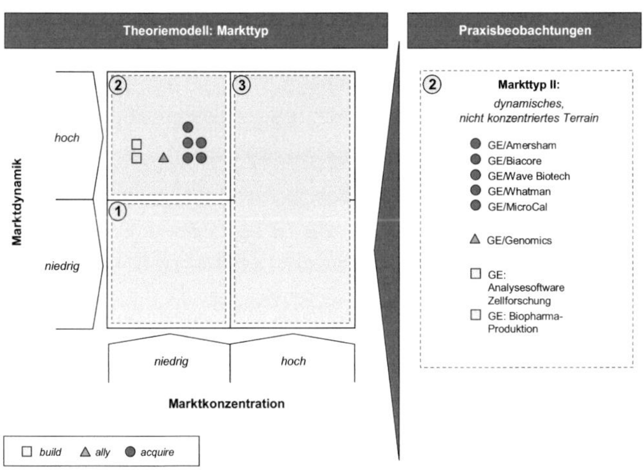

Abb. 78 Life Sciences: Praxisbeobachtungen und Einordnung in Theoriemodell

Quelle: Eigene Darstellung

In Summe können die beobachteten Realtypen in der Betrachtung des Life Sciences Marktes die theoretischen Annahmen (Hypothese V) unterstützen. Wenngleich Interne Entwicklung, Allianz und Akquisitionen im Untersuchungszeitraum auftreten, so ist es der Entwicklungsweg der Akquisition, der maßgeblich zur strategischen Entwicklung beigetragen hat. Diese Interpretation unterstützt in diesem Sinne die theoretische Hypothese für den *Markttyp II.*

6.2.3.3 Ergebnisse im Marktsegment In-Vitro Diagnostik (IVD)

Praxisbeobachtung, Bestimmung der Variablenausprägungen & Einordnung

Marktdynamik: Das Marktsegment für In-Vitro Diagnostik zählt mit einer Marktgröße von etwa 21 Milliarden Euro zu den größten Märkten des Medizintechnik-Sektors (vgl. *Abb. 79* sowie dazu und im folgenden Abschnitt JPMorgan Europe Equity Research 29.02.2008; Reinhardt 28.02.2008; Société Générale Cross Asset Research 10.01.2008; Crédit Agricole Chevreux 25.09.2007; Reinhardt 30.07.2007; William Blair & Company Equity Research 23.01.2007; Lawyer et al. 2007; Walden Group Q1/2006; Frost & Sullivan Market Insight Mai 2005). Es weist über die letzten Jahre moderate bis hohe Wachstumsraten auf. Die relativ hohe Marktdynamik ist, wie bereits für das Life Sciences Segment aufgezeigt, auf den Trend zu Diagnose, Prävention und Früherkennung zurückzuführen, die mit der in *Abb. 76* festgehaltenen Umschichtung der Ausgaben im Gesundheitswesen einhergeht. Die Tests durch klinische Labors und diagnostische Geräte dienen in 60-90% aller medizinischen Untersuchungen als Entscheidungsgrundlage, repräsentieren jedoch nur 2-3% der medizintechnischen Kosten. Frühzeitige und vermehrte Anwendungen der IVD-Technologien sollten in diesem Sinne sowohl eine Verbesserung medizinischer Informationen und Entscheidungen als auch eine Verringerung der Behandlungskosten mit sich bringen.

Neben diesem Wachstumstreiber tritt eine Konvergenz der diagnostischen (Teil)-Disziplinen zu Tage, die sich in einer stärkeren Bedeutung der Komplementarität von IVD und Bildgebung niederschlägt. Die Kombination aus beiden Technologien führt zu einem breiten Produktangebot in der pathologische Diagnostik. Ebenso trägt die Erforschung weiterer genetischer Ziele zur fortwährenden Ausweitung der diagnostischen Test- und Untersuchungsmöglichkeiten bei, was zu einer zusätzliche Erweiterung des IVD-Anwendungsgebietes führt.

Zuletzt ist die Tendenz zur Systemmigration ein weiterer Wachstumstreiber des Marktes. Die Möglichkeit verschiedenartige diagnostische Tests auf demselben System durchzuführen trägt zur positiven Entwicklung des Marktes bei. Dies führt zu anhaltenden Upgrade- und Migrationsbestrebungen der Testgeräte im IVD-Markt.

Die qualitativen Argumente spiegeln sich im quantitativen Marktwachstum wieder (vgl. *Abb. 79*). Der Gesamtmarkt wächst mit etwa 7%, einzelne Untersegmente wie die molekulare und pathologische Diagnostik sogar stärker (11 bzw. 12%). Zusammenfassend kann dem Marktsegment IVD über die letzten Jahre ein, im Vergleich zu den anderen Märkten der Medizintechnik, moderates bis hohes Wachstum bescheinigt werden (vgl. auch Zusammenfassung in *Anhang 7*).

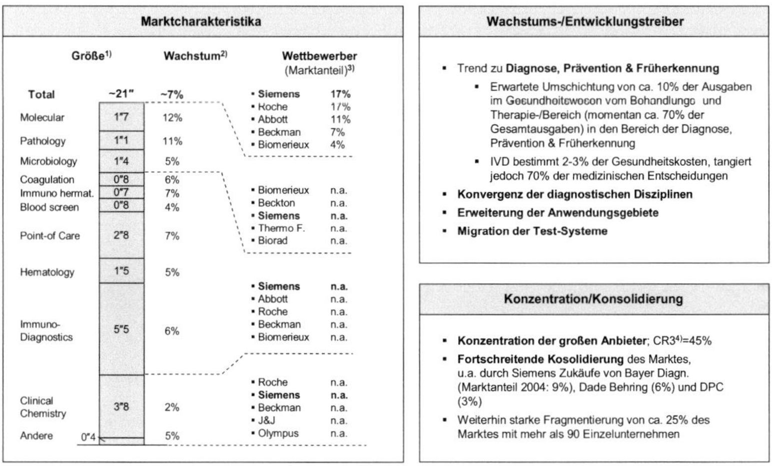

1) Marktgröße 2006, in MEUR
2) Kumuliertes Marktwachstum (compound annual growth rate) CAGR 2006-12E
3) 2006/07
4) Concentration ratio (Konzentrationsrate) der drei größten Unternehmen

Abb. 79 In-Vitro Diagnostik (IVD): Marktcharakteristika

Quelle: Eigene Darstellung (ausführliche Quellen s.o.)

Marktkonzentration: Hinsichtlich der Wettbewerbssituation ist für den Großteil des Untersuchungszeitraumes eine niedrige bis moderate Marktkonzentration zu beobachten. Durch die beobachteten Entwicklungsschritte schreitet die Konsolidierung des Marktes jedoch fort. Sind beispielsweise im Jahr 2004 mit *Roche* (22% Marktanteil in 2004), *Abbott* (14%), *Bayer* (10%), *Beckman* (10%), *Dade Behring* (9%) und *Bio Merieux* (6%) noch sechs größere Wettbewerber im Markt vertreten, so konzentriert sich im Laufe der Jahre das Marktumfeld zunehmend. Vor allem Siemens Healthcare trägt mit den Akquisitionen von B*ayer Diagnostics* und *Dade Behring* (vgl. auch *Kapitel 6.2.2.2*) zu einer Intensivierung des Wettbewerbsdrucks bei, der sich zudem im Marktanteilsverlust bei *Roche* (17% in 2006/07) manifestiert. Der Markt konzentriert sich nunmehr auf vier größere Anbieter, weist jedoch zu etwa 25% weiterhin eine starke Fragmentierung mit mehr als 90 Einzelunternehmen auf, so dass weiterer Raum für Marktkonsolidierungsbewegungen gegeben ist (vgl. *Abb. 79*). Wie *Kapitel*

6.2.2.2 bereits gezeigt hat, sind die „*klassischen*" Wettbewerber der Medizintechnik erst in den letzten Jahren auf das Gebiet der In-Vitro Diagnostik vorgedrungen. Es ist anzunehmen, dass die geschilderte Konvergenz der diagnostischen Disziplinen die Marktkonzentration weiter intensivieren wird. Diese Tendenz zeigt sich darüber hinaus in den stetig steigenden Akquisitionsprämien, die den potenziellen Akquisitionsobjekten im Markt für IVD zugeschrieben werden.

Im Hinblick auf den Untersuchungszeitraum ist es zu befürworten, dem Marktsegment einen niedrigen bis moderaten Konzentrationsgrad beizumessen, da sich die identifizierten Entwicklungsschritte noch in diesem Marktumfeld vollzogen haben und damit erst zur erörterten Konzentration führten. Aus dynamischer Sicht ist von nun an von einem moderaten bis hohen Konzentrationsgrad auszugehen (vgl. auch Zusammenfassung in *Anhang 7*), der das Marktgeschehen in Zukunft prägen wird.

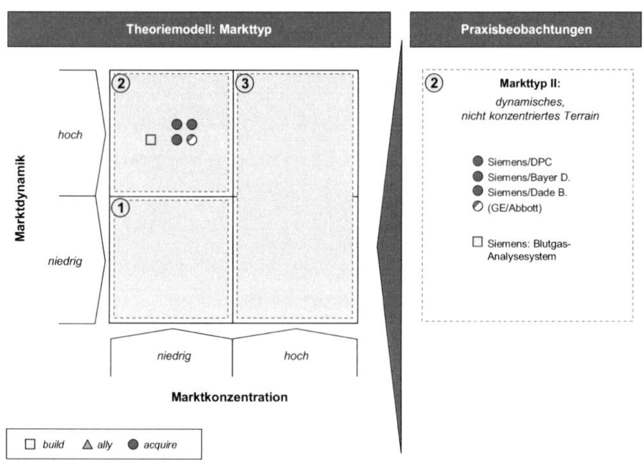

Abb. 80 In-Vitro Diagnostik (IVD): Praxisbeobachtungen und Einordnung in Theoriemodell

Quelle: Eigene Darstellung

Diskussion der Ergebnisse

Das Marktsegment IVD kann im Sinne des Theoriemodells dem *Markttyp II* zugeordnet werden (vgl. *Abb. 80* u. *Anhang 7*). Für den überwiegenden Teil des Untersuchungszeitraumes gilt eine moderate bis hohe Marktdynamik, die einem niedrigen bis moderaten Konzentrationsgrad gegenübersteht. Durch die fortschreitende Konzentration entwickeln sich die

Charakteristika zunehmend in Richtung *Markttyp III*. Verglichen mit anderen theoretischen Ansätzen verlief die Entwicklung lange Zeit in der „*Wachstums*"-Phase und weist nun einen zunehmenden Übergang in die „*Konsolidierungs*"-Phase auf (vgl. diese Bezeichnung bei Deans et al. 2002, 37-45; Pümpin/Prange 1991, 238-241 und ausführlich zu unterschiedlichen Markttypen Deans et al. 2002; Pümpin/Prange 1991, 83-136). Im IVD-Geschäft ist die Expansion der Marktmöglichkeiten noch nicht abgeschlossen, was sich in weiterhin moderaten bis hohen Zuwächsen ausdrückt, und zudem durch den Trend zur Betonung der Diagnose und Früherkennung bekräftigt wird. Gleichzeitig hat die Marktkonzentration zugenommen, was ferner zu einer Erhöhung des Wettbewerbs- und Profitabilitätsdruckes führt und die Marktbarrieren erhöht. Die erläuterten Argumente deuten aus theoretischer Sicht darauf hin, dass es sich um ein Marktumfeld handelt, in dem Akquisitionen in den letzten Jahren vorherrschten, die Konsolidierung des Marktes jedoch bald so stark fortgeschritten sein wird, dass Zukäufe für etablierte Unternehmen schwierig werden und diese sich auf Interne Entwicklung und Kooperationen beschränken werden (vgl. Handlungsempfehlungen in *Kapitel 5.2.3.3* u. *Abb. 56*).

Die *Abb. 80* führt die Erläuterungen zusammen und ordnet die Praxisbeobachtungen in die theoretische Betrachtung ein (Feld 2). Das sich ergebende Bild ähnelt dem im Marktsegment Life Sciences. Durch die vorherrschend auftretenden Akquisitionsaktivitäten ist es in seiner Aussagekraft noch etwas klarer anzusehen. Für den vorliegenden Fall kann deutlich beobachtet werden, dass der Entwicklungsweg der Akquisition die strategische Entwicklung der Medizintechnikunternehmen in diesem Segment geprägt hat. Die vergleichbaren Strategien auf diesem Gebiet zeugen von dieser Annahme. So wurden Akquisitionsvorhaben sowohl in erfolgreicher (Siemens: *DPC*, *Bayer Diagnostics*, *Dade Behring*), als auch gescheiterter Form (GE: *Abbott*) vollzogen, um in dieses Marktsegment einzusteigen.

In diesem Sinne können die eingeordneten Realtypen des IVD Marktes die theoretisch abgeleitete Handlungsempfehlung (Hypothese V) für *Markttyp II* unterstützen.

6.2.3.4 Ergebnisse im Marktsegment In-Vivo Diagnostik (Bildgebung)

Praxisbeobachtung, Bestimmung der Variablenausprägungen & Einordnung

Marktdynamik: Die Größe des Marktsegments für Bildgebung fällt mit etwa 13 Milliarden Euro (vgl. *Abb. 81*) etwas geringer aus als die größeren Märkte für Life Sciences, IVD oder IT (vgl. dazu und im folgenden Abschnitt JPMorgan Europe Equity Research 19.05.2008; Natixis Securities 29.04.2008; Merrill Lynch 27.02.2008; William Blair & Company Equity Research 13.12.2007; Morgan Stanley Research 30.11.2007; Sterne Agee Company Report 30.11.2007; JPMorgan Europe Equity Research 28.11.2007; Citigroup Company In-Depth

01.06.2007; Khanna/Raabe 03.04.2007; Verispan 2007; Société Générale 30.06.2006; Lawyer et al. 2005; Lawyer/Alford 2005; Datamonitor Aug 2004; ABN AMRO 19.06.2003; Freedonia Group o.D.). Bezogen auf die im Untersuchungsfokus stehenden Unternehmen repräsentiert das In-Vivo Diagnostik Segment die „*Keimzelle*“ der jeweiligen Aktivitäten in der Medizintechnik-Branche, da sich bei allen drei Wettbewerbern Ursprünge in der Röntgentechnologie nachweisen lassen, aus denen sich die weiteren Geschäftstätigkeiten weiterentwickelt haben (vgl. firmengeschichtliche Aspekte in *Kapitel 6.2.1.2*). Die Dynamik des Marktes hat sich in den letzten Jahren fortlaufend abgeschwächt, so dass nur noch relativ niedrige Wachstumsraten zu verzeichnen sind. Das verlangsamte Wachstum ist vor allem auf zunehmende Restriktionen in den Medizintechnikausgaben der Industrie- und Schwellenländer zurückzuführen. So beinhaltet beispielsweise der Deficit Reduction Act (DRA) in den Vereinigten Staaten von Amerika staatliche Budgetbeschränkungen für Bildgebungsverfahren in unabhängigen Kliniken. Diese repräsentieren etwa ein Drittel des amerikanischen Diagnostikmarktes, so dass die Auswirkungen des DRA seit 2007 zu relativ flachen Wachstumsraten führen.

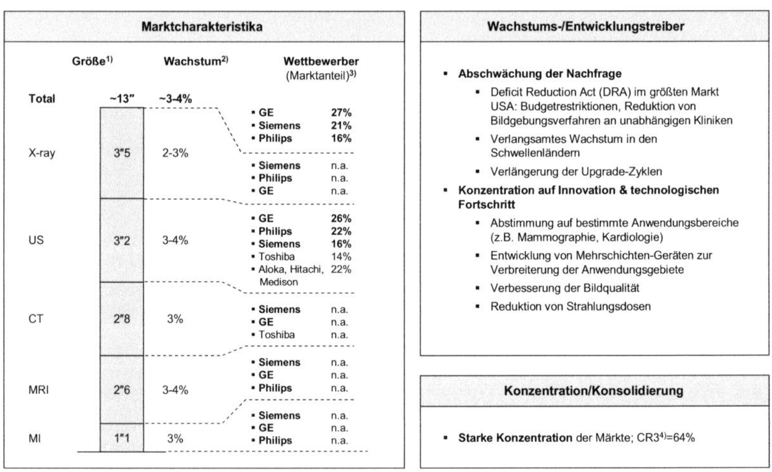

1) Marktgröße 2007, in MEUR
2) Kumuliertes Marktwachstum (compound annual growth rate) CAGR 2006-10E
3) 2007
4) Concentration ratio (Konzentrationsrate) der drei größten Unternehmen

Abb. 81 Bildgebung: Marktcharakteristika

Quelle: Eigene Darstellung (ausführliche Quellen s.o.)

Neben diesen Gesetzesänderungen ist auch ein Rückgang der Nutzenzuwächse aus technologischen Neuerungen zu identifizieren. Große Upgrade-Zyklen bei den Bildgebungstechnologien, wie sie beispielsweise an der Umstellung in der Computertomographie auf 64-Schichten-Geräte festgemacht werden können, sind über die Jahre hinweg weniger bedeutsam geworden, so dass sich große und schnelle Wechselbewegungen zu neu eingeführten Technologien spürbar abgeschwächt haben.

Die Wachstums- und Entwicklungstrends des Marktes konzentrieren sich auf inkrementelle technologische Verbesserungen, die neue Anwendungen und eine bessere Verbindung zur Healthcare-IT nach sich ziehen. Die Erschließung neuer Anwendungsgebiete ist beispielsweise im CT-Bereich festzustellen, wo durch die Weiterentwicklung von Mehrschichtgeräten die Erweiterung der Erkennungsmöglichkeiten von Tumoren und Blutgerinseln erreicht wird. Bei der MR-Technologie bleibt die Reduktion der Strahlendosen ein vorherrschendes Thema, da in der Strahlungsbelastung weiterhin eine maßgebliche Ursache für Krebserkrankungen gesehen wird. Im Ultraschall-Segment werden neue Anwendungsbereiche durch die Ausweitung des Geschäfts auf portable Geräte für diagnostische Verfahren im stationären und ambulanten Bereich erschlossen. Weitere Entwicklungsmöglichkeiten zeigen sich in der Digitalisierung der Bildgebung zur Verbesserung der Qualität und Präzision der Untersuchungen. Dieser Trend bedeutet eine stärkere Anbindung an die Healthcare-IT und die zugehörigen Bildarchivierungs- und -kommunikationssysteme. Zuletzt liegen die Wachstumstreiber in der Workflow-Optimierung und der stärkeren Ausrichtung auf bestimmte Krankheitsfelder (z.B. Mammographie, Kardiologie) begründet, um die Diagnosequalität sowie auch den Patientendurchsatz zu erhöhen.

Insgesamt hat sich das Bildgebungssegment in einen sehr reifen Markt entwickelt. Im Hinblick auf den Untersuchungszeitraum waren die Zuwächse vor einigen Jahren mit 6-7% noch im moderaten bis hohen Bereich anzusiedeln, da die Bedeutung des technologischen Fortschritts deutlich stärker und die Upgrade-Zyklen deutlich kürzer anzusehen waren. Durch die erörterten Tendenzen der Wachstums- und Entwicklungstreiber hat sich diese Dynamik abgeschwächt. Im Hinblick auf das quantitative Marktwachstum sind mit etwa 3-4% geringere Werte zu verzeichnen als in anderen Segmenten, so dass die Marktdynamik als niedrig einzuordnen ist (vgl. *Abb. 81* sowie Zusammenfassung in *Anhang 7*).

Marktkonzentration: Der weltweite Bildgebungsmarkt hat einen sehr starken Konzentrationsgrad erreicht. Bestand das Wettbewerbsumfeld in den 1990er Jahren noch aus etwa zehn größeren Anbietern, wird der Markt inzwischen von *Siemens*, *GE* und *Philips* dominiert, die zusammen mit *Toshiba* teilweise mehr als 80% der Umsätze in den einzelnen Untersegmenten erreichen (vgl. *Abb. 81*). Wie *Kapitel 6.2.2.3* dargelegt hat, haben größere Akquisitionen (z.B. *Siemens-Acuson*, *Philips-Marconi*, *GE-Amersham*) zu einer Intensivierung der Marktkonzentration beigetragen. Die Wettbewerber haben im Lauf der Jahre kontinuierlich ihr Portfolio komplettiert und bestimmen die weitere Entwicklung des Marktes durch ihre jeweiligen technologischen Innovationen.

Im Hinblick auf den Untersuchungszeitraum empfiehlt es sich eine Unterteilung vorzunehmen, um die weitere Untersuchung differenzierter durchführen zu können. In der ersten Hälfte des Untersuchungsabschnitts kann dem Marktsegment ein (noch) moderater Konzentrationsgrad beigemessen werden, während sich dieser in der zweiten Hälfte in einen hohen Konzentrationsgrad intensiviert hat (vgl. auch Zusammenfassung in *Anhang 7*).

Diskussion der Ergebnisse

Beim Marktsegment für Bildgebung wurde in der Bestimmung des Markttyps die dynamische Entwicklung berücksichtigt. Im ersten Abschnitt des Untersuchungszeitraumes (hier festgelegt bis 2005) kann das Segment dem *Marktyp II* zugeordnet werden, da es eine moderate bis hohe Dynamik bei noch moderater Konzentration aufweist. Durch die weitere Intensivierung der Konzentration entwickeln sich die Marktcharakteristika zunehmend zu *Markttyp III*. Infolgedessen weist der Markt einen Übergang von der „*Wachstums*"- in die „*Konsolidierungs*"-Phase auf (vgl. diese Bezeichnung bei Deans et al. 2002, 37-45; Pümpin/Prange 1991, 238-241 und ausführlich zu unterschiedlichen Markttypen Deans et al. 2002; Pümpin/Prange 1991, 83-136). Der Bildgebungsmarkt hat sich in einen deutlich reifen Markt entwickelt, der sich durch rückläufige Zuwachsraten und eine nunmehr starke Konzentration kennzeichnet. Die erläuterten Argumente deuten aus theoretischer Sicht darauf hin, dass es sich um ein Marktumfeld handelt, in dem in der ersten Phase Akquisitionen vorherrschten, die Konsolidierung des Marktes jedoch nunmehr so stark fortgeschritten ist, dass Zukäufe für etablierte Unternehmen schwierig werden und diese sich auf Interne Entwicklung und Kooperationen beschränken (vgl. Handlungsempfehlungen in *Kapitel 5.2.3.3* u. *Abb. 56*).

Die *Abb. 82* veranschaulicht die Erläuterungen durch Einordnung der beobachteten Entwicklungswege in das Theoriemodell für den externen Kontext (Feld 2+3). Die Praxisfälle in diesem Segment sind mannigfaltig, so dass die Betrachtung in einem gemischten Ergebnis resultiert, das keine unmittelbaren Rückschlüsse zulässt. Erneut konnten jeweils alle drei Entwicklungswege identifiziert werden. In der ersten Phase der Betrachtung sind vor allem die Großakquisitionen von *Acuson* und *Marconi* von Bedeutung, die den Markt merklich weiter konsolidiert haben. Sie können in dieser Hinsicht die theoretische Hypothese für *Markttyp II* stützen, die von einer erhöhten Bedeutung des Entwicklungsweges der Akquisition ausgeht. Dennoch ist über den gesamten Untersuchungszeitraum eine herausragende Bedeutung der technischen Weiterentwicklung aus eigener Kraft bei den bildgebenden Systeme hervorzuheben (vgl. dazu auch die Diskussion in *Kapitel 6.2.2.3*), die in eine große

Anzahl an internen Entwicklungsprojekten mündet. Der Wettlauf zwischen den großen Wettbewerbern um technologische Neuerungen und Verbesserungen prägt dieses Marktsegment. Durch die fortwährend hohe Bedeutung der Internen Entwicklung – zumeist gepaart mit unterstützenden Kooperationen – kann die Hypothese für *Markttyp II* nur teilweise unterstützt werden.

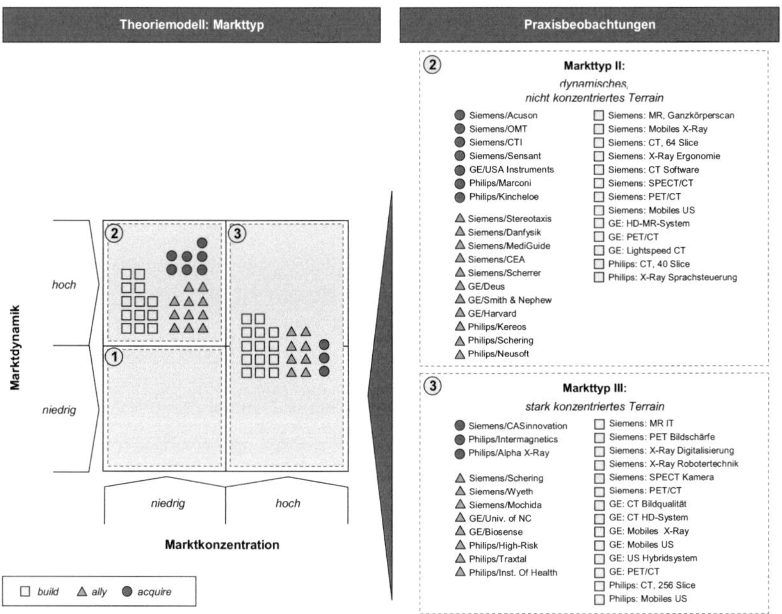

Abb. 82 Bildgebung: Praxisbeobachtungen und Einordnung in Theoriemodell

Quelle: Eigene Darstellung

In der zweiten Phase der Betrachtung ist eine Abschwächung der Bedeutung des Unternehmenskaufes, vor allem im Vergleich mit den anderen Marksegmenten der Branche, zu konstatieren. Gerade durch den Wegfall größerer Akquisitionsziele hat sich die Bedeutung der Internen Entwicklung zur primär technischen Neuerung der Systeme weiter erhöht. Diese Einschätzung wird durch die nähere Analyse der kooperativen Verbindungen bestätigt, die in überwiegendem Maße im Bereich der Forschung und Entwicklung anzusiedeln sind. Sie ergänzen die internen Entwicklungsaktivitäten wirksam, indem sie Zugang zu komplementärem Know-how gerade in Früh- und Experimentierstadien eingesetzt werden (vgl. dazu auch die Diskussion in *Kapitel 6.2.2.3*). Die Beobachtungen stützen in diesem Sinne die theoretischen Annahmen für *Markttyp III*.

In Summe können die beobachteten Realtypen in der Betrachtung des Marktes für Bildgebung die theoretischen Annahmen teilweise unterstützen. Das Auftreten von größeren Akquisitionen in der ersten Phase stützt die theoretischen Handlungsempfehlungen (Hypothese V) für *Markttyp II*, während der Rückgang in Anzahl und Bedeutung des Entwicklungsweges der Akquisition in der zweiten Phase die Annahmen (Hypothese VI) für *Markttyp III* belegt. Die übergreifend hohe Bedeutung der Internen Entwicklung, gepaart mit unterstützender Allianzenbildung, widerstrebt den theoretischen Annahmen zumindest für die erste Phase der Betrachtung. Diese Beobachtung kann insoweit nachvollzogen werden, als die Aktivitäten in der Bildgebung das traditionelle Betätigungsfeld der Unternehmen darstellen, in dem frühzeitig aus der eigenen Stärke heraus eigene Entwicklungskapazitäten aufgebaut wurden, die fortwährend im Wettbewerbsumfeld wertstiftend eingesetzt werden.

6.2.3.5 Ergebnisse im Marktsegment Patient Monitoring & Care

Praxisbeobachtung, Bestimmung der Variablenausprägungen & Einordnung

Marktdynamik: Das Marktsegment Patient Monitoring & Care ist mit einem Volumen von etwa 7 Milliarden Euro der kleinste Markt der betrachteten Medizintechnik-Branche (vgl. *Abb. 83* sowie dazu und im folgenden Abschnitt Rusckowski 04.09.2008; JPMorgan Europe Equity Research 19.05.2008; Rusckowski 16.05.2008; Natixis Securities 29.04.2008; Société Générale Cross Asset Research 10.01.2008; Reinhardt 13.05.2003). Das Segment ist dabei, einen Wandel zu vollziehen: der Bedarf an Monitoringlösungen für Patienten die aus dem traditionellen Monitoringbereich, der akuten Pflege, entlassen werden, steigt stetig an. Zudem führt die zunehmende Kürzung des Pflegepersonals dazu, dass Krankenhauskräfte flexibel auf Alarm- und Notsituationen reagieren können müssen, und sie nötigenfalls durch drahtlose Monitoringtechnologien an jedem Ort informiert werden.

Neben dieser Ausweitung des Montoringbedarfs wird erwartet, dass der Trend zur Verstärkung der medizinischen Heimversorgung (Home Healthcare) zunimmt. Dies vermag einen Beitrag zur Reduzierung der Last auf die Gesundheitssysteme und zur Verbesserung der therapeutischen Pflegeumgebung zu leisten, besonders zur Behandlung chronischer Krankheiten. Diese Entwicklung geht einher mit einer höheren Patientenverantwortung und der Erweiterung des Pflege- und Monitoringspektrums in den privaten Bereich. Insgesamt führt dieser Prozess zu einer stärkeren Konsumentenausrichtung der Medizintechnik im Bereich Patient Monitoring & Care sowie einer steigenden Bedeutung der Anwenderfreundlichkeit (ease of use) und der telekommunikationstechnischen Anbindung (Telemedizin) der entwickelten Technologien, um eine universelles Monitoring zu ermöglichen..

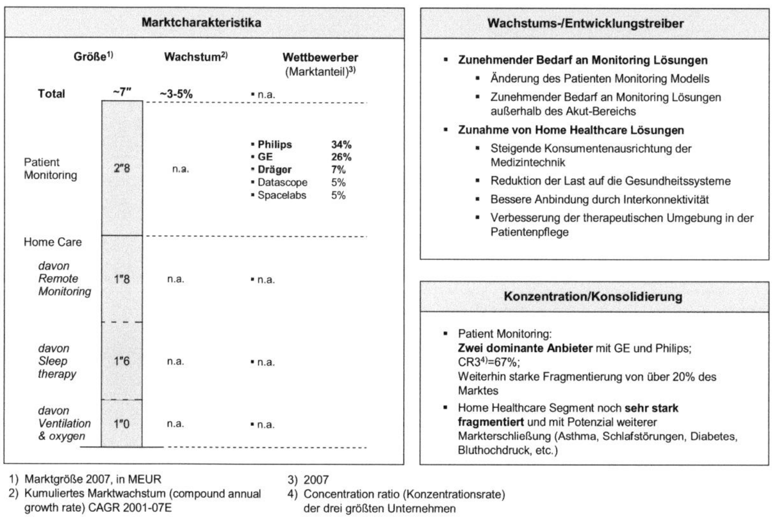

Abb. 83 Patient Monitoring & Care: Marktcharakteristika

Quelle: Eigene Darstellung (ausführliche Quellen s.o.)

Zusammenfassend durchläuft das Monitoringsegment eine Veränderung in der Bedeutung, technologischen Anwendung und patientenseitigen Nutzung der Systeme und Lösungen. Dieser Wandel ist nicht unmittelbar mit einer hohen Marktdynamik verbunden. Auch das quantitative Marktwachstum von etwa 3-5% ist als eher niedrig bis moderat zu sehen. Insgesamt können die Marktcharakteristika so interpretiert werden, dass sich der Markt in einer gewissen „*Findungsphase*“ hinsichtlich der dominierenden Anwendungsgebieten und Systemen befindet. Die Erschließung neuer Untersegmente neben dem traditionellen, klinischen Monitoringbereich und die aufkommende Bedeutung neuer Lösungen und für die heimische Pflege wie etwa mobile und drahtlose Elektrokardiogramm-(EKG)-Messgeräte, Atem- und Lungengeräte oder Schlaftherapiesysteme können diese Auslegung bestätigen. In Summe kann dem Markt damit Zukunftspotenzial bescheinigt werden, das sich jedoch bislang noch nicht in einer stärkeren Marktdynamik widerspiegelt (vgl. *Abb. 83* sowie Zusammenfassung in *Anhang 7*).

Marktkonzentration: Der Gesamtmarkt für Patient Monitoring & Care ist noch nicht klar unter den Wettbewerbern aufgeteilt, so dass die Konzentration nach wie vor als niedrig zu interpretieren ist. Einzig im Untersegment des *„traditionellen“* Patient Monitoring haben sich mit Philips und GE zwei größere Anbieter herauskristallisiert, die gemeinsam etwa die Hälfte des Angebots ausmachen. Dennoch sind über 20% des Marktes weiterhin stark fragmentiert. Die starke Zersplitterung der Wettbewerbslandschaft zeigt sich noch deutlicher im Untersegment der Home Care, das noch weitere Potenziale für zusätzliche Markterschließungen beinhaltet, wie etwa für Systeme im Bereich Asthma, Schlafstörungen, Diabetes oder Bluthochdruck.

Zusammenfassend ist festzuhalten, dass sich große Teile des Marktes noch weiter öffnen und erst zunehmend von den Medizintechnikanbietern erschlossen werden. Es sind keine größeren Marktbarrieren zu erkennen, da die Marktkonzentration immer noch als niedrig anzusehen ist (vgl. *Abb. 83* sowie Zusammenfassung in *Anhang 7*).

Diskussion der Ergebnisse

Das Marktsegment Patient Monitoring & Care erweist sich in der Bestimmung des Markttyps am problematischsten. Zwar wird besonders dem Bereich Home Healthcare eine hohe Bedeutung beigemessen, die Marktdynamik lässt sich jedoch gerade im Hinblick auf das quantitative Marktwachstum nur mit Abstrichen nachweisen, da sich dieses auf niedrigem bis moderatem Niveau befindet. In Kombination mit einem sehr niedrigen Grad an Konzentration, wird das Segment dem *Markttyp I* zugeordnet (vgl. *Abb. 84* u. *Anhang 7*). Verglichen mit anderen theoretischen Ansätzen weist es in großen Teilen Charakteristika der *„Pionier“*-, *„Öffnungs“*- und frühen *„Wachstums“*-Phase auf (vgl. diese Bezeichnungen bei Deans et al. 2002, 37-45; Pümpin/Prange 1991, 83-136 u. 238-241), da neuartige Nutzen- und Marktpotenziale gerade im Bereich der medizinischen Heimversorgung noch erschlossen werden und der Markt im Vergleich mit den anderen Segmenten ein noch relativ geringes Volumen verzeichnet. Die Aspekte weisen darauf hin, dass aus theoretischer Sicht in diesem Umfeld die Interne Entwicklung von hoher Bedeutung sein sollte (vgl. Handlungsempfehlungen in *Kapitel 5.2.3.3* u. *Abb. 56*).

Die *Abb. 84* veranschaulicht die Erläuterungen durch Einordnung der Entwicklungswege der Praxis in das theoretische Modell (Feld 1). Auch für *Markttyp I* traten alle drei Entwicklungswege auf. Nach genauerer Analyse der Entwicklungsschritte kann festgehalten werden, dass der Weg der Akquisition gewiss den größten Einfluss auf die strategische Entwicklung in diesem Marktsegment ausgeübt hat. Beide Unternehmen haben sich durch größere Zukäufe eine Anfangsposition im Patient Monitoring & Care Markt geschaffen (GE: *Instrumentarium*; Philips: *Agilent*). Danach ist es in erster Linie Philips, das durch eine Serie von weiteren

Akquisitionen vor allem den Portfoliobereich der Home Healthcare stetig auf- und ausgebaut hat. Die Beobachtungen können infolgedessen die theoretische Hypothese für *Markttyp I* nicht unterstützen. Gemessen an den Praxisbeobachtungen muss die Bedeutung der Internen Entwicklung als nachrangig interpretiert werden.

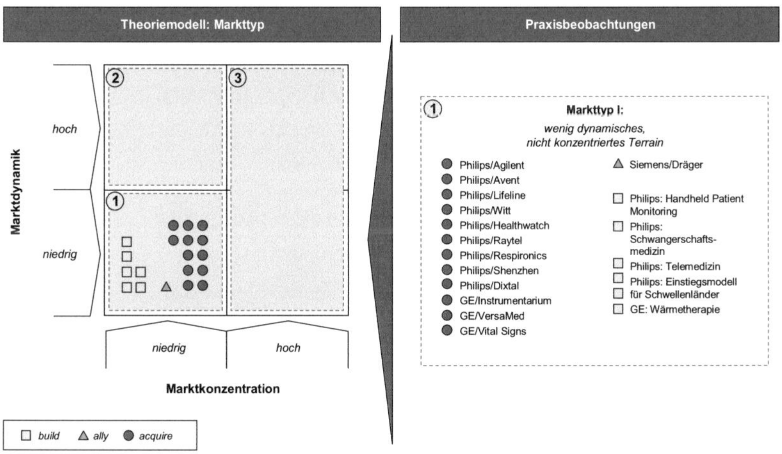

Abb. 84 Patient Monitoring & Care: Praxisbeobachtungen und Einordnung in Theoriemodell
Quelle: Eigene Darstellung

Die Lehren, die aus dieser Konstellation gezogen werden können, ergeben sich bei Betrachtung des gesamten Healthcare Kontinuums. Während der Markt für Bildgebung weitestgehend unter den drei großen Medizintechnik-Unternehmen aufgeteilt ist, haben sich GE im Bereich Life Sciences und Siemens auf dem Gebiet der IVD starke Marktpositionen geschaffen. Für Philips wird es in dieser Lage zunehmend schwieriger, sich wettbewerbsfähige Positionen auf diesen Märkten zu erarbeiten, da die Wettbewerber bereits frühzeitig Standards setzen und Marktbarrieren aufbauen können, wie beispielsweise durch die Konzentration im IVD-Segment. Der Markt für Patient Monitoring & Care erweist sich in diesem Zusammenhang als Möglichkeit für Philips, ein – verbleibendes – Alleinstellungsmerkmal auszuprägen und patientennahe Pflegelösungen in ihren Fokus zu rücken. Des Weiteren ist dieses Marktsegment am ehesten dem konsumentennahen Produktgeschäft zuzuordnen, dem auch die weiteren Geschäftsgebiete von Philips (*Consumer Lifestyle*, *Lighting*) entsprechen. Die Fokussierung des Handlungsfeldes und damit die Intensivierung des Entwicklungseinsatzes auf den Bereich Patient Monitoring & Care durch den Weg der Akquisition erscheint damit sowohl in der wettbewerbsseitigen als auch der unternehmensinternen Betrachtung als nachvollziehbar.

Auf die Motive der Allianzbildung von Siemens mit *Drägerwerk* wurde bereits in *Kapitel 6.2.2.4* näher eingegangen, weshalb diese Diskussion nicht wiederholt und der Fall aus der Betrachtung genommen wird.

In Summe konnten die beobachteten Realtypen in der Betrachtung des Patient Monitoring & Care Marktes die theoretischen Annahmen (Hypothese IV) nicht stützen. Die starke Bedeutung des Entwicklungsweges der Akquisition hat zur Interpretation geführt, dass die Beachtung der Gesamtkonstellation der Wettbewerbspositionen im Healthcare Kontinuum zusätzlich bei der Argumentation und strategischen Entscheidung über den Entwicklungsweg beachtet werden muss. Sie führte zu intensiven Zukäufen seitens Philips, was in diesem Fall darauf zurückgeführt wurde, dass das Unternehmen in anderen Segmenten relativ schwächer aufgestellt ist.

6.2.3.6 Ergebnisse im Marktsegment Healthcare-IT

Praxisbeobachtung, Bestimmung der Variablenausprägungen & Einordnung

Marktdynamik: Mit einem Volumen von etwa 23 Milliarden Euro stellt der Healthcare-IT Markt das größte der betrachteten Segmente dar (vgl. *Abb. 85* sowie dazu und im folgenden Abschnitt Rusckowski 04.09.2008; Walden Group Q2/2008; Montag 28.02.2008; Reinhardt 28.02.2008; Société Générale Cross Asset Research 10.01.2008; Morgan Stanley Research 30.11.2007; Muduroglu 31.05.2007; JPMorgan 12.08.2006; Walden Group Q3/2005; Maxim Group 19.12.2003). Der Einsatz von Informationstechnologie in der Medizintechnik stellt einen relativ unerschlossenen Markt mit substanziellem Potenzial dar, da die Branche in diesem Bereich nach wie vor signifikant unterinvestiert hat. Der klinische Workflow basiert vielerorts noch auf manuellen, papierbasierten Patientenakten, die sich im Vergleich zu automatisierten Systemen als fehleranfällig und ineffizient erweisen. Daher ist das Wachstumspotenzial für IT-Systeme im administrativen wie auch medizinischen Bereich sehr hoch. Auf dem administrativen Aufgabengebiet kann die Healthcare-IT zum Haupttreiber werden, um durch integrierte, personalisierte und nachverfolgbare Möglichkeiten der Sammlung und Verarbeitung von Patientendaten die Diagnose- und Behandlungsprozesse zu beschleunigen und effizienter zu gestalten. Auf dem klinischen Aufgabengebiet helfen IT-Lösungen (PACS) die Aufzeichnung, Analyse und Archivierung der dauerhaft steigenden Datenmengen aus bildgebenden Prozeduren zu ermöglichen, da die Digitalisierung zentraler strategischer Bestandteil der bildgebenden Diagnostik bleibt. Auch auf dem Gebiet der Genomik und Proteomik wird das informationstechnische Management immer komplexerer Datenmodelle bedeutsamer. Daneben tragen integrierte IT-Systeme und Decision Support Systeme zu effizienteren Arbeitsabläufen und tieferen Einblicken in bestimmte Krankheitsbilder und -pfade bei. Vielerorts müssen die Lösungen der Healthcare-IT jedoch noch ihre Profitabilität unter Beweis stellen und die Hürden überwinden, die durch Budgetrestriktionen und notwendige Anpassungen in eingespielten Arbeitsabläufen entstehen.

In Summe ist die Marktdynamik des Healthcare-IT Segments als hoch zu interpretieren, was auch im Hinblick auf das quantitative Marktwachstum mit etwa 8-10% bestätigt werden kann. Über den Untersuchungszeitraum hinweg wurde der IT-Markt immer stärker an medizintechnische Systeme und Lösungen angebunden, was beispielsweise an den erörterten technologischen Weiterentwicklungen wie der Digitalisierung der Bildgebung festgemacht werden kann. Durch die bisherige Unterinvestition im Bereich spezifischer IT für den medizinischen Bereich bleibt die hohe Marktdynamik nach wie vor hoch (vgl. *Abb. 85* sowie Zusammenfassung in *Anhang 7*).

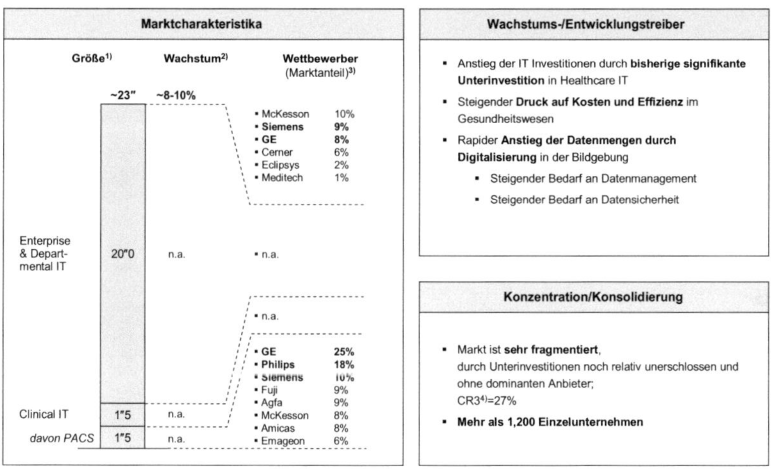

1) Marktgröße 2006, in MEUR
2) Kumuliertes Marktwachstum (compound annual growth rate) CAGR 2006-11E
3) 2006
4) Concentration ratio (Konzentrationsrate) der drei größten Unternehmen

Abb. 85 Healthcare-IT: Marktcharakteristika

Quelle: Eigene Darstellung (ausführliche Quellen s.o.)

Marktkonzentration: Im Hinblick auf die Wettbewerbssituation ist festzuhalten, dass das Segment hoch fragmentiert und ohne dominanten Anbieter ist. Mehr als 1,200 Einzelunternehmen sind im Markt zu identifizieren, der neben reinen IT-Anbietern wie beispielsweise

McKesson, im Laufe der Jahre vermehrt den Eintritt von Unternehmen aus den „*traditionellen*" Medizintechniksegmenten der Diagnostik zu verzeichnen hat (z.B. durch die Akquisitionen *Siemens-Shared Medical*, *GE-IDX*; vgl. ausführlich *Kapitel 6.2.2*). Infolgedessen bietet der Markt nach wie vor ein breites Spektrum an Konsolidierungs- und Marktanteilssteigerungsmöglichkeiten. Auch in technologischer Hinsicht haben sich noch keine dominanten System- und Lösungsangebote etabliert, so dass insgesamt keine signifikanten Marktbarrieren zu Tage treten und die Marktkonzentration abschließend als niedrig zu bewerten ist (vgl. *Abb. 85* sowie Zusammenfassung in *Anhang 7*).

Diskussion der Ergebnisse

Das Marktsegment Healthcare-IT kann im Sinne des Theoriemodells dem *Markttyp II* zugeordnet werden (vgl. *Abb. 86* u. *Anhang 7*). Der hohen Marktdynamik steht eine geringe Konzentration gegenüber, so dass es (relativ) wenige Marktbarrieren gibt und die Unternehmensaktivitäten oft regional oder auf einzelne Untersegmente des Marktes begrenzt sind. Die Herausbildung dominanterer Wettbewerber und vorherrschender Systeme und Applikationen steht noch aus. Die Aspekte weisen im theoretischen Entscheidungsmodell darauf hin, dass der Entwicklungsweg der Akquisition vorherrschen sollte (vgl. Handlungsempfehlungen in *Kapitel 5.2.3.3* u. *Abb. 56*).

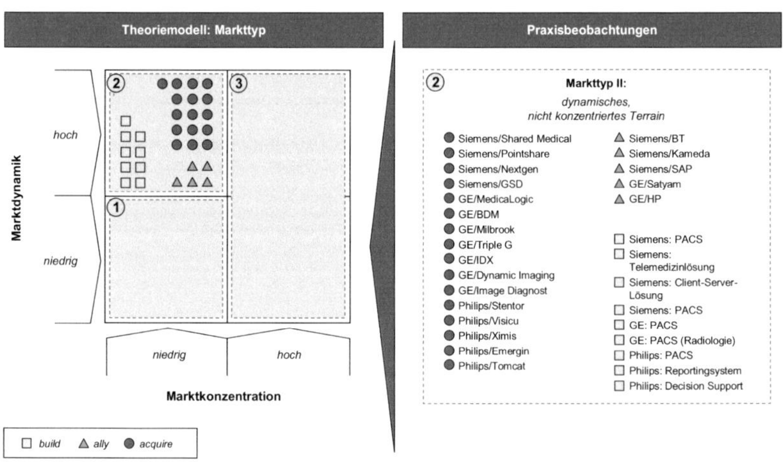

Abb. 86 Healthcare-IT: Praxisbeobachtungen und Einordnung in Theoriemodell

Quelle: Eigene Darstellung

Die *Abb. 86* veranschaulicht die Erläuterungen durch Einordnung der Entwicklungswege der Praxis in das theoretische Modell (Feld 2). Die Betrachtung resultiert in einem gemischten Ergebnis, das keine unmittelbaren Rückschlüsse zulässt. Es ist festzuhalten, dass alle drei Alternativen für diesen Markttyp beobachtet werden konnten und auch für die strategische Entwicklung der Unternehmen von Bedeutung erscheinen. Insgesamt ist eine große Anzahl an Akquisitionen hervorzuheben, die einen stetigen Auf- und Ausbau der Unternehmensaktivitäten, sowohl auf dem Feld organisatorischer und klinischer IT-Systeme als auch auf dem Gebiet der Bildmanagementsysteme, in den letzten Jahren bewirkt hat. Das Ausmaß der Kauftransaktionen kann damit in bestimmtem Maße als Bestätigung der theoretischen Hypothese geltend gemacht werden, die von einem Vorherrschen der Akquisition ausgeht.

Die beobachteten Allianzen sind nicht zwingend als flexibilitätserhaltende Alternativen in einem von relativ großer Instabilität bzw. Unsicherheit geprägten externen Umfeld zu deuten. Sie sind primär auf interne Motive, die Erlangung komplementärer Fähigkeiten in technologischer (z.B. IT Consulting) als auch marktbezogener Hinsicht (Internationalisierung), zurückzuführen. Die Beobachtungen können in diesem Sinne die theoretischen Hypothesen nicht unterstützen.

Neben den bisherigen Ausführungen nehmen gerade in den letzten Jahren des Untersuchungszeitraumes auch Interne Entwicklungen mehr Raum ein. Dies kann unter Anderem darauf zurück geführt werden, dass zunehmend ganzheitliche Lösungen über das gesamte medizintechnische Kontinuum angestrebt werden und so die Expertise aus anderen Portfoliobereichen eingesetzt wird, um Entwicklungen aus eigener Kraft voranzutreiben. Dies ist insbesondere im Bereich der Bildmanagement und diagnostischen Decision Support Systeme beobachtbar, in denen die Verzahnung der beiden Disziplinen (Bildgebungs- und IT-Systeme) intensiv vorangetrieben wird und sich in der zunehmenden Digitalisierung widerspiegelt. Dies widerstrebt auf den ersten Blick der theoretischen Hypothese für diesen Markttyp. Wichtig ist in diesem Zusammenhang jedoch die Betrachtung des Gesamtportfolios und nicht die isolierte Untersuchung des IT-Marktsegments. Dieser „*Blick über den Tellerrand*" macht den verstärkten Einsatz interner Entwicklungsprojekte plausibel, der die segmentübergreifende Entwicklung verstärkt.

In Summe können die beobachteten Realtypen in der Betrachtung des Healthcare-IT Marktes die theoretischen Annahmen (Hypothese V) nur teilweise unterstützen. Akquisitionen haben maßgeblich zur strategischen Entwicklung der Unternehmen beigetragen, was die Hypothese für *Markttyp II* belegt. Das Auftreten weiterer Entwicklungswege hat jedoch auch zu zwei weiteren Interpretationen geführt. Zum einen kann die Bedeutung der Internen Entwicklung durch den Bezug zum Gesamtportfolio erhöht werden, da eine übergreifende Nutzung der

Expertise ermöglicht wird. Zum anderen können interne Motive für die Entscheidung hinsichtlich der Allianzenbildung vorherrschen, so dass auch dieser Weg für *Markttyp II* auftritt.

6.2.3.7 Zusammenfassende und übergreifende Betrachtung

Die Fallstudienuntersuchung des externen Kontexts konnte die Zuordnung der Marktsegmente zu den definierten Markttypen herbeiführen und die theoretischen Annahmen durch die Betrachtung realer, strategischer Unternehmensentwicklungen diskutieren. Die Ergebnisse haben zu wichtigen Erkenntnissen und Ergänzungen der theoretischen Sichtweise durch die Praxis geführt, die in *Abb. 87* zusammengefasst sind.

	Hypothese	Marktsegment	Bewertung der Beobachtungen		Kommentare & Ergänzungen
IV	*Wenn **Markttyp I** vorliegt, wählen Unternehmen aufgrund geringer Dynamik und kompetitiver Wettbewerbsbedingungen den Entwicklungsweg aus eigener Kraft – die Interne Entwicklung (build).*	Patient Monitoring & Care	Hypothese nicht unterstützt	✗	▪ *Acquire* maßgeblich für strategische Entwicklung ▪ Betrachtung der Gesamtkonstellation der Wettbewerbssituation der Branche von Bedeutung
V	*Wenn **Markttyp II** vorliegt, wählen Unternehmen aufgrund hoher Dynamik und kompetitiver Wettbewerbsbedingungen einen Entwicklungsweg, der eine schnelle Verwirklichung der Entwicklung zulässt. Bei geringer Marktunsicherheit wird die strategische Akquisition (acquire), bei hoher Marktunsicherheit die Strategische Allianz (ally) vorherrschen.*	Life Sciences	Hypothese unterstützt	✓	▪ *Acquire* maßgeblich für strategische Entwicklung
		IVD	Hypothese unterstützt	✓	▪ *Acquire* maßgeblich für strategische Entwicklung
		Bildgebung (*Phase 2*)	Hypothese teilweise unterstützt	(✓)	▪ Traditionell hohe Bedeutung von *Build* und ergänzendem *Ally* im Bereich Forschung & Entwicklung
		Healthcare IT	Hypothese teilweise unterstützt	(✓)	▪ *Acquire* maßgeblich für strategische Entwicklung ▪ Betrachtung von Verknüpfungen zu Gesamtportfolio von Bedeutung zur übergreifenden Nutzung von *Build* und *Ally*
VI	*Wenn **Markttyp III** vorliegt, wählen neu eintretende Unternehmen zur Überwindung von Marktbarrieren und Abwendung von Wettbewerberreaktionen die Strategische Akquisition. Etablierte Unternehmen weichen aufgrund kartellrechtlicher Restriktionen auf Allianzenbildung (ally) und Interne Entwicklung (build) aus.*	Bildgebung (*Phase 2*)	Hypothese unterstützt	✓	▪ Traditionell hohe Bedeutung von *Build* und ergänzendem *Ally* im Bereich Forschung & Entwicklung

Abb. 87 Übersicht: Ergebnisse der externen Betrachtung (Markttypen)

Quelle: Eigene Darstellung

Dabei sollen folgende Punkte abschließend herausgestellt werden:

- In den Praxisbeobachtungen treten zumeist alle drei betrachteten strategischen Entwicklungswege auf (vgl. Diskussion in *Kapitel 3.4.1*). Zur zweckmäßigen Diskussion und Bewertung der Realtypen ist es von Bedeutung, jenen Entwicklungsweg zu identifizieren, der die strategische Unternehmensentwicklung *maßgeblich* bestimmt hat. Infolgedessen dient ebenso das theoretische Modell als Hilfestellung zukünftiger unternehmerischer Entscheidungen zur Bestimmung des vorherrschenden Entwicklungsweges. Es schließt in diesem Sinne nicht aus, dass andere Wege ergänzend zum Tragen kommen.

- Die Praxisbeobachtungen können insbesondere die theoretischen Annahmen (Hypothese V+VI) für *Markttyp II* und *III* stützen. Für *Markttyp III* konnte der Fall des Neueintritts (erster Teil der Hypothese) nicht beobachtet werden, da die betrachteten Unternehmen bereits etablierte Wettbewerber darstellten.
- Für *Markttyp I* konnten die theoretischen Handlungsempfehlungen (Hypothese IV) nicht belegt werden.
- Die Beobachtungen im Segment der Bildgebung haben ergeben, dass die Interne Entwicklung – unabhängig von der Marktkonstellation – als wichtiger Faktor der strategischen Unternehmensentwicklung gesehen werden kann. Sie stellt in gewisser Weise einen *„unternehmerischen Imperativ"* dar, zu dem die weiteren Entwicklungswege eine unter- oder übergeordnete Rolle einnehmen (vgl. Diskussion in *Kapitel 6.2.3.4*).
- Neben der segmentspezifischen Betrachtung wurde die ergänzende Interpretation vorgenommen, dass ebenfalls die Gesamtkonstellation des Portfolios und der Wettbewerbssituation entlang des Healthcare Kontinuums in die Entscheidung einfließen sollte. Portfolioseitig haben die Beobachtungen im Healthcare-IT Umfeld ergeben, dass durch die wachsende Verknüpfung mit dem Diagnostikportfolio die Bedeutung Interner Entwicklung für den gesamthaften technologischen Fortschritt verstärkt wird (vgl. Diskussion in *Kapitel 6.2.3.6*). Wettbewerbsseitig ließen die Beobachtungen im Patient Monitoring & Care Umfeld den Schluss zu, dass eine unterlegene Position in bestimmten Segmenten die Bedeutung der Akquisition zur frühzeitigen und dominanten Positionierung in verbliebenen Segmenten erhöht (vgl. Diskussion in *Kapitel 6.2.3.5*).

Die primär qualitative Diskussion der Fallstudie lässt Interpretationsspielräume bei der Einordnung praktischer Beobachtungen und Bestimmung des *„maßgeblichen Entwicklungweges"* zu. Dennoch erwies sich das theoretische Modell durch die umfassende Erörterung in Summe als wirksames Hilfsmittel anhand dessen Großteile des Marktumfeldes erfasst und operationalisiert werden konnten. Inhaltlich erwies sich die Diskussion des externen Kontexts in weiten Teilen als robust. Als *„Wehrmutstropfen"* verbleibt die mangelnde Bestätigung der Annahmen für *Markttyp I*, die damit eine klarere Abgrenzung der Internen Entwicklung in der Praxis verfehlt hat.

6.2.4 Zusammenführung der internen & externen Perspektive: Untersuchung von Konfigurationen

Die theoretischen Ausführungen in *Kapitel 5.2.5* (vgl. zusammenfassend *Abb. 58*) haben die interne und externe Betrachtung in Form der *Konfigurationen 1-9* aus Unternehmens- und Markttypen zusammengeführt und dafür die Hypothesen VII-XV für den zu präferierenden strategischen Entwicklungsweg erschlossen. Analog zu dieser Vorgehensweise bildet auch die Zusammenführung der internen und externen Perspektive den Abschluss der Untersuchung von Entscheidungen über den Entwicklungsweg in der Praxis. Die Grundlage dafür stellen die in *Kapitel 6.2.2* und *6.2.3* ausführlich diskutierten Ergebnisse in den Marktsegmenten der Healthcare Branche dar. Die dort getroffenen Interpretationen und Kommentierungen sind daher maßgeblich. Sie sollen nicht in ihrer Ausführlichkeit wiederholt werden, weshalb der folgende Abschnitt sich auf die Kernresultate fokussiert.

6.2.4.1 Ergebnisse im Marktsegment Life Sciences

Im Marktsegment für Life Sciences, der dem *Markttyp II* zugerechnet wurde, konnten Beobachtungen für die *Unternehmenstypen I-III* gemacht werden, die in *Abb. 88* zusammenfassend im Theoriemodell veranschaulicht sind (Feld 4, 5, 6). Sie können die theoretischen Hypothesen für die *Konfigurationen 4, 5* und *6* unterstützen.

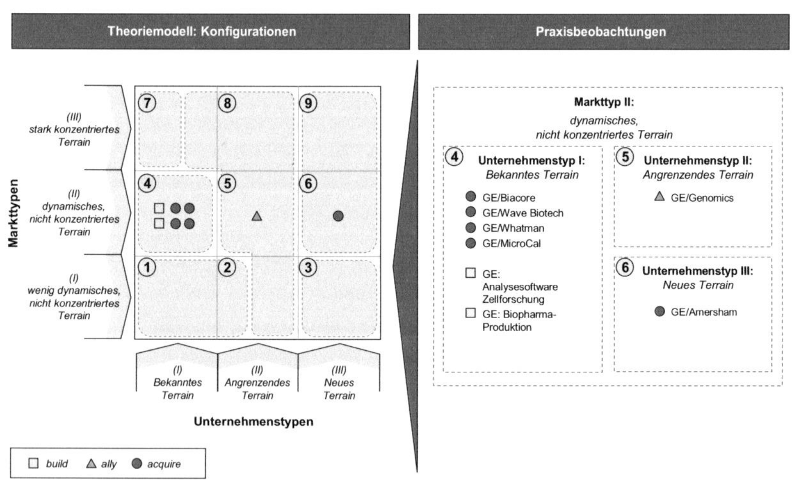

Abb. 88 Life Sciences: Praxisbeobachtungen und Einordnung in Theoriemodell

Quelle: Eigene Darstellung

Für *Konfiguration 6* ist erneut hervorzuheben, dass der Einstieg in den Markt durch eine Großakquisition vollzogen wurde, was auf die (unmittelbare) Erlangung einer kritischen Größe und Wettbewerbsfähigkeit in diesem Marktumfeld zurückgeführt wurde. Für *Konfiguration 4* treten auch interne Entwicklungsprojekte auf, die Akquisitionen sind jedoch sowohl hinsichtlich ihrer Anzahl als auch ihrer Bedeutung für die strategische Entwicklung maßgeblich.

6.2.4.2 Ergebnisse im Marksegment In-Vitro Diagnostik (IVD)

Im Marktsegment für In-Vitro Diagnostik wurden vergleichbare Ergebnisse zum Markt für Life Sciences erzielt. Das Segment wurde in *Markttyp II* eingeordnet. Aus interner Sicht wurden Entscheidungen getroffen, die den *Unternehmenstypen I* und *III* zugerechnet werden können. Sie sind in *Abb. 89* zusammenfassend im Theoriemodell veranschaulicht (Feld 4+6). In Summe können sie die theoretischen Hypothesen für die *Konfigurationen 4* und *6* unterstützen.

Für *Konfiguration 6* ist erneut zu betonen, dass der Einstieg ebenfalls durch mehrere Großakquisitionen vollzogen wurde. Neben der für *Konfiguration 4* aufgetretene Interne Entwicklung liegt der Hauptfokus in diesem Marktsegment sicherlich in der Integration der jüngsten Akquisitionsserie zum Aufbau eigener markt- und technologieseitiger Kenntnisse und Fähigkeiten.

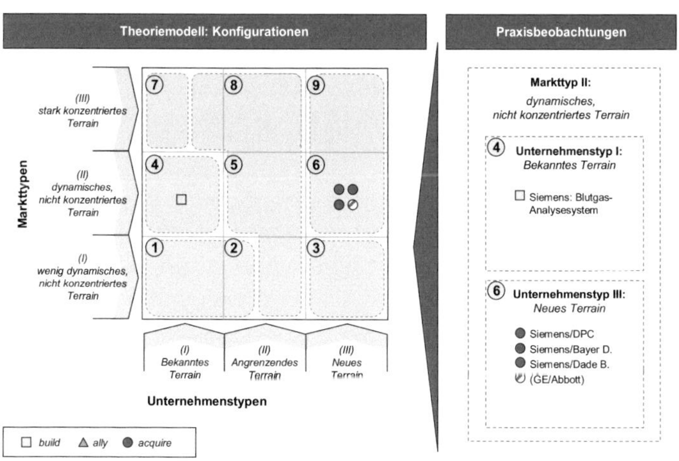

Abb. 89 In-Vitro Diagnostik (IVD): Praxisbeobachtungen und Einordnung in Theoriemodell

Quelle: Eigene Darstellung

6.2.4.3 Ergebnisse im Marktsegment In-Vivo Diagnostik (Bildgebung)

Im Marktsegment für Bildgebung wurden zwei Entwicklungsphasen berücksichtigt und damit der Markt aus dynamischer Sicht dem *Markttyp II* (1. Phase) und *III* (2. Phase) zugerechnet. Für beide Abschnitte konnten Beobachtungen für die *Unternehmenstypen I* und *II* gemacht werden, die in *Abb. 90* zusammenfassend im Theoriemodell veranschaulicht sind (Feld 4, 5, 7, 8).

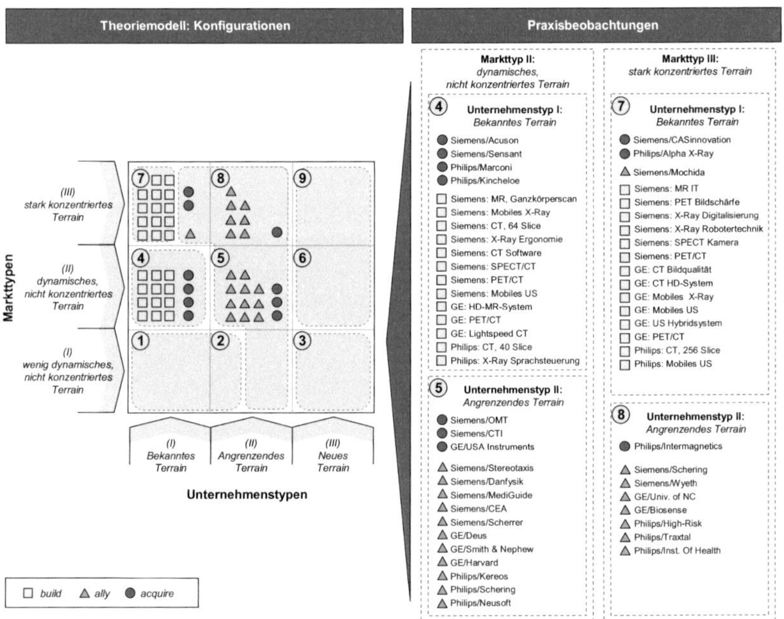

Abb. 90 Bildgebung: Praxisbeobachtungen und Einordnung in Theoriemodell

Quelle: Eigene Darstellung

Die Hypothese für *Konfiguration 8* kann unterstützt werden. Die Annahmen für *Konfiguration 5* können plausibilisiert und damit teilweise unterstützt werden, da die Allianzenbildung als Entwicklungsweg vorherrscht. Für die aufgetretenen Akquisitionen wurde die dynamische Betrachtung herangezogen, die kooperative Verbindungen als Vorstufe zu den beobachteten Akquisitionen identifiziert hat. Die Hypothese für *Konfiguration 7* kann teilweise unterstützt werden, da zwar Akquisitionen auftreten, diese jedoch in Anzahl und Bedeutung abnehmen und die Interne Entwicklung als strategisch maßgeblicher Entwicklungsweg eingeschlagen wird. Die Annahmen für *Konfiguration 4* können teilweise unterstützt werden, da größere Akquisitionen zur weiteren Konsolidierung des Marktes auftreten. Die Interne Entwicklung hat jedoch – ungeachtet der Marktsituation – hohe Bedeutung.

6.2.4.4 Ergebnisse im Marktsegment Patient Monitoring & Care

Im Marktsegment für Patient Monitoring & Care, das dem *Markttyp I* zugerechnet wurde, konnten Beobachtungen für die *Unternehmenstypen I* und *III* gemacht werden, die in *Abb. 91* zusammenfassend im Theoriemodell veranschaulicht sind (Feld 1+3).

Die Hypothesen für die *Konfigurationen 1* und *3* können durch sie nicht unterstützt werden. Vor allem aus Marktsicht stehen die Beobachtungen in der Praxis den theoretischen Annahmen entgegen, die den Schwerpunkt in der Internen Entwicklung sehen würden. Die Tatsache, dass vor allem Philips den Weg der Akquisition vorzieht, wurde durch die Betrachtung der Gesamtkonstellation im Wettbewerb entlang des Healthcare Kontinuums plausibilisiert (vgl. Diskussion in Kapitel *6.2.3.5*).

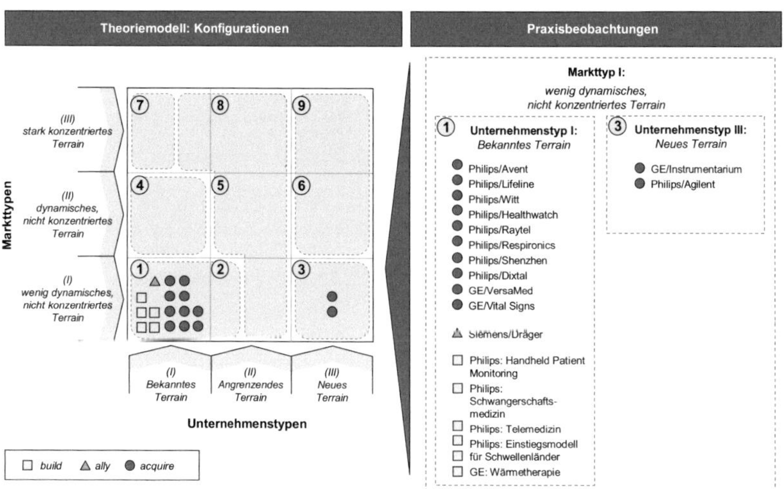

Abb. 91 Patient Monitoring & Care: Praxisbeobachtungen und Einordnung in Theoriemodell

Quelle: Eigene Darstellung

6.2.4.5 Ergebnisse im Marktsegment Healthcare-IT

Im Marktsegment für Healthcare-IT, das dem *Markttyp II* zugerechnet wurde, konnten Beobachtungen für die *Unternehmenstypen I-III* gemacht werden, die in *Abb. 92* zusammenfassend im Theoriemodell veranschaulicht sind (Feld 4, 5, 6)

Die theoretischen Hypothesen für die *Konfigurationen 5* und *6* können klar unterstützt werden. Die Annahmen für *Konfiguration 4* können teilweise bestätigt werden. Zwar nimmt der Entwicklungsweg der Akquisition eine maßgebliche Rolle ein, dennoch sind auch starke Bestrebungen der Internen Entwicklung zu beobachten. Dies wurde als verstärktes Zusammenwachsen mit dem Gebiet der Diagnostik, insbesondere bei der Digitalisierung der Bildgebung, interpretiert, was den Einsatz eigener Kapazitäten für übergreifende Forschung und Entwicklung verstärkt.

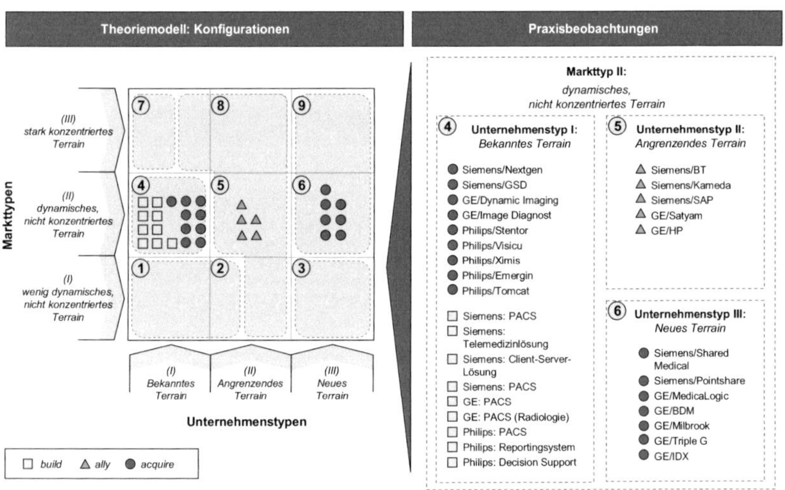

Abb. 92 Healthcare-IT: Praxisbeobachtungen und Einordnung in Theoriemodell

Quelle: Eigene Darstellung

6.2.4.6 Zusammenfassende und übergreifende Betrachtung

Die Fallstudienuntersuchung des Gesamtmodells konnte die bislang vorliegenden Einzelergebnisse zusammenführen und an den definierten Konfigurationen spiegeln. Dadurch traten weitere Erkenntnisse und Ergänzungen der theoretischen Sichtweise durch die Praxis auf, die in einer abschließenden Bewertung in *Abb. 93* zusammengefasst sind.

Dabei sollen folgende Punkte herausgestellt werden:

- Die theoretischen Hypothesen für die *Konfigurationen 4-8* können durch die Praxisbeobachtungen weitgehend unterstützt werden.
- Für die *Konfiguration 6* hat sich erwiesen, dass auch größere Akquisitionen auftreten, was durch den Tradeoff zwischen Risikominderung und kritischer Größe interpretiert wurde. Ergänzend zu den theoretischen Ausführungen für *Konfiguration 6* ist daher festzuhalten, dass das Motiv der Erlangung neuer markt- und technologieseitiger Kenntnisse und Fähigkeiten durch eine intensive Analyse des Wettbewerbsumfeldes im Zielmarkt mit dem Motiv der Marktmacht abgewogen werden sollte, um das Ausmaß für einen erfolgreichen Einstieg ermessen zu können.
- Für die *Konfiguration 4* hat die Diskussion ergeben, dass die Entscheidung über den Entwicklungsweg nicht isoliert für das jeweilige Marktsegment gefällt werden sollte. Die Beobachtungen führten zur Interpretation, dass die Betrachtung des Gesamtportfolios die Bedeutung übergreifender Forschungs- und Entwicklungsbestrebungen verstärken kann.
- Die theoretischen Hypothesen für die *Konfigurationen 1* und *3* konnten nicht unterstützt werden. Die Diskussion der Beobachtungen hat zur Interpretation geführt, dass ebenfalls eine segmentübergreifende Betrachtung – hier aus Markt- und Wettbewerbssicht – vorgenommen werden sollte. Durch die relativ schwächere Marktposition kann die Betonung des Ressourceneinsatzes in anderen Segmenten und damit der Einsatz von Akquisitionen gefördert werden, um Konkurrenznachteile wettzumachen bzw. -vorteile aufzubauen.
- Die *Konfigurationen 2* und *9* konnten in der Praxis nicht beobachtet werden und lieferten infolgedessen keine zusätzlichen Erkenntnisse.

In Summe konnte durch die Fallstudie aufgezeigt werden, dass das theoretische Entscheidungsmodell einen Großteil der außerordentlichen Komplexität der strategischen Entscheidung über den Entwicklungsweg in die Diskussion einbringen und abdecken kann. Die Untersuchung hat zur Erfüllung der angestrebten Ziele – Operationalisierung, Komplexitätserfassung, Hypothesenprüfung – anschaulich beigetragen und zusätzliche Erkenntnisse zutage gefördert. Das Modell kann damit nachdrücklich eine strukturierte Diskussion zur strategischen Entscheidung über den Entwicklungsweg facilitieren.

Es sollte dabei nicht isoliert für bestimmte Geschäftsaktivitäten herangezogen werden. Sowohl im Hinblick auf das Unternehmensportfolio (Beziehung zwischen den Portfolioelementen, segmentübergreifende Entwicklungsbestrebungen) als auch im Hinblick auf das Markt-

und Wettbewerbsumfeld (segmentübergreifende Gesamtkonstellation des Wettbewerbs, kritische Größe zur Erlangung von Wettbewerbsfähigkeit) sollte ein übergreifender Gesamtzusammenhang mit eingebracht und sichergestellt werden, um eine umfassende Entscheidung treffen zu können.

Hypothese	Wenn Konfiguration...	...vorliegt, wählen Unternehmen...	Marktsegment	Bewertung der Beobachtungen		Kommentare & Ergänzungen
VII	1	*Interne Entwicklung*	Patient M. & C.	Hypothese nicht unterstützt	✗	▪ Betrachtung der Gesamtkonstellation des Wettbewerbs der Branche von Bedeutung
VIII	2	*Interne Entwicklung oder Strategische Allianz*	*Nicht beobachtet*			
IX	3	*Interne Entwicklung (in Form von new venture)*	Patient M. & C.	Hypothese nicht unterstützt	✗	▪ Betrachtung der Gesamtkonstellation des Wettbewerbs der Branche von Bedeutung
X	4	*Strategische Akquisition*	Life Sciences	Hypothese unterstützt	✓	
			IVD	Hypothese unterstützt	✓	
			Bildgebung	Hypothese teilweise unterstützt	(✓)	▪ Traditionell hohe Bedeutung von *Build* und ergänzendem *Ally* im Bereich Forschung & Entwicklung
			Healthcare-IT	Hypothese teilweise unterstützt	(✓)	▪ Betrachtung von Verknüpfungen zu Gesamtportfolio von Bedeutung
XI	5	*Strategische Allianz*	Life Sciences	Hypothese unterstützt	✓	
			Bildgebung	Hypothese unterstützt	✓	
			Healthcare-IT	Hypothese unterstützt	✓	
XII	6	*Strategische Akquisition (mit Erfahrungscharakter)*	Life Sciences	Hypothese teilweise unterstützt	(✓)	▪ Große Akquisitionen: Tradeoff zwischen Risikominderung und kritischer Größe
			IVD	Hypothese teilweise unterstützt	(✓)	▪ Große Akquisitionen: Tradeoff zwischen Risikominderung und kritischer Größe
			Healthcare-IT	Hypothese teilweise unterstützt	(✓)	▪ Große Akquisitionen: Tradeoff zwischen Risikominderung und kritischer Größe
XIII	7	*Interne Entwicklung oder Strategische Allianz*	Bildgebung	Hypothese teilweise unterstützt	(✓)	▪ Traditionell hohe Bedeutung von *Build* und ergänzendem *Ally* im Bereich Forschung & Entwicklung
XIV	8	*Strategische Allianz*	Bildgebung	Hypothese unterstützt	✓	
XV	9	*Strategische Akquisition (mit Erfahrungscharakter)*	*Nicht beobachtet*			

Abb. 93 Übersicht: Ergebnisse der gemeinsamen Betrachtung (Konfigurationen)

Quelle: Eigene Darstellung

6.3 Fazit und kritische Betrachtung

Im Rahmen der theoretischen Forschungsarbeit konnten anschauliche, verständliche Konfigurationen von Markt- und Unternehmenstypen hervorgebracht werden, die zu Handlungsempfehlungen für die Realitätsgestaltung geführt haben. Die empirische Überprüfung der theoretisch abgeleiteten Unternehmens- und Markttypen sowie der daraus abgeleitete Fit von Konfigurationen und Entwicklungswegen hat inhaltlich ein gemischtes Ergebnis ergeben. Die theoretisch-konzeptionelle Handlungsempfehlungen konnten in Teilen unterstützt und ergänzt werden. Andererseits standen die Praxisbeobachtungen den theoretischen Annahmen für einige Konfigurationen entgegen oder konnten deren Existenz nicht nachweisen, da sie nicht beobachtet werden konnten. In Summe sind die vorliegenden Forschungsergebnisse mit bestehenden Resultaten anderer konfigurationstheoretischer Untersuchungen vergleichbar.

Aus dem Modell erwachsen Stärken, die vornehmlich in der umfassenden Strukturierung des Entscheidungsproblems zu sehen sind, die eine schrittweise Diskussion des komplexen Sachverhaltes der strategischen Entscheidung über den Entwicklungsweg in seinen Kernaspekten des internen und externen Kontexts erlaubt und zu über weite Strecken robusten Handlungsempfehlungen gelangt. Die Schwachstellen des Modells sind in der mangelnden Unterstützung aus der Praxis für die relative Vorteilhaftigkeit der Internen Entwicklung, speziell für die *Konfigurationen 1* und *3*, zu sehen.

In der abschließenden Beurteilung der Untersuchung sind die Ergebnisse trotz allem vor dem Hintergrund zu betrachten, dass die praktische Anwendung wissenschaftlicher Theorien mit Einschränkungen versehen ist und Entscheidungsprozesse in Unternehmen gegebenenfalls weniger systematisch verlaufen, als in dieser Arbeit unterstellt wurde. Die Erkenntnisse der deskriptiven Entscheidungsforschung haben diesbezüglich wiederholt dargelegt, dass sich viele betriebswirtschaftliche und insbesondere im strategischen Bereich verlaufende Entscheidungsprozesse oftmals in politischen Verhandlungen niederschlagen, in denen nicht zwingend die besten Fakten berücksichtigt werden (vgl. z.B. Strehl 2004, 143-145). In Anbetracht dieser Feststellung bleibt es dahingestellt, ob es aufgrund der anzunehmenden Seltenheit idealtypischen Verhaltens in ausreichendem Maße gelingen kann, in der Praxis stimmige Konfigurationen zu identifizieren, so dass gesicherte Bewertungen gemacht werden können (vgl. Strothe 2006, 253). Die Aufnahme weiterer Entscheidungshintergründe (z.B. Machtgrundlagen, Besonderheiten kollektiver Entscheidungsfindung) kann die Ausgestaltung zukünftiger Entscheidungsmodelle auf diesem Gebiet ergänzen.

Das durch den Ringschluss aus theoretisch-konzeptionellen Erörterungen und praktischen Erkenntnissen erarbeitete Entscheidungsmodell sollte in der abschließenden Bewertung präzise und umfassend genug, um im strategischen Rahmen umfassende und strukturierte Diskussionen zu führen und Entscheidungen über den zukünftigen Entwicklungsweg zu treffen. Durch die Verknüpfung der Konfigurationen mit strategischen Wertpotenzialen in der theoretischen Betrachtung wurde die wertorientierte Perspektive gewahrt. Sie sollte der Unternehmensführung eine wirkungsvolle Plattform bieten, um die strategisch-qualitativen

Analysen schrittweise in eine finanziell-quantitative Ebene weiterzuführen. Gleichzeitig ist das Modell offen genug, um weitere Aspekte – sowohl aus forschungstheoretischer als auch unternehmenspraktischer Sicht – aufzunehmen und die erläuterten Gesamtzusammenhänge zu berücksichtigen.

7 ZUSAMMENFASSUNG & AUSBLICK

7.1 Zusammenfassung der Arbeit

Die vorliegende Arbeit hat sich zum Ziel gesetzt, einen Beitrag zur wertorientierten strategischen Unternehmensführung zu leisten. Diese muss im Rahmen der Planung der Unternehmensentwicklung fundamentale Fragen beantworten: In welche *Richtung* soll sich das Unternehmen entwickeln? Welchen *Weg* soll es dabei nutzen? *Build, Ally or Acquire?* Die Problematik, welcher *Entwicklungsweg* zur Umsetzung einer gewählten Strategie im Hinblick auf die Unternehmensziele und -situation eingeschlagen werden sollte, umschließt damit das betriebswirtschaftliche Themenfeld, mit dem sich der vorliegende Forschungsbeitrag auseinandergesetzt hat. Die strategische Entscheidung über den Entwicklungsweg – Interne Entwicklung, Strategische Allianz oder Akquisition – muss aufgrund ihrer außerordentlichen ökonomischen Bedeutung zu den wichtigsten Aufgaben der Unternehmensführung gezählt werden. Ihre zielführende und systematische Lösung steht im Mittelpunkt dieser Arbeit.

Das theoretische Forschungsziel bestand in der Entwicklung eines theoretisch fundierten Modells, welches die wesentlichen Zusammenhänge zwischen Entwicklungszielen, -alternativen und Rahmenbedingungen herstellt und situationsadäquate Handlungsempfehlungen für die strategische Wahl des Entwicklungsweges abzugeben vermag. Zur Lösung der Entscheidungsaufgabe können in der beschriebenen Situation keine mathematischen Entscheidungsalgorithmen zum Einsatz kommen, sondern heuristische Verfahren, die auf plausible und begründete Weise zu Lösungsvorschlägen führen. Der praktische Forschungsbeitrag bestand in der umfassenden Untersuchung von Entwicklungsentscheidungen anhand einer Fallstudie in der Praxis, der Einordnung von Fallkonstellationen in das theoretische Modell und der Anreicherung und Ergänzung dieser Entscheidungshilfe durch die Praxiserfahrungen.

Gegenüber anderen vorliegenden Untersuchungen grenzt sich die Arbeit in ihrer Vorgehensweise sowie ihren Ergebnissen in mehreren Dimensionen ab:

Erstens ist die betriebswirtschaftliche Erforschung der Unternehmensentwicklung über weite Strecken getrennt und unabhängig voneinander verlaufen, mit der Konsequenz, dass die Entwicklungswege Interne Entwicklung, Allianz und Akquisition nur in unzureichendem Maße im Sinne echter, prinzipiell substituierbarer und miteinander konkurrierender Alternativen betrachtet wurden. Die Einbeziehung aller drei Entwicklungswege in einen gemeinsamen logischen Rahmen geht über diese Betrachtungsweise klar hinaus.

Zweitens weisen empirische Untersuchungen Schwächen auf, da sie zumeist mit der isolierten Betrachtung einzelner Situationsparameter auf der einen, oder der wenig geordneten Auflistung einer Vielzahl an Variablen auf der anderen Seite, der Komplexität der realen strategischen Entscheidungssituation nicht gerecht werden können. Daher hat die vorliegende Arbeit das Ziel eines integrativen Modells zur Einbeziehung mehrer Perspektiven und Entscheidungsdeterminanten verfolgt.

Drittens herrscht in der Unternehmenspraxis eine subjektive, intuitive oder rein kapitalwertgetriebene Herangehensweise zur Entscheidung über den Entwicklungsweg vor, was zur Gefahr des wenig strategischen Inkrementalismus oder der wenig fundierten *„Schön-Rechnerei"* führt. Mit der frühzeitigen Gegenüberstellung der Alternativen aus der Perspektive der strategischen Wertorientierung wird die Problematik an einem umfassenden Globalziel ausgerichtet. Der Entscheidungsprozess kann durch den in dieser Arbeit entwickelten Rahmen frühzeitig angestoßen und als Input in der weiteren Unternehmensplanung für die quantitativ orientierte Bewertung konkreter Opportunitäten weiter detailliert werden.

Auf dem Weg zur Erreichung der Forschungsziele hat das *Kapitel 2* die Perspektive der Untersuchung weiter geschärft, indem sie die strategische Entscheidung über den Entwicklungsweg in den Gesamtrahmen einer wertorientierten strategischen Unternehmensführung eingeordnet hat. Sie hat unter dem Oberziel der Unternehmenswertsteigerung, die Ausgestaltung der Entwicklungsstrategie und insbesondere ihrer *Richtung* festzulegen. Diese löst die Diskussion aus, auf welchem *Weg* diese erreicht werden soll. Interne Entwicklung, Strategische Allianzen und Akquisitionen stellen dafür die Alternativen dar. Sie sind rational-sachlich als Mittel zur Umsetzung von Entwicklungsstrategien, rational-ökonomisch als Mittel zur Wertsteigerung anzusehen.

Das *Kapitel 3* hat die drei Entwicklungswege in ihren Erscheinungsformen detailliert. Sie stehen sich zunächst als frei wählbare Alternativen gegenüber, die prinzipiell alle in der Lage sind, zum Wertsteigerungsziel positiv beizutragen. Aufgrund gravierender Quantifizierungsprobleme und Informationsunschärfen in der frühen Strategiephase, die der Untersuchung zugrunde liegt, wurde die rein finanziell-quantitative Bewertung als nicht zielführend angesehen und stattdessen die Perspektive der strategischen Wertorientierung herangezogen. Dafür wurde die strategisch-qualitative Zielebene durch die Betrachtung von Wertpotenzialen weiter aufgeschlüsselt. Ihre Erschließung durch die Entwicklungswege, ist in Abhängigkeit von internen und externen Bedingungen zu betrachten.

In *Kapitel 4* wurden mit der Industrieökonomik, dem Ressourcenansatz, der Transaktionskostentheorie und dem Realoptionsansatz vorherrschende theoretische Forschungsbeiträge beleuchtet, um ökonomische und effizienzorientierte Ansatzpunkte für die Beurteilung der situativen Vorteilhaftigkeit der Entwicklungswege und entsprechende Kontextfaktoren zu ergründen. Dadurch konnten Teilantworten auf die Forschungsfrage gewonnen werden, doch galt es die Limitationen der Einzelansätze zu überwinden, was mit der Entwicklung eines eigenen Entscheidungsmodells vollzogen wurde.

In *Kapitel 5* konnte durch die theoretischen „*Vehikel*" der Entscheidungslogik, des Konfigurationsansatzes und der Methodik der Hypothesengenerierung ein konzeptioneller Bezugsrahmen bereitgestellt werden, der die bisher getrennt voneinander vertieften Inhalte zusammenfügte und in eine gedankliche Ordnung für die weitere Diskussion brachte. Dieses Grundgerüst wurde inhaltlich ausgestaltet, indem anhand von internen Kontextvariablen (Ausprägung der markt- und technologiebezogenen Kenntnisse) die *Unternehmenstypen I-III*, anhand von externen Kontextvariablen (Ausprägung der Marktdynamik und der Marktkonzentration) die *Markttypen I-III*, sowie im Aufeinandertreffen der beiden Perspektiven eine Matrix mit den *Konfigurationen 1-9* gebildet und entsprechende Hypothesen für die Wahl des optimalen Entwicklungsweges herausgearbeitet wurden. Sowohl die Vorgehensweise zur schrittweisen Entscheidungsfindung (*prozessuale Sicht*; vgl. *Abb. 59*) als auch die inhaltlichen Entscheidungsempfehlungen (*inhaltliche Sicht*; vgl. *Abb. 58*) können damit als Elemente eines konzeptionellen Modells zur strategischen Entscheidung über den Entwicklungsweg festgehalten werden.

Das *Kapitel 6* hat die theoretischen Annahmen des Entscheidungsmodells durch die Betrachtung realer, strategischer Unternehmensentwicklungen kritisch beleuchtet. Dabei wurden im Rahmen einer Fallstudie Entwicklungsschritte von drei vergleichbaren Unternehmen in den unterschiedlichen Segmenten des Medizintechnik-Marktes mit dem Ziel der Komplexitätserfassung, Modell-Operationalisierung sowie der Hypothesenprüfung und -ergänzung umfassend untersucht. Die Forschungsergebnisse sind in Summe mit bestehenden Resultaten anderer konfigurationstheoretischer Untersuchungen vergleichbar. Dabei konnten die Praxisbeobachtungen die Handlungsempfehlungen für fünf Konfigurationen unterstützen bzw. teilweise unterstützen und ergänzen. Die Annahmen für zwei Konfigurationen konnten nicht unterstützt werden, während zwei Konfigurationen in der Praxis nicht beobachtet werden konnten (vgl. im Überblick *Abb. 93*). Zusammenfassend konnte durch die Fallstudie aufgezeigt werden, dass das theoretische Entscheidungsmodell einen Großteil der außerordentlichen Komplexität der strategischen Entscheidung über den Entwicklungsweg in die Diskussion einbringen und abdecken kann. Es sollte durch segmentübergreifende Betrachtungen sowie die intensive Analyse strategischer Abhängigkeiten und der kritischen Größe für wettbewerbsfähige Geschäftsaktivitäten sinnvoll ergänzt werden, um eine umfassende Entscheidung treffen zu können

Durch die Berücksichtigung aller drei Entwicklungswege, die typenorientierte Diskussion, die Zusammenführung der Betrachtung in Konfigurationen, die Integration von dynamischen

Aspekten, die Rückschlüsse auf zugrundeliegende strategische Wertpotenziale und die Veranschaulichung der Modellnutzung anhand realer Fälle wurde mit der Untersuchung Neuland beschritten. Die Forschungsergebnisse sollten damit nachdrücklich zu einer strukturierten Diskussion zur strategischen Entscheidung über den Entwicklungsweg beitragen.

7.2 Ansatzpunkte für weitere Forschungsvorhaben

Aus den umfangreichen Ergebnissen im Rahmen dieses Forschungsprojektes erwachsen zahlreiche Ansatzpunkte für weitere Untersuchungsvorhaben.

Zunächst ist hervorzuheben, dass die Erforschung der Wertorientierung, ihre weitere Durchdringung, bessere Verständlichkeit, vor allem jedoch ihre *effizientere Verknüpfung* zwischen der strategischen und operativen Ebene auch mit der vorliegenden Untersuchung nicht am Ende sein können. Speziell die weitere Präzisierung der im Rahmen dieser Arbeit vollzogenen Verbindung von strategisch-qualitativen Wertpotenzialen und finanziell-quantitativen Werttreibern gilt es in Zukunft weiter voranzutreiben. Kommende Untersuchungen sollten die gewählte Vorgehensweise mit dem frühzeitigen Einstieg in die Diskussion über den Entwicklungsweg aus der Perspektive der strategischen Wertorientierung heraus zum Anlass nehmen, diesen Prozess weiter zu detaillieren und die „*Übersetzung*“ strategischer Wertpotenziale in konkrete Geschäftspläne stringent weiterverfolgen.

In Bezug auf die herausgearbeiteten Markt- und Unternehmenstypen und die entstandenen Konfigurationen kann vor allem eine weitere Durchdringung der Dynamisierung des Modells für zukünftige Forschungsvorhaben fruchtbar sein. Dabei kann die Betrachtung speziell um eine *Controlling-Perspektive* ergänzt werden, die untersucht, wann eine Änderung des Entwicklungsweges vollzogen werden sollte, welche Variablen über die Zeit hinweg beobachtet werden sollten und wie und durch was der strategische „*Schalter*“ in der Wahl des Entwicklungsweges umgelegt werden sollte.

In Bezug auf diesen Aspekt wie auch allgemein im Hinblick auf eine Unternehmensführung, die die Entwicklungswege als prinzipiell gleichwertige und mitunter konkurrierende Alternativen betrachten sollte, sollte sich neben der inhaltlichen Entscheidungsfindung auch deren *organisatorische Umsetzung* in der Forschung wiederfinden. Liefert diese Arbeit inhaltliche und prozessuale Aspekte für die strategische Entscheidung über den Entwicklungsweg, so sollten weitere Beiträge herausstellen, was in der Organisation des Managements als „*Best Practice*“ anzusehen wäre. DYER ET AL. (2004) etwa geben einen ersten Anstoß dazu, indem sie identifizieren, dass beispielsweise *Cisco Systems, Inc.* die Abteilungen für Mergers & Acquisitions, Allianzen und Technologiemanagement unter einem Dach bündelt, um die Diskussion über den Entwicklungsweg frühzeitig und gesamthaft führen zu können.

Selbstverständlich bietet auch die praktische Untersuchung weiteren Raum für zukünftige Forschung. Die Konzentration auf große, marktführende Industrieunternehmen hat der vorliegenden Untersuchung weitgehende Vergleichbarkeit gesichert. Dieser Blickwinkel sollte jedoch sukzessive gelöst werden. Weitere intensive Betrachtungen, die das Spektrum sowohl markseitig, beispielsweise durch die Untersuchung von „*Extrem*“-Branchen wie der Finanz-, Internet- oder Servicebranche, als auch unternehmensseitig, beispielsweise durch die Untersuchung von kleinen und mittleren Unternehmen oder Nischenanbietern, erhöhen, sollten die Handlungsempfehlungen weiter kritisch hinterfragen und ergänzen. Daneben muss die empirische Forschung auch Schritte unternehmen, um den im Rahmen der Arbeit unterstellten Zusammenhang zwischen Unternehmenserfolg und stimmigen Konfigurationen weiter zu belegen.

Im Hinblick auf diese Ausführungen kann das im Rahmen dieses Forschungsprojekts erarbeitete Entscheidungsmodell dazu dienen, weitere Einzelbetrachtungen und Spezialfälle einzuordnen und möglicherweise für zukünftige Forschungsbeiträge auf dem Feld der Unternehmensentwicklung einen Gesamtrahmen im Sinne eines „*Meta-Modells*“ aufspannen. Von vorrangiger Bedeutung sollte dabei die fortwährende Interaktion zwischen Theoretikern und Praktikern sein, um theoretische Durchdringung mit praktischer Nutzbarkeit zweckmäßig zu verbinden.

Zur weiteren Erkundung der frühen Phase des Strategieprozesses kann durch die aufgezeigten Anknüpfungspunkte an die vorliegende Arbeit hoffentlich ein Anstoß gegeben werden. So soll diese mit einem Zitat von JUSTUS VON LIEBIG (1803-1873) schließen, der treffend ausführt:

> „*Die Wissenschaft fängt eigentlich erst da an interessant zu werden, wo sie aufhört.*“

ANHANG

Anhang 1 Medizintechnisches Glossar

Anästhesie

Mit Anästhesie wird gleichermaßen der durch eine Narkose hervorgerufene Zustand der Empfindungslosigkeit zum Zweck einer operativen oder diagnostischen Maßnahme bezeichnet als auch das medizinische Verfahren, um diesen herbeizuführen.
Die Anästhesie als medizinische Fachdisziplin, die sich mit der Bewerkstelligung desselben beschäftigt, ist ein Teilgebiet der Anästhesiologie, zu dem auch die Gebiete Intensivmedizin und Schmerztherapie sowie teilweise die Notfallmedizin und Palliativmedizin hinzugerechnet werden.

Quelle:
http://de.wikipedia.org/wiki/An%C3%A4sthesie
Abfragedatum: 30.04.2009

Angiographie

Angiografie bzw. -graphie nennt man die Darstellung von Blutgefäßen mittels diagnostischer Bildgebungsverfahren, beispielsweise Röntgen oder Magnetresonanztomografie (MRT). Hierzu wird ein Kontrastmittel, das heißt ein Stoff, der den Bildkontrast verstärkt bzw. in der gewählten Untersuchungsmethode besonders gut sichtbar ist, in das Blutgefäß injiziert. Auf dem Bild der aufgenommenen Körperregion zeichnet sich dann der mit dem Kontrastmittel gefüllte Gefäßinnenraum ab. Das resultierende Bild nennt man Angiogramm.

Quelle:
http://de.wikipedia.org/wiki/Angiografie
Abfragedatum: 30.04.2009

Audiologie

Die Audiologie ist eine eigenständige Wissenschaft. Sie befasst sich mit allen Aspekten der auditiven Wahrnehmung, also des Hörens. Die Erforschung des Hörens ist aber wegen der großen Zahl der physikalischen und biologischen Effekte, die beim Hören beteiligt sind, vor allem ein Forschungsgebiet der Naturwissenschaften und der Ingenieurwissenschaften. Der Bereich der Audiologie, der sich mit Hörstörungen befasst, ist gleichzeitig ein Teilgebiet der Medizin, genauer ein Teilgebiet der Hals-Nasen-Ohrenheilkunde. Ziele der Audiologie sind die Aufklärung der Vorgänge beim Hören bis ins Detail, die Erforschung der Erkrankungen der Hörorgane und die Entwicklung von Behandlungsmöglichkeiten. Daneben befasst sich die Hörakustik mit allen Aspekten des Hörens, die sowohl bei Normal- und Schwerhörigen unter natürlichen sowie technisch geprägten Bedingungen auftreten.

Quelle:
http://de.wikipedia.org/wiki/Audiologie
Abfragedatum: 30.04.2009

Automatischer externer Defibrillator, Automatic External Defibrillator (AED)

Bei automatisierten externen Defibrillatoren (AED) analysiert eine Software den Herzrhythmus und entscheidet danach, ob eine Defibrillation notwendig ist. Nur bei einem positiven Ergebnis wird die Funktion freigeschaltet und kann durch den Anwender ausgelöst werden. AEDs sind durch ihre Bau- und Funktionsweise besonders für Laienhelfer geeignet.

Quelle:
http://de.wikipedia.org/wiki/Defibrillator
Abfragedatum: 30.04.2009

Bildgebende Diagnostik, Bildgebung

Bildgebende Diagnostik (oder kurz Bildgebung) fasst als Oberbegriff in der Medizin und speziell der medizinischen Diagnostik verschiedene apparative Untersuchungsmethoden zusammen, die Bilddaten von Organen und Strukturen des menschlichen Körpers liefern und vor allem zur Diagnose krankheitsbedingter Veränderungen eingesetzt werden.

Quelle:
http://de.wikipedia.org/wiki/Bildgebendes_Verfahren_(Medizin)
Abfragedatum: 30.04.2009

Biopharmazeutikum

Biopharmazeutika oder Biopharmaka sind Arzneistoffe, die mit Mitteln der Biotechnologie in gentechnisch veränderten Organismen hergestellt werden. Biopharmazeutika gehören zu den wichtigsten Wachstumsmotoren der Pharma- und Biotechnologieindustrie.

Quelle:
http://de.wikipedia.org/wiki/Biopharmazeutikum
Abfragedatum: 30.04.2009

Biotest, Bioassay

Wissenschaftlicher Test, mit dem die Wirkung von bestimmten Stoffen (Toxine) auf Tiere untersucht wird.

Quelle:
http://www.biosicherheit.de/de/lexikon/
Abfragedatum: 30.04.2009

Blutgas

Blutgase stellt in der Medizin die gebräuchliche Bezeichnung der im Blut gelösten Gase dar. Diese werden über die Atmung aus der Umgebungsluft aufgenommen oder fallen in den Geweben, z. B. durch Zellatmung an. Die relevanten Blutgase sind Sauerstoff und Kohlenstoffdioxid, im Zusammenhang mit der Tauchmedizin auch Stickstoff und andere Inertgase. Eine untergeordnete Rolle spielt das Kohlenstoffmonoxid, da dies ähnlich anderen toxischen Gasen (z. B. Cyanide) ausschließlich pathogenen Ursprungs ist. Die Zusammensetzung des Blutes hinsichtlich seiner gelösten Gase sowie der damit korrelierenden Größen, lässt sich mittels Blutgasanalyse ermitteln. Über die Messwerte einer Blutgasanalyse lassen sich notwendige therapeutische Maßnahmen ableiten.

Quelle:
http://de.wikipedia.org/wiki/Blutgas
Abfragedatum: 30.04.2009

Chirurgie

Die Chirurgie ist das medizinische Fachgebiet, das sich mit der Behandlung von Krankheiten und Verletzungen durch direkte, manuelle oder instrumentelle Einwirkung auf den Körper des Patienten (Operation) befasst. Chirurgie umfasst die Schwerpunkte Gefäßchirurgie, Thoraxchirurgie, Unfallchirurgie, Neurochirurgie und Viszeralchirurgie. Daneben gibt es noch die Allgemeinchirurgie, die mehrere der vorgenannten Schwerpunkte mit Hauptgewicht auf der Viszeralchirurgie vereint und häufige chirurgische Krankheitsbilder zum Gegenstand hat. Allerdings wird von mehreren Ärztekammern in Deutschland häufig die Abschaffung der Allgemeinchirurgie diskutiert.

Quelle:
http://de.wikipedia.org/wiki/Chirurgie
Abfragedatum: 30.04.2009

Computertomographie, Computed tomography (CT)

Die Computertomographie, Abkürzung CT, ist die rechnerbasierte Auswertung einer Vielzahl aus verschiedenen Richtungen aufgenommener Röntgenaufnahmen eines Objektes, um ein dreidimensionales Bild zu erzeugen (Voxeldaten). Es handelt sich dabei um ein schnittbildgebendes Verfahren. Es wird auch CT-Scan oder CAT-Scan (von computed axial tomography) abgekürzt.
Beim herkömmlichen Röntgenverfahren wird das abzubildende Objekt von einer Röntgenquelle durchleuchtet und auf einem Röntgenfilm abgebildet (bildgebendes Verfahren). Es entsteht eine Projektion des Volumens auf eine Fläche. Bei dieser Projektion gehen Informationen, welche die dritte Dimension (Dicke) des durchleuchteten Körpers betreffen weitgehend verloren. Grund hierfür ist, dass im Nachhinein nicht mehr unterschieden werden kann, ob die im Röntgenbild sichtbare Schwächung (helle Bereiche im Bild) durch ein Material höherer Absorption oder durch eine größere Schichtdicke hervorgerufen wurde.
Die Computertomographie umgeht dieses Problem, indem sie viele Röntgenbilder des Objekts aus den unterschiedlichsten Richtungen erstellt und nachträglich aus diesen Abbildungen die nicht erfasste Volumenstruktur rekonstruiert (sog. Rekonstruktion oder Rückprojektion[1]). In der Regel setzen sich diese 3D-Rekonstruktionen aus Einzelschnitten (Schnittbildverfahren) zusammen, die quer durch das Objekt verlaufen. Auf diese Weise kann für jedes Volumenelement des Objektes (sog. Voxel entspricht einem dreidimensionalen Pixel) der Absorptionsgrad ermittelt werden.

Quelle:
http://de.wikipedia.org/wiki/Computertomographie
Abfragedatum: 30.04.2009

Computerized Physician Order Entry (CPOE)

Beim Computerized Physician Order Entry (CPOE) werden therapeutische Anweisungen eines Arztes mit Computern erfasst, verarbeitet und ggf. mittels Warnmeldungen an den Arzt zurückgegeben. Eine Steigerung der Effizienz, Reduktion der Kosten und vor allem Erhöhung der Qualität der ärztlichen Leistungen werden angestrebt.

Quelle:
http://de.wikipedia.org/wiki/Computerized_Physician_Order_Entry
Abfragedatum: 30.04.2009

Defibrillator

Ein Defibrillator ist ein medizinisches Gerät zur Defibrillation (Kammerflattern) und Kardioversion (Vorhofflattern). Es kann durch gezielte Stromstöße Herzrhythmusstörungen wie Kammerflimmern und Kammerflattern oder Vorhofflimmern und Vorhofflattern beenden. Defibrillatoren werden auf Intensivstationen, in Notfallaufnahmen, an vielen anderen Orten im Krankenhaus sowie in Fahrzeugen des Rettungsdienstes und vielen Arztpraxen bereitgehalten, seit den 1990er-Jahren zunehmend auch in vielen öffentlich zugänglichen Gebäuden wie Bahnhöfen, Flughäfen und anderen Orten für eine Anwendung durch medizinische Laien.

Quelle:
http://de.wikipedia.org/wiki/Defibrillator
Abfragedatum: 30.04.2009

Densitometrie

Densitometrie wird für die Knochendichtemessung, die Osteodensitometrie, verwendet, ein Untersuchungsverfahren zur Feststellung, ob ein Patient an Osteoporose (Knochenschwund) leidet.

Quelle:
http://de.wikipedia.org/wiki/Densitometrie
Abfragedatum: 30.04.2009

Diagnostik

Die Diagnose ist in Berufen der Gesundheit wie Medizin, Pflege, Physiotherapie oder der Psychologie die genaue Zuordnung von Befunden – diagnostischen Zeichen oder Symptomen – zu einem Krankheitsbegriff oder einer Symptomatik. Die Methoden der Diagnosefindung (z. B. Anamneseerhebung, körperliche Untersuchung, Anwendung bildgebender Verfahren wie Röntgen/MRT oder Analytik mit Laborwerten des Bluts und anderen Körperflüssigkeiten) werden mit dem Begriff der Diagnostik zusammengefasst. Durch den lateinischen Zusatz „in vitro" oder „in vivo" wird klar, wo sich die Diagnosefindung abspielt. „In vitro" bedeutet „im Glas" – außerhalb des Körpers, im Labor. Meist benutzt man für solche Tests Körperflüssigkeiten oder Gewebeproben. „In vivo" hingegen beschreibt das Auffinden von Krankheiten im lebenden Organismus. Zu in vivo-Untersuchungen zählen zum Beispiel Röntgen- oder Ultraschallaufnahmen.

Quelle:
http://de.wikipedia.org/wiki/Diagnose
Abfragedatum: 30.04.2009

Elektrokardiogramm (EKG)

Das Elektrokardiogramm (EKG) ist die Registrierung der Summe der elektrischen Aktivitäten aller Herzmuskelfasern. Elektrokardiogramm heißt auf Deutsch Herzspannungskurve, gelegentlich wird es auch Herzschrift genannt.

Quelle:
http://de.wikipedia.org/wiki/Elektrokardiogramm
Abfragedatum: 30.04.2009

Elektronische Patientenakte, Electronic medical record (EMR)

Die elektronische Patientenakte (auch als elektronische Fallakte bezeichnet) stellt eine zentrale elektronische Sammlung und Verwaltung aller den Krankheits- und Behandlungsverlauf eines Patienten betreffenden Daten (Befunddaten, Diagnosen, Behandlungsverlauf, Behandlungsergebnis, zugehörige Korrespondenz) dar. Es werden dabei die Informationen aller beteiligten medizinischen Bereiche mit deren jeweiligen geeigneten Formaten bzw. Medien (Text, Grafik, Bild, Film, Ton) für die problem-, fall- oder prozessorientierte Dokumentation zusammengefasst und verfügbar gemacht.

Quelle:
http://de.wikipedia.org/wiki/Elektronische_Patientenakte
Abfragedatum: 30.04.2009

Fluoroskopie

Durchleuchtung oder Fluoroskopie ist ein Begriff aus der Medizin und im Speziellen der Radiologie bzw. Röntgendiagnostik. Man versteht darunter die kontinuierliche Betrachtung von Vorgängen im menschlichen oder tierischen Körper mittels Röntgenstrahlung. Die Durchleuchtung ermöglicht die dynamische Röntgenbilddarstellung auf einem Monitor mittels Bildverstärkertechnik.

Quelle:
http://de.wikipedia.org/wiki/Fluoroskopie
Abfragedatum: 30.04.2009

Genomik

Die Erforschung des Genoms und die Wechselwirkung der darin enthaltenen Gene werden als Genomik bezeichnet. Als Genom oder auch Erbgut eines Lebewesens wird die Gesamtheit der vererbbaren Informationen einer Zelle bezeichnet, die als Desoxyribonukleinsäure (DNA) vorliegt.

Quelle:
http://de.wikipedia.org/wiki/Genomik
Abfragedatum: 30.04.2009

Hämatologie

Hämatologie ist die Lehre von der Physiologie, Pathophysiologie und den Krankheiten des Blutes sowie der blutbildenden Organe. Sie umfasst bösartige Erkrankungen des Blutes, Bildungsstörungen des Knochenmarks, Blutveränderungen durch immunologische Prozesse, Störungen der Blutstillung (hämorrhagische Diathesen; Hämophilie) und Übergerinnbarkeit des Blutes (Thrombophilie). Die beiden letztgenannten Krankheitsgruppen werden auch unter dem Fachbegriff Hämostaseologie (Lehre der Blutgerinnung) subsumiert.
Die wichtigsten Blutkrankheiten sind die akute und chronische Leukämie (Blutkrebs), bösartige Veränderungen der Lymphknoten (umgangssprachlich "Lymphknotenkrebs"), Anämie (Blutarmut) und die Hämophilie (Bluterkrankheit).

Quelle:
http://de.wikipedia.org/wiki/
H%C3%A4matologie
Abfragedatum: 30.04.2009

Immundiagnostik, Immunologie

Die Immunologie oder Immunbiologie ist die Lehre von den biologischen und biochemischen Grundlagen der körperlichen Abwehr von Krankheitserregern wie Bakterien, Viren und Pilzen sowie anderen körperfremden Stoffen wie beispielsweise biologischen Toxinen und Umweltgiften, und darüber hinaus von Störungen und Fehlfunktionen dieser Abwehrmechanismen. Forschungsgegenstand ist das Immunsystem, ein System von zellulären und molekularen Prozessen, welche die Erkennung und Inaktivierung von Krankheitserregern und körperfremden Substanzen realisieren. Diese Prozesse werden unter dem Begriff Immunantwort zusammengefasst. Aufgrund der zentralen Rolle des menschlichen Immunsystems bei einer Vielzahl von Erkrankungen ist die Immunologie in der Medizin für das Verständnis, die Prävention, die Diagnostik und die Therapie von Krankheiten von großer Bedeutung.
Die Immundiagnostik ist eine Diagnosemethode, die eine Antigen-Antikörper-Reaktion als primäre Erkennungsart verwendet. Sie wurde in den 1960er Jahren als diagnostisches Konzept eingeführt.

Quelle:
http://de.wikipedia.org/wiki/Immunologie
http://en.wikipedia.org/wiki/
Immunodiagnostics
Abfragedatum: 30.04.2009

Intensivmedizin

Die Intensivmedizin ist ein medizinisches Fachgebiet, das sich mit Diagnostik und Therapie lebensbedrohlicher Zustände und Krankheiten befasst. Das geschieht meist in besonders ausgerüsteten Stationen eines Krankenhauses (Intensivstation), die durch speziell ausgebildete Fachärzte, wie Anästhesisten, Internisten, Chirurgen oder Neurologen geführt werden.

Quelle:
http://de.wikipedia.org/wiki/Intensivmedizin
Abfragedatum: 30.04.2009

In vitro

Als in vitro (lateinisch, im Glas) bezeichnet man Vorgänge, die außerhalb eines lebenden Organismus stattfinden, im Gegensatz zu solchen, die im lebenden Organismus (in vivo) ablaufen. In der Naturwissenschaft bezieht sich in vitro auf Experimente, die in einer kontrollierten künstlichen Umgebung außerhalb eines lebenden Organismus durchgeführt werden, zum Beispiel im Reagenzglas. Die In-vitro-Fertilisation ist ein bekanntes Beispiel dafür.

Quelle:
http://de.wikipedia.org/wiki/In_vitro
Abfragedatum: 30.04.2009

In-vitro Diagnostik (IVD)

In-vitro-Diagnostikum (IVD) ist jedes Medizinprodukt, das als Reagenz, Reagenzprodukt, Kalibriermaterial, Kontrollmaterial, Kit, Instrument, Apparat, Gerät oder System — einzeln oder in Verbindung miteinander — nach der vom Hersteller festgelegten Zweckbestimmung zur In-vitro-Untersuchung von aus dem menschlichen Körper stammenden Proben, einschließlich Blut- und Gewebespenden, verwendet wird.
Die In vitro Diagnostik findet „im Glas" statt – außerhalb des Körpers, im Labor. Meist benutzt man für solche Tests Körperflüssigkeiten oder Gewebeproben.

Quelle:
http://wapedia.mobi/de/In-vitro-Diagnostika
Abfragedatum: 30.04.2009

In vivo

Als in vivo (Lateinisch, im Lebendigen) bezeichnet man in der Wissenschaft Prozesse, die im lebendigen Organismus ablaufen.

Quelle:
http://de.wikipedia.org/wiki/In_vivo
Abfragedatum: 30.04.2009

In-vivo Diagnostik

„In vivo" beschreibt das Auffinden von Krankheiten im lebenden Organismus. Ein In-vivo-Diagnostikum ist ein Arzneimittel, das in lebenden Patienten oder Tieren zum Einsatz kommt. Dem Patienten wird vor oder während einer Untersuchung mit einem bildgebenden Verfahren eine Substanz verabreicht. Am bekanntesten sind hierbei Kontrastmittel, die beispielsweise bei der Röntgen-Durchleuchtung, der Computertomografie, der Magnetresonanztomografie- und bei Ultraschalluntersuchungen eingesetzt werden. Die Kontrastmittel verbessern die diagnostische Aussagekraft dieser bildgebenden Verfahren.

Quelle:
http://de.wikipedia.org/wiki/In-vivo-Diagnostika
Abfragedatum: 30.04.2009

Kardiologie, Cardiology

Kardiologie ist die Lehre vom Herzen, die sich mit der Struktur, der Funktion und den Erkrankungen des Herzens befasst, und in der Humanmedizin das Teilgebiet der Inneren Medizin, das sich mit den Herz-Kreislauferkrankungen beim Erwachsenen beschäftigt.

Quelle:
http://de.wikipedia.org/wiki/Kardiologie
Abfragedatum: 30.04.2009

Kathederlabor, Catherization laboratory (Cath lab)

Ein Kathederlabor ist ein Untersuchungsraum eines Krankenhauses oder einer Klinik, der mit Geräten zur Bildgebenden Diagnostik ausgestattet ist, um die Katheder-Prozedur zu unterstützen.

Quelle:
http://en.wikipedia.org/wiki/Cath_lab
Abfragedatum: 30.04.2009

Kontrastmittel , Image agent

Kontrastmittel dienen dazu, die Darstellung von Strukturen und Funktionen des Körpers in bildgebenden Verfahren zu verbessern und werden vor allem in der Röntgendiagnostik, der Magnetresonanztomografie (MRT) und der Sonografie eingesetzt.

Quelle:
http://de.wikipedia.org/wiki/Kontrastmittel
Abfragedatum: 30.04.2009

Magnetresonanztomographie (MRT, MR)

Die Magnetresonanztomographie (MRT, kurz auch MR) ist ein bildgebendes Verfahren, das vor allem in der medizinischen Diagnostik zur Darstellung von Struktur und Funktion der Gewebe und Organe im Körper eingesetzt wird. Mit der MRT kann man Schnittbilder des menschlichen (oder tierischen) Körpers erzeugen, die eine Beurteilung der Organe und vieler krankhafter Organveränderungen erlauben. Die Magnetresonanztomographie basiert auf sehr starken Magnetfeldern sowie elektromagnetischen Wechselfeldern im Radiofrequenzbereich, mit denen bestimmte Atomkerne (meistens die Wasserstoffkerne/Protonen) im Körper angeregt werden.

Quelle:
http://de.wikipedia.org/wiki/
Magnetresonanztomographie
Abfragedatum: 30.04.2009

Mammographie

Die Mammografie bzw. -graphie ist als Verfahren der Radiologie eine Röntgenuntersuchung üblicherweise der weiblichen, gegebenenfalls aber auch der männlichen Brust. Die Mammografie ist eine Methode zur Früherkennung von Brustkrebs (Mammakarzinom), der häufigsten Krebserkrankung der Frau.

Quelle:
http://www.krebs-aktuell.de/krebs-aktuell/krebsdiagnoseverfahren/news/
mammografie.html
Abfragedatum: 30.04.2009

Molekulare Bildgebung, Molecular imaging (MI)

Mit dem Begriff Molekulare Bildgebung wird die Diagnose von Krankheiten auf molekularen Ebene, mittels bildgebender Verfahren am Patienten bezeichnet. Mit den Erkenntnissen der biochemischen Forschung und der Molekularbiologie ist es prinzipiell möglich Krankheiten auf molekulare Abnormalitäten zurückzuführen. Das Ziel der Molekularen Bildgebung ist es, diese molekularen Signaturen von Krankheiten zu detektieren und für die medizinische Diagnose zu nutzen. Im Idealfall lassen sich damit Krankheiten bereits vor dem Ausbruch der ersten Symptome diagnostizieren und therapieren.

Quelle:
http://de.wikipedia.org/wiki/
Molekulare_Bildgebung
Abfragedatum: 30.04.2009

Neurologie

Die Neurologie ist die Lehre von den Erkrankungen des Nervensystems. Die Grenze zur Psychiatrie ist teilweise fließend. In Deutschland ist die Neurologie als ein Teilgebiet aus der Inneren Medizin hervorgegangen. Die Organsysteme, die in der Neurologie Berücksichtigung finden, sind das Zentralnervensystem, also Gehirn und Rückenmark und deren Umgebungsstrukturen und blutversorgende Gefäße sowie das periphere Nervensystem einschließlich dessen Verbindungsstrukturen mit den Muskeln sowie die Muskulatur.

Quelle:
http://de.wikipedia.org/wiki/Neurologie
Abfragedatum: 30.04.2009

Nuklearmedizin

Die Nuklearmedizin umfasst die Anwendung radioaktiver Substanzen und kernphysikalischer Verfahren in der Medizin zur Funktions- und Lokalisationsdiagnostik sowie offener Radionuklide in der Therapie und den Strahlenschutz mit seinen physikalischen, biologischen und medizinischen Grundlagen. Dabei kommen In-vivo-Verfahren zum Einsatz. Dies sind Messverfahren, bei denen ein Radiopharmakon („Tracer“) in den Körper eingebracht wird, dessen Gammastrahlung oder Vernichtungsstrahlung von außerhalb des Körpers sehr genau gemessen werden kann. Ein Radiopharmakon ist ein Radionuklid oder die chemische Verbindung eines Radionuklids mit anderen Stoffen. Die bildgebenden Verfahren Positronen-Emissions-Tomographie (PET) und SPECT (single photon emission computed tomography) bilden nach dem Tracer-Prinzip vorwiegend die Funktion eines Organs oder Organsystems ab, im Gegensatz zu den morphologischen bildgebenden Verfahren, die hauptsächlich die Struktur zeigen.

Quelle:
http://de.wikipedia.org/wiki/Nuklearmedizi
n
Abfragedatum: 30.04.2009

Onkologie

Als Onkologie bezeichnet man die Wissenschaft, die sich mit der Diagnose, Behandlung und Prävention von Krebs befasst.

Quelle:
http://de.wikipedia.org/wiki/Onkologie
Abfragedatum: 30.04.2009

Pathologie

Als Pathologie wird in der Medizin die Erforschung und Lehre von den Ursachen (Ätiologie), der Entstehungsweise (Pathogenese), der Verlaufform und der Auswirkungen von krankhaften bzw. abnormen Einzelphänomenen (Symptomen) oder Symptomverbänden (Syndromen) sowie von Missbildungen aller Art verstanden, einschließlich dabei feststellbarer Körpervorgänge (Pathophysiologie). Eine kürzere Definition erklärt die Pathologie als „Lehre von den abnormen und krankhaften Vorgängen und Zuständen im Körper („pathologische Anatomie“) und deren Ursachen“.
Die Pathologie als medizinisch-diagnostische Fachrichtung (Facharztausbildung) wird traditionell und aus methodischen Gründen in Form einer Pathobiologie betrieben. Sie beschäftigt sich hauptsächlich mit den morphologisch fassbaren krankhaften Veränderungen des Körpers. Als sol-

che besteht sie in einer naturwissenschaftlichen und auf den Körper bezogenen Krankheitsforschung und Krankheitslehre. Die pathologische Routine- und Sektionsdiagnostik beruht in erster Linie auf der Beurteilung der makroskopischen (pathologische Anatomie) und lichtmikroskopischen Aspekte (Histopathologie, Zytologie) von Geweben, sowie im Zuge des wissenschaftlich-technischen Fortschritts zunehmend unter Einbeziehung biochemischer und molekularbiologischer Methoden (Bsp.: Nachweis veränderter Enzymaktivitäten oder veränderter Proteinexpression mit z.B. Immunfluoreszenz oder Immunhistochemie). In der Forschung spielt zusätzlich die Elektronenmikroskopie (ultrastrukturelle Pathologie) eine Rolle.

Quelle:
http://de.wikipedia.org/wiki/Pathologie
Abfragedatum: 30.04.2009

Patienten-Monitoring (PM)

Monitoring ist ein Überbegriff für alle Arten der unmittelbaren systematischen Erfassung, Beobachtung oder Überwachung eines Vorgangs oder Prozesses mittels technischer Hilfsmittel oder anderer Beobachtungssysteme. Die Funktion des Monitorings besteht darin, bei einem beobachteten Ablauf bzw. Prozess steuernd einzugreifen, sofern dieser nicht den gewünschten Verlauf nimmt bzw. bestimmte Schwellwerte unter- bzw. überschritten sind. Monitoring ist deshalb ein Sondertyp des Protokollierens.
Monitoring in der Medizin bezeichnet die Überwachung der Vitalfunktionen eines Patienten, insbesondere in der Anästhesie und der Intensivmedizin. Dazu werden automatisierte Geräte (medical monitor, patient monitor) eingesetzt, die die Vitalfuktionen des Patienten aufnehmen, darstellen und an ein Monitoringnetzwerk übermitteln können.

Quelle:
http://de.wikipedia.org/wiki/Monitoring
http://en.wikipedia.org/wiki/
Medical_monitor
Abfragedatum: 30.04.2009

Picture Archiving and Communication System (PACS)

Ein Picture Archiving and Communication System (PACS) ist in der Medizin ein Bildarchivierungs- und Kommunikationssystem auf der Basis digitaler Rechner und Netzwerke. PACS-Systeme erfassen digitale Bilddaten aller Modalitäten in der Radiologie und der Nuklearmedizin. Grundsätzlich kommen auch Bilder aus anderen bildgebenden Verfahren, etwa aus Endoskopie, Kardiologie, Pathologie und Mikrobiologie, für die PACS-Verarbeitung in Frage. Nach der Erfassung werden die digitalen Bilddaten, zusammen mit Informationen über die Identität des Patienten, über die klinische Fragestellung und über die Untersuchung auf einem zentralen Serversystem gespeichert. Bei allen modernen Systemen werden standardisierte Kommunikationsprotokolle und Speicherformate verwendet. Dadurch lassen sich verschiedene PACS-Komponenten und Diagnosegeräte herstellerunabhängig verbinden.

Quelle:
http://de.wikipedia.org/wiki/Picture_
Archiving_and_Communication_System
Abfragedatum: 30.04.2009

Point-of-Care (POC)

Der Begriff Versorgungsnahe Untersuchung bzw. point-of-care testing bezeichnet man in der Medizin diagnostische Untersuchungen, die nicht in einem Zentrallabor, sondern im Krankenhaus unmittelbar auf der Krankenstation, in der Praxis eines niedergelassenen Arztes, oder auch in einer öffentlichen Apotheke durchgeführt werden. In bestimmten Situationen wie Notfällen ist auch ein Einsatz außerhalb einer solchen Einrichtung möglich, beispielsweise in der Wohnung eines Patienten oder während eines Krankentransports. Bei einigen Untersuchungen ist auch eine Anwendung durch den Patienten selbst vorgesehen, so zum Beispiel bei Schwangerschaftstests oder bei der Blutzuckermessung durch Diabetiker. Viele Point-of-Care-Untersuchungen sind als Teststreifen konzipiert, wodurch der manuelle Aufwand für die Durchführung auf ein Minimum reduziert wird. Auch Messgeräte für einen Point-of-Care-Einsatz sind in der Regel nahezu vollständig automatisiert und erfordern von der Probenvorbereitung bis zum Testergebnis nur wenige und einfache Eingriffe des Benutzers.

Quelle:
http://de.wikipedia.org/wiki/Point_of_Care
Abfragedatum: 30.04.2009

Positronen-Emissions-Tomographie (PET)

Die Positronen-Emissions-Tomographie (PET), ist ein bildgebendes Verfahren der Nuklearmedizin, das Schnittbilder von lebenden Organismen erzeugt, indem es die Verteilung einer schwach radioaktiv markierten Substanz (Radiopharmakon) im Organismus sichtbar macht und damit biochemische und physiologische Funktionen abbildet (funktionelle Bildgebung). Basierend auf dem Prinzip der Szintigrafie wird dem Patienten zu Beginn einer PET-Untersuchung ein Radiopharmakon verabreicht, meist durch Injektion in eine Armvene. Die PET verwendet Radionuklide, die Positronen emittieren (Betastrahlung). Bei der Wechselwirkung eines Positrons mit einem Elektron im Körper werden zwei hochenergetische Photonen in genau entgegengesetzte Richtungen, also mit dem Winkel 180 Grad zueinander, ausgesandt (Vernichtungsstrahlung). Das PET-Gerät enthält viele, ringförmig um den Patienten angeordnete Detektoren für die Photonen. Das Prinzip der PET-Untersuchung besteht darin, Koinzidenzen zwischen je zwei genau gegenüberliegenden Detektoren aufzuzeichnen. Aus der zeitlichen und räumlichen Verteilung dieser registrierten Zerfallsereignisse wird auf die räumliche Verteilung des Radiopharmakons im Körperinneren geschlossen und eine Serie von Schnittbildern errechnet. Häufige Anwendung findet die PET bei stoffwechselbezogenen Fragestellungen in der Onkologie, Neurologie sowie Kardiologie.

Quelle:
http://de.wikipedia.org/wiki/Positronen-Emissions-Tomographie
Abfragedatum: 30.04.2009

Proteomik

Die Proteomik (englisch: proteomics) umfasst die Erforschung des Proteoms, das heißt der Gesamtheit aller in einer Zelle oder einem Lebewesen unter definierten Bedingungen und zu einem definierten Zeitpunkt vorliegenden Proteine. Das Proteom ist im Gegensatz zum (eher) statischen Genom (hoch) dynamisch und kann sich daher in seiner qualitativen und quantitativen Proteinzusammensetzung aufgrund veränderter Bedingungen (Umweltfaktoren, Temperatur, Genexpression, Wirkstoffgabe etc.) verändern.

Quelle:
http://de.wikipedia.org/wiki/Proteomik
Abfragedatum: 30.04.2009

Radiographie

Bei den radiografischen Verfahren (auch als „konventionelles Röntgen" bezeichnet) wird der Körper des Patienten oder ein Teil desselben aus einer Richtung mit Röntgenstrahlung durchstrahlt. Auf der Gegenseite wird die Strahlung mit geeigneten Materialien registriert und in ein Bild umgewandelt. Dieses zeigt die im Strahlengang liegenden Gewebe in der Projektion: Knochen absorbieren mehr Strahlung als Weichteile und werfen daher Schatten; luftgefüllte Gewebe wie die Lunge sind relativ durchlässig, sodass dahinter eine höhere Strahlenintensität registriert wird. Da verschiedene Strukturen sich meist im Strahlengang überlagern, ist es oft hilfreich, mehrere Bilder aus unterschiedlicher Projektionsrichtung anzufertigen. Welche Art Sensormaterial zur Registrierung verwendet wird, hängt vom Geräte- und Aufnahmetyp ab. Bei der herkömmlichen Radiografie wird lichtempfindliches Filmmaterial analog zur Fotografie verwendet, das sich bei Strahleneinfall schwärzt und chemisch entwickelt werden muss. Fortentwicklungen dieses Prinzips erlauben anstelle der Entwicklung von Filmmaterial das digitale Auslesen eines Detektors.

Quelle:
http://de.wikipedia.org/wiki/Radiologie
Abfragedatum: 30.04.2009

Radiologie

Die Radiologie ist das Teilgebiet der Medizin, das sich mit der Anwendung von Strahlen zu diagnostischen, therapeutischen und wissenschaftlichen Zwecken befasst. Traditionell werden in der Radiologie Röntgenstrahlen verwendet. Über die Röntgenstrahlen hinaus kommt auch andere Ionisierende Strahlung, wie Gammastrahlung oder Elektronen zum Einsatz. Da ein wesentlicher Einsatzzweck die Bildgebung ist, werden auch andere bildgebende Verfahren wie die Sonografie und die Magnetresonanztomografie zur Radiologie gerechnet, obwohl bei diesen Verfahren keine ionisierende Strahlen zum Einsatz kommen. Die Radiologie gliedert sich in die Gebiete Diagnostische Radiologie und Strahlentherapie.

Quelle:
http://de.wikipedia.org/wiki/Radiologie
Abfragedatum: 30.04.2009

Reagenz

In der Analytik bezeichnet eine Reagenz einen Stoff, der zur Identifikation eines anderen Stoffes benutzt wird, d. h. ein Nachweismittel bei einer Nachweisreaktion. Die Zugabe des Reagenz führt zu einer chemischen Reaktion mit Bildung einer charakteristischen Fällung oder Farbänderung, die Rückschlüsse auf die An- oder Abwesenheit bestimmter Ionen oder funktioneller Gruppen erlaubt.

Quelle:
http://de.wikipedia.org/wiki/Reagenz
Abfragedatum: 30.04.2009

Single Photon Emission Computed Tomography (SPECT)

Die Single Photon Emission Computed Tomography (SPECT) (dt. Einzelphotonen-Emissions-Tomografie)

ist ein diagnostisches Verfahren zur Herstellung von Schnittbildern lebender Organismen. SPECT-Bilder zeigen die Verteilung eines Radiopharmakons im Körper. Sie eignen sich, je nach Art des Radiopharmakons, zur Beurteilung der Funktion verschiedener Organe.
Basierend auf dem Prinzip der Szintigrafie, wird dem Patienten zu Beginn der Untersuchung ein Radiopharmakon (ein Radionuklid oder eine mit einem Radionuklid markierte Substanz) verabreicht, meist als Injektion in eine Armvene. Die verwendeten Radionuklide emittieren Gammastrahlung, die mit Gamma-Kameras detektiert wird. Eine oder mehrere solcher Kameras rotieren um den Körper und detektieren die emittierte Strahlung aus unterschiedlichen Raumrichtungen. Aus diesen planaren Aufnahmen (sog. Projektionen) lässt sich mittels inverser Radontransformation wieder auf die Verteilung des Radiopharmakons im Körperinneren zurückschließen und diese anschließend z.B. als Schnittbilder durch den Körper darstellen.

Quelle:
http://de.wikipedia.org/wiki/SPECT
Abfragedatum: 30.04.2009

Tracer

Ein Tracer ist eine künstliche, oft radioaktiv markierte körpereigene oder körperfremde Substanz, die nach Einbringung in den lebenden Körper am Stoffwechsel teilnimmt und darüber unterschiedlichste Untersuchungen ermöglicht oder erleichtert. Wegen der minimalen Stoffmenge werden dabei die Körperfunktionen nicht gestört. Die Tracermethode findet heute neben der nuklearmedizinischen Diagnostik auch in der Forschung in Chemie, Biologie und Biochemie Anwendung.

Quelle:
http://de.wikipedia.org/wiki/Tracer_(Nuklearmedizin)
Abfragedatum: 30.04.2009

Ultraschall (US)

Mit Ultraschall (oft als 'US' abgekürzt) bezeichnet man Schall mit Frequenzen, die oberhalb des vom Menschen wahrgenommenen Bereiches liegen. Das umfasst Frequenzen zwischen 20 kHz (obere Hörschwelle) und 1 GHz. Schall mit noch höherer Frequenz wird als Hyperschall bezeichnet, bei Frequenzen unterhalb des für Menschen hörbaren Frequenzbereichs spricht man dagegen von Infraschall.
Sonografie, auch Echografie oder umgangssprachlich Ultraschall genannt, ist die Anwendung von Ultraschall als bildgebendes Verfahren zur Untersuchung von organischem Gewebe in der Medizin und Veterinärmedizin sowie von technischen Strukturen. Ein Sonogramm ist ein Bild, das mit Hilfe der Sonografie erstellt wurde. Ein wesentlicher Vorteil der Sonografie gegenüber dem in der Medizin ebenfalls häufig verwendeten Röntgen liegt in der Unschädlichkeit der eingesetzten Schallwellen. Auch sensible Gewebe wie bei Ungeborenen werden nicht beschädigt, die Untersuchung verläuft weitgehend schmerzfrei.
Die Ultraschalltherapie ist ein Teilbereich der Physikalischen Therapie bzw. der Elektrotherapie und beschreibt ein medizinisches Verfahren zur Schmerzlinderung und Unterstützung von Selbstheilungsprozessen mittels Ultraschall. Der Frequenzbereich der Ultraschalltherapie liegt zwischen 20 kHz und 800 kHz. Zur Behandlung wird ein Schallkopf gleichmäßig über die mit Kontaktgel

bedeckte, erkrankte Stelle geführt, der Wärme und Gewebebewegung im Körperinneren erzeugen soll. Hierbei ist zwischen einer Behandlung mit Dauerschall und einer Behandlung mit Impulsschall zu unterscheiden.

Quelle:
http://de.wikipedia.org/wiki/Ultraschall
http://de.wikipedia.org/wiki/Ultraschall-therapie
http://de.wikipedia.org/wiki/Sonografie
Abfragedatum: 30.04.2009

Urologie

Die Urologie ist ein Teilgebiet der Medizin. Sie beschäftigt sich mit den harnbildenden und harnableitenden Organen, also von Niere, Harnblase, Harnleiter und Harnröhre. Urologen behandeln zudem auch Krankheiten der Geschlechtsorgane des Mannes, also Hoden, Nebenhoden, Samenleiter, Samenbläschen, Penis, sowie der Prostata.

Quelle:
http://de.wikipedia.org/wiki/Urologie
Abfragedatum: 30.04.2009

Workflow, Arbeitsablauf

Ein Arbeitsablauf, englisch Workflow, ist eine vordefinierte Abfolge von Aktivitäten in einer Organisation. Der Arbeitsablauf betont dabei die operativ-technische Sicht auf die Prozesse, während der in der Definition nahe stehende Geschäftsprozess den Bezug zu betriebswirtschaftlichen Faktoren wie Kosten und Erlösen betrachtet, z.B. bei einem Handelsprozess. Dabei kann ein IT-System den Ablauf unterstützen, ihn mit notwendigen Daten versorgen und ihn gemäß einer im System hinterlegten Vorgabe oder eines dafür vorgesehenen Algorithmus abwickeln.

Das Ziel ist hierbei weniger eine Dokumentation für eine Organisation oder deren Mitarbeiter, sondern eine mögliche (Teil-) Automatisierung der Ausführung. In Abgrenzung vom Geschäftsprozess wird dabei detailliert auf die operative Ebene eingegangen, indem die Arbeitsablauf-Beschreibung (workflow-definition) den Prozess in Bestandteile gliedert, die auf IT-Ebene eindeutig sind und in deterministischer Beziehung zueinander stehen.

Arbeitsablaufmodelle sollen dabei helfen, die optimale Einbindung verschiedener Anwendungen (Textverarbeitungen, Tabellenkalkulationen, Datenbanken usw.) in Arbeitsabläufe der Organisation sicherzustellen. Hierzu wird ein Workflow-Management-System eingesetzt: Ein Softwaresystem, das die Definition und Durchführung von Workflows ermöglicht, indem es die Workflow-Instanzen nach einem vorgegebenen, im Rechner abgebildeten Schema steuert und dazu benötigte Daten und Applikationen bereitstellt oder abfragt. Die Aufgabe eines Workflow-Managementsystems besteht darin, zu koordinieren, wer (Rollen) was (Aufgabe) wann (Prozess) und wie (Umgebung) bearbeitet.

Quelle:
http://de.wikipedia.org/wiki/Workflow
Abfragedatum: 30.04.2009

Anhang 2 Life Sciences: Identifizierte Entwicklungswege, 2000-2008

Quelle: Eigene Darstellung

Anhang 3 In-Vitro Diagnostik (IVD): Identifizierte Entwicklungswege, 2000-2008

Quelle: Eigene Darstellung

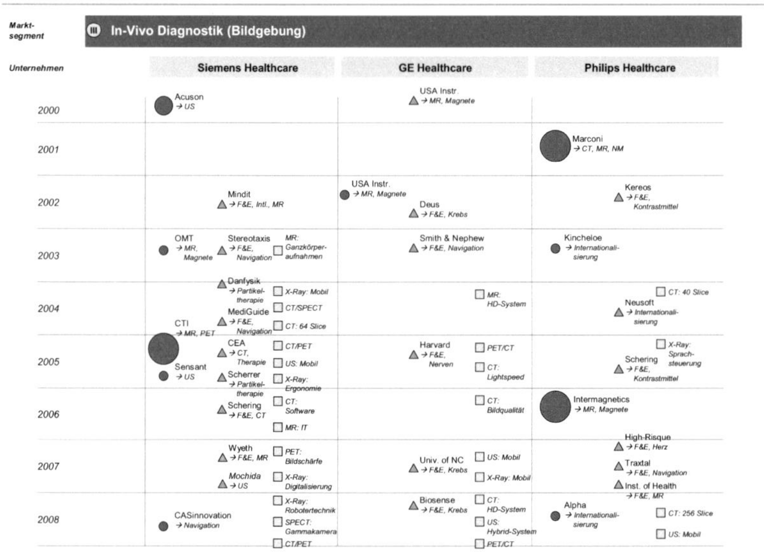

Anhang 4 In-Vivo Diagnostik (Bildgebung): Identifizierte Entwicklungswege, 2000-2008

Quelle: Eigene Darstellung

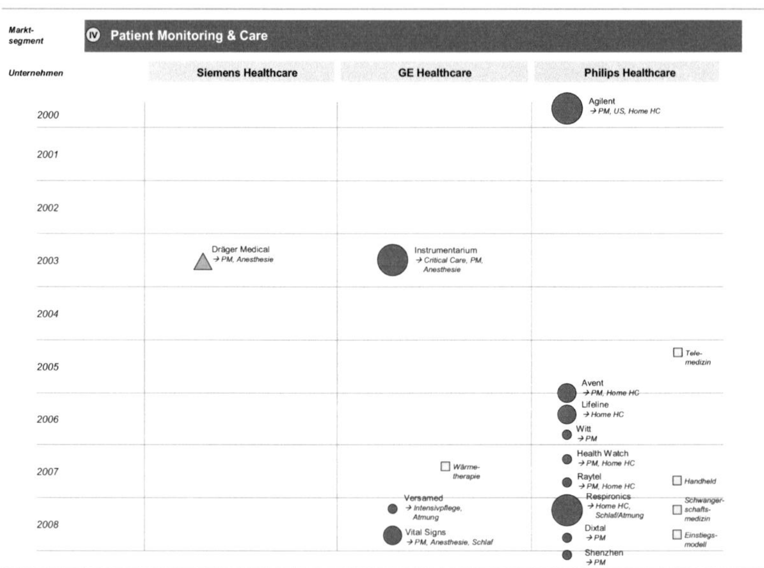

Anhang 5 Patient Monitoring & Care: Identifizierte Entwicklungswege, 2000-2008

Quelle: Eigene Darstellung

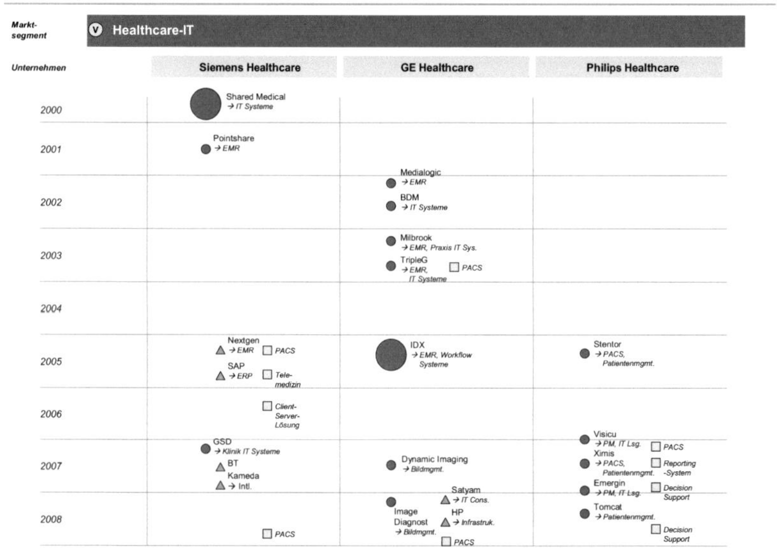

Anhang 6 Healthcare-IT: Identifizierte Entwicklungswege, 2000-2008

Quelle: Eigene Darstellung

	Status	Marktwachstum		Marktkonzentration	
(I) Life Sciences	t_1 (2008)	Hoch	▪ Marktwachstum = ~10% ▪ Kann sich durch Ausgabenverlagerung in den Bereich Diagnose/ Früherkennung/ Prävention noch verstärken	Niedrig	▪ Nur ein Marktsegment stärker fragmentiert
	t_0 (2000)	Hoch	▪ *Keine entscheidenden Unterschiede*	Niedrig	▪ *Keine entscheidenden Unterschiede*
(II) IVD	t_1 (2008)	Hoch/Moderat	▪ Marktwachstum = ~7% ▪ Kann sich durch Ausgabenverlagerung in den Bereich Diagnose/ Früherkennung/Prävention noch verstärken	Hoch	▪ CR3 = 45% ▪ Fortschreitende Konsolidierung → Wegfall größerer Akquisitionsziele
	t_0 (2000)	Hoch/Moderat	▪ *Keine entscheidenden Unterschiede*	Niedrig/Moderat	▪ CR3 = 35-40% ▪ Verstärkung der Konsolidierung durch M&A Transaktionen
(III) Bild-gebung	t_1 (2008)	Niedrig	▪ Marktwachstum = 3-4% ▪ Gebremst durch Budgetrestriktionen (DRA) und Verlängerung der Upgradezyklen	Hoch	▪ CR3 = ~64% ▪ Starke Konzentration der auf drei Wettbewerber
	t_0 (2000)	Hoch/Moderat	▪ Marktwachstum = 6-7% ▪ Höheres Wachstum durch technologische Fortschritte und kürzere Upgrade-Zyklen	Moderat	▪ CR3 = 35-40% ▪ Intensivierung der Konzentration durch größere M&A Transaktionen
(IV) Patient Monitoring & Care	t_1 (2008)	Niedrig	▪ Marktwachstum = 3-5% ▪ Kann sich durch Zunahme der Bedeutung der Home Healthcare verstärken	Hoch	▪ Fragmentierter Markt, besonders im Bereich Home Healthcare
	t_0 (2000)	Hoch	▪ *Keine entscheidenden Unterschiede*	Niedrig	▪ *Keine entscheidenden Unterschiede*
(V) Healthcare IT	t_1 (2008)	Niedrig	▪ Marktwachstum = 8-10% ▪ Kann sich durch bisherige Unterinvestition noch verstärken	Hoch	▪ CR3 = 27% ▪ Fragmentierter Markt ohne dominanten Anbieter
	t_0 (2000)	Hoch	▪ Hohes Wachstum, geprägt durch technologische Weiterentwicklungen	Niedrig	▪ Fragmentierter Markt, auch nach größeren M&A Transaktionen

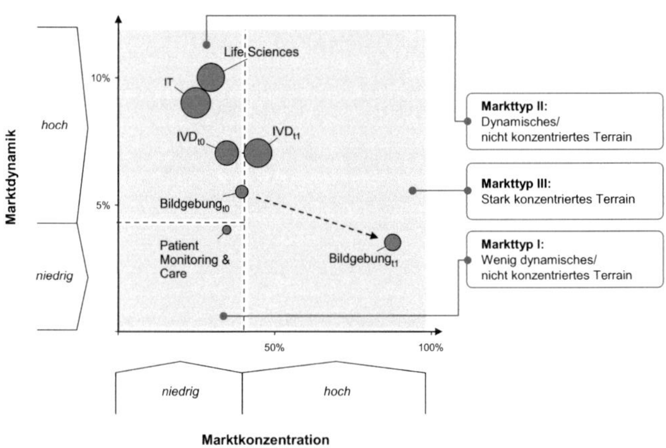

Anhang 7 Zusammenfassende Einschätzung der externen Kontextvariablen und Einordnung in die Matrix für Markttypen

Quelle: Eigene Darstellung

Entw.weg	Beschreibung	Unternehmen	Detailinformationen: Jahr	Kaufpreis	Anteil	Umsatz	Mitarbeiter	Ziele / Wertpotenziale: KostensenkungVolumen	Ressourcen/ Kompetenz	Markt-potenziale	Zeitvorteile	Risiko-reduzierung	Optionen/ Flexibilität	Unternehmenstyp: Markt	Techno-logie
General Electric Healthcare															
Life Sciences															
acquire	Imaging Agents, Life Sciences	Amersham plc	2003-10	9''5 USD	-	2''43 USD	10.000	-	- Führender Anbieter auf dem Gebiet der diagnostischen Imaging Agents (Kontrastmittel für X-Ray, CT, US, MRI, PET) und der Biowissenschaften (Life Sciences) - Stärkung des Portfolios durch Medizinische Diagnostik (Entwicklung, Herstellung und Vertrieb von diagnostischen Imaging Agents und Radiopharmazeutika für alle bildgebenden Geräte), Protein Forschung (Entwicklung, Herstellung und Vertrieb von Reinigungs- und Membranprodukten für die Herstellung von Biopharmazeutika und in der Proteinforschung/-analyse in der Arzneiforschung)	- Dramatische Veränderung des Marktes für Kontrastmittel: Amersham mit 26% Marktanteil (2001)	- Beschleunigung der Entwicklung in der Molekularen Bildgebung und personalisierten Medizin	-	-	angrenzend	neu
acquire	Protein-Forschung/ -Analyse	Biacore International AB (SWE)	2006-06	390' USD	-	n.a.	300	-	- Erweiterung des Portfolios um Systeme für Protein Interaction Analyse, ein Gebiet von zunehmender Bedeutung für biomedizinische Forschung und Biomarker Entdeckung - Nutzung von Systemen in Kernbereichen, wie Antikörper-charakterisierung, biopharmazeutische Entwicklung und Produktion	-	- Beschleunigung neuer medizinischer Erkenntnisse	-	-	bekannt	angrenzend
ally	Krebsforschung/ -behandlung	Genomics Research Institute	2006-06	n.a.	n.a.	n.a.	n.a.	-	- gemeinsame Verbesserung und entwicklung von Medikamenten durch die Anwendung von moderner Genom-Technologien	-	-	-	-	bekannt	neu
acquire	Biopharmazeutika (Antikörper Impfstoffe)	Wave Biotech LLC	2007-04	n.a.	-	25' USD	70	-	- Erweiterung der Kapazitäten im wachsenden Segment der biopharmazeutischen Produktion - Expansion des Angebotes and Produkten und Dienstleistungen für die Herstellung von Biopharmazeutika wie bspw. Antikörper und Impfstoffe	-	-	-	-	bekannt	angrenzend
build	Analysesoftware	-	2007-08	-	-	-	-	-	Analyse- und Screening-Software - Verbesserung der Zellanalyse	-	-	-	-	bekannt	bekannt

Anhang 8 GE Healthcare: Entwicklungsschritte, Life Sciences (1/2)

Quelle: Eigene Zusammenstellung (ausführliche Quellenangabe vgl. separates Literaturverzeichnis)

Entw.weg	Beschreibung	Unternehmen	Detailinformationen					Ziele / Wertpotenziale						Unternehmenstyp	
			Jahr	Kaufpreis	Anteil	Umsatz	Mitarbeiter	KostensenkungVolumen	Ressourcen/ Kompetenz	Markt-potenziale	Zeitvorteile	Risiko-reduzierung	Optionen/ Flexibilität	Markt	Techno-logie
General Electric Healthcare															
Life Sciences															
build	Biopharmazeutika: Produktion	-	2007-10	-	-	-	-	-	Platform für biopharmazeutische Produktion: - Verbesserung der Geschwindigkeit, Qualität und Einfachheit der Produktion im Bereich der Zellkulturen, -fermentierung und -reinigung	-	-	-	-	bekannt	bekannt
acquire	Filtration- und Membran-technologie	Whatman plc.	2008-02	713' USD	-	230' USD	n.a.	-	- Starke Sektor Expertise in Life Sciences - Komplementäres Portfolio an Filtrations- und Membranprodukten und -technologien für Anwendungen in Labor, Entwicklung und Life Science (Biowissenschaft)	- Nutzung von Opportunitäten in Pharma-, Diagnostik- und Forensik-Märkten	-	-	-	bekannt	angrenzend
acquire	Biomedizin- und Arzneimittel-forschung	MicroCal LLC	2008-09	n.a.	-	28' USD	75	-	- Ausdehung der Biomedizin- und Arzneimittelforschung - Erweiterung des Portfolios um innovative Instrumente für die Untersuchung molekularer Interaktionen in den Forschungsbereichen Pharmazie, Biomedizin und Biowissenschaften - Entwicklung neuer Technologien im Spektrum der Wirkstoffsuzche und des Entwicklungsprozesses	-	-	-	-	bekannt	angrenzend

Anhang 9 GE Healthcare: Entwicklungsschritte, Life Sciences (2/2)

Quelle: Eigene Zusammenstellung (ausführliche Quellenangabe vgl. separates Literaturverzeichnis)

Entw.weg	Beschreibung	Unternehmen	Detailinformationen: Jahr	Kaufpreis	Anteil	Umsatz	Mitarbeiter	Ziele / Wertpotenziale: KostensenkungVolumen	Ressourcen/ Kompetenz	Markt-potenziale	Zeitvorteile	Risiko-reduzierung	Optionen/ Flexibilität	Unternehmenstyp: Markt	Techno-logie
Siemens Healthcare															
In-Vitro Diagnostik (IVD)															
acquire	IVD, Labordiagnostik	Diagnostic Products Corp. (DPC) (USA)	2006-04	1"54 EUR	-	481' USD	2.500	-	- Erweiterung des bestehenden Portfolios um das Gebiet der In-Vitro-Daignostik - Vereinigung von bildgebender Diagnostik, IT-Lösungen, Labor-Diagnostik - Optimale Workflow-Lösungen	- Verbindung von Know-how und Marktkenntnis von DPC mit Siemens führender Position im Bereich der medizinischen Bildgebung und IT	-	-	-	angrenzend	neu
acquire	IVD, Molekular-diagnostik	Bayer Diagnostics (GER)	2006-06	4"2 EUR	-	1"43 EUR	5.400	- Kostensynergien: Purchasing power, Functional costs, IT infrastructure	- Erweiterung des Kompetenzprofils	- Zugang zum stark wachsenden Segment der molekularen Diagnostik - Aufstieg zur #2 in der Immundiagnostik	- Aufbau des weltweit ersten voll integrierten Diagnostik-unternehmens - Trendsetting im Gesundheitswesen	-	- Ermöglichung von weiteren Innovationen durch DPC und BayerDiagnostics	angrenzend	neu
acquire	IVD, Molekular-diagnostik	Dade Behring (USA)	2007-07	7" USD (5"1 EUR)	-	1"7 USD	6.300	- Kostensynergien: Purchasing power, Functional costs, IT infrastructure	- Ergänzung des Leistungsspektrums	- Sicherung einer führenden Position im Gesundheitsmarkt	- Aufbau des weltweit ersten voll integrierten Diagnostik-unternehmens	-	- Ermöglichung von weiteren Innovationen durch DPC und BayerDiagnostics	angrenzend	neu
build	IVD, Molekular-diagnostik	-	2007-10	-	-	-	-	-	Blutgas-Analysesystem: - Qualitäts-management - Erhöhung der Mesgenauigkeit - Automatisierung der Qualitätskontrolle und Dokumentation	-	-	-	-	bekannt	bekannt

Anhang 10 Siemens Healthcare: Entwicklungsschritte, In-Vitro Diagnostik (IVD)

Quelle: Eigene Zusammenstellung (ausführliche Quellenangabe vgl. separates Literaturverzeichnis)

Entw.weg	Beschreibung	Unternehmen	Detailinformationen						Ziele / Wertpotenziale						Unternehmenstyp	
			Jahr	Kaufpreis	Anteil	Umsatz	Mitarbeiter	KostensenkungVolumen	Ressourcen/ Kompetenz	Markt-potenziale	Zeitvorteile	Risiko-reduzierung	Optionen/ Flexibilität	Markt	Techno-logie
General Electric Healthcare															
In-Vitro Diagnostik (IVD)															
acquire (geschei-tert)	In-vitro Diagnostik	Abbott Laboratories	2007	8"13 USD	-	2"7 USD	n.a.	-	- Einstieg in die In-vitro Diagnostik, insbes. in die Bereiche Kernlabortests und Point-of-Care	-	-	-	-	angrenzend	neu

Anhang 11 GE Healthcare: Entwicklungsschritte, In-Vitro Diagnostik (IVD)

Quelle: Eigene Zusammenstellung (ausführliche Quellenangabe vgl. separates Literaturverzeichnis)

Entw.weg	Beschreibung	Unternehmen	Detailinformationen: Jahr	Kaufpreis	Anteil	Umsatz	Mitarbeiter	Ziele / Wertpotenziale: KostensenkungVolumen	Ressourcen/ Kompetenz	Markt-potenziale	Zeitvorteile	Risiko-reduzierung	Optionen/ Flexibilität	Unternehmenstyp: Markt	Techno-logie
Siemens Healthcare															
In-Vivo Diagnostik (Bildgebung)															
acquire	Ultraschall	Acuson Corp. (USA)	2000-11	700' USD (780' EUR)	-	475' USD	1.900	-	- Erweiterung und Ergänzung der Produktpalette im Geschäftsgebiet Ultraschall	- Verbesserung der Wettbewerbsposition auf amerikanischem und globalem Markt	-	-	-	bekannt	angrenzend
ally	MR, Systeme	Mindit Magnetic Resonance Ltd. (CHN), Joint Venture	2002	n.a.	75%	n.a.	50	-	-	- Entwicklung, Herstellung und Verkauf/Export von supraleitenden und permanenten MR-Systemen für asiatische Märkte - Markterschließung in China und Asien	-	-	-	angrenzend	angrenzend
build	Magnetresonanz-tomographie	-	2003-11	-	-	-	-	-	System für Ganzkörperaufnahmen: - Aufnahmen in einem einzigen Untersuchungs-vorgang - Reduktion der Aufnahmezeit - Verbesserung der Arbeitsabläufe	-	-	-	-	bekannt	bekannt
ally	Röntgen (Angiographie, Fluoroskopie, Navigations-technologie	Stereotaxis	2003-09	n.a.	n.a.	n.a.	n.a.	-	- Weiterentwicklung der magnetischen Navigation zum Einsatz in anderen medizinischen Bereichen (z.B. Radiologie, Neuroradiologie)	-	- Einleitung einer neuen Ära der computergesteuerten Untersuchungen	-	-	bekannt	neu
acquire	MR, Magnete	OMT - Oxford Magnet Technology, Oxford Instruments Plc. (GB)	2003-11	9'1 GBP (13'1 EUR)	Übernahme Restanteile von 49%, davor bereits JV (51%) seit 1989	n.a.	700	-	- Technologie für Magnete und Ausrüstungsteile für MRI Geräte - Führender Anbieter von supraleitenden MRI Magneten	-	-	-	-	angrenzend	angrenzend
build	X-Ray: Mobiles System	-	2004-05	-	-	-	-	-	Mobiles Röntgensystem: - Erhöhung der Flexibilität im Bereich Intensivmedizin und im stationären Bereich	-	-	-	-	bekannt	bekannt
build	CT, SPECT, molekulare Computer-tomographie	-	2004-07	-	-	-	-	-	Hybridbildgebung: - funktionelle Sensitivität von SPECT und Datailgrad von CT - Erhöhung der Bildqualität und Diagnosesicherheit	-	-	-	-	bekannt	angrenzend

Anhang 12 Siemens Healthcare: Entwicklungsschritte, Bildgebung (1/5)

Quelle: Eigene Zusammenstellung (ausführliche Quellenangabe vgl. separates Literaturverzeichnis)

			Detailinformationen					Ziele / Wertpotenziale						Unternehmenstyp	
Entw.weg	Beschreibung	Unternehmen	Jahr	Kaufpreis	Anteil	Umsatz	Mitarbeiter	KostensenkungVolumen	Ressourcen/ Kompetenz	Markt-potenziale	Zeitvorteile	Risiko-reduzierung	Optionen/ Flexibilität	Markt	Techno-logie
Siemens Healthcare															
In-Vivo Diagnostik (Bildgebung)															
build	CT	-	2004-01	-	-	-	-	-	64-Schichten-CT: - Erhöhung der Geschwindigkeit - Verbesserung der Bildqualität - Verbesserung von Effizienz und Patientendurchsatz	-	-	-	-	bekannt	bekannt
ally	Therapieplanung (Partikeltherapie), Onkologie	Danfysik A/S (DEN)	2004-10	n.a.	n.a.	n.a.	n.a.	-	- Exklusive Lieferung von Beschleunigungs-systemen zur Integration in Partikeltherapie-anlagen - Stärkung der Stellung als Lösungsanbieter in der Onkologie	-	-	-	-	bekannt	neu
ally	Röntgen (Angiographie, Fluoroskopie), Navigations-technologie	MediGuide Ltd. (ISR)	2004-11	n.a.	n.a.	n.a.	n.a.	-	- Kombination von Angiographiesystem und Medical Positioning System (MPS) - Erschließung neuer Methode zur Navigation und magnetischen Ortung - Erste Versuche für den Einsatz in der Chirurgie	-	- schnellere Markteinführung der MPS-Technologie - Setzen von Standards für die Kathederanwendung	-	-	bekannt	neu
build	CT, PET: molekulare Computer-tomographie	-	2005-03	-	-	-	-	-	Hybridsystem: - Kombination aus PET und 64-Schicht-CT - Verkürzuung der Aufnahmezeiten - Detaillierung der Aufnahme des Herzens in einem singulären Schritt	-	-	-	-	bekannt	angrenzend
build	Ultraschall	-	2005-03	-	-	-	-	-	Portables US-System - Farbdoppler Funktionalität - Verbesserung der Bildqualität für Geburtshilfe, Innere Medizin und Allgemeinmedizin	-	-	-	-	bekannt	angrenzend
acquire	Ultraschall	Sensant Corp. (USA)	2005-06	n.a.	-	n.a.	n.a.	-	- Entwicklung von "advanced Capacitive Microfabricated Ultrasound Transducer (CMUT) technology - Integration der Elektronik von Energieumwandler und US-System	- Kommerzialisierung von "next generation transducers"	-	-	-	bekannt	angrenzend

Anhang 13 Siemens Healthcare: Entwicklungsschritte, Bildgebung (2/5)

Quelle: Eigene Zusammenstellung (ausführliche Quellenangabe vgl. separates Literaturverzeichnis)

Entw.weg	Beschreibung	Unternehmen	Detailinformationen: Jahr	Kaufpreis	Anteil	Umsatz	Mitarbeiter	Ziele / Wertpotenziale: KostensenkungVolumen	Ressourcen/ Kompetenz	Markt-potenziale	Zeitvorteile	Risiko-reduzierung	Optionen/ Flexibilität	Unternehmenstyp: Markt	Techno-logie
Siemens Healthcare															
In-Vivo Diagnostik (Bildgebung)															
ally	Computer-tomographie, Magnetresonanz-tomographie, Therapieverfahren	Commissariat à l'Energie Atomique (CEA) (FRA)	2005-07	n.a.	n.a.	n.a.	n.a.	-	- Forschungs-aktivitäten auf dem Gebiet innovativer Bildgebungs- und Therapieverfahren - Weiterentwicklung bestehender Technologie (MR, CT) und Suche nach neuen Wegen frühzeitigerer Diagnose- und Therapiemöglichkeiten	-	-	-	-	bekannt	neu
ally	Therapieplanung (Partikeltherapie), Onkologie	Paul Scherrer Institut (CH)	2005-09	n.a.	n.a.	n.a.	n.a.	-	- Zugang zu Know-how auf dem Sektor der Therapieplanung - Weiterentwicklung und eigene Testverfahren zur Protonentherapie - Stärkung der Stellung als Anbieter integrierter Lösungen auf dem Gebiet der Onkologie	-	-	-	-	bekannt	neu
acquire	MR, PET	CTI Molecular Imaging Inc. (USA)	2005-10	1" USD (830' EUR)	-	402' USD	1.000	-	- Verstärkung Engagement in molekularer Bildgebung - Zusammenschluss von zwei Innovationsführern	-	- Verbreiterung von Forschungsgebieten - Definition neuer Standards in der Industrie	-	-	angrenzend	angrenzend
build	X-Ray: Ergonomie	-	2005-11	-	-	-	-	-	C-Bogen: - Kombination mit optischer 2D/3D-Navigation - Integrierte Navigationsplattform - Verbesserung Workflow	-	-	-	-	bekannt	bekannt
ally	CT, Kontrastmittel	Schering AG	2005-11	n.a.	n.a.	n.a.	n.a.	-	- erstmalige Verbindung von neuartiger Technologie (CT-System, Siemens) mit Röntgenkontrastmittel (Schering) - Erforschung neuer Möglichkeiten für CT-Kontrastmittel - Schnellere Entwicklung optimierter Untersuchsprotokolle und neue klinische Anwendungen im Bereich kardiovaskulärer Bildgebung und Gewebebeurteilung	-	- Setzen neuer Maßstäbe für die nicht-invasive Diagnose des Herzens	-	-	bekannt	neu

Anhang 14 Siemens Healthcare: Entwicklungsschritte, Bildgebung (3/5)

Quelle: Eigene Zusammenstellung (ausführliche Quellenangabe vgl. separates Literaturverzeichnis)

Entw.weg	Beschreibung	Unternehmen	Detailinformationen: Jahr	Kaufpreis	Anteil	Umsatz	Mitarbeiter	Ziele / Wertpotenziale: KostensenkungVolumen	Ressourcen/ Kompetenz	Markt-potenziale	Zeitvorteile	Risiko-reduzierung	Optionen/ Flexibilität	Unternehmenstyp: Markt	Techno-logie
Siemens Healthcare															
In-Vivo Diagnostik (Bildgebung)															
build	CT	-	2005-12	-	-	-	-	-	Klinische Software-Anwendungspakete: - Verbesserung Workflow in Akutversorgung, Kardiologie, Neurologie und Onkologie - Verbesserung Bildakquisition und -qualität	-	-	-	-	bekannt	bekannt
build	Magnetresonanz-tomographie	-	2006-03	-	-	-	-	-	IT-basierte-MR-Lösungen: - Vereinfachung der Arbeitsabläufe und klinischen Routine - schnellere Diagnose und Erhöhung der Effizienz	-	-	-	-	bekannt	bekannt
ally	MR, Kontrastmittel	Wyeth Pharmaceuticals (USA)	2007-05	n.a.	n.a.	n.a.	n.a.	-	- Nutzung von imaging agent in klinischen Studien zur Erforschung neuer Therapien für Alzheimer	-	-	-	-	bekannt	neu
build	Molekular-diagnostik, PET	-	2007-07	-	-	-	-	-	Bildschärfe: - hochauflösende PET-Technik - Erhöhung Spezifität und Genauigkeit - frühere und gezieltere Behandlung	-	-	-	-	bekannt	bekannt
ally	Ultraschall	Mochida Medical Systems (JPN)	2007-10	n.a.	51%	n.a.	n.a.	-	- Ausbau der Position in den Segmenten Kardiologie und Innere Medizin - Lösungen entlang des gesamten US-Spektrums	-	-	-	-	bekannt	angrenzend
build	X-Ray: Digitalisierung	-	2007-11	-	-	-	-	-	Digitales Röntgengerät mit kabellosem Detektor - Ermöglichung lateraler Aufnahmen - Aufnahmen bei Bewegungs-einschränkungen - Kabellose Datenübertragung	-	-	-	-	bekannt	bekannt
build	X-Ray: Angiographie	-	2008-01	-	-	-	-	-	Integration der Industrierobotertechnik - Bewegungsfreiheit, multifunktionale Konfiguration und beliebige Positionierung - Flexible Anwendung	-	-	-	-	bekannt	bekannt

Anhang 15 Siemens Healthcare: Entwicklungsschritte, Bildgebung (4/5)

Quelle: Eigene Zusammenstellung (ausführliche Quellenangabe vgl. separates Literaturverzeichnis)

Entw.weg	Beschreibung	Unternehmen	Detailinformationen: Jahr	Kaufpreis	Anteil	Umsatz	Mitarbeiter	Ziele / Wertpotenziale: KostensenkungVolumen	Ressourcen/ Kompetenz	Markt-potenziale	Zeitvorteile	Risiko-reduzierung	Optionen/ Flexibilität	Unternehmenstyp: Markt	Techno-logie
Siemens Healthcare															
In-Vivo Diagnostik (Bildgebung)															
acquire	Computergestützte Chirurgie, Navigations-technologie	CAS innovations AG	2008-02	n.a.	-	n.a.	27	-	- Verbindung von innovativer Bildgebung und Navigations-technologie	-	-	-	-	bekannt	angrenzend
build	Molekular-diagnostik, SPECT	-	2008-04	-	-	-	-	-	Gamma-Kamera, molekulare Bildgebung: - Beschleunigung des Workflows in der Onkologie, Kardiologie, Neurologie - Einsteigergerät für Niedrigpreissegment	-	-	-	-	bekannt	bekannt
build	CT, PET: molekulare Computer-tomographie	-	2008-10	-	-	-	-	-	'Biograph molecular CT': - Hybridsystem - Verbindung diagnostischer Disziplinen: Radiologie, Nuklearmedizin	-	-	-	-	bekannt	angrenzend

Anhang 16 Siemens Healthcare: Entwicklungsschritte, Bildgebung (5/5)

Quelle: Eigene Zusammenstellung (ausführliche Quellenangabe vgl. separates Literaturverzeichnis)

Entw.weg	Beschreibung	Unternehmen	Detailinformationen: Jahr	Kaufpreis	Anteil	Umsatz	Mitarbeiter	Ziele / Wertpotenziale: KostensenkungVolumen	Ressourcen/ Kompetenz	Markt-potenziale	Zeitvorteile	Risiko-reduzierung	Optionen/ Flexibilität	Unternehmenstyp: Markt	Techno-logie
General Electric Healthcare															
In-Vivo Diagnostik (Bildgebung)															
acquire	Magnetresonanz-tomographie, Magnete	USA Instruments Inc.	2002-12	n.a.	-	n.a.	n.a.	-	- Sicherung des steigenden Bedarfs an Multi-Kanal MRI Magnetspulen - Strategische Bedeutung von Magentspulen für die Entwicklung und Expertise in der MRI Technologie	-	- Beschleunigung der Entwicklung von Multi-Kanal Magnetspulen für die MRI Plattformen	-	-	angrenzend	angrenzend
ally	Krebsforschung/ -behandlung	Deus Technologie LLC	2002-11	n.a.	n.a.	n.a.	n.a.	-	- gemeinsame Entwicklung eines CAD Produkts zur Krebsfrüherkennung	-	-	-	-	bekannt	neu
ally	Navigations-technologie	Smith & Nephew	2003-02	n.a.	n.a.	n.a.	n.a.	-	- gemeinsame Entwicklung einer Software zur Anwendung von chirurgischen Navigationssystemen im Bereich der minimal-invasiven, computergestützen Behandlung	-	-	-	-	bekannt	neu
build	Magnetresonanz-tomographie	-	2004-11	-	-	-	-	-	HD-MR-System: - Hochauflösender MR-Scanner - Erhöhung der Bildklarheit und Diagnosequalität	-	-	-	-	bekannt	bekannt
build	CT, PET: molekulare Computer-tomographie	-	2005-06	-	-	-	-	-	PET/CT-Hybridscanner: - Krebsfrüherkennung	-	-	-	-	bekannt	bekannt
ally	Forschung an Nervenkrankheiten	Harvard Medical School	2005-08	n.a.	n.a.	n.a.	n.a.	-	- Nutzung des zellulären Bildgebungssystems zur Verbesserung der Erforschung des zentralen Nervensystems und neurodegenerativer Krankheiten (Parkinson, Alzheimer, etc.) - gemeinsame Analyse von Zellprozessen und Entwicklung einer besseren Krankheitserkennung und -behandlung	-	-	-	-	bekannt	neu
build	CT	-	2005-11	-	-	-	-	-	LightSpeed CT: - Beschleunigung des Scan-Vorganges - Erhöhung der Bildqualität	-	-	-	-	bekannt	bekannt
build	CT: Bildqualität	-	2006-04	-	-	-	-	-	16-schicht-CT für Onkologie und Radiologie - Verbesserung der Bildqualität im Bereich Therapieplanung - Größere Öffnung für bessere Patientenpositionierung und Zugriffsmöglichkeiten	-	-	-	-	bekannt	bekannt

Anhang 17 GE Healthcare: Entwicklungsschritte, Bildgebung (1/2)

Quelle: Eigene Zusammenstellung (ausführliche Quellenangabe vgl. separates Literaturverzeichnis)

			Detailinformationen					Ziele / Wertpotenziale						Unternehmenstyp	
Entw.weg	Beschreibung	Unternehmen	Jahr	Kaufpreis	Anteil	Umsatz	Mitarbeiter	KostensenkungVolumen	Ressourcen/ Kompetenz	Markt-potenziale	Zeitvorteile	Risiko-reduzierung	Optionen/ Flexibilität	Markt	Techno-logie
General Electric Healthcare															
In-Vivo Diagnostik (Bildgebung)															
ally	Krebsforschung/ -behandlung	University of North Carolina	2007-03	n.a.	n.a.	n.a.	n.a.	-	- gemeinsame Forschung zur Erkennung, Diagnose und Behandlung von Brustkrebs - Errichtung eines Forschungszentrums	-	-	-	-	bekannt	neu
build	Ultraschall	-	2007-06	-	-	-	-	-	Mini-US für Herz- und Gefäßuntersuchungen - tragbares System - Verbesserung der Notfallmedizin	-	-	-	-	bekannt	angrenzend
build	X-Ray: Mammographie	-	2007-08	-	-	-	-	-	Mobiles Mammographie-System: - Verbesserung der Ergnonomie - Workflow-Konnektivität	-	-	-	-	bekannt	bekannt
ally	Ultraschall, Krebstherapie	Biosense Webster	2008-06	n.a.	n.a.	n.a.	n.a.	-	- Integration von Ultraschall Bildgebung und Katheder-Technologie zur Entwicklung neuer Bildgebungslösungen für die Krebstherapie	-	-	-	-	bekannt	neu
build	CT: Bildqualität	-	2008-06	-	-	-	-	-	HD-Scanner: - hochauflösendes CT - Erhöhung der Bildklarheit und Diagnosequalität	-	-	-	-	bekannt	bekannt
build	Ultraschall	-	2008-09	-	-	-	-	-	Hybridsystem: - Kombination aus US- und CT-, MR- oder PET-System - Produktivitätserhöhung diagnostischer Studien	-	-	-	-	bekannt	angrenzend
build	CT, PET: molekulare Computer-tomographie	-	2008-10	-	-	-	-	-	Hybridsystem: - Verbesserung der Onkologie - Erhöhung der Geschwindigkeit und Bildqualität - Korrigierung von Bewegungen	-	-	-	-	bekannt	angrenzend
build	Magnetresonanz-tomographie	-	2008-11	-	-	-	-	-	Onkologie-Lösung: - Bestrahtlungstherapie-planung - Erhöhung der Flexibilität - Verbesserung der Positionierung	-	-	-	-	bekannt	bekannt

Anhang 18 GE Healthcare: Entwicklungsschritte, Bildgebung (2/2)

Quelle: Eigene Zusammenstellung (ausführliche Quellenangabe vgl. separates Literaturverzeichnis)

Entw.weg	Beschreibung	Unternehmen	Detailinformationen					Ziele / Wertpotenziale						Unternehmenstyp	
			Jahr	Kaufpreis	Anteil	Umsatz	Mitarbeiter	KostensenkungVolumen	Ressourcen/ Kompetenz	Markt-potenziale	Zeitvorteile	Risiko-reduzierung	Optionen/ Flexibilität	Markt	Techno-logie
Philips Healthcare															
In-Vivo Diagnostik (Bildgebung)															
acquire	X-Ray, US, CT	Marconi plc (UK) - Medical Systems	2001-07	1"1 USD (1"3 EUR)	-	1"0 USD	4.295	-	-	- Aufstieg zum zweitgrößten Anbieter von medizinisch-diagnostischen bildgebenden Geräten - Führender Anbieter im Bereich Computertomographie - Stärkung im Bereich Magnetresonanz-Bildgebung und Nuklearmedizin	-	-	-	bekannt	angrenzend
ally	Molekulare Bildgebung, Kontrastmittel	Kereos Inc. (USA)	2002-08	n.a.	n.a.	n.a.	n.a.	-	- Entwicklung von Kontrastmitteln und molekularen Bildgebungsverfahren zur Diagnose und Therapie - Nicht invasive Erkennung und effektive Behandlung von Herz- und Krebskrankheiten - Optimierung von Kontrastmitteln zur verbesserten Nutzung von Ultraschall, Nuklear- und Magnetresonanz-technologie	-	- Beschleunigung der Entwicklung	-	-	bekannt	neu
acquire	Internationalisierung	R.P. Kincheloe Co. (USA)	2003-09	n.a.	-	n.a.	n.a.	-		- Vertrieb, Marketing und Service in USA	-	-	-	angrenzend	bekannt
build	CT	-	2003-12	-	-	-	-	-	40-Schichten-CT-System - Erhöhung der Bildqualität - Beschleunigung des Scan-Vorganges	-	-	-	-	bekannt	bekannt
ally	Internationalisierung	Neusoft Medical Systems (CHN) Joint Venture	2004-12	n.a.	51%	1"3 EUR	2.500	-	-	- Vertrieb von low- und middle-end products - Entwicklung und Herstellung von medizinischem Gerät	-	-	-	neu	bekannt
build	X-Ray	-	2005-09	-	-	-	-	-	Sprachgesteuerte Röntgengerät-technologie - Verbesserung der Qualität in sterilen medizinischen Situationen	-	-	-	-	bekannt	bekannt

Anhang 19 Philips Healthcare: Entwicklungsschritte, Bildgebung (1/3)

Quelle: Eigene Zusammenstellung (ausführliche Quellenangabe vgl. separates Literaturverzeichnis)

Entw.weg	Beschreibung	Unternehmen	Detailinformationen: Jahr	Kaufpreis	Anteil	Umsatz	Mitarbeiter	Ziele / Wertpotenziale: KostensenkungVolumen	Ressourcen/ Kompetenz	Markt-potenziale	Zeitvorteile	Risiko-reduzierung	Optionen/ Flexibilität	Unternehmenstyp: Markt	Techno-logie
Philips Healthcare															
In-Vivo Diagnostik (Bildgebung)															
ally	Kontrastmittel (Contrast Agents)	Schering AG (GER)	2005-11	n.a.	n.a.	n.a.	n.a.	-	- Forschung, Entwicklung und Kommerzialisierung von medizinischer Ausrüstung und dazugehörigen Kontrastmitteln zur optischen Bildgebung - Kombination der Expertise im Feld der optischen Kontrastmittel und der Expertise im Feld der diagnostischen Bildgebung	-	-	-	-	bekannt	neu
acquire	Magnetresonanz-tomographie, Magnete	Intermagnetics General corporation (USA)	2006-06	1"3 USD 1"0 EUR	-	304' USD	1.150	- Signifikante Rationalisierung der Supply Chain	- Zugang zu supraleitenden Magneten für den Einsatz in MRI Systemen - Stärkung der Innovationsfähigkeit des MRI Geschäfts	-	- Schnellere Time-to-market	-	-	angrenzend	angrenzend
ally	Forschung Herzkrankheiten	High-Risk Plaque Initiative (Philips, AstraZeneca, Merck & Co., BG Medicine, Humana)	2007-01	n.a.	n.a.	n.a.	n.a.	-	- Initiative zur Erforschung von "high-risk plaque", der primären Ursache für Herzinfarkte - Nutzung und Ausbau der führenden Position in Herz-Kreislauf Bildgebung und Herz-Monitoring	-	-	-	-	bekannt	neu
ally	Entwicklung Navigationslösung, Therapie	Traxtal Technologies Inc (CAN)	2007-05	n.a.	Minderheitsbeteiligung	n.a.	n.a.	-	- Breites Angebot an integrierten Bildgebungs- und Navigationslösungen - Verbesserung der Visualisierung und des Behandlungserfolgs - Entwicklung neuer Behandlungsmethoden und Therapien	-	-	-	-	bekannt	neu
ally	Forschung Molekularmedizin/-diagnostik	Institute of Health Sciences (CHN)	2007-08	n.a.	n.a.	n.a.	n.a.	-	- Gemeinsame (biomedizinische) Forschung im Feld der Molekulardiagnostik - Entwicklung neuer Lösungen für Früherkennung und Behandlungs-Monitoring - "Open Innovation" Ansatz - Ziel der Entdeckung von Biomarkern und Testentwicklung für in-vitro Tests	-	-	-	-	bekannt	neu

Anhang 20 Philips Healthcare: Entwicklungsschritte, Bildgebung (2/3)

Quelle: Eigene Zusammenstellung (ausführliche Quellenangabe vgl. separates Literaturverzeichnis)

Entw.weg	Beschreibung	Unternehmen	Detailinformationen: Jahr	Kaufpreis	Anteil	Umsatz	Mitarbeiter	Ziele / Wertpotenziale: KostensenkungVolumen	Ressourcen/ Kompetenz	Markt-potenziale	Zeitvorteile	Risiko-reduzierung	Optionen/ Flexibilität	Unternehmenstyp: Markt	Techno-logie
Philips Healthcare															
In-Vivo Diagnostik (Bildgebung)															
build	CT	-	2007-11	-	-	-	-	-	256-Schichten-CT - Erhöhung der Bildqualität - Beschleunigung des Scan-Vorganges bei Herz- und Gehirnaufnahmen	-	-	-	-	bekannt	bekannt
acquire	X-Ray, Internationali-sierung	Alpha X-Ray Technologies (IND)	2008-09	n.a.	-	n.a.	n.a.	-	-	- Präsenz in stark wachsenden Healthcare Märkten - Weiterverfolgung der Strategie der Zukäufe in "Emerging Markets" (Dixtal, Shenzhen Goldway, VMI-Sistemas)	-	-	-	angrenzend	bekannt
build	Ultraschall	-	2008-08	-	-	-	-	-	Portables US-System - kompaktes System zur Anwendung am Patientenbett - Erhöhung von Flexibilität und Patientenkomfort	-	-	-	-	bekannt	angrenzend

Anhang 21 Philips Healthcare: Entwicklungsschritte, Bildgebung (3/3)

Quelle: Eigene Zusammenstellung (ausführliche Quellenangabe vgl. separates Literaturverzeichnis)

Entw.weg	Beschreibung	Unternehmen	Detailinformationen: Jahr	Kaufpreis	Anteil	Umsatz	Mitarbeiter	Ziele / Wertpotenziale: KostensenkungVolumen	Ressourcen/ Kompetenz	Markt-potenziale	Zeitvorteile	Risiko-reduzierung	Optionen/ Flexibilität	Unternehmenstyp: Markt	Techno-logie
Siemens Healthcare															
Patient Monitoring & Care															
ally	Patient Care Systems	Dräger Medical (GER)	2003-04	n.a.	35%, seit 2007: 25%	1"1 EUR	5.700	-	- Einbringung der elektromedizinischen Aktivitäten in Joint-Venture - Portfolio im klinischen Akutbereich für Operationen, Anästhesie sowie Intensiv- und Notfallmedizin sowie Produkte für den Home-Care Bereich	- Enge Zusammenarbeit der Vertriebs-organisationen	-	-	-	bekannt	angrenzend

Anhang 22 Siemens Healthcare: Entwicklungsschritte, Patient Monitoring & Care

Quelle: Eigene Zusammenstellung (ausführliche Quellenangabe vgl. separates Literaturverzeichnis)

Entw.weg	Beschreibung	Unternehmen	Detailinformationen					Ziele / Wertpotenziale						Unternehmenstyp	
			Jahr	Kaufpreis	Anteil	Umsatz	Mitarbeiter	KostensenkungVolumen	Ressourcen/ Kompetenz	Markt-potenziale	Zeitvorteile	Risiko-reduzierung	Optionen/ Flexibilität	Markt	Techno-logie
General Electric Healthcare															
Patient Monitoring & Care															
acquire	Anethesie, Critical Care	Instrumentarium (FIN)	2003-12	2" EUR (2"4 USD)	-	1"025 EUR	5.400	-	- Erweiterung des Portfolios in Anesthesie, Patient Monitoring, Critical Care und Informationssystemen	-	-	-	-	angrenzend	neu
build	Wärmetherapie	-	2007-12	-	-	-	-	-	Wärmetherapie-System für Säuglingsversorgung	-	-	-	-	bekannt	bekannt
acquire	Beatmungsgeräte, Intensivpflege	VersaMed Corp.	2008-03	40' USD	-	30' USD	100	-	- Erweiterung des Produktangebots im Segment Beatmungsgeräte (für die Intensivpflege)	-	- Beschleunigung der Entwicklungs-programme	-	-	bekannt	angrenzend
acquire	Anästhesie, Schlaftherapie, Notfallmedizin	Vital Signs Inc. (USA)	2008-07	860' USD	-	230' USD	1.300	-	- Erweiterung des Portfolios um technologien für Patient Monitoring, Anästhesie, Schlaftherapie und Notfallmedizin	-	-	-	-	bekannt	angrenzend

Anhang 23 GE Healthcare: Entwicklungsschritte, Patient Monitoring & Care

Quelle: Eigene Zusammenstellung (ausführliche Quellenangabe vgl. separates Literaturverzeichnis)

Entw.weg	Beschreibung	Unternehmen	Jahr	Kaufpreis	Anteil	Umsatz	Mitarbeiter	Kosten	Know-how	Marktzugang	Zeit	Burden/Risk	Optionen/ Flexibilität	Markt	Techno-logie
			Detailinformationen					Ziele / Wertpotenziale						Unternehmenstyp	
Philips Healthcare															
Patient Monitoring & Care															
acquire	Patient Monitoring, Ultraschall, Home Care	Agilent Technologies Healthcare Solutions Group	2000-11	1"7 USD (2"0 EUR)	-	1"5 USD	5.000	-	-	- Ausbau der Position im globalen Medizintechnikmarkt - Eintritt in wachstumsstarke Segmente (automatic external defibrillators, home care technology, patient monitoring, US)	-	-	-	angrenzend	neu
build	Patient Monitoring	-	2005-08	-	-	-	-	-	Telemedizin: - Personalisierte Kommunikations-plattform für chronische Krankheiten zur Heimversorgung	-	-	-	-	bekannt	angrenzend
acquire	Patient Monitoring, Home Care, Baby-/Säuglingsbereich	Avent Holdings Ltd.	2006-05	675' EUR	-	165' EUR	n.a.	-	- Führender Anbieter von medizinischen Produkten im Baby- und Säuglingsbereich - Verstärkung der führenden Position im Bereich Monitoring und Consumer Health	-	-	-	-	bekannt	angrenzend
acquire	Home Healthcare, Personal emergency response services	Lifeline Systems Inc.	2006-03	750' USD (624' EUR)	-	150' USD	n.a.	-	- Führender Anbieter in "Personal emergency response services"	- Weiterer Schritt um Marktführer und "global player" im Home Healthcare Markt zu werden	-	-	-	bekannt	angrenzend
acquire	Patient Monitoring	Witt Biomedical	2006-03	165' USD (137' EUR)	-	49' USD	n.a.	-	-	-	-	-	-	bekannt	angrenzend
build	Patient Monitoring	-	2007-02	-	-	-	-	-	Wireless, handheld clinical assistant: - Integrierte, drahtlose Technologie zur Übertragung von Patienteninformationen im Pflegebereich	-	-	-	-	bekannt	bekannt
acquire	Patient Monitoring, Home Care, Notfallmedizin	Health Watch Holdings Inc. (USA)	2007-04	130' USD (96' EUR)	-	n.a.	n.a.	-	- Anbieter von "personal emergency response services" - Verstärkung der Position im Consumer Healthcare Markt - Fortführung der Akquisitionsaktivitäten im Monitoring Markt (komplementär zu Lifeline Systems)	-	-	-	-	bekannt	angrenzend

Anhang 24 Philips Healthcare: Entwicklungsschritte, Patient Monitoring & Care (1/2)

Quelle: Eigene Zusammenstellung (ausführliche Quellenangabe vgl. separates Literaturverzeichnis)

Entw.weg	Beschreibung	Unternehmen	Detailinformationen: Jahr	Kaufpreis	Anteil	Umsatz	Mitarbeiter	Ziele / Wertpotenziale: KostensenkungVolumen	Ressourcen/ Kompetenz	Markt-potenziale	Zeitvorteile	Risiko-reduzierung	Optionen/ Flexibilität	Unternehmenstyp: Markt	Techno-logie
Philips Healthcare															
Patient Monitoring & Care															
acquire	Patient Monitoring, Home Care	Raytel Cardiac Services (USA)	2007-10	110' USD (77' EUR)	-	55' USD	n.a.	-	-	- Führender Anbieter von "home cardiac monitoring services" - Weiterer Ausbau des Geschäfts mit "remote patient monitoring products and services" - Weitere Expansion in Home Healthcare Markt, komplementär zu früheren Akquisitionen (Lifeline, Health Watch)	-	-	-	bekannt	angrenzend
build	Patient Monitoring	-	2008-01	-	-	-	-	-	Monitoring in der Schwangerschafts-medizin - Verbesserung des Patientenkomforts - Simultanes Monitoring	-	-	-	-	bekannt	bekannt
acquire	Home Healthcare	Respironics Inc. (USA)	2008-03	3"6 EUR 5"2 USD	-	n.a.	5.300	-	- Erweiterung und Stärkung des Produkt-/Programm-Portfolios im Schlaf- und Atmungsmarkt	- Meilenstein in der Erreichung der Marktführerschaft im Home Healthcare Segment	-	-	-	bekannt	angrenzend
acquire	Patient Monitoring	Shenzhen Goldway Industrial Inc. (CHN)	2008-04	n.a.	-	n.a.	n.a.	-	- Komplementäre Portfolioelemente zu bisheriger Produktbasis im Patient Monitoring	- Stärkung der Präsenz und Marktposition in Asien	-	-	-	angrenzend	bekannt
acquire	Patient Monitoring, Critical Care	Dixtal Biomédica e Tecnologia (BRA)	2008-05	n.a.	-	n.a.	300	-	- Komplementärer Zukauf zu Respironics	- Versärkung der Präsenz in "emerging markets" - Verstärkung der Präsenz im "Critical care" Markt (Patient monitoring, anesthesia, ventilation equipment)	-	-	-	angrenzend	bekannt
build	Patient Monitoring	-	2008-07	-	-	-	-	-	-	Monitoring-System für Schwellenländer - kompaktes System - Einstiegsmodell	-	-	-	angrenzend	bekannt

Anhang 25 Philips Healthcare: Entwicklungsschritte, Patient Monitoring & Care (2/2)

Quelle: Eigene Zusammenstellung (ausführliche Quellenangabe vgl. separates Literaturverzeichnis)

Entw.weg	Beschreibung	Unternehmen	Detailinformationen: Jahr	Kaufpreis	Anteil	Umsatz	Mitarbeiter	Ziele / Wertpotenziale: KostensenkungVolumen	Ressourcen/ Kompetenz	Markt-potenziale	Zeitvorteile	Risiko-reduzierung	Optionen/ Flexibilität	Unternehmenstyp: Markt	Techno-logie
Siemens Healthcare															
Healthcare IT															
acquire	IT Lösungen	Shared Medical Systems Corp. (SMS) (USA)	2000-05	2"1 USD (2"3 EUR)	-	1"2 USD	7.600	-	- IT als Schlüsseltechnologie zur Optimierung von Prozessen im Gesundheitswesen	- Weltweite Führung bei Dienstleistungen und IT-Systemen im Gesundheitswesen	-	-	-	neu	angrenzend
acquire	IT Lösungen, Electronic Medical Records	Pointshare Corp. (USA)	2001	n.a.	-	n.a.	42	-	- Anbieter von eHealth Lösungen (Patientendaten-übermittlung) in Nordamerika	-	-	-	-	neu	angrenzend
ally	IT Lösungen, Electronic Medical Records	Nextgen Healthcare Information Systems (USA)	2005-02	n.a.	n.a.	n.a.	n.a.	-	- Kooperation mit führendem Anbieter von ambulanten electronic Medical records (EMR) und Praxismanagement-software - Angebot unter dem globalen Lösungsportfolio von Siemens	- Weltweite Vertriebsrechte für Diagnostic imaging center (DIC) Markt	- Sofortiges Angebot an ambulanten Lösungen für das gesamte Healthcare Spektrum	-	-	bekannt	angrenzend
build	Bildmanagement und -verwaltung	-	2005-03	-	-	-	-	-	Integrierte IT-Lösung für Bild- und Befundmanagement - Applikationen zur Bildnachverarbeitung - flexible Anpassung	-	-	-	-	bekannt	bekannt
build	Bildmanagement und -verwaltung	-	2005-03	-	-	-	-	-	Digitales Bild- und Patientenmanagement: - Bildakquisition, -überprüfung, Messung, Präsentation und Archivierung	-	-	-	-	bekannt	bekannt
build	IT Lösungen	-	2005-04	-	-	-	-	-	Telemedizinlösung: - Daten- und Informationsaustausch zwischen Kliniken, Praxen, Ärzten und anderen Gesundheits-einrichtungen - Übertragung von elektronischen Patientenakten	-	-	-	-	bekannt	bekannt

Anhang 26 Siemens Healthcare: Entwicklungsschritte, Healthcare-IT (1/2)

Quelle: Eigene Zusammenstellung (ausführliche Quellenangabe vgl. separates Literaturverzeichnis)

Entw.weg	Beschreibung	Unternehmen	Detailinformationen: Jahr	Kaufpreis	Anteil	Umsatz	Mitarbeiter	Ziele / Wertpotenziale: KostensenkungVolumen	Ressourcen/ Kompetenz	Markt-potenziale	Zeitvorteile	Risiko-reduzierung	Optionen/ Flexibilität	Unternehmenstyp: Markt	Techno-logie
Siemens Healthcare															
Healthcare IT															
ally	ERP Lösungen, IT, Systeme	SAP AG	2005-04	n.a.	n.a.	n.a.	n.a.	-	- Schaffung einer integrierten IT-Lösung zur Zusammenarbeit zwischen Medizin und Verwaltung - Integration der Krankenhauslösungen SAP Business Suite, SAP Patient Management und Siemens Soarian Clinicals - Bessere Koordination der Geschäfts-prozesse (therapeutische/ diagnostische Prozesse, Patienten-management, administrativen Prozesse)	-	-	-	-	bekannt	neu
build	Bildmanagement und -verwaltung	-	2006-11	-	-	-	-	-	Client-Server-Lösung für Zugriff auf Bilddaten über Netzwerk - Erhöhung der Flexibilität und Produktivität in der Diagnose	-	-	-	-	bekannt	bekannt
acquire	Krankenhaus IT Systeme	Gesellschaft für Systemforschung GER)	2007-01	n.a.	-	25'6 mEUR	168	-	- Einbindung des GSD Know-hows für weitere Entwicklung der IT-Lösungen	- Marktführender Anbieter für klinische Krankenhaus-Informationssysteme - Stärkung der führenden Position bei der IT im Gesundheitswesen - Vergrößerung der Kundenbasis	-	-	-	bekannt	angrenzend
ally	IT Lösungen	British Telecommunications (GB)	2007-05	n.a.	n.a.	n.a.	n.a.	-	-	- BT: exzellenter internationaler Marktzugang - Einsatz von DirX Produkten in Kundenprojekten	-	-	-	neu	bekannt
ally	IT Lösungen	Kameda Healthinformatics (JPN)	2007-10	n.a.	66%	n.a.	40	-	-	- Stärkung Präsenz in schnell wachsendem japanischem Healthcare IT Markt	-	-	-	neu	bekannt
build	Krankenhaus IT Systeme	-	2008-04	-	-	-	-	-	Digitale Archivierungs- und Dokumenten-management-Lösung - Integration in Krankenhaus-IT-Systeme	-	-	-	-	bekannt	bekannt

Anhang 27 Siemens Healthcare: Entwicklungsschritte, Healthcare-IT (2/2)

Quelle: Eigene Zusammenstellung (ausführliche Quellenangabe vgl. separates Literaturverzeichnis)

Entw.weg	Beschreibung	Unternehmen	Detailinformationen: Jahr	Kaufpreis	Anteil	Umsatz	Mitarbeiter	Ziele / Wertpotenziale: KostensenkungVolumen	Ressourcen/ Kompetenz	Markt-potenziale	Zeitvorteile	Risiko-reduzierung	Optionen/ Flexibilität	Unternehmenstyp: Markt	Techno-logie
General Electric Healthcare															
Healthcare IT															
acquire	Electronic Medical Records	MedicaLogic	2002-03	32'25 USD	-	n.a.	n.a.	-	- Erweiterung des Portfolioangebots in Electronic Medical Record	-	-	-	-	angrenzend	neu
acquire	Pharma IT Systeme	BDM Information Systems Ltd.	2002-12		-	n.a.	n.a.	-	- Erweiterung des Portfolios um Pharma-Informationssysteme zur effizienteren Bestellung von Medizin/Wirkstoffen	-	-	-	-	angrenzend	neu
acquire	Praxis IT Systems, Electronic Medical Records	Millbrook Corp.	2003-02	n.a.	-	n.a.	n.a.	-	- Erweiterung des Portfolios um Informationssysteme für den Einsatz im Praxismanagement, kombiniert mit Electronic Medical Records Technologie	-	-	-	-	angrenzend	neu
acquire	Labor IT Systeme, Electronic Medical Records	Triple G Systems Group Inc.	2003-03	83'7 USD	-	n.a.	n.a.	-	- Erweiterung des Portfolios um medizinische Labor-Informationssysteme	-	- Entwicklung eines Informationssystems Electronic Medical Records	-	-	angrenzend	neu
build	Krankenhau . IT Systeme	-	2003-11	-	-	-	-	-	Digitales Bild- und Patientenmanagement: - Bildakquisition, überprüfung, Messung, Präsentation und Archivierung	-		-	-	bekannt	bekannt
acquire	IT Systeme, Electronic Medical Records	IDX Systems Corp.	2005-09	1''2 USD	-	521' USD	2400	-	- Stärkung dess Portfolios durch einen führenden Healthcare IT Provider mit einem umfassenden Angebot an klinischen, bildgebenden und Business informations-Systemen (EMR, Workflow Systems)	- Positionierung als führender Anbieter im Healthcare IT Markt	- Beschleunigung der weltweiten Einführung von Electronic Medical Recrods (EMR)	-	-	angrenzend	neu
acquire	PACS	Dynamic Imaging LLC	2007-10	n.a.	-	n.a.	n.a.	-	- Erweiterung des Portfolios um web-basierte Bild- und Informationsmgmt.-lösungen für alle Healthcare Segmente	-	-	-	-	bekannt	angrenzend
build	Krankenhaus IT Systeme		2007-11					-	Webbasiertes Informations- und Workflow-Management-System - Vernetzung mehrerer Stationen zu Bildern, Berichten und Status-informationen	-	-	-	-	bekannt	bekannt
acquire	Bildverarbeitung in der Mammographie	Image Diagnost International GmbH (GER)	2008-02	n.a.	-	n.a.	n.a.	-	- Erweiterung des Angebots in der Brustkrebsfrüherkennung - Erweiterung des Portfolios mit Systemen zur Befundung und Verteiliung von digitalen Bilddokumenten in der Mamma-Diagnostik und integrierten Softwarelösungen für einen optimierten Mammographie-Workflow und die Bildverarbeitung	-	-	-	-	bekannt	angrenzend

Anhang 28 GE Healthcare: Entwicklungsschritte, Healthcare-IT (1/2)

Quelle: Eigene Zusammenstellung (ausführliche Quellenangabe vgl. separates Literaturverzeichnis)

Entw.weg	Beschreibung	Unternehmen	Detailinformationen					Ziele / Wertpotenziale						Unternehmenstyp	
			Jahr	Kaufpreis	Anteil	Umsatz	Mitarbeiter	KostensenkungVolumen	Ressourcen/ Kompetenz	Markt-potenziale	Zeitvorteile	Risiko-reduzierung	Optionen/ Flexibilität	Markt	Techno-logie
General Electric Healthcare															
Healthcare IT															
ally	IT Consulting, Systemintegration	Satyam Computer Services Ltd. (IND)	2008-05	n.a.	n.a.	n.a.	n.a.	-	- gemeinsame Planung, Entwicklung und Implementierung der IT-Infrastruktur für Healthcare Provider - Nutzung der Fachkompetenz von Satyam als globaler Systemintegrator und Beratungs- und Dienstleistungs-unternehmen in der IT	-	-	-	-	bekannt	neu
ally	IT Infrastruktur	Hewlett Packard	2008-05	n.a.	n.a.	n.a.	n.a.	-	- gemeinsames Angebot an IT Infrastruktur (Software und Server Lösungen) zur effizienteren Verarbeitung der steigenden Datenmenge an Patienten-informationen	-	-	-	-	bekannt	neu
build	Bildmanagement und -verwaltung	-	2008-09	-	-	-	-	-	PACS für Radiologie - webbassierte Technologie - virtuelle Praxislösungen und Vernetzung	-	-	-	-	bekannt	bekannt

Anhang 29 Siemens Healthcare: Entwicklungsschritte, Healthcare-IT (2/2)

Quelle: Eigene Zusammenstellung (ausführliche Quellenangabe vgl. separates Literaturverzeichnis)

Entw.weg	Beschreibung	Unternehmen	Detailinformationen: Jahr	Kaufpreis	Anteil	Umsatz	Mitarbeiter	Ziele / Wertpotenziale: KostensenkungVolumen	Ressourcen/ Kompetenz	Markt-potenziale	Zeitvorteile	Risiko-reduzierung	Optionen/ Flexibilität	Unternehmenstyp: Markt	Techno-logie
Philips Healthcare															
Healthcare IT															
acquire	Patienten-management Picture Archiving	Stentor Inc. (USA)	2005-07	280' USD (232' EUR)	-	50' USD	160	-	- Angebot an integrierten PACS und Patienteninformationssystemen	-	-	-	-	bekannt	angrenzend
acquire	Patient Monitoring, IT Lösungen	Visicu Inc.	2007-02	290' EUR 430' USD	-	n.a.	n.a.	-	- Ergänzung der Portfolios im Patientenmonitoring durch klinische IT Lösungen	-	-	-	-	bekannt	angrenzend
build	Decision Support Software	-	2007-03	-	-	-	-	-	Patient Monitoring Applikation: - Management von Pflegeprotokollen und Patienten-Monitoring-Daten	-	-	-	-	bekannt	bekannt
acquire	Patienten-management, Picture Archiving	Ximis Inc.	2007-08	n.a.	-	n.a.	n.a.	-	- Angebot an Informationssystemen für Radiologie, integrierte PACS und Patienteninformationssysteme	-	-	-	-	bekannt	angrenzend
build	Bildmanagement und -verwaltung	-	2007-10	-	-	-	-	-	Bildachivierung, -analyse und Patientendatenmanagement im Kathederlabor	-	-	-	-	bekannt	bekannt
build	Krankenhaus IT Systeme	-	2007-10	-	-	-	-	-	Reportingsystem, Bildmanagement-system, Informationsverteilungssystem für die Kardiologie - Verbesserung von Organisation und Workflow	-	-	-	-	bekannt	bekannt
acquire	Patient Monitoring, IT Lösungen (Alarmsignal-übertragung)	Emergin Inc. (USA)	2007-12	n.a	-	n.a.	n.a.	-	- Ergänzung der Portfolios im Patientenmonitoring durch klinische IT Lösungen (Software zur Übertragung von Alarmsignalen)	-	-	-	-	bekannt	angrenzend
acquire	Patienten-management, v.a. Kardiologie	TOMCAT Systems Ltd. (Nordirland)	2008-03	n.a.	-	n.a.	n.a.	-	- Angebot von Softwarelösungen, mit deren Hilfe herzrelevante Daten von Patienten gesammelt und verknüpft werden	- Stäärkung des IT Bereichs - speziell im kardiologischen Bereich	-	-	-	bekannt	angrenzend
build	Decision Support Software	-	2008-10	-	-	-	-	-	Decision Support Software: - Entscheidungsunterstützung zu automatischen Evaluierung von PET-Bildern bei Demenzkrankheiten	-	-	-	-	bekannt	bekannt

Anhang 30 Philips Healthcare: Entwicklungsschritte, Healthcare-IT

Quelle: Eigene Zusammenstellung (ausführliche Quellenangabe vgl. separates Literaturverzeichnis)

LITERATURVERZEICHNIS

A.T. Kearney (1999): Corporate Marriage: Blight or Bliss. Chicago, IL.

Afra, S./Aders, C. (2001): Den Firmenwert dauerhaft steigern. In: Harvard Business Manager, H. 3, S. 99–106.

Agarwal, S./Ramaswami, S. N. (1992): Choice of Foreign Market Entry Mode: Impact of Ownership, Location and Internalization Factors. In: Journal of International Business Studies, Jg. 23, H. 1, S. 1–27.

Albach, H. (1988): Kosten, Transaktionen und externe Effekte im betrieblichen Rechnungswesen. In: Zeitschrift für Betriebswirtschaft (ZfB), Jg. 58, H. 11, S. 1143–1170.

Albach, H. (1992): Strategische Allianzen, strategische Gruppen und strategische Familien. In: Zeitschrift für Betriebswirtschaft (ZfB), Jg. 62, H. 6, S. 663–670.

Alvano, W. (1993): Kooperationen auf der Basis von Kapitalverflechtungen. In: Frank, G.-M./Stein, I. (Hg.): Management von Unternehmensakquisitionen. Stuttgart, S. 99–107.

Amit, R./Livnat, J./Zarowin, P. (1989): The Mode of Corporate Diversification: Internal Ventures versus Acquisitions. In: Managerial & Decision Economics, Jg. 10, H. 2, S. 89–100.

Anderson, E./Gatignon, H. (1987): Modes of Foreign Entry: A Transaction Cost Analysis and Propositions. In: International Executive, Jg. 29, H. 1, S. 15–17.

Andersson, T./Svensson, R. (1994): Entry Modes for Direct Investment Determined by the Composition of Firm-Specific Skills. In: Scandinavian Journal of Economics, Jg. 96, H. 4, S. 551.

Andrews, K. R. (1980): The concept of corporate strategy. Homewood, IL.

Ansoff, H. I. (1965): Corporate strategy: an analytic approach to business policy for growth and expansion. New York, NY.

Ansoff, H. I. (1988): The new corporate strategy. New York, NY.

Ansoff, H. I./MacDonnell, E. J. (1990): Implanting strategic management. 2. Aufl. New York, NY.

Arrow, K. J. (1969): The Organization of Economic Activity: Issues pertinent to the choice of market versus nonmarket allocations. In: Joint Economic Committee (Congress of the United States) (Hg.): The analysis and evaluation of public expenditures: the PPB system. A compendium of papers. 1. Bd. Washington, D.C., S. 47–64.

Arzac, E. R. (1986): Do your business units create shareholder value. In: Harvard Business Review, Jg. 64, H. 1, S. 121–126.

Aulakh, P. S./Kotabe, M. (1997): Antecedents and Performance Implications of Channel integration in Foreign Markets. In: Journal of International Business Studies, Jg. 28, H. 1, S. 145–175.

Backhaus, K./Piltz, K. (1990): Strategische Allianzen - eine neue Form kooperativen Wettbewerbs. In: Backhaus, K./Piltz K. (Hg.): Strategische Allianzen - Sonderheft 27, Zeitschrift für betriebswirtschaftliche Forschung, S. 1–10.

Backhaus, K./Plinke W. (1990): Strategische Allianzen als Antwort auf veränderte Wettbewerbsstrukturen. In: Backhaus, K./Piltz K. (Hg.): Strategische Allianzen - Sonderheft 27, Zeitschrift für betriebswirtschaftliche Forschung, S. 21–33.

Bain, J. S. (1968): Industrial organization. 2. Aufl. New York, NY.

Balling, R. (1998): Kooperation. Strategische Allianzen, Netzwerke, Joint Ventures und andere Organisationsformen zwischen betrieblicher Zusammenarbeit in Theorie und Praxis. 2., durchges. Aufl. Frankfurt am Main.

Ballwieser, W. (1998): Unternehmensbewertung mit Discounted Cash Flow-Verfahren. In: Die Wirtschaftsprüfung, H. 3, S. 81–92.

Ballwieser, W. (1987): Unternehmensbewertung und Komplexitätsreduktion. 2. Aufl. Wiesbaden.

Ballwieser, W. (1994): Adolf Moxter und der Shareholder Value Ansatz. In: Ballwieser, W./Böcking, H.-J./Drukarczyk, J., et al. (Hg.): Bilanzrecht und Kapitalmarkt. Festschrift zum 65. Geburtstag von Professor Dr. Dr. h.c. Dr. h.c. Adolf Moxter. Düsseldorf, S. 1377–1405.

Ballwieser, W./Schmidt, R. H. (1981): Unternehmensverfassung, Unternehmensziele und Finanztheorie. In: Bohr, K./Drukarczyk, J./Drumm, H. J., et al. (Hg.): Unternehmensverfassung als Problem der Betriebswirtschaftslehre. Berlin, Bielefeld, München, S. 645–682.

Bamberger, B. (1994): Der Erfolg von Unternehmensakquisitionen in Deutschland. Eine theoretische und empirische Untersuchung. Bergisch Gladbach.

Bamberger, I./Wrona, T. (1996): Der Ressourcenansatz und seine Bedeutung für die Strategische Unternehmensführung. In: Zeitschrift für betriebswirtschaftliche Forschung (zfbf), Jg. 48, H. 2, S. 130–153.

Barkema, H. G./Vermeulen, F. (1998): International Expansion through Start-Up or Acquisition: A Learning Perspective. In: Academy of Management Journal, Jg. 41, H. 1, S. 7–26.

Barnard, C. I. (1982): The functions of the executive. Cambridge, MA.

Barney, J. (1991): Firm Resources and Sustained Competitive Advantage. In: Journal of Management, Jg. 17, H. 1, S. 99–120.

Bäuerle, P. (1989): Zur Problematik der Konstruktion praktikabler Entscheidungsmodelle. In: Zeitschrift für Betriebswirtschaft (ZfB), Jg. 59, S. 175–192.

Baum, H.-G./Coenenberg, A. G./Günther, T. (2007): Strategisches Controlling. 4. Aufl. Stuttgart.

Bausch, A. (2003): Unternehmungszusammenschlüsse. Strategien und Strukturen für kooperatives und akquisitorisches Wachstum in Industrieunternehmungen. Wiesbaden.

Bea, F. X./Haas, J. (2001): Strategisches Management. 3. Aufl. Stuttgart.

Bea, F. X./Haas, J. (2005): Strategisches Management. 4. Aufl. Stuttgart.

Becker, W. (2000): Wertorientierte Unternehmensführung. Bamberger betriebswirtschaftliche Beiträge, Nr. 125. Bamberg.

Benkenstein, M./Henke, N. (1993): Der Grad vertikaler Integration als strategisches Entscheidungsproblem. Eine transaktionskostentheoretische Interpretation. In: Die Betriebswirtschaft, Jg. 53, H. 1, S. 77–91.

Berger, U./Bernhard-Mehlich, I. (2006): Die Verhaltenswissenschaftliche Entscheidungstheorie. In: Kieser, A. (Hg.): Organisationstheorien. 6. Aufl. Stuttgart, S. 169–214.

Bester, H. (2004): Theorie der Industrieökonomik. 3. Aufl. Berlin, Heidelberg.

Bischoff, J. (1998): Das Shareholder-Value-Konzept. Darstellung, Probleme, Handhabungsmöglichkeiten. 2. Aufl. Wiesbaden.

Black, A./Wright, P./Bachman, J. E. (1998): Shareholder value für Manager. Konzepte und Methoden zur Steigerung des Unternehmenswertes. Frankfurt am Main.

Bleeke, J./Bull-Larsen, T./Ernst, D. (1992): Wertsteigerung durch Allianzen. In: Bronder, C./Pritzl, R. (Hg.): Wegweiser für strategische Allianzen. Meilen- und Stolpersteine bei Kooperationen. Frankfurt am Main, S. 103–126.

Bleeke, J./Ernst, D. (1991): The Way to Win in Cross-Border Alliances. In: Harvard Business Review, Jg. 69, H. 6, S. 127–135.

Bleicher, K. (1979): Unternehmungsentwicklung und organisatorische Gestaltung. Stuttgart.

Bleicher, K. (1994): Normatives Management. Politik, Verfassung und Philosophie des Unternehmens. Frankfurt am Main.

Bleicher, K. (2004): Das Konzept integriertes Management. Visionen - Missionen - Programme. 7. Aufl. Frankfurt am Main.

Blohm, H. (1980): Kooperation. Sp. 1112-1117. In: Grochla, E. (Hg.): Handwörterbuch der Organisation. 2. Aufl. Stuttgart.

Böbel, I. (1978): Industrial Organization. Eine Übersicht über vorliegende empirische Untersuchungen zur Beziehung zwischen Gewinn und verschiedenen Marktstrukturparametern sowie zur Messung der durch Marktmacht verursachten Wohlfahrtsverluste. Tübingen.

Bonel, E./Pellizzari, P./Rocco, E. (2008): Coopetition and Complementarities: Modeling Coopetition Strategy and Its Risks at an Individual Partner Level. In: Management Research, Jg. 6, H. 3, S. 189–206.

Boos, M. (1993): Die Fallstudienmethodik. In: Becker, F. G./Martin, A. (Hg.): Empirische Personalforschung. Methoden und Beispiele. München, S. 33–46.

Bortz, J./Döring, N. (2002): Forschungsmethoden und Evaluation. Für Human- und Sozialwissenschaftler. 3. Aufl. Berlin.

Bortz, J./Döring Nicola (2006): Forschungsmethoden und Evaluation für Human- und Sozialwissenschaftler. 4. Aufl. Berlin.

Brealey, R. A./Myers, S. C. (2000): Principles of Corporate Finance. 6. Aufl. New York, NY.

Breid, V. (1994): Erfolgspotentialrechnung. Konzeption im System einer finanzierungstheoretisch fundierten, strategischen Erfolgsrechnung. Stuttgart.

Breilmann, U. (1990): Die Berücksichtigung der strategischen Wahl im Rahmen eines neokontingenz-theoretischen Ansatzes. Frankfurt am Main.

Bresser, R. (1989): Kollektive Unternehmensstrategien. In: Zeitschrift für Betriebswirtschaft (ZfB), S. 545–565.

Bressmer, C./Moser, A. C./Sertl, W. (1989): Vorbereitung und Abwicklung der Übernahme von Unternehmen. Stuttgart.

Bronder, C. (1993): Kooperationsmanagement. Unternehmensdynamik durch Strategische Allianzen. Frankfurt.

Brouthers, K. D. (2002): Institutional, Cultural and Transaction Cost Influences on Entry Mode Choice and Performance. In: Journal of International Business Studies, Jg. 33, H. 2, S. 203–221.

Brouthers, K. D./Brouthers, L. E. (2000): Acquisition or greenfield start-up? Institutional, cultural and transaction cost influences. In: Strategic Management Journal, Jg. 21, H. 1, S. 89.

Brouthers, K. D./Brouthers, L. E. (2003): Why Service and Manufacturing Entry Mode Choices Differ: The Influence of Transaction Cost Factors, Risk and Trust. In: Journal of Management Studies, Jg. 40, H. 5, S. 1179–1204.

Brouthers, K. D./Hennart, J.-F. (2007): Boundaries of the Firm: Insights From International Entry Mode Research. In: Journal of Management, Jg. 33, H. 3, S. 395–425.

Brouthers, L. E./Brouthers, K. D./Werner, S. (1999): Is Dunning's Eclectic Framework Descriptive or Normative. In: Journal of International Business Studies, Jg. 30, H. 4, S. 831–844.

Bruckner, K./Leithner, S./McLean, R. et al. (1999): What is the market telling you about your strategy. In: McKinsey Quarterly, H. 3, S. 98–109.

Brune, J. W. (1995): Der Shareholder-Value-Ansatz als ganzheitliches Instrument strategischer Planung und Kontrolle: Eine Untersuchung unter Beachtung besonderer Rahmenbedingungen in der Bundesrepublik Deutschland. Diss. Köln.

Bruns, W. J., JR. (1989): A Review of Robert K. Yin's Case Study Research: Design and Methods. In: Journal of Management Accounting Research, Jg. 1, S. 157.

Buckley, P. J./Casson, M. C. (1988): The Limits of Explanation: Testing the Internalization Theory of the Multinational Enterprise. In: Journal of International Business Studies, Jg. 19, H. 2, S. 181–193.

Bufka, J. (1997): Auslandsgesellschaften internationaler Dienstleistungsunternehmen. Koordination - Kontext - Erfolg. Wiesbaden.

Bühner, R. (1990a): Das Management-Wert-Konzept. Strategien zur Schaffung von mehr Wert im Unternehmen. Stuttgart.

Bühner, R. (1990b): Erfolg von Unternehmenszusammenschlüssen in der BRD. Stuttgart.

Bühner, R. (1991): Grenzüberschreitende Zusammenschlüsse deutscher Unternehmen. Stuttgart.

Bühner, R. (1993): Diversifikation. Sp. 806-820. In: Wittmann, W./Kern, W. (Hg.): Handwörterbuch der Betriebswirtschaft. 5. Aufl. Stuttgart.

Bühner, R. (1994): Unternehmerische Führung mit Shareholder Value. In: Bühner, R. (Hg.): Der Shareholder-Value-Report. Erfahrungen, Ergebnisse, Entwicklungen. Landsberg am Lech, S. 9–76.

Bullinger, H.-J./Renz, K.-C. (2005): Forschungs- und Entwicklungsstrategien. In: Albers, S./Gassmann, O. (Hg.): Handbuch Technologie- und Innovationsmanagement. Strategie, Umsetzung, Controlling. 1. Aufl. Wiesbaden, S. 83–100.

Burger-Calderon, M. (1991): Mergers & Acquisitions (M&A) als strategisches Instrument. In: Droege & Comp. (Hg.): Zukunftssicherung durch strategische Unternehmensführung. 1. Aufl. Düsseldorf, S. 336–341.

Busija, E. C./O'Neill, H. M./Zeithaml Carl P. (1997): Diversification Strategy, Entry Mode, and Performance: Evidence of Choice and Constraints. In: Strategic Management Journal, Jg. 18, H. 4, S. 321–327.

Buzzell, R. D./Gale, B. T./Greif, H.-H. (1989): Das PIMS-Programm. Strategien und Unternehmenserfolg. Wiesbaden.

Carlton, D. W./Perloff, J. M. (2001): Modern industrial organization. 3. Aufl. Reading, MA.

Castanias, R. P./Helfat, C. E. (1991): Managerial Resources and Rents. In: Journal of Management, Jg. 17, H. 1, S. 155–171.

Caves, R. (1994): Game Theory, Industrial Organization, and Business Strategy. In: International Journal of the Economics of Business, Jg. 1, H. 1, S. 11–14.

Caves, R. E. (1980): Industrial Organization, Corporate Strategy and Structure. In: Journal of Economic Literature, Jg. 18, H. 1, S. 63.

Caves, R. E. (1982): American industry. Structure, conduct, performance. 5. Aufl. Englewood Cliffs, NJ.

Chan, L. K. C./Lakonishok, J./Sougiannis, T. (2001): The Stock Market Valuation of Research and Development Expenditures. In: Journal of Finance, Jg. 56, H. 6, S. 2431–2456.

Chan, S. H./Martin, J. D./Kensinger, J. W. (1990): Corporate Research and Development Expenditures and Share Value. In: Journal of Financial Economics, Jg. 26, H. 2, S. 255–276.

Chan Kim, W./Hwang, P. (1992): Global Strategy and Multinationals' Entry Mode Choice. In: Journal of International Business Studies, Jg. 23, H. 1, S. 29–53.

Chandler, A. D. (2001): Strategy and structure. Chapters in the history of the industrial enterprise. 22. Aufl. Cambridge, MA.

Chandler, A. D. (1990): Scale and scope. The Dynamics of Industrial Capitalism. Cambridge, MA.

Chatterjee, S. (1990): Excess Resources, Utilization Costs, and Mode of Entry. In: Academy of Management Journal, Jg. 33, H. 4, S. 780–800.

Chen, S.-F. S./Hennart, J.-F. (2002): Japanese Investors' Choice of Joint Ventures Versus Wholly-owned Subsidiaries in the US: The Role of Market Barriers and Firm Capabilities. In: Journal of International Business Studies, Jg. 33, H. 1, S. 1–18.

Chmielewicz, K. (1994): Forschungskonzeptionen der Wirtschaftswissenschaft. 3. Aufl. Stuttgart.

Christians, F. W. (1988): Finanzstrategie und Unternehmensentwicklung. In: Henzler, H. A. (Hg.): Handbuch Strategische Führung. Wiesbaden, S. 277–294.

Chung, I. Y./Koford, K. J./Lee, I. (1993): Stock Market Views of Corporate Multinationalism: Some Evidence from Announcements of International Joint Ventures. In: Quarterly Review of Economics and Finance, Jg. 33, H. 3, S. 275–293.

Claver, E./Quer, D. (2005): Choice of market entry mode in China: the influence of firm-specific factors. In: Journal of General Management, Jg. 30, H. 3, S. 51–70.

Coase, R. H. (1937): The Nature of the Firm. In: Economica, H. 4, S. 386–405.

Coff, R. W. (1997): Human Assets and Management Dilemmas: Coping with Hazards on the Road to Resource-based Theory. In: Academy of Management Review, Jg. 22, Ausgabe 2, 1997, S. 374–402.

Cohen, M. D. (1991): Individual Learning and Organizational Routine: Emerging Connections. In: Organization Science, Jg. 2, H. 1, S. 135–139.

Collis, D. J. (1991): A resource-based Analysis of global Competition: The Case of the Bearings Industry. In: Strategic Management Journal, Jg. 12, S. 49–68.

Collis, D. J./Montgomery, C. A. (1995): Competing on Resources: Strategy in the 1990s. In: Harvard Business Review, Jg. 73, H. 4, S. 118–128.

Collis, D. J./Montgomery, C. A. (2005): Corporate strategy. A resource-based approach. 2. Aufl. Boston, MA.

Collis, D. J./Montgomery, C. A. (2008): Competing on Resources. In: Harvard Business Review, Jg. 86, H. 7/8, S. 140–150.

Commons, J. R. (1931): Institutional Economics. In: American Economic Review, Jg. 21, H. 4, S. 648–657.

Contractor, F. J./Kundu, S. K. (1998): Modal Choice in a World of Alliances: Analyzing Organizational Forms in the International Hotel Sector. In: Journal of International Business Studies, Jg. 29, H. 2, S. 325–357.

Copeland, T. E./Koller, T./Murrin, J. (1994): Valuation. Measuring and managing the value of companies. 2. Aufl. New York, NY.

Copeland, T. E./Koller, T./Murrin, J. (2002): Unternehmenswert. Methoden und Strategien für eine wertorientierte Unternehmensführung. 3. Aufl. Frankfurt am Main.

Cyert, R. M./March, J. G. (1963): A behavioral theory of the firm. Cambridge, MA.

Dabui, M. (2000): Postmerger-Management. Zielgerichtete Integration bei Akquisitionen und Fusionen. Wiesbaden.

Damodaran, A. (2002): Investment valuation. Tools and techniques for determining the value of any asset. 2. Aufl. New York, NY.

Darke, P./Shanks, G./Broadbent, M. (1998): Successfully completing case study research: combining rigour, relevance and pragmatism. In: Information Systems Journal, Jg. 8, H. 4, S. 273–289.

Dathe, J. (1999): Coopetition – mehr als eine Mode. In: Harvard Business Manager, H. 6, S. 22–29.

Datta, D. K./Puia, G. (1995): Cross-border Acquisitions: An Examination of the influence of Relatedness and Cultural Fit on Shareholder Value Creation in U.S. Acquiring Firms. In: Management International Review (MIR), Jg. 35, H. 4, S. 337–359.

Day, G. S. (1994): The capabilities of market-driven organizations. In: Journal of Marketing, Jg. 58, H. 4, S. 37–52.

Day, G. S./Fahey, L. (1990): Putting Strategy into Shareholder Value Analysis. In: Harvard Business Review, Jg. 68, H. 2, S. 156–162.

Deans, G. K./Kröger, F./Zeisel, S. (2002): Merger Endgames. Strategien für die Konsolidierungswelle. 1. Aufl. Wiesbaden.

Decision News Media (05.02.2008): GE strengthens healthcare with $718m Whatman buy. Online verfügbar unter http://www.in-pharmatechnologist.com, zuletzt geprüft am 13.10.2008.

Decker, R./Zhao, X. (2004): SMEs' Choice of Foreign Market Entry Mode: A Normative Approach. In: International Journal of Business and Economics, Jg. 3, H. 3, S. 181–200.

Delios, A./Beamish, P. W. (1999): Ownership strategy of Japanese firms: Transactional, institutional, and experience influences. In: Strategic Management Journal, Jg. 20, H. 10, S. 915–933.

Demirbag, M./Tatoglu, E./Glaister, K. (2008): Factors affecting perceptions of the choice between acquisition and greenfield entry: The case of Western FDI in an emerging market. In: Management International Review (MIR), Jg. 48, H. 1, S. 5–38.

Dess, G. G./Newport, S./Rasheed, A. M. A. (1993): Configuration Research in Strategic Management: Key Issues and Suggestions. In: Journal of Management, Jg. 19, H. 4, S. 775–795.

Devlin, G./Bleackley, M. (1988): Strategic Alliances - Guidelines for Success. In: Long Range Planning, Jg. 21, H. 5, S. 18–23.

Dierickx, I./Cool, K. (1989): Asset Stock Accumulation and Sustainability of competitive Advantage. In: Management Science, Jg. 35, H. 12, S. 1504–1511.

Disselkamp, M. (2005): Innovationsmanagement. Instrumente und Methoden zur Umsetzung im Unternehmen. 1. Aufl. Wiesbaden.

Dobrzynski, J. H. (21.3.1988): A New Strain of Merger Mania. In: Business Week, S. 56–60.

Dodgson, M. (1993): Organizational Learning: A Review of Some Literatures. In: Organization Studies, Jg. 14, H. 3, S. 375–394.

Domrös, C. (1994): Innovationen und Institutionen. Eine transaktionskostenökonomische Analyse unter besonderer Berücksichtigung strategischer Allianzen. Berlin.

Dornis, P. (1982): Akquisitionspolitik. In: Rädler, A. J./Pöllath, R. (Hg.): Handbuch der Unternehmensakquisition. Frankfurt, S. 39–94.

Dörr, T. (2000): Grenzüberschreitende Unternehmensakquisitionen: Erfolg und Einflussfaktoren. Wiesbaden.

Doty, D. H./Glick, W. H. (1994): Typologies as a unique Form of Theory Building: Toward improved Understanding and Modeling. In: Academy of Management Review, Jg. 19, H. 2, S. 230–251.

Doty, D. H./Glick, W. H./Huber, G. P. (1993): Fit, equifinality, and organizational effectiveness: A test of two configurational theories. In: Academy of Management Journal, Jg. 36, H. 6, S. 1196–1250.

Doz, Y. L. (1992): The role of Partnerships and Alliances in the European Industrial Restructuring. In: Cool, K. O./Neven, D. J./Walter, I. (Hg.): European Industrial Restructuring in the 1990s. New York, NY, S. 294–327.

Doz, Y. L. (1997): Strategic Management Perspectives and International Business. In: Toyne, B./Nigh, D. (Hg.): An emerging vision. Columbia, SC.

Doz, Y./Hamel, G. (1997): The Use of Alliances in Implementing Technology Strategies. In: Tushman, M. L./Anderson, P. (Hg.): Managing strategic innovation and change. New York, NY, S. 556–580.

Doz, Y. L./Hamel, G. (1998): Alliance advantage. The art of creating value through partnering. Boston, MA.

Drogendijk, R./Slangen, A. (2006): Hofstede, Schwartz, or managerial perceptions? The effects of different cultural distance measures on establishment mode choices by multinational enterprises. In: International Business Review, Jg. 15, H. 4, S. 361–380.

Drucker, P. F. (1998): Praxis des Managements. Ein Leitfaden für die Führungs-Aufgaben in der modernen Wirtschaft. 6. Aufl. Düsseldorf.

Duarte, C. L./Garcia-Canal, E. (2004): The Choice Between Joint Ventures and Acquisitions in Foreign Direct Investments: The Role of Partial Acquisitions and Accrued Experience. In: Thunderbird International Business Review, Jg. 46, H. 1, S. 39–58.

Dürr, M. (1995): Investor relations. Handbuch für Finanzmarketing und Unternehmenskommunikation. 2. Aufl. München.

Dyer, J. H./Kale, P./Singh, H. (2004): When to Ally & When to Acquire. In: Harvard Business Review, Jg. 82, H. 7/8, S. 108–115.

Ebeling, H. W., JR./Doorley III, T. L. (1983): A Strategic Approach to Acquisitions. In: Journal of Business Strategy, Jg. 3, H. 3, S. 44–54.

Ebers, M./Gotsch, W. (2006): Institutionenökonomische Theorien der Organisation. In: Kieser, A. (Hg.): Organisationstheorien. 6. Aufl. Stuttgart, S. 247–308.

Ehrbar, A./Mühlfenzl, I. (1999): EVA. Economic value added: Der Schlüssel zur wertsteigernden Unternehmensführung. Wiesbaden.

Eigler, J. (1996): Transaktionskosten als Steuerungsinstrument für die Personalwirtschaft. Frankfurt am Main.

Eisele, J. (1995): Erfolgsfaktoren des Joint-venture-Management. Wiesbaden.

Eisenhardt, K. M. (1989): Building Theories from Case Study Research. In: Academy of Management Review, Jg. 14, H. 4, S. 532–550.

Eisenhardt, K. M./Martin, J. A. (2000): Dynamic Capabilities: What are they. In: Strategic Management Journal, Jg. 21, H. 10/11, S. 1105–1121.

Eisenhofer, A. (1970): Beteiligungen. Der Erfolgsweg zu Wachstum und Diversifikation. Wiesbaden.

Erlei, M./Leschke, M./Sauerland, D. (1999): Neue Institutionenökonomik. Stuttgart.

Ewaldz, D. B. (1991): How Integrated Should Your Company Be. In: Journal of Business Strategy, Jg. 12, H. 4, S. 52.

Fehl, U. (1985): Das Konzept der Contestable Markets und der Marktprozess. In: Bombach, G. (Hg.): Industrieökonomik. Theorie und Empirie. Tübingen, S. 29–50.

Feldenkirchen, W. (2003): Siemens: Von der Werkstatt zum Weltunternehmen. 2. Aufl. München.

Fleischer, S. M. (1997): Strategische Kooperationen. Planung, Steuerung, Kontrolle. Lohmar.

Florescu, J. (1991): Strategische Neustrukturierung durch Akquisitionen und Desinvestitionen von Unternehmungen. Diss. St. Gallen.

Föhr, S. (1991): Ökonomische Analyse der internen Organisation. Wiesbaden.

Fontanari, M. (1996): Kooperationsgestaltungsprozesse in Theorie und Praxis. Berlin.

Frese, E. (1992): Organisationstheorie. Historische Entwicklung, Ansätze, Perspektiven. 2. Aufl. Wiesbaden.

Fruhan, W. E., JR. (1988): Corporate raiders: Head 'em off at value gap. In: Harvard Business Review, Jg. 66, H. 4, S. 63–68.

Gahl, A. (1990): Die Konzeption der strategischen Allianz im Spannungsfeld zwischen Flexibilität und Funktionalität. In: Zeitschrift für betriebswirtschaftliche Forschung - Sonderheft, H. 27, S. 35–48.

Gahl, A. (1991): Die Konzeption strategischer Allianzen. Berlin.

Gälweiler, A. (1974): Unternehmensplanung. Frankfurt am Main, New York, NY.

Gälweiler, A./Schwaninger, M. (2005): Strategische Unternehmensführung. 3. Aufl. Frankfurt am Main.

Gerbig, R. I. (1976): Der Erwerb von Beteiligungen zum Zwecke der Konzernbildung. Aachen.

Gerpott, T. J. (1993): Integrationsgestaltung und Erfolg von Unternehmensakquisitionen. Stuttgart.

Gerring, J. (2002): What is a Case Study and What is it Good For. In: Conference Papers - American Political Science Association, S. 1–41.

Gerth, E. (1971): Zwischenbetriebliche Kooperation. Stuttgart.

Gertz, D. L./Baptista, J. P. A. (1996): Grow to be great. Wider die Magersucht in Unternehmen. Landsberg am Lech.

Gerybadze, A. (1991): Innovation und Unternehmertum im Rahmen internationaler Joint Ventures - Eine kritische Analyse. In: Schneider, D./Laub, U. D. (Hg.): Innovation und Unternehmertum. Perspektiven, Erfahrungen, Ergebnisse. Wiesbaden, S. 137–164.

Gerybadze, A. (1995): Strategic alliances and process redesign. Effective management and restructuring of cooperative projects and networks. Berlin.

Geyskens, I./Steenkamp, J.-B. E./Kumar, N. (2006): Make, Buy, or Ally: A Transaction Cost Theory Meta-Analysis. In: Academy of Management Journal, Jg. 49, H. 3, S. 519–543.

Ghoshal, S./Moran, P. (1996): Bad for Practice: A Critique of the Transaction Cost Theory. In: Academy of Management Review, Jg. 21, H. 1, S. 13–47.

Gilbert, R. J./Newbery, D. M. (1992): Alternative Entry Paths: The Build or Buy Decision. In: Journal of Economics and Management Strategy, Jg. 1, H. 1, S. 129–150.

Gläser, J./Laudel, G. (2008): Experteninterviews und qualitative Inhaltsanalyse. Als Instrumente rekonstruierender Untersuchungen. 3. Aufl. Wiesbaden.

Göbel, E. (2002): Neue Institutionenökonomik: Konzeption und betriebswirtschaftliche Anwendungen. Stuttgart.

Gocke, A. (1997): Die Vermeidung von Abschmelzverlusten nach horizontalen Unternehmensakquisitionen. Diss. St. Gallen.

Gomez, P. (1993): Wertmanagement. Vernetzte Strategie für Unternehmen im Wandel. Düsseldorf.

Gomez, P. (1998): Ganzheitliches Wertmanagement - Von der Vision zur Prozessorganisation. In: io-Management, Jg. 67, H. 3, S. 62–65.

Grant, R. M. (1991). The Resource-Based Theory of Competitive Advantage: Implications for Strategy Formulation. In: California Management Review, Jg. 33, H. 3, S. 114–135.

Grant, R. M. (1996): Toward a Knowledge-based Theory of the Firm. In: Strategic Management Journal, Jg. 17, S. 109–122.

Grimm, U. (1983): Analyse strategischer Faktoren. Ein Beitrag zur Theorie der strategischen Unternehmensplanung. Wiesbaden.

Grochla, E. (1976): Organisationstheorie. In: Zeitschrift für betriebswirtschaftliche Forschung (zfbf), Jg. 28, S. 617–637.

Grochla, E. (1978): Einführung in die Organisationstheorie. Stuttgart.

Grochla, E. (1982): Grundlagen der organisatorischen Gestaltung. Stuttgart.

Grundy, T. (1995): Breakthrough strategies for growth. London.

Günther, T. (1997): Unternehmenswertorientiertes Controlling. München.

Haberlandt, K. (1970): Das Wachstum der industriellen Unternehmung. Neuwied, Berlin.

Hachmeister, D. (1999): Der Discounted Cash Flow als Maß der Unternehmenswertsteigerung. 3. Aufl. Frankfurt am Main.

Hagedoorn, J./Duysters, G. (2002): External Sources of Innovative Capabilities: The Preference for Strategic Alliances or Mergers and Acquisitions. In: Journal of Management Studies, Jg. 39, H. 2, S. 167–188.

Hahn, D. (1970): Wachstumspolitik industrieller Unternehmungen. In: Betriebswirtschaftliche Forschung und Praxis, S. 609–626.

Hahn, D./Hungenberg, H. (2001): PuK - Planung und Kontrolle, Planungs- und Kontrollsysteme, Planungs- und Kontrollrechnung. Wertorientierte Controllingkonzepte. 6. Aufl. Wiesbaden.

Hall, R. (1992): The strategic Analysis of intangible Resources. In: Strategic Management Journal, Jg. 13, H. 2, S. 135–144.

Hamel, G. (1991): Competition fo Competence and Inter-Partner Learning within International Strategic Alliances. In: Strategic Management Journal, Jg. 12, S. 83–103.

Hamel, G. (1994): The Concept of Core Competence. In: Hamel, G. (Hg.): Competence-based competition. Chichester, S. 11–38.

Hamel, G./Doz, Y. L./Prahalad, C. K. (1989): Collaborate with Your Competitors - and Win. In: Harvard Business Review, Jg. 67, H. 1, S. 133–139.

Hammer, R. M. (1991): Unternehmensplanung. 4. Aufl. München.

Hammes, W. (1994): Strategische Allianzen als Instrument der strategischen Unternehmensführung. Wiesbaden.

Hamprecht, M. (1996): Controlling von Konzernplanungssystemen. Theoretische Ableitung und betriebliche Realität führungsstrukturabhängiger Ausprägungsmuster. Wiesbaden.

Han, B. H./Manry, D. (2004): The value-relevance of R&D and advertising expenditures: Evidence from Korea. In: International Journal of Accounting, Jg. 39, H. 2, S. 155–173.

Harrigan, K. R. (1988a): Strategic Alliances and Partner Asymmetries. In: Management International Review (MIR), Jg. 28, H. 4, S. 53–72.

Harrigan, K. R. (1985): Strategies for joint ventures. Lexington, MA.

Harrigan, K. R. (1986): Managing for Joint Venture Success. Lexington, MA.

Harrigan, K. R. (1988b): Joint Ventures: A Mechanism for creating strategic Chance. In: Pettigrew, A. M. (Hg.): The management of strategic change. Oxford, S. 195–230.

Harrison, J. S. (1987): Alternatives to Merger Joint Ventures and Other Strategies. In: Long Range Planning, Jg. 20, H. 6, S. 78–83.

Haspeslagh, P. C./Jemison, D. B. (1992): Akquisitionsmanagement. Wertschöpfung durch strategische Neuausrichtung des Unternehmens. Frankfurt am Main.

Hätscher, A. M. (1992): Unternehmensentwicklung durch strategische Partnerschaften. München.

Haun, M. (2002): Handbuch Wissensmanagement. Grundlagen und Umsetzung, Systeme und Praxisbeispiele. Berlin.

Hauschildt, J. (2005): Dimensionen der Innovation. In: Albers, S./Gassmann, O. (Hg.): Handbuch Technologie- und Innovationsmanagement. Strategie, Umsetzung, Controlling. 1. Aufl. Wiesbaden, S. 23–40.

Heinen, E. (1971): Der entscheidungsorientierte Ansatz der Betriebswirtschaftslehre. In: Zeitschrift für Betriebswirtschaft (ZfB), Jg. 41, S. 429–444.

Heinen, E. (1987): Unternehmenskultur. Perspektiven für Wissenschaft und Praxis. München.

Heinen, E. (1992): Betriebswirtschaftliche Führungslehre. Grundlagen - Strategien - Modelle. Ein entscheidungsorientierter Ansatz. 2. Aufl. Wiesbaden.

Hellfeier, M. (1999): Strategische Allianzen. Ein wertorientiertes Strategiekonzept zur Steigerung der Performance einer Unternehmung. Zürich.

Hellwig, K. (1990): Grundprinzipien einer Theorie des Wachstums. In: Zeitschrift für Betriebswirtschaft (ZfB), Jg. 60, H. 2, S. 125–133.

Henderson, B. D. (1974): Die Erfahrungskurve in der Unternehmensstrategie. Frankfurt am Main.

Henkel, C. B. (1992): Akquisitionen und Kooperationen als strategische Alternativen aus Sicht der deutschen Automobilindustrie. Bamberg.

Hennart, J.-F. (1991): The Transaction Cost Theory of Joint Ventures: An empirical Study of Japanese Subsidiaries in the United States. In: Management Science, Jg. 37, H. 4, S. 483–497.

Hennart, J.-F./Larimo, J. (1998): The Impact of Culture on the Strategy of Multinational Enterprises: Does National Origin Affect Ownership Decisions. In: Journal of International Business Studies, Jg. 29, H. 3, S. 515–538.

Hennart, J.-F./Park, Y.-R. (1993): Greenfield vs. Acquisition: The Strategy of Japanese Investors in the United States. In: Management Science, Jg. 39, H. 9, S. 1054–1070.

Hennart, J.-F./Reddy, S. B. (1997): The Choice between Mergers/Acquisitions and Joint Ventures: The Case of Japanese Investors in the Unites States. In: Strategic Management Journal, Jg. 18, H. 1, S. 1–12.

Henselek, H. F. (1996): Das Management von Unternehmungskonfigurationen. Wiesbaden.

Henselmann, K. (2000): Der Restwert in der Unternehmensbewertung - eine Kleinigkeit. In: Finanz-Betrieb, H. 3, S. 151–157.

Herter, R. N. (1994): Unternehmenswertorientiertes Management. Strategische Erfolgsbeurteilung von dezentralen Organisationseinheiten auf der Basis der Wertsteigerungsanalyse. München.

Hewitt, I. (2005): Joint ventures. 3. Aufl. London.

Hill, C. W./Hwang, P./W.Chan Kim (1990): An Eclectic Theory of the Choice of International Entry Mode. In: Strategic Management Journal, Jg. 11, H. 2, S. 117–128.

Hinterhuber, H. H. (1990): Wettbewerbsstrategie. 2. Aufl. Berlin.

Hinterhuber, H. H. (2004): Strategisches Denken. Vision, Unternehmenspolitik, Strategie. 7. Aufl. Berlin, New York, NY.

Hitt, M. A./Ireland, R. D. (1986): Relationships among Corporate Level Distinctive Competencies, Diversification Strategy, Corporate Structure and Performance. In: Journal of Management Studies, Jg. 23, H. 4, S. 401–416.

Hofer, C. W./Schendel, D. (1982): Strategy formulation. Analytical concepts. St. Paul.

Homburg, C. (2000): Quantitative Betriebswirtschaftslehre. Entscheidungsunterstützung durch Modelle. Mit Beispielen, Übungsaufgaben und Lösungen. 3. Aufl. Wiesbaden.

Hommel, U./Müller, J. (1999): Realoptionsbasierte Investitionsbewertung. In: Finanzbetrieb (FB), H. 8, S. 177–188.

Hommel, U./Pritsch, G. (1999): Investitionsbewertung und Unternehmensführung mit dem Realoptionsansatz. In: Achleitner, A.-K. (Hg.): Handbuch corporate finance. Konzepte, Strategien und Praxiswissen für das moderne Finanzmanagement. Köln, S. 1–67.

Hopfenbeck, W. (2002): Allgemeine Betriebswirtschafts- und Managementlehre. Das Unternehmen im Spannungsfeld zwischen ökonomischen, sozialen und ökologischen Interessen. 14. Aufl. Landsberg am Lech, München.

Hostettler, S. (1997): Economic Value Added (EVA). Darstellung und Anwendung auf Schweizer Aktiengesellschaften. 2. Aufl. Bern.

Hu, M. V./Haiyang Chen/Shieh, J. C. (1992): Impact of U.S-China Joint Ventures on Stockholders' Wealth by Degree of International Involvement. In: Management International Review (MIR), Jg. 32, H. 2, S. 135–148.

Hull, J. C. (2006): Optionen, Futures und andere Derivate. 6. Aufl. München.

Hungenberg, H. (1995): Zentralisation und Dezentralisation. Strategische Entscheidungsverteilung in Konzernen. Wiesbaden.

Hungenberg, H. (2006): Strategisches Management in Unternehmen. Ziele - Prozesse - Verfahren. 4. Aufl. Wiesbaden.

Hungenberg, H. (2008): Strategisches Management in Unternehmen: Ziele - Prozesse - Verfahren. 5. Aufl. Wiesbaden.

Hüttner, M./Schwarting, U. (2002): Grundzüge der Marktforschung. 7. Aufl. München.

Hutzschenreuter, T. (2006): Wachstumsstrategien. Einsatz von Managementkapazitäten zur Wertsteigerung. 2. Aufl. Wiesbaden.

Iber, B. (1985): Zur Entwicklung der Aktionärsstruktur in der Bundesrepublik Deutschland. In: Zeitschrift für Betriebswirtschaft (ZfB), Jg. 55, H. 11, S. 1101–1119.

Ingham, H./Thompson, S. (1994): Wholly-owned vs. Collaborative Ventures for Diversifying Financial Services. In: Strategic Management Journal, Jg. 15, H. 4, S. 325–334.

Ingham, H./Thompson, S. (1995): Deregulation, firm capabilities and diversifying entry decisions: The case of financial services. In: Review of Economics & Statistics, Jg. 77, H. 1, S. 177.

Jacquemin, A. P. (1986): Industrieökonomik. Strategie u. Effizienz d. modernen Unternehmens. Frankfurt am Main.

Janisch, M. (1993): Das strategische Anspruchsgruppenmanagement. Vom Shareholder Value zum Stakeholder Value. Bern.

Jansen, S. A. (2001): Mergers & Acquisitions. Unternehmensakquisitionen und -kooperationen. Eine strategische, organisatorische und kapitalmarkttheoretische Einführung. 4. Aufl. Wiesbaden.

Jansen, S. A./Körner, K. (2000): Fusionsmanagement in Deutschland. Witten-Herdecke.

Jarillo, J. C. (1988): On strategic Networks. In: Strategic Management Journal, Jg. 9, H. 1, S. 31–41.

Johnson, L. D./Pazderka, B. (1993): Firm Value and Investment in R&D. In: Managerial & Decision Economics, Jg. 14, H. 1, S. 15–24.

Jung, H. (2006): Allgemeine Betriebswirtschaftslehre. 10. Aufl. München, Wien.

Kaas, K. R./Fischer, M. (1993): Der Transaktionskostenansatz. In: Das Wirtschaftsstudium, S. 686–693.

Kahle, E. (2001): Betriebliche Entscheidungen. Lehrbuch zur Einführung in die betriebswirtschaftliche Entscheidungstheorie. 6. Aufl. München.

Kaplan, R. S./Norton, D. P. (2004): Strategy maps. Converting intangible assets into tangible outcomes. Boston, MA.

Kaplan, R. S./Norton, D. P. (2006): The balanced scorecard. Translating strategy into action. Boston, MA.

Kartte, W. (1992): Wettbewerbspolitische und wettbewerbsrechtliche Probleme Stratetischer Allianzen. In: Bronder, C./Pritzl, R. (Hg.): Wegweiser für strategische Allianzen. Meilen- und Stolpersteine bei Kooperationen. Frankfurt am Main, S. 401–422.

Kaufer, E. (1980): Industrieökonomik. München.

Kaulfuß, S.-A. (2007): Ein Ansatz zur Erfassung des Leapfrogging-phänomens. Grundkonzept, modelltheoretische Basis und empirische Befunde.

Kereos Targeted Therapeutics and Molecular Imaging (23.08.2002): Philips and Kereos announce alliance on research and development for molecular imaging and diagnostics. Online verfügbar unter http://kereos.com/pressrelease.html, zuletzt geprüft am 09.10.2008.

Kerler, P. (2000): Mergers & Acquisitions und Shareholder Value. Bern.

Kester, W. C. (1984): Today options for tomorrow's growth. In: Harvard Business Review, Jg. 62, H. 2, S. 153–160.

Ketchen, D. J./Combs, J. G./Russel, C. J. et al. (1997): Organizational Configurations and Performance: A Meta-Analysis. In: Academy of Management Journal, Jg. 40, H. 1, S. 223–240.

Ketchen, D. J./Thomas, J. B./Snow, C. C. (1993): Organizational Configurations and Performance: A Comparison of Theoretical Approaches. In: Academy of Management Journal, Jg. 36, H. 6, S. 1278–1313.

Khandwalla, P. N. (1973): Viable and Effective Organizational Designs of Firms. In: Academy of Management Journal, Jg. 16, H. 3, S. 481–495.

Khanna, T./Raabe, E. A. (03.04.2007): General Electric Healthcare, 2006. Herausgegeben von Harvard Business School.

Kieser, A./Kubicek, H. (1992): Organisation. 3. Aufl. Berlin.

Kirchner, M. (1991): Strategisches Akquisitionsmanagement im Konzern. Wiesbaden.

Kitching, J. (1967): Why do mergers miscarry. In: Harvard Business Review, Jg. 45, H. 6, S. 84–101.

Kitching, J. (1974): Winning and losing with European acquisitions. In: Harvard Business Review, Jg. 52, H. 2, S. 124–136.

Klein, B./Crawford, R. G./Alchian, A. A. (1978): Vertical Integration, Appropriable Rents, and the Competitive Contracting Process. In: Journal of Law & Economics, Jg. 21, H. 2, S. 297–326.

Klien, W. (1995): Wertsteigerungsanalyse und Messung von Managementleistungen. Technik, Logik und Anwendung. Wiesbaden.

Knorren, N. (1998): Wertorientierte Gestaltung der Unternehmensführung. Wiesbaden.

Knyphausen, D. (1992): Wertorientiertes Strategisches Management. In: Zeitschrift für Planung, Jg. 3, H. 4, S. 331–352.

Knyphausen-Aufseß, D. zu (2000): Theoretische Perspektiven des strategischen Managements. In: Welge, M. K./Al-Laham, A./Kajüter, P. (Hg.): Praxis des strategischen Managements. Konzepte, Erfahrungen, Perspektiven. Wiesbaden, S. 39–65.

Koch, C./Hofacker, K. (2000): Merger of Equals - eine neue Form von Unternehmenszusammenschlüssen. In: Finanz-Betrieb, H. 9, S. 541–545.

Koch, J. (2004): Marktforschung: Begriffe und Methoden. 4. Aufl. München.

Kochhar, R./Hitt, M. A. (1998): Linking corporate strategy to capital structure. diversification strategy, type and source of financing. In: Strategic Management Journal, Jg. 19, H. 6, S. 601–610.

Kogut, B. (1988): A Study of the Life Cycle of Joint Ventures. In: Management International Review (MIR), Jg. 28, H. 4, S. 39–52.

Kogut, B. (1991): Joint Ventures and the Option to expand and acquire. In: Management Science, Jg. 37, H. 1, S. 19–33.

Kogut, B./Kulatilaka, N. (1994): Options Thinking and Platform Investments: Investing in Opportunity. In: California Management Review, Jg. 36, H. 2, S. 52–71.

Koh, J./Venkatraman, N. (1991): Joint Venture Formations and Stock Market Reactions: An Assessment in the Information Technology Sector. In: Academy of Management Journal, Jg. 34, H. 4, S. 869–892.

Koller, T./Goedhart, M./Wessels, D. (2005): Valuation. Measuring and managing the value of companies. 4. Aufl. Hoboken, NJ.

Koller, T. (1994): What is value-based management. In: McKinsey Quarterly, H. 3, S. 87–101.

Kosiol, E. (1971): Organisation der Unternehmung. Wiesbaden.

Kramme, R. (2006): Medizintechnik: Verfahren, Systeme, Informationsverarbeitung. 3. Aufl. Berlin.

Kromrey, H. (2002): Empirische Sozialforschung. Modelle und Methoden der standardisierten Datenerhebung und Datenauswertung. 10. Aufl. Opladen.

Krüger, W./Müller-Stewens, G. (1994): Matching Acquisition Policy and Integration Style. In: Krogh, G. von/Sinatra, A./Singh, H. (Hg.): The management of corporate acquisitions. International perspectives. Houndmills Basingstoke Hampshire, S. 50–87.

Krüger, W. (1993): Organisation der Unternehmung. 2. Aufl. Stuttgart.

Krüger, W./Homp, C. (1997): Kernkompetenz-Management. Steigerung von Flexibilität und Schlagkraft im Wettbewerb. Wiesbaden.

Krystek, U./Eberhard (2002): Strategische Allianzen als Alternative zu Akquisitionen. In: Krystek, U./Zur, E. (Hg.): Handbuch Internationalisierung. Globalisierung - eine Herausforderung für die Unternehmensführung. 2. Aufl. Berlin, S. 203–222.

Kubicek, H. (1975): Empirische Organisationsforschung. Konzeption und Methodik. Stuttgart.

Kubicek, H. (1977): Heuristische Bezugsrahmen und heuristisch angelegte Forschungsdesigns als Elemente einer Konstruktionsstrategie empirischer Forschung. In: Köhler, R. (Hg.): Empirische und handlungstheoretische Forschungskonzeptionen in der Betriebswirtschaftslehre. Stuttgart, S. 3–36.

Kuhn, T. S. (1973): Die Struktur wissenschaftlicher Revolutionen. Frankfurt am Main.

Kühn, R./Fuhrer, U./Jenner, T. (2000): Reale Optionen. In: Die Unternehmung (DU), H. 1, S. 43–56.

Kürpick, H. (1981): Das Unternehmenswachstum als betriebswirtschaftliches Problem. Berlin.

Küting, K. (1980): Unternehmerische Wachstumspolitik. Berlin.

Küting, K. (1993): Fusion. Sp. 1341-1353. In: Wittmann, W./Kern, W. (Hg.): Handwörterbuch der Betriebswirtschaft. 5. Aufl. Stuttgart.

Kutschker, M./Schmid, S. (2008): Internationales Management. 6. Aufl. München.

Lamnek, S. (2005): Qualitative Sozialforschung: Lehrbuch. 4. Aufl. München.

Laux, H. (1992): Organisationstheorie, entscheidungslogisch orientierte. Sp. 1733-1745. In: Frese, E. (Hg.): Handwörterbuch der Organisation. 3. Aufl. Stuttgart.

Lawrence, P. R./Lorsch, J. W. (1969): Organization and environment: managing differentiation and integration. Homewood, IL.

Lawyer, P./Alford, R. (2005): Industrial Revolution: The new medical Device Acquirers. In: In Vivo - The Business & Medicine Report, Jg. 23, H. 6.

Lawyer, P./Andrew, J. P./Gjaja, M. et al. (2007): Payback II: medical Devices ride the Cash curve. In: In Vivo - The Business & Medicine Report, Jg. 25, H. 3, S. 1–7.

Lawyer, P./Gjaja, M./Alford, R. (2005): Medical Devices M&A. Feeding the Beast: Steady M&A Diets fules Value for Big Device Firms. In: In Vivo - The Business & Medicine Report, Jg. 23, H. 7.

Legewie, H. (o.A.): Qualitative Forschung und der Ansatz der Grounded Theory. Online verfügbar unter http://www2.tu-berlin.de/fak8/ifg/psychologie/legewie/VL-Skripte/Dokumente/Vorlesung_11.pdf, zuletzt geprüft am 10.09.2008.

Lehmann, S. (1995): Neue Wege in der Bewertung börsennotierter Aktiengesellschaften. Ein Cash-flow-orientiertes Ertragswertmodell. 1. Aufl. Wiesbaden.

Leiendecker, K. (1978): Externe Diversifikation durch Unternehmenszusammenschlüsse. Eine einzelwirtschaftliche kapitaltheoretische Analyse unter Berücksichtigung der neueren Kapitalmarkttheorie. Frankfurt am Main.

Lenz, R. T. (1980): Strategic Capability: A Concept and Framework for Analysis. In: Academy of Management Review, Jg. 5, H. 2, S. 225–234.

Leonard-Barton, D. (1992): Core Capabilities and Core Rigidities: A Paradox in managing new Product Dvelopment. In: Strategic Management Journal, Jg. 13, S. 111–125.

Leslie, K. J./Michaels, M. P. (1997): The real power of real options. In: McKinsey Quarterly, H. 3, S. 4–22.

Leunig, M. (1970): Die Bilanzierung von Beteiligungen. Eine bilanztheoretische Untersuchung. Düsseldorf.

Lev, B./Sougiannis, T. (1996): The capitalization, amortization, and value-relevance of R&D. In: Journal of Accounting & Economics, Jg. 21, H. 1, S. 107–138.

Leveson, I. (1986): The Phenomenon of Strategic Collaboration. In: Directors & Boards, Jg. 10, H. 4, S. 20–23.

Levy, J. S. (2008): Case Studies: Types, Designs, and Logics of Inference. In: Conflict Management & Peace Science, Jg. 25, H. 1, S. 1–18.

Lewis, J. D. (1991): Strategische Allianzen. Frankfurt.

Lewis, T. G. (1994): Steigerung des Unternehmenswertes. Total-Value-Management. Landsberg am Lech.

Liebeskind, J. P. (1996): Knowledge, Strategy, and the Theory of the Firm. In: Strategic Management Journal, Jg. 17, S. 93–107.

Lindstädt, H. (2006): Ziele, Motive und Kriterien für Unternehmenszusammenschlüsse. Wertorientierung aus strategischer Perspektive. In: Wirtz, B. W. (Hg.): Handbuch Mergers & Acquisitions Management. 1. Aufl. Wiesbaden, S. 57–78.

Litz, P. (2003): Statistische Methoden in den Wirtschafts- und Sozialwissenschaften. 3. Aufl. München.

Lorange, P./Kotlarchuk, E./Singh, H. (1987): Corporate Acquisitions: A Strategic Perspective. In: Rock, M. L. (Hg.): The mergers & acquisitions handbook. New York, NY, S. 3–14.

Lu, J. (2002): Intra- and Inter-organizational Imitative Behavior: Institutional Influences on Japanese Firms' Entry Mode Choice. In: Journal of International Business Studies, Jg. 33, H. 1, S. 19–37.

Lucks, K./Meckl, R. (2002): Internationale Mergers & Acquisitions. Der prozessorientierte Ansatz. Berlin.

Ludwig, J. (2008): Fallstudien. Herausgegeben von Universität Potsdam. Online verfügbar unter http://opus.kobv.de/ubp/volltexte/2008/1833/pdf/Fallstudien.pdf.

Luethi, R. (2005): Betrachtungen über Fallstudien in den Sozialwissenschaften und anderswo. Working Paper. Herausgegeben von Institute for Organization and Administrative Science (University of Zurich).

Lummer, S. L./McConnell, J. J. (1990): Stock Valuation Effects of International Joint Ventures. In: Rhee, S. G./Chang, R. P. (Hg.): Pacific-basin capital markets research, S. 531–546.

Luo, Y. (2001): Determinants of Entry in an Emerging Economy: A Multilevel Approach. In: Journal of Management Studies, Jg. 38, H. 3, S. 443–472.

Lutz, V. (1993): Horizontale strategische Allianzen. Ansatzpunkte zu ihrer Institutionalisierung. Hamburg.

Macharzina, K./Engelhard, J. (1991): Paradigm Shift in International Business Research: From Partist and Eclectic Approaches to the GAINS Paradigm. In: Management International Review (MIR), Jg. 31, H. 4, S. 23–43.

Macharzina, K./Wolf, J. (2005): Unternehmensführung. Das internationale Managementwissen. Konzepte - Methoden - Praxis. 5. Aufl. Wiesbaden.

Macharzina, K./Wolf, J. (2008): Unternehmensführung. Das internationale Managementwissen. Konzepte - Methoden - Praxis. 6. Aufl. Wiesbaden.

Mahoney, J. T./Pandian, J. R. (1992): The resource-based View within the Conversation of strategic Management. In: Strategic Management Journal, Jg. 13, H. 5, S. 363–380.

Makino, S./Neupert, K. E. (2000): National Culture, Transaction Costs, and the Choice Between Joint Venture and Wholly Owned Subsidiary. In: Journal of International Business Studies, Jg. 31, H. 4, S. 705–713.

March, J. G./Simon, H. A. (1993): Organizations. 2. Aufl. Cambridge, MA.

March, J. G./Simon, H. A./Guetzkow, H. S. (1958): Organizations. New York, NY.

Mariti, P./Smiley, R. H. (1983): Co-operative Agreements and the Organization of Industry. In: Journal of Industrial Economics, Jg. 31, H. 4, S. 437–451.

Markides, C. C./Williamson, P. J. (1994): Related Diversification, Core Competences and Corporate Performance. In: Strategic Management Journal, Jg. 15, S. 149–165.

Mason, E. S. (1939): Price and Production Policies of large-scale Enterprise. In: American Economic Review, Jg. 29, S. 61–74.

Mayring, P. (2002): Einführung in die qualitative Sozialforschung. Eine Anleitung zu qualitativem Denken. 5. Aufl. Weinheim.

McConnell, J. J./Muscarella, C. J. (1985): Corporate Capital Expenditure Decisions and the Markte Value of the Firm. In: Journal of Financial Economics, Jg. 14, H. 3, S. 399–422.

McKelvey, B. (1982): Organizational systematics. Taxonomy, evolution, classification. Berkeley, CA.

Meckl, R. (2000): Controlling im internationalen Unternehmen. Erfolgsorientiertes Management internationaler Organisationsstrukturen. München.

Meffert, H./Burmann, C. (2000): Strategische Flexibilität und Strategiewechsel in turbulenten Märkten. In: Häfliger, G. E./Aeberhard, K./Popp, W. (Hg.): Aktuelle Tendenzen im Innovationsmanagement. Festschrift für Werner Popp zum 65. Geburtstag. Heidelberg, S. 173–216.

Meffert, H./Burmann, C. (2008): Marketing. Grundlagen marktorientierter Unternehmensführung ; Konzepte - Instrumente - Praxisbeispiele. 10. Aufl. Wiesbaden.

Merchant, H./Schendel, D. (2000): How do International Jopint Ventrues create Shareholder Value. In: Strategic Management Journal, Jg. 21, H. 7, S. 723.

Merriam, S. B. (1988): Case Study Research in Education: A Qualitative Approach. San Francisco, CA.

Meyer, A. D./Tsui, A. S./Hinnings, C. R. (1993): Configurational Approaches to organizational Analysis. In: Academy of Management Journal, Jg. 36, H. 6, S. 1175–1195.

Michaelis, E. (1985): Organisation unternehmerischer Aufgaben. Transaktionskosten als Beurteilungskriterium. Frankfurt am Main.

Michel, U. (1994): Kooperation mit Konzept. Wertsteigerung durch strategische Allianzen. In: Controlling, Jg. 6, H. 1, S. 20–28.

Michel, U. (1996): Wertorientiertes Management strategischer Allianzen. München.

Miles, M. B./Huberman, A. M. (2005): Qualitative data analysis. An expanded sourcebook. 2. Aufl. Thousand Oaks, CA.

Miles, R. E./Snow, C. C. (1984): Fit, Failure And The Hall of Fame. In: California Management Review, Jg. 26, H. 3, S. 10–28.

Miller, D. (1981): Toward a new Contingency Approach: The Search for Organizational Gestalts. In: Journal of Management Studies, Jg. 18, H. 1, S. 1–26.

Miller, D. (1996): A Preliminary Typology of Organizational Learning: Synthesizing the Literature. In: Journal of Management, Jg. 22, H. 3, S. 485–505.

Miller, D./Friesen, P. (1980): Archetypes of Organizational Transition. In: Administrative Science Quarterly, Jg. 25, H. 2, S. 268–299.

Miller, D./Friesen, P. H./Mintzberg, H. (1984): Organizations. A quantum view. Englewood Cliffs, NJ.

Mills, R./Robertson, J. (1991): Measuring and managing strategic value. In: Management Accounting, H. November, S. 50–53.

Minderlein, M. (1993): Industrieökonomik und Strategieforschung. In: Staehle, W. H. (Hg.): Managementforschung 3. Berlin, S. 157–201.

Mirow, M. (1992): Strategische Allianzen in der Elektroindustrie. In: Bronder, C./Pritzl, R. (Hg.): Wegweiser für strategische Allianzen. Meilen- und Stolpersteine bei Kooperationen. Frankfurt am Main, S. 127–145.

Mirow, M. (1994): Shareholder Value als Instrument zur Bewertung von Strategischen Allianzen. In: Schulte, C. (Hg.): Beteiligungscontrolling. Grundlagen, strategische Allianzen und Akquisitionen, Erfahrungsberichte. Wiesbaden, S. 43–59.

Moatti, V. (14.-17.10.2007): The Choice among Acquisitions and Alliances versus Internal Development: The Role of Imitation and Experience. Veranstaltung vom 14.-17.10.2007, aus der Reihe "SMS 27th Annual International Conference". San Diego, CA.

Moatti, V./Dussauge, P. (2005): The Impact of Alternative Modes of Expansion on Performance: An Empirical Investigation in Global Retailing. Veranstaltung vom 2005, aus der

Reihe "XIV. Conférence Internationale de Management Stratégique". Angers. Veranstalter: AIMS.

Montgomery, C. A./Wilson, V. A. (1986): Research Note and Communication - Mergers that Last: a Predictable Pattern. In: Strategic Management Journal, Jg. 7, H. 1, S. 91–96.

Moon, C. W. (1999): Impact of Organizational Learning Contexts on Choice of Governance Mode for International... In: Journal of High Technology Management Research, Jg. 10, H. 1, S. 167.

Morschett, D. (2006): Markteintrittsstrategien als zentrale Unternehmensentscheidung im Internationalen Management. In: magazin forschung, H. 2, S. 16 23.

Müller-Stewens, G. (1993): Strategische Partnerschaften. Sp. 4063-4075. In: Wittmann, W./Kern, W. (Hg.): Handwörterbuch der Betriebswirtschaft. 5. Aufl. Stuttgart.

Müller-Stewens, G. (2000): Akqusitionen und der Markt für Unternehmenskontrolle: Entwicklungstendenzen und Erfolgsfaktoren. In: Picot, A./Nordmeyer, A./Pribilla, P. (Hg.): Management von Akquisitionen. Akquisitionsplanung und Integrationsmanagement. Kongress-Dokumentation; 53. Deutscher Betriebswirtschafter-Tag 1999. Stuttgart, S. 41–61.

Müller-Stewens, G./Hillig, A. (1992): Motive zur Bildung Strategischer Allianzen: Die aktivesten Branchen im Vergleich. In: Bronder, C./Pritzl, R. (Hg.): Wegweiser für strategische Allianzen. Meilen- und Stolpersteine bei Kooperationen. Frankfurt am Main, S. 63–101.

Müller-Stewens, G./Lechner, C. (2005): Strategisches Management. Wie strategische Initiativen zum Wandel führen. Der St. Galler General Management Navigator. 3. Aufl. Stuttgart.

Murphy, R. D. (1975): Strategy, Structure and Economic Performance (Book Review). In: American Economist, Jg. 19, H. 2, S. 91–92.

Myers, S. C. (1977): Determinants of Corporate Borrowing. In: Journal of Financial Economics, Jg. 5, H. 2, S. 147–175.

Nelson, R. R. (1991): Why do Firms differ, and how does it matter. In: Strategic Management Journal, Jg. 12, S. 61–74.

Neumann, M. (1979): Industrial Organization. Ein Überblick über die quantitative Forschung. In: Zeitschrift für Betriebswirtschaft (ZfB), Jg. 49, H. 7, S. 645–660.

Neus, W. (2007): Einführung in die Betriebswirtschaftslehre aus institutionenökonomischer Sicht. 5. Aufl. Tübingen.

Nieschlag, R./Dichtl, E./Hörschgen, H. (2002): Marketing. 19. Aufl. Berlin.

North, K. (2002): Wissensorientierte Unternehmensführung. Wertschöpfung durch Wissen. 3. Aufl. Wiesbaden.

Oehlrich, M. (2001): Strategische Analyse von Unternehmensakquisitionen. Das Beispiel der pharmazeutischen Industrie. 1. Aufl. Wiesbaden.

Oesterle, M. J. (1995): Probleme und Methoden der Joint-Venture-Erfolgsbewertung. In: Zeitschrift für Betriebswirtschaft (ZfB), Jg. 65, H. 9, S. 987–1004.

Ohmae, K. (1989): The Global Logic of Strategic Alliances. In: Harvard Business Review, Jg. 67, H. 2, S. 143–154.

Ott, A. E. (1985): Industrieökonomik. In: Bombach, G. (Hg.): Industrieökonomik. Theorie und Empirie. Tübingen, S. 319–325.

Pangarkar, N. (2000): What Drives Merger Behaviuor of Firms? Strategic Momentum versus Bandwagons. In: International Journal of Organization Theory & Behavior, Jg. 3, H. 1/2, S. 37–72.

Pausenberger, E. (1989): Zur Systematik von Unternehmenszusammenschlüssen. In: Das Wirtschaftsstudium (WISU), H. 11, S. 621-626.

Peng, M. (2001): The resource-based view and international business. In: Journal of Management, Jg. 27, H. 6, S. 803–829.

Penrose, E. (1959): Theory of the Growth of the Firm. Oxford.

Perlmutter, H. V./Heenan, D. A. (1986): Cooperate to compete globally. In: Harvard Business Review, Jg. 64, H. 2, S. 136–152.

Perridon, L./Steiner, M. (2004): Finanzwirtschaft der Unternehmung. 13. Aufl. München.

Peschke, M. A. (1997): Wertorientierte Strategiebewertung. Modell, Konzeption und Umsetzung. Wiesbaden.

Peteraf, M. A. (1993): The Cornerstones of competitive Advantage: A resource-based View. In: Strategic Management Journal, Jg. 14, H. 3, S. 179–191.

Petersen, M. C. (1994): Die finanzwirtschaftliche Bewertung strategischer Unternehmungskäufe. Ein Konzept zur Evaluation von Akquisitionszielen im Rahmen der Unternehmungsentwicklung. Bergisch Gladbach.

Pfeffer, J./Salancik, G. R. (2003): The external control of organizations. A resource dependence perspective. Stanford, CA.

Pfeffer, J./Sutton, R. I. (2007): Hard facts, dangerous half-truths, and total nonsense. Profiting from evidence-based management. Boston, MA.

Picot, A. (1982): Transaktionskosten in der Organisationstheorie: Stand der Diskussion und Aussagewert. In: Die Betriebswirtschaft, S. 267–284.

Picot, A. (1993): Transaktionskostenansatz. Sp. 4194-4204. In: Wittmann, W./Kern, W. (Hg.): Handwörterbuch der Betriebswirtschaft. 5. Aufl. Stuttgart.

Picot, A./Dietl, H. (1990): Transaktionskostentheorie. In: Wirtschaftswissenschaftliches Studium (WiSt), H. 4, S. 178–183.

Picot, A./Dietl, H./Franck, E. (2008): Organisation: Eine ökonomische Perspektive. 5. Aufl. Stuttgart.

Picot, A./Reichwald, R./Wigand, R. T. et al. (2003): Die grenzenlose Unternehmung. Information, Organisation und Management ; Lehrbuch zur Unternehmensführung im Informationszeitalter. 5. Aufl. Wiesbaden.

Piltz, K. (1993): Akquisitions- und Desinvestitionspolitik vor dem Hintergrund des Shareholder-Value-Konzepts. In: Fritsch, U./Liener, G./Schmidt, R. (Hg.): Die deutsche Aktie. Unternehmensfinanzierung und Vermögenspolitik vor neuen Herausforderungen. Stuttgart, S. 297–307.

Porter, M. E. (1980): Competitive strategy. Techniques for analyzing industries and competitors. New York, NY.

Porter, M. E. (1981): The Contributions of Industrial Organization To Strategic Management. In: Academy of Management Review, Jg. 6, H. 4, S. 609–620.

Porter, M. E. (1986): Changing Patterns of International Competition. In: California Management Review, Jg. 28, H. 2, S. 9–40.

Porter, M. E. (1991): Towards a dynamic Theory of Strategy. In: Strategic Management Journal, Jg. 12, S. 95–117.

Porter, M. E. (1996): What Is Strategy. In: Harvard Business Review, Jg. 74, H. 6, S. 61–78.

Porter, M. E. (1999): Wettbewerbsstrategie (competitive strategy). Methoden zur Analyse von Branchen und Konkurrenten. 10. Aufl. Frankfurt.

Porter, M. E. (2006): Toward a Dynamic Theory of Strategy. In: Rumelt, R. P. (Hg.): Fundamental issues in strategy. A research agenda. Boston, MA, S. 423–462.

Porter, M. E. (2008): Wettbewerbsstrategie. Methoden zur Analyse von Branchen und Konkurrenten. 11. Aufl. Frankfurt/Main.

Porter, M. E./Fuller, M. B. (1989): Koalitionen und globale Strategien. In: Porter, M. E. (Hg.): Globaler Wettbewerb. Strategien der neuen Internationalisierung. Wiesbaden, S. 363–399.

Prahalad, C. K./Hamel, G. (1990): The Core Competence of the Corporation. In: Harvard Business Review, Jg. 68, H. 3, S. 79–91.

Prahalad, C. K./Hamel, G. (1991): Nur Kernkompetenzen sichern das Überleben. In: Harvard Business Manager, Jg. 13, H. 2, S. 66–78.

Proff, H. (2004): Internationales Management. In Ostasien, Lateinamerika und Schwarzafrika. München.

Provan, K. G. (1983): The Federation as an Interorganizational Linkage Network. In: Academy of Management Review, Jg. 8, H. 1, S. 79–89.

Pümpin, C. (1989): Das Dynamik-Prinzip. Zukunftsorientierungen für Unternehmer und Manager. Düsseldorf.

Pümpin, C. B./Prange, J. (1991): Management der Unternehmensentwicklung. Phasengerechte Führung und der Umgang mit Krisen. Frankfurt am Main.

Raffée, H. (1974): Grundprobleme der Betriebswirtschaftslehre. Göttingen.

Raffée, H./Eisele, J. (1994): Joint Ventures - nur die Hälfte floriert. In: Harvard Business Manager, H. 3, S. 17–22.

Rall, W. (1994): Internationale Strategische Allianzen - Wege zum Erfolg. In: Pausenberger, E. (Hg.): Die Internationalisierung von Unternehmungen. Strategien und Probleme ihrer Umsetzung. Stuttgart, S. 31–46.

Rall, W. (1993): Internationale Strategische Allianzen - Wege zum Erfolg. In: Zeitschrift für Betriebswirtschaft (ZfB), S. 31–45.

Rams, A. (1999): Realoptionsbasierte Unternehmensbewertung. In: Finanzbetrieb (FB), S. 349–364.

Rappaport, A. (1981): Selecting strategies that create shareholder value. In: Harvard Business Review, Jg. 59, H. 3, S. 139–149.

Rappaport, A. (1986): Creating shareholder value. The New Standard for Business Performance. New York, NY.

Rappaport, A./Klien, W. (1999): Shareholder value. Ein Handbuch für Manager und Investoren. 2. Aufl. Stuttgart.

Rasche, C./Wolfrum, B. (1994): Ressourcenorientierte Unternehmensführung. In: Die Betriebswirtschaft, Jg. 54, H. 4, S. 501–517.

Rasiel, E. M. (1999): The McKinsey way. Using the techniques of the world's top strategic consultants to help you and your business. New York.

Rath, H. (1990): Neue Formen der internationalen Unternehmenskooperation. Eine empirische Untersuchung unter besonderer Berücksichtigung ausgesuchter Industriezweige des Ruhrgebiets. Hamburg.

Reed, R./DeFillippi, R. J. (1990): Causal Ambiguity, Barriers to Imitation, and Sustainable Competitive Advantage. In: Academy of Management Review, Jg. 15, H. 1, S. 88–102.

Reiche, D. (2003): Roche Lexikon Medizin. 5. Aufl.

Reichmann, T./Neukirchen, R. (1998): Potentialanalyse interner Dienstleistungsprozesse. Eine vorgelagerte Entscheidungsstufe für das Outsourcing. In: Controlling, S. 340–348.

Remenyi, D. J. S./Williams, B./Money, A. et al. (1998): Doing research in business and management: an introduction to process and method. London.

Richardson, G. B. (1972): The Organization of Industry. In: Economic Journal, Jg. 82, H. 327, S. 883–896.

Richter, F. (1999): Konzeption eines marktwertorientierten Steuerungs- und Monitoringsystems. 2. Aufl. Frankfurt am Main.

Richter, R. (1991): Institutionenökonomische Aspekte der Theorie der Unternehmung. In: Ordelheide, D. (Hg.): Betriebswirtschaftslehre und ökonomische Theorie. Stuttgart, S. 395–429.

Roberts, E. B./Berry, C. A. (1985): Entering New Businesses: Selecting Strategies for Success. In: Sloan Management Review, Jg. 26, H. 3, S. 3–17.

Roberts, E. B./Liu, W. K. (2001): Ally or Acquire. In: MIT Sloan Management Review, Jg. 43, H. 1, S. 26–34.

Rödl, M. (2002): Strategische Unternehmensbewertung im Rahmen des Akquisitionsprozesses. München.

Rössl, D. (1990): Die Entwicklung eines Bezugsrahmens und seine Stellung im Forschungsprozess. In: Journal für Betriebswirtschaft (JfB), H. 2, S. 99–110.

Rotering, J. (1993): Zwischenbetriebliche Kooperation als alternative Organisationsform. Ein transaktionskostentheoretischer Erklärungsansatz. Stuttgart.

Ruffer, R. L./Holcomb, J. P., JR. (2001): To build or buy: an empirical study of the characteristics affecting a bank's expansion decisions. In: Journal of Economics & Business, Jg. 53, H. 5, S. 481.

Rühli, E. (1994): Die resource-based view of strategy: Ein Impuls für einen Wandel im unternehmenspolitischen Denken und Handeln. In: Gomez, P./Hahn, D./Müller-Stewens, G., et al. (Hg.): Unternehmerischer Wandel. Konzepte zur organisatorischen Erneuerung. Wiesbaden, S. 31–57.

Rühli, E. (1995): Ressourcenmanagement. In: Die Unternehmung (DU), H. 2, S. 91–105.

Rumelt, R. P. (1974): Strategy, structure, and economic performance. Boston, MA.

Rumelt, R. P. (1982): Diversification Strategy and Profitability. In: Strategic Management Journal, Jg. 3, H. 4, S. 359–369.

Rumelt, R. P. (1987): Theory, Strategy, and Entrepreneurship. In: Teece, D. J. (Hg.): The competitive challenge. Strategies for industrial innovation and renewal. Cambridge, MA, S. 137–158.

Rumpf, B.-M. (1994): Die Mehrung des Shareholder Value als Aufgabe des betrieblichen Finanzwesens unter besonderer Beruecksichtigung des Wandels auf den Produkt-, Finanz- und Unternehmungskontrollmärkten. Hallstadt.

Rupprecht-Däullary, M. (1995): Zwischenbetriebliche Kooperation. Möglichkeiten und Grenzen durch neue Informations- und Kommunikationstechnologien. Wiesbaden.

Rüth, D. (1989): Planungssysteme der Industrie. Einflußgrößen und Gestaltungsparameter. Wiesbaden.

Salter, M. S./Weinhold, W. A. (1981): Choosing compatible acquisitions. In: Harvard Business Review, Jg. 59, H. 1, S. 117–127.

Schade, M. (1990): Die Internationalisierung des Mergers& Acquisitions-Geschäftes. Diss. St. Gallen.

Schanz, G. (1988): Erkennen und Gestalten: Betriebswirtschaftslehre in kritisch-rationaler Absicht. Stuttgart.

Schaper-Rinkel, W. (1998): Akquisitionen und strategische Allianzen. Alternative, externe Wachstumswege. Wiesbaden.

Schauenberg, T. (04.12.2008): GE Healthcare. RSNA Investor Meeting. Veranstaltung vom 04.12.2008. Veranstalter: General Electric Healthcare. Online verfügbar unter http://www.ge.com/investors/events/event_id12042008.html, zuletzt geprüft am 15.04.2009.

Schein, E. H. (1995): Unternehmenskultur. Ein Handbuch für Führungskräfte. Frankfurt am Main.

Schendel, D./Hofer, C. (1979): Strategic Management - A new View of Business Policy and Planning. Boston, MA.

Scherer, A. G./Beyer, R. (1998): Der Konfigurationsansatz im Strategischen Management. Rekonstruktion und Kritik. In: Die Betriebswirtschaft, Jg. 58, H. 3, S. 332–347.

Scherer, F. M./Ross, D. (1990): Industrial market structure and economic performance. 3. Aufl. Chicago, IL.

Schering AG (28.11.2005): Schering and Philips team up in new field of opitcal imaging for the prevention and treatment of breast cancer. Online verfügbar unter http://www.schering.com, zuletzt geprüft am 13.10.2008.

Schierenbeck, H. (2008): Grundzüge der Betriebswirtschaftslehre. 17. Aufl. München.

Schierenbeck, H./Lister, M. (2002): Value Controlling. Grundlagen wertorientierter Unternehmensführung. 2. Aufl. München.

Schlosser, A. (2001): Unternehmenswertsteigerung durch Strategische Allianzen - Ein Ansatz zum wertorientierten Kooperationsmanagement. Bamberg.

Schmalensee, R./Armstrong, M. (2007): Handbook of industrial organization. Amsterdam.

Schneider, D. (1985): Die Unhaltbarkeit des Transaktionskostenansatzes für die "Markt oder Unternehmung"-Diskussion. In: Zeitschrift für Betriebswirtschaft (ZfB), H. 12, S. 1237–1254.

Schoeller, P. A. (1991): Unternehmenskauf und Synergieeffekte im mittelständischen Umfeld. In: Droege & Comp. (Hg.): Zukunftssicherung durch strategische Unternehmensführung. 1. Aufl. Düsseldorf, S. 342–346.

Scholl, A. (2001): Robuste Planung und Optimierung. Grundlagen - Konzepte und Methoden - experimentelle Untersuchungen. Heidelberg.

Scholz, R. W./Tietje, O. (2002): Embedded case study methods: integrating quantitative and qualitative knowledge. Thousand Oaks, CA.

Schrader, S. (1993): Kooperation. In: Hauschildt, J./Grün, O. (Hg.): Ergebnisse empirischer betriebswirtschaftlicher Forschung. Zu einer Realtheorie der Unternehmung. Stuttgart, S. 221–254.

Schreyögg, G. (1993): Unternehmensstrategie. Grundfragen einer Theorie strategischer Unternehmensführung. Berlin.

Schreyögg, G. (2002): Organisation. Grundlagen moderner Organisationsgestaltung. 3. Aufl. Wiesbaden.

Schubert, W./Küting, K. (1981): Unternehmungszusammenschlüsse. München.

Schuh, A. (1990): Strategische Allianzen - Neue Formen kooperativer Wettbewerbsstrategien. In: Der Markt, Jg. 29, H. 3, S. 141–148.

Selznick, P. (1957): Leadership in administration. A sociological interpretation. New York, NY.

Servatius, H. G. (1990): Koordination internationaler strategischer Allianzen. In: Backhaus, K./Piltz K. (Hg.): Strategische Allianzen - Sonderheft 27, Zeitschrift für betriebswirtschaftliche Forschung, S. 49–66.

Shaver, J. M. (1998): Accounting for endogeneity when assessing strategy performance: Does entry mode choice affect... In: Management Science, Jg. 44, H. 4, S. 571–585.

Sheldon I. Dorenfest & Associates (19.12.2003): Healthcare Information Technology Expenditures. In: Maxim Group Equity Research (Hg.): Healthcare Information Technology. Investment Opportunities in the Hospital Information Systems (HIS) Sector.

Shepherd, W. G. (1976): Bain's Influence on Research into Industrial Organization. In: Masson, R. T./Qualls, P. D./Bain, J. S. (Hg.): Essays on industrial organization in honor of Joe S. Bain. Cambridge, MA, S. 1–17.

Shepherd, W. G. (1990): The Economics of Industrial Organization: Instructor's Manual. 3. Aufl. Englewood Cliffs, NJ.

Sieben, G./Sielaff, M. (1989): Unternehmensakquisition. Stuttgart.

Siegert, T. (1995): Shareholder-Value als Lenkungsinstrument. In: Zeitschrift für betriebswirtschaftliche Forschung (zfbf), Jg. 47, H. 6, S. 580–607.

Sigloch, J. (1974): Unternehmenswachstum durch Fusion. Grundlagen einer Erklärung und Beurteilung des Unternehmenswachstums durch Fusion. Berlin.

Simon, H. A. (1957): Rationality and Administrative Decision Making. In: Simon, H. A. (Hg.): Models of Man: Social and Rational. Mathematical Essays on Rational Human Behavior in a Social Setting. New York, S. 196–206.

Simon, H. A. (1976): Administrative behavior. A study of decision-making processes in administrative organization. 3. Aufl. New York, NY.

Singh, H./Kogut, B. (1989): Industry and Competitive Effects on the Choice of Entry Mode. In: Academy of Management Proceedings, S. 116–120.

Smits, S. (15.06.2005): Healthcare IT. Medical Systems Analyst Day. Veranstaltung vom 15.06.2005. Veranstalter: Philips. Online verfügbar unter http://www.philips.com/about/investor/investor/analystdays/article-15407.page, zuletzt geprüft am 25.03.2009.

Spender, J. C. (1996): Making Knowledge the Basis of a Dynamic Theory of the Firm. In: Strategic Management Journal, Jg. 17, S. 45–62.

Spender, J. C./Grant, R. M. (1996): Knowledge and the Firm: Overview. In: Strategic Management Journal, Jg. 17, S. 5–9.

Spickers, J. (1995): Unternehmenskauf und Organisation. Gestaltungs- und Erklärungsdimensionen eines ganzheitlich-systemorientierten Akquisitionsmanagements. Bern.

Spremann, K. (1995): Flexibilität. In: Die Unternehmung (DU), H. 4, S. 219–224.

Spremann, K./Pfeil, O. P./Weckbach, S. (2001): Lexikon Value-Management. München.

Sprengel, F. (1984): Informationsbedarf strategischer Entscheidungshilfen. Thun.

Staehle, W. H. (1999): Management. Eine verhaltenswissenschaftliche Perspektive. 8. Aufl. München.

Staffelbach, B. (1993): Aspekte humanpolitischer Unternehmensführung. In: Krulis-Randa, J. S./Rühli, E. (Hg.): Führen von Organisationen. Konzepte und praktische Beispiele aus privaten und öffentlichen Unternehmen. Bern, S. 107–134.

Stafford, E. R. (1994): Using Co-operative Strategies to Make Alliances Work. In: Long Range Planning, Jg. 27, H. 3, S. 64–74.

Stake/Robert E. (1999): The Art of Case Study Research. Von Robert E Edition: 6 Veröffentlicht von SAGE,. 6. Aufl. Thousand Oaks, CA.

Stein, I. (1992): Motive für internationale Unternehmensakquisitionen. Wiesbaden.

Steiner, M./Bruns, C. (2007): Wertpapiermanagement. 9. Aufl. Stuttgart.

Steiner, P. O. (1977): Mergers. Motives, effects, policies. 1. Aufl. Ann Arbor, MI.

Steinmann, H./Schreyögg, G. (2000): Management. Grundlagen der Unternehmensführung. Konzepte, Funktionen, Praxisfälle. 5. Aufl. Wiesbaden.

Stewart, G. B. (1991): The quest for value. The EVA Management Guide. New York, NY.

Strauss, A. L./Hildenbrand, A. (2007): Grundlagen qualitativer Sozialforschung. Datenanalyse und Theoriebildung in der empirischen soziologischen Forschung. 2. Aufl. München.

Strauss, B. (1996): Quantitative Einzelfallanalysen - Grundlagen und Möglichkeiten. In: Brähler, E./Adler, C. (Hg.): Quantitative Einzelfallanalysen und qualitative Verfahren. Gießen, S. 15–46.

Strehl, F. (2004): Reformarbeit in bürokratischen Organisationen: Entscheidungsprozesse und ihre organisationale Gestaltung als Grundlage von Reformprojekten, gezeigt am Beispiel von öffentlichen Verwaltungen. Baden-Baden.

Strietzel, M. (2005): Unternehmenswachstum durch Internationalisierung in Emerging Markets. Eine neo-kontingenztheoretische Analyse. 1. Aufl. Wiesbaden.

Strothe, D. (2006): Identifikation und Bewertung der Konfigurationen internationaler Markteinund Marktaustrittsstrategien junger Technologieunternehmen. 1. Aufl. Frankfurt am Main.

Sudarsanam, S./Holl, P./Salami, A. (1996): Shareholder Wealth Gains in Mergers: Effect of Synergy and Ownership Structure. In: Journal of Business Finance & Accounting, Jg. 23, H. 5/6, S. 673–698.

Sundaram, A. K./John, T. A./John, K. (1996): An empirical analysis of strategic competition and firm values. The case of R&D competition. In: Journal of Financial Economics, Jg. 40, H. 3, S. 459–486.

Sydow, J. (1992): Strategische Netzwerke. Evolution und Organisation. Wiesbaden.

Szewczyk, S. H./Tsetsekos, G. P./Zantout, Z. (1996): The Valuation of Corporate R&D Expenditures: Evidence from Investment Opportunities and Free Cash Flow. In: The Journal of the Financial Management Association, Jg. 25, H. 1, S. 105–110.

Szyperski, N./Mußhoff, J. (1989): Planung und Plan. Sp. 1426-1438. In: Szyperski, N. (Hg.): Handwörterbuch der Planung. Stuttgart.

Szyperski, N./Nathusius, K./Szyperski-Nathusius (1999): Probleme der Unternehmungsgründung. Eine betriebswirtschaftliche Analyse unternehmerischer Startbedingungen. 2. Aufl. Lohmar.

Teece, D. J. (1984): Economic Analysis and Strategic Management. In: California Management Review, Jg. 26, H. 3, S. 87–110.

Teece, D. J. (1987): Profiting from technological Innovation: Implications for Integration, Collaboration, Licensing and Public Policy. In: Teece, D. J. (Hg.): The competitive challenge. Strategies for industrial innovation and renewal. Cambridge, MA, S. 185–219.

Teece, D. J./Pisano, G./Shuen, A. (1997): Dynamic Capabilities and Strategic Management. In: Strategic Management Journal, Jg. 18, H. 7, S. 509–533.

The Boston Consulting Group (2008): BCG Report - Missing Link. Focusing Corporate Strategy on Value Creation. The 2008 Value Creators Report.

Thomas, K. W./Tymon, W. G. (1982): Necessary Properties of Relevant Research: Lessons from Recent Criticisms of the Organizational Sciences. In: Academy of Management Review, Jg. 7, H. 3, S. 345–352.

Tintelnot, C./Meißner, D./Steinmeier, I. (1999): Innovationsmanagement. Berlin.

Trigeorgis, L. (2002): Real options. Managerial flexibility and strategy in resource allocation. Cambridge, MA.

Triple G Systems Group Inc. (o.D.): Triple G. Online verfügbar unter http://www.jlaventures.com, zuletzt geprüft am 14.10.2008.

Tröndle, D. (1987): Kooperationsmanagement. Steuerung interaktioneller Prozesse bei Unternehmungskooperationen. Bergisch Gladbach.

Tsoukas, H. (1996): The Firm as a distributed Knowledge System: A Constructionist Approach. In: Strategic Management Journal, Jg. 17, S. 11–25.

Ulrich, H. (1968): Die Unternehmung als produktives soziales System. Bern, Stuttgart.

Ulrich, H./Krieg, W. (1974): St. Galler Management-Modell. 3. Aufl. Bern.

Ulrich, P./Fluri, E. (1995): Management. 7. Aufl. Bern.

Vachon, M. (30.11.2006): Diagnostic Imaging: Winning today and tomorrow. RSNA Investor Meeting. Veranstaltung vom 30.11.2006. Veranstalter: GE Healthcare. Online verfügbar unter http://www.ge.com/investors/events/index.html, zuletzt geprüft am 15.04.2009.

Vachon, M. (29.11.2007): GE Healthcare Diagnostic Imaging: Leading positions, great fundamentals. RSNA Investor Meeting. Veranstaltung vom 29.11.2007. Veranstalter: GE Healthcare. Online verfügbar unter http://www.ge.com/investors/events/index.html, zuletzt geprüft am 15.04.2009.

van Laarhoven, P./Sharman, G. (1994): Logistics alliances: The European experience. In: McKinsey Quarterly, H. 1, S. 39–49.

Vancil, R. F./Lorange, P. (1977): Strategic planning in diversified companies. In: Lorange, P./Vancil, R. F. (Hg.): Strategic planning systems. Englewood Cliffs, NJ, S. 22–36.

Vaus, D. de (2001): Research design in social research. London.

Veliyath, R./Srinivasan, T. C. (1995): Gestalt Approaches to Assessing Strategic Coalignment: A Conceptual Integration. In: British Journal of Management, Jg. 6, H. 3, S. 205–219.

Venkatraman, N. (1989): The Concept of Fit in Strategy Research: Toward Verbal and Statistical Correspondence. In: Academy of Management Review, Jg. 14, H. 3, S. 423–444.

Verispan (2007): Diagnostic Imaging Center. Market Report. Herausgegeben von Verispan L.L.C.

Vizjak, A. (1990): Wachstumspotentiale durch strategische Partnerschaften. Bausteine einer Theorie der externen Synergie. München.

Vornhusen, K. (1994): Die Organisation von Unternehmenskooperationen. Joint Ventures und Strategische Allianzen in Chemie- und Elektroindustrie. Frankfurt am Main.

Voswinckel, G. (1979): Untersuchungen der Beitrittsentscheidung in horizontalen Unternehmenskooperationen. Hamburg.

Wagenhofer, A. (Hg.) (2000): Wertorientiertes Management. Konzepte und Umsetzungen zur Unternehmenswertsteigerung. Stuttgart.

Waldecker, P. (1995): Strategische Alternativen in der Unternehmensentwicklung. Interne Entwicklung und Unternehmensakquisition. Wiesbaden.

Walden Group (Q4/2005): The Strategic Healthcare M&A Report. Herausgegeben von The Walden Group Inc. Online verfügbar unter http://waldenmed.com/newsletters.asp, zuletzt geprüft am 15.04.2009.

Warner, A. G. (2003): Buying versus Building Competence: Acquisition Patterns in the Information and Telecommunications Industry 1995-2000. In: International Journal of Innovation Management, Jg. 7, H. 4, S. 395–415.

Weder, R. (1989): Joint-Venture. Theoretische und empirische Analyse unter besonderer Berücksichtigung der chemischen Industrie der Schweiz. Grüsch.

Weiss, C. A. (1996): Die Wahl internationaler Markteintrittsstrategien. Eine transaktionskostenorientierte Analyse. Wiesbaden.

Welge, M. K./Al-Laham, A. (1992): Planung. Prozesse - Strategien - Maßnahmen. Wiesbaden.

Welge, M. K./Al-Laham, A. (2002): Erscheinungsformen und betriebswirtschaftliche Relevanz von Strategischen Allianzen. In: Macharzina, K. (Hg.): Handbuch Internationales Management. Grundlagen, Instrumente, Perspektiven. 2. Aufl. Wiesbaden.

Welge, M. K./Al-Laham, A. (2008): Strategisches Management. Grundlagen - Prozess - Implementierung. 5. Aufl. Wiesbaden.

Wernerfelt, B. (1984): A Resource-based View of the Firm. In: Strategic Management Journal, Jg. 5, H. 2, S. 171–180.

Wernerfelt, B. (1989): From critical resource to corporate strategy. In: Journal of General Management, Jg. 14, H. 3, S. 4–12.

Wernerfelt, B. (1995): The Resource-based View of the Firm: Ten Years after. In: Strategic Management Journal, Jg. 16, H. 3, S. 171–174.

Wernerfelt, B./Karnani, A. (1987): Competitive Strategy under Uncertainty. In: Strategic Management Journal, Jg. 8, H. 2, S. 187–194.

Weston, J. F. (1976): The role of mergers in the growth of large firms. Westport, CT.

Weston, J. F./Mitchell, M./Mulherin, J. H. (2004): Takeovers, restructuring, and corporate governance. 4. Aufl. Upper Saddle River, NJ.

Weston, J. F./Chung, K. S. (1990): Mergers, restructuring, and corporate control. Englewood Cliffs, NJ.

Wild, J. (1974): Grundlagen der Unternehmungsplanung. Reinbek bei Hamburg.

Wilde, K. D. (1989): Bewertung von Produkt-Markt-Strategien. Theorie u. Methoden. Berlin.

Williamson, O. E. (1971): The Vertical Integration of Production: Market Failure Considerations. In: American Economic Review, Jg. 61, H. 2, S. 112–123.

Williamson, O. E. (1975): Markets and hierarchies, analysis and antitrust implications: a study in the economics of internal organization. New York, NY.

Williamson, O. E. (1979): Transaction-Cost Economics: The Governance of Contractual Relations. In: Journal of Law & Economics, Jg. 22, H. 2, S. 233–261.

Williamson, O. E. (1981): On the Nature of the Firm: Some Recent Developments. In: Zeitschrift für die gesamte Staatswissenschaft, Jg. 137, H. 4, S. 675–680.

Williamson, O. E. (1985): The economic institutions of capitalism. Firms, markets, relational contracting. New York, NY.

Williamson, O. E. (1986): Economic organization. Firms, markets and policy control. New York.

Williamson, O. E. (1988): Corporate Finance and Corporate Governance. In: Journal of Finance, Jg. 43, H. 3, S. 567–591.

Williamson, O. E. (1990): Die ökonomischen Institutionen des Kapitalismus. Unternehmen, Märkte, Kooperationen. Tübingen.

Williamson, O. E. (1991): Comparative Economic Organization: The Analysis of Discrete Structural Alternatives. In: Administrative Science Quarterly, Jg. 36, H. 2, S. 269–296.

Williamson, O. E. (1996): Transaktionskostenökonomik. 2. Aufl. Hamburg.

Windsperger, J. (1987): Zur Methode des Transaktionskostenansatzes. In: Zeitschrift für Betriebswirtschaft (ZfB), H. 1, S. 59–76.

Wöhe, G. (2005): Einführung in die Allgemeine Betriebswirtschaftslehre. 22. Aufl. München.

Wolf, J. (1994): Internationales Personalmanagement. Kontext - Koordination - Erfolg. Wiesbaden.

Wolf, J. (2000): Der Gestaltansatz in der Management- und Organisationslehre. Wiesbaden.

Woolridge, J. R./Snow, C. C. (1990): Stock Market Reaction to strategic Investment Decisions. In: Strategic Management Journal, Jg. 11, H. 5, S. 353–363.

Wright, M./Coyne, J. (1985): Management buy-outs. London, Sydney.

Wurche, S. (1994): Strategische Kooperation. Theoretische Grundlagen und praktische Erfahrungen am Beispiel mittelständischer Pharmaunternehmen. Wiesbaden.

Wyss, W. (1991): Marktforschung von A - Z: Eine Einführung aus der Praxis, für die Praxis. Adligenswil.

Yeoh, P.-L./Roth, K. (1999): An empirical analysis of sustained advantage in the U.S. pharmaceutical industry: impact of firm resources and capabilities. In: Strategic Management Journal, Jg. 20, H. 7, S. 637–653.

Yin, R. K. (1981): The Case Study Crisis: Some Answers. In: Administrative Science Quarterly, Jg. 26, H. 1, S. 58–65.

Yin, R. K. (2003): Case study research. 3. Aufl. Beverly Hills, New Delhi, London.

Yin, S./Shanley, M. (2008): Industry Determinants of the "Merger versus Alliance" Decision. In: Academy of Management Review, Jg. 33, H. 2, S. 473–491.

Yip, G. S. (1982): Diversification Entry: Internal Development versus Acquisition. In: Strategic Management Journal, Jg. 3, H. 4, S. 331–345.

Yiu, D./Makino, S. (2002): The Choice Between Joint Venture and Wholly Owned Subsidiary: An Institutional Perspective. In: Organization Science, Jg. 13, H. 6, S. 667–683.

Yoshino, M. Y./Rangan, U. S. (1996): Strategic alliances. An entrepreneurial approach to globalization. Boston, MA.

Zantout, Z. Z./Tsetsekos, G. P. (1994): The Wealth Effects of Announcements of R&D Expenditure Increases. In: Journal of Financial Research, Jg. 17, H. 2, S. 205.

Zaugg, R. J. (2006): Fallstudien als Forschungsdesign der Betriebswirtschaftslehre. Anleitung zur Erarbeitung von Fallstudien. Diskussionspapiere der WHL. Herausgegeben von Wissenschaftliche Hochschule Lahr.

Zejan, M. C. (1990): New Ventures or Acquisitions. The Choice of Swedish Multinational Enterprises. In: Journal of Industrial Economics, Jg. 38, H. 3, S. 349–355.

Zentes, J./Swoboda, B. (1999): Motove und Erfolgsgrößen internationaler Kooperation mittelständischer Unternehmen. In: Die Betriebswirtschaft, Jg. 59, H. 1, S. 44–60.

Fallstudienspezifische Quellen

ABN AMRO (19.06.2003): Information Technology Hardware. Medical equipment market update. Unter Mitarbeit von Andre Jaekel, Harvey Robinson und Matthew Siebert. Herausgegeben von ABN AMRO Research.

American City Business Journals (19.10.2001): Pointshare sells community Healthcare Connection division to Siemens.
Online verfügbar unter http://seattle.bizjournals.com,
zuletzt geprüft am 13.10.2008.

American City Business Journals (07.12.2001): Sales mark end of Pointshare Corp.
Online verfügbar unter http://www.bizjournals.com,
zuletzt geprüft am 13.10.2008.

Appliance Design (30.11.2000): Philips to acquire Agilent Technologies Healthcare Solutions Group.
Online verfügbar unter http://www.appliancedesign.com,
zuletzt geprüft am 09.10.2008.

Appliance Design (05.07.2001): Philips to acquire Marconi's Medical Systems Business.
Online verfügbar unter http://www.appliancedesign.com,
zuletzt geprüft am 09.10.2008.

Appliance Design (13.11.2003): Siemens acquires Oxford Instruments' stake in Oxford Magnet Technology.
Online verfügbar unter http://www.appliancedesign.com,
zuletzt geprüft am 13.10.2008.

Bear Stearns (29.02.2008): Siemens. Siemens Healthcare Day leaves us concerned. Unter Mitarbeit von Timm Schulze-Melander, Ryan Rabbitt und Alexandre Faure. Herausgegeben von Bear Stearns International Limited - European Equity Research.

BNET (18.12.2002): General Electric to acquire Instrumentarium Oyj for EUR2bn.
Online verfügbar unter http://http://findarticles.com,
zuletzt geprüft am 14.10.2008.

BNET (15.08.2006): GE Healthcare completes acquisition of Biacore International AB.
Online verfügbar unter http://www.bnet.com,
zuletzt geprüft am 13.10.2008.

Business Wire (17.11.2000): Philips to acquire Agilent Technologies' Healthcare Solutions Group for $1.7 billion.
Online verfügbar unter http://www.bnet.com,
zuletzt geprüft am 09.10.2008.

Business Wire (10.11.2000): Siemens completes Acquisition of Acuson. Siemens positions itself as leading Provider of complete Healthcare Solutions.

Online verfügbar unter http://www.allbusiness.com,
zuletzt geprüft am 09.10.2008.

Business Wire (20.11.2000): Siemens completes Acquisition of Acuson.
Online verfügbar unter http://www.findarticles.com,
zuletzt geprüft am 09.10.2008.

Business Wire (01.08.2001): Agilent Technologies completes sales of its Healthcare Business to Royal Philips Electronics.
Online verfügbar unter http://www.bnet.com,
zuletzt geprüft am 09.10.2008.

Business Wire (30.05.2002): Draeger and Siemens plan Joint Venture in acute point-of-care Solutions.
Online verfügbar unter http://findarticles.com,
zuletzt geprüft am 25.09.2008.

Business Wire (30.04.2003): EU Commission gives go-ahead for Draeger-Siemens Joint Venture.
Online verfügbar unter http://findarticles.com,
zuletzt geprüft am 25.09.2008.

Business Wire (26.06.2003): GE Medical Systems to acquire Triple G Systems. Leading independent Developer of Laboratory Information Systems.
Online verfügbar unter http://findarticles.com,
zuletzt geprüft am 14.10.2008.

Business Wire (16.04.2007): GE Healthcare acquires Wave Biotech LLC, broadening capabilities in growing Biopharmaceutical Manufacture Segment.
Online verfügbar unter http://www.bnet.com,
zuletzt geprüft am 13.10.2008.

Business Wire (05.03.2007): Siemens Medical Solutions collaborated with Wyeth to advance Development of New Alzheimer's Therapies.
Online verfügbar unter http://findarticles.com,
zuletzt geprüft am 09.10.2008.

Business Wire (30.09.2008): GE Healthcare übernimmt MicroCal.
Online verfügbar unter http://www.businesswire.com,
zuletzt geprüft am 13.10.2008.

China Daily News Center (06.12.2004): Philips eyes medical equipment market.
Online verfügbar unter http://www.chinadaily.com.cn,
zuletzt geprüft am 09.10.2008.

ChinaTechNews (10.02.2004): Philip and neusoft form China Medical JV.
Online verfügbar unter http://www.chinatechnnews.com,
zuletzt geprüft am 09.10.2008.

CIBC World Markets (21.01.2007): General Electric. Portfolio Transformation. Still burgeoning Equip. Orders could support Shares. Unter Mitarbeit von Christopher Glynn. Herausgegeben von CIBC World Markets Inc.

Citigroup Company In-Depth (20.08.2007): Philips Electronics NV. It's Growth, NOT a Restructuring Story. Unter Mitarbeit von Simon J. Smith und Tim Adams. Herausgegeben von Citigroup Global Markets Equity Research.

Citigroup Company In-Depth (01.06.2007): Philips Electronics NV. Medical gets a tonic. Unter Mitarbeit von Simon J. Smith und Tim Adams. Herausgegeben von Citigroup Global Markets Equity Research.

CNN Europe (04.07.2001): Philips buys Marconi unit.
Online verfügbar unter http://edition.cnn.com,
zuletzt geprüft am 09.10.2008.

Crédit Agricole Chevreux (25.09.2007): Philips. Recycling capital. Unter Mitarbeit von Pieter van Gelder. Herausgegeben von C.A. Chevreux (Amsterdam Branch).

Crédit Suisse (29.02.2008): Siemens. Capital Market Days - Healthcare. Unter Mitarbeit von Patrick Marshall, Natalia Mamaeva und Nicola Reason et al. Herausgegeben von Crédit Suisse Securities (Europe) Limited.

Datamonitor (01.11.2003): Siemens Medical Solutions. Company Profile. Reference Code: 16238. Herausgegeben von Datamonitor.

Datamonitor (Aug 2004): Philips Medical Solutions. Company Profile. Reference Code: 16241. Herausgegeben von Datamonitor.

Datamonitor (May 2005): GE Healthcare. Company Profile. Reference Code: 13477. Herausgegeben von Datamonitor.

Datamonitor (30.09.2005): GE Healthcare acquires IDX for $1.2bn.
Online verfügbar unter http://www.computerwire.com,
zuletzt geprüft am 13.10.2008.

Datamonitor (09.05.2007): Siemens Medical Solutions. Company Profile. Reference Code: 16238. Herausgegeben von Datamonitor.

Datamonitor (12.06.2007): Siemens Medical Solutions. Company Profile. Herausgegeben von Datamonitor.

Deutsche Bank (19.05.2008): Philips. Cautious optimism at Healthcare CMD. Unter Mitarbeit von Martin Wilkie und Petter Reilly. Herausgegeben von Deutsche Bank AG. London.

DiSanzo, D. (16.05.2008): Monitoring Transformation. Healthcare Analysts' Day. Veranstaltung vom 16.05.2008. Veranstalter: Philips.
Online verfügbar unter
http://www.philips.com/about/investor/investor/analystdays/20080516_analystsday.page,
zuletzt geprüft am 25.03.2009.

Drägerwerk AG (30.04.2003): Draeger-Siemens joint venture approved. Online verfügbar unter http://www.draeger.com, zuletzt geprüft am 25.09.08.

Drägerwerk AG (20.04.2003): EU genehmigt Joint Venture zwischen Dräger und Siemens. Online verfügbar unter http://www.draeger.com, zuletzt geprüft am 25.09.2008.

Dresdner Kleinwort Equities research (29.02.2008): Siemens. Healthcare Day: On the right track. Unter Mitarbeit von Colin Grant und Alastair Selby-Smith Hugh Bishop. Herausgegeben von Dresdner Kleinwort Securities Limited.

eFlux Media (21.12.2007): Philips to acquire Respironics for $5,1B. Online verfügbar unter http://www.efluxmedia.com, zuletzt geprüft am 10.10.2008.

eHealth News (01.11.2006): Siemens Group forms the World's first full service Diagnostics. Online verfügbar unter http://www.ehealthnews.eu, zuletzt geprüft am 25.09.2008.

Finanzen.net (19.01.2007): General Electric übernimmt zwei Diagnostikbereiche von Abbott. Online verfügbar unter http://www.finanzen.net, zuletzt geprüft am 25.09.2008.

Finanznachrichten.de (16.04.2007): GE Healthcare kauft Wave Biotech LLC und erweitert damit seine Kapazitäten im wachsenden Segment der biopharmazeutischen Produktion. Online verfügbar unter http://www.finanznachrichten.de, zuletzt geprüft am 13.10.2008.

Finanznachrichten.de (18.01.2007): GE kurz vor Übernahme des Abbott-Diagnostikgeschäfts. Online verfügbar unter http://www.finanznachrichten.de, zuletzt geprüft am 25.09.2008.

Franciose, B. (31.05.2007): Ultrasound and Monitoring. Medical Systems Analysts' Day. Veranstaltung vom 31.05.2007. Veranstalter: Philips. Online verfügbar unter http://www.philips.com/about/investor/investor/analystdays/article-16719.page, zuletzt geprüft am 25.03.2009.

Franciose, B. (16.05.2008): Clinical Care Systems. Healthcare Analysts' Day. Veranstaltung vom 16.05.2008. Veranstalter: Philips. Online verfügbar unter http://www.philips.com/about/investor/investor/analystdays/20080516_analystsday.page, zuletzt geprüft am 25.03.2009.

Freedonia Group (o.D.): Medical Imaging Overview. Herausgegeben von The Freedonia Group Inc.

Frost & Sullivan Market Insight (08.06.2004): The Creation of GE Healthcare - A new revolution in the Imaging World.

Online verfügbar unter http://www.frost.com, zuletzt geprüft am 14.10.2008.

Frost & Sullivan Market Insight (Mai 2005): Global In Vitro Diagnostics Market Outllook. Strategic Analysis Service.

Garcia, R. (06.09.2006): Healthcare - Re-imagined. Analyst Conference. Herausgegeben von GE Healthcare.
Online verfügbar unter http://www.ge.com/investors/events/index.html, zuletzt geprüft am 15.04.2009.

GE Healthcare (16.12.2002): GE Medical Systems acquires BDM. Herausgegeben von General Electric.
Online verfügbar unter http://www.genewscenter.com, zuletzt geprüft am 13.10.2008.

GE Healthcare (03.12.2002): GE Medical Systems acquires USA Instruments Inc. Herausgegeben von General Electric.
Online verfügbar unter http://www.genewscenter.com, zuletzt geprüft am 13.10.2008.

GE Healthcare (26.03.2002): GE Medical Systems completes acquisition of MedicaLogic business to expand electronic medical record offering. Herausgegeben von General Electric.
Online verfügbar unter http://www.genewscenter.com, zuletzt geprüft am 13.10.2008.

GE Healthcare (26.11.2002): GE Medical Systems signs strategic partnership with Deus Technologies LLC. Herausgegeben von General Electric.
Online verfügbar unter http://www.genewscenter.com, zuletzt geprüft am 13.10.2008.

GE Healthcare (19.12.2002): General Electric to acquire Instrumentarium for EUR 2 Billion. Herausgegeben von General Electric.
Online verfügbar unter http://www.genewscenter.com, zuletzt geprüft am 13.10.2008.

GE Healthcare (10.10.2003a): GE acquires Amersham for $9.5 Billion. Herausgegeben von General Electric.
Online verfügbar unter http://www.gehealthcare.com/company/pressroom/releases/, zuletzt geprüft am 14.10.2008.

GE Healthcare (10.10.2003b): GE completes acquisition of Instrumentarium. Herausgegeben von General Electric.
Online verfügbar unter http://www.genewscenter.com, zuletzt geprüft am 13.10.2008.

GE Healthcare (03.02.2003): GE Medical Systems and Smith & Nephew Orthopaedics sign collaboration agreement. Herausgegeben von General Electric.
Online verfügbar unter http://www.genewscenter.com, zuletzt geprüft am 13.10.2008.

GE Healthcare (20.08.2003): GE Medical Systems completes acquisition of Triple G Systems Group Inc. Herausgegeben von General Electric.
Online verfügbar unter http://www.genewscenter.com,
zuletzt geprüft am 13.10.2008.

GE Healthcare (21.01.2003): GE Medical Systems Information Technologies completes acquisition of Millbrook Corporation. Herausgegeben von General Electric.
Online verfügbar unter http://www.genewscenter.com,
zuletzt geprüft am 13.10.2008.

GE Healthcare (10.11.2003): New Software from GE lets Physicians acquire and review Patients' Heart and Lung Data on a Personal Computer. Herausgegeben von General Electric.
Online verfügbar unter http://www.ge.com/news/index.html,
zuletzt geprüft am 30.10.2008.

GE Healthcare (21.01.2004): Acquisition of Amersham plc. Herausgegeben von General Electric.
Online verfügbar unter http://www.genewscenter.com,
zuletzt geprüft am 13.10.2008.

GE Healthcare (30.11.2004): GE Healthcare unveils breakthrough Imaging Technology. Herausgegeben von General Electric.
Online verfügbar unter http://www.ge.com/news/index.html,
zuletzt geprüft am 30.10.2008.

GE Healthcare (29.09.2005): GE Healthcare to acquire IDX Systems Corporation. Herausgegeben von General Electric.
Online verfügbar unter http://www.genewscenter.com,
zuletzt geprüft am 13.10.2008.

GE Healthcare (11.08.2005): Harvard Medical School and GE Healthcare collaborate to fight neurodegenerative disease. Herausgegeben von General Electric.
Online verfügbar unter http://www.genewscenter.com,
zuletzt geprüft am 13.10.2008.

GE Healthcare (20.06.2005): New "Fusion" PET/CT Scanner from GE Healthcare extends Leadership in Detection and Management of Cancer. Herausgegeben von General Electric.
Online verfügbar unter http://www.ge.com/news/index.html,
zuletzt geprüft am 30.10.2008.

GE Healthcare (10.06.2006): GE Healthcare and TGen announce early health cancer research collaboration. Herausgegeben von General Electric.
Online verfügbar unter http://www.genewscenter.com,
zuletzt geprüft am 13.10.2008.

GE Healthcare (04.01.2006): GE Healthcare completes acquisition of IDX Systems Corporation. Herausgegeben von General Electric.
Online verfügbar unter http://www.genewscenter.com,
zuletzt geprüft am 13.10.2008.

GE Healthcare (17.11.2006): The LightSpeed VCT. World's First Volumetric CT Scanner. Herausgegeben von General Electric.
Online verfügbar unter http://www.ge.com/news/index.html,
zuletzt geprüft am 30.10.2008.

GE Healthcare (27.04.2006): U.S. FDA clears GE Healthcare's new wide bore Computed Tomography System. Herausgegeben von General Electric.
Online verfügbar unter http://www.ge.com/news/index.html,
zuletzt geprüft am 30.10.2008.

GE Healthcare (01.10.2007): GE and Lilly annonce collaboration to co-develop molecular in-vitro diagnostics for cancer treatment. Herausgegeben von General Electric.
Online verfügbar unter http://pressroom.gehealthcare.com,
zuletzt geprüft am 13.10.2008.

GE Healthcare (11.10.2007): GE Healthcare acquires Dynamic Imaging LLC. Herausgegeben von General Electric.
Online verfügbar unter http://www.ge.com/news/index.html,
zuletzt geprüft am 13.10.2008.

GE Healthcare (16.04.2007): GE Healthcare acquires Wave Biotech LLC. Herausgegeben von General Electric.
Online verfügbar unter http://www.ge.com/news/index.html,
zuletzt geprüft am 07.10.2008.

GE Healthcare (03.10.2007): GE Healthcare introduces innovative new Platform for Biopharmaceutical Production. Herausgegeben von General Electric.
Online verfügbar unter http://www.ge.com/news/index.html,
zuletzt geprüft am 30.10.2008.

GE Healthcare (21.11.2007): GE Healthcare IT unveils Centricity Overview. Herausgegeben von General Electric.
Online verfügbar unter http://www.ge.com/news/index.html,
zuletzt geprüft am 30.10.2008.

GE Healthcare (01.12.2007): GE Healthcare launches Infant Warmer for Newborns. Herausgegeben von General Electric.
Online verfügbar unter http://www.ge.com/news/index.html,
zuletzt geprüft am 30.10.2008.

GE Healthcare (06.08.2007): GE Healthcare Life Sciences speeding up high Content Analysis. Herausgegeben von General Electric.
Online verfügbar unter http://www.ge.com/news/index.html,
zuletzt geprüft am 30.10.2008.

GE Healthcare (05.03.2007): GE Healthcare teams up with University of North Carolina at Chapel Hill to advance breast cancer research. Herausgegeben von General Electric.
Online verfügbar unter http://pressroom.gehealthcare.com,
zuletzt geprüft am 13.10.2008.

GE Healthcare (18.06.2007): GE Healthcare's innovative miniaturized cardiovascular Ultrasound Technology on Display at ASE. Herausgegeben von General Electric.
Online verfügbar unter http://www.ge.com/news/index.html,
zuletzt geprüft am 30.10.2008.

GE Healthcare (18.01.2007): GE to acquire Abbott's In Vitro and Point-of-Care Diagnostics Business for $8.13 Billion, Broadening Capabilities in growing Global Industry. Herausgegeben von General Electric.
Online verfügbar unter http://www.ge.com/news/index.html,
zuletzt geprüft am 07.10.2008.

GE Healthcare (22.08.2007): U.S. FDA approves GE Healthcare's newest mobile Mammography System for Improved Access to Breast Care. Herausgegeben von General Electric.
Online verfügbar unter http://www.ge.com/news/index.html,
zuletzt geprüft am 30.10.2008.

GE Healthcare (20.05.2008a): GE and Satyam announce global alliance to provide Healthcare IT services. Herausgegeben von General Electric.
Online verfügbar unter http://www.ge.com/news/index.html,
zuletzt geprüft am 07.10.2008.

GE Healthcare (11.02.2008): GE Healthcare acquires Image Diagnost International GmbH. Herausgegeben von General Electric.
Online verfügbar unter http://www.ge.com/news/index.html,
zuletzt geprüft am 13.10.2008.

GE Healthcare (03.06.2008a): GE Healthcare announces World's first High Definition CT scanner. Herausgegeben von General Electric.
Online verfügbar unter http://www.gehealthcare.com/news.html,
zuletzt geprüft am 30.10.2008.

GE Healthcare (26.03.2008): GE Healthcare completes Acquisition of Versamed. Herausgegeben von General Electric.
Online verfügbar unter http://www.ge.com/news/index.html,
zuletzt geprüft am 07.10.2008.

GE Healthcare (03.06.2008b): GE Healthcare expanding alliance with Biosense Webster. Herausgegeben von General Electric.
Online verfügbar unter http://pressroom.gehealthcare.com,
zuletzt geprüft am 07.10.2008.

GE Healthcare (05.05.2008): GE Healthcare introduces new 3.0T MR Scanner. Herausgegeben von General Electric.
Online verfügbar unter http://www.gehealthcare.com/news.html,
zuletzt geprüft am 30.10.2008.

GE Healthcare (12.09.2008): GE Healthcare introduces Ultrasound Fusion. Herausgegeben von General Electric.
Online verfügbar unter http://www.gehealthcare.com/news.html,
zuletzt geprüft am 30.10.2008.

GE Healthcare (20.05.2008b): GE Healthcare IT extends collaboration with HP on solutions for midsize hospitals and developing countries. Herausgegeben von General Electric. Online verfügbar unter http://pressroom.gehealthcare.com, zuletzt geprüft am 13.10.2008.

GE Healthcare (16.09.2008): GE Healthcare IT unveils Company's Next Generation Centricity PACS-IW. Herausgegeben von General Electric. Online verfügbar unter http://www.gehealthcare.com/news.html, zuletzt geprüft am 30.10.2008.

GE Healthcare (13.10.2008): GE Healthcare launches Discovery PET/CT 600 at the European Association of Nuclear Medicine Annual Meeting. Herausgegeben von General Electric. Online verfügbar unter http://www.gehealthcare.com/news.html, zuletzt geprüft am 30.10.2008.

GE Healthcare (13.06.2008a): GE Healthcare showcases innovative molecular Imaging Solutions at 2008 Society of Nuclear Medicine Conference. Herausgegeben von General Electric. Online verfügbar unter http://www.gehealthcare.com/news.html, zuletzt geprüft am 30.10.2008.

GE Healthcare (24.07.2008): GE Healthcare to acquire Vital Signs Inc. Herausgegeben von General Electric. Online verfügbar unter http://pressroom.gehealthcare.com, zuletzt geprüft am 13.10.2008.

GE Healthcare (04.02.2008): GE Healthcare to acquire Whatman PLC. Herausgegeben von General Electric. Online verfügbar unter http://www.ge.com/news/index.html, zuletzt geprüft am 07.10.2008.

GE Healthcare (13.06.2008b): GE Healthcare unveils Signa Magnetic Resonance Imaging Oncology Package at Astroshowcases innovative molecular Imaging Solutions at 2008 Society of Nuclear Medicine Conference. Herausgegeben von General Electric. Online verfügbar unter http://www.gehealthcare.com/news.html, zuletzt geprüft am 30.10.2008.

General Electric (2008): Annual Report 2007. Invest and Deliver every Day. Herausgegeben von General Electric. Online verfügbar unter http://www.ge.com/investors/financal_reporting/annual_reports.html, zuletzt geprüft am 15.04.2009.

General Electric (2009): Annual Report 2008. We are GE. Herausgegeben von General Electric. Online verfügbar unter http://www.ge.com/investors/financial_reporting/annal_reports.html, zuletzt geprüft am 15.04.2009.

Genetic Engineerig & Biotechnology News (30.09.2008): GE Healthcare acquires MicroCal broadening capabilities in Biomedical and Pharmaceutical Research.

Online verfügbar unter http://www.genengnews.com,
zuletzt geprüft am 13.10.2008.

Handelsblatt (30.05.2002): Joint Venture bei Medizintechnik. Siemens steigt bei Drägerwerk ein. In: Handelsblatt.
Online verfügbar unter http://www.handelsblatt.com/archiv/siemens-steigt-bei-draegerwerk-ein;532600,
zuletzt geprüft am 15.04.2009.

Handelsblatt (12.07.2007): Abbott gibt General Electric einen Korb. Verkauf der Diagnostik-Sparte.
Online verfügbar unter http://www.handelsblatt.com,
zuletzt geprüft am 25.09.2008.

HDX (19.10.2001): Siemens acquires the Community Healthcare Connection Division of Pointshare Corporation.
Online verfügbar unter http://www.hdx.com,
zuletzt geprüft am 13.10.2008.

Health Imaging (17.09.2003): Philips Medical Systems acquires The R.P. Kincheloe Co.
Online verfügbar unter http://www.healthimaging.com,
zuletzt geprüft am 09.10.2008.

Hilliard Lyons (22.01.2007): General Electric Company. GE reshapes Business, Announces $15 Billion in Acquisitions. Unter Mitarbeit von Stephen A. O'Neil. Herausgegeben von J.J.B. Hilliard W.L. Lyons Inc.

Hogan, J. (29.11.2007): GE Healthcare: Overview. RSNA Investor Meeting. Veranstaltung vom 29.11.2007. Veranstalter: GE Healthcare.
Online verfügbar unter http://www.ge.com/investors/ events /index.html,
zuletzt geprüft am 15.04.2009.

Hogan, J. (20.09.2007): Healthcare - Re-imagined. UBS Conference, London. Herausgegeben von GE Healthcare.
Online verfügbar unter http://www.ge.com/investors/events/index.html,
zuletzt geprüft am 15.04.2009.

Hospital Imaging & Radiology Europe (23.05.2007): Electromagnetic navigation.
Online verfügbar unter http://www.hospitalradiologyeurope.com,
zuletzt geprüft am 09.10.2008.

ING Wholesale Banking (27.02.2008): Siemens. Medical Day: Healthy Environment. Unter Mitarbeit von Michel Marguier und Pierric Masson. Herausgegeben von ING Bank N.V.

Innovations-Report (09.04.2002): Joint Venture für Magnetresonsnz-Systeme.
Online verfügbar unter http://www.innovations-report.de,
zuletzt geprüft am 13.10.2008.

Internetnews (01.05.2000): Siemens to purchase Shared Medical Systems.
Online verfügbar unter http://www.internetnews.com,
zuletzt geprüft am 09.10.2008.

Ishrak, O. (29.11.2007): GE Healthcare Clinical Systems. Business built on new market creation. RSNA Investor Meeting. Veranstaltung vom 29.11.2007. Veranstalter: GE Healthcare.
Online verfügbar unter http://www.ge.com/investors/events/index.html,
zuletzt geprüft am 15.04.2009.

IT-Times (21.05.2008): Indische Satyam kooperiert mit General Electric bei Healthcare IT.
Online verfügbar unter http://www.it-times.de,
zuletzt geprüft am 13.10.2008.

IVC Research Center (31.10.2007): GE Healthcare in talks to buy Israel's Versamed.
Online verfügbar unter http://www.ivc-online.com,
zuletzt geprüft am 13.10.2008.

JPMorgan (12.08.2006): Healthcare Information Technology. Market Demand Is Growing, But So Is Competiton. Unter Mitarbeit von Lisa Gill, Atif Rahim und Michael Minchak. Herausgegeben von JPMorgan North America Equity Research.

JPMorgan Europe Equity Research (28.11.2007): Medical Equipment. Siemens/Philips: Feedback from RSNA. US market to be difficult in 2008. Unter Mitarbeit von Andreas Willi, Nick Paton und Julia Varesko et al. Herausgegeben von J.P. Morgan Securities Ltd.

JPMorgan Europe Equity Research (19.05.2008): Philips. Healthcare Day Feedback. Unter Mitarbeit von Andreas Willi, Nick Paton und Julia Varesko et al. Herausgegeben von J.P. Morgan Securities Ltd.

JPMorgan Europe Equity Research (29.02.2008): Siemens. Feedback from Healthcare Day and Management Dinner. Unter Mitarbeit von Andreas Willi, Nick Paton und Julia Varesko et al. Herausgegeben von J.P. Morgan Securities Ltd.

JSOnline (24.07.2008): GE Healthcare acquires Vital Signs to complement clinical systems.
Online verfügbar unter http://www.jsonline.com,
zuletzt geprüft am 13.10.2008.

Karvinen, J. (05.11.2003): Philips Medical Systems. 14% and beyond. Medical Systems Analyst Day. Veranstaltung vom 05.11.2003. Veranstalter: Philips.
Online verfügbar unter
http://www.philips.com/about/investor/investor/analystdays/index.page,
zuletzt geprüft am 15.04.2009.

Karvinen, J. (09.06.2004): Progress Report. Medical Systems Analyst Day. Veranstaltung vom 09.06.2004. Veranstalter: Philips.
Online verfügbar unter
http://www.philips.com/about/investor/investor/analystdays/index.page,
zuletzt geprüft am 15.04.2009.

Karvinen, J. (15.06.2005): Philips Medical Systems: Beyond 14%. Medical Systems Analyst Day. Veranstaltung vom 15.06.2005. Veranstalter: Philips.
Online verfügbar unter
http://www.philips.com/about/investor/investor/analystdays/index.page,
zuletzt geprüft am 15.04.2009.

Karvinen, J. (31.05.2006): Progress Report. Medical Systems Analyst Day. Veranstaltung vom 31.05.2006. Veranstalter: Philips.
Online verfügbar unter
http://www.philips.com/about/investor/investor/analystdays/article-16420.page,
zuletzt geprüft am 15.04.2009.

Manager Magazin (04.07.2001): Heftiger Gewinneinbruch.
Online verfügbar unter http://www.manager-magazin.de,
zuletzt geprüft am 09.10.2008.

Manuel, M. (15.06.2005): Progress in MR and X-Ray. Medical Systems Analyst Day. Veranstaltung vom 15.06.2005. Veranstalter: Philips.
Online verfügbar unter
http://www.philips.com/about/investor/investor/analystdays/article-15407.page,
zuletzt geprüft am 25.03.2009.

Martin, R. (06.08.2001): The Razor's Edge. In: The Industry Standard.
Online verfügbar unter
http://findarticles.com/p/articles/mi_m0HWW/is_30_4/ai_77826059/,
zuletzt geprüft am 15.04.2009.

Maxim Group (19.12.2003): Healthcare Information Technology. Investment Opportunities in the Hospital Information Systems (HIS) Sector. Unter Mitarbeit von Anthony Vendetti. Herausgegeben von Maxim Group Equity Research.

McCarthy, K. (05.09.2007): Goldman Sachs European Medtech and Healthcare Services Conference. Veranstaltung vom 05.09.2007. Veranstalter: GE Healthcare.
Online verfügbar unter http://www.ge.com/investors/events/event_id09052007.html,
zuletzt geprüft am 15.04.2009.

Med Archiv (2000): Firmenchronik Siemens Medical Solutions.
Online verfügbar unter http://www.med-archiv,
zuletzt geprüft am 09.10.2008.

Medical News Today (27.03.2008): GE Healthcare completes Acquisition of VersaMed Corporation. Acquisition expands GE Healthcare's Respiratory Care Offering.
Online verfügbar unter http://www.medicalnewstoday.com,
zuletzt geprüft am 13.10.2008.

Medical News Today (28.04.2008): GE Healthcare completes Acquisition of Whatman plc.
Online verfügbar unter http://www.medicalnewstoday.com,
zuletzt geprüft am 13.10.2008.

Merrill Lynch (19.12.2007): Philips Electronics NV. Building on leading Patient Monitoring Platform. Unter Mitarbeit von Michael Jüngling, Alex Surla und Jonathan Crossfield. Herausgegeben von Merrill Lynch & Co. Inc.

Merrill Lynch (18.09.2007): Philips Electronics NV. MedTech acquisitions can drive re-rating. Unter Mitarbeit von Mark Troman, Ben Maslen und Asad Abedi et al. Herausgegeben von Merrill Lynch & Co. Inc.

Merrill Lynch (27.02.2008): Siemens AG. In Good Health. Unter Mitarbeit von Mark Troman, Ben Maslen und Asad Abedi et al. Herausgegeben von Merrill Lynch & Co. Inc.

Montag, B. (28.02.2008): Siemens Healthcare - Imaging & IT Division. Capital Market Day Siemens Healthcare. Veranstaltung vom 28.02.2008. München. Veranstalter: Siemens. Online verfügbar unter http://w1.siemens.com/investor/de/finanzpublikationen_events/reden_praesentationen.htm zuletzt geprüft am 25.03.2009.

Morgan Stanley Research (30.11.2007): General Electric – GE healthcare: A definite drag on 2008. Unter Mitarbeit von Scott R. Davis, Robert B. Maloney und Louis Lipani et al. Herausgegeben von Morgan Stanley & Co. Inc.

Morgan Stanley Research (14.04.2008): General Electric. 1Q08 Post-quarter thoughts and updated model. Unter Mitarbeit von Scott R. Davis, Robert B. Maloney und Louis Lipani et al. Herausgegeben von Morgan Stanley & Co. Inc.

Muduroglu, O. (31.05.2006): Healthcare Informatics. Medical System Analyst Day. Veranstaltung vom 31.05.2006. Veranstalter: Philips. Online verfügbar unter http://www.philips.com/about/investor/investor/analystdays/article-16420.page, zuletzt geprüft am 25.03.2009.

Muduroglu, O. (31.05.2007): Philips Medical Systems. Analyst's Day. Veranstaltung vom 31.05.2007. Veranstalter: Philips. Online verfügbar unter http://www.philips.com/about/investor/investor/analystdays/index.page, zuletzt geprüft am 25.03.2009.

MWP Online (11.11.2003): Siemens snaps up OMT for £9.1 million. Online verfügbar unter http://www.mwponline.co.uk, zuletzt geprüft am 13.10.2003.

Natixis Securities (29.04.2008): Philips. Payback time. Unter Mitarbeit von Ludovic Debailleux und Arnaud Schmit. Herausgegeben von Natixis Securities Paris.

n-tv.de (19.01.2007): GE plant Kauf. Abbot-Diagnostikgeschäft. Online verfügbar unter http://www.n-tv.de, zuletzt geprüft am 25.09.2008.

Oppenheimer (14.04.2008): General Electric. New Baseline for 2008; Downgrading to perform. Unter Mitarbeit von Christopher Glynn, Alec Huang und Christopher Wiggins. Herausgegeben von Oppenheimer and Co. Inc.

Philips (2008): Annual Report 2007. Simpler, stronger, better. Herausgegeben von Koninklijke Philips Electronics N.V.
Online verfügbar unter
http://www.philips.com/about/investor/ financialresults/annualreports/index.page,
zuletzt geprüft am 10.03.2009.

Philips (2009): Annual Report 2008. Because Health and Well-being matters to People. Herausgegeben von Koninklijke Philips Electronics N.V.
Online verfügbar unter
http://www.philips.com/about/investor/financialresults/annualreports/index.page,
zuletzt geprüft am 10.03.2009.

Philips Healthcare (05.03.2008a): Philips and Respironics announce satisfaction of antitrust approvals condition for tender offer. Herausgegeben von Royal Philips Electronics.
Online verfügbar unter http://www.newscenter.philips.com/about/news/press/index.page,
zuletzt geprüft am 09.10.2008.

Philips Healthcare (17.03.2008): Philips announces completion of Respironics acquisition. Herausgegeben von Royal Philips Electronics.
Online verfügbar unter http://www.newscenter.philips.com/about/news/press/index.page,
zuletzt geprüft am 09.10.2008.

Philips Healthcare (14.03.2008): Philips announces completion of tender offer to acquire Respironics. Herausgegeben von Royal Philips Electronics.
Online verfügbar unter http://www.newscenter.philips.com/about/news/press/index.page,
zuletzt geprüft am 09.10.2008.

Philips Healthcare (21.02.2008): Philips completes acquisition of US-based VISICU. Herausgegeben von Royal Philips Electronics.
Online verfügbar unter http://www.newscenter.philips.com/about/news/press/index.page,
zuletzt geprüft am 09.10.2008.

Philips Healthcare (15.10.2008): Philips develops decision support software to assist in the differential diagnosis of dementia. Herausgegeben von Royal Philips Electronics.
Online verfügbar unter http://www.newscenter.philips.com/about/news/press/index.page,
zuletzt geprüft am 10.11.2008.

Philips Healthcare (05.03.2008b): Philips introduces new fetal-maternal monitors with optimal external, touch-screen display. Herausgegeben von Royal Philips Electronics.
Online verfügbar unter http://www.newscenter.philips.com/about/news/press/index.page,
zuletzt geprüft am 10.11.2008.

Philips Healthcare (16.07.2008): Philips launches its first patient monitoring system 'designed fo emerging markets' in India. Herausgegeben von Royal Philips Electronics.
Online verfügbar unter http://www.newscenter.philips.com/about/news/press/index.page,
zuletzt geprüft am 10.11.2008.

Philips Healthcare (05.08.2008): Philips new handheld ultrasound system offers premium image quality in a portable system. Herausgegeben von Royal Philips Electronics. Online verfügbar unter http://www.newscenter.philips.com/about/news/press/index.page, zuletzt geprüft am 10.11.2008.

Philips Healthcare (13.05.2008): Philips to acquire Brazilian patient monitoring and critical care company Dixtal Biomédica e Tecnologia. Herausgegeben von Royal Philips Electronics. Online verfügbar unter http://www.newscenter.philips.com/about/news/press/index.page, zuletzt geprüft am 09.10.2008.

Philips Healthcare (11.04.2008): Philips to acquire Chinese patient monitoring company Shenzhen Goldway Industrial Inc. Herausgegeben von Royal Philips Electronics. Online verfügbar unter http://www.newscenter.philips.com/about/news/press/index.page, zuletzt geprüft am 09.10.2008.

Philips Medical Systems (23.08.2002): Philips and Kereos announce alliance on research and development for molecular imaging and diagnostics. Herausgegeben von Royal Philips Electronics. Online verfügbar unter http://www.newscenter.philips.com/about/news/ press/index.page, zuletzt geprüft am 09.10.2008.

Philips Medical Systems (01.12.2003): Philips highlights expanding role of healthcare business at world's largest medical meeting in Chicago. Herausgegeben von Royal Philips Electronics. Online verfügbar unter http://www.newscenter.philips.com/about/ news/press/index.page, zuletzt geprüft am 10.11.2008.

Philips Medical Systems (08.06.2005): Philips and Achmea to launch first European pilot study of TV-based system for patients to manage health at home. Herausgegeben von Royal Philips Electronics. Online verfügbar unter http://www.newscenter.philips.com/about/news/press/index.page, zuletzt geprüft am 10.11.2008.

Philips Medical Systems (21.09.2005): Philips announces a hands-free solution for medical specialists. Herausgegeben von Royal Philips Electronics. Online verfügbar unter http://www.newscenter.philips.com/about/news/press/index.page, zuletzt geprüft am 10.11.2008.

Philips Medical Systems (06.07.2005): Philips to acquire healthcare IT company Stentor Inc. Herausgegeben von Royal Philips Electronics. Online verfügbar unter http://www.newscenter.philips.com/about/news/press/index.page, zuletzt geprüft am 09.10.2008.

Philips Medical Systems (23.03.2006): Philips closes acquisition of Lifeline Systems Inc. Herausgegeben von Royal Philips Electronics. Online verfügbar unter http://www.newscenter.philips.com/about/news/press/index.page, zuletzt geprüft am 09.10.2008.

Philips Medical Systems (09.11.2006): Philips completes acquisition of Intermagnetics General Corporation. Herausgegeben von Royal Philips Electronics.

Online verfügbar unter http://www.newscenter.philips.com/about/news/press/index.page, zuletzt geprüft am 09.10.2008.

Philips Medical Systems (23.05.2006): Philips to acquire mother & baby care products company, Avent Holdings. Herausgegeben von Royal Philips Electronics.
Online verfügbar unter http://www.newscenter.philips.com/about/news/press/index.page, zuletzt geprüft am 09.10.2008.

Philips Medical Systems (08.03.2006): Philips to acquire cardiology healthcare company Witt Biomedical corporation. Move to position Philips as leader in growing market for integrated Cath Lab solutions. Herausgegeben von Royal Philips Electronics.
Online verfügbar unter http://www.newscenter.philips.com/about/news/press/index.page, zuletzt geprüft am 09.10.2008.

Philips Medical Systems (15.06.2006): Philips to acquire Intermagnetics, the world's leading MRI components and accessories manufacturer. Herausgegeben von Royal Philips Electronics.
Online verfügbar unter http://www.newscenter.philips.com/about/news/ press/index.page, zuletzt geprüft am 09.10.2008.

Philips Medical Systems (19.01.2006): Philips to acquire personal emergency response company Lifeline Systems Inc. Herausgegeben von Royal Philips Electronics.
Online verfügbar unter http://www.newscenter.philips.com/about/news/press/index.page, zuletzt geprüft am 09.10.2008.

Philips Medical Systems (20.01.2007): Leading healthcare companies joint in major research and development effort to prevent heart attack and stroke. Herausgegeben von Royal Philips Electronics.
Online verfügbar unter http://www.newscenter.philips.com/about/news/ press/index.page, zuletzt geprüft am 09.10.2008.

Philips Medical Systems (26.02.2007): New Philips IT solutions for hospital and cardiac care suites designed to enhance clinicians' ability to diagnose and treat patients. Herausgegeben von Royal Philips Electronics.
Online verfügbar unter http://www.newscenter.philips.com/about/news/press/index.page, zuletzt geprüft am 10.11.2008.

Philips Medical Systems (29.08.2007): Philips and the Institute of Health Sciences join forces in molecular medicine. Herausgegeben von Royal Philips Electronics.
Online verfügbar unter http://www.newscenter.philips.com/about/news/press/index.page, zuletzt geprüft am 09.10.2008.

Philips Medical Systems (22.10.2007): Philips integrated cath lab provides easier access to clinical data for simplified interventional care. Herausgegeben von Royal Philips Electronics.
Online verfügbar unter http://www.newscenter.philips.com/about/news /press/index.page, zuletzt geprüft am 10.11.2008.

Philips Medical Systems (13.03.2007): Philips introduces transport monitor and on-screen protocol compliance application. Herausgegeben von Royal Philips Electronics.

Online verfügbar unter http://www.newscenter.philips.com/about/news/press/index.page, zuletzt geprüft am 10.11.2008.

Philips Medical Systems (27.02.2007): Philips joins Intel to develop wireless, handheld 'Mobile Clinical Assistant' to help hospitals improve bedside care. Herausgegeben von Royal Philips Electronics.
Online verfügbar unter http://www.newscenter.philips.com/ about/news/press/index.page, zuletzt geprüft am 10.11.2008.

Philips Medical Systems (16.08.2007): Philips to acquire healthcare informatics company XIMIS Inc. To strengthen presence in the healthcare information technology market. Herausgegeben von Royal Philips Electronics.
Online verfügbar unter http://www.newscenter.philips.com/about/news/press/index.page, zuletzt geprüft am 09.10.2008.

Philips Medical Systems (04.10.2007): Philips to acquire Raytel Cardiac Services to expand into US home cardiac monitoring market. Herausgegeben von Royal Philips Electronics.
Online verfügbar unter http://www.newscenter.philips.com/about/news/press/index.page, zuletzt geprüft am 09.10.2008.

Philips Medical Systems (04.12.2007): Philips to acquire US-based clinical IT company Emergin. Herausgegeben von Royal Philips Electronics.
Online verfügbar unter http://www.newscenter.philips.com/about/news/press/index.page, zuletzt geprüft am 09.10.2008.

Philips Medical Systems (10.04.2007): Philips to acqurie personal emergency response company Health Watch Holdings Inc. Herausgegeben von Royal Philips Electronics.
Online verfügbar unter http://www.newscenter.philips.com/about/news/press/index.page, zuletzt geprüft am 09.10.2008.

Philips Medical Systems (25.11.2007): Philips unveils computed tomography (CT) system that scans the heart in two beats to aid in diagnosis and treatment of serious health conditions. Herausgegeben von Royal Philips Electronics.
Online verfügbar unter http://www.newscenter.philips.com/about/news/press/index.page, zuletzt geprüft am 10.11.2008.

PR Newswire (o.D.): Acuson Corporation announces definitive merger agreement with Siemens.
Online verfügbar unter http://www.prnewswire.co.uk, zuletzt geprüft am zuletzt: 09.10.2008.

PR Newswire (18.12.2002): General Electric and Instrumentarium enter into combination agreement.
Online verfügbar unter http://www.prnewswire.com, zuletzt geprüft am 14.10.2008.

PR Newswire (11.11.2003): Siemens acquires Oxford Instruments' stake in Oxford Technology.
Online verfügbar unter http://www.prnewswire.co.uk, zuletzt geprüft am 13.10.2008.

PR Newswire (20.06.2006): GE Healthcare expands presence in Life Sciences with recommended cash offer of SEK330 per share in Biacore.
Online verfügbar unter http://www.prnewswire.com,
zuletzt geprüft am 13.10.2008.

Pressebox (27.03.2008): GE Healthcare schließt Akquisition von VersaMed Corporation ab.
Online verfügbar unter http://www.pressebox.de,
zuletzt geprüft am 13.10.2008.

Pressetext Austria (14.04.2002): Siemens Medical Solutions zieht es nach China.
Online verfügbar unter http://www.pressetext.com,
zuletzt geprüft am 13.10.2008.

Pressetext Austria (09.02.2004): Philips gründet Joint Venture in China. 400 Mio. Dollar Umsatz mit medizinischen Geräten erwartet.
Online verfügbar unter http://www.pte.at,
zuletzt geprüft am 09.10.2008.

Pro Health Service Zone (14.05.2007): Philips and Traxtal collaborate to develop advandced sofrt-tissue navigation systems.
Online verfügbar unter http://www.prohealthzone.com,
zuletzt geprüft am 09.10.2008.

RedHerring (20.06.2006): GE buys Biacore for $390M.
Online verfügbar unter http://www.redherring.com,
zuletzt geprüft am 13.10.2008.

Reid-Anderson, J. (28.02.2008): Siemens Healthcare - Diagnostics Division. Capital Market Day Siemens Healthcare. Veranstaltung vom 28.02.2008. München. Veranstalter: Siemens.
Online verfügbar unter http://w1.siemens.com/investor/de/finanzpublikationen_events/reden_praesentationen.htm,
zuletzt geprüft am 25.03.2009.

Reinhardt, E. R. (13.05.2003): World Class is our Objective. Financial Market Days. Veranstaltung vom 13.05.2003. Veranstalter: Siemens.

Reinhardt, E. R. (17.02.2004): World Class is our Objective. Financial Market Day. Veranstaltung vom 17.02.2004. Veranstalter: Siemens.

Reinhardt, E. R. (23.-24.02.2006): Healthcare and Technology - a fascinating opportunity. Siemens Capital Market Days. Veranstaltung vom 23.-24.02.2006. Veranstalter: Siemens.
Online verfügbar unter http://w1.siemens.com/investor/de/finanzpublikationen_events/reden_praesentationen.htm,
zuletzt geprüft am 25.03.2009.

Reinhardt, E. R. (30.07.2007): Siemens Medical Solutions. The Workflow Company in Healthcare by 2010. Roadshow. Herausgegeben von Siemens Investor Relations.

Reinhardt, E. R. (28.02.2008): Siemens Healthcare - Focus and deliver. Capital Market Day Siemens Healthcare. Veranstaltung vom 28.02.2008. München. Veranstalter: Siemens. Online verfügbar unter http://w1.siemens.com/investor/de/finanzpublikationen _events/reden_praesentationen.htm, zuletzt geprüft am 25.03.2009.

Rusckowski, S. (31.05.2007): Philips Medical Systems. Analyst's Day. Veranstaltung vom 31.05.2007. Veranstalter: Philips. Online verfügbar unter http://www.philips.com/about/ invetor/investor/analystdays/article-16719.page, zuletzt geprüft am 25.03.2009.

Rusckowski, S. (04.09.2008): Philips Healthcare. Goldman Sachs European MedTech and Healthcare Services Conference, London. Veranstaltung vom 04.09.2008. Veranstalter: Philips. Online verfügbar unter http://www.philips.com/about/investor/brokerconferences/index.page, zuletzt geprüft am 25.03.2009.

Rusckowski, S. (16.05.2008): Philips Healthcare Overview. Healthcare Analysts' Day. Veranstaltung vom 16.05.2008. Veranstalter: Philips. Online verfügbar unter http://www.philips.com/about/investor/investor/analystdays/20080516_analystsday.page, zuletzt geprüft am 25.03.2009.

Shortnews (09.04.2002): Siemens Medical Solutions gründet JV mit Shenzhen Mindit Instruments. Online verfügbar unter http://www.shortnews.de, zuletzt geprüft am 13.10.2008.

Shortnews (11.11.2003): Siemens übernimmt Restanteile an Oxford Magnet Technology. Online verfügbar unter http://www.shortnews.de, zuletzt geprüft am 13.10.08.

Siemens AG (2008): Geschäftsbericht 2007. Herausgegeben von Siemens AG. Online verfügbar unter http://w1.siemens.com/annual/07/pool/download/pdf/d07_00_gb2007.pdf, zuletzt geprüft am 15.04.2009.

Siemens AG (2009): Geschäftsbericht 2008. Herausgegeben von Siemens AG. Online verfügbar unter http://w1.siemens.com/investor/pool/de/investor_relations/d08_00_gb2008.pdf, zuletzt geprüft am 15.04.2009.

Siemens Healthcare Sector (28.01.2008): Artis zeego von Siemens bringt Flexibilität in die Angiographie. Imaging & IT Division. Herausgegeben von Siemens AG. Online verfügbar unter http://w1.siemens.com/press/de/pressemitteilungen/index.php, zuletzt geprüft am 24.11.2008.

Siemens Healthcare Sector (17.04.2008a): Neue Technologie von Siemens für Gamma-Kamera in der molekularen Bildgebung. Herausgegeben von Siemens AG.

Online verfügbar unter http://w1.siemens.com/press/de/pressemitteilungen/index.php, zuletzt geprüft am 24.11.2008.

Siemens Healthcare Sector (13.10.2008): Siemens setzt den nächsten Standard für integrierte diagnostische Bildgebung. Imaging & IT Division. Herausgegeben von Siemens AG. Online verfügbar unter http://w1.siemens.com/press/de/pressemitteilungen/index.php, zuletzt geprüft am 24.11.2008.

Siemens Healthcare Sector (17.04.2008b): Soarian Health Archive bietet kliniken in Europa optimierte Archivierungs- udn Dokumentenmanagement-Lösungen. conhIT 2008. Herausgegeben von Siemens AG.
Online verfügbar unter http://w1.siemens.com/press/de/pressemitteilungen/index.php, zuletzt geprüft am 24.11.2008.

Siemens Medical IVD (30.06.2006): Acquisition of Bayer Diagnostics. In the mainstream of molecular medicine. Herausgegeben von Siemens Investor Relations.
Online verfügbar unter
http://w1.siemens.com/investor/pool/en/investor_relations/financial_publications/speeches_and_presentations/siemens_medical_ivd_presentation_300606_1389041.pdf, zuletzt geprüft am 22.09.2008.

Siemens Medical Solutions: Siemens and Nextgen Healthcare announce Strategic Alliance to speed IT adoption and connectivity between acute and ambulatory care prociders. Unter Mitarbeit von 10.02.2005. Herausgegeben von Siemens AG.
Online verfügbar unter http://w1.siemens.com/press/en/pressrelease/index.php, zuletzt geprüft am 22.09.2008.

Siemens Medical Solutions (25.22.2003): Siemens eröffnet eine neue Dimension in der Magnetresonanztomographie. Herausgegeben von Siemens AG.
Online verfügbar unter http://w1.siemens.com/press/en/pressrelease/index.php, zuletzt geprüft am 22.09.2008.

Siemens Medical Solutions (19.09.2003): Siemens und Stereotaxis bauen ihre Kooperation weiter aus. Herausgegeben von Siemens AG.
Online verfügbar unter http://w1.siemens.com/press/de/pressemitteilungen/index.php, zuletzt geprüft am 22.09.2008.

Siemens Medical Solutions (28.08.2004): Digitales Bild- und Patientenmanagement für die Echokardiographie. ESC Kongress 2004. Herausgegeben von Siemens AG.
Online verfügbar unter http://w1.siemens.com/press/en/pressrelease/index.php, zuletzt geprüft am 22.09.2008.

Siemens Medical Solutions (18.05.2004): Neue Produktlinie mobiler Röntgensysteme bei Siemens. Herausgegeben von Siemens AG.
Online verfügbar unter http://w1.siemens.com/press/en/pressrelease/index.php, zuletzt geprüft am 22.09.2008.

Siemens Medical Solutions (30.07.2004): Neues aus der Nuklearmedizin von Siemens: True-Point SPECT-CT-Technologie vereint molekulare Bildgebung mit leistungsstarker Computertomographie. Herausgegeben von Siemens AG.

Online verfügbar unter http://w1.siemens.com/press/en/pressrelease/index.php, zuletzt geprüft am 22.09.2008.

Siemens Medical Solutions (30.06.2004): SAP und Siemens vereinbaren Zusammenarbeit im Bereich klinischer IT. Herausgegeben von Siemens AG.
Online verfügbar unter http://w1.siemens.com/press/de/pressemitteilungen/index.php, zuletzt geprüft am 22.09.2008.

Siemens Medical Solutions (05.10.2004): Siemens kooperiert im Bereich Partikeltherapie mit Danfysik. Herausgegeben von Siemens AG.
Online verfügbar unter http://w1.siemens.com/press/de/pressemitteilungen/index.php, zuletzt geprüft am 22.09.2008.

Siemens Medical Solutions (20.01.2004): Siemens stellt den weltweit ersten Computertomographen mit 64 Schichten pro Rotation vor. Herausgegeben von Siemens AG.
Online verfügbar unter http://w1.siemens.com/press/en/pressrelease/index.php, zuletzt geprüft am 22.09.2008.

Siemens Medical Solutions (18.11.2004): Siemens und MediGuide schließen Vertrag über Zusammenarbeit: Entwicklungsprojekt für neue, schonenderen Bildgebung in der Intervention. Herausgegeben von Siemens AG.
Online verfügbar unter http://w1.siemens.com/press/de/pressemitteilungen/index.php, zuletzt geprüft am 22.09.2008.

Siemens Medical Solutions (21.12.2005): Neue Generation von Software-Anwendungen für die Computertomographie. Herausgegeben von Siemens AG.
Online verfügbar unter http://w1.siemens.com/press/en/pressrelease/index.php, zuletzt geprüft am 22.09.2008.

Siemens Medical Solutions (04.03.2005a): Neue Lösungen für Sienet. ECR 2005. Herausgegeben von Siemens AG.
Online verfügbar unter http://w1.siemens.com/press/en/pressrelease/index.php, zuletzt geprüft am 22.09.2008.

Siemens Medical Solutions (26.04.2005): SAP und Siemens kündigen weltweite Zusammenarbeit für höhere Effizienz im Gesundheitswesen an. Herausgegeben von Siemens AG.
Online verfügbar unter http://w1.siemens.com/press/de/pressemitteilungen/index.php, zuletzt geprüft am 22.09.2008.

Siemens Medical Solutions (04.03.2005b): Siemens Medical Solutions präsentiert sein neuestes PET/CT-System. ECR 2005. Herausgegeben von Siemens AG.
Online verfügbar unter http://w1.siemens.com/press/en/pressrelease/index.php, zuletzt geprüft am 22.09.2008.

Siemens Medical Solutions (21.07.2005): Siemens Medical Solutions und das Commissariat à l'Energie Atomique (CEA) planen Kooperation bei medizinischer Bildgebung, Diagnostik und Therapie. Herausgegeben von Siemens AG.
Online verfügbar unter http://w1.siemens.com/press/de/pressemitteilungen/index.php, zuletzt geprüft am 22.09.2008.

Siemens Medical Solutions (28.11.2005): Siemens Medical Solutions und Schering AG erforschen gemeinsam neue Computertomographie-Technologie. Herausgegeben von Siemens AG.
Online verfügbar unter http://w1.siemens.com/press/de/pressemitteilungen/index.php, zuletzt geprüft am 22.09.2008.

Siemens Medical Solutions (18.03.2005): Siemens plant Übernahme von US-Firma CTI Molecular Imaging. Bereich Medical Solutions baut seine Kompetenzen auf dem Zukunftsmarkt für molekulare Bildgebung aus. Herausgegeben von Siemens AG.
Online verfügbar unter http://w1.siemens.com/press/de/pressemitteilungen/index.php, zuletzt geprüft am 22.09.2008.

Siemens Medical Solutions (22.09.2005): Siemens schließt Kooperationsvertrag mit Paul Scherrer Institut. Herausgegeben von Siemens AG.
Online verfügbar unter http://w1.siemens.com/press/de/pressemitteilungen/index.php, zuletzt geprüft am 22.09.2008.

Siemens Medical Solutions (08.04.2005): Siemens stellt Telemedizinlösung Soarian Integrated Care auf der ITeG vor. Herausgegeben von Siemens AG.
Online verfügbar unter http://w1.siemens.com/press/en/pressrelease/index.php, zuletzt geprüft am 22.09.2008.

Siemens Medical Solutions (04.03.2005c): Siemens stellte neues portables Ultraschallsystem Sonoline G40 vor. ECR 2005. Herausgegeben von Siemens AG.
Online verfügbar unter http://w1.siemens.com/press/en/pressrelease/index.php, zuletzt geprüft am 22.09.2008.

Siemens Medical Solutions (11.11.2005): Siemens und BrainLAB präsentieren Weltneuheit. Herausgegeben von Siemens AG.
Online verfügbar unter http://w1.siemens.com/press/en/pressrelease/index.php, zuletzt geprüft am 22.09.2008.

Siemens Medical Solutions (16.06.2005): Siement to acquire Sensant Corp. to commercialize next-generation, micro machined ultrasonic Transducer Technology. Herausgegeben von Siemens AG.
Online verfügbar unter http://www.siemens.com/medical, zuletzt geprüft am 09.10.2008.

Siemens Medical Solutions (03.03.2006): Neue MR-Applikationen verbessern Diagnose. ECR 2006. Herausgegeben von Siemens AG.
Online verfügbar unter http://w1.siemens.com/press/en/pressrelease/index.php, zuletzt geprüft am 22.09.2008.

Siemens Medical Solutions (27.04.2006): Siemens Medical Solutions will US-Firma Diagnostic Products Corporation übernehmen: Bereich steigt in Wachstumsmarkt für Labordiagnostik ein. Herausgegeben von Siemens AG.
Online verfügbar unter http://w1.siemens.com/press/de/pressemitteilungen/index.php, zuletzt geprüft am 22.09.2008.

Siemens Medical Solutions (15.11.2006): Siemens präsentiert neue Software syngo WebSpace auf der Medica 2006. Medcia 2006. Herausgegeben von Siemens AG.

Online verfügbar unter http://w1.siemens.com/press/en/pressrelease/index.php, zuletzt geprüft am 22.09.2008.

Siemens Medical Solutions (29.06.2006): Siemens übernimmt Diagnostiksparte von Bayer. Bereich Medical Solutions baut Position im wichtigen Wachstumsmarkt Molekulardiagnostik weiter aus. Herausgegeben von Siemens AG.
Online verfügbar unter http://w1.siemens.com/press/de/pressemitteilungen/index.php, zuletzt geprüft am 22.09.2008.

Siemens Medical Solutions (30.10.2007): Blutgas-Analysesystem von siemens bringt Qualitätsmanagement ins Labor. Herausgegeben von Siemens AG.
Online verfügbar unter http://w1.siemens.com/press/en/pressrelease/index.php, zuletzt geprüft am 22.09.2008.

Siemens Medical Solutions (26.07.2007): Die Bildauflösung neu definiert. Herausgegeben von Siemens AG.
Online verfügbar unter http://w1.siemens.com/press/en/pressrelease/index.php, zuletzt geprüft am 22.09.2008.

Siemens Medical Solutions (25.10.2007): EU-Kartellbehörde genehmigt Siemens die Übernahme von Dade Behring. Siemens sichert sich führende Position auf dem Markt für Labordiagnostik. Herausgegeben von Siemens AG.
Online verfügbar unter http://w1.siemens.com/press/de/pressemitteilungen/index.php, zuletzt geprüft am 22.09.2008.

Siemens Medical Solutions (17.01.2007): Siemens baut führende Position bei IT im Gesundheitswesen aus. Herausgegeben von Siemens AG.
Online verfügbar unter http://w1.siemens.com/press/de/pressemitteilungen/index.php, zuletzt geprüft am 22.09.2008.

Siemens Medical Solutions (01.10.2007a): Siemens Japan erwirbt Mehrheit an Mochida Siemens Medical Systems. Herausgegeben von Siemens AG.
Online verfügbar unter http://w1.siemens.com/press/de/pressemitteilungen/index.php, zuletzt geprüft am 22.09.2008.

Siemens Medical Solutions (25.07.2007): Siemens plant Übernahme von Dade Behring. Bereich Medical Solutions wird führend im Wachstumsmarkt Diagnostik. Herausgegeben von Siemens AG.
Online verfügbar unter http://w1.siemens.com/press/de/pressemitteilungen/index.php, zuletzt geprüft am 22.09.2008.

Siemens Medical Solutions (01.10.2007b): Siemens stärkt Präsenz im schnell wachsenden japanischen Healthcare IT-Markt. Herausgegeben von Siemens AG.
Online verfügbar unter http://w1.siemens.com/press/de/pressemitteilungen/index.php, zuletzt geprüft am 22.09.2008.

Siemens Medical Solutions (15.02.2008): Siemens Healthcare will CAS innovations AG übernehmen. Herausgegeben von Siemens AG.
Online verfügbar unter http://w1.siemens.com/press/de/pressemitteilungen/index.php, zuletzt geprüft am 22.09.2008.

Société Générale (30.06.2006): Siemens building portfolio for 2x GDP growth. Herausgegeben von Société Générale Equity Research.

Société Générale Cross Asset Research (10.01.2008): Philips & Siemens. Two of a kind. Unter Mitarbeit von Gaël de Bray, Gerard Moore und Roderick Bridge et al. Herausgegeben von Société Générale Equity Research. (Europe Sector Review).

Société Générale Cross Asset Research (02.07.2008): Siemens. Greater discipline in strong energy markets to boost margins. Unter Mitarbeit von Gael de-Bray, Gerard Moore und Roderick Bridge. Herausgegeben von Société Générale Equity Research. (Equity Resarch).

Société Générale Cross Asset Research (29.02.2008): Siemens. Diagnostics to differentiate Siemens from peers. Unter Mitarbeit von Gaël de Bray, Gerard Moore und Roderick Bridge. Herausgegeben von Société Générale Equity Research.

Stegemann, K. P. (28.02.2008): Siemens Healthcare - Financial Performance. Capital Market Day Siemens Healthcare. Veranstaltung vom 28.02.2008. München. Veranstalter: Siemens.
Online verfügbar unter http://w1.siemens.com/investor/definanzpublikationen_events/reden_praesentationen.htm,
zuletzt geprüft am 25.03.2009.

Sterne Agee Company Report (30.11.2007): GE Healthcare looks to re-accelerate revenues in 2008 with strong emerging market growth, higher value added services and easier DRA and OEC comps. Unter Mitarbeit von Nicholas P. Heymann. Herausgegeben von Sterne Agee Group Inc.

Times Online (05.02.2008): GE Healthcare uses Whatman to build up life sciences.
Online verfügbar unter http://business.timesonline.co.uk,
zuletzt geprüft am 13.10.2008.

UBS Investment Research (19.05.2008): Philips. Healthcare Analyst Day: Providing evidence of outperformance. Unter Mitarbeit von Nicolas Gaudois. Herausgegeben von UBS Limited.

UBS Investment Research (29.02.2008): Siemens. Positive feedback from Healthcare CMD. Unter Mitarbeit von Christel Monot und Irene Bermont. Herausgegeben von UBS Limited.

Virtual Medical Worlds (01.12.2000): Agilent Healthcare acquisition turns Philips into world player in medical systems.
Online verfügbar unter http://www.hoise.com,
zuletzt geprüft am 09.10.2008.

Visicu Inc. (18.07.2007): Visicu Inc. Announces agreement to be acquired by Royal Phiolips Electronics in all cash transaction.
Online verfügbar unter http://investors.visicu.com,
zuletzt geprüft am 10.10.2008.

Walden Group (Q3/2005): The Strategic Healthcare M&A Report. Herausgegeben von The Walden Group Inc.

Online verfügbar unter http://waldenmed.com/newsletters.asp, zuletzt geprüft am 15.04.2009.

Walden Group (Q1/2005): The Strategic Healthcare M&A Report. Herausgegeben von The Walden Group Inc.
Online verfügbar unter http://waldenmed.com/newsletters.asp, zuletzt geprüft am 15.04.2009.

Walden Group (Q1/2006): The Strategic Healthcare M&A Report. Herausgegeben von The Walden Group Inc.
Online verfügbar unter http://waldenmed.com/newsletters.asp, zuletzt geprüft am 15.04.2009.

Walden Group (Q4/2006): The Strategic Healthcare M&A Report. Herausgegeben von The Walden Group Inc.
Online verfügbar unter http://waldenmed.com/newsletters.asp, zuletzt geprüft am 15.04.2009.

Walden Group (Q3/2006): The Strategic Healthcare M&A Report. Herausgegeben von The Walden Group Inc.
Online verfügbar unter http://waldenmed.com/newsletters.asp, zuletzt geprüft am 15.04.2009.

Walden Group (Q2/2006): The Strategic Healthcare M&A Report. Herausgegeben von The Walden Group Inc.
Online verfügbar unter http://waldenmed.com/newsletters.asp, zuletzt geprüft am 15.04.2009.

Walden Group (Q2/2007): The Strategic Healthcare M&A Report. Herausgegeben von The Walden Group Inc.
Online verfügbar unter http://waldenmed.com/newsletters.asp, zuletzt geprüft am 15.04.2009.

Walden Group (Q1/2007): The Strategic Healthcare M&A Report. Herausgegeben von The Walden Group Inc.
Online verfügbar unter http://waldenmed.com/newsletters.asp, zuletzt geprüft am 15.04.2009.

Walden Group (Q4/2007): The Strategic Healthcare M&A Report. Herausgegeben von The Walden Group Inc.
Online verfügbar unter http://waldenmed.com/newsletters.asp, zuletzt geprüft am 15.04.2009.

Walden Group (Q3/2007): The Strategic Healthcare M&A Report. Herausgegeben von The Walden Group Inc.
Online verfügbar unter http://waldenmed.com/newsletters.asp, zuletzt geprüft am 15.04.2009.

Walden Group (Q1/2008): The Strategic Healthcare M&A Report. Herausgegeben von The Walden Group Inc.

Online verfügbar unter http://waldenmed.com/newsletters.asp, zuletzt geprüft am 15.04.2009.

Walden Group (Q2/2008): The Strategic Healthcare M&A Report. Herausgegeben von The Walden Group Inc.
Online verfügbar unter http://waldenmed.com/newsletters.asp, zuletzt geprüft am 15.04.2009.

Wall Street Online (21.12.2007): Philips übernimmt Respironics für 3,6 Mrd. Euro.
Online verfügbar unter http://www.wallstreet-online.de, zuletzt geprüft am 10.10.2008.

Wanchoo, V. (30.11.2006): Healthcare IT: delivering the future of Healthcare. RSNA Investor Meeting. Veranstaltung vom 30.11.2006. Veranstalter: GE Healthcare.
Online verfügbar unter http://www.ge.com/investors/events/index.html, zuletzt geprüft am 15.04.2009.

Wanchoo, V. (29.11.2007): GE Healthcare: Effective IT integration key to the future of healthcare. RSNA Investor Meeting. Veranstaltung vom 29.11.2007. Veranstalter: GE Healthcare.
Online verfügbar unter http://www.ge.com/investors/events/index.html, zuletzt geprüft am 15.04.2009.

William Blair & Company Equity Research (23.01.2007): General Electric Company. Mixed Fourth Quarter 2006 Results; Earnings Below Expectations. Unter Mitarbeit von Brian Drab und Jeffrey Germanotta. Herausgegeben von William Blair & Company L. L. C.

William Blair & Company Equity Research (13.12.2007): General Electric Company. Highlights from 2007 Analyst Meeting; Conservative 2008 Guidance. Unter Mitarbeit von Brian Drab und Jeffrey Germanotta. Herausgegeben von William Blair & Company L. L. C.

William Blair & Company Equity Research (22.01.2008): General Electric Company. Fourth Quarter 2007 Results; Continued strong Infrastructure Growth; Outlook remains conservative. Unter Mitarbeit von Brian Drab und Jeffrey Germanotta. Herausgegeben von William Blair & Company L. L. C.

PLANUNG, ORGANISATION UND UNTERNEHMUNGSFÜHRUNG

Herausgegeben von Prof. Dr. Dr. h. c. Norbert Szyperski, Köln, Prof. Dr. Winfried Matthes, Wuppertal, Prof. Dr. Udo Winand, Kassel, Prof. (em.) Dr. Joachim Griese, Bern, Prof. Dr. Harald F. O. von Kortzfleisch, Koblenz, Prof. Dr. Ludwig Theuvsen, Göttingen, und Prof. Dr. Andreas Al-Laham, Kaiserslautern

Band 121
Caroline Merk
Cooperation among Airlines – A Transaction Cost Economic Perspective
Lohmar – Köln 2008 • 278 S. • € 48,- (D) • ISBN 978-3-89936-692-1

Band 122
Frank P. Schmitz
Unterstützungsnetzwerke auslandschinesischer Unternehmungsgründungen
Lohmar – Köln 2008 • 258 S. • € 57,- (D) • ISBN 978-3-89936-735-5

Band 123
Baris Calisan
Anbieterinitiiertes Outsourcing – Ein marktorientiertes Management-Konzept für strategische Unternehmenspartnerschaften, dargestellt am Beispiel der deutschen und türkischen Textil- und Bekleidungsindustrie
Lohmar – Köln 2009 • 364 S. • € 64,- (D) • ISBN 978-3-89936-774-4

Band 124
Nicole Sodeik
Projektmanagement wertorientierter Mergers & Acquisitions
Lohmar – Köln 2009 • 440 S. • € 68,- (D) • ISBN 978-3-89936-805-5

Band 125
Christoffer-Martin F. Seubert
Build, Ally or Acquire – Die strategische Entscheidung über den Entwicklungsweg
Lohmar – Köln 2010 • 420 S. • € 67,- (D) • ISBN 978-3-89936-886-4